Guardian for

# Classical Electromagnetism

# 전자기학

**박환배** 저

Hwanbae Park

북스힐

I can do everything through him who gives me strength.

(Philippians 4:13)

# 머리말

전자기학은 물리학 전공에 필요한 다른 과목에 비해 상대적으로 관계식이 많고 미분과 적분을 많이 계산해야만 하는 과목이라서 학생들에게 쉽지 않은 과목으로 느껴질 수 있다. 전자기학을 배우는 학생들의 눈높이에 맞추어 본문 내용을 준비하려고 노력하였고, 가능한 한 수식들의 중간과정을 생략하지 않고 자세히 기술하여 학생들이 따라올 수 있도록 하였으며, 난이도를 달리하는 예제들을 본문 내용에 가능한 한 많이 포함시켰다. 그리고 본문 내용에 포함되어 있지 않은 관계식 유도 또는 증명 등은 각 장의 뒷부분에 있는 "보충자료"에 기술하였고 배운 내용을 잘 이해하는지 스스로 알아보는 문제들은 풀이와 함께 각 장 뒤에 실었다.

이 책을 집필하는 동안 내용표현과 수식을 꼼꼼히 검토해 준 김지혜 양의 수고에 깊이 감사드리며, 오늘이 있기까지 함께해 주며 큰 힘이 되어준 나의 행복이고 기쁨인 가족들, 평생의 반려자인 아내 그리고 진효, 조량, 윤형, 지민 그리고 모찌, 축복이와 소망이에게 이 자리를 빌어서 감사와 사랑을 표한다. 또한 책의 안쪽 표지를 디자인해 준 구현영 님에게 감사를 드린다.

책의 내용이 많이 부족하고 교정에 신중을 기하였으나 오탈자 및 내용표현에 미숙한 점들이 여전히 많으리라 생각되며 독자들의 지드와 조언을 구하는 바이다.

그리고 책을 준비하는 데 도움을 준 북스힐 조승식 대표님과 이수정 선생님과 편집직원 분들의 수고와 노고에 깊이 감사드린다.

2020년 8월

저자

# 차 례

## CHAPTER 03 전위에 관한 미분방정식



## CHAPTER 04 유전체에서의 전기학



## CHAPTER 05 정자기학

## CHAPTER 06 매질 내에서의 자기장



## CHAPTER 07 전자기학



## CHAPTER 08 보존 법칙

## CHAPTER 09 전자기파



## CHAPTER 10 맥스웰 방정식의 일반解



## CHAPTER 11 복사

CHAPTER 1

# 유용한 수식들

이 장에서는 전자기학을 배우는 데 필요하고 유용한 수식들과 관계식들에 대해 살펴보고자 한다. 몇몇 수식 및 관계식의 증명과 유도는 각주에 적어 둔 책 또는 이 책의 [보충자료]를 참고하기 바란다.

## 1.1 벡터

물리량은 길이, 질량, 시간 그리고 속력과 같이 크기만 갖는 '스칼라(scalar)'와 변위, 속도, 가속도 그리고 힘과 같이 크기와 방향을 함께 갖는 '벡터(vector)'로 구분할 수 있다. 이 절에서는 벡터의 표현 및 연산에 대해 살펴본다.

물리적 문제를 계산할 때 문제에 적합한 좌표계를 적절하게 선택하면 용이하게 해답을 구할 수 있다. 우리가 많이 사용하는 좌표계로는 직각 좌표계, 구면 좌표계 (극 좌표계) 그리고 원통 좌표계가 있다.

- 직각 좌표계: $(x, y, z)$

$$-\infty < x < \infty, \ -\infty < y < \infty, \ -\infty < z < \infty$$

- 극 좌표계: $(r, \theta)$

$$0 \le r < \infty, \ 0 \le \theta \le 2\pi$$

- 구면 좌표계: $(r, \theta, \phi)$

$$0 \le r < \infty, \ 0 \le \theta \le \pi, \ 0 \le \phi \le 2\pi$$

- 원통 좌표계: $(s, \phi, z)$(1)

$$0 \le s < \infty, \ 0 \le \phi \le 2\pi, \ -\infty < z < \infty$$

이들 좌표계에서 물체의 위치 등의 물리량을 표현하기 위해 벡터 개념을 사용하는데 '벡터 $A$'은 $\overrightarrow{A}$로 표시하고, 벡터의 크기는 $|\overrightarrow{A}|$ 또는 $A$로 나타내며, 공간상에서 벡터인 물리량을 표현할 때 화살표의 방향이 그 벡터의 방향이 된다.

벡터의 연산에는 기하학적 방법과 대수적 방법이 있다. 전자기학에서 우리는 주로 벡터 성분을 사용하여 계산하는 대수적 방법으로 벡터의 연산을 다룬다. 이때 사용하는 단위벡터는 차원(단위)이 없고 크기가 1인 벡터로 방향을 표시하기 위해서 사용하는 벡터이다. 3차원에서 임의의 벡터 $A$은 $\overrightarrow{A} = (\overrightarrow{A})_x + (\overrightarrow{A})_y + (\overrightarrow{A})_z = A_x\hat{x} + A_y\hat{y} + A_z\hat{z}$로 표현될 수 있다. 여기서 $\hat{x}$, $\hat{y}$, $\hat{z}$은 직각 좌표계의 각 좌표축을 나타내는 단위벡터이며, $A_i$은 벡터 $A$의 $i-$축 성분의 크기이다.

두 벡터의 스칼라 곱은

$$\overrightarrow{A} \cdot \overrightarrow{B} = AB\cos\theta, \ \text{여기서 } \theta\text{은 두 벡터의 사이각}$$

로 정의된다. 위의 관계식을 사용하여 벡터 성분으로부터 스칼라 곱을 구하면

$$\begin{aligned}\overrightarrow{A} \cdot \overrightarrow{B} &= (A_x\hat{x} + A_y\hat{y} + A_z\hat{z}) \cdot (B_x\hat{x} + B_y\hat{y} + B_z\hat{z}) \\ &= A_xB_x\hat{x} \cdot \hat{x} + A_xB_y\hat{x} \cdot \hat{y} + A_xB_z\hat{x} \cdot \hat{z}\end{aligned}$$

---

(1) 원통 좌표계는 일반적으로 $(\rho, \phi, z)$로 표현한다. 그러나 전자기학에서 $\rho$ 기호를 부피 전하밀도를 표현하기 위해 쓰기 때문에, $\rho$ 대신에 $s$를 사용하여 원통 좌표계를 $(s, \phi, z)$로 표현하기로 한다.

$$+A_yB_x\hat{y}\cdot\hat{x}+A_yB_y\hat{y}\cdot\hat{y}+A_yB_z\hat{y}\cdot\hat{z}$$

$$+A_zB_x\hat{z}\cdot\hat{x}+A_zB_y\hat{z}\cdot\hat{y}+A_zB_z\hat{z}\cdot\hat{z}$$

$$=A_xB_x+A_yB_y+A_zB_z$$

가 되어

$$\therefore\ \vec{A}\cdot\vec{B}=A_xB_x+A_yB_y+A_zB_z$$

인 연산 결과가 스칼라인 두 벡터의 스칼라 곱에 대한 관계식을 얻는다.

두 벡터의 벡터 곱은

$$\vec{A}\times\vec{B}=(AB\sin\theta)\hat{n}$$

로 정의된다. 여기서 $\hat{n}$은 오른손 좌표계에서 두 벡터가 이루는 평면에 수직 바깥 방향(엄지가 가리키는 방향)으로 향하는 단위벡터이다. 위의 관계식을 사용하여 벡터 성분으로부터 벡터 곱을 구하면 다음과 같다.

$$\vec{A}\times\vec{B}=(A_x\hat{x}+A_y\hat{y}+A_z\hat{z})\times(B_x\hat{x}+B_y\hat{y}+B_z\hat{z})$$

$$=A_xB_x\hat{x}\times\hat{x}+A_xB_y\hat{x}\times\hat{y}+A_xB_z\hat{x}\times\hat{z}$$

$$+A_yB_x\hat{y}\times\hat{x}+A_yB_y\hat{y}\times\hat{y}+A_yB_z\hat{y}\times\hat{z}$$

$$+A_zB_x\hat{z}\times\hat{x}+A_zB_y\hat{z}\times\hat{y}+A_zB_z\hat{z}\times\hat{z}$$

$$=A_xB_y\hat{z}-A_xB_z\hat{y}-A_yB_x\hat{z}+A_yB_z\hat{x}+A_zB_x\hat{y}-A_zB_y\hat{x}$$

$$=(A_yB_z-A_zB_y)\hat{x}+(A_zB_x-A_xB_z)\hat{y}+(A_xB_y-A_yB_x)\hat{z}$$

연산 결과가 벡터인 두 벡터 곱의 결과는 행렬식(determinant)을 사용해서 다음과 같이 간결하게 나타낼 수 있다.

$$\vec{A}\times\vec{B}=\begin{vmatrix}\hat{x}&\hat{y}&\hat{z}\\A_x&A_y&A_z\\B_x&B_y&B_z\end{vmatrix}=(A_yB_z-A_zB_y)\hat{x}+(A_zB_x-A_xB_z)\hat{y}+(A_xB_y-A_yB_x)\hat{z}$$

세 벡터의 연산에서 연산 결과가 스칼라인 스칼라 삼중 곱(triple product)과 연산 결과가 벡터인 벡터 삼중 곱에 대해 살펴보자. 두 벡터의 스칼라 곱의 경우, 합 기호로 표현하면

$\overrightarrow{A} \cdot \overrightarrow{B} = \sum_{i=1}^{3} A_i B_i$이지만 벡터 곱을 표현하기 위해 필요한 것은 아래와 같이 정의되는 **레비-시비타 기호**(Levi-Civita symbol) $\epsilon_{ijk}$이다.

- $\epsilon_{ijk} = 0$, 인덱스(index)의 하나가 다른 인덱스와 같을 경우

  (예) $\epsilon_{113} = \epsilon_{223} = \epsilon_{133} = 0$
- $\epsilon_{ijk} = 1$, 인덱스 $i,j,k$가 1,2,3의 짝수 순열(permutation)일 경우

  (예) $\epsilon_{123} = \epsilon_{231} = \epsilon_{312} = 1$
- $\epsilon_{ijk} = -1$, 인덱스 $i,j,k$가 1,2,3의 홀수 순열일 경우

  (예) $\epsilon_{132} = \epsilon_{213} = \epsilon_{321} = -1$

벡터 곱 $\overrightarrow{A} \times \overrightarrow{B} = \overrightarrow{C}$을 레비-시비타 기호를 사용해서 벡터 성분으로 나타내면

$$C_i = (\overrightarrow{A} \times \overrightarrow{B})_i = \sum_{j,k} \epsilon_{ijk} A_j B_k \tag{1.1.1}$$

이다. 왜냐하면 식 (1.1.1)로부터

$$\begin{cases} C_1 = C_x = \epsilon_{123} A_2 B_3 + \epsilon_{132} A_3 B_2 = A_2 B_3 - A_3 B_2 = A_y B_z - A_z B_y \\ C_2 = C_y = \epsilon_{213} A_1 B_3 + \epsilon_{231} A_3 B_1 = -A_1 B_3 + A_3 B_1 = A_z B_x - A_x B_z \\ C_3 = C_z = \epsilon_{312} A_1 B_2 + \epsilon_{321} A_2 B_1 = A_1 B_2 - A_2 B_1 = A_x B_y - A_y B_x \end{cases}$$

을 얻고, 이는 앞에서 구한 벡터 곱 $\overrightarrow{A} \times \overrightarrow{B} = \overrightarrow{C}$의 결과와 같기 때문이다.

스칼라 삼중 곱인 $\overrightarrow{A} \cdot (\overrightarrow{B} \times \overrightarrow{C})$을 레비-시비타 기호를 사용해서 표현해보자.

$$\overrightarrow{A} \cdot (\overrightarrow{B} \times \overrightarrow{C}) = \sum_i A_i (\overrightarrow{B} \times \overrightarrow{C})_i = \sum_i \sum_{j,k} \epsilon_{ijk} A_i B_j C_k \tag{1.1.2}$$

한편

$$(\overrightarrow{A} \times \overrightarrow{B}) \cdot \overrightarrow{C} = \sum_k (\overrightarrow{A} \times \overrightarrow{B})_k C_k = \sum_k \sum_{\ell,m} \epsilon_{k\ell m} A_\ell B_m C_k = \sum_k \sum_{\ell,m} \epsilon_{\ell m k} A_\ell B_m C_k$$

위 관계식에서 $\ell$과 $m$ 대신에 각각 $i$와 $j$로 대체하면 위 관계식이 관계식 (1.1.2)와 같음을 알 수 있다.

$$\therefore \vec{A}\cdot(\vec{B}\times\vec{C}) = (\vec{A}\times\vec{B})\cdot\vec{C}$$

즉, 스칼라 삼중 곱에서 'dot'와 'cross'는 교환될 수 있음을 알 수 있다.

식 (1.1.2)로부터

$$\begin{aligned}
\vec{A}\cdot(\vec{B}\times\vec{C}) &= \sum_i\sum_{j,k}\epsilon_{ijk}A_iB_jC_k \\
&= \epsilon_{123}A_1B_2C_3 + \epsilon_{132}A_1B_3C_2 + \epsilon_{213}A_2B_1C_3 \\
&\quad + \epsilon_{231}A_2B_3C_1 + \epsilon_{312}A_3B_1C_2 + \epsilon_{321}A_3B_2C_1 \\
&= A_1(B_2C_3 - B_3C_2) + A_2(B_3C_1 - B_1C_3) + A_3(B_1C_2 - B_2C_1) \\
&= A_x(B_yC_z - B_zC_y) + A_y(B_zC_x - B_xC_z) + A_z(B_xC_y - B_yC_x)
\end{aligned}$$

가 되어 스칼라 삼중 곱은 다음과 같이 간결하게 나타낼 수 있다.

$$\vec{A}\cdot(\vec{B}\times\vec{C}) = (\vec{A}\times\vec{B})\cdot\vec{C} = \begin{vmatrix} A_x & A_y & A_z \\ B_x & B_y & B_z \\ C_x & C_y & C_z \end{vmatrix} \equiv \vec{A}\,\vec{B}\,\vec{C}$$

이제 벡터 삼중 곱인 $\vec{A}\times(\vec{B}\times\vec{C})$을 레비-치비타 기호를 사용해서 표현해보자. 이 벡터의 성분 $i$은 다음과 같다.

$$\begin{aligned}
[\vec{A}\times(\vec{B}\times\vec{C})]_i &= \sum_{j,k}\epsilon_{ijk}A_j(\vec{B}\times\vec{C})_k = \sum_{j,k}\epsilon_{ijk}A_j\sum_{\ell,m}\epsilon_{k\ell m}B_\ell C_m \\
&= \sum_{j,k}\sum_{\ell,m}\epsilon_{ijk}\epsilon_{k\ell m}A_jB_\ell C_m = \sum_{j,\ell,m}(\delta_{i\ell}\delta_{jm} - \delta_{im}\delta_{j\ell})A_jB_\ell C_m \\
&\qquad (\because \sum_k\epsilon_{ijk}\epsilon_{k\ell m} = \delta_{i\ell}\delta_{jm} - \delta_{im}\delta_{j\ell})^{(2)} \\
&= \sum_{j,\ell,m}\delta_{i\ell}\delta_{jm}A_jB_\ell C_m - \sum_{j,\ell,m}\delta_{im}\delta_{j\ell}A_jB_\ell C_m \\
&= B_i\sum_j A_jC_j - C_i\sum_j A_jB_j = B_i(\vec{A}\cdot\vec{C}) - C_i(\vec{A}\cdot\vec{B})
\end{aligned}$$

$$\Rightarrow\ [\vec{A}\times(\vec{B}\times\vec{C})]_x = B_x(\vec{A}\cdot\vec{C}) - C_x(\vec{A}\cdot\vec{B}),\ i=1\text{인 경우}$$

---

(2) $\sum_k\epsilon_{ijk}\epsilon_{k\ell m} = \delta_{i\ell}\delta_{jm} - \delta_{im}\delta_{j\ell}$의 증명은 《Guardian for Mathematical Physics》 by H. Park의 Appendix-3A를 참고하세요.

유사한 방법으로 $i=2$와 3인 경우에 대해 구해보면

$$[\vec{A}\times(\vec{B}\times\vec{C})]_y = B_y(\vec{A}\cdot\vec{C}) - C_y(\vec{A}\cdot\vec{B})$$

그리고

$$[\vec{A}\times(\vec{B}\times\vec{C})]_z = B_z(\vec{A}\cdot\vec{C}) - C_z(\vec{A}\cdot\vec{B})$$

을 얻는다. 그러므로 벡터 삼중 곱은 다음과 같이 표현될 수 있다.

$$\begin{aligned}\vec{A}\times(\vec{B}\times\vec{C}) &= [\vec{A}\times(\vec{B}\times\vec{C})]_x\hat{x} + [\vec{A}\times(\vec{B}\times\vec{C})]_y\hat{y} + [\vec{A}\times(\vec{B}\times\vec{C})]_z\hat{z} \\ &= [B_x(\vec{A}\cdot\vec{C}) - C_x(\vec{A}\cdot\vec{B})]\hat{x} + [B_y(\vec{A}\cdot\vec{C}) - C_y(\vec{A}\cdot\vec{B})]\hat{y} \\ &\quad + [B_z(\vec{A}\cdot\vec{C}) - C_z(\vec{A}\cdot\vec{B})]\hat{z} \\ &= (B_x\hat{x} + B_y\hat{y} + B_z\hat{z})(\vec{A}\cdot\vec{C}) - (C_x\hat{x} + C_y\hat{y} + C_z\hat{z})(\vec{A}\cdot\vec{B})\end{aligned}$$

$$\therefore\ \vec{A}\times(\vec{B}\times\vec{C}) = \vec{B}(\vec{A}\cdot\vec{C}) - \vec{C}(\vec{A}\cdot\vec{B}) \tag{1.1.3}$$

위와 같은 벡터 삼중 곱의 관계식을 'BAC−CAB' **규칙**이라고 부른다.

**예제 1.1**

네 개의 벡터들의 연산인 $(\vec{A}\times\vec{B})\cdot(\vec{C}\times\vec{D})$을 계산하기 쉬운 보다 간결한 표현으로 나타내세요.

**풀이**

$$\begin{aligned}(\vec{A}\times\vec{B})\cdot(\vec{C}\times\vec{D}) &= \sum_i(\vec{A}\times\vec{B})_i(\vec{C}\times\vec{D})_i = \sum_i\sum_{j,k}\epsilon_{ijk}A_jB_k\sum_{\ell,m}\epsilon_{i\ell m}C_\ell D_m \\ &= \sum_i\sum_{j,k}\epsilon_{jki}\sum_{\ell,m}\epsilon_{i\ell m}A_jB_kC_\ell D_m \\ &= \sum_{j,k}\sum_{\ell,m}(\delta_{j\ell}\delta_{km} - \delta_{jm}\delta_{k\ell})A_jB_kC_\ell D_m \\ &= \sum_j A_jC_j\sum_k B_kD_k - \sum_k B_kC_k\sum_j A_jD_j \\ &= (\vec{A}\cdot\vec{C})(\vec{B}\cdot\vec{D}) - (\vec{B}\cdot\vec{C})(\vec{A}\cdot\vec{D})\end{aligned}$$

**예제 1.2**

네 개의 벡터들의 연산인 $\vec{A}\times[\vec{B}\times(\vec{C}\times\vec{D})]$을 계산하기 쉬운 보다 간결한 표현으로 나타내세요.

**풀이**

$\vec{C}\times\vec{D}=\vec{F}$로 놓으면 주어진 문제는 $\vec{A}\times(\vec{B}\times\vec{F})$인 벡터 삼중 곱의 형태가 되므로 'BAC−CAB' 규칙인 식 (1.1.3)을 사용하면 된다.

$$\vec{A}\times(\vec{B}\times\vec{F})=\vec{B}(\vec{A}\cdot\vec{F})-\vec{F}(\vec{A}\cdot\vec{B})$$
$$=\vec{B}[\vec{A}\cdot(\vec{C}\times\vec{D})]-(\vec{C}\times\vec{D})(\vec{A}\cdot\vec{B})$$

$$\therefore\ \vec{A}\times[\vec{B}\times(\vec{C}\times\vec{D})]=\vec{B}[\vec{A}\cdot(\vec{C}\times\vec{D})]-(\vec{C}\times\vec{D})(\vec{A}\cdot\vec{B})$$

## 1.2 델(del) 연산자(operator)

벡터 연산자인 델 연산자는 다음과 같이 정의된다.

$$\vec{\nabla}=\hat{x}\frac{\partial}{\partial x}+\hat{y}\frac{\partial}{\partial y}+\hat{z}\frac{\partial}{\partial z} \tag{1.2.1}$$

어떤 스칼라 함수 $\phi(x,y,z)$의 gradient(기울기벡터, 연산자 표현은 $\vec{\nabla}$)는 그 함수의 변수 $x$, $y$, $z$가 약간 변할 때 함수가 얼마나 빨리 변하는지를 나타내는 것으로, 경사도를 나타내는 방향 도함수이다. 스칼라 함수 $\phi(x,y,z)$의 gradient는 수식적으로는 다음과 같이 표현된다.

$$grad\ \phi(x,y,z)=\vec{\nabla}\phi=\frac{\partial\phi}{\partial x}\hat{x}+\frac{\partial\phi}{\partial y}\hat{y}+\frac{\partial\phi}{\partial z}\hat{z} \tag{1.2.2}$$

**예제 1.3**

함수 $f=f(r)$(여기서 $r=\sqrt{x^2+y^2+z^2}$)의 gradient를 구하세요.

**풀이**

$$\vec{\nabla}f=\frac{\partial f}{\partial x}\hat{x}+\frac{\partial f}{\partial y}\hat{y}+\frac{\partial f}{\partial z}\hat{z}\ =\frac{\partial f}{\partial r}\frac{\partial r}{\partial x}\hat{x}+\frac{\partial f}{\partial r}\frac{\partial r}{\partial y}\hat{y}+\frac{\partial f}{\partial r}\frac{\partial r}{\partial z}\hat{z} \qquad (예-1.3.1)$$

여기서 $\frac{\partial r}{\partial x}=\frac{\partial}{\partial x}(x^2+y^2+z^2)^{\frac{1}{2}}=\frac{1}{2}2x(x^2+y^2+z^2)^{-\frac{1}{2}}=\frac{x}{r}$

유사한 방법으로 $\frac{\partial r}{\partial y}=\frac{y}{r}$이고 $\frac{\partial r}{\partial z}=\frac{z}{r}$이다.

이 결과들을 식 (예-1.3.1)에 대입하면

$$\overrightarrow{\nabla} f=\frac{\partial f}{\partial r}\frac{x}{r}\hat{x}+\frac{\partial f}{\partial r}\frac{y}{r}\hat{y}+\frac{\partial f}{\partial r}\frac{z}{r}\hat{z}$$

가 된다. 여기서 $f$은 $r$만의 함수이므로 $r$에 대한 편미분이 상미분과 같아서 $\frac{\partial f}{\partial r}=\frac{df}{dr}$ 이다.

$$\therefore\ \overrightarrow{\nabla} f(r)=\frac{df}{dr}\frac{x}{r}\hat{x}+\frac{df}{dr}\frac{y}{r}\hat{y}+\frac{df}{dr}\frac{z}{r}\hat{z}=\frac{df}{dr}\frac{1}{r}(x\hat{x}+y\hat{y}+z\hat{z})=\frac{df}{dr}\frac{\vec{r}}{r}=\frac{df}{dr}\hat{r}$$

**예제 1.4**

원점에서 관측점까지의 거리벡터가 $\vec{r}=(x,y,z)$이고 원점에서 전하가 있는 지점(원천점)까지의 벡터가 $\vec{r}'=(x',y',z')$일 때 $\overrightarrow{\nabla}(\vec{r}-\vec{r}')^2$을 계산하세요.

**풀이**

$(\vec{r}-\vec{r}')^2=(x-x')^2+(y-y')^2+(z-z')^2$이므로

$$\begin{aligned}\overrightarrow{\nabla}(\vec{r}-\vec{r}')^2=&\,\hat{x}\frac{\partial}{\partial x}\left[(x-x')^2+(y-y')^2+(z-z')^2\right]\\&+\hat{y}\frac{\partial}{\partial y}\left[(x-x')^2+(y-y')^2+(z-z')^2\right]\\&+\hat{z}\frac{\partial}{\partial z}\left[(x-x')^2+(y-y')^2+(z-z')^2\right]\end{aligned}\qquad(\text{예}-1.4.1)$$

여기서 $\frac{\partial}{\partial x}\left[(x-x')^2+(y-y')^2+(z-z')^2\right]=2(x-x')\frac{\partial}{\partial x}(x-x')=2(x-x')$

유사한 방법으로 $\frac{\partial}{\partial y}\left[(x-x')^2+(y-y')^2+(z-z')^2\right]=2(y-y')$

그리고 $\frac{\partial}{\partial z}\left[(x-x')^2+(y-y')^2+(z-z')^2\right]=2(z-z')$이다.

이 결과들을 식 (예-1.4.1)에 대입하면

$$\therefore\ \overrightarrow{\nabla}(\vec{r}-\vec{r}')^2=2[(x-x')\hat{x}+(y-y')\hat{y}+(z-z')\hat{z}]=2(\vec{r}-\vec{r}')$$

**예제 1.5**

$\vec{\nabla}(\vec{A}\cdot\vec{B})=\vec{A}\times(\vec{\nabla}\times\vec{B})+\vec{B}\times(\vec{\nabla}\times\vec{A})+(\vec{A}\cdot\vec{\nabla})\vec{B}+(\vec{B}\cdot\vec{\nabla})\vec{A}$의 관계를 증명하세요.

**풀이**

$\vec{A}\times(\vec{\nabla}\times\vec{B})$의 성분 $i$은

$$[\vec{A}\times(\vec{\nabla}\times\vec{B})]_i=\sum_{j,k}\epsilon_{ijk}A_j(\vec{\nabla}\times\vec{B})_k=\sum_{j,k}\sum_{\ell,m}\epsilon_{ijk}\epsilon_{k\ell m}A_j\partial_\ell B_m \quad (\text{여기서 } \partial_\ell=\frac{\partial}{\partial x_\ell})$$

$$=\sum_j\sum_{\ell,m}\delta_{i\ell}\delta_{jm}A_j\partial_\ell B_m-\sum_j\sum_{\ell,m}\delta_{im}\delta_{j\ell}A_j\partial_\ell B_m$$

$$=\sum_j\sum_{\ell,m}\delta_{i\ell}\delta_{jm}A_j\partial_\ell B_m-(\vec{A}\cdot\vec{\nabla})B_i \qquad (\text{예}-1.5.1)$$

유사한 방법으로

$$[\vec{B}\times(\vec{\nabla}\times\vec{A})]_i=\sum_j\sum_{\ell,m}\delta_{i\ell}\delta_{jm}B_j\partial_\ell A_m-(\vec{B}\cdot\vec{\nabla})A_i \qquad (\text{예}-1.5.2)$$

식 (예−1.5.1)과 (예−1.5.2)를 더하면

$$[\vec{A}\times(\vec{\nabla}\times\vec{B})]_i+[\vec{B}\times(\vec{\nabla}\times\vec{A})]_i$$
$$=\sum_j\sum_{\ell,m}\delta_{i\ell}\delta_{jm}(A_j\partial_\ell B_m+B_j\partial_\ell A_m)-(\vec{A}\cdot\vec{\nabla})B_i-(\vec{B}\cdot\vec{\nabla})A_i$$
$$=\sum_{j,\ell}\delta_{i\ell}(A_j\partial_\ell B_j+B_j\partial_\ell A_j)-(\vec{A}\cdot\vec{\nabla})B_i-(\vec{B}\cdot\vec{\nabla})A_i$$
$$=\sum_{j,\ell}\delta_{i\ell}\partial_\ell(A_jB_j)-(\vec{A}\cdot\vec{\nabla})B_i-(\vec{B}\cdot\vec{\nabla})A_i$$
$$=\sum_j\partial_i(A_jB_j)-(\vec{A}\cdot\vec{\nabla})B_i-(\vec{B}\cdot\vec{\nabla})A_i$$
$$=\partial_i(\vec{A}\cdot\vec{B})-(\vec{A}\cdot\vec{\nabla})B_i-(\vec{B}\cdot\vec{\nabla})A_i$$
$$=[\vec{\nabla}(\vec{A}\cdot\vec{B})-(\vec{A}\cdot\vec{\nabla})\vec{B}-(\vec{B}\cdot\vec{\nabla})\vec{A}]_i$$

그러므로

$$\vec{A}\times(\vec{\nabla}\times\vec{B})+\vec{B}\times(\vec{\nabla}\times\vec{A})=\vec{\nabla}(\vec{A}\cdot\vec{B})-(\vec{A}\cdot\vec{\nabla})\vec{B}-(\vec{B}\cdot\vec{\nabla})\vec{A}$$

$$\therefore\ \vec{\nabla}(\vec{A}\cdot\vec{B})=\vec{A}\times(\vec{\nabla}\times\vec{B})+\vec{B}\times(\vec{\nabla}\times\vec{A})+(\vec{A}\cdot\vec{\nabla})\vec{B}+(\vec{B}\cdot\vec{\nabla})\vec{A}$$

어떤 벡터장 내의 주어진 위치 둘레의 미소부피를 빠져 나가는 벡터장의 흐름은 그 벡터의 divergence(발산, 연산자 표현은 $\vec{\nabla}\cdot$)로 표현된다. 아래 그림은 점 $P$에서 벡터 $A$의 divergence를 도식적으로 나타낸 것이다.

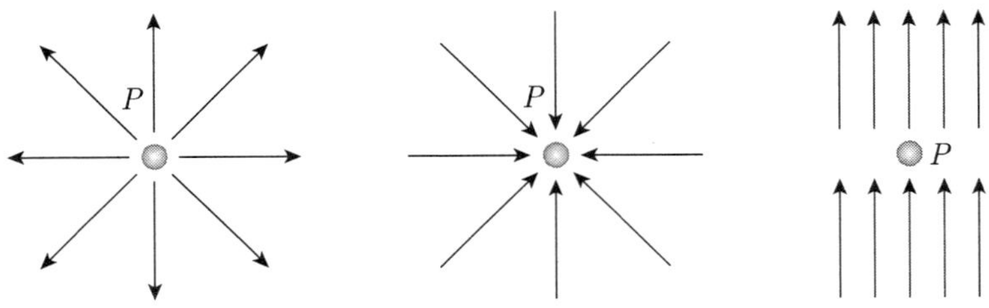


(a) $\vec{\nabla}\cdot\vec{A}>0$ (b) $\vec{\nabla}\cdot\vec{A}<0$ (c) $\vec{\nabla}\cdot\vec{A}=0$

**그림 1.1**

**예제 1.6**

벡터 함수 $\vec{F}(x,y,z)$의 divergence를 구하세요.

**풀이**

$$\text{div } \vec{F}=\vec{\nabla}\cdot\vec{F}=(\hat{x}\frac{\partial}{\partial x}+\hat{y}\frac{\partial}{\partial y}+\hat{z}\frac{\partial}{\partial z})\cdot(F_x\hat{x}+F_y\hat{y}+F_z\hat{z})$$
$$=\frac{\partial F_x}{\partial x}+\frac{\partial F_y}{\partial y}+\frac{\partial F_z}{\partial z}$$

즉, 벡터 함수의 divergence는 스칼라이다.

**예제 1.7**

벡터 함수 $\vec{r}f(r)$(여기서 $\vec{r}=x\hat{x}+y\hat{y}+z\hat{z}$)의 divergence를 구하세요.

**풀이**

$$\vec{\nabla}\cdot\vec{r}f(r)=(\hat{x}\frac{\partial}{\partial x}+\hat{y}\frac{\partial}{\partial y}+\hat{z}\frac{\partial}{\partial z})\cdot[f(r)x\hat{x}+f(r)y\hat{y}+f(r)z\hat{z}]$$
$$=\frac{\partial}{\partial x}[xf(r)]+\frac{\partial}{\partial y}[yf(r)]+\frac{\partial}{\partial z}[zf(r)] \qquad \text{(예-1.7.1)}$$

여기서 $\frac{\partial}{\partial x}[xf(r)]=f(r)+x\frac{\partial f(r)}{\partial x}=f(r)+x\frac{df(r)}{dr}\frac{\partial r}{\partial x}=f(r)+\frac{df(r)}{dr}\frac{x^2}{r}$

유사한 방법으로

$$\frac{\partial}{\partial y}[yf(r)]=f(r)+\frac{df(r)}{dr}\frac{y^2}{r}$$

그리고

$$\frac{\partial}{\partial z}[zf(r)]=f(r)+\frac{df(r)}{dr}\frac{z^2}{r}$$

이 결과들을 식 (예-1.7.1)에 대입하면

$$\therefore \overrightarrow{\nabla} \cdot \vec{r}f(r) = 3f(r) + \frac{df(r)}{dr}\frac{1}{r}(x^2+y^2+z^2) = 3f(r) + r\frac{df(r)}{dr}$$

**예제 1.8**

$\overrightarrow{\nabla} \cdot (\phi\overrightarrow{A}) = \overrightarrow{A} \cdot \overrightarrow{\nabla}\phi + \phi(\overrightarrow{\nabla} \cdot \overrightarrow{A})$임을 증명하세요.

**풀이**

$$\overrightarrow{\nabla} \cdot (\phi\overrightarrow{A}) = \sum_i \partial_i(\phi\overrightarrow{A})_i = \sum_i \partial_i(\phi A_i) = \sum_i A_i(\partial_i\phi) + \sum_i \phi(\partial_i A_i)$$
$$= \sum_i A_i(\partial\phi)_i + \phi\sum_i(\partial_i A_i) = \overrightarrow{A} \cdot \overrightarrow{\nabla}\phi + \phi(\overrightarrow{\nabla} \cdot \overrightarrow{A})$$

어떤 벡터장 내의 주어진 위치에서 오른손 법칙을 따라 회전하는 것을 그 벡터의 curl(컬, 연산자 표현은 $\overrightarrow{\nabla}\times$)이라 한다. 아래 그림은 점 $P$에서 벡터 $A$의 curl을 도식적으로 나타낸 것이다.

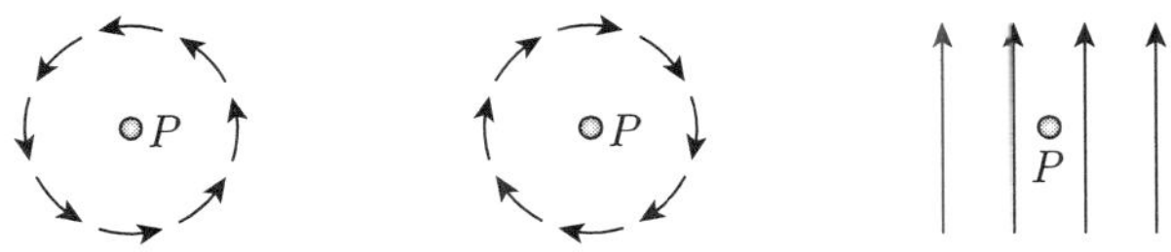


(a) $\overrightarrow{\nabla}\times\overrightarrow{A}>0$ (b) $\overrightarrow{\nabla}\times\overrightarrow{A}<0$ (c) $\overrightarrow{\nabla}\times\overrightarrow{A}=0$

**그림 1.2**

**예제 1.9**

벡터 함수 $\overrightarrow{F}(x, y, z)$의 curl을 구하세요.

**풀이**

$$\text{curl } \overrightarrow{F} = \overrightarrow{\nabla}\times\overrightarrow{F} = \begin{vmatrix} \hat{x} & \hat{y} & \hat{z} \\ \frac{\partial}{\partial x} & \frac{\partial}{\partial y} & \frac{\partial}{\partial z} \\ F_x & F_y & F_z \end{vmatrix} = (\frac{\partial F_z}{\partial y} - \frac{\partial F_y}{\partial z})\hat{x} + (\frac{\partial F_x}{\partial z} - \frac{\partial F_z}{\partial x})\hat{y} + (\frac{\partial F_y}{\partial x} - \frac{\partial F_x}{\partial y})\hat{z}$$

즉, 벡터 함수의 curl은 벡터이다.

**예제 1.10**

$\vec{\nabla}\times(f\vec{A})=f(\vec{\nabla}\times\vec{A})-\vec{A}\times(\vec{\nabla}f)$임을 증명하세요.

**풀이**

$\vec{\nabla}\times(f\vec{A})$의 성분 $i$은

$$\begin{aligned}[\vec{\nabla}\times(f\vec{A})]_i &= \sum_{j,k}\epsilon_{ijk}\partial_j(f\vec{A})_k = \sum_{j,k}\epsilon_{ijk}(f\partial_jA_k + A_k\partial_jf) \\ &= f\sum_{j,k}\epsilon_{ijk}\partial_jA_k + \sum_{j,k}\epsilon_{ijk}A_k\partial_jf \\ &= f\sum_{j,k}\epsilon_{ijk}\partial_jA_k - \sum_{j,k}\epsilon_{ikj}A_k\partial_jf \\ &= f(\vec{\nabla}\times\vec{A})_i - [\vec{A}\times(\vec{\nabla}f)]_i\end{aligned}$$

$$\therefore\ \vec{\nabla}\times(f\vec{A})=f(\vec{\nabla}\times\vec{A})-\vec{A}\times(\vec{\nabla}f)$$

**예제 1.11**

$\vec{\nabla}\times(\vec{A}\times\vec{B})=(\vec{B}\cdot\vec{\nabla})\vec{A}+\vec{A}(\vec{\nabla}\cdot\vec{B})-\vec{B}(\vec{\nabla}\cdot\vec{A})-(\vec{A}\cdot\vec{\nabla})\vec{B}$를 증명하세요.

**풀이**

$\vec{\nabla}\times(\vec{A}\times\vec{B})$의 성분 $i$은

$$\begin{aligned}[\vec{\nabla}\times(\vec{A}\times\vec{B})]_i &= \sum_{j,k}\epsilon_{ijk}\partial_j(\vec{A}\times\vec{B})_k = \sum_{j,k}\epsilon_{ijk}\partial_j(\sum_{\ell,m}\epsilon_{k\ell m}A_\ell B_m) \\ &= \sum_{j,k}\sum_{\ell,m}\epsilon_{ijk}\epsilon_{k\ell m}\partial_j(A_\ell B_m) \\ &= \sum_{j,k}\sum_{\ell,m}\epsilon_{ijk}\epsilon_{k\ell m}(B_m\partial_jA_\ell + A_\ell\partial_jB_m) \\ &= \sum_{j}\sum_{\ell,m}(\delta_{i\ell}\delta_{jm}-\delta_{im}\delta_{j\ell})(B_m\partial_jA_\ell + A_\ell\partial_jB_m) \\ &= \sum_{j}\sum_{\ell,m}(\delta_{i\ell}\delta_{jm}B_m\partial_jA_\ell + \delta_{i\ell}\delta_{jm}A_\ell\partial_jB_m \\ &\qquad - \delta_{im}\delta_{j\ell}B_m\partial_jA_\ell - \delta_{im}\delta_{j\ell}A_\ell\partial_jB_m) \\ &= (\vec{B}\cdot\vec{\nabla})A_i + A_i(\vec{\nabla}\cdot\vec{B}) - B_i(\vec{\nabla}\cdot\vec{A}) - (\vec{A}\cdot\vec{\nabla})B_i\end{aligned}$$

$$\therefore\ \vec{\nabla}\times(\vec{A}\times\vec{B})=(\vec{B}\cdot\vec{\nabla})\vec{A}+\vec{A}(\vec{\nabla}\cdot\vec{B})-\vec{B}(\vec{\nabla}\cdot\vec{A})-(\vec{A}\cdot\vec{\nabla})\vec{B}$$

gradient의 divergence인 $\vec{\nabla}\cdot\vec{\nabla}=\nabla^2$을 **라플라시안**(Laplacian)이라 한다.

**예제 1.12**

$\vec{\nabla} \cdot \vec{\nabla}\phi = \nabla^2\phi(x,y,z)$을 계산하세요.

**풀이**

$$\vec{\nabla} \cdot \vec{\nabla}\phi = (\hat{x}\frac{\partial}{\partial x} + \hat{y}\frac{\partial}{\partial y} + \hat{z}\frac{\partial}{\partial z}) \cdot (\frac{\partial \phi}{\partial x}\hat{x} + \frac{\partial \phi}{\partial y}\hat{y} + \frac{\partial \phi}{\partial z}\hat{z})$$
$$= \frac{\partial^2\phi}{\partial x^2} + \frac{\partial^2\phi}{\partial y^2} + \frac{\partial^2\phi}{\partial z^2}$$

**예제 1.13**

$\vec{\nabla}\times(\vec{\nabla}\times\vec{A}) = \vec{\nabla}(\vec{\nabla}\cdot\vec{A}) - \nabla^2\vec{A}$임을 증명하세요.

**풀이**

$$[\vec{\nabla}\times(\vec{\nabla}\times\vec{A})]_i = \sum_{j,k}\epsilon_{ijk}\partial_j(\sum_{\ell,m}\epsilon_{k\ell m}\partial_\ell A_m) = \sum_{j,k}\sum_{\ell,m}\epsilon_{ijk}\epsilon_{k\ell m}\partial_j(\partial_\ell A_m)$$
$$= \sum_{j,k}\sum_{\ell,m}\epsilon_{ijk}\epsilon_{k\ell m}\partial_j\partial_\ell A_m = \sum_j\sum_{\ell,m}(\delta_{i\ell}\delta_{jm} - \delta_{im}\delta_{j\ell})\partial_j\partial_\ell A_m$$
$$= \sum_j\partial_j\partial_i A_j - \sum_j\partial_j\partial_j A_i = \sum_j\partial_i\partial_j A_j - \sum_j\partial_j\partial_j A_i$$
$$= \partial_i\sum_j\partial_j A_j - (\sum_j\partial_j\partial_j)A_i = [\vec{\nabla}(\vec{\nabla}\cdot\vec{A})]_i - (\nabla^2\vec{A})_i$$
$$\therefore\ \vec{\nabla}\times(\vec{\nabla}\times\vec{A}) = \vec{\nabla}(\vec{\nabla}\cdot\vec{A}) - \nabla^2\vec{A}$$

## 1.3 발산(divergence) 정리와 스토크(Stokes) 정리(3)

- $\int_V \vec{\nabla}\cdot\vec{F}\,dv = \int_S \vec{F}\cdot d\vec{a}$ (발산 정리)
- $\int_S \vec{\nabla}\times\vec{F}\cdot d\vec{a} = \oint \vec{F}\cdot d\vec{l}$ (스토크 정리)

(3) 정리 증명은 《Guardian for Mathematical Physics》 by H. Park, 77~80쪽을 참고하세요.

**발산 정리**는 부피 $V$에 대해 임의의 벡터 함수 $\vec{F}$의 divergence를 체적 적분하면 그 결과는 그 부피를 감싸고 있는 폐곡면에 대한 $\vec{F}$의 면 적분과 같다는 것이고, **스토크 정리**는 $\vec{F}$의 curl을 면 적분하면 그 결과가 그 면적의 외곽을 따라 그리는 폐경로에 대한 $\vec{F}$의 선 적분과 같다는 것이다.

**예제 1.14**

미분형 맥스웰 방정식 $\vec{\nabla} \cdot \vec{E} = \frac{1}{\epsilon_0}\rho$을 적분형으로 표현하세요.

**풀이**

주어진 문제의 관계식의 좌·우에 체적 적분을 취하면

$$\int_V \vec{\nabla} \cdot \vec{E}\, dv = \frac{1}{\epsilon_0}\int_V \rho dv = \frac{1}{\epsilon_0}Q,$$ 여기서 $Q$은 부피 $V$에 있는 총 전하

등식의 왼편은 발산 정리에 의해

$$\int_V \vec{\nabla} \cdot \vec{E}\, dv = \int_S \vec{E} \cdot d\vec{a}$$

가 되므로

$$\therefore \int_S \vec{E} \cdot d\vec{a} = \frac{Q}{\epsilon_0}$$ (적분형 가우스 법칙)

**예제 1.15**

스토크 정리의 사용 예로서 전자기학의 문제 중 하나를 고려해보자. 점전하 $q$로부터 $r$만큼 떨어진 곳에서의 점전하에 의한 전기장은 $\vec{E} = \frac{1}{4\pi\epsilon_0}\frac{q}{r^2}\hat{r}$로 주어진다. 이 전기장의 curl을 구하세요.

**풀이**

전기장은 전하로부터 떨어진 거리 $r$에 비례하므로 직각 좌표계보다 구면 좌표계를 택하면 문제를 더 간결하게 계산할 수 있다. 구면 좌표계에서 점전하를 둘러싸고 있는 폐경로에 대한 주어진 전기장의 선 적분을 계산해보자.

$$\oint \vec{E} \cdot d\vec{r} = \frac{q}{4\pi\epsilon_0}\oint \frac{\hat{r}}{r^2} \cdot (\hat{r}dr + \hat{\theta}rd\theta + \hat{\phi}r\sin\theta d\phi)^{(4)} = \frac{q}{4\pi\epsilon_0}\oint \frac{1}{r^2}dr$$

$$= -\frac{q}{4\pi\epsilon_0}\left[\frac{1}{r}\right]_{r=r_0}^{r=r_0} = -\frac{q}{4\pi\epsilon_0}\left(\frac{1}{r_0}-\frac{1}{r_0}\right) = 0 \qquad \text{(예-1.15.1)}$$

등식의 왼편은 스토크 정리로부터 $\oint \vec{E}\cdot d\vec{r} = \int (\vec{\nabla}\times\vec{E})\cdot d\vec{a}$이다.

즉, 식 (예-1.15.1)은

$$\int (\vec{\nabla}\times\vec{E})\cdot d\vec{a} = 0$$

가 된다. 모든 면적에 대해 위의 관계식이 항상 성립하려면 피적분함수가 0이 되어야 한다.

$$\therefore\ \vec{\nabla}\times\vec{E} = 0$$

어떤 스칼라 함수 $\phi$의 gradient의 curl은 $\vec{\nabla}\times\vec{\nabla}\phi = 0$[(5)]이 되므로 위의 결과로부터 전기장은 스칼라 함수 $V$의 gradient로 나타낼 수 있다.

$$\therefore\ \vec{E} = -\vec{\nabla}V$$

**예제 1.16**

일반물리에서 폐경로를 따라 물체에 힘이 작용하여 한 일이 $\oint \vec{F}\cdot d\vec{\ell} = 0$일 때, 이 힘은 보존력이라고 배웠다. 어떤 힘이 보존력인지를 판별하는 다른 방법을 스토크 정리를 사용하여 기술하세요.

**풀이**

$\oint \vec{F}\cdot d\vec{\ell} = 0$에 스토크 정리를 적용하면 다음과 같다.

$$\int (\vec{\nabla}\times\vec{F})\cdot d\vec{a} = 0$$

모든 면적에 대해 위의 관계식이 성립하려면 $\vec{\nabla}\times\vec{F} = 0$가 되어야 한다.
즉, $\vec{\nabla}\times\vec{F} = 0$일 때 힘 $\vec{F}$은 보존력이다.

---

(4) 4장에서 $\vec{r} = \hat{r}dr + \hat{\theta}rd\theta + \hat{\phi}r\sin\theta d\phi$을 배운다.

(5) 정리 증명은 《Guardian for Mathematical Physics》 by H. Park, 73쪽을 참고하세요.

## 1.4 곡면 좌표계(curvilinear coordinates)(6)

- $\vec{\nabla}\Psi = \frac{1}{h_1}\frac{\partial\Psi}{\partial q_1}\hat{q_1} + \frac{1}{h_2}\frac{\partial\Psi}{\partial q_2}\hat{q_2} + \frac{1}{h_3}\frac{\partial\Psi}{\partial q_3}\hat{q_3}$
- $\vec{\nabla}\cdot\vec{f} = \frac{1}{h_1h_2h_3}\left[\frac{\partial}{\partial q_1}(h_2h_3f_1) + \frac{\partial}{\partial q_2}(h_3h_1f_2) + \frac{\partial}{\partial q_3}(h_1h_2f_3)\right]$
- $\vec{\nabla}\times\vec{f} = \frac{1}{h_1h_2h_3}\begin{vmatrix} h_1\hat{q_1} & h_2\hat{q_2} & h_3\hat{q_3} \\ \frac{\partial}{\partial q_1} & \frac{\partial}{\partial q_2} & \frac{\partial}{\partial q_3} \\ h_1f_1 & h_2f_2 & h_3f_3 \end{vmatrix}$
- $\nabla^2\Psi = \frac{1}{h_1h_2h_3}\left[\frac{\partial}{\partial q_1}(h_2h_3\frac{1}{h_1}\frac{\partial\Psi}{\partial q_1}) + \frac{\partial}{\partial q_2}(h_3h_1\frac{1}{h_2}\frac{\partial\Psi}{\partial q_2}) + \frac{\partial}{\partial q_3}(h_1h_2\frac{1}{h_3}\frac{\partial\Psi}{\partial q_3})\right]$

직각 좌표계 $(x, y, z)$에서 **척도인자**(scale factor)는 $h_1 = 1$, $h_2 = 1$, $h_3 = 1$

구면 좌표계 $(r, \theta, \phi)$에서 척도인자는 $h_1 = 1$, $h_2 = r$, $h_3 = r\sin\theta$

원통 좌표계 $(s, \phi, z)$에서 척도인자는 $h_1 = 1$, $h_2 = s$, $h_3 = 1$

**예제 1.17**

각 좌표계에서 스칼라 함수 $\Psi$의 gradient를 구하세요.

**풀이**

(a) 직각 좌표계: $h_1 = h_2 = h_3 = 1$, $q_1 = x$, $q_2 = y$, $q_3 = z$

$$\vec{\nabla}\Psi = \frac{\partial\Psi}{\partial x}\hat{x} + \frac{\partial\Psi}{\partial y}\hat{y} + \frac{\partial\Psi}{\partial z}\hat{z}$$

(b) 구면 좌표계: $h_1 = 1$, $h_2 = r$, $h_3 = r\sin\theta$, $q_1 = r$, $q_2 = \theta$, $q_3 = \phi$

$$\vec{\nabla}\Psi = \frac{\partial\Psi}{\partial r}\hat{r} + \frac{1}{r}\frac{\partial\Psi}{\partial\theta}\hat{\theta} + \frac{1}{r\sin\theta}\frac{\partial\Psi}{\partial\phi}\hat{\phi}$$

(c) 원통 좌표계: $h_1 = 1$, $h_2 = s$, $h_3 = 1$, $q_1 = s$, $q_2 = \phi$, $q_3 = z$

$$\vec{\nabla}\Psi = \frac{\partial\Psi}{\partial s}\hat{s} + \frac{1}{s}\frac{\partial\Psi}{\partial\phi}\hat{\phi} + \frac{\partial\Psi}{\partial z}\hat{z}$$

(6) 표에 있는 관계식에 대한 증명은 《Guardian for Mathematical Physics》 by H. Park, 102쪽을 참고하세요.

**예제 1.18**

각 좌표계에서 벡터 함수 $\vec{f}$의 divergence를 구하세요.

**풀이**

(a) 직각 좌표계: $h_1 = h_2 = h_3 = 1$, $q_1 = x$, $q_2 = y$, $q_3 = z$ 그리고 $f_1 = f_x$, $f_2 = f_y$, $f_3 = f_z$

$$\vec{\nabla} \cdot \vec{f} = \frac{\partial f_x}{\partial x} + \frac{\partial f_y}{\partial y} + \frac{\partial f_z}{\partial z}$$

(b) 구면 좌표계: $h_1 = 1$, $h_2 = r$, $h_3 = r\sin\theta$, $q_1 = r$, $q_2 = \theta$, $q_3 = \phi$ 그리고 $f_1 = f_r$, $f_2 = f_\theta$, $f_3 = f_\phi$

$$\begin{aligned}\vec{\nabla} \cdot \vec{f} &= \frac{1}{r^2\sin\theta}\frac{\partial}{\partial r}(r^2\sin\theta f_r) + \frac{1}{r^2\sin\theta}\frac{\partial}{\partial\theta}(r\sin\theta f_\theta) + \frac{1}{r^2\sin\theta}\frac{\partial}{\partial\phi}(rf_\phi) \\ &= \frac{1}{r^2\sin\theta}\left[\sin\theta\frac{\partial}{\partial r}(r^2 f_r) + r\frac{\partial}{\partial\theta}(\sin\theta f_\theta) + r\frac{\partial}{\partial\phi}f_\phi\right]\end{aligned}$$

(c) 원통 좌표계: $h_1 = 1$, $h_2 = s$, $h_3 = 1$, $q_1 = s$, $q_2 = \phi$, $q_3 = z$ 그리고 $f_1 = f_s$, $f_2 = f_\phi$, $f_3 = f_z$

$$\vec{\nabla} \cdot \vec{f} = \frac{1}{s}\left[\frac{\partial}{\partial s}(sf_s) + \frac{\partial}{\partial\phi}f_\phi + \frac{\partial}{\partial z}(sf_z)\right] = \frac{1}{s}\left[\frac{\partial}{\partial s}(sf_s) + \frac{\partial}{\partial\phi}f_\phi + s\frac{\partial}{\partial z}f_z\right]$$

**예제 1.19**

각 좌표계에서 벡터 함수 $\vec{f}$의 curl을 구하세요.

**풀이**

(a) 직각 좌표계: $h_1 = h_2 = h_3 = 1$, $q_1 = x$, $q_2 = y$, $q_3 = z$ 그리고 $f_1 = f_x$, $f_2 = f_y$, $f_3 = f_z$

$$\vec{\nabla} \times \vec{f} = \begin{vmatrix} \hat{x} & \hat{y} & \hat{z} \\ \frac{\partial}{\partial x} & \frac{\partial}{\partial y} & \frac{\partial}{\partial z} \\ f_x & f_y & f_z \end{vmatrix} = \left(\frac{\partial f_z}{\partial y} - \frac{\partial f_y}{\partial z}\right)\hat{x} + \left(\frac{\partial f_x}{\partial z} - \frac{\partial f_z}{\partial x}\right)\hat{y} + \left(\frac{\partial f_y}{\partial x} - \frac{\partial f_x}{\partial y}\right)\hat{z}$$

(b) 구면 좌표계: $h_1 = 1$, $h_2 = r$, $h_3 = r\sin\theta$, $q_1 = r$, $q_2 = \theta$, $q_3 = \phi$ 그리고 $f_1 = f_r$, $f_2 = f_\theta$, $f_3 = f_\phi$

$$\vec{\nabla} \times \vec{f} = \frac{1}{r^2\sin\theta}\begin{vmatrix} \hat{r} & r\hat{\theta} & r\sin\theta\hat{\phi} \\ \frac{\partial}{\partial r} & \frac{\partial}{\partial\theta} & \frac{\partial}{\partial\phi} \\ f_r & rf_\theta & r\sin\theta f_\phi \end{vmatrix}$$

$$= \frac{1}{r^2\sin\theta}\left[\left(\frac{\partial(r\sin\theta f_\phi)}{\partial\theta}-\frac{\partial(rf_\theta)}{\partial\phi}\right)\hat{r}+\left(\frac{\partial f_r}{\partial\phi}-\frac{\partial(r\sin\theta f_\phi)}{\partial r}\right)r\hat{\theta}+\left(\frac{\partial(rf_\theta)}{\partial r}-\frac{\partial f_r}{\partial\theta}\right)r\sin\theta\hat{\phi}\right]$$

$$= \frac{1}{r\sin\theta}\left[\frac{\partial(f_\phi\sin\theta)}{\partial\theta}-\frac{\partial f_\theta}{\partial\phi}\right]\hat{r}+\frac{1}{r\sin\theta}\left[\frac{\partial f_r}{\partial\phi}-\sin\theta\frac{\partial(rf_\phi)}{\partial r}\right]\hat{\theta}+\frac{1}{r}\left[\frac{\partial(rf_\theta)}{\partial r}-\frac{\partial f_r}{\partial\theta}\right]\hat{\phi}$$

(c) 원통 좌표계: $h_1=1$, $h_2=s$, $h_3=1$, $q_1=s$, $q_2=\phi$, $q_3=z$ 그리고 $f_1=f_s$, $f_2=f_\phi$, $f_3=f_z$

$$\vec{\nabla}\times\vec{f}=\frac{1}{s}\begin{vmatrix}\hat{s} & s\hat{\phi} & \hat{z}\\ \frac{\partial}{\partial s} & \frac{\partial}{\partial\phi} & \frac{\partial}{\partial z}\\ f_s & sf_\phi & f_z\end{vmatrix}$$

$$=\frac{1}{\rho}\left[\left(\frac{\partial f_z}{\partial\phi}-\frac{\partial(\rho f_\phi)}{\partial z}\right)\hat{\rho}+\left(\frac{\partial f_\rho}{\partial z}-\frac{\partial f_z}{\partial\rho}\right)\rho\hat{\phi}+\left(\frac{\partial(\rho f_\phi)}{\partial\rho}-\frac{\partial f_\rho}{\partial\phi}\right)\hat{z}\right]$$

$$=\left(\frac{1}{\rho}\frac{\partial f_z}{\partial\phi}-\frac{\partial f_\phi}{\partial z}\right)\hat{\rho}+\left(\frac{\partial f_\rho}{\partial z}-\frac{\partial f_z}{\partial\rho}\right)\hat{\phi}+\frac{1}{\rho}\left(\frac{\partial(\rho f_\phi)}{\partial\rho}-\frac{\partial f_\rho}{\partial\phi}\right)\hat{z}$$

**예제 1.20**

각 좌표계에서 스칼라 함수 $\Psi$의 라플라시안을 구하세요.

**풀이**

(a) 직각 좌표계: $h_1=h_2=h_3=1$ 그리고 $q_1=x$, $q_2=y$, $q_3=z$

$$\nabla^2\Psi=\frac{\partial}{\partial x}\left(\frac{\partial\Psi}{\partial x}\right)+\frac{\partial}{\partial y}\left(\frac{\partial\Psi}{\partial y}\right)+\frac{\partial}{\partial z}\left(\frac{\partial\Psi}{\partial z}\right)=\frac{\partial^2\Psi}{\partial x^2}+\frac{\partial^2\Psi}{\partial y^2}+\frac{\partial^2\Psi}{\partial z^2}$$

(b) 구면 좌표계: $h_1=1$, $h_2=r$, $h_3=r\sin\theta$ 그리고 $q_1=r$, $q_2=\theta$, $q_3=\phi$

$$\nabla^2\Psi=\frac{1}{r^2\sin\theta}\left[\frac{\partial}{\partial r}\left(r^2\sin\theta\frac{\partial\Psi}{\partial r}\right)+\frac{\partial}{\partial\theta}\left(\sin\theta\frac{\partial\Psi}{\partial\theta}\right)+\frac{\partial}{\partial\phi}\left(\frac{1}{\sin\theta}\frac{\partial\Psi}{\partial\phi}\right)\right]$$

$$=\frac{1}{r^2}\frac{\partial}{\partial r}\left(r^2\frac{\partial\Psi}{\partial r}\right)+\frac{1}{r^2\sin\theta}\frac{\partial}{\partial\theta}\left(\sin\theta\frac{\partial\Psi}{\partial\theta}\right)+\frac{1}{r^2\sin^2\theta}\frac{\partial^2\Psi}{\partial\phi^2}$$

(c) 원통 좌표계: $h_1=1$, $h_2=s$, $h_3=1$ 그리고 $q_1=s$, $q_2=\phi$, $q_3=z$

$$\nabla^2\Psi=\frac{1}{s}\left[\frac{\partial}{\partial s}\left(s\frac{\partial\Psi}{\partial s}\right)+\frac{\partial}{\partial\phi}\left(\frac{1}{s}\frac{\partial\Psi}{\partial\phi}\right)+\frac{\partial}{\partial z}\left(s\frac{\partial\Psi}{\partial z}\right)\right]=\frac{1}{s}\frac{\partial}{\partial s}\left(s\frac{\partial\Psi}{\partial s}\right)+\frac{1}{s^2}\frac{\partial^2\Psi}{\partial\phi^2}+\frac{\partial^2\Psi}{\partial z^2}$$

## 1.5 특수함수

구면 좌표계에서 **라플라스 방정식**($\nabla^2 \Psi = 0$)을 계산하면 나오는 **르장드르**(Legendre) **미분방정식**(7)은 다음과 같은 이차 상미분방정식이다.

$$[(1-x^2)\frac{d^2}{dx^2} - 2x\frac{d}{dx} - \frac{m^2}{1-x^2} + \ell(\ell+1)]P(x) = 0,$$

여기서 $m$과 $\ell$은 상수이다.

$m=0$일 때의 미분방정식의 解를 차수가 $\ell$인 **르장드르 다항식**(polynomials) $P_\ell(x)$이라 하고 $m \neq 0$일 때의 解를 **연관**(associated) **르장드르 함수** $P_\ell^m(x)$라 한다.

- 차수가 $\ell$인 르장드르 다항식

$$P_\ell(x) = \frac{1}{2^\ell}\sum_{k=0}^{[\frac{\ell}{2}]}\frac{(-1)^k(2\ell-2k)!}{k!(\ell-k)!(\ell-2k)!}x^{\ell-2k} = \frac{1}{2^\ell}\sum_{k=0}^{[\frac{\ell}{2}]}\frac{(-1)^k}{k!(\ell-k)!}\frac{d^\ell}{dx^\ell}x^{2\ell-2k}$$

여기서 $k=0,1,\ 2,\ \cdots\cdots,\ [\frac{\ell}{2}]$

$$[\frac{\ell}{2}] = \begin{cases} \frac{\ell}{2}, & \text{짝수 } \ell\text{인 경우} \\ \frac{\ell-1}{2}, & \text{홀수 } \ell\text{인 경우} \end{cases}$$

- 르장드르 다항식의 직교성

$$\int_{-1}^{1} P_\ell(x)P_{\ell'}(x)dx = \frac{2}{2\ell+1}\delta_{\ell\ell'}$$

- 르장드르 다항식의 일반식인 로드리게스 공식(Rodrigues' formula)

$$P_\ell(x) = \frac{1}{2^\ell \ell!}\frac{d^\ell}{dx^\ell}(x^2-1)^\ell$$

(7) 미분방정식 및 解를 구하는 과정 그리고 르장드르 다항식 및 함수의 성질 등은《Guardian for Mathematical Physics》by H. Park, 7장 2절을 참고하세요.

- 연관 르장드르 함수

$$P_\ell^m(x) = (1-x^2)^{\frac{m}{2}} \frac{d^m}{dx^m} P_\ell(x)$$

- 연관 르장드르 함수의 직교성

$$\int_{-1}^{1} P_\ell^m(x) P_{\ell'}^m(x) dx = \frac{2}{2\ell+1} \frac{(\ell+m)!}{(\ell-m)!} \delta_{\ell\ell'}$$

- 양수 그리고 음수 $m$ 값에 관한 연관 르장드르 함수 사이의 관계식

$$\frac{P_\ell^{-m}(x)}{P_\ell^m(x)} = (-1)^m \frac{(\ell-m)!}{(\ell+m)!}$$

- 구면 조화함수(spherical harmonics)

$$Y_{\ell m}(\theta,\phi) = (-1)^m \sqrt{\frac{2\ell+1}{4\pi} \frac{(\ell-m)!}{(\ell+m)!}}\, P_\ell^m(\cos\theta) e^{im\phi}$$

$$Y_{\ell,-|m|}(\theta,\phi) = (-1)^m Y_{\ell|m|}^*(\theta,\phi)$$

자주 사용하는 작은 수의 $\ell$에 대한 르장드르 다항식은 다음과 같다.

$$P_0(x) = \frac{1}{2^0 0!} \frac{d^0}{dx^0}(x^2-1)^0 = 1$$

$$P_1(x) = \frac{1}{2^1 1!} \frac{d}{dx}(x^2-1) = \frac{1}{2}(2x) = x$$

$$P_2(x) = \frac{1}{2^2 2!} \frac{d^2}{dx^2}(x^2-1)^2 = \frac{1}{8}(2x^2-4) = \frac{1}{2}(3x^2-1)$$

$$P_3(x) = \frac{1}{2^3 3!} \frac{d^3}{dx^3}(x^2-1)^3 = \frac{1}{2}(5x^3-3x)$$

원통 좌표계에서 라플라스 방정식을 계산하면 나오는 **베셀**(Bessel) **미분방정식**(8)은 다음과 같은 이차 상미분방정식이다.

(8) 미분방정식 및 解를 구하는 과정 등은 《Guardian for Mathematical Physics》 by H. Park, 7장 3절을 참고하세요.

$$x^2 \frac{d^2y(x)}{dx^2} + x\frac{dy(x)}{dx} + (x^2-\nu^2)y(x) = 0, \quad \text{여기서 } \nu \geq 0$$

차수 $\nu$의 베셀 함수 $J_\nu(x)$을 解로 갖는다.

- 베셀 미분방정식의 解

(i) $\nu$가 정수가 아니면

$J_\nu(x)$와 $J_{-\nu}(x)$은 독립적인 解이므로 베셀 미분방정식의 解는

$$y(x) = A_1 J_\nu(x) + A_2 J_{-\nu}(x)$$

이다.

(ii) $\nu$가 정수이면

$J_{-\nu}(x) = (-1)^\nu J_\nu(x)$의 관계성을 가지므로 선형적으로 독립적인 다른 解가 필요하고, 이 解가 바로 노이만(Neumann) 함수 $N_\nu(x)$ 또는 $Y_\nu(x)$이다. 그때 베셀 미분방정식의 解는

$$y(x) = B_1 J_\nu(x) + B_2 N_\nu(x)$$

가 된다.

여기서 $J_\nu(x) = \sum_{k=0}^{\infty} \frac{(-1)^k}{k!\Gamma(\nu+k+1)}\left(\frac{x}{2}\right)^{\nu+2k}$ (차수 $\nu$인 1종 베셀 함수),

$$N_\nu(x) = Y_\nu(x) = \frac{J_\nu(x)\cos\nu\pi - J_{-\nu}(x)}{\sin\nu\pi}$$

(차수 $\nu$인 2종 베셀 함수 또는 노이만(웨버, Weber) 함수)

## 1.6 테일러(Taylor) 급수전개(9)

물리 문제를 근사적으로 다루는 데 매우 유용한 방법인 테일러 전개는 임의의 함수를 도함수들의 한 점에서의 값과 다항식 곱의 무한 합으로 함수를 나타내는 방법이다.

(9) 증명과 유도 등은 《Guardian for Mathematical Physics》 by H. Park, 5장 2절을 참고하세요.

- $f(x+a)=\sum_{n=0}^{\infty}\frac{(x-a)^n}{n!}f^{(n)}(a)$, 테일러 급수전개
- $f(x)=\sum_{n=0}^{\infty}\frac{x^n}{n!}f^{(n)}(0)$, 맥클로린(Maclaurin) 급수전개

## 1.7 디락 델타(Dirac delta)함수

물리학자 Dirac이 양자역학을 연구하기 위해서 고안한 초함수인 델타함수는 다음과 같이 정의된다.

- $\delta(x)=\begin{cases}0, & x\neq 0 \text{일 때} \\ \infty, & x=0 \text{ 일 때}\end{cases}$

  그리고

$$\int_{-\infty}^{\infty}\delta(x)dx=1$$

델타함수의 중요한 몇 가지 성질[(10)]은 다음과 같다.

(i) $\int_{-\infty}^{\infty}\delta(x)f(x)dx=f(0)\int_{-\infty}^{\infty}\delta(x)dx=f(0)$

(ii) $\int_{-\infty}^{\infty}\delta(x-x')f(x)dx=f(x')$

(iii) $\delta(-x)=\delta(x)$

(iv) $\delta(ax)=\frac{1}{|a|}\delta(x)$, 여기서 $a$는 실수

(v) $\delta(x^2-a^2)=\frac{1}{2|a|}[\delta(x-a)+\delta(x+a)]$

(10) 관계식의 증명은 《Guardian for Mathematical Physics》 by H. Park, 1장 8절을 참고하세요.

**예제 1.21**

전기장과 전기력 등과 같은 힘과 관련된 물리량은 근원으로부터 떨어진 거리 $r$의 역자승에 비례하는 경우가 많다. 함수가 $\vec{F}=\frac{1}{r^2}\hat{r}$일 때, 이 함수의 divergence를 구하세요.

**풀이**

$$\vec{\nabla}\cdot\left(\frac{1}{r^2}\hat{r}\right)=\frac{1}{r^2}\frac{\partial}{\partial r}\left(r^2\frac{1}{r^2}\right)=\frac{1}{r^2}\frac{\partial}{\partial r}(1)=0 \quad \text{[(예제 1.18)의 풀이를 참고하세요.]}$$

$$\Rightarrow \int\vec{\nabla}\cdot\left(\frac{1}{r^2}\hat{r}\right)dv=0 \tag{예-1.21.1}$$

반면에 위 식의 왼편에 발산 정리를 적용하여 반경 $r$인 구에 대해 면 적분을 취하면 다음과 같다.

$$\int\vec{\nabla}\cdot\left(\frac{1}{r^2}\hat{r}\right)dv=\int\left(\frac{1}{r^2}\hat{r}\right)\cdot d\vec{a}=\int_{\phi=0}^{2\pi}\int_{\theta=0}^{\pi}\left(\frac{1}{r^2}\hat{r}\right)\cdot(\hat{r}r^2\sin\theta d\theta d\phi)$$

$$=\int_{\phi=0}^{2\pi}\int_{\theta=0}^{\pi}\sin\theta d\theta d\phi=\int_0^{2\pi}d\phi\int_0^{\pi}\sin\theta d\theta=4\pi$$

이는 $\vec{F}=\frac{1}{r^2}\hat{r}$의 발산에 대한 체적 적분인 식 (예-1.21.1)과 모순된 결과이다. 이러한 문제점을 해결하기 위해서 원점에서만 $\vec{F}$의 발산이 값을 가진다고 정의하면 디락 델타함수를 사용하여 $\vec{F}$의 발산을 다음과 같이 표현할 수 있다.

$$\vec{\nabla}\cdot\left(\frac{\hat{r}}{r^2}\right)=4\pi\delta^3(\vec{r}) \tag{예-1.21.2}$$

그리고 $\vec{\nabla}\left(\frac{1}{r}\right)=\hat{r}\frac{\partial}{\partial r}\left(\frac{1}{r}\right)=-\frac{\hat{r}}{r^2}$이므로

$$\nabla^2\left(\frac{1}{r}\right)=\vec{\nabla}\cdot\vec{\nabla}\left(\frac{1}{r}\right)=\vec{\nabla}\cdot\left(-\frac{\hat{r}}{r^2}\right)=-\vec{\nabla}\cdot\left(\frac{\hat{r}}{r^2}\right)=-4\pi\delta^3(\vec{r}) \quad [\because \text{(예-1.21.2)로부터}]$$

$$\therefore \nabla^2\left(\frac{1}{r}\right)=-4\pi\delta^3(\vec{r})$$

을 얻을 수 있다.

디락 델타함수와 관계가 있는 이들 결과를 정리하면 다음과 같다.

- $\vec{\nabla}\cdot\left(\frac{\hat{r}}{r^2}\right)=4\pi\delta^3(\vec{r})$
- $\nabla^2\left(\frac{1}{r}\right)=-4\pi\delta^3(\vec{r})$

CHAPTER 2

# 정전기학

이 장에서는 전하들이 시간이 흘러도 변하지 않는 정적인 상태에 있을 때 그 전하들에 의한 전기 현상인 정전기학에 대해 살펴본다.

- 쿨롱 법칙: $\vec{F} = \frac{1}{4\pi\epsilon_0}\frac{q_1 q_2}{r^2}\hat{r}$
- 전기력 $\vec{F}_E$과 전기장 $\vec{E}$와의 관계식 $\vec{F}_E = q_0\vec{E}$
- 전기 선속: $\Phi_E = \oint \vec{E}\cdot d\vec{a}$
- (적분형) 가우스 법칙: $\oint \vec{E}\cdot d\vec{a} = \frac{q_{알짜}}{\epsilon_0}$

  여기서 $q_{알짜}$은 가우스 면 안에 있는 총 전하량이다.

  (미분형) 가우스 법칙: $\vec{\nabla}\cdot\vec{E} = \frac{\rho}{\epsilon_0}$
- 전기장 $\vec{E}$과 스칼라 포텐셜(전위) $V$와의 관계식: $\vec{E} = -\vec{\nabla}V$
- $\begin{cases} \nabla^2 V = 0: \text{라플라스(Laplace) 방정식} \\ \nabla^2 V = -\frac{\rho}{\epsilon_0}: \text{포아송(Poisson) 방정식} \end{cases}$

## 2.1 전기장

거리 $r$만큼 떨어져 있는 점전하[11] $q_1$과 점전하 $q_2$ 사이에 작용하는 힘은 국제표준단위계에서 다음과 같은 **쿨롱 법칙**에 의해 기술된다[12].

$$\vec{F} = \frac{1}{4\pi\epsilon_0}\frac{q_1 q_2}{r^2}\hat{r} \tag{2.1.1}$$

여기서 $\epsilon_0$은 진공에서의 유전율(permittivity), $r$은 두 전하 사이의 떨어져 있는 거리이며 $\hat{r}$은 두 전하를 잇는 바깥 방향을 향하는 단위벡터이다. 예를 들어, 점전하 $q_2$에 의해 점전하 $q_1$에 작용하는 힘의 경우 $\hat{r}$은 $q_2$로부터 $q_1$을 향하는 방향이 되고, 점전하 $q_1$에 의해 $q_2$에 작용하는 힘은 그 반대 방향이다. 식 (2.1.1)로부터 두 전하의 부호가 같다면 척력이 작용하고, 다르다면 인력이 작용하게 됨을 알 수 있다. 즉, 쿨롱 법칙은 하전입자들 사이의 전기적 힘인 정전기력에 관한 법칙이다. 국제표준단위계에서 힘의 단위는 N(Newton), 전하의 단위는 C(Coulomb) 그리고 $\epsilon_0 = 8.85\times 10^{-12}\dfrac{\mathrm{C}^2}{\mathrm{N\cdot m^2}}$[13] 이다. 그러면 $\dfrac{1}{4\pi\epsilon_0} \approx 9\times 10^9\dfrac{\mathrm{N\cdot m^2}}{\mathrm{C}^2}$이다.

여러 점전하와 시험전하 $q_0$로 이루어진 계에서 점전하들과 시험전하 사이에 작용하는 힘은 각 점전하와 시험전하 사이에 작용하는 전기력인 식 (2.1.1)의 쿨롱 힘에 중첩원리를 적용하여 합력을 구하면 된다. 즉,

$$\begin{aligned}\vec{F} &= \frac{1}{4\pi\epsilon_0}\frac{q_1 q_0}{r_1^2}\hat{r}_1 + \frac{1}{4\pi\epsilon_0}\frac{q_2 q_0}{r_2^2}\hat{r}_2 + \frac{1}{4\pi\epsilon_0}\frac{q_3 q_0}{r_3^2}\hat{r}_3 + \cdots\cdots \\ &= q_0\frac{1}{4\pi\epsilon_0}\left(\frac{q_1}{r_1^2}\hat{r}_1 + \frac{q_2}{r_2^2}\hat{r}_2 + \frac{q_3}{r_3^2}\hat{r}_3 + \cdots\cdots\right)\end{aligned}$$

---

(11) 점전하는 전하량만 갖고 공간을 차지하는 크기(즉, 부피)가 없는 이론적인 가상 전하이다.

(12) SI 단위계에서 식 (2.1.1)은 주어진다. cgs 단위계에서는 상수 $1/(4\pi\epsilon_0)$ 항은 없다.

(13) $\vec{F} = q\vec{E}$의 식으로부터 단위는 $\mathrm{N} = \mathrm{C}\dfrac{\mathrm{V}}{\mathrm{m}}$의 관계에 있기 때문에 유전율 단위는 $\dfrac{\mathrm{C}^2}{\mathrm{m}^2}\dfrac{\mathrm{m}}{\mathrm{C\cdot V}} = \dfrac{\mathrm{C}}{\mathrm{mV}}$이다. 그리고 관계식 $C = \dfrac{Q}{V}$로부터 단위는 $\mathrm{F(Farad)} = \dfrac{\mathrm{C}}{\mathrm{V(Volt)}}$의 관계를 갖기 때문에 유전율 단위는 $\dfrac{\mathrm{C}^2}{\mathrm{m}^2}\dfrac{\mathrm{m}}{\mathrm{C\cdot V}} = \dfrac{\mathrm{C}}{\mathrm{mV}} = \dfrac{\mathrm{F}}{\mathrm{m}}$로도 표현될 수 있다.

$$= \frac{q_0}{4\pi\epsilon_0}\sum_i \frac{q_i}{r_i^2}\hat{r}_i \tag{2.1.2}$$

로 나타낼 수 있다.

점전하에 의한 전기장을 $\overrightarrow{E}$라고 하면 이 전기장에 의해 시험전하 $q_0$에 작용하는 전기력은

$$\overrightarrow{F} = q_0\overrightarrow{E} \tag{2.1.3}$$

이다. 식 (2.1.2)와 (2.1.3)을 비교해보면 점전하들이 의한 전기장은 다음과 같이 표현됨을 알 수 있다.

$$\begin{aligned}\overrightarrow{E} &= \frac{1}{4\pi\epsilon_0}\frac{q_1}{r_1^2}\hat{r}_1 + \frac{1}{4\pi\epsilon_0}\frac{q_2}{r_2^2}\hat{r}_2 + \frac{1}{4\pi\epsilon_0}\frac{q_3}{r_3^2}\hat{r}_3 + \cdots\cdots \\ &= \frac{1}{4\pi\epsilon_0}\sum_i \frac{q_i}{r_i^2}\hat{r}_i\end{aligned}$$

즉, 하나의 점전하 $q$에 의해 $r$만큼 떨어진 곳에서의 전기장은

$$\overrightarrow{E} = \frac{1}{4\pi\epsilon_0}\frac{q}{r^2}\hat{r} \tag{2.1.4}$$

로 주어진다.

전기장의 단위는 N/C 또는 전위를 배우는 절에서 다루겠지만 V/m 로도 전기장 단위를 나타낼 수도 있다.

**예제 2.1**

전하량은 같고 전하부호가 반대인 두 전하가 일정한 거리 $2a$만큼 떨어져 있는 **전기 쌍극자**의 경우, $y-$축상에 있는 관측점 $P$에서의 전기장을 구하세요.

**풀이**

$+q$와 $-q$에 의한 $y-$축상의 관측점 $P$에서의 전기장을 각각 $\overrightarrow{E_1}$과 $\overrightarrow{E_2}$라고 하면 두 전기장의 $y-$성분은 크기가 같고 방향이 반대이다. 따라서 서로 상쇄되어 그림에서 나타낸 것과 같이 두 전기장의 $x-$성분만 살아남는다.

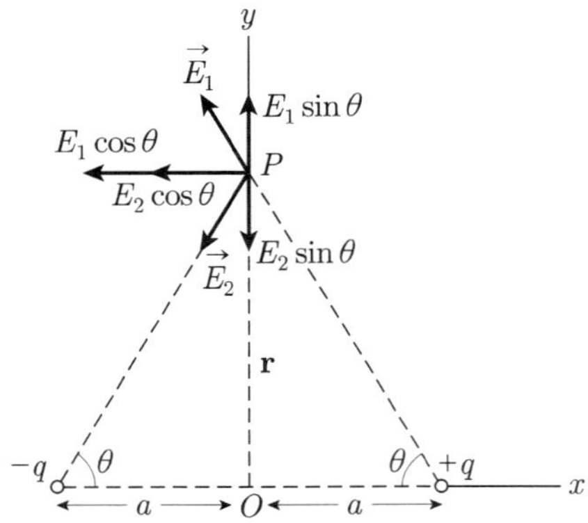


**그림 2.1**

그러므로 $y-$축상에 있는 관측점 $P$에서의 전기장은

$$E_x = E_1 \cos\theta + E_2 \cos\theta = \frac{1}{4\pi\epsilon_0} \frac{q}{r^2+a^2} \cos\theta + \frac{1}{4\pi\epsilon_0} \frac{q}{r^2+a^2} \cos\theta$$

$$= 2\frac{1}{4\pi\epsilon_0} \frac{q}{r^2+a^2} \frac{a}{\sqrt{r^2+a^2}} = \frac{1}{4\pi\epsilon_0} \frac{q(2a)}{(r^2+a^2)^{\frac{3}{2}}} \quad \text{(예−2.1.1)}$$

이다. 전기장을 측정하는 지점이 $r \gg a$인 경우 위 식의 분모에 테일러 전개를 사용하면

$$(r^2+a^2)^{\frac{3}{2}} = r^3\left(1+\frac{a^2}{r^2}\right)^{\frac{3}{2}} = r^3\left(1+\frac{3}{2}\frac{a^2}{r^2}+\cdots\cdots\right) \approx r^3$$

이므로 식 (예−2.1.1)은 다음과 같이 된다.

$$\vec{E} = -\frac{1}{4\pi\epsilon_0} \frac{q(2a)}{r^3} \hat{x} \quad \text{(예−2.1.2)}$$

**전기 쌍극자 모멘트** $\vec{p}$은 $\vec{p} = q\vec{d}$로 정의된다. 여기서 $\vec{d}$은 크기가 두 전하 사이의 떨어져 있는 거리인 $d$이고, 방향은 음전하로부터 양전하를 가리키는 방향으로 정의된다. 그러면 식 (예−2.1.2)를 전기 쌍극자 모멘트로 다음과 같이 표현할 수 있다.

$$\vec{E} = -\frac{1}{4\pi\epsilon_0} \frac{\vec{p}}{r^3} \quad \text{(예−2.1.3)}$$

전기 쌍극자에 의한 전기장이 역자승에 비례하는 것이 아니라 $r^3$에 반비례함을 주목하자.

전하분포가 연속적인 경우 식 (2.1.4)는 다음과 같이 적분형태로 표현된다.

$$\vec{E} = \frac{1}{4\pi\epsilon_0}\int \frac{dq}{r^2}\hat{r} \tag{2.1.5}$$

여기서 전하분포는

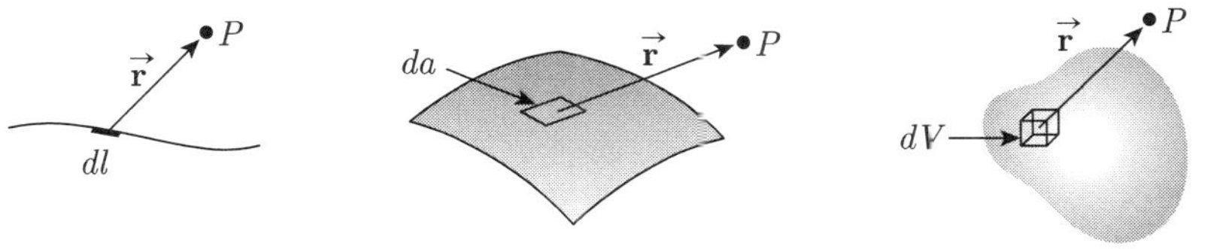


(a) 선 전하밀도, $\lambda$ (b) 면 전하밀도, $\sigma$ (c) 부피 전하밀도, $\rho$

**그림 2.2**

일반적으로 전하밀도 분포의 차원에 따라 다음과 같은 기호로 표현된다.

$$dq = \begin{cases} \lambda d\ell, \ \lambda\text{는 단위 길이당 전하} = \text{선 전하밀도} \\ \sigma da, \ \sigma\text{는 단위 면적당 전하} = \text{면 전하밀도} \\ \rho dV, \ \rho\text{는 단위 부피당 전하} = \text{부피 전하밀도} \end{cases}$$

이제 연속적인 전하분포를 갖는 경우에 식 (2.1.5)를 이용하여 전기장을 구하는 예제들을 살펴보자.

**예제 2.2**

전하분포가 1차원인 문제로, 원점으로부터 $d$만큼 떨어져 있는 길이가 $\ell$인 막대가 $q$로 균일하게 대전되어 있을 때 막대에 의한 원점에서의 전기장을 구하세요. 여기서 선 전하밀도는 $\lambda$라 가정한다.

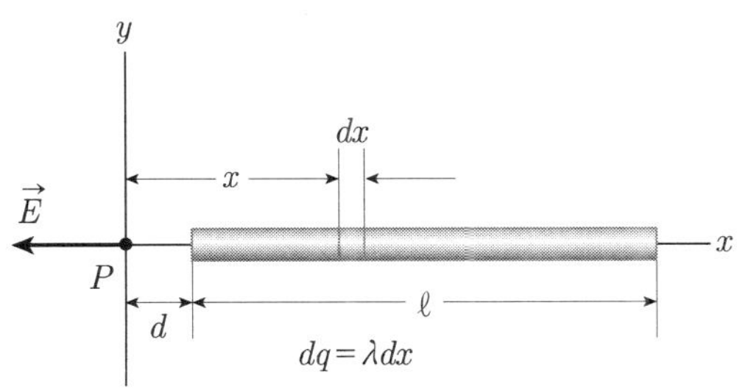


**그림 2.3**

**풀이**

$$E = \frac{1}{4\pi\epsilon_0}\int_d^{d+\ell}\frac{dq}{x^2} = \frac{1}{4\pi\epsilon_0}\int_d^{d+\ell}\frac{\lambda dx}{x^2} = \frac{\lambda}{4\pi\epsilon_0}\int_d^{d+\ell}\frac{dx}{x^2} = -\frac{\lambda}{4\pi\epsilon_0}\left[\frac{1}{x}\right]_d^{d+\ell}$$
$$= \frac{\lambda}{4\pi\epsilon_0}\left(\frac{1}{d}-\frac{1}{d+\ell}\right) = \frac{\lambda}{4\pi\epsilon_0}\frac{\ell}{d(d+\ell)} = \frac{q/\ell}{4\pi\epsilon_0}\frac{\ell}{d(d+\ell)} = \frac{q}{4\pi\epsilon_0}\frac{1}{d(d+\ell)}$$

멀리 떨어져 있는 관측 지점($d \gg \ell$)에서는 $d(d+\ell) = d^2+\ell d \approx d^2$이므로 위 식은

$$E \approx \frac{q}{4\pi\epsilon_0 d^2}$$

이다.

대전된 막대의 길이에 비해 아주 멀리 떨어져 있는 지점에서 전하에 의한 전기장은 점전하 $q$에 의한 전기장과 같은 결과를 준다.

**예제 2.3**

2차원으로 전하가 분포한 문제로서 총 전하 $q$로 균일하게 대전된 반경이 $a$인 원형 고리에 의한 전기장을 원형 고리 중심축상에서 고리의 중심으로부터 $x$만큼 떨어져 있는 곳인 $P$에서 구하세요.

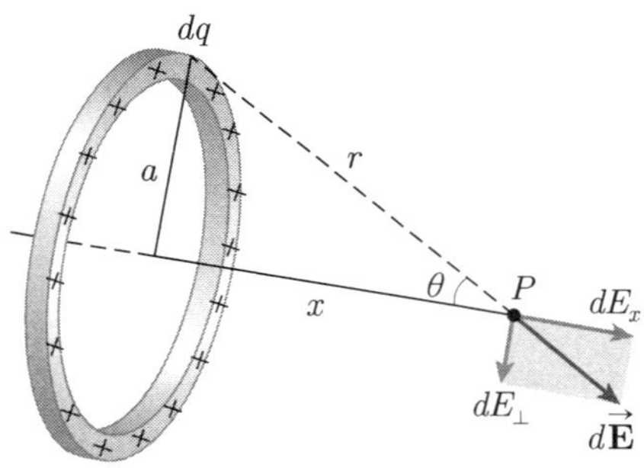


그림 2.4

**풀이**

대전된 원형 고리의 대칭성에 의해 측정지점 $P$에서는 전기장의 $x-$축에 수직인 성분은 모두 서로 상쇄되고 그림에서 보이는 것과 같이 $x-$성분만 살아남는다. 그때 원형 고리에 대전되어 있는 미소전하 $dq$에 의한 $P$에서의 전기장은

$$dE_x = dE\cos\theta = \frac{1}{4\pi\epsilon_0}\frac{dq}{r^2}\cos\theta = \frac{1}{4\pi\epsilon_0}\frac{dq}{r^2}\frac{x}{r} = \frac{dq}{4\pi\epsilon_0}\frac{x}{r^3} = \frac{dq}{4\pi\epsilon_0}\frac{x}{(x^2+a^2)^{\frac{3}{2}}}$$

이다. 그러므로 $q$로 균일하게 대전된 원형 고리에 의한 $P$에서의 전기장은 모든 전하를 고려해서 미소전하에 의한 전기장을 적분하면 되므로

$$E = \int dE_x = \int \frac{dq}{4\pi\epsilon_0} \frac{x}{(x^2+a^2)^{\frac{3}{2}}} = \frac{1}{4\pi\epsilon_0} \frac{x}{(x^2+a^2)^{\frac{3}{2}}} \int dq$$

$$= \frac{1}{4\pi\epsilon_0} \frac{x}{(x^2+a^2)^{\frac{3}{2}}} q \qquad (\text{예}-2.3.1)$$

$$\therefore \ \vec{E} = \frac{q}{4\pi\epsilon_0} \frac{x}{(x^2+a^2)^{\frac{3}{2}}} \hat{x}$$

가 된다.

그러면 멀리 떨어져 있는 곳($x \gg a$)에서의 전기장은 다음과 같다.

$$\vec{E} \approx \frac{q}{4\pi\epsilon_0} \frac{x}{x^3} \hat{x} = \frac{q}{4\pi\epsilon_0 x^2} \hat{x}$$

이는 점전하 $q$로부터 $x$만큼 떨어진 곳에서의 점전하 $q$에 의한 전기장과 같은 결과이다.

**예제 2.4**

2차원의 문제로서 균일하게 $q$로 대전된 반경이 $a$인 원판에 의한 전기장을 원판의 중심 축상에서 원판의 중심으로부터 $x$만큼 떨어져 있는 관측점 $P$에서 구하세요.

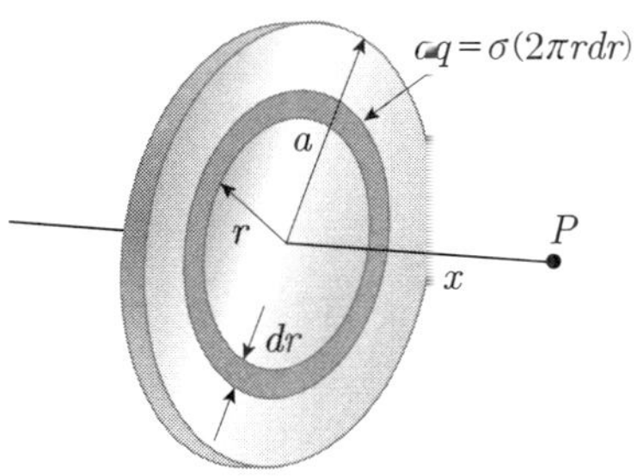


**그림 2.5**

**풀이**

대전된 원판은 대전된 많은 원형 고리로 이루어져 있다고 볼 수 있기 때문에 [예제 2.3]의 원형 고리에 의한 전기장 결과를 사용할 수 있다. 반경이 $r$인 $dq$로 대전된 원형 고리에 의한 중심축상에서 고리 중심으로부터 $x$만큼 떨어진 곳에서의 전기장은 식 (예-2.3.1)로부터

$$dE = \frac{1}{4\pi\epsilon_0}\frac{x}{(x^2+r^2)^{\frac{3}{2}}}dq = \frac{1}{4\pi\epsilon_0}\frac{x}{(x^2+r^2)^{\frac{3}{2}}}(\sigma 2\pi r dr)$$

가 된다. 여기서 $\sigma$은 면 전하밀도이며 $2\pi r dr$은 $dq$로 대전된 원형 고리의 면적이다. 원판에 의한 전기장은 위 식을 적분하면 되므로

$$E = \int dE = \int \frac{1}{4\pi\epsilon_0}\frac{x}{(x^2+r^2)^{\frac{3}{2}}}(\sigma 2\pi r dr)$$
$$= \frac{2\pi\sigma}{4\pi\epsilon_0}x\int_0^a \frac{r}{(x^2+r^2)^{\frac{3}{2}}}dr$$

이다.

여기서 $x^2+r^2=y^2$로 놓으면 $rdr=ydy$가 되어 위 식은

$$E = \frac{2\pi\sigma}{4\pi\epsilon_0}x\int_x^{\sqrt{x^2+a^2}}\frac{y}{y^3}dy = \frac{2\pi\sigma}{4\pi\epsilon_0}x\int_x^{\sqrt{x^2+a^2}}\frac{dy}{y^2}$$
$$= \frac{2\pi\sigma}{4\pi\epsilon_0}x\left[-\frac{1}{y}\right]_x^{\sqrt{x^2+a^2}} = \frac{2\pi\sigma}{4\pi\epsilon_0}x\left(\frac{1}{x}-\frac{1}{\sqrt{x^2+a^2}}\right)$$
$$= \frac{2\pi\sigma}{4\pi\epsilon_0}\left(1-\frac{x}{\sqrt{x^2+a^2}}\right) = \frac{2\pi}{4\pi\epsilon_0}\left(\frac{q}{\pi a^2}\right)\left(1-\frac{x}{\sqrt{x^2+a^2}}\right)$$

$$\therefore\ E = \frac{q}{2\pi\epsilon_0 a^2}\left(1-\frac{x}{\sqrt{x^2+a^2}}\right)$$

가 된다.

균일하게 대전되어 있는 면 전하밀도 $\sigma$을 갖는 무한히 큰 평면인 경우는 면 전하밀도가 $q/\pi a^2$로 표현되지 않고 $a \gg x$에 해당하므로 위 식은 다음과 같이 된다.

$$E = \frac{2\pi\sigma}{4\pi\epsilon_0}(1-\frac{x}{\sqrt{x^2+a^2}}) = \frac{\sigma}{2\epsilon_0}(1-\frac{x}{\sqrt{x^2+a^2}})$$
$$\approx \frac{\sigma}{2\epsilon_0}(1-\frac{x}{a}) \approx \frac{\sigma}{2\epsilon_0}$$

이는 무한히 큰 대전된 평면에 의한 전기장은 평면에서 떨어진 거리에 관계없이 일정하다는 것을 보여주는 결과로서, 우리가 뒤에서 배울 가우스 법칙을 무한히 큰 대전된 평면에 적용하여 얻은 결과와 같은 결과임을 알게 될 것이다.

**예제 2.5**

선 전하밀도가 $\lambda$이며 길이가 $2\ell$인 균일하게 대전되어 있는 도선의 중심에서 수직인 방향으로 $y$만큼 떨어진 지점인 $P$에서의 전기장을 구하세요.

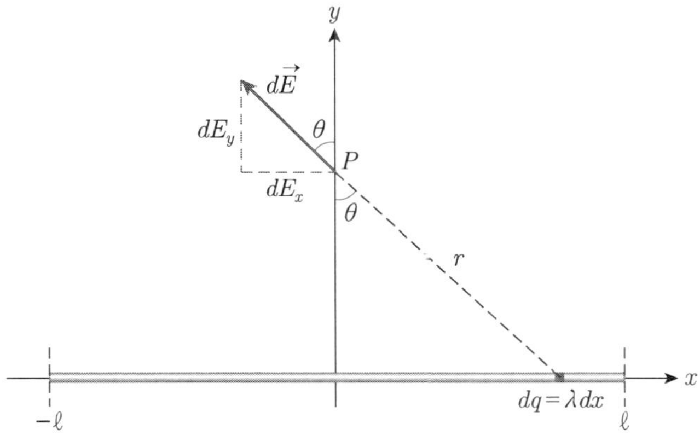


**그림 2.6**

**풀이**

도선의 중심에서 수직인 방향에 있는 $P$ 지점에서 $x-$축에 있는 전하에 의한 전기장의 $x-$성분은 도선 중심에 관해 대칭이므로 서로 상쇄되고 $y-$성분만 살아남는다. $x-$축의 미소길이 $dx$에 있는 미소전하 $dq$에 의한 $y-$축의 $P$ 지점에서의 전기장은 다음과 같다.

$$dE_y = 2\,dE\,\cos\theta = 2\frac{1}{4\pi\epsilon_0}\frac{dq}{(x^2+y^2)}\cos\theta$$

$$= 2\frac{1}{4\pi\epsilon_0}\frac{dq}{(x^2+y^2)}\frac{y}{(x^2+y^2)^{\frac{1}{2}}} = 2\frac{1}{4\pi\epsilon_0}\frac{\lambda dx}{(x^2+y^2)}\frac{y}{(x^2+y^2)^{\frac{1}{2}}}$$

그러므로

$$E_y = \int dE_y = 2\frac{\lambda}{4\pi\epsilon_0}y\int_0^{\ell}\frac{dx}{(x^2+y^2)^{\frac{3}{2}}}$$

적분을 수행하기 위해 $x = y\tan\theta$로 놓으면 $dx = \dfrac{y}{\cos^2\theta}d\theta$ 그리고 $(x^2+y^2)^{\frac{3}{2}} = \dfrac{y^3}{\cos^3\theta}$가 된다. 이를 위 식에 대입하면

$$E_y = 2\frac{\lambda}{4\pi\epsilon_0}y\int_0^{\tan^{-1}\frac{\ell}{y}}\frac{yd\theta}{\cos^2\theta}\frac{\cos^3\theta}{y^3}$$

$$= 2\frac{\lambda}{4\pi\epsilon_0}\frac{1}{y}\int_0^{\tan^{-1}\frac{\ell}{y}}\cos\theta d\theta = 2\frac{\lambda}{4\pi\epsilon_0}\frac{1}{y}[\sin\theta]_0^{\tan^{-1}\frac{\ell}{y}}$$

여기서 $\tan^{-1}\frac{\ell}{y} \equiv \phi \Rightarrow \tan\phi = \frac{\ell}{y} \Rightarrow \sin\phi = \frac{\ell}{\sqrt{y^2+\ell^2}}$ 이므로 위 식은

$$E_y = 2\frac{\lambda}{4\pi\epsilon_0}\frac{1}{y}\sin(\tan^{-1}\frac{\ell}{y}) = 2\frac{\lambda}{4\pi\epsilon_0}\frac{1}{y}\sin\phi = 2\frac{\lambda}{4\pi\epsilon_0}\frac{1}{y}\frac{\ell}{\sqrt{y^2+\ell^2}}$$

이 되어

$$\therefore\ \vec{E} = \frac{1}{4\pi\epsilon_0}\frac{2\lambda\ell}{y\sqrt{y^2+\ell^2}}\hat{y} \qquad \text{(예-2.5.1)}$$

인 전기장을 얻는다.

(i) 도선의 중심에서 아주 멀리 떨어져 있는 지점에서는, 즉 $y \gg \ell$ 인 경우에 대해서, 위 식의 오른편에 있는 분모 항에 테일러 전개를 적용하면

$$(y^2+\ell^2)^{\frac{1}{2}} = y(1+\frac{\ell^2}{y^2})^{\frac{1}{2}} = y(1+\frac{1}{2}\frac{\ell^2}{y^2}+\cdots\cdots) \approx y$$

가 되어 식 (예-2.5.1)은

$$\vec{E} \approx \frac{1}{4\pi\epsilon_0}\frac{2\lambda\ell}{y^2}\hat{y}$$

가 된다.

이 결과는 도선의 중심에 전하 $q=2\lambda\ell$ 가 놓여 있을 때 도선의 중심에서 아주 멀리 떨어져 있는 지점 $y$ 에서의 전기장에 해당한다.

(ii) 무한히 긴 도선의 경우, 즉 $\ell \to \infty$ 일 때, 식 (예-2.5.1)의 오른편에 있는 분모 항은 $(y^2+\ell^2)^{\frac{1}{2}} = \ell(1+\frac{y^2}{\ell^2})^{\frac{1}{2}} = \ell(1+\frac{1}{2}\frac{y^2}{\ell^2}+\cdots\cdots) \approx \ell$ 이 되어 식 (예 2.5.1)은

$$\vec{E} = \frac{1}{4\pi\epsilon_0}\frac{2\lambda\ell}{y\ell}\hat{y} = \frac{1}{4\pi\epsilon_0}\frac{2\lambda}{y}\hat{y} \qquad \text{(예-2.5.2)}$$

이 된다.

위와 같은 방법으로 구한 무한히 긴 도선의 전기장은 뒤에서 배울 가우스 법칙을 무한히 긴 도선에 적용해서 얻은 전기장과 같은 결과이다.

## 2.2 가우스(Gauss)의 법칙

전기력선은 시험전하가 받는 전기장의 방향을 연속적으로 연결한 것이다. 전기력선은

양전하에서 나와 음전하로 들어가며 서로 교차하거나 끊어지지 않는다. 어떤 지점에서의 전기력선의 접선 방향은 그 지점에서 시험전하가 받는 전기장의 방향이 된다. 그리고 뒤따르는 내용에서 설명하겠지만 전기력선의 개수는 전하량에 비례하며 전기력선의 밀도는 전기장의 세기에 비례한다. 아래 그림 (a)는 하나의 양전하에 의한 전기력선과 전기장, (b)는 크기가 같고 부호가 다른 두 전하에 의한 전기력선과 전기장, 그리고 (c)는 같은 두 전하에 의한 전기력선과 전기장을 도식적으르 보여준다.

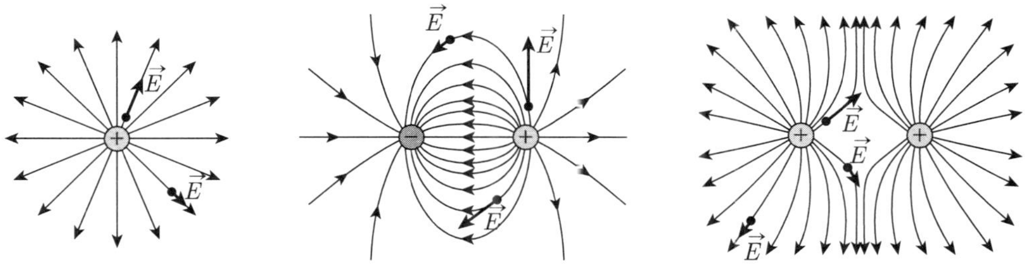


그림 2.7

이때, 어떤 면적 $S$를 통과하는 전기력선의 개수를 **전기 선속** $\Phi_E$이라 한다. 미소면적 $da$을 지나는 전기장 $\vec{E}$와 전기 선속 $\Phi_E$은 다음의 관계를 갖는다.

$$\Phi_E = \int_S \vec{E} \cdot d\vec{a} \tag{2.2.1}$$

여기서 $d\vec{a}$의 방향은 오른손 법칙을 따르면서 미소면적 $da$에 수직 바깥 방향이다.

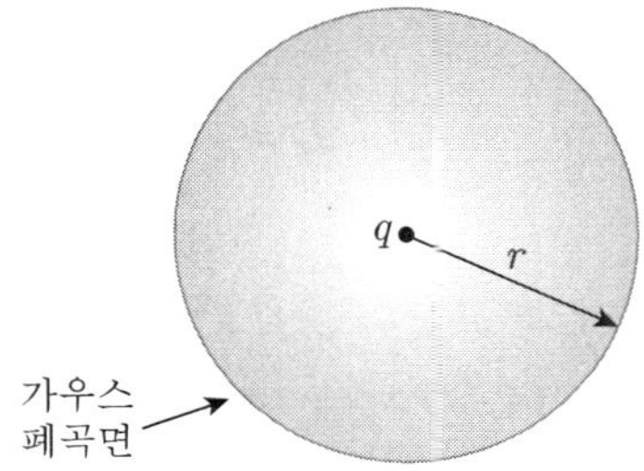


그림 2.8

구의 중심에 점전하 $q$가 놓여 있을 때 반경 $r$의 폐곡면을 통과하는 전기 선속 $\Phi_E$은

$$\Phi_E = \oint \vec{E} \cdot d\vec{a} = \oint \frac{q}{4\pi\epsilon_0 r^2}\hat{r} \cdot (\hat{r}r^2 \sin\theta d\theta d\phi)$$

$$= \frac{q}{4\pi\epsilon_0}\int_0^{\pi} \sin\theta d\theta \int_0^{2\pi} d\phi = \frac{q}{4\pi\epsilon_0}4\pi = \frac{q}{\epsilon_0}$$

이다. 여기서 $q$은 폐곡면 내부에 있는 총 전하이다.
그러므로 위 식은 다음과 같이 나타낼 수 있다.

$$\oint \vec{E} \cdot d\vec{a} = \frac{q_{알짜}}{\epsilon_0} \tag{2.2.2}$$

여기서 폐곡면을 가우스 면이라 하고 $q_{알짜}$은 임의로 잡은 가우스 면 안에 있는 총 전하이며 $d\vec{a}$은 가우스 면에 수직 바깥으로 향하는 방향의 미소면적이다. 식 (2.2.2)를 (적분형) **가우스 법칙**이라 한다. 가우스 법칙은 가우스 면을 통과하는 전기 선속은 가우스 면 안에 있는 총 전하에 비례한다는 것을 보여준다.

식 (2.2.2)의 왼편에 발산 정리를 적용하면

$$\int (\vec{\nabla} \cdot \vec{E}) dV = \frac{1}{\epsilon_0}\int \rho dV = \int \frac{\rho}{\epsilon_0} dV$$

이 된다. 여기서 $\rho$은 부피 전하밀도이다. 모든 체적에 대해 등식이 항상 성립하기 위해서는 좌·우의 피적분함수가 같아야 한다.

$$\therefore \ \vec{\nabla} \cdot \vec{E} = \frac{\rho}{\epsilon_0} \tag{2.2.3}$$

이는 (미분형) 가우스 법칙에 해당한다.

가우스 법칙을 적용하여 전기장을 구하는 예들에 대해 살펴보자.

**예제 2.6**

점전하 $q$로부터 $r$만큼 떨어진 곳에서의 전기장을 구하세요.

**풀이**

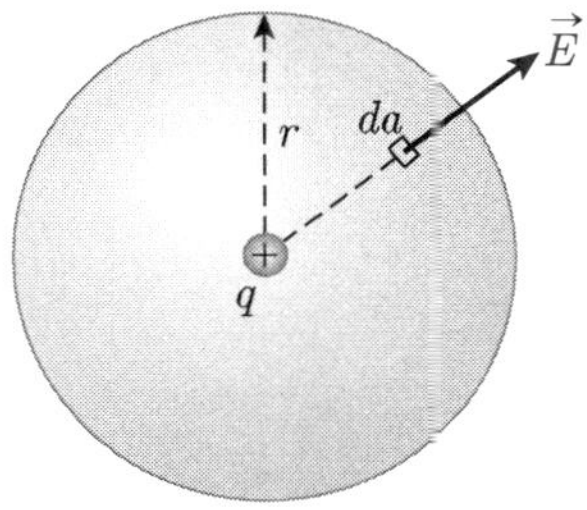


그림 2.9

가우스 폐곡면을 그림과 같이 잡으면 가우스 법칙에서 전기장은 거리 $r$만의 함수이므로, 떨어진 거리가 $r$인 모든 곳에서 전기장의 크기는 같다. 전기장의 방향과 미소면적의 방향은 같은 $\hat{r}$이므로 가우스 법칙인 식 (2.2.2)로부터

$$\oint \vec{E} \cdot d\vec{a} = \frac{q_{알짜}}{\epsilon_0} \Rightarrow \oint (E\hat{r}) \cdot (\hat{r}da) = \frac{q}{\epsilon_0}$$

$$\Rightarrow E\oint da = \frac{q}{\epsilon_0}$$

$$\Rightarrow E(4\pi r^2) = \frac{q}{\epsilon_0}$$

가 되므로

$$\therefore\ E = \frac{1}{4\pi\epsilon_0}\frac{q}{r^2}$$

**예제 2.7**

전하 $q$로 대전된 무한히 큰 평면으로부터 $r$만큼 떨어진 곳에서의 전기장을 구하세요.

**풀이**

가우스 폐곡면을 그림과 같이 잡으면 가우스 법칙으로부터

$$\oint \vec{E} \cdot d\vec{a} = \frac{q_{알짜}}{\epsilon_0} \Rightarrow EA + EA = \frac{\sigma A}{\epsilon_0} \Rightarrow 2EA = \frac{\sigma A}{\epsilon_0}$$

을 얻는다. 여기서 $\sigma$은 균일하게 대전된 평면의 면 전하밀도이다.

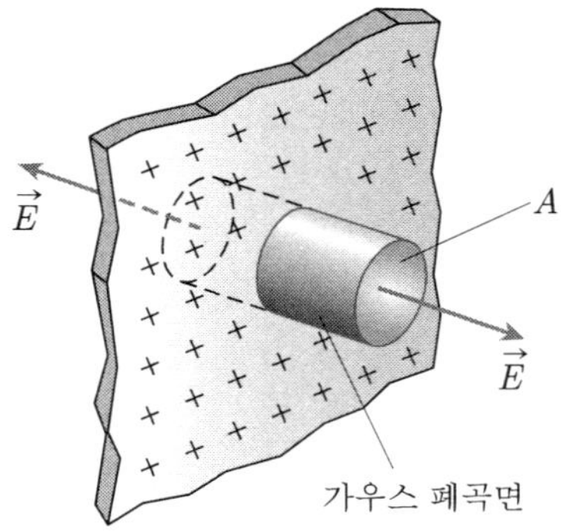


**그림 2.10**

$$\therefore\ E = \frac{\sigma}{2\epsilon_0}$$

전기장은 평면으로부터 떨어져 있는 거리의 함수가 아니며 어디에서나 일정하다. 가우스 법칙을 사용하여 얻은 이 결과는 [예제 2.4]에서 쿨롱 법칙을 사용하여 무한히 큰 평면 대전판에 의한 전기장을 구한 결과와 기대한 대로 같다.

**예제 2.8**

전하 $q$을 갖는 무한히 긴 직선 도선으로부터 수직거리 $r$만큼 떨어진 곳에서의 전기장을 구하세요.

**풀이**

가우스 폐곡면을 그림과 같이 잡으면

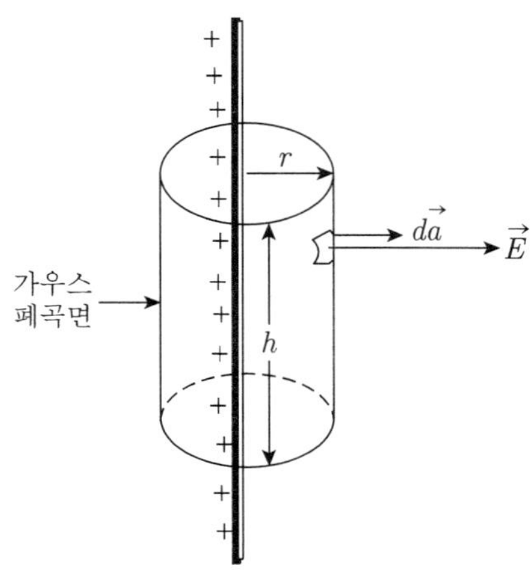


**그림 2.11**

가우스 법칙은

$$\oint \vec{E} \cdot d\vec{a} = \frac{q_{알짜}}{\epsilon_0} \Rightarrow E(2\pi rh) = \frac{\lambda h}{\epsilon_0}$$

을 준다. 여기서 $\lambda$은 선 전하밀도이다.

$$\therefore\ E = \frac{\lambda}{2\pi\epsilon_0 r}$$

이는 [예제 2.5]에서 구한 무한히 긴 도선에 다한 근사 결과와 일치한다.

**예제 2.9**

길이가 $\ell$이고 반경이 $r$인 원통이 있다. 원통의 부피 전하밀도 $\rho$가 원통 중심축으로부터 떨어져 있는 거리 $s$에 비례하는 경우, 부피 전하밀도는 $\rho = ks$로 표현된다. 여기서 $k$은 상수이다. 거리 $s$에서의 전기장을 구하세요.

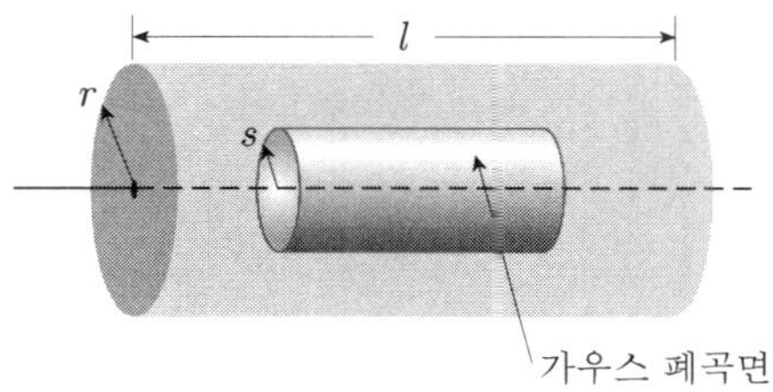


**그림 2.12**

**풀이**

원통 문제이므로 원통 좌표계($s$, $\phi$, $z$)에서 문제를 다루는 것이 좋다. 원통 좌표계에서 척도인자는 $h_1 = 1$, $h_2 = s$, $h_3 = 1$이므로 $dV = h_1 h_2 h_3 ds d\phi dz = s ds d\phi dz$가 된다.
그러면 반경이 $s$인 원통에 의해 둘러싸여 있는 알짜 전하는

$$\begin{aligned} q_{알짜} &= \int \rho dV = \int (ks) s ds d\phi dz \\ &= k\int_0^s s^2 ds \int_0^{2\pi} d\phi \int_0^{\ell} dz = \frac{k}{3}s^3 2\pi\ell = \frac{2}{3}\pi k\ell s^3 \end{aligned}$$

이다. 이를 가우스 법칙에 대입하면

$$E(2\pi s\ell) = \frac{1}{\epsilon_0}(\frac{2}{3}\pi k\ell s^3) \Rightarrow E = \frac{1}{\epsilon_0}(\frac{2}{3}\pi k\ell s^3)(\frac{1}{2\pi s\ell})$$

이 되어

$$\therefore\ \vec{E} = \hat{s}\frac{k}{3\epsilon_0}s^2$$

인 원통 중심으로부터 반경 $s$의 제곱에 비례하는 전기장을 얻는다.

**예제 2.10**

반경이 $R$이며 전하 $q$로 대전된 구 껍질(또는 구각)의 경우, (i) $r > R$ 그리고 (ii) $r < R$에서의 전기장을 구하세요.

**풀이**

(i) $r < R$의 경우

가우스 폐곡면 안에 전하가 없기 때문에 $q_{알짜} = 0$이다. 그러면 가우스 법칙으로부터

$$\oint \vec{E} \cdot d\vec{a} = \frac{q_{알짜}}{\epsilon_0} = 0$$

이 되어 $\vec{E} = 0$이다.

(ii) $r > R$의 경우

가우스 폐곡면이 감싸고 있는 알짜 전하가 $q$이므로 가우스 법칙으로부터 다음의 결과를 얻는다.

$$\oint \vec{E} \cdot d\vec{a} = \frac{q_{알짜}}{\epsilon_0} \Rightarrow E\oint da = \frac{q}{\epsilon_0}$$

$$\Rightarrow E(4\pi r^2) = \frac{q}{\epsilon_0}$$

$$\therefore\ E = \frac{q}{4\pi\epsilon_0 r^2}$$

이 경우는 점전하 $q$가 원점에 있을 때 $r$만큼 떨어진 곳에서의 전기장과 같은 결과이다.

**예제 2.11**

반경이 $R$이며 전하 $q$로 대전된 구의 경우, (i) $r > R$ 그리고 (ii) $r < R$에서의 전기장을 구하세요.

**풀이**

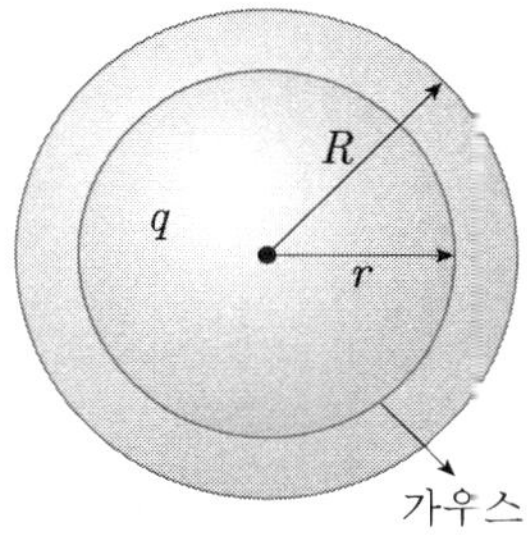


**그림 2.13**

(i) $r > R$의 경우

가우스 폐곡면을 그림과 같이 잡으면 가우스 법칙

$$\oint \vec{E} \cdot \vec{da} = \frac{q_{알짜}}{\epsilon_0}$$

에서 전기장은 거리만의 함수이므로 떨어져 있는 거리가 $r$인 모든 곳에서 전기장의 크기는 같다. 그리고 전기장의 방향과 미소면적의 방향은 둘 다 $\hat{r}$이므로 위 식은

$$E\oint da = \frac{q_{알짜}}{\epsilon_0} \Rightarrow E(4\pi r^2) = \frac{q}{\epsilon_0}$$

가 된다.

$$\therefore \ \vec{E} = \frac{1}{4\pi\epsilon_0}\frac{q}{r^2}\hat{r}$$

(ii) $r < R$의 경우

가우스 법칙에서 가우스 폐곡면 안에 있는 전하는

$$q : \frac{4\pi}{3}R^3 = q_{알짜} : \frac{4\pi}{3}r^3$$

의 비례 관계식으로부터 $q_{알짜} = \frac{r^3}{R^3}q$가 되므로 가우스 법칙은 다음과 같다.

$$E\oint da = \frac{q_{알짜}}{\epsilon_0} \Rightarrow E(4\pi r^2) = \frac{1}{\epsilon_0}\frac{r^3}{R^3}q$$

$$\therefore \ \vec{E} = \frac{q}{4\pi\epsilon_0}\frac{r}{R^3}\hat{r}$$

(i)과 (ii)의 결과로부터 $r = R$에서의 전기장은

$$\vec{E} = \frac{1}{4\pi\epsilon_0}\frac{q}{R^2}\hat{r}$$

임을 알 수 있다.

## 2.3 전위(또는 전기적 포텐셜)와 전기적 포텐셜 에너지

전기력 $\vec{F}$에 의해 시험전하 $q_0$가 미소변위 $\vec{ds}$만큼 이동할 때 전기력이 한 일은

$$dW = \vec{F} \cdot \vec{ds} = q_0 \vec{E} \cdot \vec{ds} \tag{2.3.1}$$

이므로 이로 인해 전기장의 (전기적) 포텐셜 에너지는 이 양만큼 감소하게 된다. 즉, 감소된 전기장의 포텐셜 에너지는 전기력이 한 일 $dW$에 음의 부호를 붙인 값인

$$\triangle U = -q_0 \vec{E} \cdot \vec{ds}$$

이다. 그러므로 시험전하 $q_0$가 $A$에서 $B$로 이동했을 때의 포텐셜 에너지 변화는 다음과 같다.

$$\triangle U = -q_0 \int_A^B \vec{E} \cdot \vec{ds} \tag{2.3.2}$$

전위 $V$는 단위 전하당 포텐셜 에너지로 다음과 같이 정의되며,

$$V = \frac{U}{q_0} \tag{2.3.3}$$

따라서 전위의 단위인 V(Volt)는 J/C(Joule/Coulomb)와 같다. 그러므로 시험전하 $q_0$가 $A$에서 $B$로 이동했을 때의 전위차 $\triangle V$을 구하면

$$\begin{aligned}\triangle V &= \frac{\triangle U}{q_0} = -\int_A^B \vec{E} \cdot \vec{ds} = -\frac{1}{q_0}\int_A^B dW \\ &= -\frac{W_B}{q_0} + \frac{W_A}{q_0} = \frac{U_B}{q_0} - \frac{U_A}{q_0} = V_B - V_A\end{aligned}$$

가 된다. 전위차가 $V$라고 하면 위 식은 다음과 같은 전위와 전기장의 관계식을 준다.

$$V = -\int_{A}^{B} \vec{E} \;\, d\vec{s} \tag{2.3.4}$$

위 식에서의 단위에 대해 살펴보면

$$\mathrm{V} = \frac{\mathrm{N}}{\mathrm{C}}\mathrm{m} \Rightarrow \frac{\mathrm{N}}{\mathrm{C}} = \frac{\mathrm{V}}{\mathrm{m}} \tag{2.3.5}$$

전기장의 단위는 N/C이므로 V/m은 전기장 단위의 또 다른 표현이다.

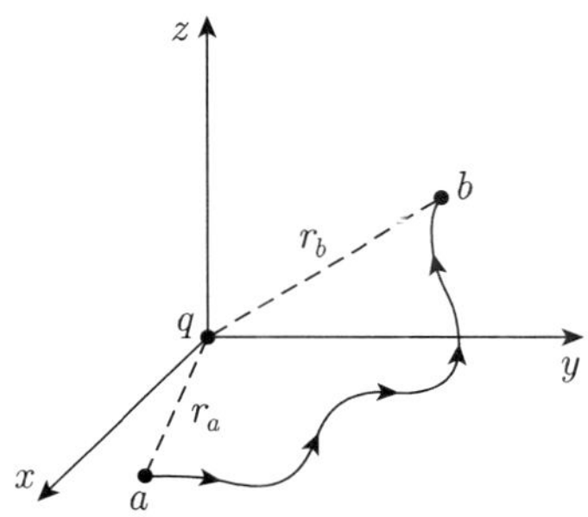


**그림 2.14**

그림과 같이 원점에 놓여 있는 점전하 $q$에 의해 $r$만큼 떨어진 곳에서의 전기장은

$$\vec{E} = \frac{1}{4\pi\epsilon_0}\frac{q}{r^2}\hat{r}$$

이다. 이때 전기장을 $r_a$에서 $r_b$을 따라 적분하던

$$\int \vec{E} \cdot d\vec{r} = \int \left(\frac{q}{4\pi\epsilon_0 r^2}\hat{r}\right) \cdot \left(\hat{r}dr + \hat{\theta}rd\theta + \hat{\phi}r\sin\theta d\phi\right) = \int \frac{q}{4\pi\epsilon_0 r^2}dr$$

$$\Rightarrow \int_{r_a}^{r_b} \vec{E} \cdot d\vec{r} = \frac{q}{4\pi\epsilon_0}\int_{r_a}^{r_b}\frac{dr}{r^2} = -\frac{q}{4\pi\epsilon_0}\left[\frac{1}{r}\right]_{r_a}^{r_b} = \frac{q}{4\pi\epsilon_0}\left(\frac{1}{r_a} - \frac{1}{r_b}\right)$$

가 된다.

폐경로의 경우 $r_a = r_b$이므로 위 식은 다음과 같게 된다.

$$\oint \vec{E} \cdot d\vec{r} = 0 \Rightarrow \int_S (\vec{\nabla} \times \vec{E}) \cdot d\vec{a} = 0 \qquad (\because \text{ 스토크 정리로부터})$$

모든 면 적분에 대해 등식이 항상 성립하기 위해서는 피적분함수가 0이 되어야 하므로 다음의 관계식을 얻는다.

$$\vec{\nabla} \times \vec{E} = 0 \tag{2.3.6}$$

그러므로 전기장 $\vec{E}$에 의해 전하에 작용하는 전기력은 보존력이며, 이때의 전기장을 **보존장**이라 한다. 스칼라 함수의 gradient의 curl은 0임을 수리물리학에서 배웠다. 그러므로 식 (2.3.6)에 이 결과를 적용하면

$$\vec{E} = -\vec{\nabla} V \tag{2.3.7}$$

로 놓을 수 있다. 여기서 스칼라 함수 $V$(14)은 식 (2.3.5)로부터 Volt 단위를 갖는 전위임을 알 수 있다.

미분형 가우스 법칙에 식 (2.3.7)을 대입하면

$$\vec{\nabla} \cdot \vec{E} = \frac{\rho}{\epsilon_0} \Rightarrow -\vec{\nabla} \cdot \vec{\nabla} V = \frac{\rho}{\epsilon_0} \Rightarrow \nabla^2 V = -\frac{\rho}{\epsilon_0}$$

인 2차 편미분방정식인 **포아송(Poisson)** 방정식을 얻는다. 만약 전하가 존재하지 않는다면 위 식은 다음의 **라플라스(Laplace)** 방정식을 준다.

$$\nabla^2 V = 0$$

이들 이차 편미분방정식을 계산해서 전위를 구하는 문제는 다음 장에서 다룰 것이다.

---

(14) 나중에 배울 전위의 단위를 갖는 스칼라 포텐셜을 정의할 때는 기호로 $\phi$을 쓸 것이다.

**예제 2.12**

임의의 전하분포에 의한 전위가 $V(x,y,z)=ax^2y^2-bxyz$로 주어질 때 이에 대응하는 전기장을 구하세요. 여기서 $a$와 $b$는 상수이다.

**풀이**

식 (2.3.7)을 사용하면

$$\begin{aligned}\vec{E} &= -(\hat{x}\frac{\partial V}{\partial x}+\hat{y}\frac{\partial V}{\partial y}+\hat{z}\frac{\partial V}{\partial z}) \\ &= -[\hat{x}(2axy^2+byz)+\hat{y}(2ax^2y+bxz)+\hat{z}bxy]\end{aligned}$$

$$\therefore \begin{cases} E_x = -2axy^2-byz \\ E_y = -2ax^2y-bxz \\ E_z = -bxy \end{cases}$$

**예제 2.13**

임의의 전하분포에 의한 전위가 $V(r,\theta,\phi)=\frac{a}{r^2}\sin\theta\cos\phi$로 주어질 때 이에 대응하는 전기장을 구하세요. 여기서 $a$은 상수이다.

**풀이**

구면 좌표계에서

$$\vec{E}=-\vec{\nabla}V=-(\hat{r}\frac{\partial V}{\partial r}+\hat{\theta}\frac{1}{r}\frac{\partial V}{\partial\theta}+\hat{\phi}\frac{1}{r\sin\theta}\frac{\partial V}{\partial\phi}) \qquad (\text{예}-2.13.1)$$

여기서

$$\frac{\partial V}{\partial r}=-\frac{2a}{r^3}\sin\theta\cos\phi,\quad \frac{\partial V}{\partial\theta}=\frac{a}{r^2}\cos\theta\cos\phi,\ \text{그리고}\ \frac{\partial V}{\partial\phi}=-\frac{a}{r^2}\sin\theta\sin\phi$$

이들을 식 (예-2.13.1)에 대입하면 전기장은 다음과 같다.

$$\vec{E}=-\left[\hat{r}(-\frac{2a}{r^3}\sin\theta\cos\phi)+\hat{\theta}\frac{1}{r}(\frac{a}{r^2}\cos\theta\cos\phi)+\hat{\phi}\frac{1}{r\sin\theta}(-\frac{a}{r^2}\sin\theta\sin\phi)\right]$$

$$\therefore\ \vec{E}=\hat{r}\frac{2a}{r^3}\sin\theta\cos\phi-\hat{\theta}\frac{a}{r^3}\cos\theta\cos\phi+\hat{\phi}\frac{a}{r^3}\sin\phi$$

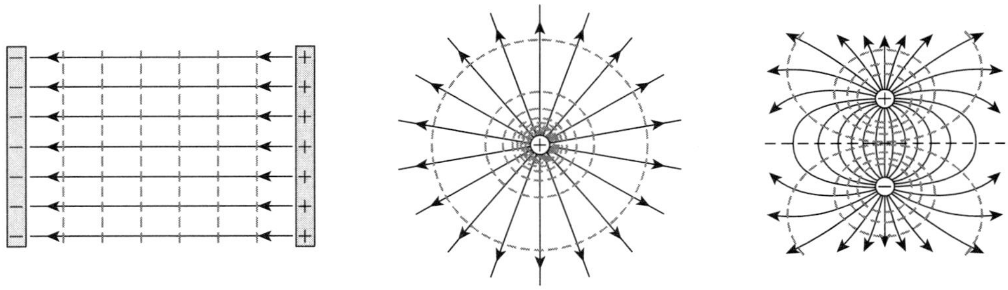


(a) 일정한 전기장　　(b) 점전하　　(c) 전기 쌍극자

(실선은 전기장 벡터, 점선은 등전위면)

**그림 2.15**

같은 전위 값을 갖는 점들로 이루어진 면을 **등전위면**이라 하며 식 (2.3.7)로부터 등전위면은 전기장의 방향에 수직임을 알 수 있다. 그리고 등전위면상의 임의의 두 지점 사이로 전하를 옮길 때 두 지점 사이의 전위차가 없기 때문에 식 (2.3.4)에서

$$V = -\int_A^B \vec{E} \cdot d\vec{s} = -\frac{1}{q_0}\int_A^B dW$$

왼편이 0이 되므로 오른편의 피적분함수는 0이 된다. 즉, 등전위면상의 임의의 두 지점 사이로 전하를 옮길 때 전기력이 한 일은 없다.

점전하 $q$에 의한 $r$만큼 떨어진 곳에서의 전위는 점전하에 의한 전기장 $\vec{E}$로부터 다음과 같이 구할 수 있다.

$$V = -\int \vec{E} \cdot d\vec{r} = -\int_\infty^r \frac{q}{4\pi\epsilon_0 r^2}dr$$

$$= -\frac{q}{4\pi\epsilon_0}\int_\infty^r \frac{dr}{r^2} = \frac{q}{4\pi\epsilon_0}\left[\frac{1}{r}\right]_\infty^r = \frac{q}{4\pi\epsilon_0}\frac{1}{r}$$

$$\therefore\ V = \frac{1}{4\pi\epsilon_0}\frac{q}{r} \tag{2.3.8}$$

점전하가 $n$개 있는 경우 식 (2.3.8)에 중첩원리를 적용하면 여러 개의 점전하에 의한 전위는 다음과 같이 표현된다.

$$V = \frac{1}{4\pi\epsilon_0}\left(\frac{q_1}{r_1} + \frac{q_2}{r_2} + \frac{q_3}{r_3} + \cdots\cdots\right) = \frac{1}{4\pi\epsilon_0}\sum_{i=1}^{n}\frac{q_i}{r_i} \tag{2.3.9}$$

그리고 연속적인 전하분포에 의한 전위는 다음과 같이 표현된다.

$$dV = \frac{1}{4\pi\epsilon_0}\frac{dq}{r} \Rightarrow V = \frac{1}{4\pi\epsilon_0}\int\frac{dq}{r}$$

$n$개의 점전하 분포에 대한 포텐셜 에너지는 식 (2.3.3)과 (2.3.9)로부터

$$U = \frac{1}{4\pi\epsilon_0}\sum_{i=1}^{n}\sum_{j>i}^{n}\frac{q_i q_j}{r_{ij}}$$

이다. 여기서 $j > i$은 $q_i$와 $q_j$ 점전하의 포텐셜 에너지가 중복으로 계산되는 것을 피하기 위해서 요구된다. 그러므로 포텐셜 에너지는 다음과 같이 나타낼 수 있다.

$$U = \frac{1}{2}\sum_{i=1}^{n}q_i\left(\frac{1}{4\pi\epsilon_0}\sum_{j\neq i}^{n}\frac{q_j}{r_{ij}}\right) = \frac{1}{2}\sum_{i=1}^{n}q_i V(\vec{r}_j) \tag{2.3.10}$$

연속적인 전하분포의 경우에는 위 식을 적분형터로 바꾸면 되므로

$$U = \frac{1}{2}\int\rho V\ dv = \frac{\epsilon_0}{2}\int(\vec{\nabla}\cdot\vec{E})V\ dv \tag{2.3.11}$$

$$\left(\because\ \vec{\nabla}\cdot\vec{E} = \frac{\rho}{\epsilon_0} \Rightarrow \rho = \epsilon_0\vec{\nabla}\cdot\vec{E}\right)$$

이 된다. 위 식은 두 개의 항으로 나누어 표현할 수 있다. 스칼라 함수 $f$와 벡터 $\vec{A}$는 다음의 관계식을 만족한다.

$$\begin{aligned}
&\vec{\nabla}\cdot f\vec{A} = \partial_i(f\vec{A})_i = \partial_i(fA_i) = f\partial_i A_i + A_i\partial_i f = f(\vec{\nabla}\cdot\vec{A}) + \vec{A}\cdot\vec{\nabla}f \\
&\Rightarrow f(\vec{\nabla}\cdot\vec{A}) = -\vec{A}\cdot\vec{\nabla}f + \vec{\nabla}\cdot(f\vec{A}) \\
&\Rightarrow \int f(\vec{\nabla}\cdot\vec{A})dv = -\int\vec{A}\cdot(\vec{\nabla}f)dv + \int\vec{\nabla}\cdot(f\vec{A})dv \\
&\qquad\qquad = -\int\vec{A}\cdot(\vec{\nabla}f)dv + \oint_S f\vec{A}\cdot d\vec{a}\ (\because\ \text{발산 정리로부터})
\end{aligned} \tag{2.3.12}$$

여기서 $f \to V$ 그리고 $\vec{A} \to \vec{E}$을 대입하면

$$\int (\vec{\nabla} \cdot \vec{E})\, V dv = -\int \vec{E} \cdot (\vec{\nabla} V) dv + \oint_S V\vec{E} \cdot d\vec{a}$$

이 된다. 이 결과를 식 (2.3.11)에 대입하면 다음과 같다.

$$\begin{aligned} U &= \frac{\epsilon_0}{2}\left[-\int \vec{E} \cdot (\vec{\nabla} V)\, dv + \oint V\vec{E} \cdot d\vec{a}\right] \\ &= \frac{\epsilon_0}{2}\left[-\int \vec{E} \cdot (-\vec{E})\, dv + \oint V\vec{E} \cdot d\vec{a}\right] \\ &= \frac{\epsilon_0}{2}\left(\int E^2 dv + \oint V\vec{E} \cdot d\vec{a}\right) \end{aligned}$$

여기서 반경이 $r$인 구에 대해 오른편 두 번째 적분을 살펴보면 $E \propto \frac{1}{r^2}$, $V \propto \frac{1}{r}$ 그리고 표면적은 $r^2$에 비례하므로 피적분함수는 $\frac{1}{r}$ 형태를 가진다. 그러므로 $r$이 큰 경우 오른편 두 번째 적분은 근사적으로 0이 된다. 이때의 포텐셜 에너지는 다음과 같다.

$$\therefore\ U = \frac{\epsilon_0}{2}\int_{\text{모든 공간}} E^2 dv \qquad (2.3.13)$$

**예제 2.14**

반경이 $R$인 구 바깥에 $z-$축상에 놓여 있는 점전하 $q$에 의한 구 표면에서의 평균 전위를 구하고, 그 결과로부터 점전하 $q$가 멀리 떨어져 있을 때의 전기장도 구하세요.

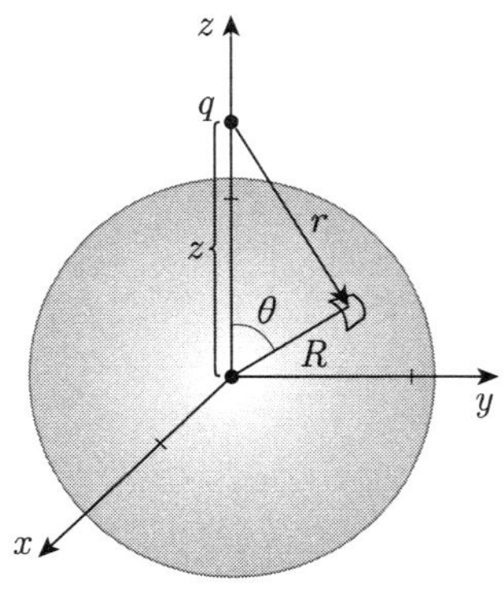


그림 2.16

**풀이**

점전하 $q$에 의한 $r$에서의 전위에 대한 일반식은

$$V = \frac{1}{4\pi\epsilon_0}\frac{q}{r}$$

이다. 이 문제의 경우 $r$은 구 바깥에 있는 점전하 $q$로부터 구 표면까지의 거리이다.

$$\Rightarrow \vec{r} = \vec{R} - \vec{z} \Rightarrow r^2 = R^2 + z^2 - 2Rz\cos\theta \Rightarrow r = \sqrt{R^2 + z^2 - 2Rz\cos\theta}$$

구 표면에서의 평균 전위는

$$V_{평균} = \frac{V \cdot 표면적}{표면적} = \frac{1}{4\pi R^2}\int V da \qquad (예-2.14.1)$$

로 주어지기 때문에 위 식의 적분을 계산하자.

$$\begin{aligned}\int V da &= \frac{q}{4\pi\epsilon_0}\iint \frac{1}{r} da = \frac{q}{4\pi\epsilon_0}\iint \frac{1}{\sqrt{R^2 + z^2 - 2Rz\cos\theta}} R^2 \sin\theta d\theta d\phi \\ &= \frac{q}{4\pi\epsilon_0} R^2 \int_0^{2\pi} d\phi \int_0^{\pi} \frac{1}{\sqrt{R^2 + z^2 - 2Rz\cos\theta}} \sin\theta d\theta \\ &= \frac{q}{4\pi\epsilon_0} 2\pi R^2 \int_0^{\pi} \frac{1}{\sqrt{R^2 + z^2 - 2Rz\cos\theta}} \sin\theta d\theta \qquad (예-2.14.2)\end{aligned}$$

여기서 $R^2 + z^2 - 2Rz\cos\theta = x$로 놓으면 $2Rz\sin\theta d\theta = dx \Rightarrow \sin\theta d\theta = \frac{dx}{2Rz}$가 되어 위 식에서 적분은

$$\begin{aligned}\int_0^{\pi} \frac{1}{\sqrt{R^2 + z^2 - 2Rz\cos\theta}} \sin\theta d\theta &= \int_{R^2+z^2-2Rz}^{R^2+z^2+2Rz} (x^{-\frac{1}{2}}) \frac{dx}{2Rz} \\ &= \frac{1}{2Rz}\left[\frac{1}{-\frac{1}{2}+1} x^{-\frac{1}{2}+1}\right]_{x=R^2+z^2-2Rz}^{x=R^2+z^2+2Rz} \\ &= \frac{1}{2Rz} 2\left[\sqrt{x}\right]_{R^2+z^2-2Rz}^{R^2+z^2+2Rz} \\ &= \frac{1}{Rz}\left(\sqrt{R^2+z^2+2Rz} - \sqrt{R^2+z^2-2Rz}\right)\end{aligned}$$

이 결과와 식 (예-2.14.2)로부터 평균 전위를 다음과 같이 얻을 수 있다.

$$V_{평균} = \frac{1}{4\pi R^2}\int V da = \frac{1}{4\pi R^2}\left[\left(\frac{q}{4\pi\epsilon_0} 2\pi R^2\right)\frac{1}{Rz}\left(\sqrt{R^2+z^2+2Rz} - \sqrt{R^2+z^2-2Rz}\right)\right]$$

$$\therefore V_{평균} = \frac{q}{8\pi\epsilon_0}\frac{1}{Rz}\left(\sqrt{R^2+z^2+2Rz} - \sqrt{R^2+z^2-2Rz}\right) \qquad (예-2.14.3)$$

점전하 $q$가 구 표면으로부터 멀리 떨어져서 놓여 있는 경우, 즉 $z \gg R$인 경우

$$\sqrt{R^2+z^2 \pm 2Rz} = z(1 \pm 2\frac{R}{z^2} + \frac{R^2}{z^2})^{\frac{1}{2}} \approx z(1 \pm \frac{1}{2}2\frac{R}{z^2}) = z(1 \pm \frac{R}{z^2})$$

이므로 식 (예-2.14.3)은

$$V_{평균} = \frac{q}{8\pi\epsilon_0}\frac{1}{Rz}\left[z(1+\frac{R}{z^2}) - z(1-\frac{R}{z^2})\right] = \frac{q}{8\pi\epsilon_0}\frac{1}{R}\frac{2R}{z} = \frac{q}{4\pi\epsilon_0 z}$$

가 된다. 이 결과는 점전하 $q$가 원점에 있을 때 원점으로부터 $z$만큼 떨어진 곳에서의 전위에 해당한다.

그리고 전위의 결과로부터 전기장을 다음과 같이 구할 수 있다.

$$\vec{E} = -\vec{\nabla} V \Rightarrow E_z = -\frac{d}{dz}(\frac{q}{4\pi\epsilon_0 z}) = \frac{q}{4\pi\epsilon_0 z^2}$$

$$\therefore \ \vec{E} = \frac{q}{4\pi\epsilon_0 z^2}\hat{z}$$

**예제 2.15**

반경이 $R$이며 전하 $q$로 균일하게 대전된 구 껍질의 경우 (i) $r > R$ 그리고 (ii) $r < R$에서의 전기장을 [예제 2.10]에서 구했다. 이들 결과로부터 전위를 구하세요.

**풀이**

(i) $r > R$의 경우

$E = \frac{q}{4\pi\epsilon_0 r^2}$이므로 전위는 다음과 같다.

$$V = -\int \vec{E} \cdot d\vec{r} = -\int_{\infty}^{r} \frac{q}{4\pi\epsilon_0 r^2} dr = -\frac{q}{4\pi\epsilon_0}\int_{\infty}^{r}\frac{dr}{r^2} = \frac{q}{4\pi\epsilon_0}\left[\frac{1}{r}\right]_{\infty}^{r} = \frac{q}{4\pi\epsilon_0 r}$$

(ii) $r < R$인 경우

$\vec{E} = 0$이므로 식 (2.3.7)로부터 전위 $V$은 상수임을 알 수 있다.

이제 구체적으로 상수인 전위 값을 구해보자.

$$V = -\int \vec{E} \cdot d\vec{r} = -\int_{\infty}^{R} \frac{q}{4\pi\epsilon_0 r^2} dr + \int_{R}^{r} 0\, dr = \frac{q}{4\pi\epsilon_0}\left[\frac{1}{r}\right]_{\infty}^{R} = \frac{q}{4\pi\epsilon_0 R}$$

여기서 $R$이 상수이므로 전위가 상수임을 알 수 있다. 즉, 구 껍질 안에서의 전기장은 0이지만 전위는 0이 아닌 상수($\frac{q}{4\pi\epsilon_0 R}$) 값을 갖는다.

**예제 2.16**

반경이 $R$이며 전하 $q$로 대전된 원형 고리에 의한 고리 중심축상에 있는 지점 $x$에서의 전위를 구하고, 이 결과로부터 전기장도 구하세요.

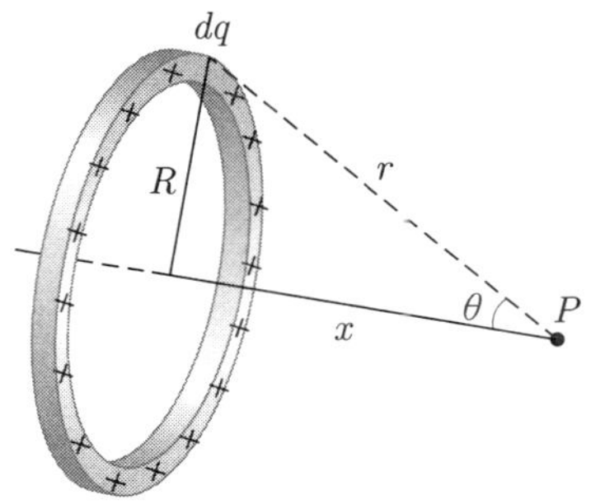


**그림 2.17**

**풀이**

고리의 미소전하 $dq$에 의한 $r$만큼 떨어진 곳에서의 전위는 다음과 같다.

$$V = \frac{1}{4\pi\epsilon_0}\int\frac{dq}{r} = \frac{1}{4\pi\epsilon_0}\int\frac{dq}{\sqrt{x^2+R^2}} = \frac{1}{4\pi\epsilon_0}\frac{1}{\sqrt{x^2+R^2}}\int dq$$

$$\therefore\ V = \frac{1}{4\pi\epsilon_0}\frac{q}{\sqrt{x^2+R^2}} \qquad \text{(예-2.16.1)}$$

전위는 변수 $x$만의 함수이므로 전기장은 $E_y = -\frac{\partial V}{\partial y} = 0$ 그리고

$$E_x = -\frac{\partial V}{\partial x} = -\frac{dV}{dx} = -\frac{q}{4\pi\epsilon_0}\frac{d}{dx}\left(\frac{1}{\sqrt{x^2+R^2}}\right) = -\frac{q}{4\pi\epsilon_0}\frac{d}{dx}(x^2+R^2)^{-\frac{1}{2}}$$

$$= -\frac{q}{4\pi\epsilon_0}\left[-\frac{1}{2}2x(x^2+R^2)^{-\frac{3}{2}}\right] = \frac{1}{4\pi\epsilon_0}\frac{qx}{(x^2+R^2)^{\frac{3}{2}}}$$

$$\therefore\ \vec{E} = \frac{q}{4\pi\epsilon_0}\frac{x}{(x^2+R^2)^{\frac{3}{2}}}\hat{x}$$

이 된다. 이는 기대한 대로 전기장의 $y-$성분은 고리의 대칭성에 의해 상쇄되므로 전기장의 $x-$성분만 고려하면 되는 결과로서 [예제 2.3]과 같은 결과이다.
전기장은 벡터량이고 전위는 스칼라량이므로, 전기장을 구하는 문제에서 방향 성분을 고려할 필요가 없는 전위를 먼저 구한 다음에 식 (2.3.7)을 적용하여 전기장을 구하는 것이 편리할 때가 많다.

**예제 2.17**

반경이 $R$이며 전하 $q$로 대전된 원판에 의한 원판 중심축상에 있는 지점 $x$에서의 전위를 구하고, 이 결과로부터 전기장도 구하세요.

**풀이**

원판은 많은 원형 고리로 이루어져 있는 것으로 볼 수 있어서 [예제 2.16]의 결과를 사용할 수 있다. 즉, 반경이 $r$이며 전하 $dq$로 대전된 고리에 의한 고리 중심축상에 있는 지점 $x$에서의 전위 $dV$는 식 (예-2.16.1)로부터

$$dV = \frac{1}{4\pi\epsilon_0}\frac{dq}{\sqrt{x^2+r^2}} = \frac{1}{4\pi\epsilon_0}\frac{\sigma(2\pi rdr)}{\sqrt{x^2+r^2}}$$

이므로 원판에 의한 전위 $V$은 위 식을 적분하면 된다.

$$V = \int dV = \frac{1}{4\pi\epsilon_0}\int_0^R \frac{\sigma 2\pi rdr}{\sqrt{x^2+r^2}} = \frac{2\pi\sigma}{4\pi\epsilon_0}\int_0^R \frac{rdr}{\sqrt{x^2+r^2}}$$

여기서 오른편의 적분을 계산하기 위해 $x^2+r^2=y^2$으로 놓으면 $rdr=ydy$가 되므로 위 식은

$$V = \frac{2\pi\sigma}{4\pi\epsilon_0}\int_x^{\sqrt{x^2+R^2}} (\frac{ydy}{y}) = \frac{2\pi\sigma}{4\pi\epsilon_0}\int_x^{\sqrt{x^2+R^2}} dy$$
$$= \frac{\sigma}{2\epsilon_0}[y]_x^{\sqrt{x^2+R^2}} = \frac{\sigma}{2\epsilon_0}(\sqrt{x^2+R^2}-x)$$

가 되어 원판의 중심축으로부터 거리가 $x$인 지점에서 원판에 의한 전위는 다음과 같이 주어진다.

$$V = \frac{\sigma}{2\epsilon_0}(\sqrt{x^2+R^2}-x)$$

전위가 변수 $x$만의 함수이므로 그때의 전기장은 다음과 같다.

$$E_x = -\frac{dV}{dx} = -\frac{\sigma}{2\epsilon_0}\frac{d}{dx}(\sqrt{x^2+R^2}-x) = -\frac{\sigma}{2\epsilon_0}[\frac{1}{2}2x\frac{1}{\sqrt{x^2+R^2}}-1]$$

$$\therefore\ \vec{E} = \frac{\sigma}{2\epsilon_0}[1-\frac{x}{\sqrt{x^2+R^2}}]\hat{x}$$

전기장의 $y$-성분은 고리의 대칭성에 의해 상쇄되므로 전기장의 $x$-성분만 고려하면 되는 결과로서 [예제 2.4]와 같은 결과를 얻는다.

**예제 2.18**

반경이 $R$이며 전하 $q$로 대전된 구에 의한 (i) $r > R$ 그리고 (ii) $r < R$에서의 전위를 구하세요.

**풀이**

[예제 2.11]에서 각 영역에서의 전기장을 구했다.

(i) $r > R$인 경우

$\vec{E} = \dfrac{q}{4\pi\epsilon_0 r^2}\hat{r}$이므로 그때의 전위는

$$V = -\int_{\infty}^{r} \vec{E} \cdot d\vec{r} = -\frac{q}{4\pi\epsilon_0}\int_{\infty}^{r}\frac{dr}{r^2} = \frac{q}{4\pi\epsilon_0}\left[\frac{1}{r}\right]_{\infty}^{r} = \frac{q}{4\pi\epsilon_0 r}$$

$$\therefore\ V(r > R) = \frac{q}{4\pi\epsilon_0 r} \qquad \text{(예}-2.18.1\text{)}$$

(ii) $r < R$인 경우

$\vec{E} = \dfrac{qr}{4\pi\epsilon_0 R^3}\hat{r}$이므로 그때의 전위 $V(r < R)$는 식 (2.3.4)로부터

$$V(r < R) - V(r = R) = -\int_{R}^{r} \vec{E} \cdot d\vec{r} = -\frac{q}{4\pi\epsilon_0 R^3}\int_{R}^{r} r dr$$

$$= -\frac{q}{4\pi\epsilon_0 R^3}\left[\frac{1}{2}r^2\right]_{R}^{r} = \frac{q}{4\pi\epsilon_0 R^3}\frac{1}{2}(R^2 - r^2)$$

$$\Rightarrow\ V(r < R) = V(r = R) + \frac{q}{4\pi\epsilon_0 R^3}\frac{1}{2}(R^2 - r^2) \qquad \text{(예}-2.18.2\text{)}$$

을 얻는데 식 (예-2.18.1)로부터 구 경계($r = R$)에서의 전위는

$$V(r = R) = \frac{q}{4\pi\epsilon_0 R}$$

이므로 이를 (예-2.18.2)에 대입하면

$$\therefore\ V(r < R) = \frac{q}{4\pi\epsilon_0 R} + \frac{q}{4\pi\epsilon_0 R^3}\frac{1}{2}(R^2 - r^2) = \frac{1}{4\pi\epsilon_0}\frac{q}{2R}\left(3 - \frac{r^2}{R^2}\right) \qquad \text{(예}-2.18.3\text{)}$$

대전된 구의 내부에서의 전기장은 $E = \dfrac{qr}{4\pi\epsilon_0 R^3}$이므로 구 중심에서의 전기장은 $E = 0$이지만 전위는 식 (예-2.18.3)으로부터 $V(r = 0) = \dfrac{1}{4\pi\epsilon_0}\dfrac{3q}{2R}$을 얻는다.

전위에 대한 이들 결과를 그래프로 그려보면 다음과 같다.

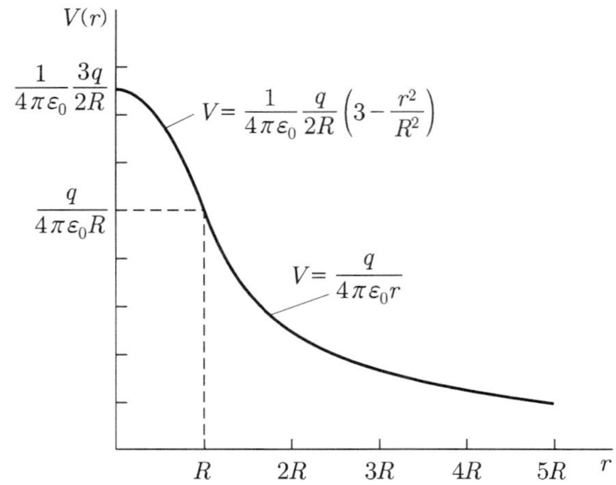


**그림 2.18**

**예제 2.19**

[예제 2.5]와 같이 선 전하밀도가 $\lambda$이며 길이가 $2\ell$인 도선의 중심에서 수직인 방향으로 $y$만큼 떨어진 곳에서의 전위를 구하고, 그로부터 전기장을 구하세요.

**풀이**

도선상의 미소전하 $dq$로부터 $r$만큼 떨어져 있는 곳에서의 전위 $dV$은

$$dV = \frac{1}{4\pi\epsilon_0}\frac{dq}{r} = \frac{1}{4\pi\epsilon_0}\frac{\lambda dx}{\sqrt{x^2+y^2}}$$

가 되어

$$\Rightarrow V = \int dV = \frac{\lambda}{4\pi\epsilon_0}\int_{-\ell}^{\ell}\frac{dx}{\sqrt{x^2+y^2}} \qquad (예-2.19.1)$$

여기서 $x = y\tan\theta$로 놓으면 $dx = y\dfrac{1}{\cos^2\theta}d\theta$ 그리고 $\sqrt{x^2+y^2} = y\dfrac{1}{\cos\theta}$가 되므로 식 (예-2.19.1)은

$$V = \frac{\lambda}{4\pi\epsilon_0}\int_{\tan^{-1}\frac{-\ell}{y}}^{\tan^{-1}\frac{\ell}{y}}\left(y\frac{1}{\cos^2\theta}d\theta\right)\left(\frac{1}{y}\cos\theta\right) = \frac{\lambda}{4\pi\epsilon_0}\int_{\tan^{-1}\frac{-\ell}{y}}^{\tan^{-1}\frac{\ell}{y}}\left(\frac{\cos\theta}{\cos^2\theta}d\theta\right)$$

이 된다. 오른편에 있는 적분을 계산하기 위해서 $\sin\theta = t$로 놓으면 $\cos\theta d\theta = dt$ 그리고 $\cos^2\theta = 1-\sin^2\theta = 1-t^2$이므로 위 식은

$$V=\frac{\lambda}{4\pi\epsilon_0}\int_{-\frac{\ell}{\sqrt{y^2+\ell^2}}}^{\frac{\ell}{\sqrt{y^2+\ell^2}}}\left(\frac{1}{1-t^2}\right)dt=-\frac{\lambda}{4\pi\epsilon_0}\int_{-\frac{\ell}{\sqrt{y^2+\ell^2}}}^{\frac{\ell}{\sqrt{y^2+\ell^2}}}\left(\frac{1}{t^2-1}\right)dt$$

$$=-\frac{\lambda}{4\pi\epsilon_0}\int_{-\frac{\ell}{\sqrt{y^2+\ell^2}}}^{\frac{\ell}{\sqrt{y^2+\ell^2}}}\left[-\frac{1}{2}\left(\frac{1}{t+1}-\frac{1}{t-1}\right)\right]dt$$

$$=\frac{\lambda}{4\pi\epsilon_0}\frac{1}{2}\left[\ln(t+1)-\ln(t-1)\right]_{-\frac{\ell}{\sqrt{y^2+\ell^2}}}^{\frac{\ell}{\sqrt{y^2+\ell^2}}}=\frac{\lambda}{4\pi\epsilon_0}\frac{1}{2}\left[\ln\left(\frac{t+1}{t-1}\right)\right]_{-\frac{\ell}{\sqrt{y^2+\ell^2}}}^{\frac{\ell}{\sqrt{y^2+\ell^2}}}$$

$$=\frac{\lambda}{4\pi\epsilon_0}\frac{1}{2}\left[\ln\left(\frac{\frac{\ell}{\sqrt{y^2+\ell^2}}+1}{\frac{\ell}{\sqrt{y^2+\ell^2}}-1}\right)-\ln\left(\frac{-\frac{\ell}{\sqrt{y^2+\ell^2}}+1}{-\frac{\ell}{\sqrt{y^2+\ell^2}}-1}\right)\right]$$

$$=\frac{\lambda}{4\pi\epsilon_0}\frac{1}{2}\left[\ln\left(\frac{\ell+\sqrt{y^2+\ell^2}}{\ell-\sqrt{y^2+\ell^2}}\right)-\ln\left(\frac{-\ell+\sqrt{y^2+\ell^2}}{-\ell-\sqrt{y^2+\ell^2}}\right)\right]$$

$$=\frac{\lambda}{4\pi\epsilon_0}\frac{1}{2}\left[\ln\left(\frac{\ell+\sqrt{y^2+\ell^2}}{\ell-\sqrt{y^2+\ell^2}}\right)-\ln\left(\frac{\ell-\sqrt{y^2+\ell^2}}{\ell+\sqrt{y^2+\ell^2}}\right)\right]$$

$$=\frac{\lambda}{4\pi\epsilon_0}\frac{1}{2}\ln\left(\frac{\ell+\sqrt{y^2+\ell^2}}{\ell-\sqrt{y^2+\ell^2}}\right)^2=\frac{\lambda}{4\pi\epsilon_0}\frac{1}{2}\ln\left(\frac{\sqrt{y^2+\ell^2}+\ell}{\sqrt{y^2+\ell^2}-\ell}\right)^2$$

$$=\frac{\lambda}{4\pi\epsilon_0}\ln\left(\frac{\sqrt{y^2+\ell^2}+\ell}{\sqrt{y^2+\ell^2}-\ell}\right)$$

이 되어

$$\therefore\ V=\frac{\lambda}{4\pi\epsilon_0}\ln\left(\frac{\sqrt{y^2+\ell^2}+\ell}{\sqrt{y^2+\ell^2}-\ell}\right)$$

인 전위를 얻는다. 전위는 변수 $y$만의 함수이므로 이 결과로부터 전기장을 다음과 같이 구할 수 있다.

$$E_y=-\frac{d}{dy}V=-\frac{\lambda}{4\pi\epsilon_0}\frac{d}{dy}\ln\left(\frac{\sqrt{y^2+\ell^2}+\ell}{\sqrt{y^2+\ell^2}-\ell}\right) \qquad (\text{예}-2.19.2)$$

여기서 $\frac{d}{dy}\ln\left(\frac{\sqrt{y^2+\ell^2}+\ell}{\sqrt{y^2+\ell^2}-\ell}\right)$

$$=\left(\frac{\sqrt{y^2+\ell^2}-\ell}{\sqrt{y^2+\ell^2}+\ell}\right)\left[\frac{\frac{1}{2}2y(y^2+\ell^2)^{-\frac{1}{2}}(\sqrt{y^2+\ell^2}-\ell)-\frac{1}{2}2y(y^2+\ell^2)^{-\frac{1}{2}}(\sqrt{y^2+\ell^2}+\ell)}{(\sqrt{y^2+\ell^2}-\ell)^2}\right]$$

$$=\frac{y(y^2+\ell^2)^{-\frac{1}{2}}[\sqrt{y^2+\ell^2}-\ell-\sqrt{y^2+\ell^2}-\ell}{(\sqrt{y^2+\ell^2}+\ell)(\sqrt{y^2+\ell^2}-\ell)}=\frac{-2y\ell(y^2+\ell^2)^{-\frac{1}{2}}}{y^2+\ell^2-\ell^2}$$

$$= \frac{-2y\ell}{y^2\sqrt{y^2+\ell^2}} = -\frac{2\ell}{y\sqrt{y^2+\ell^2}}$$

이 결과를 전기장에 대한 식 (예-2.19.1)에 대입하면

$$E_y = -\frac{\lambda}{4\pi\epsilon_0}\left(-\frac{2\ell}{y\sqrt{y^2+\ell^2}}\right) = \frac{1}{4\pi\epsilon_0}\frac{2\lambda\ell}{y\sqrt{y^2+\ell^2}}$$

$$\therefore\ \vec{E} = \frac{1}{4\pi\epsilon_0}\frac{2\lambda\ell}{y\sqrt{y^2+\ell^2}}\hat{y}$$

인 전기장을 얻는다. 이 결과는 [예제 2.5]에서 구한 결과와 같음을 알 수 있다.

**예제 2.20**

[예제 2.1]과 같은 전기 쌍극자의 경우에서, $y$−축상이 아닌 임의의 한 지점에서의 전위를 구하고, 이로부터 전기장을 구하세요.

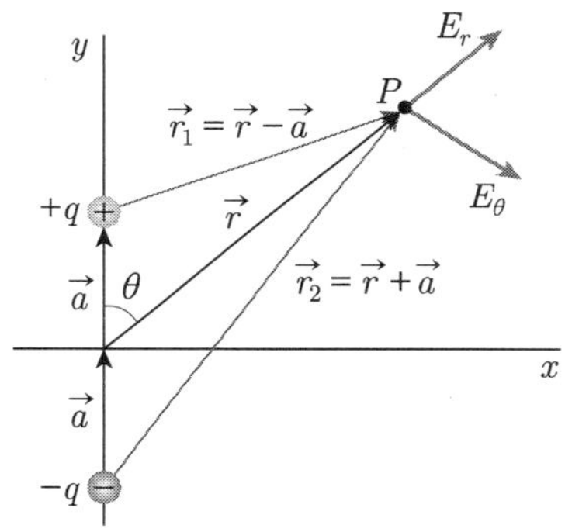


그림 2.19

**풀이**

점전하 $\pm q$에 의한 $r$ 지점에서의 전위는 중첩원리를 적용하면 다음과 같다.

$$V = V_q + V_{-q} = \frac{q}{4\pi\epsilon_0 r_1} - \frac{q}{4\pi\epsilon_0 r_2} = \frac{q}{4\pi\epsilon_0}\left(\frac{1}{r_1} - \frac{1}{r_2}\right) \qquad \text{(예−2.20.1)}$$

여기서 $r_1 = |\vec{r} - \vec{a}| = (r^2 - 2\vec{r}\cdot\vec{a} + a^2)^{\frac{1}{2}} = (r^2 - 2ra\cos\theta + a^2)^{\frac{1}{2}}$ 그리고

$r_2 = |\vec{r} + \vec{a}| = (r^2 + 2\vec{r}\cdot\vec{a} + a^2)^{\frac{1}{2}} = (r^2 + 2ra\cos\theta + a^2)^{\frac{1}{2}}$ 이다.

전기 쌍극자의 경우 $r \gg a$인 경우로 간주할 수 있어서

$$\frac{1}{r_1} = (r^2 - 2ra\cos\theta + a^2)^{-\frac{1}{2}} = r^{-1}(1 - 2\frac{a}{r}\cos\theta + \frac{a^2}{r^2})^{-\frac{1}{2}}$$

$$= r^{-1}[1 - (2\frac{a}{r}\cos\theta - \frac{a^2}{r^2})]^{-\frac{1}{2}} = r^{-1}\left[1 + \frac{1}{2}(2\frac{a}{r}\cos\theta - \frac{a^2}{r^2}) + \cdots\cdots\right]$$

$$\approx \frac{1}{r}(1 + \frac{a}{r}\cos\theta - \frac{1}{2}\frac{a^2}{r^2})$$

유사한 방법으로

$$\frac{1}{r_2} \approx r^{-1}(1 - \frac{a}{r}\cos\theta - \frac{1}{2}\frac{a^2}{r^2})$$

이들 결과를 식 (예-2.20.1)에 대입하면 전위는

$$V = \frac{q}{4\pi\epsilon_0}\frac{1}{r}(1 + \frac{a}{r}\cos\theta - \frac{1}{2}\frac{a^2}{r^2} - 1 + \frac{a}{r}\cos\theta + \frac{1}{2}\frac{a^2}{r^2})$$

$$= \frac{q}{4\pi\epsilon_0}\frac{1}{r}(2\frac{a}{r}\cos\theta) = \frac{q(2a)}{4\pi\epsilon_0 r^2}\cos\theta = \frac{p\cos\theta}{4\pi\epsilon_0 r^2}$$

이 된다. 여기서 $p$은 $-q$ 전하에서 $+q$ 전하로 향하는 방향을 갖는 전기 쌍극자 모멘트 벡터의 크기이므로 $p\cos\theta = \vec{p}\cdot\hat{r}$로 나타낼 수 있다. 따라서 전위에 관한 위 식은 다음과 같이 된다.

$$V = \frac{\vec{p}\cdot\hat{r}}{4\pi\epsilon_0 r^2} \qquad \text{(예-2.20.2)}$$

이로부터 전기장을 구해보자. 극 좌표계에서 $\vec{\nabla} = \hat{r}\frac{\partial}{\partial r} + \hat{\theta}\frac{1}{r}\frac{\partial}{\partial\theta}$ 이므로 $\vec{E} = -\vec{\nabla}V$로부터

$$E_r = -\frac{\partial V}{\partial r} = -\frac{p\cos\theta}{4\pi\epsilon_0}(-2\frac{1}{r^3}) = \frac{p\cos\theta}{2\pi\epsilon_0 r^3}$$

그리고

$$E_\theta = -\frac{1}{r}\frac{\partial V}{\partial\theta} = -\frac{1}{r}\frac{p}{4\pi\epsilon_0 r^2}(-\sin\theta) = \frac{p\sin\theta}{4\pi\epsilon_0 r^3}$$

을 얻는다.
그러므로

$$\vec{E}(r,\theta) = \hat{r}E_r + \hat{\theta}E_\theta = \hat{r}\frac{p\cos\theta}{2\pi\epsilon_0 r^3} + \hat{\theta}\frac{p\sin\theta}{4\pi\epsilon_0 r^3} = \frac{p}{4\pi\epsilon_0 r^3}(2\cos\theta\hat{r} + \sin\theta\hat{\theta}) \qquad \text{(예-2.20.3)}$$

즉, 전기 쌍극자에 의한 임의의 한 지점(전기 쌍극자 중간지점으로부터 $r$만큼 떨어진 지점)에서의 전위와 전기장은 각각 다음과 같다.

$$\begin{cases} V = \dfrac{\vec{p} \cdot \hat{r}}{4\pi\epsilon_0 r^2} \\ \vec{E}(r,\theta) = \dfrac{p}{4\pi\epsilon_0 r^3}(2\cos\theta\,\hat{r} + \sin\theta\,\hat{\theta}) \end{cases}$$

전기 쌍극자에 의한 전위는 $\frac{1}{r^2}$ 그리고 전기장은 $\frac{1}{r^3}$에 비례함을 알 수 있다. 극 좌표계에서의 전기장 결과인 식 (예-2.20.3)은 다음과 같은 일반식으로 표현될 수 있다.(15)

$$\vec{E} = \frac{1}{4\pi\epsilon_0}\left[-\frac{\vec{p}}{r^3} + \frac{3(\vec{p} \cdot \vec{r})\vec{r}}{r^5}\right] \qquad (예-2.20.4)$$

[예제 2.1]은 식 (예-2.20.4)에서 $\theta = \frac{\pi}{2}$인 경우에 해당하는 문제이다. 그러면 식의 오른편 두 번째 항의 분자인 $\vec{p} \cdot \vec{r} = pr\cos\theta = pr\cos\frac{\pi}{2} = 0$이 되어 이때의 전기장은 $\vec{E} = -\frac{1}{4\pi\epsilon_0}\frac{\vec{p}}{r^3}$이 된다. 이는 기대한 대로 식 (예-2.1.3)과 같은 결과이다.

4장에서 균일하게 편극되어 있는 반경 $R$인 구의 바깥에서의 전위와 전기장을 구하는 [예제 4.4]는 식 (예-2.20.2)의 전위와 식 (예-2.20.3)의 전기장과 같은 결과를 준다는 것을 볼 것이다.

### 예제 2.21

아래와 같은 연속적인 전하분포로부터 멀리 떨어져 있는 임의의 한 지점에서의 전위를 구하세요. 이는 전위를 **전기 다극자**에 의한 기여로 나타내는 문제이다.

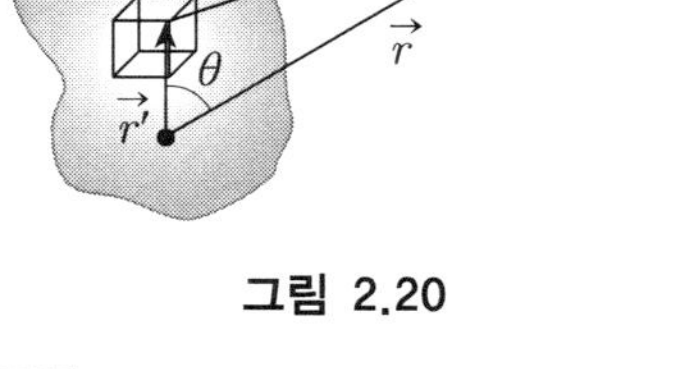


**그림 2.20**

(15) 증명은 [보충자료-1]을 참고하세요.

**풀이**

전위는 다음과 같이 표현된다.

$$V(r)=\frac{1}{4\pi\epsilon_0}\int\frac{\rho(\vec{r'})}{|\vec{r}-\vec{r'}|}dv' \qquad (\text{예}-2.21.1)$$

여기서 $|\vec{r}-\vec{r}'|=\sqrt{r^2+r'^2-2\vec{r}\cdot\vec{r}'}=\sqrt{r^2+r'^2-2rr'\cos\theta}=(r^2+r'^2-2rr'\cos\theta)^{\frac{1}{2}}$

관측 지점이 멀리 떨어져 있는 경우는 $r\gg r'$에 해당하므로

$$(r^2+r'^2-2rr'\cos\theta)^{-\frac{1}{2}}=\frac{1}{r}\left[1+(\frac{r'^2}{r^2}-2\frac{r'}{r}\cos\theta)\right]^{-\frac{1}{2}}=\frac{1}{r}\left[1+\frac{r'}{r}(\frac{r'}{r}-2\cos\theta)\right]^{-\frac{1}{2}}$$
$$=\frac{1}{r}\left[1-\frac{1}{2}\frac{r'}{r}(\frac{r'}{r}-2\cos\theta)+\frac{1}{2!}\frac{-1}{2}(-\frac{1}{2}-1)(\frac{r'}{r})^2(\frac{r'}{r}-2\cos\theta)^2\right.$$
$$\left.+\frac{1}{3!}\frac{-1}{2}(-\frac{1}{2}-1)(-\frac{1}{2}-2)(\frac{r'}{r})^3(\frac{r'}{r}-2\cos\theta)^3+\cdots\cdots\right]$$
$$=\frac{1}{r}\left[1-\frac{1}{2}\frac{r'}{r}(\frac{r'}{r}-2\cos\theta)+\frac{3}{8}(\frac{r'}{r})^2(\frac{r'}{r}-2\cos\theta)^2-\frac{5}{16}(\frac{r'}{r})^3(\frac{r'}{r}-2\cos\theta)^3+\cdots\cdots\right]$$

위 식의 오른편을 $\frac{r'}{r}$에 관한 세제곱 항까지 정리하여 나타내면

$$(r^2+r'^2-2rr'\cos\theta)^{-\frac{1}{2}}$$
$$=\frac{1}{r}\left[1-\frac{1}{2}(\frac{r'}{r})^2+(\frac{r'}{r})\cos\theta-\frac{3}{2}(\frac{r'}{r})^3\cos\theta+\frac{3}{2}(\frac{r'}{r})^2\cos^2\theta+\frac{5}{2}(\frac{r'}{r})^3\cos^3\theta+\cdots\cdots\right]$$
$$=\frac{1}{r}\left[1+(\frac{r'}{r})\cos\theta+(\frac{r'}{r})^2\frac{1}{2}(3\cos^2\theta-1)+(\frac{r}{r})^3\frac{1}{2}(5\cos^3\theta-3\cos\theta)+\cdots\cdots\right]$$
$$=\frac{1}{r}\left[P_0(\cos\theta)+(\frac{r'}{r})P_1(\cos\theta)+(\frac{r'}{r})^2P_2(\cos\theta)+(\frac{r'}{r})^3P_3(\cos\theta)+\cdots\cdots\right]^{(16)}$$

$=\frac{1}{r}\sum_{n=0}^{\infty}(\frac{r'}{r})^nP_n(\cos\theta)$, 여기서 $P_n(\cos\theta)$은 르장드르 다항식이다.

이 결과를 식 (예−2.21.1)에 대입하면 전위는 다음과 같이 된다.

$$V(r)=\frac{1}{4\pi\epsilon_0}\int\rho(\vec{r'})\frac{1}{r}\sum_{n=0}^{\infty}(\frac{r'}{r})^nP_n(\cos\theta)dv'=\frac{1}{4\pi\epsilon_0}\int\rho(\vec{r'})\sum_{n=0}^{\infty}\frac{r'^n}{r^{n+1}}P_n(\cos\theta)dv'$$

$$\therefore\ V(r)=\frac{1}{4\pi\epsilon_0}\sum_{n=0}^{\infty}\frac{1}{r^{n+1}}\int\rho(\vec{r'})r'^nP_n(\cos\theta)dv' \qquad (\text{예}-2.21.2)$$

---

(16) 르장드르 다항식은 《Guardian for Mathematical Physics》 by H. Park, 187쪽을 참고하세요.

(i) $n=0$일 때

$$V(r)=\frac{1}{4\pi\epsilon_0}\frac{1}{r}\int\rho(\overrightarrow{r'})P_0(\cos\theta)dv'=\frac{1}{4\pi\epsilon_0 r}\int\rho(\overrightarrow{r'})dv'=\frac{q}{4\pi\epsilon_0 r}$$

이는 **전기 홀극**에 의한 전위이다.

(ii) $n=1$일 때

$$\begin{aligned}V(r)&=\frac{1}{4\pi\epsilon_0}\frac{1}{r^2}\int\rho(\overrightarrow{r'})r'P_1(\cos\theta)dv'=\frac{1}{4\pi\epsilon_0 r^2}\int\rho(\overrightarrow{r'})r'\cos\theta dv'\\&=\frac{1}{4\pi\epsilon_0 r^2}\int\hat{r}\cdot\overrightarrow{r'}\rho(\overrightarrow{r'})dv'=\frac{1}{4\pi\epsilon_0 r^2}\hat{r}\cdot\int\overrightarrow{r'}\rho(\overrightarrow{r'})dv'\\&=\frac{1}{4\pi\epsilon_0 r^2}\hat{r}\cdot\vec{p}\end{aligned}$$

$\therefore\ V(r)=\dfrac{\vec{p}\cdot\hat{r}}{4\pi\epsilon_0 r^2}$, 여기서 $\vec{p}$은 전기 쌍극자 모멘트이다.

이 결과는 [예제 2.20]의 전기 쌍극자에 의한 전위임을 알 수 있다. 즉, 식 (예-2.21.2)는 $n=0$일 때는 전기 홀극에 의한 전위($V\sim\frac{1}{r}$), $n=1$일 때는 **전기 쌍극자**에 의한 전위($V\sim\frac{1}{r^2}$), $n=2$일 때는 **전기 사극자**에 의한 전위($V\sim\frac{1}{r^3}$) 그리고 $n=3$일 때는 **전기 팔극자**에 의한 전위($V\sim\frac{1}{r^4}$) 등으로 표현되어, 연속적인 전하분포로부터 멀리 떨어져 있는 한 지점에서의 전위는 **전기 다극자**에 의한 기여로 확장될 수 있다.

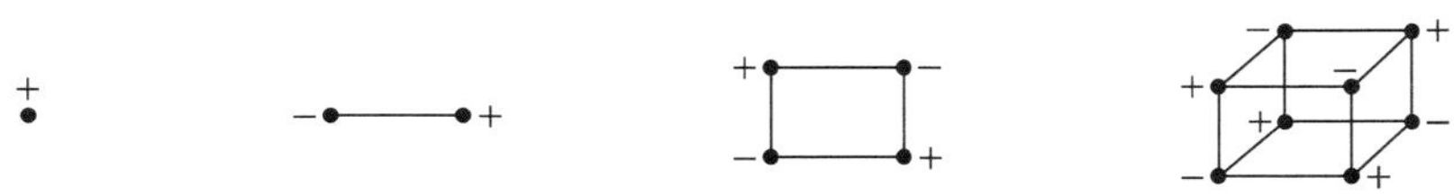


홀극($n=0$)　쌍극자($n=1$)　사극자($n=2$)　팔극자($n=3$)

**그림 2.21**

**예제 2.22**

반경이 $R$이고 전하 $q$로 대전된 구 껍질에서의 포텐셜 에너지 $U$을 구하세요.

**풀이**

$r>R$에서의 전기장은 $E=\dfrac{q}{4\pi\epsilon_0 r^2}$임을 앞에서 구했다. 그러면 포텐셜 에너지는 시험전

하 $q_0$을 $\infty$에서 $R$까지 가져오는 데 한 일에 음의 부호를 취하면 되므로 식 (2.3.13)으로부터

$$U = \frac{\epsilon_0}{2}\int E^2 dv = \frac{\epsilon_0}{2}\int (\frac{1}{4\pi\epsilon_0}\frac{q}{r^2})^2 dv = \frac{\epsilon_0}{2}\frac{q^2}{16\pi^2\epsilon_0^2}\iiint \frac{1}{r^4}(r^2 \sin\theta dr d\theta d\phi)$$

$$= \frac{\epsilon_0}{2}\frac{q^2}{16\pi^2\epsilon_0^2}\int_0^{2\pi} d\phi \int_0^{\pi} \sin\theta d\theta \int_R^{\infty}\frac{dr}{r^2} = \frac{\epsilon_0}{2}\frac{q^2}{16\pi^2\epsilon_0^2}4\pi\left[-\frac{1}{r}\right]_R^{\infty} = \frac{q^2}{8\pi\epsilon_0 R}$$

$$\therefore\ U = \frac{q^2}{8\pi\epsilon_0 R}$$

인 포텐셜 에너지를 얻는다.
또는 식 (2.3.11)을 사용하면

$$U = \frac{1}{2}\int \sigma V da = \frac{1}{2}\int \sigma (\frac{q}{4\pi\epsilon_0 R}) da = \frac{q}{8\pi\epsilon_0 R}\int \sigma da = \frac{q^2}{8\pi\epsilon_0 R}$$

을 얻고 이는 위에서 구한 결과와 같다.

## 2.4 전기장과 전위의 경계조건

앞 절에서 반경이 $R$이며 전하 $q$로 대전된 구 껍질의 경우, $r > R$와 $r < R$에서의 전기장이 각각 $\vec{E} = \frac{q}{4\pi\epsilon_0 r^2}\hat{r}$와 $\vec{E} = 0$임을 구했다. 즉, 전하가 존재하는 반경 $R$의 경계에서 전기장은 불연속적이다.

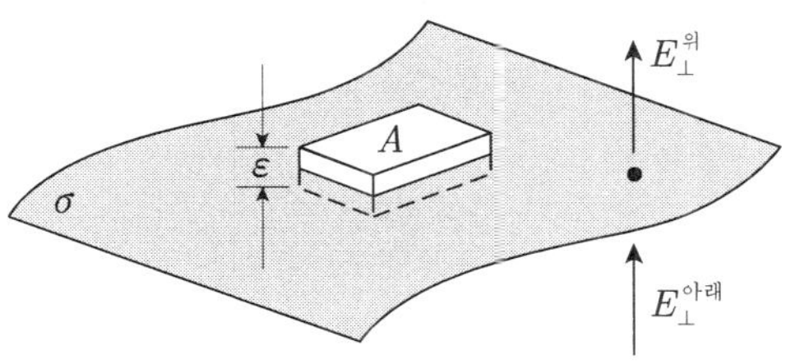


그림 2.22

(i) 면 전하밀도가 $\sigma$인 곡면에서 그림과 같이 곡면을 평면으로 근사할 수 있을 정도로

작은 면적 $A$와 무시할 수 있는 크기의 높이 $\epsilon$을 가지는 직육면체의 가우스 면에 대해 가우스 법칙을 적용하면

$$\oint \vec{E}\cdot d\vec{a} = \frac{q_{알짜}}{\epsilon_0} \Rightarrow \oint \vec{E}\cdot d\vec{a} = \frac{\sigma A}{\epsilon_0}$$

$$\Rightarrow E_{\perp}^{위}A + (-E_{\perp}^{아래}A) = \frac{\sigma A}{\epsilon_0}$$

$$\therefore E_{\perp}^{위} - E_{\perp}^{아래} = \frac{\sigma}{\epsilon_0}$$

여기서 $E_{\perp}$은 작은 면적에 수직인 전기장이다. 그러므로 경계면에 수직인 전기장 성분은 면 전하밀도가 분포하는 경계에서 불연속적이다.

(ii) 그리고 스토크 정리 $\int (\vec{\nabla}\times\vec{E})\cdot d\vec{A} = \oint \vec{E}\cdot d\vec{\ell}$에서 전기장은 보존장이므로 왼편의 피적분함수는 $\vec{\nabla}\times\vec{E} = 0$이어서

$$\oint \vec{E}\cdot d\vec{\ell} = 0$$

의 관계식을 얻는다. 경로 적분을 아래 그림과 같이 적용하면

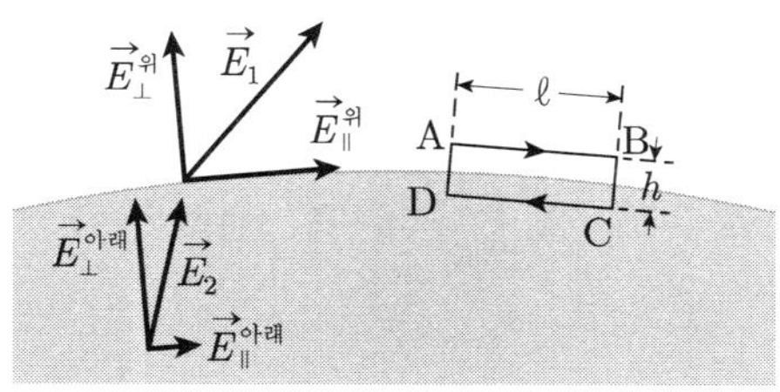

**그림 2.23**

$$\oint \vec{E}\cdot d\vec{\ell} = 0 \Rightarrow \int_A^B \vec{E}_1\cdot d\vec{\ell} + \int_B^C \vec{E}\cdot d\vec{\ell} + \int_C^D \vec{E}_2\cdot d\vec{\ell} + \int_D^A \vec{E}\cdot d\vec{\ell}$$

$$\Rightarrow E_{\parallel}^{위}\ell - (E_{\perp}^{위} + E_{\perp}^{아래})\frac{h}{2} - E_{\parallel}^{아래}\ell + (E_{\perp}^{위} + E_{\perp}^{아래})\frac{h}{2} = 0$$

$$\Rightarrow (E_{\parallel}^{위} - E_{\parallel}^{아래})\ell = 0$$

$$\therefore E_{\parallel}^{위} - E_{\parallel}^{아래} = 0$$

그러므로 면 전하밀도가 분포하는 경계면을 가로지르는 전기장의 접선 성분인 $E_{\parallel}$은 연속적이다(변화가 없다).

결과적으로 (i)과 (ii)로부터 경계면에 수직인 전기장 $E_{\perp}$과 경계면에 평행인 전기장 $E_{\parallel}$은 각각 다음의 경계조건을 만족한다.

$$\begin{cases} E_{\perp}^{\text{위}} - E_{\perp}^{\text{아래}} = \dfrac{\sigma}{\epsilon_0} \\ E_{\parallel}^{\text{위}} - E_{\parallel}^{\text{아래}} = 0 \end{cases} \tag{2.4.1}$$

구 껍질의 경우 구 껍질의 경계에서는 $E_{\perp}^{\text{위}} = \dfrac{q}{4\pi\epsilon_0 r^2}\Big|_{r=R} = \dfrac{q}{4\pi\epsilon_0 R^2}$이고 구 껍질의 내부에서는 $E_{\perp}^{\text{아래}} = 0$이다. 그리고 구 껍질의 면 전하밀도는 $\sigma = \dfrac{q}{4\pi R^2}$이므로 이들 결과를 식 (2.4.1)의 전기장 수직 성분에 대한 경계조건 관계식에 대입하면 관계식의 왼편과 오른편은 각각 $E_{\perp}^{\text{위}} - E_{\perp}^{\text{아래}} = \dfrac{q}{4\pi\epsilon_0 R^2}$ 그리고 $\dfrac{1}{\epsilon_0}\left(\dfrac{q}{4\pi R^2}\right) = \dfrac{q}{4\pi\epsilon_0 R^2}$가 되어 등식이 성립함을 알 수 있다. 즉, 위의 경계조건을 경계면에 전하분포를 갖는 경우에 대해 적용하여 전기장의 수직 성분 또는 접선 성분을 얻을 수 있다.

식 (2.4.1)의 첫 번째 관계식으로부터 전위는 다음의 관계식을 만족함을 알 수 있다.

$$-\vec{\nabla} V_{\text{위}} + \vec{\nabla} V_{\text{아래}} = \frac{\sigma}{\epsilon_0}\hat{n}$$

여기서 $\hat{n}$은 표면에 수직 바깥 방향의 단위벡터이다.

그러므로 위 식은 전위에 대한 다음의 경계조건 관계식을 준다.

$$\frac{\partial V_{\text{위}}}{\partial n} - \frac{\partial V_{\text{아래}}}{\partial n} = -\frac{\sigma}{\epsilon_0} \tag{2.4.2}$$

이제 **이상적인 도체**가 갖는 중요한 성질들에 대해 살펴보자.

(i) 도체 내부의 전기장은 $\vec{E}_{\text{내부}} = 0$이다.

외부 전기장 $\vec{E}_0$에 도체를 놓으면 도체 내부의 자유전자에 전기력($\vec{F} = q\vec{E}_0$)이 작용한다. 따라서 자유전자가 외부 전기장의 반대 방향으로 이동하게 되어 도체 내에 $\vec{E}_1$의 전기장이 생겨서 도체 내부의 알짜 전기장은 $\vec{E}_{내부} = \vec{E}_0 + \vec{E}_1$이 된다. 그때 도체 내부의 모든 곳에서의 알짜 전기장이 0이 될 때까지 자유전자는 이동한다. 도체 내부의 전기장이 0이 되면 전기력이 더 이상 작용하지 않게 되고 전자의 이동은 없게 된다.

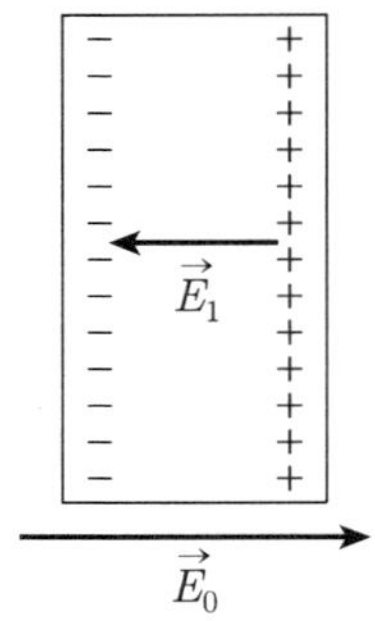


**그림 2.24**

(ii) 도체 내부의 전위는 일정하다.

전위와 전기장의 관계식 $V_B - V_A = -\int_A^B \vec{E} \cdot d\vec{\ell}$에서 도체 내부의 전기장이 0이므로 도체 내부의 전위는 $V_B - V_A = 0 \Rightarrow V_B = V_A$가 된다.

(iii) 고립된 도체에 생긴 과잉 전하는 도체의 표면에만 존재한다.

도체 내부의 전기장 $\vec{E}_{내부} = 0$이므로 가우스 법칙

$$\oint \vec{E} \cdot d\vec{a} = \frac{q_{알짜}}{\epsilon_0}$$

으로부터 도체 내부의 전하는 $q_{알짜} = 0$이 되어야 한다. 그러므로 전하는 도체의 표면에만 존재할 수 있다.

(iv) 도체 바로 바깥에서의 전기장은 도체 표면에 수직이다.

만약 표면과 같은 방향인 접선 방향의 전기장이 존재한다면, 자유전자는 이 방향의 전기장이 없어질 때까지 이동할 것이므로 표면에 수직 성분인 전기장만 도체 바로 바깥에 존재하게 된다.

도체의 경우 식 (2.4.1)에서 $E_{\perp}^{아래}=0$이므로 $E_{\perp}^{위}=\frac{\sigma}{\epsilon_0}\equiv E$을 얻는다. 전기장 $E_{\perp}^{위}$의 방향은 도체 경계면에 수직 바깥 방향이므로 $\vec{E}=\frac{\sigma}{\epsilon_0}\hat{n}$로 나타낼 수 있다.

그러면 단위 면적당 작용하는 전기력은

$$\vec{f}=\frac{\vec{F}}{A}=\frac{q\vec{E}_{평균}}{A}=\frac{\sigma A}{A}\left(\frac{\vec{E}^{위}+\vec{E}^{아래}}{2}\right)=\frac{1}{2}\sigma(\vec{E}^{위}+\vec{E}^{아래})$$

$$=\frac{1}{2}\sigma\vec{E}^{위}=\frac{1}{2}\sigma\left(\frac{\sigma}{\epsilon_0}\hat{n}\right)=\frac{1}{2}\frac{\sigma^2}{\epsilon_0}\hat{n}=\frac{1}{2}\epsilon_0E^2\hat{n}$$

이 된다. 그러므로 도체는 항상 표면에 수직 바깥 방향으로 향하는 전기력을 받는다. 그때 단위 면적당 도체가 받는 힘인 압력은

$$P=\frac{1}{2}\epsilon_0E^2$$

이 된다.

## 2.5 축전기

**축전기**는 두 개의 도체 판 사이에 공기 또는 유전체를 넣어서 서로 마주보게 하고, 정전기 유도를 이용하여 많은 전기를 저장할 수 있게 만든 장치이다. 이때 전하를 저장하는 능력을 **정전용량** $C$라 한다. 도체가 전하량 $Q$을 가지며 두 도체 사이의 전위차가 $V$인 경우 정전용량은

$$C=\frac{Q}{V} \tag{2.5.1}$$

로 정의된다. 여기서 정전용량의 단위는 F(패럿)이다. F은 매우 큰 값이기 때문에 $\mu$F($10^{-6}$ F), nF($10^{-9}$ F), 또는 pF($10^{-12}$ F)을 실제적으로 사용한다.

축전기에 전하 $q'$이 채워져 있고 전위차가 $V'$일 때, 전하 $dq'$을 더 채우는 데 하는 일은

$$dW=V'dq'=\frac{q'}{C}dq'$$

이므로 비어있는 축전기에 전하 $q$을 채우는 데 하는 일은 다음과 같다.

$$W = \int dW = \int_0^q \frac{q'}{C} dq' = \frac{1}{C}\int_0^q q' dq' = \frac{q^2}{2C} \text{ 또는 } \frac{1}{2}CV^2$$

일한 만큼의 에너지가 축전기에 저장되는 포텐셜 에너지 $U$가 되므로

$$U = \frac{q^2}{2C} \text{ 또는 } \frac{1}{2}CV^2$$

그러면 [예제 2.23]과 같이 면적이 $A$ 이고 도체 사이의 거리가 $d$만큼 떨어진 평행판 축전기에서 단위 부피당 포텐셜 에너지인 에너지밀도는

$$u = \frac{U}{Ad} = (\frac{1}{2}CV^2)\frac{1}{Ad} = \frac{1}{2}(\epsilon_0 \frac{A}{d}) V^2 \frac{1}{Ad} = \frac{1}{2}\epsilon_0 \frac{V^2}{d^2}$$

가 되어

$$\therefore\ u = \frac{1}{2}\epsilon_0 E^2 \qquad (2.5.2)$$

이 결과는 식 (2.3.13)과 같고, 평행판 축전기에 대해서 구한 결과이지만 전기장이 존재하는 경우에 대해 항상 성립하는 일반식이다.

**예제 2.23**

평행판 축전기의 전기장, 전위 그리고 정전용량을 구하세요.

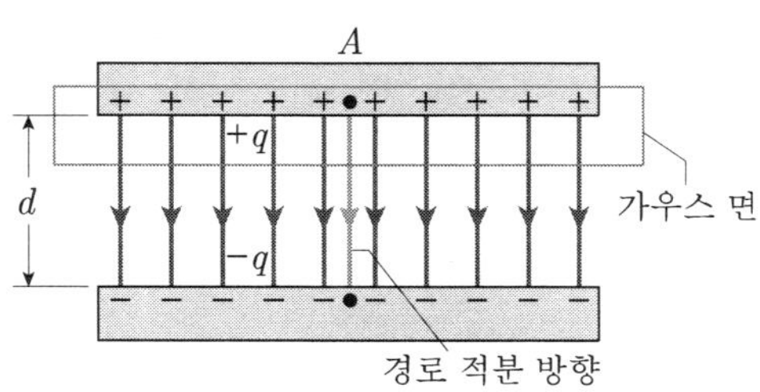


**그림 2.25**

**풀이**

(i) 가우스 법칙으로부터 평행판 축전기 사이의 전기장을 다음과 같이 구할 수 있다.

$$\oint \vec{E}\cdot d\vec{a} = \frac{q_{알짜}}{\epsilon_0} \Rightarrow EA = \frac{q}{\epsilon_0} \Rightarrow \therefore E = \frac{q}{\epsilon_0 A}$$

(ii) 전기장과 전위와의 관계식으로부터 전위를 다음과 같이 구할 수 있다.

$$\triangle V = V_B - V_A = -\int_A^B \vec{E}\cdot d\vec{\ell} = -\int_A^B E\, d\ell$$

$$\Rightarrow -V = -E\int_A^B d\ell = -Ed$$

$$\therefore V = Ed = \frac{q}{\epsilon_0 A}d \quad (\because \text{(i)에서 구한 전기장을 대입하면})$$

(iii) 정전용량은 $C = \frac{q}{V}$이므로

$$\therefore C = \frac{q}{\left(\frac{q}{\epsilon_0 A}d\right)} = \frac{\epsilon_0 A}{d}$$

그러므로 정전용량은 극판 사이의 유전상수 그리고 극판의 모양과 관련되는 면적에 비례하고 극판 사이의 간격에 반비례한다.

**예제 2.24**

전하 $+q$, 반경이 $a$인 도체 구 바깥에 전하 $-q$, 반경이 $b$인 속이 빈 도체 구가 동심축을 이루고 있는 **구형 축전기**가 있다. 두 도체 구 사이에서의 정전용량을 구하세요.

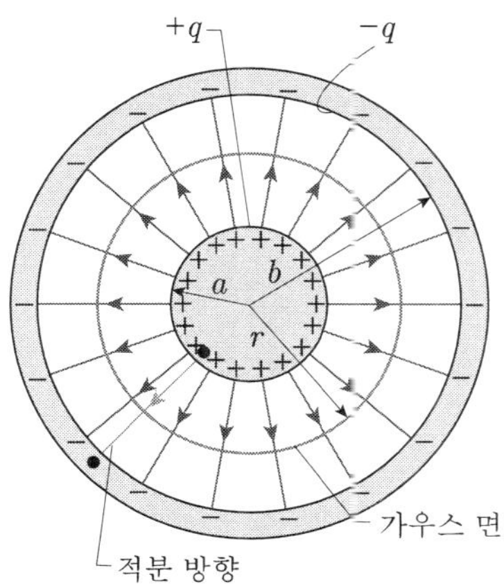


**그림 2.26**

**풀이**

(i) 가우스 법칙으로부터 구형 축전기 사이($a < r < b$)의 전기장을 다음과 같이 구할 수 있다.

$$\oint \vec{E} \cdot d\vec{a} = \frac{q_{알짜}}{\epsilon_0} \Rightarrow E(4\pi r^2) = \frac{q}{\epsilon_0} \Rightarrow \therefore E = \frac{q}{4\pi\epsilon_0 r^2}$$

(ii) 전기장과 전위와의 관계식으로부터 전위를 다음과 같이 구할 수 있다.

$$\triangle V = -\int_a^b \vec{E} \cdot d\vec{\ell} \Rightarrow V_b - V_a = -\int_a^b E\, dr$$

$$\Rightarrow -V = -\frac{q}{4\pi\epsilon_0}\int_a^b \frac{dr}{r^2} = -\frac{q}{4\pi\epsilon_0}\left[-\frac{1}{r}\right]_a^b = \frac{q}{4\pi\epsilon_0}(\frac{1}{b} - \frac{1}{a})$$

$$\therefore V = \frac{q}{4\pi\epsilon_0}(\frac{1}{a} - \frac{1}{b})$$

(iii) 정전용량은 $C = \frac{q}{V}$이므로

$$\therefore C = \frac{q}{\frac{q}{4\pi\epsilon_0}(\frac{1}{a} - \frac{1}{b})} = 4\pi\epsilon_0(\frac{ab}{b-a})$$

그러므로 정전용량은 도체 구 사이의 유전상수 그리고 도체 구의 반경에만 의존한다. 여기서 $b \to \infty$인 경우는 고립된 도체 구에 해당한다. 그러므로 반경이 $R$인 고립된 도체 구의 정전용량은 위 식에 $a \to R$ 그리고 $b \to \infty$을 대입하면 된다.

$$\therefore C = 4\pi\epsilon_0(\frac{ab}{b-a}) = 4\pi\epsilon_0\left[\frac{a}{1-(a/b)}\right] \to 4\pi\epsilon_0[a]_{a=R} = 4\pi\epsilon_0 R$$

**예제 2.25**

전하 $+q$, 반경이 $a$이며 길이가 $L$인 원통 바깥에 전하 $-q$, 반경이 $b$이며 길이가 $L$인 원통이 동심 축을 이루고 있는 **원통형 축전기**가 있다. 두 원통형 도체 사이에서의 정전용량을 구하세요.

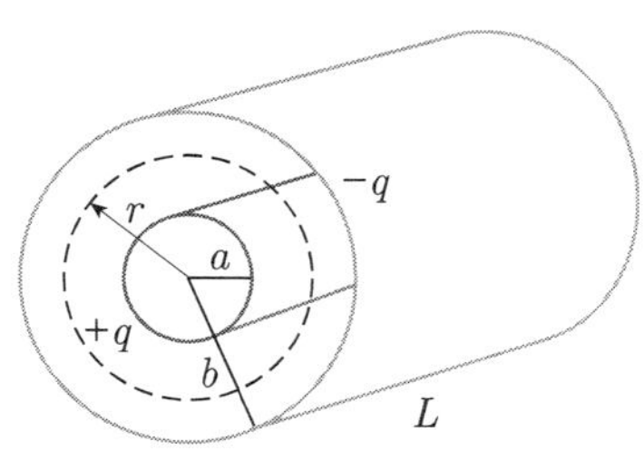


**그림 2.27**

**풀이**

(i) 가우스 법칙으로부터 원통형 축전기 사이($a<r<b$)의 전기장을 다음과 같이 구할 수 있다.

$$\oint \vec{E}\cdot d\vec{a} = \frac{q_{\text{알짜}}}{\epsilon_0} \Rightarrow E(2\pi rL) = \frac{q}{\epsilon_0} \Rightarrow \therefore\ E = \frac{q}{2\pi\epsilon_0 rL}$$

(ii) 전기장과 전위와의 관계식으로부터 전위를 다음과 같이 구할 수 있다.

$$-V = -\int_a^b \vec{E}\cdot d\vec{\ell} \Rightarrow V = \frac{q}{2\pi\epsilon_0 L}\int_a^b \frac{dr}{r} = \frac{q}{2\pi\epsilon_0 L}(\ln b - \ln a) = \frac{q}{2\pi\epsilon_0 L}\ln\left(\frac{b}{a}\right)$$

$$\therefore\ V = \frac{q}{2\pi\epsilon_0 L}\ln\left(\frac{b}{a}\right)$$

(iii) 정전용량은 $C = \frac{q}{V}$이므로

$$\therefore\ C = \frac{q}{\frac{q}{2\pi\epsilon_0 L}\ln\left(\frac{b}{a}\right)} = \frac{2\pi\epsilon_0 L}{\ln\left(\frac{b}{a}\right)}$$

그러므로 정전용량은 두 원통 사이의 유전상수 그리고 원통의 반경과 길이에만 의존한다.

평행판 축전기의 전극 사이에 전기장 안에서 극성을 지니게 되는 절연체인 **유전체**를 넣는 경우를 생각해보자. 유전체는 전극의 양전하와 음전하에 대해서 유전체의 음전하와 양전하가 각각 늘어서게 되어 극성을 지니게 된다.

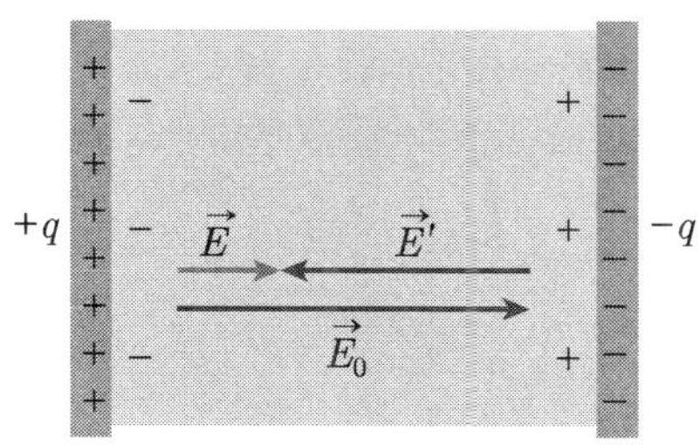


**그림 2.28**

이 경우 원래의 전기장 방향 $\vec{E}_0$과 반대 방향의 전기장 $\vec{E}'$을 유도하는 유전체 내의

유도전하에 의해 진공 중에서의 전기장보다 전기장이 감소하게 된다. 이를 수식적으로 표현하면 전기장을 $E = \dfrac{E_0}{\epsilon_r}$로 나타낼 수 있다. 여기서 $\epsilon_r$은 모든 물질에 대해 $\epsilon_r > 1$인 유전체의 비유전율(relative permittivity)이다. 그러므로 [예제 2.23]에서 구한 평행판 축전기의 전기장은 다음과 같이 된다.

$$E_0 = \frac{q}{\epsilon_0 A} \Rightarrow E\epsilon_r = \frac{q}{\epsilon_0 A}$$

$$\therefore\ E = \frac{q}{\epsilon_r \epsilon_0 A} \qquad (2.5.3)$$

유전체의 삽입으로 인한 전기장의 감소는 축전기의 전극인 도체에 채워지는 총 전하량 $q$에서 유전체에 의해 생성된 전하량 $q'$만큼이 감소한 것과 대응하므로 위 식을 $E = \dfrac{q-q'}{\epsilon_0 A}$로 나타낼 수 있다. 그러면 감소된 전하량 $q'$을 유전상수의 함수로 다음과 같이 구할 수 있다.

$$\frac{q-q'}{\epsilon_0 A} = \frac{Q}{\epsilon_r \epsilon_0 A} \Rightarrow q - q' = \frac{q}{\epsilon_r}$$

$$\therefore\ q' = q\left(1 - \frac{1}{\epsilon_r}\right)$$

그리고 평행판 축전기 내부의 유전체에서의 가우스 법칙은 다음과 같다.

$$\oint \epsilon_r \vec{E} \cdot d\vec{a} = \frac{q_{알짜}}{\epsilon_0} \qquad (2.5.4)^{(17)}$$

(17) 여기서 $\vec{D} = \epsilon_0 \epsilon_r \vec{E}$인 전기변위로 정의하면 식은 $\oint \vec{D} \cdot d\vec{a} = q$인 **일반화된 가우스 법칙**으로 주어진다.

**예제 2.26**

전하 $+2q$을 갖는 반경이 $a$인 도체 구를 전하 $-q$을 갖는 반경이 $b$인 도체 구 껍질이 같은 동심 축을 갖고 둘러싸고 있다. 그림의 각 영역에서의 전기장을 구하세요.

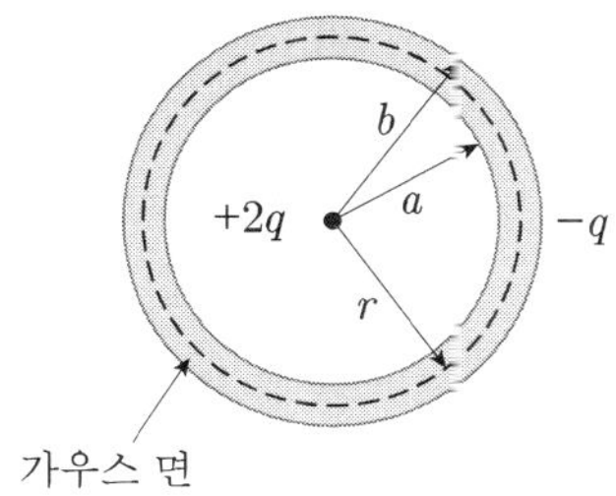


**그림 2.29**

**풀이**

(i) $r < a$ 영역에서

도체의 경우 모든 전하는 도체 표면에만 존재하기 때문에 도체 내부에는 전하가 없다.

그러므로 $E=0$

(ii) $a < r < b$ 영역에서

가우스 법칙을 적용하면

$$\oint \vec{E} \cdot d\vec{a} = \frac{q_{알짜}}{\epsilon_0} \Rightarrow E(4\pi r^2) = \frac{2q}{\epsilon_0} \Rightarrow \therefore\ E = \frac{2q}{4\pi\epsilon_0 r^2}$$

(iii) $r > b$ 영역에서

가우스 법칙을 적용하면

$$\oint \vec{E} \cdot d\vec{a} = \frac{q_{알짜}}{\epsilon_0} \Rightarrow E(4\pi r^2) = \frac{2q-q}{\epsilon_0} \Rightarrow \therefore\ E = \frac{q}{4\pi\epsilon_0 r^2}$$

## 보충자료-1

[예제 2.20]의 문제에서 전기장은 극 좌표계에서 다음과 같이 표현됨을 배웠다.

$$\vec{E}(r,\theta)=\frac{p}{4\pi\epsilon_0 r^3}(2\cos\theta\,\hat{r}+\sin\theta\,\hat{\theta}) \tag{1}$$

위 식은 좌표계와 무관하게 다음과 같이 표현될 수 있음을 증명하세요.

$$\vec{E}=\frac{1}{4\pi\epsilon_0}\left[-\frac{\vec{p}}{r^3}+\frac{3(\vec{p}\cdot\vec{r})\vec{r}}{r^5}\right] \tag{2}$$

**풀이**

주어진 문제의 좌표계에서는

$$\begin{cases}x=r\sin\theta\\ y=r\cos\theta\end{cases}\Rightarrow\begin{cases}dx=\sin\theta dr+r\cos\theta d\theta\\ dy=\cos\theta dr-r\sin\theta d\theta\end{cases}$$

이므로

$$ds^2=dx^2+dy^2=(\sin\theta dr+r\cos\theta d\theta)^2+(\cos\theta dr-r\sin\theta d\theta)^2=dr^2+r^2d\theta^2$$
$$\Rightarrow\ \vec{ds}=\hat{r}dr+\hat{\theta}rd\theta \tag{3}$$

가 된다.

그리고

$$\begin{aligned}\vec{ds}&=\hat{x}dx+\hat{y}dy=\hat{x}(\sin\theta dr+r\cos\theta d\theta)+\hat{y}(\cos\theta dr-r\sin\theta d\theta)\\&=dr(\hat{x}\sin\theta+\hat{y}\cos\theta)+rd\theta(\hat{x}\cos\theta-\hat{y}\sin\theta)\end{aligned} \tag{4}$$

을 얻는다. 식 (3)과 (4)를 비교하면 다음의 관계식을 얻는다.

$$\begin{cases}\hat{r}=\hat{x}\sin\theta+\hat{y}\cos\theta\\ \hat{\theta}=\hat{x}\cos\theta-\hat{y}\sin\theta\end{cases}\Rightarrow\begin{cases}\hat{x}=\hat{r}\sin\theta+\hat{\theta}\cos\theta\\ \hat{y}=\hat{r}\cos\theta-\hat{\theta}\sin\theta\end{cases} \tag{5}$$

그러면 식 (1)의 오른편에 있는 아래의 항은

$$2p\cos\theta\,\hat{r}+p\sin\theta\,\hat{\theta}=3p\cos\theta\,\hat{r}-p\cos\theta\,\hat{r}+p\sin\theta\,\hat{\theta}$$

$$= 3p\cos\theta\hat{r} - p(\cos\theta\hat{r} - \sin\theta\hat{\theta}) = 3p\cos\theta\hat{r} - p\hat{y} \tag{6}$$

이 된다. 여기서 $3p\cos\theta\hat{r} = 3(\vec{p} \cdot \hat{r})\hat{r}$이므로 위 식은

$$2p\cos\theta\hat{r} + p\sin\theta\hat{\theta} = 3(\vec{p} \cdot \hat{r})\hat{r} - p\hat{y} = 3(\vec{p} \cdot \hat{r})\hat{r} - \vec{p} = \frac{3(\vec{p} \cdot \vec{r})\vec{r}}{r^2} - \vec{p}$$

이 된다. 이 결과를 식 (1)에 대입하면

$$\vec{E}(r, \theta) = \frac{p}{4\pi\epsilon_0 r^3}\left[\frac{3(\vec{p} \cdot \vec{r})\vec{r}}{r^2} - \vec{p}\right] = \frac{p}{4\pi\epsilon_0}\left[-\frac{\vec{p}}{r^3} + \frac{3(\vec{p} \cdot \vec{r})\vec{r}}{r^5}\right]$$

인 식 (2)의 관계식을 얻는다.

## 연습문제

01 균일한 전기장 $\vec{E} = -E_0\hat{y}$ 안으로 속도 $\vec{v}_0 = v_0\hat{x}$로 입사하는 전자가 수평거리 $L$을 진행하는 동안 수직 방향으로 이동하는 거리를 구하세요.

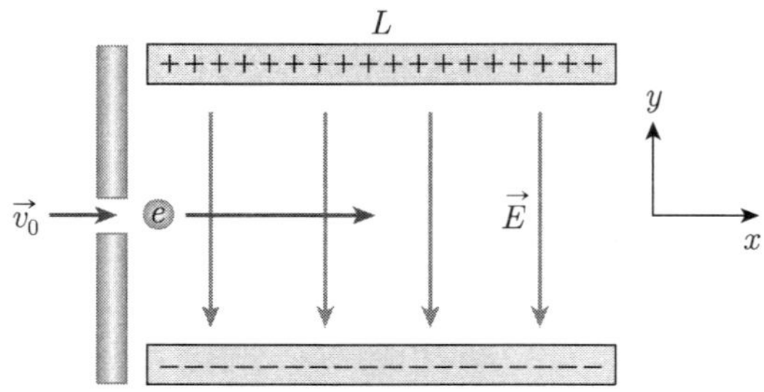


그림 2.30

**풀이**

전기장에 의해 전자가 받는 전기력은 $\vec{F} = -e\vec{E}$이다. 뉴턴의 운동법칙으로부터 전기력에 의한 전자의 운동은 $\vec{F} = m_e\vec{a}$이므로

$$-e\vec{E} = m_e\vec{a} \Rightarrow eE_0 = m_e a_y \Rightarrow a_y = \frac{e}{m_e}E_0$$

이고 $L$까지 가는 데 걸리는 시간은 $t = \frac{L}{v_0}$이므로 수직 방향으로 이동하는 거리는 다음과 같다.

$$y = y_0 + v_{0y}t + \frac{1}{2}a_y t^2 = \frac{1}{2}\left(\frac{e}{m_e}E_0\right)\left(\frac{L}{v_0}\right)^2$$
$$= \frac{1}{2}\frac{eE_0}{m_e}\frac{L^2}{v_0^2} \quad (\because \ y_0 = v_{0y} = 0)$$

02 [예제 2.26]에서 반경이 $a$인 도체 구를 부도체로 변경했을 경우의 전기장을 각 영역에서 구하세요.

**풀이**

(i) $r < a$ 영역에서

더 이상 도체 구가 아니므로 구 내부에 전기장이 존재한다. 가우스 법칙을 적용하면

$$\oint \vec{E} \cdot d\vec{a} = \frac{q_{알짜}}{\epsilon_0}$$

여기서 $2q : \frac{4\pi}{3}a^3 = q_{알짜} : \frac{4\pi}{3}r^3 \Rightarrow q_{알짜} = 2q\frac{r^3}{a^3}$ 이므로

$$\Rightarrow E(4\pi r^2) = \frac{1}{\epsilon_0}2q\frac{r^3}{a^3} \Rightarrow \therefore E = \frac{2q}{4\pi\epsilon_0 a^3}r$$

(ii) $a < r < b$ 영역에서

가우스 법칙을 적용하면

$$\oint \vec{E} \cdot d\vec{a} = \frac{q_{알짜}}{\epsilon_0} \Rightarrow E(4\pi r^2) = \frac{2q}{\epsilon_0} \Rightarrow \therefore E = \frac{2q}{4\pi\epsilon_0 r^2}$$

(iii) $r > b$ 영역에서

가우스 법칙을 적용하면

$$\oint \vec{E} \cdot d\vec{a} = \frac{q_{알짜}}{\epsilon_0} \Rightarrow E(4\pi r^2) = \frac{2q - q}{\epsilon_0} \Rightarrow \therefore E = \frac{q}{4\pi\epsilon_0 r^2}$$

$r < a$인 영역에서만 [예제 2.26]의 결과와 다르고 $r > a$인 영역에서는 모두 동일한 결과를 얻는다.

**03** 반경이 $R$인 구의 전하분포가 아래와 같이 주어질 때 (i) $r < R$ 그리고 (ii) $r > R$에서의 전기장을 구하세요.

$$\rho(r) = \begin{cases} a\frac{r}{R}, & 0 \le r \le R \\ 0, & r > R \end{cases}, \text{ 여기서 } a\text{는 상수}$$

**풀이**

(i) $r < R$의 경우

가우스 법칙으로부터

$$\oint \vec{E}\cdot d\vec{a} = \frac{q_{알짜}}{\epsilon_0} \Rightarrow E(4\pi r^2) = \frac{1}{\epsilon_0}\iiint \rho(r) r^2 \sin\theta\, dr d\theta d\phi$$

$$= \frac{1}{\epsilon_0}\int_0^{2\pi} d\phi \int_0^{\pi} \sin\theta d\theta \int_0^{r} \rho(r) r^2 dr$$

$$= \frac{1}{\epsilon_0} 4\pi \int_0^{r} \rho(r) r^2 dr$$

$$= \frac{1}{\epsilon_0}\frac{a}{R} 4\pi \int_0^{r} r^3 dr = \frac{4\pi a}{\epsilon_0 R}\frac{1}{4} r^4 = \frac{\pi a}{\epsilon_0 R} r^4$$

$$\therefore\ \vec{E} = \frac{1}{4\pi r^2}\left(\frac{\pi a}{\epsilon_0 R} r^4 \hat{r}\right) = \frac{\pi a}{4\pi\epsilon_0 R} r^2 \hat{r}$$

(ii) $r > R$의 경우

가우스 법칙으로부터

$$\oint \vec{E}\cdot d\vec{a} = \frac{q_{알짜}}{\epsilon_0} \Rightarrow E(4\pi r^2) = \frac{1}{\epsilon_0}\int_0^{r}\int_0^{\pi}\int_0^{2\pi} \rho(r) r^2 \sin\theta dr d\theta d\phi$$

$$= \frac{1}{\epsilon_0}\left[\int_0^{R}\int_0^{\pi}\int_0^{2\pi} \rho(r) r^2 \sin\theta dr d\theta d\phi + \int_R^{r}\int_0^{\pi}\int_0^{2\pi} \rho(r) r^2 \sin\theta dr d\theta d\phi\right]$$

여기서 오른편 두 번째 피적분함수는 주어진 문제에 의해 0이다.

그러므로 위 식은

$$E(4\pi r^2) = \frac{1}{\epsilon_0}\frac{a}{R} 4\pi \int_0^{R} r^3 dr = \frac{4\pi a}{\epsilon_0 R}\frac{1}{4} R^4 = \frac{\pi a}{\epsilon_0 R} R^4$$

이다.

$$\therefore\ \vec{E} = \frac{1}{4\pi r^2}\frac{\pi a}{\epsilon_0 R} R^4 \hat{r} = \frac{a}{4\epsilon_0}\frac{R^3}{r^2}\hat{r}$$

**04** 전하 $q$을 갖는 반경 $R$의 도체 구에서 (i) $r < R$ 그리고 (ii) $r > R$인 영역에서의 전기장과 전위를 각각 구하세요.

**풀이**

(i) $r < R$ 영역에서

도체 내부에는 전하가 존재하지 못하므로 가우스 법칙으로부터 $E=0$이 되고, $\vec{E} = -\vec{\nabla} V$로부터 전위는 $V=$ 상수임을 알 수 있다.

(ii) $r > R$ 영역에서

가우스 법칙으로부터

$E(4\pi\epsilon_0 r^2) = \dfrac{q}{\epsilon_0} \Rightarrow \therefore E = \dfrac{q}{4\pi\epsilon_0 r^2}$이고 $V = -\int \vec{E} \cdot d\vec{r}$로부터 전위는

$$V = -\int \frac{q}{4\pi\epsilon_0 r^2} dr = \frac{q}{4\pi\epsilon_0 r}$$

이다. 경계에서 전위는 연속이므로

$$V(r=R) = \left[\frac{q}{4\pi\epsilon_0 r}\right]_{r=R} = \frac{q}{4\pi\epsilon_0 R}$$

이 되어 $r < R$ 영역에서 즉, 도체 내부에서 상수인 전위는

$$V = \frac{q}{4\pi\epsilon_0 R}$$

가 된다.

**05** 질량이 $m$이고 전하가 $+q$인 입자가 수직 방향으로 $\ell$만큼 떨어져 있는 곳에 질량이 $m$이고 전하가 $-q$인 입자에 매달려 평형상타에 있다. 이때의 전하량 $q$을 구하세요.

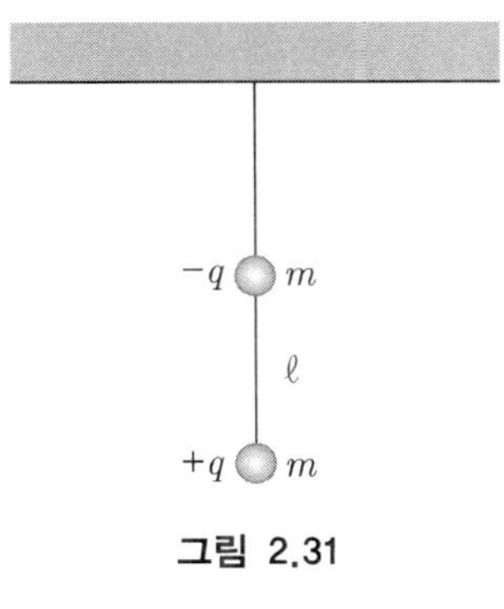


**그림 2.31**

**풀이**

평형상태에 있으므로 모든 힘의 합은 0이다. 즉, $\sum \vec{F} = 0$

주어진 문제에서 존재하는 힘은 줄의 장력 $\vec{T}$, 전기력 $\vec{F_E}$ 그리고 무게 $\vec{W}$이다.

그때 $\vec{T} = mg\hat{y}$, $\vec{F_E} = \frac{1}{4\pi\epsilon_0}\frac{q^2}{\ell^2}\hat{y}$ 그리고 $\vec{W} = -(m+m)g\hat{y} = -2mg\hat{y}$이므로

$$\sum \vec{F} = 0 \Rightarrow \vec{T} + \vec{F_E} + \vec{W} = 0$$

$$\Rightarrow \left(mg + \frac{1}{4\pi\epsilon_0}\frac{q^2}{\ell^2} - 2mg\right)\hat{y} = 0$$

$$\therefore q = \sqrt{4\pi\epsilon_0 mg}\,\ell$$

CHAPTER 3

# 전위에 관한 미분방정식

2장에서는 주어진 전하분포에서의 전기장과 전위를 구하는 것에 대해 알아보았다. 이 장에서는 전하분포에 대한 정보 없이 이차 편미분방정식인 라플라스 방정식($\nabla^2 V = 0$)과 포아송 방정식($\nabla^2 V = -\frac{\rho}{\epsilon_0}$)을 풀어 전위 $V$를 구하고, 그로부터 전기장 또는 전하분포를 구하는 것에 대해 살펴본다. 이를 위해서 먼저 간단하게 라플라스 방정식을 소개한 뒤에 전위를 구하는 방법으로 영상법(method of image)과 변수분리법(separation of variables)을 다룬다.

## 3.1 라플라스 방정식 소개

한 지점에서 서로 다른 전위 $V_1$과 $V_2$가 가능하다고 가정하면 각 전위로부터 $\vec{E}_1 = -\vec{\nabla} V_1$과 $\vec{E}_2 = -\vec{\nabla} V_2$의 전기장을 얻을 수 있다. 전위차를 $V_1 - V_2 = V$라고 할 때 다음의 적분은

$$\begin{aligned}\int(\vec{\nabla}\cdot\vec{E})da &= \int\vec{\nabla}\cdot(-\vec{\nabla}V)da = \int\vec{\nabla}\cdot[-\vec{\nabla}(V_1-V_2)]da \\ &= \int\vec{\nabla}\cdot(-\vec{\nabla}V_1)da + \int\vec{\nabla}\cdot(\vec{\nabla}V_2)da \\ &= \int\vec{\nabla}\cdot\vec{E}_1 da - \int\vec{\nabla}\cdot\vec{E}_2 da = \frac{q_{\text{알짜}}}{\epsilon_0} - \frac{q_{\text{알짜}}}{\epsilon_0} = 0\end{aligned}$$

이 된다. 이 결과는 모든 폐곡면에 대해 항상 성립해야 하므로 왼편의 피적분함수는 $\vec{\nabla}\cdot\vec{E}=0$가 되어야 한다.

앞 장에서 구한 식 (2.3.12)로부터

$$\vec{\nabla}\cdot(f\vec{A}) = f(\vec{\nabla}\cdot\vec{A}) + \vec{A}\cdot\vec{\nabla}f$$

을 얻는데 이 식에서 $f\to V$ 그리고 $\vec{A}\to\vec{\nabla}V$을 대입하면 다음의 관계식을 얻는다.

$$\begin{aligned}&\vec{\nabla}\cdot(V\vec{\nabla}V) = V[\vec{\nabla}\cdot(\vec{\nabla}V)] + (\vec{\nabla}V)\cdot(\vec{\nabla}V) \\ &\Rightarrow \int\vec{\nabla}\cdot(V\vec{\nabla}V)dv = \int V[\vec{\nabla}\cdot(\vec{\nabla}V)]dv + \int(\vec{\nabla}V)\cdot(\vec{\nabla}V)dv \qquad (3.1.1)\end{aligned}$$

여기서 오른편의 첫 번째 피적분함수의 대괄호 항이 $-\vec{\nabla}\cdot\vec{E}=0$이 되므로 적분 결과는 0이다. 그러므로 식 (3.1.1)은 다음과 같게 된다.

$$\int\vec{\nabla}\cdot(V\vec{\nabla}V)dv = \int(\vec{\nabla}V)\cdot(\vec{\nabla}V)dv = \int|\vec{\nabla}V|^2 dv$$

위 식의 왼편에 발산 정리를 적용하면 위 식은

$$\int_S(V\vec{\nabla}V)\cdot d\vec{a} = \int|\vec{\nabla}V|^2 dv \qquad (3.1.2)$$

이 된다. 여기서 등식의 왼편은 전위가 존재하는 무한히 큰 영역을 둘러싼 표면에 관한 적분이다. 그때 왼편의 적분에 대해 살펴보면 $V\propto\frac{1}{r}$, $|\vec{\nabla}V| = E\propto\frac{1}{r^2}$, 그리고 면적은 $r^2$에 비례하므로 피적분함수는 $\frac{1}{r}$ 형태를 가져서 $r\to\infty$일 때 왼편의 적분은 0이 된다. 그러므로 식 (3.1.2)는 다음과 같이 된다.

$$\int|\vec{\nabla}V|^2 dv = 0$$

모든 체적에 대해 위 식이 항상 성립하기 위해서는 피적분함수가 0이 되어야 한다.

$$\vec{\nabla} V = 0 \Rightarrow \vec{\nabla}(V_1 - V_2) = 0 \Rightarrow V_1 - V_2 = \text{상수 또는 } 0$$

도체에서 전위는 거리만의 함수이기 때문에 도체 표면의 모든 지점에서 전위는 일정하므로

$$V_1 - V_2 = 0 \Rightarrow \therefore\ V_1 = V_2$$

결과적으로 임의의 한 지점에서 가능한 전위는 유일하다는 **유일성**(uniqueness) **정리**를 얻는다.

먼저, 라플라스 방정식의 일반 解를 구하는 것에 대해 알아보자. 경계조건을 적용하고 유일성 정리에 의해 임의의 한 지점에서 유일한 전위 $V$를 구하고 이로부터 전기장 $\vec{E}$을 구하는 것에 대해 살펴본다.

**예제 3.1**

무한 도체 평면이 전위차 $V_0$로 서로 평행하게 간격이 $d$이면서 마주 보고 있는 경우 판 사이의 전위와 전기장을 구하세요.

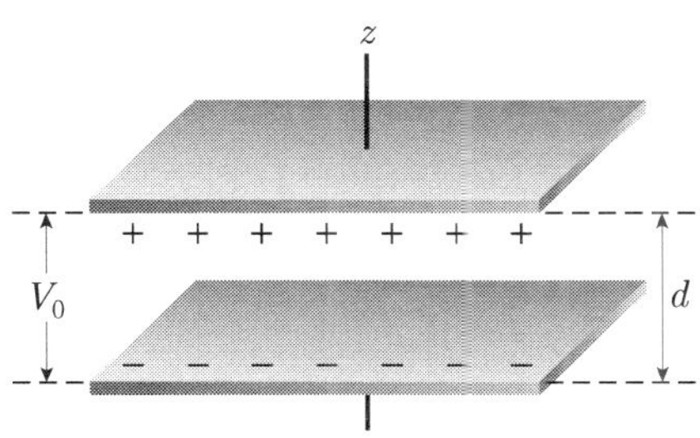


**그림 3.1**

**풀이**

3차원의 직각 좌표계에서 라플라스 방정식은

$$\vec{\nabla} V(x,y,z) = 0 \Rightarrow \left(\frac{\partial^2}{\partial x^2} + \frac{\partial^2}{\partial y^2} + \frac{\partial^2}{\partial z^2}\right) V(x,y,z) = 0$$

이 된다.

주어진 문제에서 전위는 $z$만의 함수이므로 $\frac{\partial^2}{\partial x^2} V(z) = \frac{\partial^2}{\partial y^2} V(z) = 0$가 되어 위 식은

$$\frac{d^2}{dz^2}V(z)=0 \Rightarrow \frac{d}{dz}V(z)=\text{상수}$$

가 된다. 그러면 전위는

$$V(z)=az+b$$

가 된다. 여기서 $a$와 $b$는 상수이다.
주어진 전위에 대한 조건으로부터 상수를 다음과 같이 구할 수 있다.

$$\begin{cases} V(z=0)=0 \ \rightarrow b=0 \\ V(z=d)=V_0 \ \rightarrow ad+b=V_0 \end{cases} \Rightarrow a=\frac{V_0}{d}$$

그러므로 전위는 $V(z)=(\frac{V_0}{d})z$이고 전기장은

$$\begin{aligned}\vec{E}&=-\vec{\nabla}V=-\left[\hat{x}\frac{\partial V(z)}{\partial x}+\hat{y}\frac{\partial V(z)}{\partial y}+\hat{z}\frac{\partial V(z)}{\partial z}\right]\\ &=-\hat{z}\frac{dV(z)}{dz}=-\frac{V_0}{d}\hat{z}\end{aligned}$$

가 된다. 이 결과는 [예제 2.23]의 평행판 축전기에서 구한 전위와 전기장의 관계와 일치한다.

**예제 3.2**

반지름이 각각 $a$와 $b$인 두 동심구 도체가 있다. 여기서 $b>a$이다. 두 동심구 사이의 전위차가 $V_0$일 때 동심구 사이에서의 전위와 전기장을 구하세요. 여기서 $V(a)=V_0$이다.

**풀이**

구형 문제이므로 구면 좌표계에서 라플라스 방정식을 계산하는 것이 편리하다.

$$\nabla^2 V=0 \Rightarrow \frac{1}{r^2\sin\theta}\left[\frac{\partial}{\partial r}(r^2\sin\theta\frac{\partial}{\partial r})+\frac{\partial}{\partial\theta}(\sin\theta\frac{\partial}{\partial\theta})+\frac{\partial}{\partial\phi}(\frac{1}{\sin\theta}\frac{\partial}{\partial\phi})\right]V(r,\theta,\phi)=0$$

이때 전위는 구의 중심에서 떨어져 있는 거리 $r$만의 함수이므로 $\frac{\partial V}{\partial\theta}=\frac{\partial V}{\partial\phi}=0$이 되어 위 식은 다음과 같게 된다.

$$\frac{1}{r^2\sin\theta}\frac{d}{dr}(r^2\sin\theta\frac{dV(r)}{dr})=0 \Rightarrow r^2\frac{dV(r)}{dr}=\text{상수} \Rightarrow \frac{dV(r)}{dr}=\frac{\text{상수}}{r^2}$$

$\therefore V(r)=\text{상수}\int\frac{dr}{r^2}=-\frac{c_1}{r}+c_2$, 여기서 $c_1$과 $c_2$은 상수이다.

주어진 조건으로부터 상수를 다음과 같이 구할 수 있다.

$$\begin{cases} V(a) = V_0 \rightarrow -\dfrac{c_1}{a} + c_2 = V_0 \\ V(b) = 0 \rightarrow -\dfrac{c_1}{b} + c_2 = 0 \end{cases} \Rightarrow c_1 = \frac{ab}{a-b} V_0,\ c_2 = \frac{a}{a-b} V_0$$

그러므로 전위는

$$V(r) = -\left(\frac{abV_0}{a-b}\right)\frac{1}{r} + \left(\frac{aV_0}{a-b}\right) = \frac{aV_0}{a-b}\frac{r-b}{r}$$

그리고

전기장은 $\vec{E} = -\vec{\nabla} V = -\left[\hat{r}\frac{\partial V}{\partial r} + \hat{\theta}\frac{1}{r}\frac{\partial V}{\partial \theta} + \hat{\phi}\frac{1}{r\sin\theta}\frac{\partial V}{\partial \phi}\right]$인데 $\frac{\partial V}{\partial \theta} = \frac{\partial V}{\partial \phi} = 0$이므로

$$\vec{E} = -\hat{r}\frac{d}{dr}V(r) = -\hat{r}\left(\frac{aV_0}{a-b}\right)\frac{d}{dr}\left(\frac{r-b}{r}\right)$$

$$= -\hat{r}\left(\frac{aV_0}{a-b}\right)\left[\frac{r-(r-b)}{r^2}\right] = -\hat{r}\frac{aV_0}{a-b}\frac{b}{r^2}$$

$$\therefore \vec{E} = \frac{abV_0}{(b-a)r^2}\hat{r}$$

이 결과는 [예제 2.24]의 구형 축전기에서 구한 전위와 전기장의 관계와 일치한다.

**예제 3.3**

같은 동심축을 갖는 반지름이 각각 $a$와 $b$인 긴 원통형 도체가 있다. 여기서 $b > a$이다. 원통형 도체 사이의 전위차가 $V_0$일 때 도체 사이에서의 전위와 전기장을 구하세요. 여기서 $V(a) = V_0$이다.

**풀이**

원통형 문제이므로 원통 좌표계에서 라플라스 방정식을 계산하는 것이 편리하다.

$$\nabla^2 V = 0 \Rightarrow \frac{1}{s}\left[\frac{\partial}{\partial s}\left(s\frac{\partial}{\partial s}\right) + \frac{\partial}{\partial \phi}\left(\frac{1}{s}\frac{\partial}{\partial \phi}\right) + \frac{\partial}{\partial z}\left(s\frac{\partial}{\partial z}\right)\right]V(s,\phi,z) = 0$$

이때 전위는 구의 중심에서 떨어져 있는 거리 $s$만의 함수이므로 $\frac{\partial V}{\partial \phi} = \frac{\partial V}{\partial z} = 0$이 되어 위 식은 다음과 같게 된다.

$$\frac{1}{s}\frac{d}{ds}\left[s\frac{dV(s)}{ds}\right] = 0 \Rightarrow s\frac{dV(s)}{ds} = \text{상수} \Rightarrow \frac{dV(s)}{ds} = \frac{\text{상수}}{s}$$

$\therefore V(s) = \text{상수}\int \frac{ds}{s} = c_1 \ln s + c_2$, 여기서 $c_1$와 $c_2$은 상수이다.

주어진 조건으로부터 상수를 다음과 같이 구할 수 있다.

$$\begin{cases} V(a) = V_0 \rightarrow c_1 \ln a + c_2 = V_0 \\ V(b) = 0 \rightarrow c_1 \ln b + c_2 = 0 \end{cases} \Rightarrow c_1 = \frac{1}{\ln(a/b)} V_0,\ c_2 = -\frac{\ln b}{\ln(a/b)} V_0$$

그러므로 전위는

$$V(s) = \left[\frac{1}{\ln(a/b)} V_0\right] \ln s - \frac{\ln b}{\ln(a/b)} V_0 = \frac{V_0}{\ln(a/b)} (\ln s - \ln b) = \frac{\ln(s/b)}{\ln(a/b)} V_0$$

그리고

전기장은 $\vec{E} = -\vec{\nabla} V = -\left[\hat{s}\frac{\partial V}{\partial s} + \hat{\phi}\frac{1}{s}\frac{\partial V}{\partial \phi} + \hat{z}\frac{\partial V}{\partial z}\right]$ 인데 $\frac{\partial V}{\partial \phi} = \frac{\partial V}{\partial z} = 0$ 이므로

$$\begin{aligned} \vec{E} &= -\hat{s}\frac{d}{ds} V(s) = -\hat{s}\frac{d}{ds}\left[\frac{\ln(s/b)}{\ln(a/b)} V_0\right] \\ &= -\hat{s}\frac{V_0}{\ln(a/b)}\frac{d}{ds}[\ln(s/b)] = -\hat{s}\frac{V_0}{\ln(a/b)}\left[\frac{1}{(s/b)}\frac{1}{b}\right] \\ &= -\frac{V_0}{\ln(a/b)}\frac{1}{s}\hat{s} = \frac{V_0}{\ln(b/a)}\frac{1}{s}\hat{s} \end{aligned}$$

이 결과는 [예제 2.25]의 원통형 축전기에서 구한 전위와 전기장의 관계와 일치한다.

## 3.2 영상법

점전하 $q$로부터 $r$만큼 떨어진 관측점에서의 전위는 $V_1 = \frac{q}{4\pi\epsilon_0 r}$ 이 된다. 그리고 점전하 $q$의 정반대편에 있는 점전하 $-q$에 의한 $-q$로부터 $r$만큼 떨어진 같은 관측점에서의 전위는 $V_2 = -\frac{q}{4\pi\epsilon_0 r}$가 된다. 결과적으로 두 점전하로부터 $r$만큼 떨어져 있는 곳의 전위는 각 점전하에 의한 전위를 합하면 되므로 $\frac{q}{4\pi\epsilon_0 r} - \frac{q}{4\pi\epsilon_0 r} = 0$이 된다. 이렇게 두 점전하로부터 같은 거리만큼 떨어져 있는 모든 지점을 합하면 무한 평면이 된다. 그러므로 같은 전하량을 갖고 부호가 반대인 두 점전하로 같은 거리만큼 떨어져 있는 곳에 평면이 있다면 그 평면의 전위는 $V = 0$이 될 것이다.

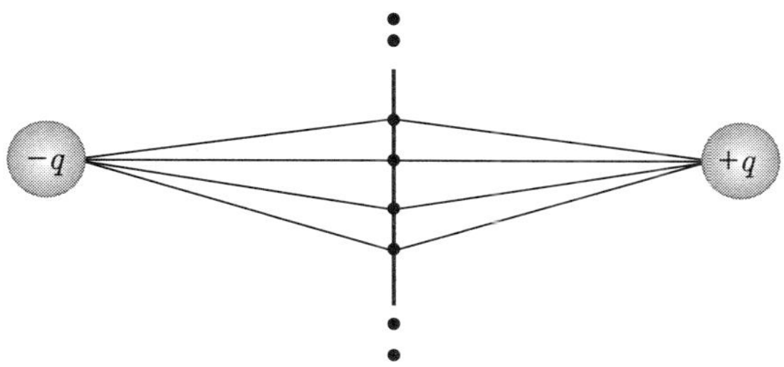


**그림 3.2**

점전하쌍에 의해 전위가 0인 평면이 생성되는 이러한 상황을 점전하 $q$로부터 $r$만큼 떨어진 곳에 접지된(grounded) 무한 평면이 놓여 있는 것으로 간주할 수 있다. 그러면 점전하와 접지된 평면 사이에 작용하는 힘을 구하는 관계식이 없는 관계로 이러한 문제의 경우, 무한 평면 반대편에 전하량의 크기는 같고 부호가 반대인 가상의 점전하(이러한 전하를 **영상전하**라고 함)가 놓여 있는 것으로 가정해서 두 점전하 사이에 작용하는 힘을 구하면 된다. 이렇게 가상의 영상전하를 사용하여 문제를 푸는 방법을 **영상법**이라 한다.

**예제 3.4**

점전하 $q$로부터 $d$만큼 떨어져 있는 곳에 접지된 무한 평면이 놓여 있을 때, 둘 사이에 작용하는 힘을 구하세요.

**풀이**

접지된 무한 평면에서는 전위가 $V=0$이므로 무한 평면 반대편으로 $d$만큼 떨어져 있는 곳에 $-q$의 영상전하가 놓여 있다고 간주할 수 있고, 접지된 무한 도체 평면이 없을 때의 두 점전하 사이에 작용하는 힘을 구하면 된다. 두 점전하 사이의 거리는 $2d$가 되므로 쿨롱 법칙으로부터

$$F=-\frac{q^2}{4\pi\epsilon_0(2d)^2}=-\frac{q^2}{16\pi\epsilon_0 d^2}$$

인 인력을 얻을 수 있다.

접지된 무한 도체 평면으로부터 수직으로 $d$만큼 떨어진 곳에 점전하 $q$가 놓여 있을 때, 이 점전하로 인해 전위가 0이 되도록 도체 표면에 음전하가 유도되기 때문에 이 점전하

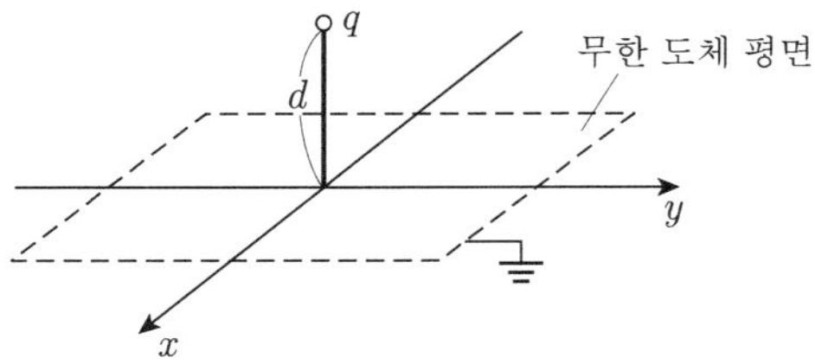


그림 3.3

로부터 $r$만큼 떨어진 곳에서의 전위는 더 이상 $\frac{1}{4\pi\epsilon_0}\frac{q}{r}$로 주어지지 않는다. 즉, 관측점에서의 전위는 점전하에 의한 전위와 도체에 유도된 유도전하에 의한 전위를 합한 것이 된다. 이 문제를 $(0, 0, d)$에 점전하 $q$가 있는 경우에 대한 포아송 방정식과 주어진 조건

$$\begin{cases} V(x,y,z)|_{z=0} = 0 \\ V(x,y,z)|_{z\to\infty} = 0 \end{cases} \tag{3.2.1}$$

을 사용해서 관측점 $P(x, y, z)$에서의 전위 $V(x, y, z)$을 구하는 것은 쉬운 일이 아니다. 이 문제는 아래의 그림과 같이 접지된 무한 도체 평면이 없으면서 점전하 $q$가 수직으로 $d$만큼 떨어진 곳에 있고, 반대편으로 평면으로부터 $d$만큼 떨어진 곳에 영상전하인 점전하 $-q$가 있는 문제로 간주될 수 있다. 그러므로 두 점전하가 분포할 때의 전위를 구하면 된다. 이때 직각 좌표계보다는 원통 좌표계 $(s, \phi, z)$에서 이 문제를 다루는 것이 편리하다.

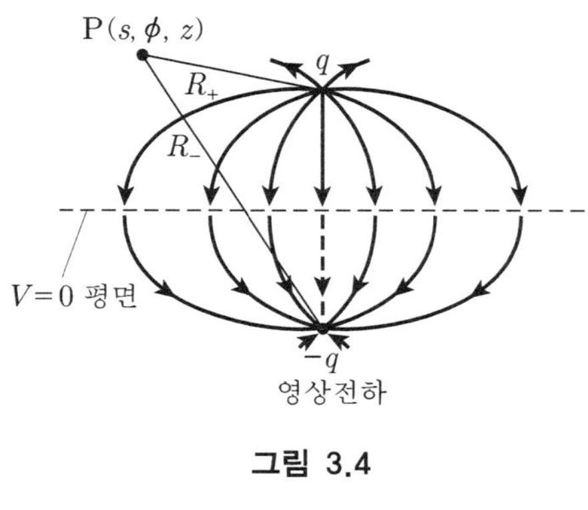


그림 3.4

그러면 관측점 $P(s, \phi, z)$에서의 전위는 점전하와 영상전하에 의한 전위를 합하면 된다.

$$V(s, \phi, z) = \frac{1}{4\pi\epsilon_0}\frac{q}{\sqrt{s^2+(z-d)^2}} + \frac{1}{4\pi\epsilon_0}\frac{-q}{\sqrt{s^2+(z+d)^2}}$$

$$= \frac{q}{4\pi\epsilon_0}\left[\frac{1}{\sqrt{s^2+(z-d)^2}} - \frac{1}{\sqrt{s^2+(z+d)^2}}\right]$$

$$\therefore\ V(s, z) = \frac{q}{4\pi\epsilon_0}\left[\frac{1}{\sqrt{s^2+(z-d)^2}} - \frac{1}{\sqrt{s^2+(z+d)^2}}\right] \tag{3.2.2}$$

전위는 방위각 $\phi$와는 무관하다. 위 식에 $z=0$을 대입하면 우리가 기대한 대로 접지된 평면에서의 전위 $V(s, \phi, 0)=0$을 얻을 수 있다.

이제, 위에서 전위를 구할 때 사용한 영상전하의 전하량$(-q)$과 거리$(d)$가 접지된 무한 평면을 대체하기에 타당한지 수식적으로 점검해보자. 영상전하의 전하량과 $z-$축상에서의 거리를 각각 $q'$과 $-d'$라 가정하면 점전하와 영상전하에 의한 관측점 $P(s, \phi, z)$에서의 전위는

$$V(s, \phi, z) = \frac{1}{4\pi\epsilon_0}\frac{q}{\sqrt{s^2+(z-d)^2}} - \frac{1}{4\pi\epsilon_0}\frac{q'}{\sqrt{s^2+(z+d')^2}}$$

이다. 위 식에 접지된 평면$(z=0)$에서의 전위가 0인 조건을 적용하면

$$V(s, \phi, z)|_{z=0} = 0 \ \Rightarrow\ \frac{1}{4\pi\epsilon_0}\left[\frac{q}{\sqrt{s^2+d^2}} + \frac{q'}{\sqrt{s^2+d'^2}}\right] = 0$$

$$\Rightarrow\ \frac{q}{\sqrt{s^2+d^2}} = -\frac{q'}{\sqrt{s^2+d'^2}}$$

그러므로 $q$와 $q'$의 부호는 항상 반대이다. 위 관계식의 양변을 제곱하여 정리하면

$$q^2(s^2+d'^2) = q'^2(s^2+d^2) \ \Rightarrow\ s^2(q^2-q'^2) + (q^2d'^2 - q'^2d^2) = 0$$

의 관계식을 얻는다. 모든 $x$와 $y$에 대해 위 등식이 항상 성립해야 하므로 위 식에서 왼편의 첫 번째 항과 두 번째 항의 괄호는 각각 0이 되어야 한다. 그러면 첫 번째 항으로부터 $(q^2-q'^2)=0 \Rightarrow q=\pm q'$가 되는데, 앞에서 기술했듯이 영상전하는 점전하에 반대되는 부호를 가지므로 $q'=-q$만 타당하다. 그리고 두 번째 항에 이 결과를 대입하면 $q^2(d'^2-d^2)=0 \Rightarrow d'=\pm d$을 얻는데, $d'$은 거리이므로 $d'=d$만 물리적으로 타당한 解이다. 즉, 우리가 영상법으로 문제를 풀 때 영상전하로 $-q$로 놓고 평면의 반대편으로 $z-$축

상에서의 거리를 $d$로 가정한 것이 타당함을 보여준다.

그리고 관측점이 점전하로부터 멀리 떨어져 $\sqrt{s^2+z^2} \gg d$인 지점에서는 식 (3.2.2)에 있는 오른편 항에서

$$R_{\pm}^{-1} = [s^2+(z\mp d)^2]^{-\frac{1}{2}} \approx (s^2+z^2)^{-\frac{1}{2}}\left(1\mp\frac{2zd}{s^2+z^2}\right)^{-\frac{1}{2}} \approx (s^2+z^2)^{-\frac{1}{2}}\left(1\pm\frac{zd}{s^2+z^2}\right)$$

이 되기 때문에

$$\begin{aligned}\frac{1}{R_+}-\frac{1}{R_-} &= (s^2+z^2)^{-1/2}\left[\left(1+\frac{zd}{s^2+z^2}\right)-\left(1-\frac{zd}{s^2+z^2}\right)\right] \\ &= (s^2+z^2)^{-1/2}\frac{2zd}{(s^2+z^2)} = \frac{2zd}{(s^2+z^2)^{3/2}}\end{aligned}$$

이 된다.

이를 원 식에 대입하면 전위는

$$V = \frac{q}{4\pi\epsilon_0}\left(\frac{1}{R_+}-\frac{1}{R_-}\right) = \frac{q}{4\pi\epsilon_0}\frac{2zd}{(s^2+z^2)^{\frac{3}{2}}}$$

이고 $s \ll z$으로 근사를 하면

$$V \approx \frac{q}{4\pi\epsilon_0}\frac{2zd}{z^3} = \frac{q}{4\pi\epsilon_0}\frac{2d}{z^2} \xrightarrow{z\to\infty} 0$$

인 식 (3.2.1)의 두 번째 조건의 결과를 얻게 된다.

이제, 식 (2.4.2)인 $\frac{\partial V_{위}}{\partial n} - \frac{\partial V_{아래}}{\partial n} = -\frac{\sigma}{\epsilon_0} \Rightarrow \frac{\partial V}{\partial n}|_{경계면} = -\frac{\sigma}{\epsilon_0}$을 적용하여 도체 평면에 유도된 면 전하밀도 $\sigma$을 구해보자. 여기서 $\hat{n}$은 도체 평면에 수직 바깥 방향이므로 $\hat{z}$에 해당한다. 그러므로

$$\frac{\partial V}{\partial n}|_{경계면} = \frac{\partial V(s,\phi,z)}{\partial z}|_{z=0} = -\frac{\sigma}{\epsilon_0} \tag{3.2.3}$$

이 된다.

식 (3.2.2)로부터

$$
\begin{aligned}
\frac{\partial V(s,\phi,z)}{\partial z} &= \frac{q}{4\pi\epsilon_0}\frac{\partial}{\partial z}\left[\frac{1}{\sqrt{s^2+(z-d)^2}} - \frac{1}{\sqrt{s^2+(z+d)^2}}\right] \\
&= \frac{q}{4\pi\epsilon_0}\left[\frac{[-\frac{1}{2}2(z-d)]}{[s^2+(z-d)^2]^{\frac{3}{2}}} - \frac{[-\frac{1}{2}2(z+d)]}{[s^2+(z+d)^2]^{\frac{3}{2}}}\right] \\
&= \frac{q}{4\pi\epsilon_0}\left[\frac{-(z-d)}{[s^2+(z-d)^2]^{\frac{3}{2}}} + \frac{(z+d)}{[s^2+(z+d)^2]^{\frac{3}{2}}}\right] \qquad (3.2.4)
\end{aligned}
$$

$$
\begin{aligned}
\Rightarrow \frac{\partial V(s,\phi,z)}{\partial z}\Big|_{z=0} &= \frac{q}{4\pi\epsilon_0}\left[\frac{d}{(s^2-d^2)^{\frac{3}{2}}} + \frac{d}{(s^2+d^2)^{\frac{3}{2}}}\right] \\
&= \frac{q}{2\pi\epsilon_0}\left[\frac{d}{(s^2-d^2)^{\frac{3}{2}}}\right]
\end{aligned}
$$

이를 식 (3.2.3)에 대입하면 도체 표면에 유도된 면 전하밀도 $\sigma$을 다음과 같이 구할 수 있다.

$$
\sigma = -\epsilon_0\frac{\partial V(s,\phi,z)}{\partial z}\Big|_{z=0} = -\epsilon_0\frac{q}{2\pi\epsilon_0}\left[\frac{d}{(s^2+d^2)^{\frac{3}{2}}}\right] = -\frac{q}{2\pi}\left[\frac{d}{(s^2+d^2)^{\frac{3}{2}}}\right]
$$

즉, $s=0(x=y=0)$인 곳에서 가장 큰 값을 갖는 최대 전하밀도 $\sigma_{최대} = -\frac{q}{2\pi d^2}$가 유도되는 것을 알 수 있다.

그리고 구한 면 전하밀도 $\sigma$에 면 적분을 취하면 총 유도전하 $Q$을 다음과 같이 구할 수 있다.

$$
\begin{aligned}
Q = \int\sigma(s\,ds\,d\phi) &= -\frac{qd}{2\pi}\int_0^{2\pi}d\phi\int_{-\infty}^{\infty}\frac{1}{(s^2+d^2)^{\frac{3}{2}}}s\,ds \\
&= -qd\int_{-\infty}^{\infty}\frac{s}{(s^2+d^2)^{\frac{3}{2}}}ds \qquad (3.2.5)
\end{aligned}
$$

여기서 $s^2+d^2=k^2$으로 놓으면 $sds=kdk$ 그리고 $(s^2+d^2)^{\frac{3}{2}}=k^3$이 되어 위 적분은

$$\int_d^\infty \frac{kdk}{k^3} = \int_d^\infty \frac{dk}{k^2} = -\left[\frac{1}{k}\right]_d^\infty = \frac{1}{d}$$

이 된다. 그러면 식 (3.2.5)로부터 총 유도전하는 다음과 같다.

$$Q = -qd\left(\frac{1}{d}\right) = -q$$

즉, 기대한 대로 도체 평면에 유도된 총 전하는 $-q$이다.

그리고 관측점 $P(s, \phi, z)$에서의 전기장은

$$\begin{aligned}\vec{E} = -\vec{\nabla} V &= -\left[\hat{s}\frac{\partial V(s,z)}{\partial s} + \hat{\phi}\frac{1}{s}\frac{\partial V(s,z)}{\partial \phi} + \hat{z}\frac{\partial V(s,z)}{\partial z}\right] \\ &= -\left[\hat{s}\frac{\partial V(s,z)}{\partial s} + \hat{z}\frac{\partial V(s,z)}{\partial z}\right] \end{aligned} \tag{3.2.6}$$

여기서 식 (3.2.2)로부터

$$\begin{aligned}\frac{\partial V}{\partial s} &= \frac{q}{4\pi\epsilon_0}\frac{\partial}{\partial s}\left[\frac{1}{\sqrt{s^2+(z-d)^2}} - \frac{1}{\sqrt{s^2+(z+d)^2}}\right] \\ &= \frac{q}{4\pi\epsilon_0}\left[-\frac{1}{2}2s\left[s^2+(z-d)^2\right]^{-\frac{3}{2}} + \frac{1}{2}2s\left[s^2+(z+d)^2\right]^{-\frac{3}{2}}\right] \\ &= \frac{q}{4\pi\epsilon_0}\left[\frac{-s}{\left[s^2+(z-d)^2\right]^{\frac{3}{2}}} + \frac{s}{\left[s^2+(z+d)^2\right]^{\frac{3}{2}}}\right]\end{aligned}$$

그리고

$$\begin{aligned}\frac{\partial V}{\partial z} &= \frac{q}{4\pi\epsilon_0}\frac{\partial}{\partial z}\left[\frac{1}{\sqrt{s^2+(z-d)^2}} - \frac{1}{\sqrt{s^2+(z+d)^2}}\right] \\ &= \frac{q}{4\pi\epsilon_0}\left[-\frac{1}{2}2(z-d)\left[s^2+(z-d)^2\right]^{-\frac{3}{2}} + \frac{1}{2}2(z+d)\left[s^2+(z+d)^2\right]^{-\frac{3}{2}}\right] \\ &= \frac{q}{4\pi\epsilon_0}\left[\frac{-(z-d)}{\left[s^2+(z-d)^2\right]^{\frac{3}{2}}} + \frac{z+d}{\left[s^2+(z+d)^2\right]^{\frac{3}{2}}}\right]\end{aligned}$$

이들 결과를 식 (3.2.6)에 대입하면

$$\therefore\ \vec{E} = \frac{q}{4\pi\epsilon_0}\left[\frac{\vec{s}}{[s^2+(z-d)^2]^{\frac{3}{2}}} - \frac{\vec{s}}{[s^2+(z+d)^2]^{\frac{3}{2}}} + \frac{(z-d)\hat{z}}{[s^2+(z-d)^2]^{\frac{3}{2}}} - \frac{(z+d)\hat{z}}{[s^2+(z+d)^2]^{\frac{3}{2}}}\right] \tag{3.2.7}$$

인 전기장을 얻는다.

이제, 점전하와 영상전하로 이루어진 계의 에너지와 도체 평면이 없는 두 점전하 $q$와 $-q$(영상전하가 아닌)로 이루어진 계의 에너지를 비교해보자.

(i) 점전하와 영상전하 사이의 전기력은 다음과 같다.

$$\vec{F} = -\frac{1}{4\pi\epsilon_0}\frac{q^2}{(2d)^2}\hat{z} = -\frac{q^2}{16\pi\epsilon_0 d^2}\hat{z}$$

힘의 부호가 $-$인 것은 두 전하 사이에 인력이 작용한다는 뜻이다.

그때 점전하 $q$을 무한대로부터 $z=d$까지 옮기는 데 한 일은 다음과 같다.

$$W = \int_\infty^d \vec{F}\cdot d\vec{\ell} = \int_\infty^d \left[-\frac{q^2}{16\pi\epsilon_0 z^2}\hat{z}\right]\cdot(-\hat{z}dz)$$

$$= \frac{q^2}{16\pi\epsilon_0}\int_\infty^d \frac{1}{z^2}dz = \frac{q^2}{16\pi\epsilon_0}\left(-\frac{1}{z}\right)_\infty^d = -\frac{q^2}{16\pi\epsilon_0 d} \tag{3.2.8}$$

(ii) 반면, 두 점전하 $q$와 $-q$ 사이의 거리가 $2d$가 되도록 모으는 데 해야 하는 일을 계산해보면

$$W = \frac{1}{2}(-q)V_q + \frac{1}{2}(q)V_{-q} = \frac{q}{2}(-V_q + V_{-q})$$

$$= \frac{q}{2}\left[-\frac{q}{4\pi\epsilon_0 2d} + \frac{-q}{4\pi\epsilon_0 2d}\right] = -\frac{q^2}{8\pi\epsilon_0 d} \tag{3.2.9}$$

가 된다.

그러므로 도체 평면이 없는 두 점전하 $q$와 $-q$ 계의 에너지는 한 개의 점전하 $q$와 도체 평면이 있을 때의 에너지와 비교해보면 2배 큰 것을 알 수 있다. 왜냐하면 식 (3.2.9)는 두 점전하에 의한 에너지이고 식 (3.2.8)은 단지 점전하 $q$에 의한 에너지이기 때문이다.

영상법은 위와 같은 한 개의 점전하의 경우에만 적용되는 것이 아니라 접지된 도체 평면 가까이에 있는 임의의 점전하 분포에 대해서도 위와 같은 영상법을 적용할 수 있다.

**예제 3.5**

반경이 $R$인 접지된 도체 구의 중심으로부터 $x-$축상에서 $a$만큼 떨어진 곳에 점전하 $q$가 놓여 있는 경우에 구 바깥의 (i) 관측점 $P$에서의 전위와 (ii) 구 표면에 유도된 면전하밀도와 총 유도전하를 구하세요.

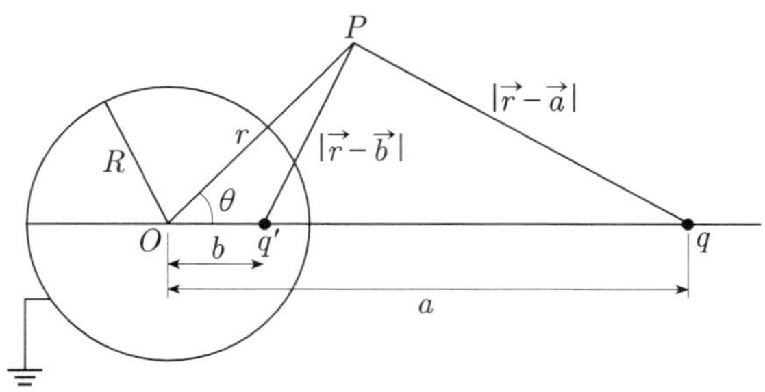


**그림 3.5**

**풀이**

(i) 점전하 $q$에 의한 영상전하의 크기를 $q'$, 구의 중심으로부터 $x-$축상에 있는 영상전하의 위치를 $b$라고 가정하자. 이제 $q'$과 $b$를 구해보자.
그때 점전하 $q$와 영상전하 $q'$에 의한 구 중심으로부터 $r > R$만큼 떨어져 있는 관측점 $P$에서의 전위는

$$V(r) = \frac{1}{4\pi\epsilon_0}\left[\frac{q}{|\vec{r}-\vec{a}|} + \frac{q'}{|\vec{r}-\vec{b}|}\right]$$

가 된다. 여기서 $\vec{r}$은 원점으로부터 관측점까지의 거리벡터이고, $\vec{a}=a\hat{x}$ 그리고 $\vec{b}=b\hat{x}$이다. 위 식에서 $|\vec{r}-\vec{a}| = \sqrt{r^2+a^2-2\vec{r}\cdot\vec{a}} = \sqrt{r^2+a^2-2ra\cos\theta}$ 이고,
$|\vec{r}-\vec{b}| = \sqrt{r^2+b^2-2rb\cos\theta}$ 이므로 이들을 원 식에 대입하면 전위는 다음과 같이 표현된다.

$$V = \frac{1}{4\pi\epsilon_0}\left[\frac{q}{\sqrt{r^2+a^2-2ra\cos\theta}} + \frac{q'}{\sqrt{r^2+b^2-2rb\cos\theta}}\right] \qquad \text{(예}-3.5.1)$$

도체 구는 접지되어 있으므로 $r=R$에서 전위는 0이다. 즉,

$$V(r=R)=0 \Rightarrow \frac{1}{4\pi\epsilon_0}\left[\frac{q}{\sqrt{R^2+a^2-2Ra\cos\theta}} + \frac{q'}{\sqrt{R^2+b^2-2Rb\cos\theta}}\right]=0$$

$$\Rightarrow \frac{q}{\sqrt{R^2+a^2-2Ra\cos\theta}} = -\frac{q'}{\sqrt{R^2+b^2-2Rb\cos\theta}}$$

$$\Rightarrow q\sqrt{R^2+b^2-2Rb\cos\theta} = -q'\sqrt{R^2+a^2-2Ra\cos\theta}$$

여기서 제곱근은 0보다 크므로 등식이 성립하기 위해서 $q$와 $q'$의 부호가 반대임을 알 수 있다. 위 식의 양변을 제곱하면

$$\Rightarrow q^2(R^2+b^2-2Rb\cos\theta) = q'^2(R^2+a^2-2Ra\cos\theta)$$

$$\Rightarrow [q^2(R^2+b^2)-q'^2(R^2+a^2)]+(2q'^2Ra-2q^2Rb)\cos\theta = 0 \qquad (\text{예}-3.5.2)$$

가 된다. 모든 $\theta$에 관하여 위의 등식은 항상 성립되어야 하므로 위 식의 두 항은 각각 0이 되어야 한다. 두 번째 항이 0인 조건을 먼저 살펴보자.

$$2q'^2Ra = 2q^2Rb \Rightarrow q'^2a = q^2b \Rightarrow q' = \pm\sqrt{\frac{b}{a}}\,q$$

영상전하 $q'$은 앞에서 기술했듯이 $q$의 반대부호를 가져야 한다. 따라서 위 식에서 $-$ 부호의 전하량을 택하면 된다.

$$\therefore q' = -\sqrt{\frac{b}{a}}\,q \qquad (\text{예}-3.5.3)$$

구 중심으로부터 $x-$축상에서 있는 영상전하의 위치 $b$는 식 (예-3.5.2)의 첫 번째 항이 0인 조건으로부터 얻을 수 있다. 식 (예-3.5.3)을 식 (예-3.5.2)의 첫 번째 항이 0인 조건에 대입하면 다음의 관계식을 얻는다.

$$q^2(R^2+b^2) = \left(\frac{b}{a}q^2\right)(R^2+a^2) \Rightarrow b^2-\left(\frac{R^2+a^2}{a}\right)b+R^2 = 0$$

$b$에 관한 이차 방정식의 解는

$$b = \frac{\left(\frac{R^2+a^2}{a}\right)\pm\sqrt{\left(\frac{R^2+a^2}{a}\right)^2-4R^2}}{2} = \frac{\left(\frac{R^2+a^2}{a}\right)\pm\sqrt{\left(\frac{a^2-R^2}{a}\right)^2}}{2}$$

$$= \frac{\left(\frac{R^2+a^2}{a}\right)\pm\left(\frac{a^2-R^2}{a}\right)}{2}$$

그러면 解가 $b = \frac{R^2}{a}$ 또는 $b = a$가 되는데, 여기서 $b = a$이면 $q' = -\sqrt{\frac{b}{a}}\,q = -q$로 $+q$의 점전하가 있는 곳에 $-q$의 점전하를 놓이는 상황이며 이는 모든 공간에서의 전위가 두 전하에 의해 상쇄가 되는 것을 의미하여 영상법으로 타당한 解가 아니다. 그러므로 영상전하의 위치는

$$\therefore\ b = \frac{R^2}{a} \qquad \text{(예−3.5.4)}$$

이다.

이 결과를 식 (예−3.5.3)에 대입하면 영상전하의 전하량을 다음과 같이 도체 구의 반지름 $R$에 대한 관계식으로 얻는다.

$$\therefore\ q' = -\sqrt{\frac{1}{a}\frac{R^2}{a}}\,q = -\frac{R}{a}q \qquad \text{(예−3.5.5)}$$

점전하와 도체 평면의 경우에서는 영상전하와 점전하의 전하량의 크기가 같았다.

그러나 이 문제에서 점전하 $q$은 구 바깥에 놓여 있어 $R < a$이 되므로 식 (예−3.5.5)로부터 영상전하의 크기는 점전하의 크기보다 작다.

영상전하에 대한 결과인 식 (예−3.5.4)와 (예−3.5.5)를 식 (예−3.5.1)에 대입하면 다음과 같은 전위에 대한 결과를 얻는다.

$$V = \frac{1}{4\pi\epsilon_0}\left[\frac{q}{\sqrt{r^2+a^2-2ra\cos\theta}} - \frac{\frac{R}{a}q}{\sqrt{r^2+\frac{R^4}{a^2}-2r\frac{R^2}{a}\cos\theta}}\right]$$

$$= \frac{q}{4\pi\epsilon_0}\left[\frac{1}{\sqrt{r^2+a^2-2ra\cos\theta}} - \frac{\frac{R}{a}}{\sqrt{r^2+\frac{R^4}{a^2}-2r\frac{R^2}{a}\cos\theta}}\right]$$

$$\therefore\ V(r,\theta) = \frac{q}{4\pi\epsilon_0}\left[\frac{1}{\sqrt{r^2+a^2-2ra\cos\theta}} - \frac{R}{\sqrt{a^2r^2+R^4-2arR^2\cos\theta}}\right]$$

(예−3.5.6)

(ii) 이제 위 결과로부터 전기장을 구한 뒤, 전기장에 관한 경계조건을 사용하여 면전하밀도를 구하자. 표면에 수직인 전기장의 성분만 유도된 면 전하밀도 $\sigma$에 기여하기 때문에 $E_n = -\frac{\partial V}{\partial n} \Rightarrow E_r = -\frac{\partial V}{\partial r}$만 식 (예−3.5.6)으로부터 계산하면 된다.

$$E_r = -\frac{\partial V(r,\theta)}{\partial r} = -\frac{q}{4\pi\epsilon_0}\frac{\partial}{\partial r}\left[\frac{1}{\sqrt{r^2+a^2-2ra\cos\theta}} - \frac{R}{\sqrt{a^2r^2+R^4-2arR^2\cos\theta}}\right]$$

여기서

$$\frac{\partial}{\partial r}(r^2+a^2-2ra\cos\theta)^{-\frac{1}{2}} = -\frac{1}{2}(2r-2a\cos\theta)(r^2+a^2-2ra\cos\theta)^{-\frac{3}{2}}$$

$$= (a\cos\theta - r)(r^2+a^2-2ra\cos\theta)^{-\frac{3}{2}}$$

그리고

$$\frac{\partial}{\partial r}(a^2r^2+R^4-2arR^2\cos\theta)^{-\frac{1}{2}} = -\frac{1}{2}(2a^2r-2aR^2\cos\theta)(a^2r^2+R^4-2arR^2\cos\theta)^{-\frac{3}{2}}$$

$$= (aR^2\cos\theta - a^2r)(a^2r^2+R^4-2arR^2\cos\theta)^{-\frac{3}{2}}$$

그러므로 표면에 수직인 전기장의 성분은

$$E_r(r,\theta) = -\frac{q}{4\pi\epsilon_0}\left[\frac{a\cos\theta - r}{(r^2+a^2-2ra\cos\theta)^{\frac{3}{2}}} - R\frac{aR^2\cos\theta - a^2r}{(a^2r^2+R^4-2arR^2\cos\theta)^{\frac{3}{2}}}\right]$$

$$= -\frac{q}{4\pi\epsilon_0}\left[\frac{a\cos\theta - r}{(r^2+a^2-2ra\cos\theta)^{\frac{3}{2}}} + \frac{R(a^2r - aR^2\cos\theta)}{(a^2r^2+R^4-2arR^2\cos\theta)^{\frac{3}{2}}}\right]$$

이때 구 표면($r=R$)에서의 유도된 면 전하밀도는 식 (2.4.1)의 첫 번째 식을 만족하고 도체 내의 전기장은 0이란 사실로부터

$$E_\perp^{위} - E_\perp^{아래} = \frac{\sigma}{\epsilon_0} \Rightarrow E_r(r=R,\theta) - 0 = \frac{\sigma}{\epsilon_0}$$

$$\Rightarrow \sigma = \epsilon_0 E_r(r=R,\theta)$$

$$= -\frac{q}{4\pi}\left[\frac{a\cos\theta - R}{(R^2+a^2-2Ra\cos\theta)^{\frac{3}{2}}} + \frac{R(a^2R - aR^2\cos\theta)}{(a^2R^2+R^4-2aR^3\cos\theta)^{\frac{3}{2}}}\right]$$

$$= -\frac{q}{4\pi}\left[\frac{a\cos\theta - R}{(R^2+a^2-2Ra\cos\theta)^{\frac{3}{2}}} + \frac{(a^2R - aR^2\cos\theta)}{R^2(a^2+R^2-2aR\cos\theta)^{\frac{3}{2}}}\right]$$

$$= -\frac{q}{4\pi}\left[\frac{aR^2\cos\theta - R^3 + a^2R - aR^2\cos\theta}{R^2(R^2+a^2-2Ra\cos\theta)^{\frac{3}{2}}}\right]$$

$$= -\frac{q}{4\pi}\left[\frac{-R^3+a^2R}{R^2(R^2+a^2-2Ra\cos\theta)^{\frac{3}{2}}}\right]$$

$$= -\frac{q}{4\pi}\left[\frac{-R^2+a^2}{R(R^2+a^2-2Ra\cos\theta)^{\frac{3}{2}}}\right]$$

$$\therefore\ \sigma(\theta) = \frac{q}{4\pi R}\left[\frac{R^2-a^2}{(R^2+a^2-2Ra\cos\theta)^{\frac{3}{2}}}\right] \qquad (예-3.5.7)$$

가 된다. 여기서 점전하 $q$은 구 바깥에 놓여 있으므로 $R<a$이어서 면 전하밀도의 부호는 점전하 부호의 반대이다.

식 (예-3.5.7)로부터 총 유도전하 $Q$를 구해서 기대한 대로 $q' = -\frac{R}{a}q$을 얻을 수 있는지에 대해 살펴보자.

$$Q = \int \sigma dA = \frac{q}{4\pi R}(R^2 - a^2) \iint \left[ \frac{1}{(R^2 + a^2 - 2Ra\cos\theta)^{\frac{3}{2}}} \right] R^2 \sin\theta d\theta d\phi$$

$$= 2\pi R^2 \frac{q}{4\pi R}(R^2 - a^2) \int_0^{\pi} \left[ \frac{\sin\theta d\theta}{(R^2 + a^2 - 2Ra\cos\theta)^{\frac{3}{2}}} \right]$$

여기서 적분을 계산하기 위해서 $R^2 + a^2 - 2Ra\cos\theta = t^2$으로 놓으면 $\sin\theta d\theta = \frac{t}{Ra} dt$가 되므로 위 식은

$$Q = R\frac{q}{2}(R^2 - a^2)\frac{1}{Ra}\int_{a-R}^{a+R}(\frac{tdt}{t^3}) = \frac{q}{2a}(R^2 - a^2)\left[ -\frac{1}{t} \right]_{a-R}^{a+R}$$

$$= \frac{q}{2a}(R^2 - a^2)(\frac{1}{a-R} - \frac{1}{a+R}) = -\frac{q}{2a}(a^2 - R^2)(\frac{2R}{a^2 - R^2}) = -\frac{R}{a}q$$

이다. 즉, 표면에 유도된 총 전하는 기대한 대로 영상전하의 전하량과 같다.
구 표면에서 전기장의 접선 성분을 구해보자.

$$E_\theta(r, \theta) = -\frac{1}{r}\frac{\partial V(r, \theta)}{\partial \theta}$$

$$= -\frac{q}{4\pi\epsilon_0 r}\frac{\partial}{\partial \theta}\left[ \frac{1}{\sqrt{r^2 + a^2 - 2ra\cos\theta}} - \frac{R}{\sqrt{a^2r^2 + R^4 - 2arR^2\cos\theta}} \right]$$

$$= -\frac{q}{4\pi\epsilon_0 r}\left[ \frac{-ra\sin\theta}{(r^2 + a^2 - 2ra\cos\theta)^{\frac{3}{2}}} + \frac{R(arR^2\sin\theta)}{(a^2r^2 + R^4 - 2arR^2\cos\theta)^{\frac{3}{2}}} \right]$$

$$\Rightarrow E_\theta(r = R, \theta)$$

$$= -\frac{q}{4\pi\epsilon_0 r}\left[ \frac{-Ra\sin\theta}{(R^2 + a^2 - 2Ra\cos\theta)^{\frac{3}{2}}} + \frac{R^4 a\sin\theta}{(a^2R^2 + R^4 - 2aR^3\cos\theta)^{\frac{3}{2}}} \right]$$

$$= -\frac{q}{4\pi\epsilon_0 r}\left[ \frac{-Ra\sin\theta}{(R^2 + a^2 - 2Ra\cos\theta)^{\frac{3}{2}}} + \frac{Ra\sin\theta}{(a^2 + R^2 - 2aR\cos\theta)^{\frac{3}{2}}} \right]$$

$$\therefore \; E_\theta(r = R, \theta) = 0$$

기대한 대로 전기장의 접선 성분은 구의 표면에서 0이다.

**예제 3.6**

접지된 두 도체 평면이 아래와 같이 $z-$축을 따라 만나고 제1사분면의 $(x, y) = (a, b)$에 점전하 $q$가 놓여 있을 때 (i) 전위를 구하고 (ii) 영상전하에 의한 점전하에 작용하는 힘을 구하세요.

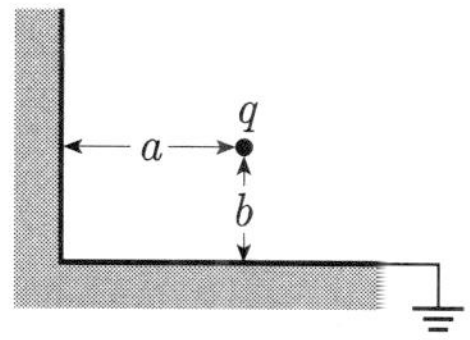


그림 3.6

**풀이**

[예제 3.4]와 유사한 방법으로 제1사분면의 점전하 $q$에 의해 제2사분면에 영상전하 $-q$가 $(x,y)=(-a,b)$에 그리고 제3사분면과 제4사분면에 각각 영상전하 $q$와 $-q$가 $(x,y)=(-a,-b)$와 $(x,y)=(a,-b)$에 있는 문제로 볼 수 있다.

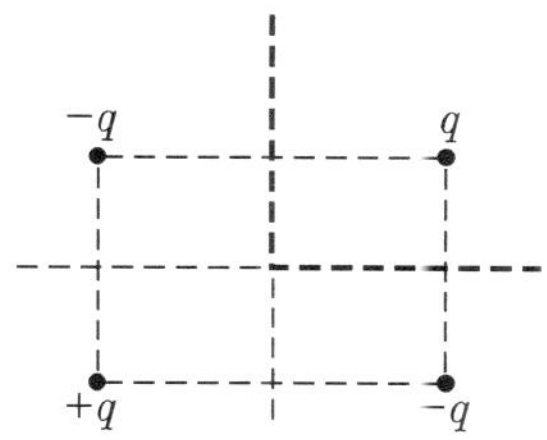


그림 3.7

(i) 그러면 이들 사분면에 있는 4개의 점전하에 의한 전위는 다음과 같다.

$$V(x,y,z)=\frac{1}{4\pi\epsilon_0}\left[\frac{q}{\sqrt{(x-a)^2+(y-b)^2+z^2}}+\frac{-q}{\sqrt{(x+a)^2+(y-b)^2+z^2}}\right.$$
$$\left.+\frac{q}{\sqrt{(x+a)^2+(y+b)^2+z^2}}+\frac{-q}{\sqrt{(x-a)^2+(y+b)^2+z^2}}\right]$$

전위는 $V(0,y,z)=V(x,0,z)=0$의 주어진 경계조건을 만족함을 쉽게 알 수 있다.

(ii) 점전하 $q$에 작용하는 힘은 쿨롱 법칙으로부터

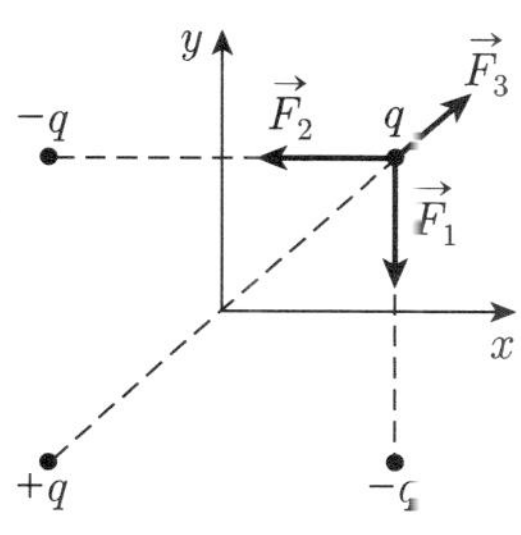


그림 3.8

$$\vec{F}=\vec{F}_1+\vec{F}_2+\vec{F}_3=\frac{1}{4\pi\epsilon_0}\left[-\frac{q^2}{(2b)^2}\hat{y}-\frac{q^2}{(2a)^2}\hat{x}+\frac{q^2}{[(2a)^2+(2b)^2]^{\frac{3}{2}}}(2a\hat{x}+2b\hat{y})\right]$$

이다. 여기서 오른편 세 번째 항은 $\vec{F}_3=\frac{1}{4\pi\epsilon_0}\frac{q^2}{r^2}\hat{r}=\frac{1}{4\pi\epsilon_0}\frac{q^2}{r^2}\frac{\vec{r}}{r}=\frac{1}{4\pi\epsilon_0}\frac{q^2}{r^3}\vec{r}$(여기서 $\hat{r}$은 대각선 방향의 단위벡터) 그리고 $\vec{r}=2a\hat{x}+2b\hat{y}$와 $r=\sqrt{(2a)^2+(2b)^2}$인 관계를 사용했다. 괄호 안을 정리하면

$$\begin{aligned}\vec{F}&=\frac{q^2}{4\pi\epsilon_0}\left[-\frac{1}{4a^2}+\frac{2a}{(4a^2+4b^2)^{\frac{3}{2}}}\right]\hat{x}+\frac{q^2}{4\pi\epsilon_0}\left[-\frac{1}{4b^2}+\frac{2b}{(4a^2+4b^2)^{\frac{3}{2}}}\right]\hat{y}\\&=\frac{q^2}{4\pi\epsilon_0}\left[-\frac{1}{4a^2}+\frac{a}{4(a^2+b^2)^{\frac{3}{2}}}\right]\hat{x}+\frac{q^2}{4\pi\epsilon_0}\left[-\frac{1}{4b^2}+\frac{b}{4(a^2+b^2)^{\frac{3}{2}}}\right]\hat{y}\end{aligned}$$

$$\therefore\ \vec{F}=\frac{q^2}{16\pi\epsilon_0}\left[-\frac{1}{a^2}+\frac{a}{(a^2+b^2)^{\frac{3}{2}}}\right]\hat{x}+\frac{q^2}{16\pi\epsilon_0}\left[-\frac{1}{b^2}+\frac{b}{(a^2+b^2)^{\frac{3}{2}}}\right]\hat{y}$$

인 정전기력을 얻는다.

**예제 3.7**

선 전하밀도가 $\lambda$인 무한히 긴 선전하가 등전위면을 갖는 반경이 $a$인 원통형 도체로부터 원통과 평행하게 원통 중심으로부터 $d$만큼 떨어져 있을 때 영상전하의 위치를 구하세요.

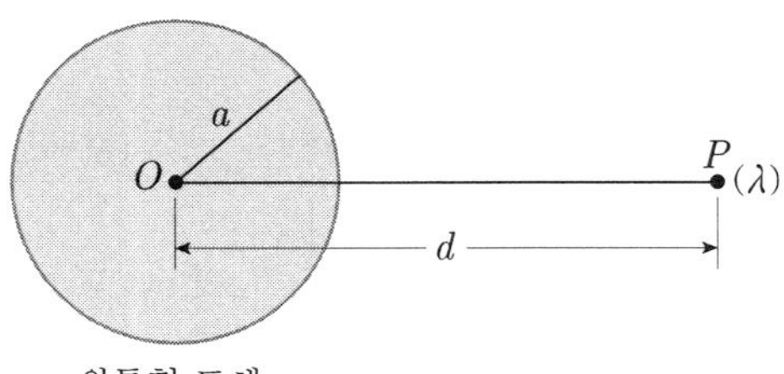


**그림 3.9**

**풀이**

이 장의 [연습문제 3]에서 선전하에 의해 $r$만큼 떨어진 곳에서의 전기장은 $\vec{E}=\frac{\lambda}{2\pi\epsilon_0 r}\hat{r}$이고 전위는 $V=\frac{\lambda}{2\pi\epsilon_0}\ln\frac{r_0}{r}$임을 구한다.

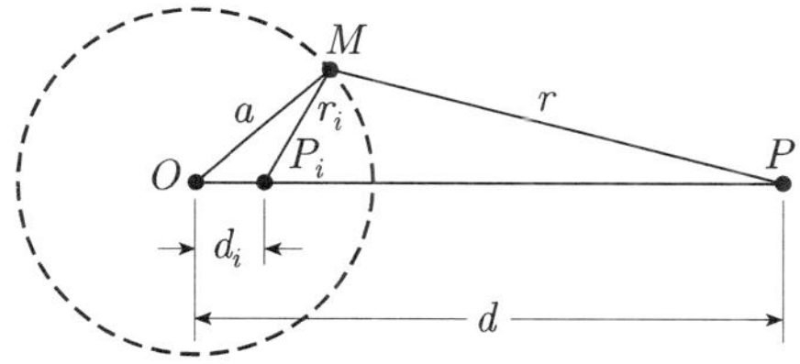


**그림 3.10**

원통 표면 $M$에서의 전위 $V_M$은 원통 바깥의 선전하와 원통 안의 유도된 영상 선전하에 의한 전위를 합한 것이므로

$$V_M = \frac{\lambda}{2\pi\epsilon_0}\ln\frac{r_0}{r} - \frac{\lambda}{2\pi\epsilon_0}\ln\frac{r_0}{r_i} = \frac{\lambda}{2\pi\epsilon_0}\ln\left(\frac{r_0}{r}\frac{r_i}{r_0}\right) = \frac{\lambda}{2\pi\epsilon_0}\ln\frac{r_i}{r}$$

가 된다. 여기서 $r$과 $r_i$은 각각 선전하로부터 원통 표면 $M$까지 그리고 영상 선전하로부터 원통 표면 $M$까지의 거리이다.

원통 표면의 전위는 등전위라는 주어진 조건으로부터

$$V_M = 상수 \Rightarrow V_M = \frac{\lambda}{2\pi\epsilon_0}\ln\frac{r_i}{r} = 상수 \Rightarrow \therefore \frac{r_i}{r} = 상수 \qquad (예-3.7.1)$$

위 그림에서 삼각형 $OMP_i$와 $OPM$은 닮은 삼각형이어서 $\frac{\overline{MP_i}}{\overline{PM}} = \frac{\overline{OP_i}}{\overline{OM}} = \frac{\overline{OM}}{\overline{OP}}$의 관계를 가지므로 다음의 관계식을 얻는다.

$$\frac{\overline{MP_i}}{\overline{PM}} = \frac{\overline{OP_i}}{\overline{OM}} = \frac{\overline{OM}}{\overline{OP}} \Rightarrow \frac{r_i}{r} = \frac{d_i}{a} = \frac{a}{d} \qquad (예-3.7.2)$$

식 (예-3.7.1)과 (예-3.7.2)로부터 원통 중심으로부터 영상 선전하의 위치는

$$\therefore d_i = \frac{a^2}{d} \qquad (예-3.7.3)$$

임을 알 수 있다.

**예제 3.8**

선 전하밀도가 $\lambda$, 길이가 $L$ 그리고 등전위면을 갖는 반경 $a$인 두 원통형 도체(각각 $+Q$와 $-Q$ 전하량을 가짐)가 $D$만큼 떨어져 있을 때 단위 길이당 정전용량을 구하세요.

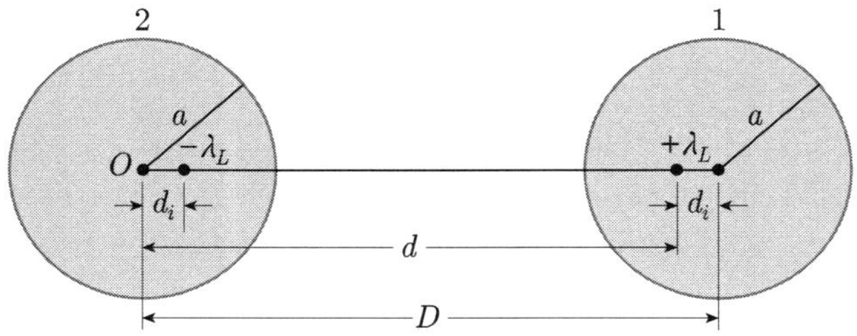


**그림 3.11**

**풀이**

[예제 3.7]에서 원통 표면의 전위는 $V_M = \frac{\lambda}{2\pi\epsilon_0}\ln\frac{r_i}{r}$ 그리고 $\frac{r_i}{r} = \frac{d_i}{a} = \frac{a}{d}$ 관계임을 구했다. 이들 결과를 이 문제에 적용하면 왼쪽과 오른쪽 원통 표면의 전위는 각각 다음과 같다.

$$V_2 = \frac{\lambda}{2\pi\epsilon_0}\ln\frac{a}{d} \text{ 그리고 } V_1 = -\frac{\lambda}{2\pi\epsilon_0}\ln\frac{a}{d}$$

그러므로 전위차는

$$V = V_1 - V_2 = -\frac{\lambda}{2\pi\epsilon_0}\ln\frac{a}{d} - \frac{\lambda}{2\pi\epsilon_0}\ln\frac{a}{d} = -\frac{\lambda}{\pi\epsilon_0}\ln\frac{a}{d} = \frac{\lambda}{\pi\epsilon_0}\ln\frac{d}{a}$$

이때 정전용량은

$$C = \frac{Q}{V} = Q\left[\frac{1}{\frac{\lambda}{\pi\epsilon_0}\ln(d/a)}\right] = (\lambda L)\left[\frac{1}{\frac{\lambda}{\pi\epsilon_0}\ln(d/a)}\right] = \pi\epsilon_0 L\left[\frac{1}{\ln(d/a)}\right]$$

이므로 단위 길이당 정전용량은

$$\frac{C}{L} = \pi\epsilon_0\left[\frac{1}{\ln(d/a)}\right] \tag{예-3.8.1}$$

가 된다. 여기서 $d = D - d_i = D - \frac{a^2}{d}$ [∵ 식 (예-3.7.3)으로부터]

$$\Rightarrow d^2 - Dd + a^2 = 0$$

위의 이차 방정식의 解는 $d = \frac{D \pm \sqrt{D^2 - 4a^2}}{2}$ 이다.

$D \gg a$인 경우, $d = \frac{D - \sqrt{D^2 - 4a^2}}{2} = \frac{D - D(1 - \frac{4a^2}{D^2})^{\frac{1}{2}}}{2} \approx \frac{D - D(1 - \frac{2a^2}{D^2})}{2} = \frac{a^2}{D}$가 되어 물리적으로 타당하지 않다. 결과적으로 타당한 解는 $d = \frac{D + \sqrt{D^2 - 4a^2}}{2}$ 이다.

이 결과를 식 (예-3.8.1)에 대입하면 단위 길이당의 정전용량을 다음과 같이 얻는다.

$$\frac{C}{L} = \pi\epsilon_0 \left[ \ln\left( \frac{D + \sqrt{D^2 - 4a^2}}{2a} \right) \right]^{-1}$$

여기서 $D \gg 2a$인 경우에 위 식은 다음과 같이 된다.

$$\frac{C}{L} \approx \pi\epsilon_0 \left[ \ln\left( \frac{2D}{2a} \right) \right]^{-1} = \pi\epsilon_0 \left[ \ln\left( \frac{D}{a} \right) \right]^{-1}$$

반면에 반경이 $a$와 $b$인 동축 케이블의 경우 단위 길이당의 정전용량은

$$\frac{C}{L} = \pi\epsilon_0 \left[ \ln\left( \frac{b}{a} \right) \right]^{-1}$$

임을 배웠다.

## 3.3 변수분리법

이 절에서는 라플라스 방정식을 변수분리법으로 직접 계산하여 전위를 구하는 문제들을 살펴본다. 먼저 직각 좌표계에서 문제를 다룬 다음, 구면 좌표계와 원통 좌표계에서의 문제를 다룬다.

직각 좌표계에서 라플라스 방정식은 다음과 같다.

$$\nabla^2 V(x, y, z) = 0 \Rightarrow \left( \frac{\partial^2}{\partial x^2} + \frac{\partial^2}{\partial y^2} + \frac{\partial^2}{\partial z^2} \right) V(x, y, z) = 0$$

여기서 전위가 각 변수에 대한 함수의 곱이라 하면 $V(x, y, z) = X(x)Y(y)Z(z)$로 쓸 수 있고 이와 같은 가정을 **변수분리법**이라고 한다. 이를 위 식에 대입하면

$$YZ\frac{d^2X}{dx^2} + XZ\frac{d^2Y}{dy^2} + XY\frac{d^2Z}{dz^2} = 0 \Rightarrow \frac{1}{X}\frac{d^2X}{dx^2} + \frac{1}{Y}\frac{d^2Y}{dy^2} + \frac{1}{Z}\frac{d^2Z}{dz^2} = 0$$

$$\Rightarrow \frac{1}{X}\frac{d^2X}{dx^2} = -\left( \frac{1}{Y}\frac{d^2Y}{dy^2} + \frac{1}{Z}\frac{d^2Z}{dz^2} \right) \equiv -\alpha^2$$

$V(x, y, z)$의 변수를 분리하여 각 좌표에 대해서만 의존하는 함수로 놓았기 때문에 모든

$x$ 그리고 $y$, $z$에 대해 위 등식이 항상 성립하기 위해서 $\alpha$는 상수이어야 한다.
그러면

$$\frac{d^2X(x)}{dx^2}+\alpha^2X(x)=0 \Rightarrow \therefore\ X(x)\sim\begin{cases}e^{\pm i\alpha x}\\ \sin\alpha x \text{ 또는 } \cos\alpha x\end{cases} \tag{3.3.1}$$

그리고

$$\frac{1}{Y}\frac{d^2Y}{dy^2}=\alpha^2-\frac{1}{Z}\frac{d^2Z}{dz^2}\equiv-\beta^2$$

마찬가지로 여기서 모든 $y$와 $z$에 대해 위 등식이 항상 성립되어야 하므로 $\beta$는 상수이다.

$$\Rightarrow\ \frac{d^2Y(y)}{dy^2}+\beta^2Y(y)=0 \Rightarrow \therefore\ Y(y)\sim\begin{cases}e^{\pm i\beta y}\\ \sin\beta y \text{ 또는 } \cos\beta y\end{cases} \tag{3.3.2}$$

또한

$$\frac{1}{Z}\frac{d^2Z}{dz^2}=\alpha^2+\beta^2\equiv\gamma^2$$

여기서 $\alpha$와 $\beta$가 상수이므로 $\gamma$도 상수이다.
그러면

$$\frac{d^2Z(z)}{dz^2}-\gamma^2Z(z)=0 \Rightarrow \therefore\ Z(z)\sim\begin{cases}e^{\pm \gamma z}\\ \sinh\gamma z \text{ 또는 } \cosh\gamma z\end{cases} \tag{3.3.3}$$

위에서 구한 각 변수에 대한 함수의 곱인

$$V(x,y,z)\sim e^{\pm i\alpha x}e^{\pm i\beta y}e^{\pm\gamma z} \tag{3.3.4}$$

가 직각 좌표계에 대한 라플라스 방정식의 解가 된다.

식 (3.3.1), (3.3.2) 그리고 (3.3.3)에 있는 6개의 미지수인 계수는 직육면체의 각 면에 특정한 전위 값이 주어진 문제에서 6개의 경계조건을 주므로 6개의 방정식을 가지고 구할 수 있기 때문에 라플라스 방정식의 解인 전위를 완전하게 구할 수 있다.

**예제 3.9**

접지된 무한 도체 평면과 등전위 $V_0$을 갖는 무한 도체 평면이 $z$-축을 따라 $a$만큼 떨어져 서로 마주보게 놓여 있는 경우에서 두 도체 판 사이에서의 (i) 전위와 (ii) 전기장을 구하세요.

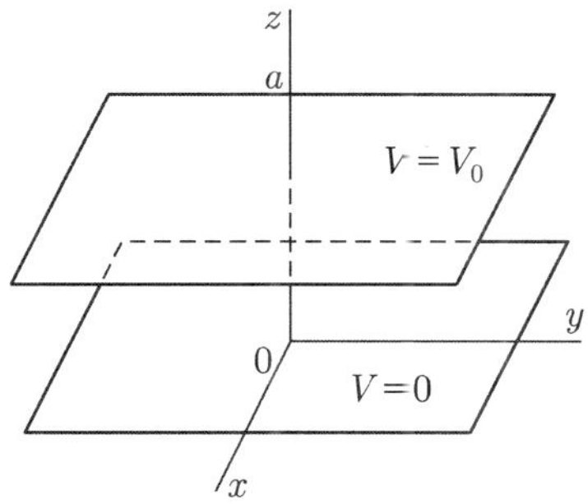


**그림 3.12**

**풀이**

(i) 이 경우 전위는 $x$와 $y$에 무관하고 $z$만의 함수이므로 식 (3.3.1)과 (3.3.2)에서 $\alpha=0=\beta$가 되어

$$\frac{1}{Z}\frac{d^2Z}{dz^2}=\alpha^2+\beta^2=0 \Rightarrow \frac{d^2Z}{dz^2}=0 \Rightarrow \frac{dZ}{dz}=c_1$$

$$\therefore Z(z)=c_1z+c_2=V(z) \qquad \text{(예-3.9.1)}$$

여기서 $c_1$과 $c_2$은 상수이다.

주어진 경계조건은 $V(a)=V_0$ 그리고 $V(0)=0$이다.

식 (예-3.8.1)에 경계조건을 적용하면 다음과 같이 상수를 구할 수 있다.

$$\begin{cases} c_1a+c_2=V_0 \\ c_2=0 \end{cases} \Rightarrow \therefore c_1=\frac{V_0}{a},\ c_2=0$$

그러므로 두 도체 판 사이의 전위는 다음과 같다.

$$\therefore V(z)=\frac{V_0}{a}z$$

(ii) 이때 전기장은 다음과 같다.

$$\vec{E}=-\vec{\nabla}V \Rightarrow E_z=-\frac{d}{dz}(\frac{V_0}{a}z)=-\frac{V_0}{a}$$

$$\therefore\ \vec{E} = -\frac{V_0}{a}\hat{z}$$

이 결과는 전위차가 $V_0$인 평행판 축전기에서의 전기장과 전위의 결과와 잘 일치한다. 여기서 부호가 −인 것은 전위가 $V_0$인 평판에서 접지된 아래 평판을 향해 $-\hat{z}$ 방향으로 전기장이 작용하기 때문이다.

**예제 3.10**

길이가 $a$인 정육면체 도체가 있다. $z=a$에서 전위가 $V(x,y,a)=V_0$이고 다른 모든 면에서는 전위가 0인 경우 정육면체 내부에서의 전위를 구하세요.

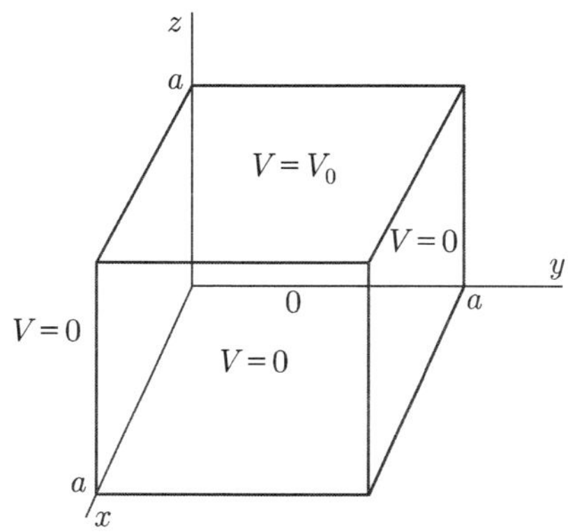


그림 3.13

**풀이**

전위에 관한 일반解인 식 (3.3.4) $V(x,y,z) \sim e^{\pm i\alpha x}e^{\pm i\beta y}e^{\pm \gamma z}$에서 경계조건인 $x=0$에서 전위가 0을 요구하면 함수 $X(x) \sim \sin\alpha x$만 解가 될 수 있다. 유사하게 경계조건인 $y=0$에서 전위가 0을 요구하면 함수 $Y(y) \sim \sin\beta y$만 解가 될 수 있다. 그리고 $x=a$에서 전위가 0을 요구하면

$$X(a)=0 \Rightarrow \sin\alpha a = 0 \Rightarrow \alpha a = n\pi \Rightarrow \therefore\ \alpha = \frac{n\pi}{a},\ \text{여기서}\ n=1,\ 2,\ \cdots\cdots\text{인 정수}$$

$y=a$에서 전위가 0을 요구하면 위와 유사한 방법으로

$$\beta = \frac{m\pi}{a},\ \text{여기서}\ m=1,\ 2,\ \cdots\cdots\text{인 정수}$$

을 얻는다.

그리고 경계조건인 $z=0$에서 전위가 0을 요구하면 함수 $Z(z) \sim \sinh\gamma z$만 解가 될 수

있으므로 전위는 다음과 같이 표현된다.

$$V(x,y,z)=\sum_{n=1}^{\infty}\sum_{m=1}^{\infty}A_{nm}\sin(\frac{n\pi}{a}x)\sin(\frac{m\pi}{a}y)\sinh(\gamma z) \qquad (예-3.10.1)$$

여기서 $\gamma=\sqrt{\alpha^2+\beta^2}=\sqrt{(\frac{n\pi}{a})^2+(\frac{m\pi}{a})^2}=\frac{\pi}{a}\sqrt{n^2+m^2}$

아직 적용하지 않은 경계조건인 $z=a$에서 $V_0$인 전위를 요구하여 식 (예-3.10.1)의 상수 $A_{nm}$을 다음과 같이 구할 수 있다.

$$\begin{aligned}V_0&=\sum_{n=1}^{\infty}\sum_{m=1}^{\infty}A_{nm}\sin(\frac{n\pi}{a}x)\sin(\frac{m\pi}{a}y)\sinh(\gamma a)\\&=\sum_{n=1}^{\infty}\sum_{m=1}^{\infty}A_{nm}\sin(\frac{n\pi}{a}x)\sin(\frac{m\pi}{a}y)\sinh[(\frac{\pi}{a}\sqrt{n^2+m^2})a]\\&=\sum_{n=1}^{\infty}\sum_{m=1}^{\infty}A_{nm}\sin(\frac{n\pi}{a}x)\sin(\frac{m\pi}{a}y)\sinh(\sqrt{n^2+m^2}\,\pi)\end{aligned} \qquad (예-3.10.2)$$

여기서 계수 $A_{nm}$을 구하기 위해 위 식의 좌·우에 $\sin(\frac{k\pi x}{a})$(여기서 $k=1,\ 2,\ \cdots\cdots$인 정수)을 곱한 뒤 $x$에 관해 적분을 취하면

$$\begin{aligned}&V_0\int_0^a\sin(\frac{k\pi x}{a})dx\\&=\sum_{n=1}^{\infty}\sum_{m=1}^{\infty}A_{nm}\sinh(\sqrt{n^2+m^2}\,\pi)\sin(\frac{m\pi}{a}y)\int_0^a\sin(\frac{n\pi x}{a})\sin(\frac{k\pi x}{a})dx\\&=\sum_{n=1}^{\infty}\sum_{m=1}^{\infty}A_{nm}\sinh(\sqrt{n^2+m^2}\,\pi)\sin(\frac{m\pi}{a}y)(\frac{a}{2}\delta_{nk})\\&=\frac{a}{2}\sum_{m=1}^{\infty}A_{km}\sinh(\sqrt{k^2+m^2}\,\pi)\sin(\frac{m\pi}{a}y)\end{aligned} \qquad (예-3.10.3)$$

이 된다. 위 식의 왼편에 있는 적분은

$$V_0\int_0^a\sin(\frac{k\pi x}{a})dx=\frac{V_0a}{k\pi}\left[-\cos(\frac{k\pi x}{a})\right]_0^a=\frac{V_0a}{k\pi}(1-\cos k\pi)=\frac{V_0a}{k\pi}[1-(-1)^k]$$

이므로 식 (예-3.10.3)은

$$\frac{V_0a}{k\pi}[1-(-1)^k]=\frac{a}{2}\sum_{m=1}^{\infty}A_{km}\sinh(\sqrt{k^2+m^2}\,\pi)\sin(\frac{m\pi}{a}y) \qquad (예-3.10.4)$$

이 된다. 위 식의 좌·우에 $\sin(\frac{\ell\pi y}{a})$(여기서 $\ell=1,\ 2,\ \cdots\cdots$인 정수)을 곱한 뒤 $y$에 관해 다시 적분을 취하면

$$\frac{V_0 a}{k\pi}[1-(-1)^k]\int_0^a \sin(\frac{\ell\pi y}{a})dy$$
$$= \frac{a}{2}\sum_{m=1}^{\infty} A_{km}\sinh(\sqrt{k^2+m^2}\,\pi)\int_0^a \sin(\frac{m\pi y}{a})\sin(\frac{\ell\pi y}{a})dy$$
$$= \frac{a}{2}\sum_{m=1}^{\infty} A_{km}\sinh(\sqrt{k^2+m^2}\,\pi)(\frac{a}{2}\delta_{m\ell})$$
$$= \frac{a^2}{4}A_{k\ell}\sinh(\sqrt{k^2+\ell^2}\,\pi) \qquad (예-3.10.5)$$

이 되고 위 식의 왼편에 있는 적분은

$$\frac{V_0 a}{k\pi}[1-(-1)^k]\int_0^a \sin(\frac{\ell\pi y}{a})dy = \frac{V_0 a}{k\pi}[1-(-1)^k]\frac{a}{\ell\pi}\left[-\cos\frac{\ell\pi y}{a}\right]_0^a$$
$$= \frac{V_0 a^2}{k\ell\pi^2}[1-(-1)^k][1-(-1)^\ell]$$

이므로 식 (예-3.10.5)는

$$\frac{V_0 a^2}{k\ell\pi^2}[1-(-1)^k][1-(-1)^\ell] = \frac{a^2}{4}A_{k\ell}\sinh(\sqrt{k^2+\ell^2}\,\pi)$$

이 되어

$$\Rightarrow A_{k\ell} = \frac{4V_0}{k\ell\pi^2\sinh(\sqrt{k^2+\ell^2}\,\pi)}[1-(-1)^k][1-(-1)^\ell] \qquad (예-3.10.6)$$

을 얻는다. 이를 식 (예-3.10.1)에 대입하면

$$V(x,y,z)$$
$$= \sum_{n=1}^{\infty}\sum_{m=1}^{\infty}\frac{4V_0}{nm\pi^2\sinh(\sqrt{n^2+m^2}\,\pi)}[1-(-1)^n][1-(-1)^m]\sin(\frac{n\pi x}{a})\sin(\frac{m\pi y}{a})\sinh(\gamma z)$$
$$= \sum_{n=1}^{\infty}\sum_{m=1}^{\infty}\frac{4V_0\sinh(\gamma z)}{nm\pi^2\sinh(\sqrt{n^2+m^2}\,\pi)}[1-(-1)^n][1-(-1)^m]\sin(\frac{n\pi x}{a})\sin(\frac{m\pi y}{a})$$
$$= \sum_{n=1}^{\infty}\sum_{m=1}^{\infty}\frac{4V_0\sinh(\frac{\pi}{a}\sqrt{n^2+m^2}\,z)}{nm\pi^2\sinh(\sqrt{n^2+m^2}\,\pi)}[1-(-1)^n][1-(-1)^m]\sin(\frac{n\pi x}{a})\sin(\frac{m\pi y}{a})$$

가 된다. 여기서 $n$ 또는 $m$이 짝수이면 오른편이 0이 되므로 $n$과 $m$은 홀수가 되어야 한다. 그러므로 전위는 다음과 같이 된다.

$$V(x,y,z) = \sum_{n=\text{홀수}}^{\infty}\sum_{m=\text{홀수}}^{\infty}\frac{16V_0\sinh(\frac{\pi}{a}\sqrt{n^2+m^2}\,z)}{nm\pi^2\sinh(\sqrt{n^2+m^2}\,\pi)}\sin(\frac{n\pi x}{a})\sin(\frac{m\pi y}{a})$$

또는 $i$와 $j$가 1, 2, 3, …인 정수를 도입해서 $n=2i+1$과 $m=2j+1$로 표현하면 위 식은 다음과 같이 된다.

$$V(x,y,z)=\sum_{i=0}^{\infty}\sum_{j=0}^{\infty}\frac{16V_0\sinh[\frac{\pi}{a}\sqrt{(2i+1)^2+(2j+1)^2}z]}{(2i+1)(2j+1)\pi^2\sinh(\sqrt{(2i+1)^2+(2j+1)^2}\pi)}\times\sin[\frac{(2i+1)\pi x}{a}]\sin[\frac{(2j+1)\pi y}{a}]$$

**예제 3.11**

접지된 무한히 긴 두 도체 평면이 $y-$축 방향으로 $a$만큼 떨어져 마주보면서 $xy-$평면상에 놓여 있으며 두 평면으로부터 절연된 무한히 긴 띠가 $x=0$의 위치에서 일정한 전위 $V_0$에 있는 경우, $0\le y\le a$에서의 전위를 구하세요.

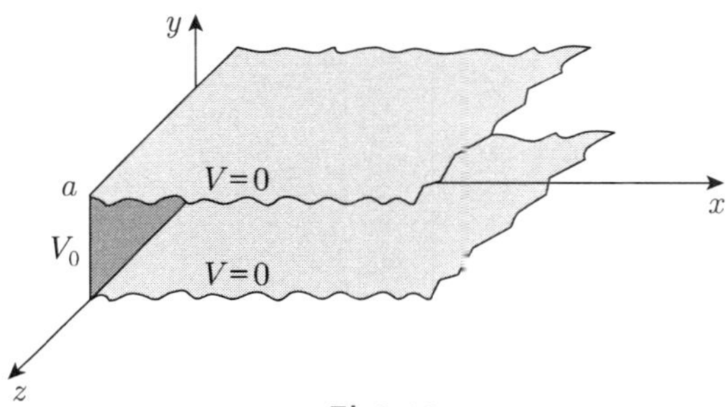


그림 3.14

**풀이**

전위는 $z$와 무관하기 때문에 전위의 일반解인 $V(x,y,z)\sim e^{\pm i\alpha x}e^{\pm i\beta y}e^{\pm\gamma z}$은 $V(x,y)\sim e^{\pm i\alpha x}e^{\pm i\beta y}$로 표현된다. 여기서 $\gamma^2=\alpha^2+\beta^2=0$이므로 $\alpha^2=-\beta^2 \Rightarrow \alpha=i\beta$이다.
경계조건인 $y=0$에서 전위가 0을 요구하면 함수 $Y(y)\sim\sin\beta y$만 解가 될 수 있다. 또한 경계조건인 $y=a$에서 전위가 0을 요구하면

$$\sin\beta a=0 \Rightarrow \beta a=n\pi \Rightarrow \therefore \beta=\frac{n\pi}{a},\ \text{여기서}\ n=1,\ 2,\ \cdots\cdots\text{인 정수}$$

그리고

$$X(x)=e^{\pm i\alpha x}=e^{\pm i(i\beta)x}=e^{\mp\beta x}$$

가 되는데, 경계조건인 $x\to\infty$에서 전위가 0을 요구하면 $X(x)=e^{-\beta x}$만이 解가 될 수 있다. 즉,

$$X(x) = e^{-\beta x} = e^{-\frac{n\pi}{a}x}, \text{ 여기서 } n = 1, 2, \cdots\cdots \text{인 정수}$$

이다. 그러므로 전위는

$$V(x,y) = \sum_{n=1}^{\infty} A_n (e^{-\frac{n\pi x}{a}}) \sin(\frac{n\pi y}{a}) \qquad \text{(예}-3.11.1)$$

가 된다.
아직 적용하지 않은 경계조건인 $x = 0$에서 전위 $V_0$을 요구하면 위 식은 다음과 같이 된다.

$$V_0 = \sum_{n=1}^{\infty} A_n \sin(\frac{n\pi y}{a}) \qquad \text{(예}-3.11.2)$$

위 식의 좌·우에 $\sin(\frac{m\pi y}{a})$(여기서 $m = 1,\ 2,\ \cdots\cdots$인 정수)을 곱한 뒤 $y$에 관해 적분을 취하면 다음과 같다.

$$V_0 \int_0^a \sin(\frac{m\pi y}{a}) dy = \sum_{n=1}^{\infty} A_n \int_0^a \sin(\frac{n\pi y}{a}) \sin(\frac{m\pi y}{a}) dy = \frac{a}{2} \sum_{n=1}^{\infty} A_n \delta_{nm}$$

$$\Rightarrow \frac{V_0 a}{m\pi}[1 - (-1)^m] = \frac{a}{2} A_m$$

$$\therefore A_m = \frac{2V_0}{m\pi}[1 - (-1)^m]$$

이 결과를 식 (예-3.3.1)에 대입하면 $0 \le y \le a$에서의 전위를 다음과 같이 얻을 수 있다.

$$V(x, y) = \sum_{n=1}^{\infty} \frac{2V_0}{n\pi}[1 - (-1)^n] e^{-\frac{n\pi}{a}x} \sin(\frac{n\pi y}{a})$$

여기서 $n$이 짝수이면 오른편이 0이 되므로 $n$은 홀수가 되어야 한다.

$$\therefore V(x, y) = \sum_{n=\text{홀수}}^{\infty} \frac{4V_0}{n\pi} e^{-\frac{n\pi}{a}x} \sin(\frac{n\pi y}{a})$$

또는

$$V(x, y) = \sum_{i=0}^{\infty} \frac{4V_0}{(2i+1)\pi} e^{-\frac{(2i+1)\pi x}{a}} \sin\left[\frac{(2i+1)\pi y}{a}\right]$$

**예제 3.12**

접지된 무한히 긴 두 도체 평면이 $a$만큼 떨어져 마주보면서 $y=0$과 $y=a$에 놓여 있고, 두 평면으로부터 절연된 무한히 긴 띠가 $x=b$와 $x=-b$의 위치에서 일정한 전위 $V_0$에 놓여 있는 경우, 그 안에서의 전위를 구하세요.

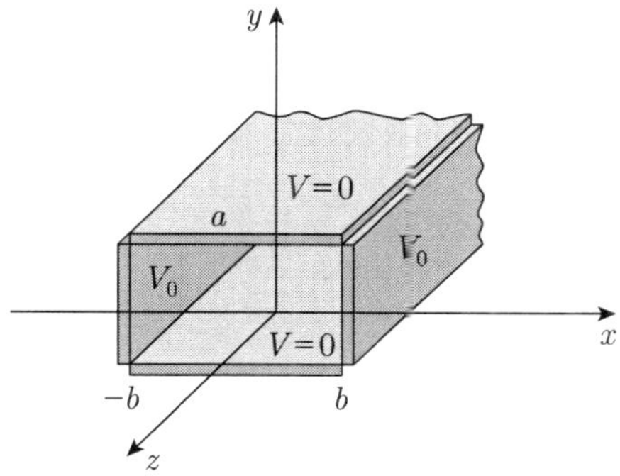


**그림 3.15**

**풀이**

$x$-축상의 경계조건을 제외하고는 [예제 3.11]과 유사한 문제이다. 즉, 전위는 $z$와 무관하기 때문에 전위에 관한 일반解는 $V(x,y) \sim e^{\pm i\alpha x} e^{\pm i\beta y}$로 표현된다.
그리고 $\gamma^2 = \alpha^2 + \beta^2 = 0$이므로 $\alpha^2 = -\beta^2 \Rightarrow \alpha = i\beta$이다. [예제 3.11]과 같이

$$Y(y) = \sin\beta y = \sin\frac{n\pi y}{a}, \text{ 여기서 } n = 1,\ 2,\ \cdots\cdots \text{인 정수}$$

그리고

$$X(x) = e^{\pm i\alpha x} = e^{\pm i(i\beta)x} = e^{\mp \beta x}$$

$\Rightarrow X(x) \sim (e^{\beta x} \pm e^{-\beta x})$로 표현되는데, 주어진 경계조건 $X(b) = X(-b)$을 만족하기 위해서는 $X(x)$가 우함수가 되어야 한다. 따라서

$$X(x) \sim (e^{\beta x} + e^{-\beta x}) \sim \cosh\beta x$$

만이 解가 될 수 있다.
그러면 전위는

$$V(x,y) = \sum_{n=1}^{\infty} A_n \cosh\left(\frac{n\pi x}{a}\right)\sin\frac{n\pi y}{a} \qquad \text{(예}-3.12.1)$$

가 되는데 경계조건 $x = \pm b$에서 전위 $V_0$을 요구하면 다음과 같다.

$$V_0 = \sum_{n=1}^{\infty} A_n \cosh(\frac{n\pi b}{a}) \sin\frac{n\pi y}{a}$$

위 식의 좌·우에 $\sin(\frac{m\pi y}{a})$(여기서 $m=1,\ 2,\ \cdots\cdots$ 인 정수)을 곱한 뒤 $y$에 관해 적분을 취하면 다음과 같다.

$$V_0\int_0^a \sin(\frac{m\pi y}{a})dy = \sum_{n=1}^{\infty} A_n \cosh(\frac{n\pi b}{a}) \int_0^a \sin(\frac{n\pi y}{a})\sin(\frac{m\pi y}{a})dy$$

$$= \sum_{n=1}^{\infty} A_n \cosh(\frac{n\pi b}{a})(\frac{a}{2}\delta_{nm}) = \frac{a}{2}\sum_{n=1}^{\infty}\cosh(\frac{n\pi b}{a})A_n\delta_{nm}$$

$$\Rightarrow \frac{V_0 a}{n\pi}[1-(-1)^n] = \frac{a}{2}\cosh(\frac{n\pi b}{a})A_n$$

$$\therefore\ A_n = \frac{2V_0}{n\pi\cosh(\frac{n\pi b}{a})}[1-(-1)^n]$$

이 결과를 식 (예-3.12.1)에 대입하면 전위를 다음과 같이 얻을 수 있다.

$$V(x,y) = \sum_{n=1}^{\infty} \frac{2V_0}{n\pi\cosh(\frac{n\pi b}{a})}[1-(-1)^n]\cosh(\frac{n\pi x}{a})\sin\frac{n\pi y}{a}$$

$$\therefore\ V(x,y) = \sum_{n=\text{홀수}}^{\infty} \frac{4V_0\cosh\left(\frac{n\pi x}{a}\right)}{n\pi\cosh\left(\frac{n\pi b}{a}\right)}\sin\frac{n\pi y}{a}$$

또는

$$V(x,y) = \sum_{i=0}^{\infty} \frac{4V_0\cosh\left[\frac{(2i+1)\pi x}{a}\right]}{(2i+1)\pi\cosh\left[\frac{(2i+1)\pi b}{a}\right]}\sin\left[\frac{(2i+1)\pi y}{a}\right]$$

직각 좌표계에 이어 이제 구면 좌표계$(r,\theta,\phi)$에서의 문제를 다루어 보자. 구면 좌표계에서 라플라스 방정식은 다음과 같다.

$$\nabla^2 V = 0$$

$$\Rightarrow \frac{1}{r^2\sin\theta}\left[\frac{\partial}{\partial r}(r^2\sin\theta\frac{\partial}{\partial r}) + \frac{\partial}{\partial\theta}(\sin\theta\frac{\partial}{\partial\theta}) + \frac{\partial}{\partial\phi}(\frac{1}{\sin\theta}\frac{\partial}{\partial\phi})\right]V(r,\theta,\phi) = 0$$

$$\Rightarrow \frac{1}{r^2}\frac{\partial}{\partial r}(r^2\frac{\partial V}{\partial r}) + \frac{1}{r^2\sin\theta}\frac{\partial}{\partial\theta}(\sin\theta\frac{\partial V}{\partial\theta}) + \frac{1}{r^2\sin^2\theta}\frac{\partial^2 V}{\partial\phi^2} = 0$$

$$\Rightarrow \sin^2\theta\frac{\partial}{\partial r}(r^2\frac{\partial V}{\partial r}) + \sin\theta\frac{\partial}{\partial\theta}(\sin\theta\frac{\partial V}{\partial\theta}) + \frac{\partial^2 V}{\partial\phi^2} = 0$$

여기서 $V(r,\theta,\phi) = R(r)\Theta(\theta)\Phi(\phi)$로 놓으면 위 식은

$$\Theta(\theta)\Phi(\phi)\sin^2\theta\frac{d}{dr}(r^2\frac{dR}{dr}) + R(r)\Phi(\phi)\sin\theta\frac{d}{d\theta}(\sin\theta\frac{d\Theta}{d\theta}) + R(r)\Theta(\theta)\frac{d^2\Phi}{d\phi^2} = 0$$

$$\Rightarrow \sin^2\theta\frac{1}{R(r)}\frac{d}{dr}(r^2\frac{dR}{dr}) + \sin\theta\frac{1}{\Theta(\theta)}\frac{d}{d\theta}(\sin\theta\frac{d\Theta}{d\theta}) + \frac{1}{\Phi(\phi)}\frac{d^2\Phi}{d\phi^2} = 0$$

$$\Rightarrow \sin^2\theta\frac{1}{R(r)}\frac{d}{dr}(r^2\frac{dR}{dr}) + \sin\theta\frac{1}{\Theta(\theta)}\frac{d}{d\theta}(\sin\theta\frac{d\Theta}{d\theta}) = -\frac{1}{\Phi(\phi)}\frac{d^2\Phi}{d\phi^2} \qquad (3.3.5)$$

모든 $r$, $\theta$와 $\phi$에 관해 위 등식은 항상 성립해야 하므로 등식의 좌·우는 $r$, $\theta$와 $\phi$에 관해 상수가 되어야 한다. 이때 임의의 상수를 $m^2$이라고 하면 위 식의 오른편은

$$\Rightarrow -\frac{1}{\Phi(\phi)}\frac{d^2\Phi}{d\phi^2} = m^2 \qquad (3.3.6)$$

이므로 다음과 같이 $\Phi(\phi)$에 대한 미분방정식의 解를 얻을 수 있다.

$$\frac{d^2\Phi}{d\phi^2} + m^2\Phi = 0 \Rightarrow \Phi(\phi) \sim e^{\pm im\phi} \qquad (3.3.7)$$

이 解는 방위각 $\phi$에 대해 $\Phi(\phi) = \Phi(\phi + 2\pi)$인 주기적 관계를 만족해야 하므로 식 (3.3.7)의 $m$은 정수여야 한다. 또한 이러한 주기적 관계를 위해 식 (3.3.6)에서 상수를 $+m^2$으로 정의한 이유이다.

그러면 식 (3.3.5)는 다음과 같이 표현된다.

$$\sin^2\theta\frac{1}{R(r)}\frac{d}{dr}(r^2\frac{dR}{dr}) + \sin\theta\frac{1}{\Theta(\theta)}\frac{d}{d\theta}(\sin\theta\frac{d\Theta}{d\theta}) - m^2 = 0$$

$$\Rightarrow \frac{1}{R(r)}\frac{d}{dr}(r^2\frac{dR}{dr}) + \frac{1}{\Theta(\theta)}\frac{1}{\sin\theta}\frac{d}{d\theta}(\sin\theta\frac{d\Theta}{d\theta}) - \frac{m^2}{\sin^2\theta} = 0$$

$$\Rightarrow \frac{1}{R(r)}\frac{d}{dr}(r^2\frac{dR}{dr}) = -\left[\frac{1}{\Theta(\theta)}\frac{1}{\sin\theta}\frac{d}{d\theta}(\sin\theta\frac{d\Theta}{d\theta}) - \frac{m^2}{\sin^2\theta}\right]$$

위 등식은 모든 $r$과 $\theta$에 관해 항상 성립해야 하므로 등식의 좌·우는 $r$과 $\theta$에 관해 상수가 되어야 한다. 그러므로 다음과 같이 나타낼 수 있다.

$$
\begin{aligned}
&-\frac{1}{\Theta(\theta)}\frac{1}{\sin\theta}\frac{d}{d\theta}(\sin\theta\frac{d\Theta}{d\theta})+\frac{m^2}{\sin^2\theta}=\ell(\ell+1)\\
&\Rightarrow -\frac{1}{\sin\theta}\frac{d}{d\theta}(\sin\theta\frac{d\Theta}{d\theta})+\left[\frac{m^2}{\sin^2\theta}-\ell(\ell+1)\right]\Theta(\theta) \qquad (3.3.8)
\end{aligned}
$$

여기서 그 상수를 $\ell(\ell+1)$로 놓았다. $\ell$은 양의 정수이다. 그러면 다음과 같은 $r$에 대한 관계식을 얻을 수 있다.

$$
\begin{aligned}
&\frac{1}{R(r)}\frac{d}{dr}(r^2\frac{dR}{dr})=\ell(\ell+1) \qquad (3.3.9)\\
&\Rightarrow r^2\frac{d^2R(r)}{dr^2}+2r\frac{dR(r)}{dr}-\ell(\ell+1)R(r)=0\\
&\Rightarrow \left[\frac{d^2}{dr^2}+\frac{2}{r}\frac{d}{dr}-\frac{\ell(\ell+1)}{r^2}\right]R(r)=0
\end{aligned}
$$

시도解로 $R(r)=r^k$로 놓고 위 식에 대입하면

$$
\begin{aligned}
&[k(k-1)+2k-\ell(\ell+1)]r^{k-2}=0 \Rightarrow k(k-1)+2k-\ell(\ell+1)=0\\
&\Rightarrow k^2+k-\ell^2-\ell=0 \Rightarrow (k-\ell)(k+\ell+1)=0 \Rightarrow k=\ell \text{ 또는 } -(\ell+1)
\end{aligned}
$$

그러므로 시도解는 다음과 같이 표현된다.

$$
R(r)=Ar^{\ell}+\frac{B}{r^{\ell+1}}, \text{ 여기서 } A\text{와 } B\text{는 상수이다.} \qquad (3.3.10)
$$

이제 $\theta$에 관한 解를 식 (3.3.8)로부터 구해보자. $\cos\theta=x$로 놓으면 $-\sin\theta d\theta=dx$ $\Rightarrow \frac{d}{d\theta}=(\frac{dx}{d\theta})\frac{d}{dx}=-\sin\theta\frac{d}{dx}$가 되어 식 (3.3.8)은 다음과 같이 표현된다.

$$
\begin{aligned}
&-\frac{1}{\sin\theta}(-\sin\theta\frac{d}{dx})\left[\sin\theta(-\sin\theta\frac{d\Theta}{dx})\right]+\left[\frac{m^2}{\sin^2\theta}-\ell(\ell+1)\right]\Theta=0\\
&\Rightarrow \frac{d}{dx}(-\sin^2\theta\frac{d\Theta}{dx})+\left[\frac{m^2}{\sin^2\theta}-\ell(\ell+1)\right]\Theta=0
\end{aligned}
$$

$$\Rightarrow \frac{d}{dx}\left[(x^2-1)\frac{d\Theta}{dx}\right]+\left[\frac{m^2}{1-x^2}-\ell(\ell+1)\right]\Theta=0$$

$$\Rightarrow \left[(x^2-1)\frac{d^2}{dx^2}+2x\frac{d}{dx}+\frac{m^2}{1-x^2}-\ell(\ell+1)\right]\Theta=0$$

$$\therefore \left[(1-x^2)\frac{d^2}{dx^2}-2x\frac{d}{dx}-\frac{m^2}{1-x^2}+\ell(\ell+1)\right]\Theta=0 \qquad (3.3.11)$$

위 식이 바로 **르장드르 미분방정식**(18)이고 解는 **연관 르장드르 다항식** $P_\ell^m(x)$이다.

$$\therefore \Theta(\theta)=P_\ell^m(x)=P_\ell^m(\cos\theta) \qquad (3.3.12)$$

그러므로 방위각에 대한 解인 식 (3.3.7), $r$에 관한 解인 식 (3.3.10) 그리고 극각에 대한 解인 식 (3.3.12)로부터 전위에 대한 일반식은 다음과 같다.

$$V(r,\theta,\phi)=R(r)\Theta(\theta)\Phi(\phi)=\sum_{\ell=0}^{\infty}\sum_{m=-\ell}^{\ell}\left(A_{\ell m}r^\ell+\frac{B_{\ell m}}{r^{\ell+1}}\right)P_\ell^m(\cos\theta)e^{im\phi} \qquad (3.3.13)$$

여기서 $m$은 정수(19)이다.
만약 전위가 방위각 $\phi$에 무관하면 위 식은 다음과 같이 주어진다.

$$V(r,\theta)=\sum_{\ell=0}^{\infty}\left(A_\ell r^\ell+\frac{B_\ell}{r^{\ell+1}}\right)P_\ell(\cos\theta) \qquad (3.3.14)$$

여기서 $P_\ell(x)$은 **르장드르 다항식**이다.

**예제 3.13**

반경 $R$인 속이 빈 구 표면의 전위가 $V_0(\theta)=V_0\sin^2\frac{\theta}{2}$일 때 (i) 구 안 그리고 (ii) 구 바깥에서의 전위를 각각 구하세요.

---

(18) 르장드르 미분방정식의 解를 구하는 증명은《Guardian for Mathematical Physics》by H. Park, 181쪽을 참고하세요.

(19) $-\ell \le m \le \ell$인 이유는《Guardian for Mathematical Physics》by H. Park, 190쪽을 참고하세요.

**풀이**

문제에서 주어진 구의 전위는 구면 좌표계에서 방위각 $\phi$에 무관하므로 전위에 대한 일반식은 식 (3.3.14)를 사용하면 된다.

(i) 구 안에서

$r=0$인 경우 $\frac{1}{r^{\ell+1}}$은 발산하므로 이러한 문제를 해결하기 위해서 $B_\ell=0$이어야 한다.

그러므로 구 안에서의 전위는 다음과 같이 표현된다.

$$V(r,\theta)=\sum_{\ell=0}^{\infty}A_\ell r^\ell P_\ell(\cos\theta) \qquad \text{(예-3.13.1)}$$

경계조건인 구 표면에서의 전위 $V_0(\theta)=V_0\sin^2\frac{\theta}{2}$을 위 식에 요구하면

$$V_0\sin^2\frac{\theta}{2}=\sum_{\ell=0}^{\infty}A_\ell R^\ell P_\ell(\cos\theta)$$

이 된다. 르장드르 다항식의 직교성 관계식[20]을 적용하여 상수 $A_\ell$을 다음과 같이 구할 수 있다.

$$\begin{aligned}V_0\int_0^\pi \sin^2(\frac{\theta}{2})P_{\ell'}(\cos\theta)\sin\theta d\theta &= \sum_{\ell=0}^{\infty}A_\ell R^\ell\int_0^\pi P_{\ell'}(\cos\theta)P_\ell(\cos\theta)\sin\theta d\theta\\ &=\sum_{\ell=0}^{\infty}A_\ell R^\ell\frac{2}{2\ell+1}\delta_{\ell\ell'}\end{aligned}$$

$$\Rightarrow\ V_0\int_0^\pi \sin^2(\frac{\theta}{2})P_\ell(\cos\theta)\sin\theta d\theta = A_\ell R^\ell\frac{2}{2\ell+1} \qquad \text{(예-3.13.2)}$$

그리고 위 식의 왼편에 있는 적분은

$$\begin{aligned}&V_0\int_0^\pi \sin^2\left(\frac{\theta}{2}\right)P_\ell(\cos\theta)\sin\theta d\theta=\frac{V_0}{2}\int_0^\pi(1-\cos\theta)P_\ell(\cos\theta)\sin\theta d\theta\\ &=\frac{V_0}{2}\int_0^\pi[P_0(\cos\theta)-P_1(\cos\theta)]P_\ell(\cos\theta)\sin\theta d\theta^{(21)}\\ &=\frac{V_0}{2}\left[\int_0^\pi P_0(\cos\theta)P_\ell(\cos\theta)\sin\theta d\theta-\int_0^\pi P_1(\cos\theta)P_\ell(\cos\theta)\sin\theta d\theta\right]\\ &=\frac{V_0}{2}\left(\frac{2}{2\ell+1}\delta_{0\ell}-\frac{2}{2\ell+1}\delta_{1\ell}\right)\end{aligned}$$

(∵ 르장드르 다항식의 직교성 관계식으로부터)

(20) 증명은 《Guardian for Mathematical Physics》 by H. Park, 196~198쪽을 참고하세요.

(21) 《Guardian for Mathematical Physics》 by H. Park, 187쪽을 참고하세요.

이 되어 식 (예-3.13.2)는

$$\frac{V_0}{2}\left(\frac{2}{2\ell+1}\delta_{0\ell}-\frac{2}{2\ell+1}\delta_{1\ell}\right)=A_\ell R^\ell\frac{2}{2\ell+1}$$

이 된다. 그러면 $\ell=0$일 때 위 식은 다음과 같이 되어

$$\frac{V_0}{2}(2)=A_0R^0(2)\ \Rightarrow\ V_0=2A_0$$

$$\therefore A_0=\frac{V_0}{2}$$

그리고 $\ell=1$일 때는

$$\frac{V_0}{2}(-\frac{2}{3})=A_1R^1(\frac{2}{3})\ \Rightarrow\ -\frac{V_0}{3}=A_1R(\frac{2}{3})$$

$$\therefore\ A_1=-\frac{V_0}{2R}$$

을 얻는다. 이들 결과를 식 (예-3.13.1)에 대입하면 전위를 다음과 같이 얻을 수 있다.

$$V(r,\theta)=A_0r^0P_0(\cos\theta)+A_1r^1P_1(\cos\theta)=\frac{V_0}{2}-\frac{V_0}{2R}r\cos\theta$$

$$\therefore\ V(r,\theta)=\frac{V_0}{2}(1-\frac{1}{R}r\cos\theta)$$

(ii) 구 바깥에서

$r\to\infty$인 경우 $r^\ell$은 발산하므로 이러한 문제를 해결하기 위해서 $A_\ell=0$이어야 한다. 그러므로 구 바깥에서의 전위는 다음과 같이 표현된다.

$$V(r,\theta)=\sum_{\ell=0}^{\infty}\frac{B_\ell}{r^{\ell+1}}P_\ell(\cos\theta) \qquad (\text{예}-3.13.3)$$

경계조건인 구 표면에서의 전위 $V_0(\theta)=V_0\sin^2\frac{\theta}{2}$을 위 식에 요구하면

$$V_0\sin^2\frac{\theta}{2}=\sum_{\ell=0}^{\infty}\frac{B_\ell}{R^{\ell+1}}P_\ell(\cos\theta)$$

이 된다.

상수 $B_\ell$을 구하기 위해서 (i)에서 한 것과 유사한 방법으로 위 식에 르장드르 다항식을 곱하고 적분을 취한 뒤에 르장드르 다항식의 직교성 관계식을 적용하면

$$\frac{V_0}{2}\left(\frac{2}{2\ell+1}\delta_{0\ell}-\frac{2}{2\ell+1}\delta_{1\ell}\right)=\frac{B_\ell}{R^{\ell+1}}\frac{2}{2\ell+1}$$

이 되어 $\ell=0$이면

$$\frac{V_0}{2}=\frac{B_0}{R} \Rightarrow \therefore B_0=\frac{RV_0}{2}$$

그리고 $\ell=1$일 때

$$\frac{V_0}{2}(-\frac{2}{3})=\frac{B_1}{R^2}(\frac{2}{3}) \Rightarrow \therefore B_1=-\frac{V_0}{2}R^2$$

을 얻는다. 이들 결과를 식 (예-3.13.3)에 대입하면 전위를 다음과 같이 얻을 수 있다.

$$V(r,\theta)=\frac{B_0}{r}P_0(\cos\theta)+\frac{B_1}{r^2}P_1(\cos\theta)=\frac{RV_0}{2r}-\frac{V_0}{2r^2}R^2\cos\theta$$

$$\therefore V(r,\theta)=\frac{V_0R}{2r}(1-\frac{R}{r}\cos\theta)$$

**예제 3.14**

반경 $R$인 도체 구가 균일한 전기장 $\vec{E}=E_0\hat{z}$에 놓이면, 구에 유도된 전하로 인해 도체 구 가까이에서 전기장이 변하게 된다. 도체 구 표면에서의 전위가 $V_0$라고 가정할 때 구의 바깥 영역에서의 전위, 전기장 그리고 구 표면에 유도된 전하밀도를 구하세요.

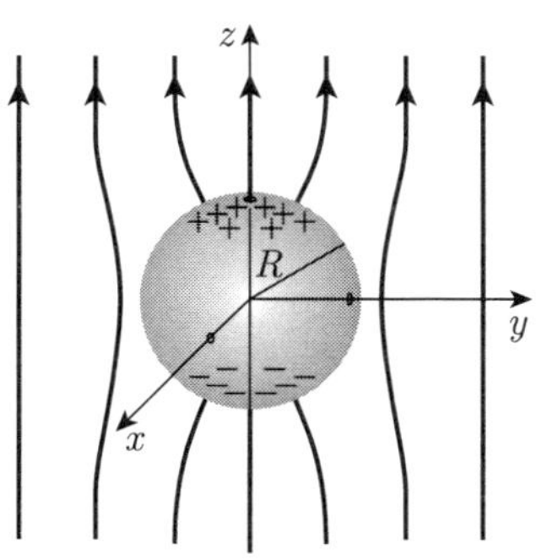


**그림 3.16**

**풀이**

문제에서 주어진 구의 전위는 구면 좌표계에서 방위각 $\phi$에 무관하므로 전위에 대한 일반식은 식 (3.3.14)를 사용하면 된다.

$$V(r,\theta)=\sum_{\ell=0}^{\infty}(A_\ell r^\ell+\frac{B_\ell}{r^{\ell+1}})P_\ell(\cos\theta) \quad \text{(예-3.14.1)}$$

이 식에서 $\ell=0$일 때 오른편 두 번째 항은 $\frac{1}{r}$의 전위를 주는데 이는 점전하에 의한 전위 꼴을 갖는 것을 의미하기 때문에 두 번째 항은 $\ell=0$인 값을 가질 수 없다.
도체 구로부터 멀리 떨어진 곳에서 전기장은 일정하므로 그곳에서의 전위는

$$\begin{aligned} V(r\to\infty,\theta) &= -\int \vec{E}\cdot d\vec{\ell} \\ &= -E_0\int dz = -E_0 z - c = -E_0 r\cos\theta + c \end{aligned} \qquad \text{(예-3.14.2)}$$

이 된다. 여기서 $c$는 적분상수이다.
구에서 멀리 떨어진 곳에서의 전기장으로부터 구한 전위인 이 결과와 식 (예-3.14.1)에서 $r\to\infty$인 경우의 전위는 같아야 한다. $r\to\infty$에서 식 (예-3.14.1)은

$$V(r\to\infty,\theta) = \sum_{\ell=0}^{\infty} A_\ell r^\ell P_\ell(\cos\theta) \qquad \text{(예-3.14.3)}$$

이 되어 식 (예-3.14.2)와 (예-3.14.3)가 등식을 만족하는 $A_\ell$을 구하면

$$A_0 r^0 P_0(\cos\theta) + A_1 r P_1(\cos\theta) = -E_0 r\cos\theta + c$$

$$\Rightarrow\ A_0 + A_1 r\cos\theta = -E_0 r\cos\theta + c$$

$$\Rightarrow\ \therefore \begin{cases} A_0 = c \\ A_1 = -E_0 \end{cases}$$

을 얻는다. 이들 결과를 식 (예-3.14.1)에 대입하면

$$\begin{aligned} V(r,\theta) &= A_0 + A_1 r P_1(\cos\theta) + \sum_{\ell=1}^{\infty} \frac{B_\ell}{r^{\ell+1}} P_\ell(\cos\theta) \\ &= c - E_0 r\cos\theta + \sum_{\ell=1}^{\infty} \frac{B_\ell}{r^{\ell+1}} P_\ell(\cos\theta) \end{aligned} \qquad \text{(예-3.14.4)}$$

이 된다. 도체 구 표면에서의 전위가 $V_0$이므로 위 식으로부터 다음의 관계식을 얻는다.

$$\begin{aligned} V_0 &= c - E_0 R\cos\theta + \sum_{\ell=1}^{\infty} \frac{B_\ell}{R^{\ell+1}} P_\ell(\cos\theta) \\ &= c + \left[ -E_0 R\cos\theta + \sum_{\ell=1}^{\infty} \frac{B_\ell}{R^{\ell+1}} P_\ell(\cos\theta) \right] \end{aligned}$$

오른편의 첫 번째 항은 $\theta$에 무관하고 대괄호 항은 $\theta$의 함수이다. 위의 등식이 모든 $\theta$에 대해 항상 성립하기 위해서는 대괄호 항은 0이 되어야 한다. 그러므로

$$c = V_0 \qquad \text{(예-3.14.5)}$$

그리고

$$-E_0R\cos\theta+\sum_{\ell=1}^{\infty}\frac{B_\ell}{R^{\ell+1}}P_\ell(\cos\theta)=0 \Rightarrow -E_0R\cos\theta+\frac{B_1}{R^2}\cos\theta=0$$

$$\Rightarrow (-E_0R+\frac{B_1}{R^2})\cos\theta=0$$

$$\therefore B_1=E_0R^3 \text{ 그리고 } B_{\ell\geq 2}=0 \qquad (예-3.14.6)$$

을 얻는다. 이들 결과를 식 (예-3.14.4)에 대입하면 도체 구 바깥에서의 전위를 다음과 같이 얻을 수 있다.

$$V(r>R,\theta)=V_0-E_0r\cos\theta+\frac{B_1}{r^2}P_1(\cos\theta)=V_0-E_0r\cos\theta+\frac{E_0R^3}{r^2}\cos\theta$$

$$\therefore V(r>R,\theta)=V_0-E_0(1-\frac{R^3}{r^3})r\cos\theta \qquad (예-3.14.7)$$

위 식의 오른편 괄호 안의 두 번째 항인 $E_0\frac{R^3}{r^2}\cos\theta$은 도체 구에 유도된 전하에 기인하는 전위이다. 전위는 방위각과 무관한 함수이므로 이때의 전기장은 구면 좌표계에서

$$\vec{E}=-\vec{\nabla}V=-(\hat{r}\frac{\partial}{\partial r}+\hat{\theta}\frac{1}{r}\frac{\partial}{\partial\theta}+\hat{\phi}\frac{1}{r\sin\theta}\frac{\partial}{\partial\phi})V=-(\hat{r}\frac{\partial}{\partial r}+\hat{\theta}\frac{1}{r}\frac{\partial}{\partial\theta})V(r,\theta)$$

$$=-(\hat{r}\frac{\partial}{\partial r}+\hat{\theta}\frac{1}{r}\frac{\partial}{\partial\theta})[V_0-E_0(1-\frac{R^3}{r^3})r\cos\theta]$$

$$=-\hat{r}\frac{\partial}{\partial r}[V_0-E_0(1-\frac{R^3}{r^3})r\cos\theta]-\hat{\theta}\frac{1}{r}\frac{\partial}{\partial\theta}[V_0-E_0(1-\frac{R^3}{r^3})r\cos\theta]$$

$$=\hat{r}\left[(E_0(1-\frac{R^3}{r^3})\cos\theta+\frac{3E_0R^3}{r^3}\cos\theta\right]-\hat{\theta}\left[E_0(1-\frac{R^3}{r^3})\sin\theta\right]$$

$$=\hat{r}E_0(1+\frac{2R^3}{r^3})\cos\theta-\hat{\theta}E_0(1-\frac{R^3}{r^3})\sin\theta \qquad (예-3.14.8)$$

이 된다. 그러므로 전기장의 수직 성분은 다음과 같다.

$$E_r(r,\theta)=E_0(1+\frac{2R^3}{r^3})\cos\theta \qquad (예-3.14.9)$$

그리고 도체 구 표면의 전하밀도는 구 표면에서 전기장의 수직 성분에 의해 주어지므로 식 (예-3.14.9)로부터 면 전하밀도를 다음과 같이 구할 수 있다.

$$E_r(r=R)=\frac{\sigma}{\epsilon_0} \Rightarrow E_0(1+\frac{2R^3}{R^3})\cos\theta=\frac{\sigma}{\epsilon_0} \Rightarrow 3E_0\cos\theta=\frac{\sigma}{\epsilon_0}$$

$$\therefore \sigma=3\epsilon_0E_0\cos\theta \qquad (예-3.14.10)$$

그러면 북반구에 유도된 전하는 다음과 같이 위 식을 적분하면 구할 수 있다.

$$Q_{\text{north}} = \int \sigma da = \int\int (3\epsilon_0 E_0 \cos\theta)\sin\theta\, d\theta d\phi = (3\epsilon_0 E_0)2\pi R^2 \int_0^{\frac{\pi}{2}} \cos\theta \sin\theta d\theta$$

$$= 3\pi\epsilon_0 E_0 R^2 \int_0^{\frac{\pi}{2}} \sin 2\theta d\theta = 3\pi\epsilon_0 E_0 R^2 \left[-\frac{1}{2}\cos 2\theta\right]_0^{\frac{\pi}{2}} = 3\pi\epsilon_0 E_0 R^2$$

유사한 방법으로 남반구에 유도된 전하를 구하면 다음과 같다.

$$Q_{\text{south}} = (3\epsilon_0 E_0)2\pi R^2 \int_{\frac{\pi}{2}}^{\pi} \cos\theta \sin\theta d\theta = 3\pi\epsilon_0 E_0 R^2 \int_{\frac{\pi}{2}}^{\pi} \sin 2\theta d\theta$$

$$= 3\pi\epsilon_0 E_0 R^2 \left[-\frac{1}{2}\cos 2\theta\right]_{\frac{\pi}{2}}^{\pi} = -3\pi\epsilon_0 E_0 R^2$$

그러므로 기대한 대로 유도된 총 전하는 $Q_{\text{north}} + Q_{\text{south}} = 0$이다.

**예제 3.15**

전위 $V_0$의 북반구 도체와 전위 $-V_0$의 남반구 도체가 붙어있다. 즉,

$$V(R,\theta) = \begin{cases} V_0, & -\frac{\pi}{2} \le \theta \le \frac{\pi}{2} \text{인 경우} \\ -V_0, & \frac{\pi}{2} \le \theta \le \frac{3}{2}\pi \text{인 경우} \end{cases}$$

구 도체의 반경은 $R$이다. 이때 구 안에서의 전위를 $\ell$의 첫 두 항까지만 구하세요.

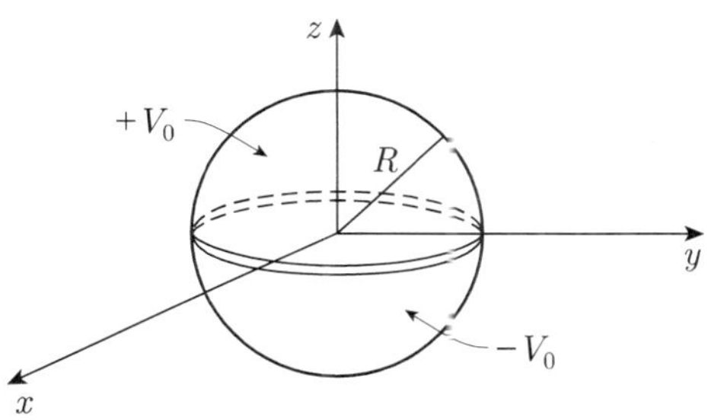


**그림 3.17**

**풀이**

구의 전위는 방위각 $\phi$에 무관하므로 구면 좌표계에서 전위에 대한 일반식은

$$V(r,\theta) = \sum_{\ell=0}^{\infty} \left(A_\ell r^\ell + \frac{B_\ell}{r^{\ell+1}}\right) P_\ell(\cos\theta)$$

이다. 구 안의 전위에 대해 발산을 막기 위해서는 $B_\ell = 0$이어야 한다. 그러면 전위는 다음과 같이 표현된다.

$$V(r,\theta) = \sum_{\ell=0}^{\infty} A_\ell r^\ell P_\ell(\cos\theta) \qquad (\text{예}-3.15.1)$$

위 식은 $r=R$에서 그리고 식의 좌·우에 $P_{\ell'}(\cos\theta)\sin\theta d\theta$을 곱한 뒤 적분하면

$$\int_0^\pi V(R,\theta) P_{\ell'}(\cos\theta)\sin\theta d\theta = \sum_{\ell=0}^{\infty} A_\ell R^\ell \int_0^\pi P_\ell(\cos\theta) P_{\ell'}(\cos\theta)\sin\theta d\theta$$
$$= \sum_{\ell=0}^{\infty} A_\ell R^\ell \left(\frac{2}{2\ell+1}\delta_{\ell\ell'}\right)$$

$$\Rightarrow \int_0^\pi V(R,\theta) P_\ell(\cos\theta)\sin\theta d\theta = \frac{2}{2\ell+1} A_\ell R^\ell$$

이 된다. 주어진 경계조건을 적용하면

$$V_0 \int_0^{\frac{\pi}{2}} P_\ell(\cos\theta)\sin\theta d\theta - V_0 \int_{\frac{\pi}{2}}^{\pi} P_\ell(\cos\theta)\sin\theta d\theta = \frac{2}{2\ell+1} A_\ell R^\ell$$

가 되어 $A_\ell$에 대한 다음의 관계식을 얻는다.

$$A_\ell = \frac{2\ell+1}{2R^\ell}\left[V_0 \int_0^{\frac{\pi}{2}} P_\ell(\cos\theta)\sin\theta d\theta - V_0 \int_{\frac{\pi}{2}}^{\pi} P_\ell(\cos\theta)\sin\theta d\theta\right]$$

위 식에서 $\cos\theta = x$로 놓으면 위 식은 다음과 같이 표현된다.

$$A_\ell = \frac{2\ell+1}{2R^\ell}\left[V_0 \int_0^1 P_\ell(x)dx - V_0 \int_{-1}^{0} P_\ell(x)dx\right] \qquad (\text{예}-3.15.2)$$

여기서 $\int_{-1}^0 P_\ell(x)dx = -\int_1^0 P_\ell(-y)dy = \int_0^1 P_\ell(-y)dy$이므로 만약 $P_\ell(x)$가 우함수이면 식 (예-3.15.2)의 오른편은 0이 된다. $\ell$이 짝수일 때 $P_\ell(x)$는 우함수가 되므로 $A_\ell$이 0이 아니기 위해서는 $\ell$은 홀수 값만 될 수 있다. 전위의 첫 두 항까지만 구하면 되므로 $\ell=1$일 때와 $\ell=3$일 때의 전위를 구하면 된다.

(i) $\ell=1$일 때

식 (예-3.15.2)는 다음과 같다.

$$A_1 = \frac{3}{2R}\left[2V_0 \int_0^1 P_1(x)dx\right] = \frac{3}{2R}\left[2V_0 \int_0^1 x dx\right] = \frac{3V_0}{R}\frac{1}{2} = \frac{3V_0}{2R}$$

(ii) $\ell=3$일 때

식 (예-3.15.2)는 다음과 같다.

$$A_3 = \frac{7}{2R^3}\left[2V_0\int_0^1 P_3(x)dx\right] = \frac{7}{R^3}\left[V_0\int_0^1 \frac{1}{2}(5x^3-3x)dx\right] = \frac{7V_0}{2R^3}(-\frac{1}{4}) = -\frac{7V_0}{8R^3}$$

이들 결과를 식 (예-3.15.1)에 대입하면

$$V(r,\theta) = A_1 r P_1(\cos\theta) + A_3 r^3 P_3(\cos\theta) = \frac{3V_0}{2R}r\cos\theta - \frac{7V_0}{8R^3}r^3\frac{1}{2}(5\cos^3\theta - 3\cos\theta)$$

그러므로 구 안에서의 전위는

$$V(r,\theta) = \frac{3V_0}{2R}r\cos\theta - \frac{7V_0}{16R^3}r^3(5\cos^3\theta - 3\cos\theta)$$

가 된다.

마지막으로 원통 좌표계에서 라플라스 방정식을 푸는 것에 대해 살펴보자. 원통 좌표계에서 라플라스 방정식은 다음과 같다.

$$\nabla^2 V = 0 \;\Rightarrow\; \frac{1}{s}\left[\frac{\partial}{\partial s}(s\frac{\partial}{\partial s}) + \frac{\partial}{\partial \phi}(\frac{1}{s}\frac{\partial}{\partial \phi}) + \frac{\partial}{\partial z}(s\frac{\partial}{\partial z})\right]V(s,\phi,z) = 0$$

$$\Rightarrow\; \frac{1}{s}\frac{\partial}{\partial s}(s\frac{\partial V}{\partial s}) + \frac{1}{s^2}\frac{\partial^2 V}{\partial \phi^2} + \frac{\partial^2 V}{\partial z^2} = 0$$

여기서 $V(s,\phi,z) = R(s)\Phi(\phi)Z(z)$로 놓으면 위 식은 다음과 같이 표현된다.

$$\Phi(\phi)Z(z)\frac{1}{s}\frac{\partial}{\partial s}(s\frac{\partial R}{\partial s}) + R(s)Z(z)\frac{1}{s^2}\frac{\partial^2 \Phi}{\partial \phi^2} + R(s)\Phi(\phi)\frac{\partial^2 Z}{\partial z^2} = 0$$

$$\Rightarrow\; \frac{1}{s}\frac{1}{R(s)}\frac{d}{ds}(s\frac{dR}{ds}) + \frac{1}{s^2}\frac{1}{\Phi(\phi)}\frac{d^2\Phi}{d\phi^2} + \frac{1}{Z(z)}\frac{d^2 Z}{dz^2} = 0$$

$$\Rightarrow\; \frac{1}{s}\frac{1}{R(s)}\frac{d}{ds}(s\frac{dR}{ds}) + \frac{1}{s^2}\frac{1}{\Phi(\phi)}\frac{d^2\Phi}{d\phi^2} = -\frac{1}{Z(z)}\frac{d^2 Z}{dz^2}$$

모든 $s$, $\phi$와 $z$에 관해 위 등식이 항상 성립하기 위해서는 등식의 좌·우 식은 $s$, $\phi$와 $z$에 관해 상수가 되어야 한다. 즉, 위 식은 다음과 같이 놓을 수 있다.

$$\frac{1}{s}\frac{1}{R(s)}\frac{d}{ds}(s\frac{dR}{ds}) + \frac{1}{s^2}\frac{1}{\Phi(\phi)}\frac{d^2\Phi}{d\phi^2} = -\frac{1}{Z(z)}\frac{d^2 Z}{dz^2} = -k^2,$$ 여기서 $k$은 정수이다.

$$\Rightarrow\; \frac{1}{Z(z)}\frac{d^2 Z}{dz^2} - k^2 = 0 \;\Rightarrow\; \frac{d^2 Z}{dz^2} - k^2 Z = 0$$

그러므로

$$Z(z) \sim e^{\pm kz} = A_1 \sinh kz + A_2 \cosh kz \tag{3.3.15}$$

그리고

$$\frac{1}{s}\frac{1}{R(s)}\frac{d}{ds}(s\frac{dR}{ds}) + \frac{1}{s^2}\frac{1}{\Phi(\phi)}\frac{d^2\Phi}{d\phi^2} + k^2 = 0$$

$$\Rightarrow \frac{s}{R(s)}\frac{d}{ds}(s\frac{dR}{ds}) + \frac{1}{\Phi(\phi)}\frac{d^2\Phi}{d\phi^2} + k^2 s^2 = 0$$

$$\Rightarrow \frac{s}{R(s)}\frac{d}{ds}(s\frac{dR}{ds}) + k^2 s^2 = -\frac{1}{\Phi(\phi)}\frac{d^2\Phi}{d\phi^2}$$

모든 $s$와 $\phi$에 관해 위 등식이 항상 성립하기 위해서는 등식의 좌·우 식은 $s$와 $\phi$에 관해 상수가 되어야 한다. 즉, 위 식의 오른편 식을 다음과 같이 놓을 수 있다.

$$-\frac{1}{\Phi(\phi)}\frac{d^2\Phi}{d\phi^2} = m^2 \Rightarrow \frac{d^2\Phi}{d\phi^2} + m^2\Phi = 0$$

$$\therefore \Phi(\phi) \sim e^{\pm im\phi} \tag{3.3.16}$$

이 解는 방위각 $\phi$에 대해 $\Phi(\phi) = \Phi(\phi + 2\pi)$인 주기적 관계를 만족해야 하므로 식 (3.3.16)의 $m$은 0이 아닌 정수가 되어야 한다.
그리고

$$\frac{s}{R(s)}\frac{d}{ds}(s\frac{dR}{ds}) + k^2s^2 - m^2 = 0 \Rightarrow s\frac{d}{ds}(s\frac{dR}{ds}) + (k^2s^2 - m^2)R = 0$$

$$\Rightarrow s^2\frac{d^2R}{ds^2} + s\frac{dR}{ds} + (k^2s^2 - m^2)R = 0$$

여기서 $ks = x$로 놓으면 $ds = \frac{dx}{k} \Rightarrow \frac{d}{ds} = k\frac{d}{dx}$이므로 위 식은 다음과 같이 표현된다.

$$\frac{x^2}{k^2}(k^2\frac{d^2R}{dx^2}) + \frac{x}{k}(k\frac{dR}{dx}) + (x^2 - m^2)R = 0 \Rightarrow x^2\frac{d^2R}{dx^2} + x\frac{dR}{dx} + (x^2 - m^2)R = 0$$

이 식은 **베셀 미분방정식**(22)이고 解는 차수 $m$을 갖는 **베셀 함수** $J_{\pm m}(x)$이다. $m$이 정수일

(22) 《Guardian for Mathematical Physics》 by H. Park, 207쪽을 참고하세요.

때는

$$R(x) = B_1 J_m(x) + B_2 N_m(x) \tag{3.3.17}$$

가 解[23]가 된다. 여기서 $N_m$은 차수 $m$을 갖는 **노이만 함수**이다.

그러므로 원통 좌표계에서 일반解는 식 (3.3.15), (3.3.16) 그리고 (3.3.17)로부터

$$V(s,\phi,z) = \sum_{m=1}^{\infty} [B_1 J_m(x) + B_2 N_m(x)](A_1 \sinh kz + A_2 \cosh kz) e^{\pm im\phi} \tag{3.3.18}$$

와 같이 표현된다.

$z-$축을 따르는 긴 원통형 도체의 경우 전위는 $z$에 무관하므로 $\frac{\partial V}{\partial z} = 0$이다. 이때의 라플라스 방정식은

$$\frac{1}{s}\frac{\partial}{\partial s}(s\frac{\partial V}{\partial s}) + \frac{1}{s^2}\frac{\partial^2 V}{\partial \phi^2} = 0$$

이 되고

$$V(s,\phi) = R(s)\Phi(\phi) \tag{3.3.19}$$

로 놓고 위에서 한 것과 유사한 방법을 따르면

$$\frac{s}{R(s)}\frac{d}{ds}(s\frac{dR}{ds}) = -\frac{1}{\Phi(\phi)}\frac{d^2\Phi}{d\phi^2} = m^2$$

로 놓을 수 있다. 여기서 $m \neq 0$이다. 그러면

$$\Phi(\phi) = A_m \cos m\phi + B_m \sin m\phi \tag{3.3.20}$$

가 된다. 여기서 $m$은 $\Phi(\phi) = \Phi(\phi + 2\pi)$을 만족하게 하는 정수이다.
그리고

$$\frac{s}{R(s)}\frac{d}{ds}(s\frac{dR}{ds}) - m^2 = 0 \Rightarrow s^2\frac{d^2R}{ds^2} + s\frac{dR}{ds} - m^2R = 0$$

---

(23) 《Guardian for Mathematical Physics》 by H. Park, 213쪽을 참고하세요.

시도解로 $R(s)=s^n$로 놓고 위 식에 대입하면 다음의 관계식을 얻는다.

$$[n(n-1)+n-m^2]s^n=0 \Rightarrow (n^2-n+n-m^2)=0$$
$$\Rightarrow n^2=m^2 \Rightarrow n=\pm m$$

그러므로

$$R_m(s)=C_m s^m+D_m s^{-m} \tag{3.3.21}$$

이 된다.

$m=0$인 경우

$$\frac{s}{R(s)}\frac{d}{ds}\left(s\frac{dR}{ds}\right)-m^2=0 \Rightarrow \frac{s}{R(s)}\frac{d}{ds}\left(s\frac{dR}{ds}\right)=0 \Rightarrow s\frac{dR}{ds}=\text{상수}$$
$$\Rightarrow dR=(\text{상수})\frac{ds}{s}$$

$$\therefore\ R(s)=C\ln s+D,\ \text{여기서 } C\text{와 } D\text{는 상수이다.} \tag{3.3.22}$$

그리고

$$\frac{1}{\Phi(\phi)}\frac{d^2\Phi}{d\phi^2}=0 \Rightarrow \frac{d\Phi}{d\phi}=\text{상수} \Rightarrow \Phi(\phi)=A\phi+B,\ \text{여기서 } A\text{와 } B\text{는 상수이다.}$$

여기서 $\Phi(\phi)=\Phi(\phi+2\pi)$인 주기적 관계를 요구하면 $A=0$이 된다.

$$\therefore\ \Phi(\phi)=B \tag{3.3.23}$$

그러므로 $z-$축을 따르는 긴 원통형 도체의 경우 전위에 대한 일반解는 다음과 같다.

$$V(s,\phi)=(C\ln s+D)B+\sum_{m=1}^{\infty}(C_m s^m+D_m s^{-m})(A_m\cos m\phi+B_m\sin m\phi)$$

$$\therefore\ V(s,\phi)=(a_0\ln s+b_0)+\sum_{m=1}^{\infty}(C_m s^m+D_m s^{-m})(A_m\cos m\phi+B_m\sin m\phi) \tag{3.3.24}$$

여기서 $a_0$와 $b_0$은 $m=0$에 대한 상수이다.

**예제 3.16**

반경이 $a$이며 전위가 $V_0$인 내부 원통형 도체를 반경이 $b$이며 전위가 0인 원통형 도체가 둘러싸고 있는 $z$−축을 따르는 무한히 긴 동축 케이블의 경우 두 원통형 도체 사이에서 $(a<s<b)$의 전위를 구하세요.

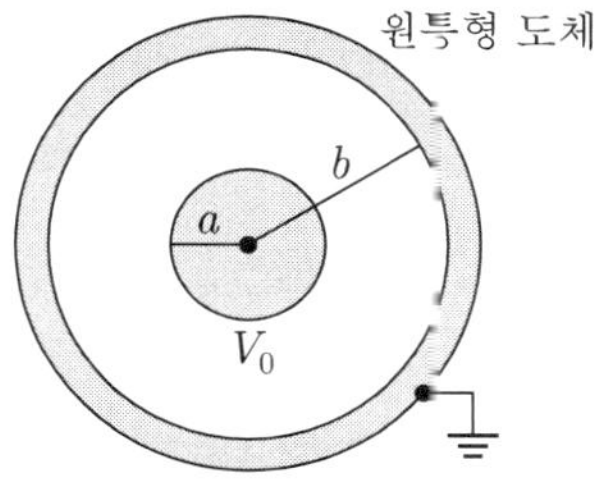


그림 3.18

**풀이**

이 문제의 경우 전위는 $\phi$와 $z$에 무관하고 $s$만의 함수이기 때문에 식 (3.3.24)에서 $m=0$에 해당하는 전위를 택하면 되므로

$$V(s)=a_0\ln s+b_0,\ \text{여기서 } a_0\text{와 } b_0\text{은 상수이다.} \qquad (\text{예}-3.16.1)$$

이 된다.

경계조건을 식 (예−3.16.1)에 적용하면 다음과 같이 상수 $a_0$와 $b_0$을 구할 수 있다.

$$\begin{cases} V(a)=V_0 \\ V(b)=0 \end{cases} \Rightarrow \begin{cases} V_0=a_0\ln a+b_0 \\ 0=a_0\ln b+b_0 \end{cases} \Rightarrow a_0=\frac{1}{\ln(a/b)}V_0,\ b_0=\frac{\ln b}{\ln(b/a)}V_0$$

이들을 식 (예−3.16.1)에 대입하면 원통형 도체 사이에서의 전위를 다음과 같이 얻을 수 있다.

$$V(s)=\left[\frac{1}{\ln(a/b)}\ln s+\frac{\ln b}{\ln(b/a)}\right]V_0=\left[\frac{\ln s}{-\ln(b/a)}+\frac{\ln b}{\ln(b/a)}\right]V_0=\frac{\ln(b/s)}{\ln(b/a)}V_0$$

**예제 3.17**

$z$−축을 따르는 무한히 긴 반경이 $R$인 원통형 도체의 표면에 유도된 전하밀도가 $\sigma=\sin 2\phi$일 때 원통 내부와 외부에서의 전위를 각각 구하세요.

**풀이**

$z$−축을 따르는 긴 원통형 도체의 경우 전위에 대한 일반解는 식 (3.3.24)이다.

$$V(s,\phi)=(a_0\ln s+b_0)+\sum_{m=1}^{\infty}(C_m s^m+D_m s^{-m})(A_m\cos m\phi+B_m\sin m\phi)$$

(i) 원통 내부의 경우

解가 물리적으로 타당하기 위해서는 $a_0=0$이고 또한 解가 발산되는 것을 막기 위해서 $D_m=0$이어야 한다. 그러면 위 식으로부터 다음과 같은 전위를 얻는다.

$$V_{내부}=b_0+\sum_{m=1}^{\infty}C_m s^m(A_m\cos m\phi+B_m\sin m\phi)$$

$$\therefore\ V_{내부}=b_0+\sum_{m=1}^{\infty}s^m(A\cos m\phi+B\sin m\phi) \qquad (예-3.17.1)$$

여기서 $A$와 $B$는 상수이다.

(ii) 원통 외부의 경우

解가 발산되는 것을 막기 위해서 $a_0=0$이고 $C_m=0$이어야 한다. 그러면 전위는 다음과 같이 표현된다.

$$V_{외부}=b_0+\sum_{m=1}^{\infty}D_m s^{-m}(A_m\cos m\phi+B_m\sin m\phi)$$

여기서 $s\to\infty$에서 전위는 0이 되어야 하므로 위 식에서 $b_0=0$이 되어야 한다. 그러므로 전위는 다음과 같이 된다.

$$V_{외부}=\sum_{m=1}^{\infty}D_m s^{-m}(A_m\cos m\phi+B_m\sin m\phi)$$

$$\therefore\ V_{외부}=\sum_{m=1}^{\infty}s^{-m}(C\cos m\phi+D\sin m\phi) \qquad (예-3.17.2)$$

여기서 $C$와 $D$는 상수이다.

그리고 $b_0=0$이므로 원통 내부에서는 전위인 식 (예-3.17.1)은 이제 다음과 같이 된다.

$$V_{내부}=\sum_{m=1}^{\infty}s^m(A\cos m\phi+B\sin m\phi) \qquad (예-3.17.3)$$

전위에 대한 경계조건 관계식인

$$\frac{\partial V_{외부}}{\partial s}\Big|_{s=R}-\frac{\partial V_{내부}}{\partial s}\Big|_{s=R}=-\frac{\sigma}{\epsilon_0} \qquad (예-3.17.4)$$

을 적용하기 위해서 식 (예-3.17.3)과 (예-3.17.2)를 $s$에 관해 미분하면

$$\frac{\partial V_{내부}}{\partial s}\Big|_{s=R}=\sum_{m=1}^{\infty}mR^{m-1}(A\cos m\phi+B\sin m\phi)$$

그리고

$$\frac{\partial V_{외부}}{\partial \rho}\Big|_{s=R} = \sum_{m=1}^{\infty} \frac{-m}{R^{m+1}}(C\mathrm{ccs}\, m\phi + D\sin m\phi)$$

을 얻는다. 이들을 경계조건 식 (예-3.17.4)에 대입하면 면 전하밀도를 다음과 같이 얻을 수 있다.

$$\sum_{m=1}^{\infty}\left[\frac{-m}{R^{m+1}}(C\cos m\phi + D\sin m\phi) - mR^{m-1}(A\cos m\phi + B\sin m\phi)\right] = -\frac{\sigma}{\epsilon_0}$$

$$\Rightarrow \sigma = \epsilon_0\left[\sum_{m=1}^{\infty}\left\{\frac{m}{R^{m+1}}(C\cos m\phi + D\sin m\phi) + mR^{m-1}(A\cos m\phi + B\sin m\phi)\right\}\right]$$

$$\Rightarrow \sigma = \epsilon_0\sum_{m=1}^{\infty}\left[(mAR^{m-1} + C\frac{m}{R^{m+1}})\cos m\phi + (mBR^{m-1} + D\frac{m}{R^{m+1}})\sin m\phi\right]$$

도체 표면에 유도된 전하밀도가 $\sigma = \sin 2\phi$로 주어져 있으므로 위 식은 다음과 같이 된다.

$$\sin 2\phi = \epsilon_0\sum_{m=1}^{\infty}\left[(mAR^{m-1} + C\frac{m}{R^{m+1}})\cos m\phi + (mBR^{m-1} + D\frac{m}{R^{m+1}})\sin m\phi\right]$$

모든 방위각 $\phi$에 대해 위의 등식이 항상 성립하기 위해서는 오른편 두 번째 괄호 항이 왼편과 같아야 하므로 $m=2$여야 한다. 이때 오른편 첫 번째 괄호 항이 0이 되기 위해서는 $A=0=C$이어야 한다.

그러면 다음의 관계식을 얻는다.

$$\epsilon_0(2BR + \frac{2D}{R^3}) = 1 \Rightarrow BR + \frac{D}{R^3} = \frac{1}{2\epsilon_0} \qquad \text{(예-3.17.5)}$$

그리고 경계면에서 $V_{내부} = V_{외부}$이므로 식 (예-3.17.3)과 (예-3.17.2)로부터

$$R^2 B\sin 2\phi = R^{-2} D\sin 2\phi \Rightarrow D = BR^4 \qquad \text{(예-3.17.6)}$$

을 얻는다.

그러면 식 (예-3.17.5)와 (예-3.17.6)으로부터 다음과 같이 상수를 구할 수 있다.

$$BR + \frac{1}{R^3}(BR^4) = \frac{1}{2\epsilon_0} \Rightarrow B(2R) = \frac{1}{2\epsilon_0}$$

$$\therefore\ B = \frac{1}{4\epsilon_0 R} \quad \text{그리고} \quad D = \frac{1}{4\epsilon_0}R^3$$

이 결과들을 식 (예-3.17.3)과 (예-3.17.2)에 대입하면 원통 내부와 외부에서의 전위를 각각 다음과 같이 구할 수 있다.

$$V_{내부} = s^2(B\sin2\phi) = \frac{s^2}{4\epsilon_0 R}\sin2\phi$$

그리고

$$V_{외부} = s^{-2}(D\sin2\phi) = \frac{R^3}{4\epsilon_0 s^2}\sin2\phi$$

**예제 3.18**

반경이 $R$이며 $z$-축을 따르는 긴 원통형 도체가 균일한 전기장 $\vec{E} = E_0\hat{x}$에 놓이게 되면 원통에 유도된 전하로 인해 원통 가까이에서 전기장이 변하게 된다. 원통형 도체 표면에서의 전위는 0이라고 가정한다. 이때 원통의 바깥 영역에서의 전위, 전기장 그리고 표면에 유도된 전하밀도를 구하세요. 도체 구인 [예제 3.14]와 유사한 문제이다.

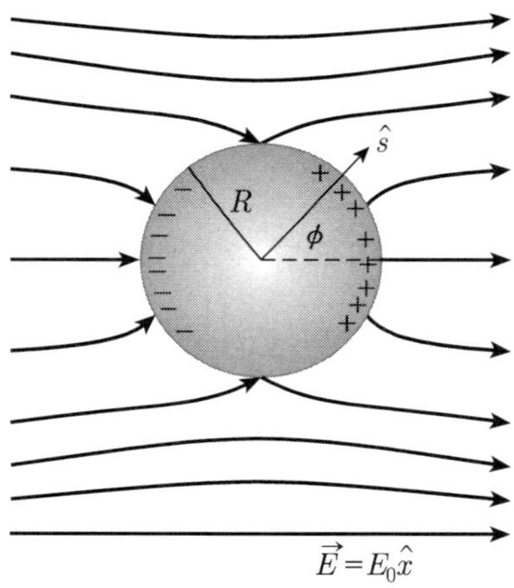


**그림 3.19**

**풀이**

$z$-축을 따르는 긴 원통형 도체의 경우 전위에 대한 일반解는 다음과 같다.

$$V(s,\phi) = (a_0 \ln s + b_0) + \sum_{m=1}^{\infty}(C_m s^m + D_m s^{-m})(A_m \cos m\phi + B_m \sin m\phi)$$

원통형 도체로부터 멀리 떨어진 곳에서의 전위가 발산되지 않기 위해서는 $a_0 = 0$이 되어야 하고 또한 $V(\infty,\phi) = 0$이기 위해서는 $b_0 = 0$이어야 한다.
그러면 전위는 다음과 같이 표현된다.

$$V(s,\phi)=\sum_{m=1}^{\infty}(C_m s^m + D_m s^{-m})(A_n\cos m\phi + B_m \sin m\phi) \qquad (예-3.18.1)$$

원통형 도체로부터 멀리 떨어진 곳에서의 전기장은 균일하므로 그곳에서의 전위는

$$V(s \gg R,\phi) = -\int \vec{E}\cdot d\vec{l} = -E_0\int dx$$
$$= -E_0 x = -E_0 s\cos\phi + c \qquad (예-3.18.2)$$

여기서 $c$는 적분상수이다.

이 결과와 식 (예-3.18.1)에서 $s\to\infty$일 때의 전위 결과는 같아야 한다. 이를 위해서 식 (예-3.18.2)에 cosine 항이 있으므로 식 (예-3.18.1)에서도 cosine이 있는 항만 취해야 하므로 $m=1$이 되어야 하고, $B_1=0$이어야 한다. 즉, 식 (예-3.18.1)은

$$V(s,\phi)=(C_1 s + D_1 s^{-1})A_1\cos\phi \qquad (예-3.18.3)$$

이 되는데 $s\to\infty$일 때 이 식은

$$V(s\to\infty,\phi)=C_1 s A_1\cos\phi$$

이 되어

$$\Rightarrow A_1C_1 s\cos\phi = -E_0 s\cos\phi + c \quad [\because \text{ 식 (예-3.18.2)로부터}]$$
$$\therefore c=0 \text{ 그리고 } A_1C_1=-E_0 \qquad (예-3.18.4)$$

그리고 원통형 도체 표면에서의 전위가 0인 경계조건으로부터 다음의 관계식을 얻는다.

$$V(R,\phi)=0 \Rightarrow (C_1R+D_1R^{-1})A_1\cos\phi = 0 \Rightarrow \left[A_1C_1R+\frac{A_1D_1}{R}\right]\cos\phi=0$$
$$\Rightarrow A_1C_1R+\frac{A_1D_1}{R}=0 \Rightarrow -E_0R+\frac{A_1D_1}{R}=0 \Rightarrow E_0R=\frac{A_1D_1}{R}$$
$$\therefore A_1D_1=E_0R^2 \qquad (예-3.18.5)$$

식 (예-3.18.4)와 (예-3.18.5)를 (예-3.18.3)에 대입하면 원통의 바깥 영역에서의 전위는 다음과 같이 구할 수 있다.

$$V(s,\phi)=\left(A_1C_1s+\frac{A_1D_1}{s}\right)\cos\phi=\left(-E_0s+\frac{E_0R^2}{s}\right)\cos\phi=-E_0\left(s-\frac{R^2}{s}\right)\cos\phi$$

전위는 $z$와 무관한 함수이므로 이때 전기장은 다음과 같이 된다.

$$\vec{E}=-\vec{\nabla}V=-(\hat{s}\frac{\partial}{\partial s}+\hat{\phi}\frac{1}{s}\frac{\partial}{\partial\phi})[-E_0(s-\frac{R^2}{s})\cos\phi]$$
$$=\hat{s}E_0(1+\frac{R^2}{s^2})\cos\phi-\hat{\phi}\frac{1}{s}E_0(s-\frac{R^2}{s})\sin\phi$$

$$\therefore\ \vec{E} = E_0\left[\hat{s}(1+\frac{R^2}{s^2})\cos\phi - \hat{\phi}(1-\frac{R^2}{s^2})\sin\phi\right]$$

그리고 표면에 유도된 전하밀도는 표면에 수직인 전기장 성분과 관계가 있으므로

$$E_s|_{s=R} = \frac{\sigma}{\epsilon_0} \Rightarrow E_0\left(1+\frac{R^2}{R^2}\right)\cos\phi = \frac{\sigma}{\epsilon_0}$$

가 되어

$$\therefore\ \sigma = 2\epsilon_0 E_0 \cos\phi$$

인 원통형 도체 표면에 유도된 면 전하밀도 $\sigma$을 구할 수 있다.

## 보충자료-1

베셀 함수의 직교성인 $\int_0^1 xJ_p(ax)J_p(bx)dx = \frac{1}{2}J_{p+1}^2(a)\delta_{ab}$을 증명하세요.

**풀이**

본문에서 베셀 미분방정식은 $x^2\frac{d^2R}{dx^2}+x\frac{dR}{dx}+(x^2-m^2)R=0$임을 배웠다. $J_p(x)$가 解라고 하면 $J_p(x)$는 다음의 미분방정식을 만족한다.

$$x^2\frac{d^2J_p(x)}{dx^2}+x\frac{dJ_p(x)}{dx}+(x^2-p^2)J_p(x)=0$$

$$\Rightarrow\ x\frac{d}{dx}[x\frac{dJ_p(x)}{dx}]+(x^2-p^2)J_p(x)=0$$

(i) $a\neq b$인 경우

위 식에서 $x=at$(여기서, 상수 $a$는 $J_p(a)=0$을 만족하는 상수임)로 놓으면 $\frac{d}{dx}=\frac{1}{a}\frac{d}{dt}$이고 $J_p(at)=u(t)$라 할 때 위 식은 다음과 같이 표현된다.

$$at(\frac{1}{a}\frac{d}{dt})[at(\frac{1}{a}\frac{du}{dt})]+(a^2t^2-p^2)u=0\ \Rightarrow\ t\frac{d}{dt}(t\frac{du}{dt})+(a^2t^2-p^2)u=0 \qquad (1)$$

또한 $J_p(b)=0$을 만족하는 상수 $b$가 있어서 $J_p(bt)=v(t)$라 하면 위와 유사하게 $v(t)$에 관한 아래의 미분방정식을 얻을 수 있다.

$$t\frac{d}{dt}(t\frac{dv}{dt})+(b^2t^2-p^2)v=0 \qquad (2)$$

식 (1)에 $v(t)$를 곱하고 식 (2)에 $u(t)$를 곱한 뒤에 빼면

$$tv\frac{d}{dt}(t\frac{du}{dt})-tu\frac{d}{dt}(t\frac{dv}{dt})+(a^2-b^2)t^2uv=0$$

$$\Rightarrow\ v\frac{d}{dt}(t\frac{du}{dt})-u\frac{d}{dt}(t\frac{dv}{dt})+(a^2-b^2)tuv=0$$

$$\Rightarrow\ \frac{d}{dt}(vt\frac{du}{dt}-ut\frac{dv}{dt})+(a^2-b^2)tuv=0$$

이 된다. 위 식을 다음과 같이 적분하면

$$\int_0^1 \left[ \frac{d}{dt}(vt\frac{du}{dt} - ut\frac{dv}{dt}) + (a^2 - b^2)tuv \right] dt = 0$$

$$\Rightarrow \int_0^1 \left[ \frac{d}{dt}(vt\frac{du}{dt} - ut\frac{dv}{dt}) \right] dt + \int_0^1 (a^2 - b^2)tuvdt = 0$$

$$\Rightarrow \left[ vt\frac{du}{dt} - ut\frac{dv}{dt} \right]_0^1 + (a^2 - b^2)\int_0^1 tuvdt = 0 \tag{3}$$

이 된다. 왼편의 대괄호는

$$v(1)\frac{du}{dt}|_{t=1} - u(1)\frac{dv}{dt}|_{t=1} = J_p(b)\frac{du}{dt}|_{t=1} - J_p(a)\frac{dv}{dt}|_{t=1} = 0$$

$$(\because J_p(a) = J_p(b) = 0)$$

이 되어 식 (3)은 다음과 같이 된다.

$$(a^2 - b^2)\int_0^1 tuvdt = 0$$

여기서 $a \neq b$이므로 위 식은

$$\int_0^1 tuvdt = 0 \Rightarrow \int_0^1 tJ_p(at)J_p(bt)dt = 0$$

이 되어 $t \rightarrow x$을 하면

$$\therefore \int_0^1 xJ_p(ax)J_p(bx)dx = 0 \tag{4}$$

의 관계식을 얻는다.

(ii) $a = b$인 경우에 대해 살펴보자.

식 (1)은 다음과 같이 표현될 수 있다.

$$t^2\frac{d^2u}{dt^2} + t\frac{du}{dt} + (a^2t^2 - p^2)u = 0$$

$$\Rightarrow (2\frac{du}{dt})t^2\frac{d^2u}{dt^2} + t(2\frac{du}{dt})\frac{du}{dt} + (a^2t^2 - p^2)(2\frac{du}{dt})u = 0$$

$$\Rightarrow \ 2t^2(\frac{d^2u}{dt^2})(\frac{du}{dt}) + 2t(\frac{du}{dt})^2 + 2(a^2t^2 - p^2)u(\frac{du}{dt}) = 0$$

$$\Rightarrow \ 2t^2u''u' + 2tu'^2 + 2a^2t^2uu' - 2p^2uu' = 0$$

$$\Rightarrow \ 2tu'^2 + 2t^2u''u' - 2p^2uu' + 2a^2t^2uu' + (2a^2tu^2 - 2a^2tu^2) = 0$$

$$\Rightarrow \ \frac{d}{dt}(t^2u'^2 - p^2u^2 + a^2t^2u^2) - 2a^2tu^2 = 0$$

위 식을 다음과 같이 적분하면

$$\int_0^1 \left[\frac{d}{dt}(t^2u'^2 - p^2u^2 + a^2t^2u^2)\right]dt - 2a^2\int_0^1 tu^2dt = 0$$

$$\Rightarrow \ \left[t^2u'^2 - p^2u^2 + a^2t^2u^2\right]_0^1 - 2a^2\int_0^1 tu^2dt = 0$$

$$\Rightarrow \ (\frac{du}{dt})^2_{t=1} - 2a^2\int_0^1 tu^2dt = 0 \quad (\because \ u(1) = 0 \ \text{그리고} \ u(0) = 0)$$

$$\Rightarrow \ \int_0^1 tu^2dt = \frac{1}{2a^2}(\frac{du}{dt})^2_{t=1}$$

$$\Rightarrow \int_0^1 tJ_p^2(at)dt = \frac{1}{2a^2}(\frac{du}{dt})^2_{t=1} = \frac{1}{2a^2}\left[\frac{dJ_p(at)}{dt}\right]^2_{t=1}$$

이 되어 $t \rightarrow x$을 하면

$$\int_0^1 xJ_p^2(ax)dx = \frac{1}{2a^2}\left[\frac{dJ_p(ax)}{dx}\right]^2_{x=1} \tag{5}$$

의 관계식을 얻는다.

여기서

$$\frac{dJ_p(ax)}{dx} = \frac{p}{x}J_p(ax) - aJ_{p+1}(ax)$$ (24)

인 회귀공식으로부터 식 (5)는 다음과 같이 나타낼 수 있다.

$$\Rightarrow \int_0^1 xJ_p^2(ax)dx = \frac{1}{2a^2}\left[\frac{p}{x}J_p(ax) - aJ_{p+1}(ax)\right]^2_{x=1} = \frac{1}{2a^2}\left[pJ_p(a) - aJ_{p+1}(a)\right]^2$$

---

(24) 증명은 《Guardian for Mathematical Physics》 by H. Park, 216~218쪽을 참고하세요.

$$= \frac{1}{2a^2}[-aJ_{p+1}(a)]^2 = \frac{1}{2}J_{p+1}^2(a) \quad (\because J_p(a) = 0) \tag{6}$$

그러므로 식 (4)와 (6)을 델타함수를 써서 하나의 관계식으로 나타내면 다음과 같다.

$$\int_0^1 xJ_p(ax)J_p(bx)dx = \frac{1}{2}J_{p+1}^2(a)\delta_{ab}$$

## 연습문제

01 식 (3.2.7)에 주어진 전기장으로부터 도체 평면에 유도된 전하밀도를 구하세요.

**풀이**

도체 평면에서의 전기장은 식 (3.2.7)에서 $z=0$을 대입하면 얻을 수 있다.

$$\vec{E} = \frac{q}{4\pi\epsilon_0}\left[\frac{\vec{s}}{(s^2+d^2)^{\frac{3}{2}}} - \frac{\vec{s}}{(s^2+d^2)^{\frac{3}{2}}} - \frac{d\hat{z}}{(s^2+d^2)^{\frac{3}{2}}} - \frac{d\hat{z}}{(s^2+d^2)^{\frac{3}{2}}}\right]$$
$$= -\frac{q}{4\pi\epsilon_0}\frac{2d\hat{z}}{(s^2+d^2)^{\frac{3}{2}}} \tag{1}$$

전기장에 대한 경계조건 식 (2.4.1)의 첫 번째 관계식으로부터

$$E_{\perp}^{위} - E_{\perp}^{아래} = \frac{\sigma}{\epsilon_0} \Rightarrow E_z = \frac{\sigma}{\epsilon_0} \Rightarrow \sigma = \epsilon_0 E_z$$

이 된다.

이 식에 전기장의 식 (1)을 대입하면 면 전하밀도를 다음과 같이 얻는다.

$$\sigma = \epsilon_0\left[-\frac{q}{4\pi\epsilon_0}\frac{2d}{(s^2+d^2)^{\frac{3}{2}}}\right] = -\frac{q}{2\pi}\left[\frac{d}{(s^2+d^2)^{\frac{3}{2}}}\right]$$

이 결과는 전위에 대한 경계조건으로부터 얻은 면 전하밀도와 같은 결과이다.

02 [예제 3.5]에서 반경이 $R$인 접지된 도체 구의 중심으로부터 $x-$축상에서 $a$만큼 떨어진 곳에 점전하 $q$가 놓여 있는 경우에 영상전하의 전하량과 위치를 구한 다음 관측점 $P$에서의 전위를 구했다. 예제에서 얻은 결과로부터 (i) 점전하와 영상전하 사이의 전기력을 구하고 (ii) 이 계의 에너지를 구하세요. (iii) 접지된 도체 구가 없고 점전하 $q$와 영상전하의 전하량과 같은 점전하 $q'$가 거리 $(a-b)$만큼 떨어져 있는 계의 에너지를 구하세요.

**풀이**

(i) 예제에서 구한 영상전하의 전하량[식 (예-3.5.5)]과 위치[식 (예-3.5.4)]를 쿨롱 법칙에 대입하면 다음과 같은 점전하와 영상전하 사이의 전기력을 구할 수 있다.

$$\vec{F} = \frac{1}{4\pi\epsilon_0}\frac{qq'}{(a-b)^2}\hat{x} = \frac{1}{4\pi\epsilon_0}\frac{q(-\frac{R}{a}q)}{(a-\frac{R^2}{a})^2}\hat{x} = -\frac{1}{4\pi\epsilon_0}\frac{aRq^2}{(a^2-R^2)^2}\hat{x}$$

그러므로 전기력은 인력이며 $a \gg R$인 지점에서는 전기력은 구의 중심으로부터 점전하 $q$가 있는 거리인 $a^3$에 반비례한다. 반면에 점전하가 구 표면 가까이 있을 때 즉, $a = R + \alpha$(여기서 $\alpha \ll R$)일 때는 전기력의 크기는

$$F = \frac{1}{4\pi\epsilon_0}\frac{(R+\alpha)Rq^2}{[(R+\alpha)^2 - R^2]^2} = \frac{1}{4\pi\epsilon_0}\frac{(R+\alpha)Rq^2}{(2R\alpha+\alpha^2)^2} \approx \frac{1}{\alpha^2}$$

이 되어 구 표면으로부터 떨어져 있는 거리의 역자승에 비례한다.

(ii) 무한대로부터 $a$ 지점까지 점전하 $q$을 가져오는 데 한 일은

$$W = \int_{\infty}^{a}\vec{F}\cdot d\vec{\ell} = \frac{Rq^2}{4\pi\epsilon_0}\int_{\infty}^{a}\frac{x}{(x^2-R^2)^2}dx$$

이 된다. 여기서 적분을 계산하기 위해 $x^2 - R^2 = t$로 놓으면 $xdx = \frac{1}{2}dt$가 되어 위 식은

$$W = \frac{Rq^2}{4\pi\epsilon_0}\frac{1}{2}\int_{\infty}^{a^2-R^2}\frac{dt}{t^2} = \frac{Rq^2}{8\pi\epsilon_0}\left[-\frac{1}{t}\right]_{\infty}^{a^2-R^2} = -\frac{Rq^2}{8\pi\epsilon_0}\frac{1}{a^2-R^2}$$

이 된다.

(iii) 두 점전하 $q$와 $q'$ 사이의 거리가 $(a-b)$가 되도록 모으는 데 해야 하는 일을 계산해보면

$$\begin{aligned} W &= \frac{1}{2}(q')V_q + \frac{1}{2}(q)V_{q'} = \frac{1}{2}(-\frac{R}{a}q)V_q + \frac{1}{2}qV_{q'} = \frac{1}{2}q(-\frac{R}{a}V_q + V_{q'}) \\ &= \frac{q}{2}\left[(-\frac{R}{a})\left(\frac{q}{4\pi\epsilon_0(a-b)}\right) + \left(\frac{1}{4\pi\epsilon_0(a-b)}\right)(-\frac{R}{a}q)\right] \\ &= -\frac{Rq^2}{4\pi\epsilon_0 a(a-b)} = -\frac{Rq^2}{4\pi\epsilon_0}\frac{1}{a^2-ab} \end{aligned}$$

**03** 접지된 두 도체 평면이 아래와 같이 $z-$축을 다라 만나고 제1사분면의 $(x, y)=(a, b)$에 선 전하밀도가 $\lambda$인 무한히 긴 선전하가 $z-$축을 따라 놓일 때 (i) 전위를 구하고 (ii) 도체 평면에 유도된 전하밀도와 단위 길이당 전하를 구하세요. [예제 3.6]과 차이점은 점전하 대신에 무한히 긴 선전하가 놓여 있는 경우이다.

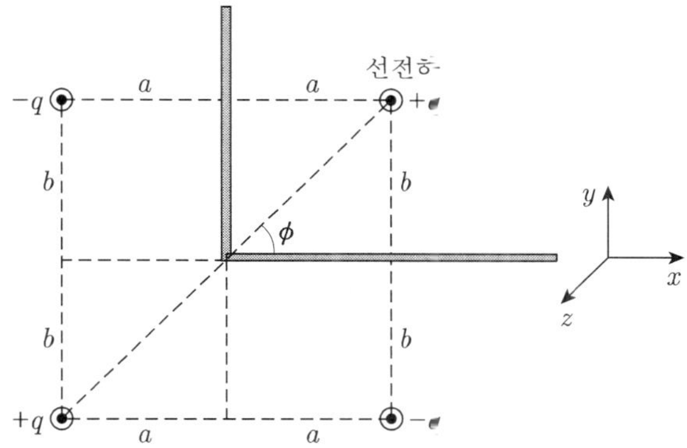


**그림 3.20**

**풀이**

(i) [예제 2.8]에서 선 전하밀도 $\lambda$을 갖는 무한히 긴 선전하로부터 $r$만큼 떨어진 곳에서의 전기장은 $\vec{E}=\frac{\lambda}{2\pi\epsilon_0 r}\hat{r}$임을 구했다. 그러면 전위는

$$V=-\int_{r_0}^{r}\vec{E}\cdot d\vec{r}=-\frac{\lambda}{2\pi\epsilon_0}\int_{r_0}^{r}\frac{dr}{r}=-\frac{\lambda}{2\pi\epsilon_0}\ln r\Big|_{r_0}^{r}$$

$$\Rightarrow V=\frac{\lambda}{2\pi\epsilon_0}\ln\left(\frac{r_0}{r}\right) \tag{1}$$

여기서 $r$은 $z-$축을 따르는 무한히 긴 선전하로부터 관측점까지의 거리이다.
[예제 3.6]과 유사한 영상법을 적용하고 점전하 대신에 전하밀도가 $\lambda$인 무한히 긴 선전하로 대체하고 각 선전하에 의한 전위 식인 식 (1)을 사용하면 각각의 사분면에 있는 4개의 무한히 긴 선전하에 의한 전위는 다음과 같이 표현된다.

$$V(x,y)=\frac{\lambda}{2\pi\epsilon_0}\left[\ln\frac{r_0}{\sqrt{(x-a)^2+(y-b)^2}}-\ln\frac{r_0}{\sqrt{(x+a)^2+(y-b)^2}}\right.$$
$$\left.+\ln\frac{r_0}{\sqrt{(x+a)^2+(y-b)^2}}-\ln\frac{r_0}{\sqrt{(x-a)^2+(y+b)^2}}\right]$$

그러므로 위의 전위에 대한 결과는 $V(0,y)=V(x,0)=0$의 주어진 전위에 관한 경계조건을 만족함을 알 수 있다.

(ii) 도체에 유도된 면 전하밀도를 도체 표면에 수직인 전기장의 성분으로부터 구해보자. 전기장의 수직 성분은 $E_n=-\dfrac{\partial V}{\partial n} \Rightarrow E_x=-\dfrac{\partial V}{\partial x}$이므로

$$
\begin{aligned}
E_x = -\frac{\lambda}{2\pi\epsilon_0}\Bigg[ & \frac{-r_0(x-a)[(x-a)^2+(y-b)^2]^{-\frac{3}{2}}}{r_0[(x-a)^2+(y-b)^2]^{-\frac{1}{2}}} \\
& - \frac{-r_0(x+a)[(x+a)^2+(y-b)^2]^{-\frac{3}{2}}}{r_0[(x+a)^2+(y-b)^2]^{-\frac{1}{2}}} \\
& + \frac{-r_0(x+a)[(x+a)^2+(y+b)^2]^{-\frac{3}{2}}}{r_0[(x+a)^2+(y+b)^2]^{-\frac{1}{2}}} \\
& - \frac{-r_0(x-a)[(x-a)^2+(y+b)^2]^{-\frac{3}{2}}}{r_0[(x-a)^2+(y+b)^2]^{-\frac{1}{2}}}\Bigg] \\
= -\frac{\lambda}{2\pi\epsilon_0}\Bigg[ & -\frac{x-a}{(x-a)^2+(y-b)^2}+\frac{x+a}{(x+a)^2+(y-b)^2} \\
& -\frac{x+a}{(x+a)^2+(y+b)^2}+\frac{x-a}{(x-a)^2+(y+b)^2}\Bigg]
\end{aligned}
$$

그러므로 도체 표면($x=0$, 즉 $yz-$평면)에서의 전기장의 수직 성분은

$$
\begin{aligned}
E_x(x=0) &= -\frac{\lambda}{2\pi\epsilon_0}\left[\frac{a}{a^2+(y-b)^2}+\frac{a}{a^2+(y-b)^2} -\frac{a}{a^2+(y+b)^2}-\frac{a}{a^2+(y+b)^2}\right] \\
&= -\frac{2\lambda a}{2\pi\epsilon_0}\left[\frac{1}{a^2+(y-b)^2}-\frac{1}{a^2+(y+b)^2}\right] \\
&= -\frac{\lambda a}{\pi\epsilon_0}\left[\frac{1}{a^2+(y-b)^2}-\frac{1}{a^2+(y+b)^2}\right]
\end{aligned}
$$

가 된다.

전기장에 대한 경계조건 식 (2.4.1)의 첫 번째 관계식으로부터

$$E_{\perp}^{위} - E_{\perp}^{아래} = \frac{\sigma}{\epsilon_0} \Rightarrow E_x = \frac{\sigma}{\epsilon_0} \Rightarrow \sigma = \epsilon_0 E_x$$

이므로 전하밀도는

$$\begin{aligned}\sigma &= \epsilon_0\left[-\frac{\lambda a}{\pi\epsilon_0}\left\{\frac{1}{a^2+(y-b)^2} - \frac{1}{a^2+(y+b)^2}\right\}\right] \\ &= -\frac{\lambda a}{\pi}\left[\frac{1}{a^2+(y-b)^2} - \frac{1}{a^2+(y+b)^2}\right]\end{aligned}$$

이므로 $yz-$평면에 유도된 단위 길이당 전하는 위 식을 적분하면 된다.

$$q_{x=0} = -\frac{\lambda a}{\pi}\left[\int_0^\infty \frac{dy}{a^2+(y-b)^2} - \int_0^\infty \frac{dy}{a^2+(y+b)^2}\right] \tag{2}$$

첫 번째 적분의 피적분함수에서 $y-b = a\tan\theta$로 놓으면 $dy = a\dfrac{d\theta}{\cos^2\theta}$가 되므로

$$\begin{aligned}\int_0^\infty \frac{dy}{a^2+(y-b)^2} &= \int_{\tan^{-1}(-\frac{b}{a})}^{\frac{\pi}{2}} \left(\frac{\cos^2\theta}{a^2}\right)\left(\frac{a d\theta}{\cos^2\theta}\right) \\ &= \frac{1}{a}\int_{\tan^{-1}(-\frac{b}{a})}^{\frac{\pi}{2}} d\theta = \frac{1}{a}\left[\frac{\pi}{2} - \tan^{-1}\left(-\frac{b}{a}\right)\right]\end{aligned}$$

유사한 방법으로 두 번째 적분 항을 수행하면

$$\int_0^\infty \frac{dy}{a^2+(y+b)^2} = \frac{1}{a}\int_{\tan^{-1}(\frac{b}{a})}^{\frac{\pi}{2}} d\theta = \frac{1}{a}\left[\frac{\pi}{2} - \tan^{-1}\left(\frac{b}{a}\right)\right]$$

이 된다. 이들 결과를 식 (2)에 대입하면 $yz-$평면에 유도된 단위 길이당 전하를 얻을 수 있다.

$$\begin{aligned}q_{x=0} &= -\frac{\lambda a}{\pi}\frac{1}{a}\left[\frac{\pi}{2} - \tan^{-1}\left(-\frac{b}{a}\right) - \frac{\pi}{2} + \tan^{-1}\left(\frac{b}{a}\right)\right] \\ &= -\frac{\lambda a}{\pi}\frac{1}{a}\left[\tan^{-1}\left(\frac{b}{a}\right) + \tan^{-1}\left(\frac{b}{a}\right)\right]\end{aligned}$$

$$\therefore\ q_{x=0} = -2\frac{\lambda}{\pi}\tan^{-1}\left(\frac{b}{a}\right) \tag{3}$$

유사한 방법으로 $y=0$인 $xz-$평면에 유도된 단위 길이당 전하를 구하면 다음과 같다.

$$q_{y=0} = -2\frac{\lambda}{\pi}\tan^{-1}(\frac{a}{b}) \tag{4}$$

식 (3)과 (4)의 결과를 합하면 두 도체 평면에 유도된 단위 길이당 전하를 구할 수 있다.

$$q_{유도} = q_{x=0} + q_{y=0} = -2\frac{\lambda}{\pi}\left[\tan^{-1}(\frac{b}{a}) + \tan^{-1}(\frac{a}{b})\right]$$
$$= -2\frac{\lambda}{\pi}[\phi + (\frac{\pi}{2} - \phi)] = -\lambda$$

여기서 $\tan\phi = \dfrac{b}{a}$이다. 그러므로 유도된 단위 길이당 전하는 기대한 대로 선 전하밀도 $\lambda$와 크기는 같고 부호는 반대이다.

**04** 두 무한 평면 도체 판이 거리 $d$만큼 떨어져 있다. 한 도체 판은 접지되어 있고 다른 도체 판의 전위는 $V_0$이다. 도체 판 사이의 전하밀도가 $\rho = \rho_0\dfrac{x}{d}$로 주어질 때 도체 판 사이에서의 전위와 전기장을 각각 구하고 도체 판 위의 전하밀도를 구하세요.

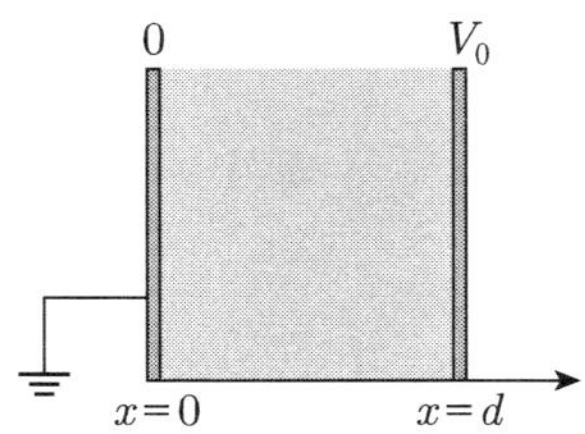


**그림 3.21**

**풀이**

$$\nabla^2 V = -\frac{\rho}{\epsilon_0} = -\frac{\rho_0}{\epsilon_0 d}x \Rightarrow \frac{\partial^2 V}{\partial x^2} = -\frac{\rho_0}{\epsilon_0 d}x$$
$$\Rightarrow \frac{dV}{dx} = -\frac{\rho_0}{2\epsilon_0 d}x^2 + c_1$$

($\because$ 도체 판 사이의 전위는 $y$와 $z$에 무관하고 $x$에만 의존하므로)

$$\Rightarrow V(x) = -\frac{\rho_0}{6\epsilon_0 d}x^3 + c_1 x + c_2 \tag{1}$$

경계조건을 위 식에 적용하면

$$\begin{cases} V(0)=0 \Rightarrow c_2=0 \\ V(d)=V_0 \Rightarrow -\dfrac{\rho_0}{6\epsilon_0}d^2+c_1 d=V_0 \Rightarrow c_1=\dfrac{V_0}{d}+\dfrac{\rho_0}{6\epsilon_0}d \end{cases}$$

가 된다. 이 결과를 식 (1)에 대입하면 전위를 다음과 같이 얻을 수 있다.

$$V(x)=-\frac{\rho_0}{6\epsilon_0 d}x^3+\left(\frac{V_0}{d}+\frac{\rho_0}{6\epsilon_0}d\right)x$$

그때 전기장은

$$\begin{aligned}\vec{E}&=-\vec{\nabla}V=-\hat{x}\frac{d}{dx}\left[-\frac{\rho_0}{6\epsilon_0 d}x^3+\left(\frac{V_0}{d}+\frac{\rho_0}{6\epsilon_0}d\right)x\right]\\ &=-\hat{x}\left[-\frac{\rho_0}{2\epsilon_0 d}x^2+\left(\frac{V_0}{d}+\frac{\rho_0}{6\epsilon_0}d\right)\right]\end{aligned}$$

$$\therefore\ \vec{E}(x)=\hat{x}\left[\frac{\rho_0}{2\epsilon_0 d}x^2-\left(\frac{V_0}{d}+\frac{\rho_0}{6\epsilon_0}d\right)\right] \tag{2}$$

그러면

$$\begin{cases} \vec{E}(0)=-\hat{x}\left(\dfrac{V_0}{d}+\dfrac{\rho_0}{6\epsilon_0}d\right) \\ \vec{E}(d)=\hat{x}\left[\dfrac{\rho_0 d}{2\epsilon_0}-\left(\dfrac{V_0}{d}+\dfrac{\rho_0}{6\epsilon_0}d\right)\right]=\hat{x}\left(\dfrac{\rho_0 d}{3\epsilon_0}-\dfrac{V_0}{d}\right) \end{cases}$$

식 (2.4.1)의 경계조건으로부터

$$E_\perp^{위}-E_\perp^{아래}=\frac{\sigma}{\epsilon_0}\Rightarrow\begin{cases} E_{x=0}^{위}-0=\dfrac{\sigma_{x=0}}{\epsilon_0}\Rightarrow-\left(\dfrac{V_0}{d}+\dfrac{\rho_0}{6\epsilon_0}d\right)=\dfrac{\sigma_{x=0}}{\epsilon_0} \\ E_{x=d}^{위}-0=\dfrac{\sigma_{x=d}}{\epsilon_0}\Rightarrow\left(\dfrac{\rho_0 d}{3\epsilon_0}-\dfrac{V_0}{d}\right)=\dfrac{\sigma_{x=d}}{\epsilon_0} \end{cases}$$

을 얻어서 각 도체 판 위에서의 면 전하밀도는 각각 다음과 같다.

$$\sigma_{x=0}=-\left(\frac{V_0}{d}+\frac{\rho_0}{6\epsilon_0}d\right)\ \text{그리고}\ \sigma_{x=d}=\left(\frac{\rho_0 d}{3\epsilon_0}-\frac{V_0}{d}\right)$$

**05** 한 평판은 접지되어 있고 다른 평판은 일정한 전위 $V_0$인 두 평판이 아래 그림과 같이 놓여 있다. (i) $0 < \phi < \alpha$ 그리고 (ii) $\alpha < \phi < 2\pi$ 영역에서의 전위와 전기장을 각각 구하세요.

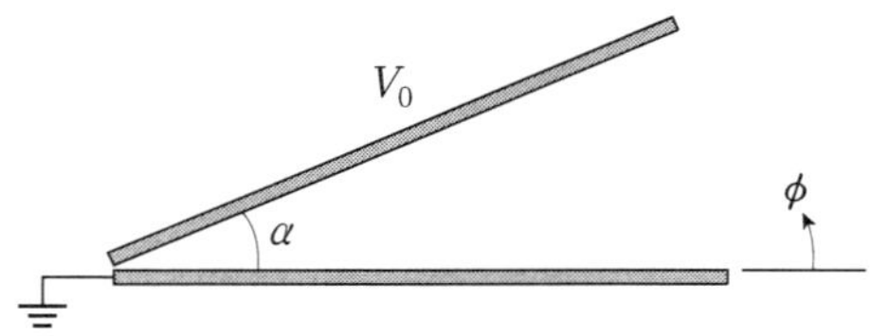


**그림 3.22**

**풀이**

원통 좌표계$(s, \phi, z)$에서 라플라스 방정식은

$$\nabla^2 V = 0 \Rightarrow \frac{1}{s}\left[\frac{\partial}{\partial s}(s\frac{\partial}{\partial s}) + \frac{\partial}{\partial \phi}(\frac{1}{s}\frac{\partial}{\partial \phi}) + \frac{\partial}{\partial z}(s\frac{\partial}{\partial z})\right] V = 0$$

이 된다. 그런데 이 문제의 경우, 전위는 $\phi$만의 함수이기 때문에 $\frac{\partial V}{\partial s} = 0 = \frac{\partial V}{\partial z}$이므로 위 식으로부터 전위를 다음과 같이 구할 수 있다.

$$\frac{1}{s}\frac{\partial}{\partial \phi}(s\frac{\partial}{\partial \phi})V = 0 \Rightarrow \frac{d^2 V}{d\phi^2} = 0 \Rightarrow \frac{dV}{d\phi} = c_1$$

$$\therefore V(\phi) = c_1\phi + c_2, \text{ 여기서 } c_1\text{과 } c_2\text{은 상수이다.}$$

(i) $0 < \phi < \alpha$ 영역에서

경계조건으로부터 다음의 결과를 얻는다.

$$\begin{cases} V(0) = 0 \\ V(\alpha) = V_0 \end{cases} \Rightarrow c_1 = \frac{V_0}{\alpha},\ c_2 = 0$$

$$\therefore V(\phi) = \frac{V_0}{\alpha}\phi$$

그리고 전기장은 다음과 같이 구할 수 있다.

$$\vec{E} = -\vec{\nabla} V = -(\hat{s}\frac{\partial V}{\partial s} + \hat{\phi}\frac{1}{s}\frac{\partial V}{\partial \phi} + \hat{z}\frac{\partial V}{\partial z})$$

여기서 전위는 $\phi$만의 함수이기 때문에 $\dfrac{\partial V}{\partial s}=0=\dfrac{\partial V}{\partial z}$이 되어 위 식은

$$\vec{E}=-\hat{\phi}\frac{1}{s}\frac{dV}{d\phi}=-\hat{\phi}\frac{1}{s}\frac{V_0}{\alpha}$$

인 전기장을 준다.

전위는 $\phi$에만 의존하는 반면에 전기장은 $s$에간 의존한다. 등전위면이 $\phi$ 각에 따라 주어질 때 등전위면을 수직하게 교차하는 전기선속을 생각할 수 있다. 이때 두 평판이 만나는 지점에 가까울수록 전기선속은 밀도가 높고 멀어질수록 밀도가 낮다. 전기장은 전위가 $V_0$인 위 평판에서 접지된 아래 평판으로 향하기 때문에 전기장의 방향은 $-\hat{\phi}$이다.

(ii) $\alpha<\phi<2\pi$ 영역에서

경계조건으로부터 전위에 대해 다음의 결과를 얻는다.

$$\begin{cases} V(\alpha)=V_0 \\ V(2\pi)=0 \end{cases} \Rightarrow c_1=\frac{V_0}{\alpha-2\pi},\ c_2=\frac{-2\pi V_0}{\alpha-2\pi}$$

$$\therefore\ V(\phi)=\frac{V_0}{\alpha-2\pi}\phi-\frac{2\pi V_0}{\alpha-2\pi}$$

그리고 전기장은 다음과 같다.

$$\vec{E}=-\hat{\phi}\frac{1}{s}\frac{dV}{d\phi}=-\hat{\phi}\frac{1}{s}\frac{V_0}{\alpha-2\pi}=\hat{\phi}\frac{1}{s}\frac{V_0}{2\pi-\alpha}$$

**06** 반경 $R$인 속이 빈 구 표면에서의 전위가 $V_0(\theta)=V_0\cos^2\theta$일 때 (i) 구 안 그리고 (ii) 구 바깥에서의 전위를 각각 구하세요.

**풀이**

이 문제는 주어진 표면에서의 전위 외에는 [예제 3.13]과 같은 문제이다. 그러므로 (i) 구 안에서의 전위는 다음과 같이 표현된다.

$$V(r,\theta)=\sum_{\ell=0}^{\infty}A_\ell r^\ell P_\ell(\cos\theta) \tag{1}$$

르장드르 다항식을 간단히 표현하기 위해 $\cos\theta=x$로 놓으면 경계조건인 구 표면에서

의 전위는 $V_0(\theta) = V_0\cos^2\theta = V_0x^2$이 된다. 이때 식 (1)에 경계조건을 적용하면

$$V_0x^2 = \sum_{\ell=0}^{\infty} A_\ell R^\ell P_\ell(x) \tag{2}$$

이 된다. 위 식에 르장드르 다항식의 직교성 관계식을 적용하면

$$\Rightarrow\ V_0\int_{-1}^{1} x^2 P_{\ell'}(x)dx = \sum_{\ell=0}^{\infty} A_\ell R^\ell \int_{-1}^{1} P_{\ell'}(x)P_\ell(x)dx = \sum_{\ell=0}^{\infty} A_\ell R^\ell \frac{2}{2\ell+1}\delta_{\ell\ell'}$$

$$\Rightarrow\ V_0\int_{-1}^{1} x^2 P_\ell(x)dx = A_\ell R^\ell \frac{2}{2\ell+1} \tag{3}$$

을 얻는다. 여기서 $x^2$을 르장드르 다항식 $P_\ell(x)$로 다음과 같이 표현할 수 있다.

$$P_2(x) = \frac{1}{2}(3x^2-1)\ \Rightarrow\ x^2 = \frac{2}{3}P_2(x) + \frac{1}{3} = \frac{2}{3}P_2(x) + \frac{1}{3}P_0(x)$$

그러면 식 (3)의 왼편의 적분은 다음과 같이 표현된다.

$$\begin{aligned} V_0\int_{-1}^{1} x^2 P_\ell(x)dx &= V_0\int_{-1}^{1}\left[\frac{2}{3}P_2(x) + \frac{1}{3}P_0(x)\right]P_\ell(x)dx \\ &= \frac{2}{3}V_0\int_{-1}^{1} P_2(x)P_\ell(x)dx + \frac{1}{3}V_0\int_{-1}^{1} P_0(x)P_\ell(x)dx \\ &= \frac{2V_0}{3}\left(\frac{2}{2\ell+1}\delta_{2\ell}\right) + \frac{V_0}{3}\left(\frac{2}{2\ell+1}\delta_{0\ell}\right) \end{aligned}$$

이 결과를 식 (3)에 대입하면

$$\frac{2V_0}{3}\left(\frac{2}{2\ell+1}\delta_{2\ell}\right) + \frac{V_0}{3}\left(\frac{2}{2\ell+1}\delta_{0\ell}\right) = A_\ell R^\ell \frac{2}{2\ell+1}$$

$$\Rightarrow\ \frac{2V_0}{3} = A_2R^2\ \Rightarrow\ \therefore\ A_2 = \frac{2V_0}{3R^2}$$

그리고

$$\frac{V_0}{3} = A_0\ \Rightarrow\ \therefore\ A_0 = \frac{V_0}{3}$$

을 얻는다. 이들 결과를 식 (1)에 대입하면 다음과 같이 전위를 얻을 수 있다.

$$V = A_0 r^0 P_0(x) + A_2 r^2 P_2(x) = \frac{V_0}{3} + (\frac{2V_0}{3R^2}) r^2 \left[\frac{1}{2}(3x^2-1)\right]$$
$$= \frac{V_0}{3} + \frac{V_0 r^2}{3R^2}(3x^2-1)$$

$$\therefore\ V(r,\theta) = \frac{V_0}{3} + \frac{V_0 r^2}{3R^2}(3\cos^2\theta - 1) = \frac{V_0}{3}\left[1 + \frac{r^2}{R^2}(3\cos^2\theta - 1)\right]$$

(ii) 그리고 구 바깥에서의 전위는 다음과 같이 표현된다.

$$V(r,\theta) = \sum_{\ell=0}^{\infty} \frac{B_\ell}{r^{\ell+1}} P_\ell(\cos\theta) \tag{4}$$

경계조건인 구 표면에서의 전위 $V_0(\theta) = V_0 x^2$을 위 식에 요구한 뒤에 르장드르 다항식의 직교성 관계식을 적용하면

$$V_0 x^2 = \sum_{\ell=0}^{\infty} \frac{B_\ell}{R^{\ell+1}} P_\ell(\cos\theta) \tag{5}$$
$$\Rightarrow\ V_0 \int_{-1}^{1} x^2 P_{\ell'}(x)dx = \sum_{\ell=0}^{\infty} \frac{B_\ell}{R^{\ell+1}} \int_{-1}^{1} P_{\ell'}(x) P_\ell(x)dx = \sum_{\ell=0}^{\infty} \frac{B_\ell}{R^{\ell+1}} \frac{2}{2\ell+1}\delta_{\ell\ell'}$$
$$\Rightarrow\ V_0 \int_{-1}^{1} x^2 P_\ell(x)dx = \frac{B_\ell}{R^{\ell+1}} \frac{2}{2\ell+1} \tag{6}$$

(i)에서 계산한 것과 같이 위 식의 왼편 적분은

$$V_0 \int_{-1}^{1} x^2 P_\ell(x)dx = \frac{2V_0}{3}\left(\frac{2}{2\ell-1}\delta_{2\ell}\right) + \frac{V_0}{3}\left(\frac{2}{2\ell+1}\delta_{0\ell}\right)$$

이 되어 이를 식 (6)에 대입하면

$$\frac{2V_0}{3}\left(\frac{2}{2\ell+1}\delta_{2\ell}\right) + \frac{V_0}{3}\left(\frac{2}{2\ell+1}\delta_{0\ell}\right) = \frac{B_\ell}{R^{\ell+1}} \frac{2}{2\ell+1}$$
$$\Rightarrow\ \frac{2V_0}{3} = \frac{B_2}{R^3}\ \Rightarrow\ \therefore\ B_2 = \frac{2V_0}{3}R^3$$

그리고

$$\frac{V_0}{3} = \frac{B_0}{R}\ \Rightarrow\ \therefore\ B_0 = \frac{V_0}{3}R$$

을 얻는다. 이들 결과를 식 (4)에 대입하면 다음과 같이 전위를 얻을 수 있다.

$$V = \frac{B_0}{r^1}P_0(\cos\theta) + \frac{B_2}{r^3}P_2(\cos\theta) = \frac{V_0}{3r}R + (\frac{2V_0}{3r^3})R^3\left[\frac{1}{2}(3x^2-1)\right]$$

$$= \frac{V_0}{3r}R + \frac{V_0}{3r^3}R^3(3x^2-1)$$

$$\therefore\ V(r,\theta) = \frac{V_0R}{3r}\left[1 + \frac{R^2}{r^2}(3\cos^2\theta - 1)\right]$$

**07** 속이 비어있는 반구의 전위가 각각 $V_1(a,\theta)=0$, $V_2(b,\theta)= V_0(5\cos^3\theta - 3\cos\theta)$ 그리고 $V_3(r,\frac{\pi}{2})=0$인 경우에 $b<r<a$에서의 전위와 전기장을 각각 구하세요.

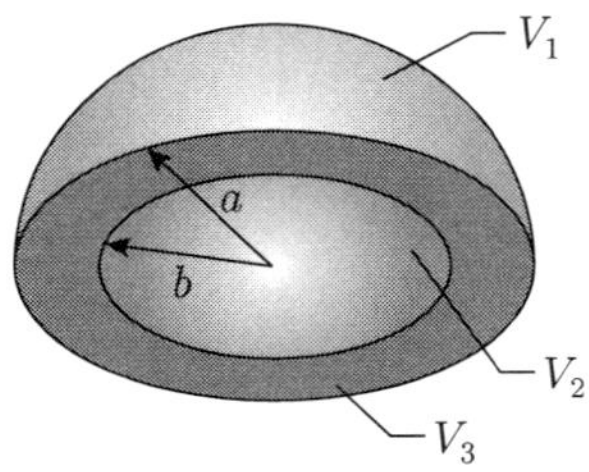


**그림 3.23**

**풀이**

구면 좌표계에서 방위각에 무관한 전위에 대한 일반식은 식 (3.3.14)이다.

$$V(r,\theta) = \sum_{\ell=0}^{\infty}(A_\ell r^\ell + \frac{B_\ell}{r^{\ell+1}})P_\ell(\cos\theta) \tag{1}$$

위 식에 경계조건을 적용하면 다음과 같은 관계식을 얻는다.

$$\begin{cases} V_1(a,\theta) = 0 \Rightarrow \sum_{\ell=0}^{\infty}(A_\ell a^\ell + \frac{B_\ell}{a^{\ell+1}})P_\ell(\cos\theta) = 0 \\ V_2(b,\theta) = V_0(5\cos^3\theta - 3\cos\theta) \\ \Rightarrow \sum_{\ell=0}^{\infty}(A_\ell b^\ell + \frac{B_\ell}{b^{\ell+1}})P_\ell(\cos\theta) = V_0(5\cos^3\theta - 3\cos\theta) \\ V_3(r,\frac{\pi}{2}) = 0 \Rightarrow \sum_{\ell=0}^{\infty}(A_\ell r^\ell + \frac{B_\ell}{r^{\ell+1}})P_\ell(0) = 0 \end{cases}$$

$$\Rightarrow \begin{cases} A_\ell a^\ell + \dfrac{B_\ell}{a^{\ell+1}} = 0 \\ \displaystyle\sum_{\ell=0}^{\infty} (A_\ell b^\ell + \frac{B_\ell}{b^{\ell+1}}) P_\ell(\cos\theta) = 2V_0 P_3(\cos\theta) \\ \displaystyle\sum_{\ell=0}^{\infty} (A_\ell r^\ell + \frac{B_\ell}{r^{\ell+1}}) P_\ell(0) = 0 \end{cases} \tag{2}$$

식 (2)의 두 번째 관계식으로부터 $\ell = 3$을 얻는다. $P_\ell(0)$은 $\ell$이 홀수일때 0이므로 세 번째 관계식을 만족한다. 이때 식 (2)의 첫 번째와 두 번째 관계식은

$$\begin{cases} A_3 a^3 + \dfrac{B_3}{a^4} = 0 \\ A_3 b^3 + \dfrac{B_3}{b^4} = 2V_0 \end{cases} \Rightarrow \begin{cases} A_3 = -\dfrac{2V_0/a^4}{(a^3/b^4 - b^3/a^4)} \\ B_3 = -\dfrac{2V_0 a^3}{(b^3/a^4 - a^3/b^4)} \end{cases} \Rightarrow \begin{cases} A_3 = \dfrac{2V_0 b^4}{b^7 - a^7} \\ B_3 = \dfrac{2V_0 a^7 b^4}{a^7 - b^7} \end{cases}$$

이 결과를 식 (1)에 대입하면 다음과 같이 전위를 얻을 수 있다.

$$\begin{aligned} V(r,\theta) &= (A_3 r^3 + \frac{B_3}{r^4}) P_3(\cos\theta) \\ &= \left(\frac{2V_0 b^4}{b^7 - a^7} r^3 + \frac{2V_0 a^7 b^4}{a^7 - b^7}\frac{1}{r^4}\right)\left[\frac{1}{2}(5\cos^3\theta - 3\cos\theta)\right] \end{aligned} \tag{3}$$

그때 전기장은

$$\begin{aligned} \vec{E} &= -\vec{\nabla} V = -(\hat{r}\frac{\partial V}{\partial r} + \hat{\theta}\frac{1}{r}\frac{\partial V}{\partial \theta} - \hat{\phi}\frac{1}{r\sin\theta}\frac{\partial V}{\partial \phi}) \\ &= -\hat{r}\left(\frac{6V_0 b^4}{b^7 - a^7} r^2 - \frac{8V_0 a^7 b^4}{a^7 - b^7}\frac{1}{r^5}\right)\left[\frac{1}{2}(5\cos^3\theta - 3\cos\theta)\right] \\ &\quad - \hat{\theta}\frac{1}{r}\left(\frac{2V_0 b^4}{b^7 - a^7} r^3 + \frac{2V_0 a^7 b^4}{a^7 - b^7}\frac{1}{r^4}\right)\left[\frac{1}{2}(-15\cos^2\theta\sin\theta + 3\sin\theta)\right] \\ &= -\hat{r}\left(\frac{6V_0 b^4}{b^7 - a^7} r^2 - \frac{8V_0 a^7 b^4}{a^7 - b^7}\frac{1}{r^5}\right)\left[\frac{1}{2}(5\cos^3\theta - 3\cos\theta)\right] \\ &\quad - \hat{\theta}\left(\frac{2V_0 b^4}{b^7 - a^7} r^2 + \frac{2V_0 a^7 b^4}{a^7 - b^7}\frac{1}{r^5}\right)\left[\frac{1}{2}(-15\cos^2\theta\sin\theta + 3\sin\theta)\right] \end{aligned}$$

**08** 반경 $R$이고 길이가 $L$인 원통이 있다. 원통의 위 뚜껑의 전위가 $V_0$이고 그 외의 모든 면의 전위는 0인 경우 원통 내부의 전위를 정성적으로 구하세요.

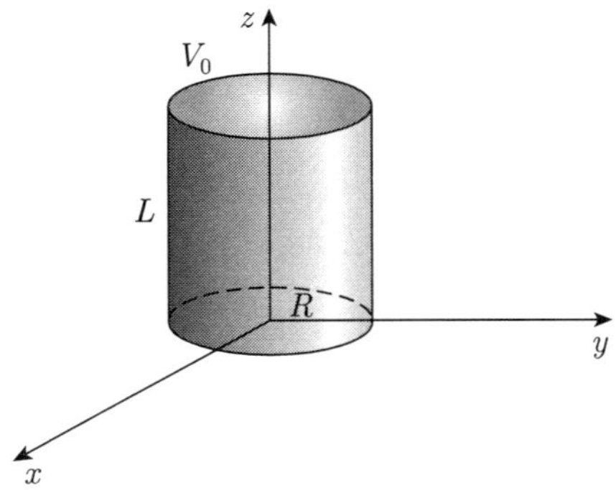


**그림 3.24**

**풀이**

전위에 대한 일반식인 식 (3.3.18)은

$$V(s,\phi,z) = \sum_{m,k}[B_1 J_m(ks) + B_2 N_m(ks)](A_1 \sinh kz + A_2 \cosh kz)e^{im\phi}$$

이다. 여기서 $m$은 정수이고 노이만 함수는 $s=0$에서 발산하기 때문에[25] 解로 취하지 않는다. 그리고 $z=0$에서 전위가 0인 경계조건으로부터 $\cosh kz$도 解가 될 수 없다. 그러면 전위는 다음과 같이 표현된다.

$$V(s,\phi,z) = \sum_{m,k} B_1 J_m(ks) A_1 (\sinh kz) e^{im\phi}$$

원통 내부의 전위는 방위각에 무관하므로 $m=0$으로 놓을 수 있어서

$$V(s,z) = \sum_k B_1 J_0(ks) A_1 \sinh kz = \sum_k C J_0(ks) \sinh kz \tag{1}$$

(여기서 $C = B_1 A_1$인 상수이다.)

로 표현되는데 원통의 옆면의 전위가 0인 경계조건으로부터

$$V(R,z) = 0 \Rightarrow \sum_k C J_0(kR) \sinh kz = 0$$

(25) 《Guardian for Mathematical Physics》 by H. Park, 230쪽을 참고하세요.

가 된다.

$$\therefore\ J_0(kR)=0$$

그러므로 차수 0의 베셀 함수가 $k$을 결정한다.

아직 결정하지 못한 식 (1)의 $C$은 경계조건 $V(s,L)=V_0$로부터 다음과 같이 구할 수 있다.

$$V(s,L)=\sum_k CJ_0(ks)\sinh kL=V_0$$

$$\Rightarrow\ V_0=\sum_k CJ_0(ks)\sinh kL \tag{2}$$

베셀 함수의 직교성 관계식(26)

$$\int_0^1 xJ_p(ax)J_p(bx)dx=\frac{1}{2}J_{p+1}^2(a)\delta_{ab}$$

에서 $x=\dfrac{s}{R}$로 놓으면 적분 구간은 0에서 $R$이 되므로 위 식은

$$\int_0^R \frac{s}{R}J_p(a\frac{s}{R})J_p(b\frac{s}{R})\frac{ds}{R}=\frac{1}{2}J_{p+1}^2(a)\delta_{ab}$$

$$\Rightarrow\ \int_0^R sJ_p(a\frac{s}{R})J_p(b\frac{s}{R})ds=\frac{R^2}{2}J_{p+1}^2(a)\delta_{ab}$$

이 된다.

식 (2)로부터

$$V_0\int_0^R sJ_0(k's)ds=\sum_k C(\sinh kL)\int_0^R sJ_0(k's)J_0(ks)ds$$

$$=\sum_k C(\sinh kL)\left[\frac{R^2}{2}J_1^2(k'R)\delta_{k'k}\right]$$

($\because$ 베셀 함수의 직교성 관계식으로부터)

$$\Rightarrow\ V_0\int_0^R sJ_0(ks)ds=C(\sinh kL)\left[\frac{R^2}{2}J_1^2(kR)\right]$$

(26) 증명은 [보충자료-1]을 참고하세요.

$$\therefore \;\; C = \frac{2V_0}{R^2(\sinh kL) J_1^2(kR)} \int_0^R s J_0(ks) ds \tag{3}$$

그러므로 전위는 식 (1)로부터 다음과 같다.

$$V(s, z) = \sum_k C J_0(ks) \sinh kz$$

여기서 $k$은 $J_0(kR) = 0$을 만족하며 $C$는 식 (3)으로 주어진다.

CHAPTER 4

# 유전체에서의 전기학

앞장에서는 진공과 도체에서의 정전기학에 대해 배웠고 이 장에서는 전기적으로 절연체인 유전체에서의 정전기학에 대해 알아본다.

## 4.1 편극(polarization)

유전체는 내부의 전자들이 도체의 자유전자들처럼 자유롭게 이동할 수는 없지만 외부 전기장에 의해 전자들의 위치가 변할 수 있다.

전하적으로 중성인 원자가 매우 큰 외부 전기장에 놓이게 되면 전자를 잃거나 받아들이는 이온화(전리현상)가 일어난다. 반면에 전리현상이 일어날 만큼의 큰 전기장이 아닌 경우에는 한 방향으로 양전하가 그리고 다른 방향으로 음전하가 이동하여 원자가 편극되게 함으로써 원자가 작은 쌍극자 모멘트를 갖게 한다.

이를 정량적으로 살펴보면 다음과 같다. 아래 그림 (a)와 같이 전하적으로 중성인 원자는 $+q$의 전하량을 갖는 원자핵과 원자핵의 중심으로브터 $a$만큼 떨어져 원운동하는 전하량이

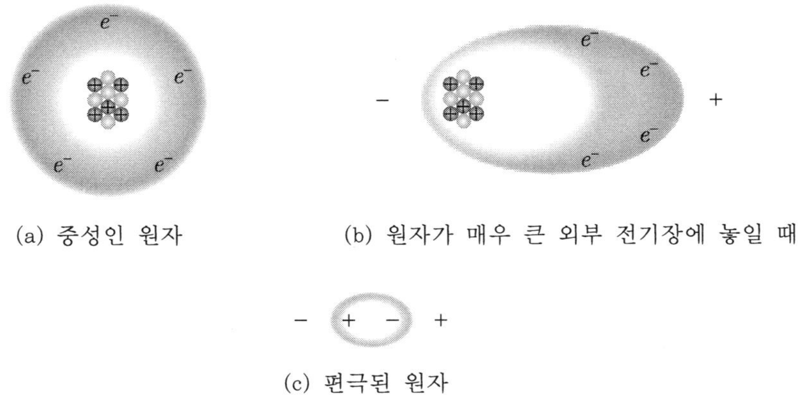


**그림 4.1**

$-q$인 전자운(electron cloud)으로 이루어져 있다. 그림 (b)와 같이 원자가 외부 전기장 $\vec{E}$에 놓이게 되면 전기력 $\vec{F}=q\vec{E}$에 의해 원자핵은 전기장의 방향으로, 전자는 전기장과 반대 방향의 힘을 받게 된다. 이로 인해 생기는 전기장에 의해 원자핵에 작용하는 힘이 외부 전기장에 의해 원자핵에 작용하는 힘과 같아질 때까지 원자핵은 전기력에 의해 외부 전기장 방향으로 움직일 것이다.

평형상태에서 구의 중심으로부터 원자핵이 떨어져 있는 거리가 $d$라고 하자.

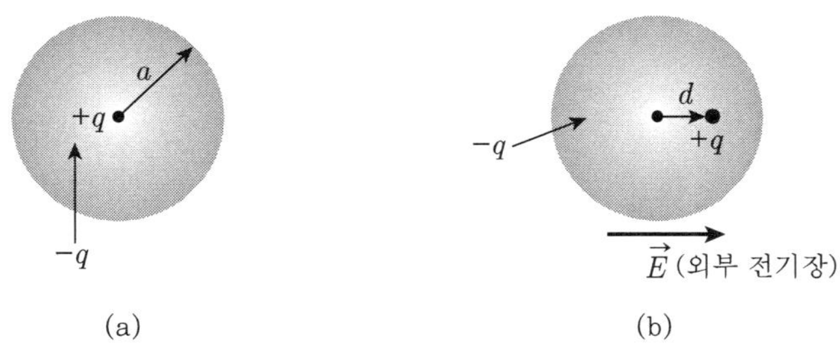


**그림 4.2**

구의 중심에서 $r$만큼 떨어져 있는 원자 내부에서의 전기장은 가우스 법칙을 사용해서 구해보면 다음과 같다.

$$\oint \vec{E}\cdot d\vec{A}=\frac{q_{\text{알짜}}}{\epsilon_0} \Rightarrow E_{\text{내부}}(4\pi r^2)=\frac{1}{\epsilon_0}\left(\frac{r^3}{a^3}q\right) \Rightarrow \therefore E_{\text{내부}}(r)=\frac{q}{4\pi\epsilon_0}\frac{r}{a^3}$$

이때 구의 중심으로부터 $d$만큼 떨어져 있는 곳에 있는 원자핵에 내부 전기장이 작용하는 힘은

$$F = +qE_{내부}(d) = q\left(\frac{q}{4\pi\epsilon_0}\frac{d}{a^3}\right) = \frac{q^2}{4\pi\epsilon_0}\frac{d}{a^3}$$

이다. 이 힘이 외부 전기장 $\vec{E}$에 의해 원자핵에 작용하는 힘 $F_{외부}$와 같으므로 다음과 같은 관계식을 통해 평형 위치 $d$를 구할 수 있다.

$$F_{외부} = \frac{q^2}{4\pi\epsilon_0}\frac{d}{a^3} \Rightarrow +qE = \frac{q^2}{4\pi\epsilon_0}\frac{d}{a^3}$$

$$\therefore\ d = 4\pi\epsilon_0 a^3 \frac{E}{q} \tag{4.1.1}$$

전기 쌍극자 모멘트는 음전하로부터 양전하를 가리키는 방향이므로 외부 전기장에 의해 유도된 전기 쌍극자 모멘트 $\vec{p}$은 외부 전기장 $\vec{E}$와 같은 방향을 갖는다.

$$\vec{p} = q\vec{d} = q\left(4\pi\epsilon_0 a^3 \frac{\vec{E}}{q}\right) = 4\pi\epsilon_0 a^3 \vec{E}$$

$$\therefore\ \vec{p} = \alpha\vec{E} \tag{4.1.2}$$

여기서

$$\alpha = 4\pi\epsilon_0 a^3 \tag{4.1.3}$$

로 놓았다. 비례상수인 $\alpha$는 유전체의 원자구조에 종속하는 **원자 편극성**(atomic polarizability)이다.

**예제 4.1**

양자역학적으로 바닥상태에 있는 수소원자의 전자운의 전자밀도를 다음과 같이 표현할 수 있다.

$$\rho(r) = \frac{q}{\pi a_0^3} e^{-\frac{2r}{a_0}},\ \text{여기서 } a_0\text{은 보어 반경이다.}$$

수소원자가 외부 전기장 $\vec{E}_{외부}$에 놓일 때 수소원자 편극성 $\alpha$를 구하세요.

**풀이**

구 중심에서 $r$만큼 떨어져 있는 원자 내부에서의 전기장을 가우스 법칙을 사용해서 구해보면

$$\oint \vec{E}\cdot d\vec{A} = \frac{q_{알짜}}{\epsilon_0} \Rightarrow E(4\pi r^2) = \frac{1}{\epsilon_0}\int_0^r \rho(r)dv \Rightarrow E = \frac{1}{4\pi\epsilon_0 r^2}\int_0^r \rho(r)dv$$

$$\Rightarrow E = \frac{1}{4\pi\epsilon_0 r^2}\frac{q}{\pi a_0^3}\int_0^r dr\int_0^\pi d\theta\int_0^{2\pi} d\phi\, e^{-\frac{2r}{a_0}} r^2\sin\theta$$

$$= \frac{1}{4\pi\epsilon_0 r^2}\frac{q}{\pi a_0^3}4\pi\int_0^r e^{-\frac{2r}{a_0}} r^2 dr = \frac{q}{\pi\epsilon_0 r^2 a_0^3}\int_0^r e^{-\frac{2r}{a_0}} r^2 dr \qquad (예-4.1.1)$$

위 식의 오른편 적분은 부분적분 방법으로 다음과 같이 계산될 수 있다.

$$\int_0^r e^{-\frac{2r}{a_0}} r^2 dr = \int_0^r (-\frac{a_0}{2}e^{-\frac{2r}{a_0}})' r^2 dr = \left[-\frac{a_0}{2}r^2 e^{-\frac{2r}{a_0}}\right]_0^r + a_0\int_0^r e^{-\frac{2r}{a_0}} r dr$$

$$= -\frac{a_0}{2}r^2 e^{-\frac{2r}{a_0}} + a_0\int_0^r (-\frac{a_0}{2}e^{-\frac{2r}{a_0}})' r dr$$

$$= -\frac{a_0}{2}r^2 e^{-\frac{2r}{a_0}} - \frac{a_0^2}{2}\int_0^r (e^{-\frac{2r}{a_0}})' r dr$$

$$= -\frac{a_0}{2}r^2 e^{-\frac{2r}{a_0}} - \frac{a_0^2}{2}\left[r e^{-\frac{2r}{a_0}}\Big|_0^r - \int_0^r e^{-\frac{2r}{a_0}} dr\right]$$

$$= -\frac{a_0}{2}r^2 e^{-\frac{2r}{a_0}} - \frac{a_0^2 r}{2}e^{-\frac{2r}{a_0}} + \frac{a_0^2}{2}(-\frac{a_0}{2})\left[e^{-\frac{2r}{a_0}}\right]_0^r$$

$$= -\frac{a_0}{2}r^2 e^{-\frac{2r}{a_0}} - \frac{a_0^2 r}{2}e^{-\frac{2r}{a_0}} - \frac{a_0^3}{4}e^{-\frac{2r}{a_0}} + \frac{a_0^3}{4}$$

$$= \frac{a_0^3}{4}\left[1 - e^{-\frac{2r}{a_0}}(1 + 2\frac{r^2}{a_0^2} + 2\frac{r}{a_0})\right]$$

이 결과를 식 (예-4.1.1)에 대입하면

$$E(r) = \frac{q}{\pi\epsilon_0 r^2 a_0^3}\frac{a_0^3}{4}\left[1 - e^{-\frac{2r}{a_0}}(1 + 2\frac{r^2}{a_0^2} + 2\frac{r}{a_0})\right] = \frac{q}{4\pi\epsilon_0 r^2}\left[1 - e^{-\frac{2r}{a_0}}(1 + 2\frac{r^2}{a_0^2} + 2\frac{r}{a_0})\right]$$

구 중심에서 $d$만큼 떨어져 있는 곳에 있는 원자핵에 전기장이 작용하는 힘은 $F = +qE(d)$이므로 위 식에 $r \to d$을 하면

$$E(d) = \frac{q}{4\pi\epsilon_0 d^2}\left[1 - e^{-\frac{2d}{a_0}}(1 + 2\frac{d^2}{a_0^2} + 2\frac{d}{a_0})\right] \qquad (예-4.1.2)$$

외부 전기장에 의한 원자핵의 이동 거리인 $d$은 $a_0$에 비해 매우 작다고 볼 수 있기 때문에 위 식에서 $e^{-\frac{2d}{a_0}} = 1 - \frac{2d}{a_0} + \frac{1}{2!}(-\frac{2d}{a_0})^2 + \frac{1}{3}!(-\frac{2d}{a_0})^3 + \cdots$로 나타낼 수 있다. 따라서 이를 식 (예-4.1.2)에 대입하면

$$E(d) \approx \frac{q}{4\pi\epsilon_0 d^2}\left[1-(1-\frac{2d}{a_0}+2\frac{d^2}{a_0^2}-\frac{4}{3}\frac{d^3}{a_0^3})(1+2\frac{d^2}{a_0^2}+2\frac{d}{a_0})\right]$$

$$\approx \frac{q}{4\pi\epsilon_0 d^2}(\frac{4}{3}\frac{d^3}{a_0^3}) = \frac{qd}{3\pi\epsilon_0 a_0^3}$$

이 전기장에 의해 원자핵에 작용한 힘이 외부 전기장에 의해 원자핵에 작용한 힘과 같을 때 원자핵은 평형상태에 있게 된다. 즉, 크기는 같고 방향이 반대인 힘이 작용한다.

$$F_{외부} = \frac{q^2 d}{3\pi\epsilon_0 a_0^3} \Rightarrow +qE_{외부} = \frac{q^2 d}{3\pi\epsilon_0 a_0^3} = q\frac{p}{3\pi\epsilon_0 a_0^3},$$

여기서 $p$는 전기 쌍극자 모멘트

$$\Rightarrow E_{외부} = \frac{p}{3\pi\epsilon_0 a_0^3} \Rightarrow p = 3\pi\epsilon_0 a_0^3 E_{외부}$$

$$\therefore \alpha = 3\pi\epsilon_0 a_0^3 \qquad (예-4.1.3)$$

그러므로 대략적인 원자모델로부터 구한 원자 편극성의 결과인 식 (4.1.3)은 보다 정확한 전자운의 전자밀도로부터 구한 결과인 식 (예-4.1.2)와 정성적으로 잘 일치한다.

전하적으로 중성인 원자는 쌍극자 모멘트를 갖고 있지 않지만 외부 전기장에 의해 유도되는 쌍극자 모멘트를 갖는다는 것을 배웠다. 반면에 그림 4.3의 물($H_2O$), 염화수소(HCl), 암모니아($NH_3$)와 같은 **극성 분자**(polar molecule)는 양전하와 음전하의 중심이 떨어져 있어 영구 쌍극자 모멘트를 갖는다.

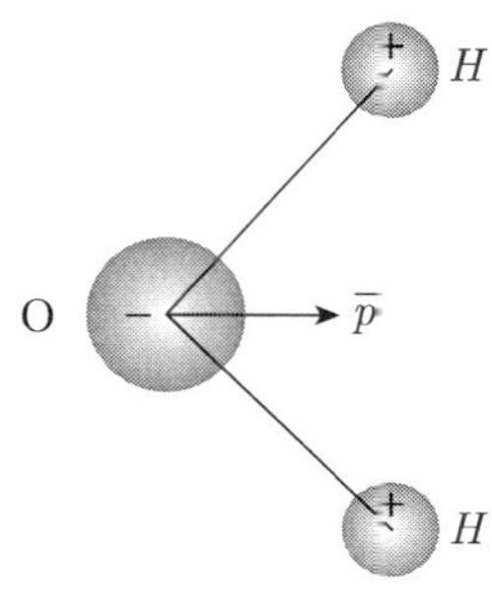


**그림 4.3**

극성 분자가 균일한 외부 전기장에 놓이면 전기장은 원자를 편극시킬 뿐만 아니라 유전체의 분자를 외부 전기장의 방향과 같은 방향이 되도록 회전하게 한다[27].

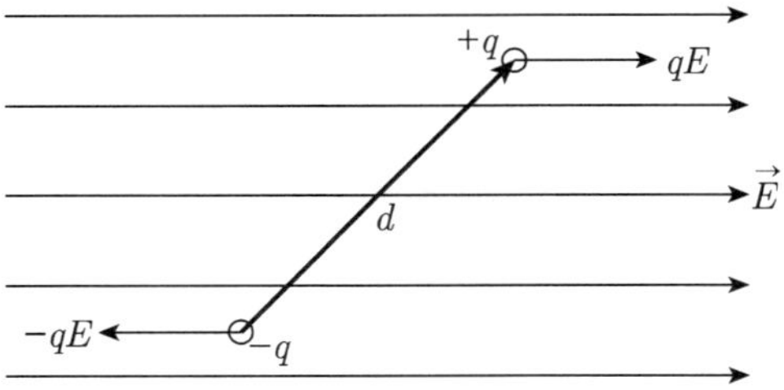


**그림 4.4**

외부 전기장이 없을 때에는 물 분자의 영구 쌍극자 모멘트가 임의의 방향으로 향하기 때문에 평균적으로 쌍극자 모멘트는 0이다. 그러나 물이 외부 전기장 $\vec{E}$에 놓이게 되면 물 분자의 쌍극자 모멘트는 외부 전기장 방향과 나란해지도록 하는 **토크**(torque) $\vec{\tau}$가 물 분자에 작용한다.

$\vec{r}_1$은 쌍극자 중심에서 $+q$까지의 거리벡터 그리고 $\vec{r}_2$는 쌍극자 중심에서 $-q$까지의 거리벡터라고 할 때, 쌍극자 중심에 관한 토크 $\vec{\tau}$은 다음과 같이 쌍극자 모멘트 $\vec{p}$와 전기장 $\vec{E}$의 벡터 곱으로 표현된다.

$$\vec{\tau} = (\vec{r}_1 \times \vec{F}_1) + (\vec{r}_2 \times \vec{F}_2) = (\frac{1}{2}\vec{d} \times q\vec{E}) + [-\frac{1}{2}\vec{d} \times (-q\vec{E})] = q\vec{d} \times \vec{E}$$

$$\therefore\ \vec{\tau} = \vec{p} \times \vec{E} \qquad (4.1.4)$$

쌍극자 모멘트가 외부 전기장과 같은 방향이 될 때까지 극성 분자에 토크가 작용하여 회전시킬 것이다. 결과적으로 토크는 쌍극자 모멘트를 외부 전기장과 나란해지도록 한다.

(27) 전자레인지의 원리: 극성 분자인 물을 강한 전기장 속에 넣으면 전기장과 나란해지려는 방향으로 물 분자를 회전시킨다. 이로 인해 다른 물 분자와 충돌하게 되고 물 분자의 운동 에너지가 열에너지로 변하게 된다.

이때 쌍극자를 $d\theta$만큼 회전시키는 데 한 일은 $dW = \tau d\theta$이므로

$$W = \int dW = \int_{\theta_i}^{\theta_f} \tau d\theta = \int_{\theta_i}^{\theta_f} |\vec{p} \times \vec{E}|\, d\theta = \int_{\theta_i}^{\theta_f} pE\sin\theta d\theta = pE(\cos\theta_i - \cos\theta_f)$$

가 된다. 여기서 $\theta$는 쌍극자 모멘트 방향과 전기장 방향의 사이각이다.
회전시키는 데 한 일은 포텐셜 에너지 증가로 나타나므로 다음과 같이 된다.

$$\triangle U = U_f - U_i = pE(\cos\theta_i - \cos\theta_f)$$

쌍극자의 처음 방향을 $\theta_i = \dfrac{\pi}{2}$로 놓고 $\theta_f = \theta$라 하면 위 식은

$$U = -pE\cos\theta$$

이 되어

> 외부 전기장에 놓인 쌍극자의 포텐셜 에너지는 다음과 같이 쌍극자 모멘트와 전기장과의 스칼라 곱으로 표현된다.
>
> $$U = -\vec{p} \cdot \vec{E} \tag{4.1.5}$$

**예제 4.2**

접지된 무한히 큰 도체 평면으로부터 수직 방향($z$-축 방향)으로 $d$만큼 떨어진 곳에 쌍극자가 수직 방향에 관해 $\theta$로 놓여 있다. 이 쌍극자가 자유롭게 회전할 수 있다면 쌍극자가 회전을 멈추는 방향을 구하세요.

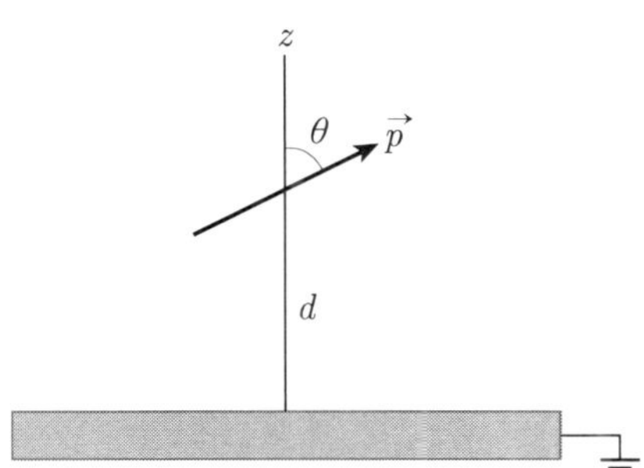


**그림 4.5**

**풀이**

영상법을 적용하면 영상쌍극자 $\vec{p}_i$가 그림 (a)와 같이 존재한다고 할 수 있다. [예제 2.20]의 결과를 사용하기 위해 영상쌍극자의 위치를 그림 (b)와 같이 잡으면서 그 지점을 원점으로 하면

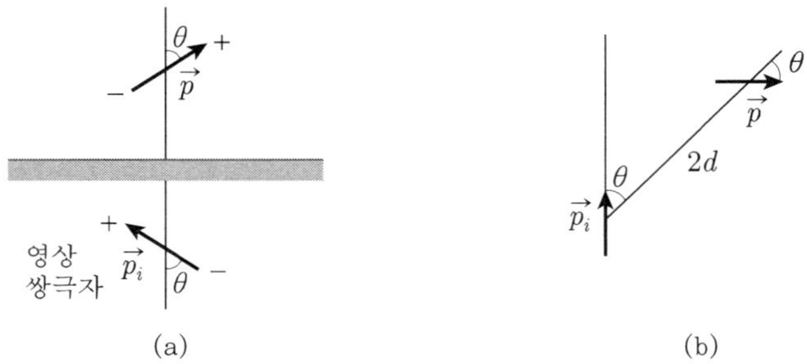


**그림 4.6**

영상쌍극자 $\vec{p}_i$에 의한 쌍극자 $\vec{p}$의 지점에서의 전기장은 식 (예-2.20.3)

$$\vec{E}(r,\theta) = \frac{p}{4\pi\epsilon_0 r^3}(2\cos\theta\hat{r} + \sin\theta\hat{\theta})$$

으로부터

$$\vec{E}(r,\theta)\big|_{r=2d} = \frac{p}{4\pi\epsilon_0(2d)^3}(2\cos\theta\hat{r} + \sin\theta\hat{\theta})$$

이다. 여기서 $\vec{p} = p\cos\theta\hat{r} + p\sin\theta\hat{\theta}$ 이므로 영상쌍극자에 의한 전기장이 쌍극자에 작용하는 토크는 식 (4.1.4)로부터

$$\begin{aligned}\vec{\tau} = \vec{p}\times\vec{E} &= \frac{p}{4\pi\epsilon_0(2d)^3}(p\cos\theta\hat{r} + p\sin\theta\hat{\theta})\times(2\cos\theta\hat{r} + \sin\theta\hat{\theta})\\ &= \frac{p^2}{4\pi\epsilon_0(2d)^3}[\cos\theta\sin\theta(\hat{r}\times\hat{\theta}) + 2\sin\theta\cos\theta(\hat{\theta}\times\hat{r})]\\ &= \frac{p^2}{4\pi\epsilon_0(2d)^3}[-\sin\theta\cos\theta(\hat{r}\times\hat{\theta})] = \frac{p^2}{4\pi\epsilon_0(2d)^3}(-\sin\theta\cos\theta\hat{\phi})\end{aligned}$$

$\therefore\ \vec{\tau} = \dfrac{p^2}{64\pi\epsilon_0 d^3}(-\sin 2\theta\hat{\phi})$, 여기서 $\hat{\phi}$은 종이 안으로 들어가는 방향이다.

즉, $0 < \theta < \frac{\pi}{2}$ 인 경우에는 토크는 음수가 되어 쌍극자를 반시계 방향으로 회전시킨다. 반면, $\frac{\pi}{2} < \theta < \pi$ 인 경우 토크는 양수가 되어 쌍극자를 시계 방향으로 회전시킨다. 그리고 $\theta = \pi$ 될 때까지 토크는 쌍극자를 회전시킨다. 즉, 쌍극자가 도체 평면에 수직으로 놓이도록 한다.

**예제 4.3**

좌표계의 원점에 있는 쌍극자가 $y$-축에 관해 $\theta$단큼 기울어져 있다. 이 쌍극자가 전기장 $\vec{E}=E_0\hat{y}$에 놓일 때 쌍극자의 에너지가 $U=-\vec{p}\cdot\vec{E}$로 주어짐을 보이세요.

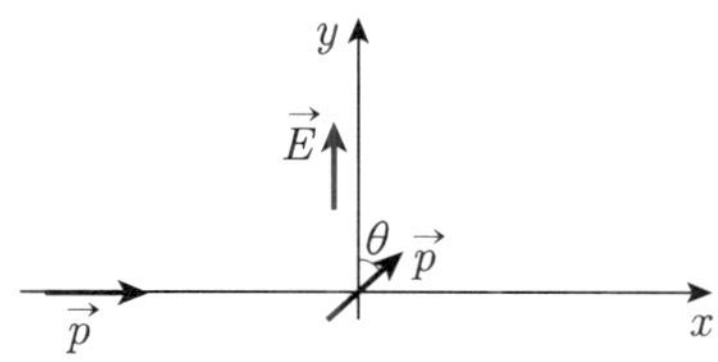


그림 4.7

**풀이**

$x$-축을 따라 무한히 멀리 떨어져 있는 곳에서 원점까지 쌍극자를 옮겨오는 데 한 일은 포텐셜 에너지 증가로 나타난다. 이때 한 일은

$$W=\int\vec{F}\cdot d\vec{\ell}$$

이다. 여기서 전기장에 의해 쌍극자에 작용하는 힘이 $\vec{F}=q\vec{E}=qE_0\hat{y}$이고 $d\vec{\ell}=\hat{x}\,d\ell$이므로 피적분함수가 0이 되어서 전기장이 물리적으로 한 일은 0이 된다. 무한히 멀리 떨어져 있는 곳에서 $x$-축을 따라 원점까지 이동한 쌍극자를 이제 $\theta=\frac{\pi}{2}$에서 주어진 문제의 $\theta$ 위치로 회전시키자. 이때 전기장에 의해 쌍극자에 작용한 토크는

$$\vec{\tau}=\vec{p}\times\vec{E}=\begin{vmatrix}\hat{x} & \hat{y} & \hat{z}\\ p\sin\theta & p\cos\theta & 0\\ 0 & E_0 & 0\end{vmatrix}=pE_0\sin\theta\,\hat{z}$$

이 된다. 즉, 전기장에 의한 토크는 반시계 방향으로 쌍극자를 회전시킨다. 평형을 유지하기 위해서 시계 방향으로 크기가 같은 토크를 작용해줘야 한다. $d\theta$은 반시계 방향이므로 작용해줘야 하는 일은 다음과 같다.

$$W=-\int_{\frac{\pi}{2}}^{\theta}\tau d\theta=pE_0\int_{\frac{\pi}{2}}^{\theta}\sin\theta d\theta=pE_0\Big[-\cos\theta\Big]_{\frac{\pi}{2}}^{\theta}=-pE_0\cos\theta$$

한 일만큼 쌍극자의 에너지로 저장되므로

$$\therefore\ U=-\vec{p}\cdot\vec{E}$$

즉, 쌍극자가 전기장과 나란한 방향일 때 에너지가 최소가 되고 반대 방향일 때 최대 에너지를 갖는다.

## 4.2 속박 전하(bound charge)

앞 절에서는 개개의 원자 또는 분자가 전기장에 놓일 때에 대해 살펴보았다. 이제 유전체가 전기장에 놓일 때 생기는 현상은 **속박 전하**에 의해 생기는 전기장으로 기술될 수 있다는 것에 대해서 알아보자.

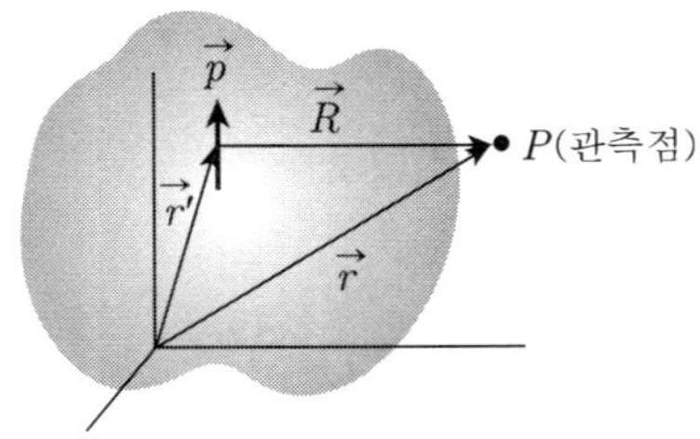


**그림 4.8**

단위 부피당 쌍극자 모멘트인 **편극밀도(**또는 편극도)(28) $\vec{P}$을 갖는 편극된 유전체에 의해 쌍극자로부터 $\vec{r}-\vec{r'}=\vec{R}$만큼 떨어진 곳에서의 전위는 식 (예-2.20.2)로부터

$$V(r)=\frac{1}{4\pi\epsilon_0}\frac{\vec{p}\cdot\hat{R}}{R^2}=\frac{1}{4\pi\epsilon_0}\int\frac{\vec{P}(\vec{r'})\cdot\hat{R}}{R^2}dv' \tag{4.2.1}$$

이다. 여기서 $\dfrac{\hat{R}}{R^2}=\vec{\nabla}'(\dfrac{1}{R})$, $\vec{\nabla}'$은 원천점(source point) $r'$에 관한 미분을 의미한다. 그러면 식 (4.2.1)은

$$V(r)=\frac{1}{4\pi\epsilon_0}\int\vec{P}(\vec{r'})\cdot\vec{\nabla}'(\frac{1}{R})dv' \tag{4.2.2}$$

이 되고 $\vec{\nabla}'\cdot(\dfrac{\vec{P}}{R})=\dfrac{1}{R}\vec{\nabla}'\cdot\vec{P}+\vec{P}\cdot\vec{\nabla}'(\dfrac{1}{R})$이므로 식 (4.2.2)는 다음과 같이 표현된다.

$$V(r)=\frac{1}{4\pi\epsilon_0}\int[\vec{\nabla}'\cdot(\frac{\vec{P}}{R})-\frac{1}{R}\vec{\nabla}'\cdot\vec{P}]\,dv'$$

---

(28) 단위는 Coulomb/m$^2$

$$= \frac{1}{4\pi\epsilon_0}\int \overrightarrow{\nabla}' \cdot (\frac{\overrightarrow{P}}{R})dv' - \frac{1}{4\pi\epsilon_0}\int \frac{1}{R}\overrightarrow{\nabla}' \cdot \overrightarrow{P}dv'$$

위 식의 오른편 첫 번째 항에 발산 정리를 적용하면 위 식은

$$V(r) = \frac{1}{4\pi\epsilon_0}\int \frac{1}{R}(\overrightarrow{P} \cdot \hat{n})da' + \frac{1}{4\pi\epsilon_0}\int \frac{1}{R}(-\overrightarrow{\nabla}' \cdot \overrightarrow{P})dv' \qquad (4.2.3)$$

이 된다.

> 여기서 $\overrightarrow{P} \cdot \hat{n} = \sigma_b$(**구속 면 전하밀도**) 그리고 $-\overrightarrow{\nabla}' \cdot \overrightarrow{P} = \rho_b$(**구속 체적 전하밀도**)로 놓으면 식 (4.2.3)은 다음과 같이 표현된다.
>
> $$V(r) = \frac{1}{4\pi\epsilon_0}\int \frac{\sigma_b}{R}da' + \frac{1}{4\pi\epsilon_0}\int \frac{\rho_b}{R}dv' \qquad (4.2.4)$$
>
> 즉, 편극된 유전체에 의한 전위는 구속 면 전하밀도에 의한 전위와 구속 체적 전하밀도에 의한 전위의 합으로 표현될 수 있다.

편극된 유전체의 알짜 전하는 0이어야 하므로

$$\int \sigma_b da' + \int \rho_b dv' = 0 \qquad (4.2.5)$$

가 된다. 즉, 구속 면 전하와 구속 체적 전하의 합은 0이다.

위에서 정의한 구속 전하밀도에 대해 좀 더 자세히 알아보자. 식 (4.2.4)의 구속 전하는 유전체 각각의 쌍극자에 구속되어 있는 전하이다. 아래 그림 (a)와 같이 거리가 $d$인 세 개의 쌍극자가 나란히 놓여 있는 경우 중앙에 있는 전하들끼리 상쇄되어 그림 (b)와 같이 거리가 $3d$만큼 떨어져 있는 한 개의 쌍극자 문제로 다룰 수 있다.

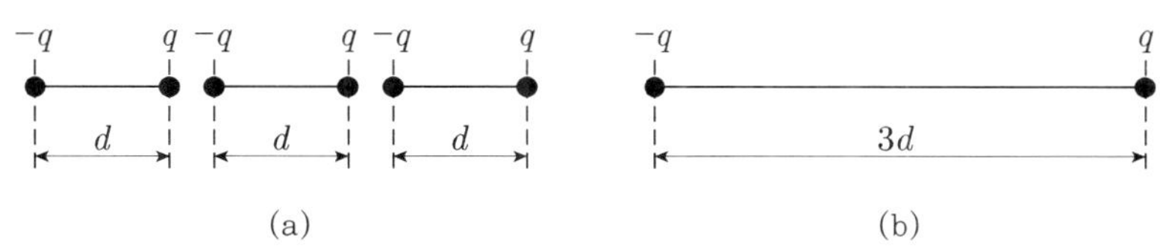


**그림 4.9**

유사하게 아래 그림 (a)에 있는 편극된 유전체의 경우 중앙에 있는 전하들끼리 상쇄가 되므로 그림 (b)처럼 간주할 수 있다.

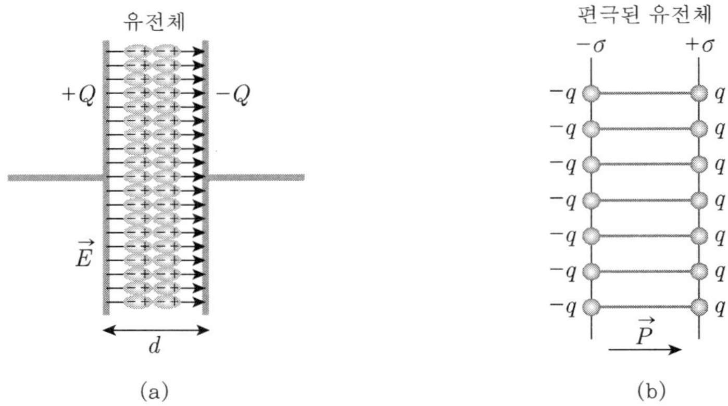


**그림 4.10**

편극밀도 $\vec{P}$을 가지며 두께가 $d$인 편극된 유전체에서 모든 쌍극자가 위의 그림 (b)와 같이 완전하게 정렬되어 있는 경우를 고려해보자. 편극밀도의 방향을 원통의 축으로 잡고 원통의 원의 넓이를 $A$라고 하면, 이 원통의 총 쌍극자 모멘트 $\vec{p}$로부터 다음과 같이 그림 (b)에 있는 구속된 전하를 구할 수 있다.

$$\vec{P} = \frac{\vec{p}}{Ad} \Rightarrow \vec{p} = (Ad)\vec{P} \Rightarrow qd = (Ad)P \Rightarrow q = AP$$

그러므로 면 전하밀도는

$$\sigma = \frac{q}{A} = \frac{AP}{A} = P$$

이 되어, 편극밀도에 기인함을 알 수 있다.

만약 유전체의 표면이 편극밀도 방향과 수직이 아니면, 면 전하밀도는 편극밀도보다 작게 되고 이를 수식으로 나타내면

$$\sigma = \vec{P} \cdot \hat{n}$$

이 된다. 여기서 $\hat{n}$은 유전체의 표면에 수직 바깥 방향을 향하는 단위벡터이다.
위 그림에서 원통의 오른편 원의 표면에 수직 바깥 방향은 편극밀도와 같은 방향이고

원통의 왼편 원의 표면에 수직 바깥 방향은 편극밀도와 반대 방향이다. 따라서 결과적으로 오른편 표면에 양전하 그리고 왼편 표면에 음전하가 있게 되고, 이들 전하가 쌍극자에 구속되어 있기 때문에 구속 면 전하밀도 $\sigma_b$라 부른다.

아래 그림 (a)와 같이 3개의 쌍극자가 균일하게 편극된 유전체의 경우 구속 체적 전하밀도는 0이다. 그러나 그림 (b)와 같이 세 쌍극자가 나란히 있고 떨어져 있는 거리는 같지만 균일하게 편극되지 않은 유전체의 경우 그림 (c)와 같이 구속 체적 전하밀도는 더 이상 0이 아니다.

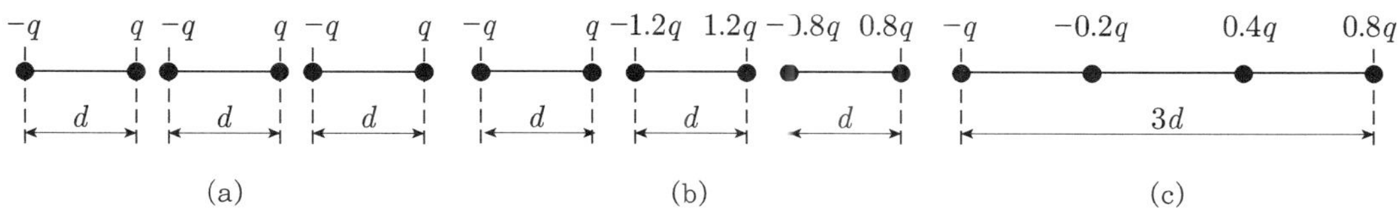


**그림 4.11**

이때 식 (4.2.5)로부터 구속 체적 전하는

$$\int \rho_b dv' = -\int \sigma_b da' = -\int \vec{P}\cdot\hat{n}da' = -\int \vec{P}\cdot\vec{da'} = -\int (\vec{\nabla}'\cdot\vec{P})dv'$$

(∵ 발산 정리로부터)

이 된다.

$$\therefore\ \rho_b = -\vec{\nabla}'\cdot\vec{P}$$

이 관계는 어떠한 체적에도 항상 성립한다.

**예제 4.4**

편극밀도 $\vec{P} = P\hat{z}$로 균일하게 편극되어 있는 반경 $R$인 (i) 구의 안과 (ii) 구의 밖에서의 전위와 전기장을 각각 구하세요.

**풀이**

균일하게 편극된 경우 $|\vec{P}|=$ 상수이므로 구속 체적 전하밀도는 $\rho_b = -\vec{\nabla}'\cdot\vec{P}=0$이다. 그러므로 이 문제는 구속 면 전하밀도에 의한 전위를 구하는 문제로 다룰 수 있다. 구속 면 전하밀도는 $\sigma_b = \vec{P}\cdot\hat{n} = P\cos\theta'$가 된다. 그러면 식 (4.2.3)에서 오른편 두 번째

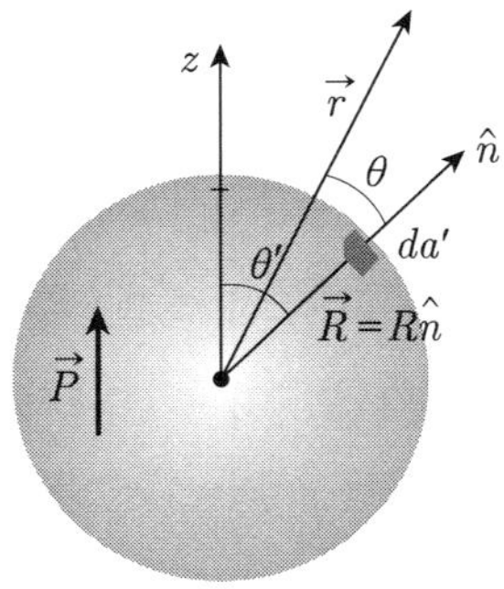


**그림 4.12**

항은 0이 되어 전위는 다음과 같다.

$$V(r)=\frac{1}{4\pi\epsilon_0}\int\frac{\sigma_b}{\Delta r}da'=\frac{1}{4\pi\epsilon_0}\int\int\frac{P\cos\theta'}{\Delta r}(R^2\sin\theta' d\theta' d\phi')$$

[여기서 식 (4.2.3)에 있는 원천점에서 관측점까지의 거리인 $R$을 이 문제의 구 반경 $R$과의 혼돈을 피하기 위해서 $\Delta r$로 변경했다.]

$$=\frac{P}{4\pi\epsilon_0}2\pi\int_0^\pi\frac{\cos\theta'}{\Delta r}R^2\sin\theta' d\theta'=\frac{PR^2}{2\epsilon_0}\int_0^\pi\frac{\cos\theta'}{\Delta r}\sin\theta' d\theta' \qquad \text{(예-4.4.1)}$$

여기서

$$(\Delta r)^2=(r\hat{r}-R\hat{n})\cdot(r\hat{r}-R\hat{n})=R^2+r^2-2Rr\cos\theta$$

$$\Rightarrow(\Delta r)=\sqrt{R^2+r^2-2Rr\cos\theta} \qquad \text{(예-4.4.2)}$$

구 밖은 $r>R$인 경우이므로 식 (예-4.4.2)는

$$(\Delta r)=r\left[1+(\frac{R}{r})^2-2\frac{R}{r}\cos\theta\right]^{\frac{1}{2}}\Rightarrow\frac{1}{\Delta r}=\frac{1}{r}\left[1+(\frac{R}{r})^2-2\frac{R}{r}\cos\theta\right]^{-\frac{1}{2}}$$

이 식에서 $(\frac{R}{r})^2-2\frac{R}{r}\cos\theta=\frac{R}{r}(\frac{R}{r}-2\cos\theta)<1$이므로 이항정리를 적용하면

$$\Rightarrow\frac{1}{\Delta r}=\frac{1}{r}\left[1-\frac{1}{2}(\frac{R}{r})(\frac{R}{r}-2\cos\theta)\right.$$
$$\left.+\frac{3}{8}(\frac{R}{r})^2(\frac{R}{r}-2\cos\theta)^2-\frac{5}{16}(\frac{R}{r})^3(\frac{R}{r}-2\cos\theta)^3+\cdots\cdots\right]$$
$$=\frac{1}{r}\left[1+(\frac{R}{r})\cos\theta+(\frac{R}{r})^2(\frac{3\cos^2\theta-1}{2})+(\frac{R}{r})^3(\frac{5\cos^3\theta-3\cos\theta}{2})+\cdots\cdots\right]$$
$$=\frac{1}{r}\sum_{n=0}^{\infty}(\frac{R}{r})^nP_n(\cos\theta) \qquad \text{(예-4.4.3)}$$

여기서 $P_n(\cos\theta)$은 르장드르 다항식이다.
반면에 구 안은 $r < R$인 경우이므로 위와 유사한 방법으로 하면

$$\frac{1}{\triangle r} = \frac{1}{R}\sum_{n=0}^{\infty}(\frac{r}{R})^n P_n(\cos\theta) \qquad (\text{예}-4.4.4)$$

가 된다.
$\vec{r}$이 $z$−축상에 있다고 가정하면 $\theta = \theta'$가 된다. 그때
(i) 구 밖에서의 전위는

식 (예−4.4.3)을 (예−4.4.1)에 대입하면

$$V(r) = \frac{PR^2}{2\epsilon_0}\int_0^{\pi}\left[\frac{1}{r}\sum_{n=0}^{\infty}(\frac{R}{r})^n P_n(\cos\theta)\right]\cos\theta\sin\theta d\theta \qquad (\text{예}-4.4.5)$$

여기서 $\cos\theta = x$로 놓으면 $-\sin\theta d\theta = dx$가 되어 위 식은 다음과 같게 된다.

$$V(r) = \frac{PR^2}{2\epsilon_0}\int_{-1}^{1}\left[\frac{1}{r}\sum_{n=0}^{\infty}(\frac{R}{r})^n P_n(x)\right]xdx = \frac{PR^2}{2\epsilon_0}\int_{-1}^{1}\frac{1}{r}\sum_{n=0}^{\infty}(\frac{R}{r})^n P_n(x)P_1(x)dx$$

오른편에 있는 항에 르장드르 다항식의 규격화 관계식인 $\int_{-1}^{1}P_n(x)P_m(x)dx = \frac{2}{2n+1}\delta_{nm}$을 적용하면

$$\begin{aligned} V(r) &= \frac{PR^2}{2\epsilon_0}\frac{1}{r}\sum_{n=0}^{\infty}(\frac{R}{r})^n\int_{-1}^{1}P_n(x)P_1(x)dx \\ &= \frac{PR^2}{2\epsilon_0}\frac{1}{r}\sum_{n=0}^{\infty}(\frac{R}{r})^n\left(\frac{2}{2n+1}\delta_{n1}\right) \\ &= \frac{PR^2}{2\epsilon_0}\frac{1}{r}(\frac{R}{r})^1(\frac{2}{2+1}) = \frac{PR^3}{3\epsilon_0 r^2} \end{aligned}$$

인 전위를 얻는다. $\vec{r}$이 $z$−축상에 있다고 가정한 것을 $\vec{r}$이 $z$−축으로부터 $\theta$만큼 떨어져 있는 일반적인 경우에는 위 식에 $\cos\theta$을 곱하면 되므로 전위는 다음과 같게 된다.

$$V(r,\theta) = \frac{PR^3}{3\epsilon_0 r^2}\cos\theta \qquad (\text{예}-4.4.6)$$

또는 쌍극자 모멘트 $\vec{p}$로 다음과 같이 표현될 수도 있다.

$$V(r,\theta) = \left(\frac{p}{\frac{4}{3}\pi R^3}\right)\frac{R^3}{3\epsilon_0 r^2}\cos\theta = \frac{\vec{p}\cdot\hat{r}}{4\pi\epsilon_0 r^2}$$

이 결과는 [예제 2.20]의 쌍극자에 의한 전위인 식 (예−2.20.2)와 일치한다.
그리고 전기장을 다음과 같이 얻을 수 있다.

$$\vec{E} = -\vec{\nabla} V(r,\, \theta) = -\left(\hat{r}\frac{\partial}{\partial r} + \hat{\theta}\frac{1}{r}\frac{\partial}{\partial \theta} + \hat{\phi}\frac{1}{r\sin\theta}\frac{\partial}{\partial \phi}\right)\left(\frac{PR^3}{3\epsilon_0 r^2}\cos\theta\right)$$

$$= \hat{r}\frac{PR^3}{3\epsilon_0}\frac{2}{r^3}\cos\theta + \hat{\theta}\frac{1}{r}\frac{PR^3}{3\epsilon_0 r^2}\sin\theta$$

$$\therefore\ \vec{E}(r,\theta) = \frac{PR^3}{3\epsilon_0 r^3}(2\cos\theta\,\hat{r} + \sin\theta\,\hat{\theta}) \qquad \text{(예−4.4.7)}$$

또는 쌍극자 모멘트 $\vec{p}$로 다음과 같이 표현될 수도 있다.

$$\vec{E}(r,\theta) = \left(\frac{p}{\frac{4}{3}\pi R^3}\right)\frac{R^3}{3\epsilon_0 r^3}(2\cos\theta\,\hat{r} + \sin\theta\,\hat{\theta}) = \frac{p}{4\pi\epsilon_0 r^3}(2\cos\theta\,\hat{r} + \sin\theta\,\hat{\theta})$$

이 결과는 [예제 2.20]의 쌍극자에 의한 전기장인 식 (예−2.20.3)과 일치한다.
(ii) 유사한 방법으로 구 안에서의 전위는
식 (예−4.4.4)를 (예−4.4.1)에 대입하고 르장드르 다항식의 규격화 관계식을 적용하면

$$V(r) = \frac{PR^2}{2\epsilon_0}\int_0^{\pi}\left[\frac{1}{R}\sum_{n=0}^{\infty}(\frac{r}{R})^n P_n(\cos\theta)\right]\cos\theta\sin\theta d\theta$$

$$= \frac{PR^2}{2\epsilon_0}\int_{-1}^{1}\left[\frac{1}{R}\sum_{n=0}^{\infty}(\frac{r}{R})^n P_n(x)\right]P_1(x)dx$$

$$= \frac{PR^2}{2\epsilon_0}\frac{1}{R}\sum_{n=0}^{\infty}(\frac{r}{R})^n\left(\frac{2}{2n+1}\delta_{n1}\right)$$

$$= \frac{PR^2}{2\epsilon_0}\frac{1}{R}(\frac{r}{R})^1(\frac{2}{2+1}) = \frac{P}{3\epsilon_0}r$$

그러므로 $\vec{r}$이 $z$−축으로부터 $\theta$만큼 떨어져 있는 일반적인 경우에는 위 식에 $\cos\theta$을 곱하면 되므로 전위는 다음과 같게 된다.

$$V(r,\theta) = \frac{P}{3\epsilon_0}r\cos\theta = \frac{P}{3\epsilon_0}z \qquad \text{(예−4.4.8)}$$

그리고 전기장을 다음과 같이 얻을 수 있다.

$$\vec{E} = -\vec{\nabla} V(r,\, \theta) = -\vec{\nabla} V(z) = -\frac{d}{dz}(\frac{P}{3\epsilon_0}z)\hat{z} = -\frac{P}{3\epsilon_0}\hat{z}$$

$$\therefore\ \vec{E} = -\frac{P}{3\epsilon_0}\hat{z} = -\frac{1}{3\epsilon_0}\vec{P} \qquad \text{(예−4.4.9)}$$

위에서 구한 결과 (i)와 (ii)로부터 균일하게 편극되어 있는 구에 의한 전기력선을 그려보면 아래와 같다.

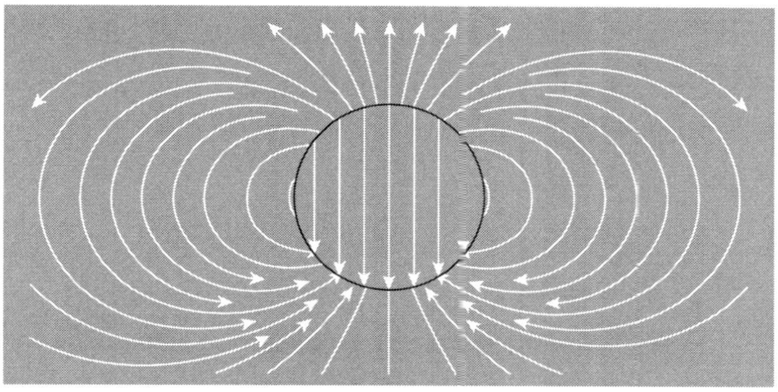

그림 4.13

**예제 4.5**

한 면의 길이가 $s$인 정육면체 유전체가 편극밀도 $\vec{P}=k\vec{r}$을 갖는다. 여기서 $k$은 상수이다. 이때의 총 구속 전하를 구하세요.

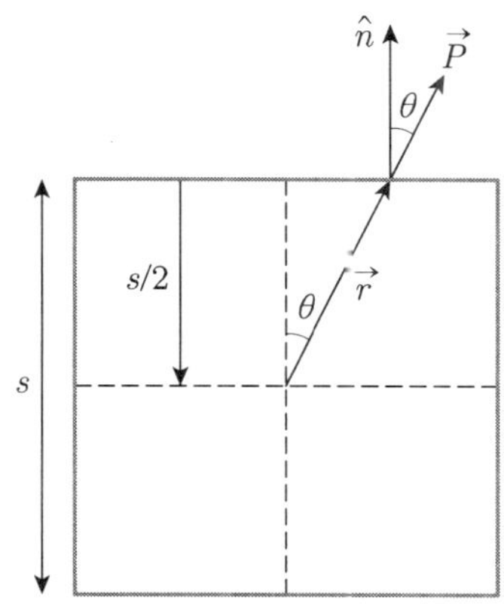


그림 4.14

**풀이**

편극밀도는 $\vec{P}=k\vec{r}=k(x\hat{x}+y\hat{y}+z\hat{z})$이다.
정육면체의 윗면에서의 구속 면 전하밀도는

$$\sigma_{b_{\text{윗면}}}=[\vec{P}\cdot\hat{n}]_{z=s/2}=[\vec{P}\cdot\hat{z}]_{z=s/2}=k[z]_{z=s/2}=\frac{ks}{2}$$

이고 아랫면에서의 구속 면 전하밀도는

$$\sigma_{b_{아랫면}} = [\vec{P} \cdot \hat{n}]_{z=-s/2} = [\vec{P} \cdot (-\hat{z})]_{z=-s/2} = -k[z]_{z=-s/2} = \frac{ks}{2}$$

이다. 유사한 방법으로 정육면체의 다른 면에서의 구속 면 전하밀도를 구하면 위에서 구한 윗면과 아랫면에서의 구속 면 전하밀도와 같음을 알 수 있어서 총 구속 면 전하밀도는

$$\sigma_b = 6 \times (\frac{ks}{2}) = 3ks$$

가 된다. 따라서 총 구속 면 전하 $Q_{면}$은 다음과 같다.

$$Q_{면} = \int \sigma_b da = 3ks(s^2) = 3ks^3 \qquad (예-4.5.1)$$

그리고 구속 체적 전하밀도 $\rho_b$은

$$\rho_b = -\vec{\nabla} \cdot \vec{P} = -k(\frac{\partial}{\partial x}x + \frac{\partial}{\partial y}y + \frac{\partial}{\partial z}z)$$

$$\therefore \ \rho_b = -3k$$

이므로 총 구속 체적 전하 $Q_{체적}$은 다음과 같다.

$$Q_{체적} = \int \rho_b dv = -3k \int dv = -3ks^3 \qquad (예-4.5.2)$$

식 (예-4.5.1)과 (예-4.5.2)로부터 총 구속전하 $Q_{구속전하}$은 다음과 같이 기대한 대로 0이다.

$$Q_{구속전하} = Q_{면} + Q_{체적} = 3ks^3 - 3ks^3 = 0$$

## 4.3 전기 변위장(electric displacement field)

앞의 절에서 살펴본 것과 같이 편극된 유전체에 의한 전기장은 구속전하에 의한 전기장이다. 만약 이러한 유전체 안에 자유전자가 존재한다면 총 전기장은 구속전하에 의한 전기장과 자유전자에 의한 전기장의 합이 될 것이다.

$$\vec{\nabla} \cdot \vec{E} = \frac{\rho}{\epsilon_0} = \frac{\rho_b + \rho_f}{\epsilon_0}$$, 여기서 $\rho_f$은 자유전자의 체적 전하밀도이다.

$$\Rightarrow \vec{\nabla} \cdot \vec{E} = \frac{1}{\epsilon_0}(-\vec{\nabla} \cdot \vec{P} + \rho_f) \Rightarrow \epsilon_0(\vec{\nabla} \cdot \vec{E}) = -\vec{\nabla} \cdot \vec{P} + \rho_f$$

$$\Rightarrow \epsilon_0(\vec{\nabla} \cdot \vec{E}) + \vec{\nabla} \cdot \vec{P} = \rho_f$$

$$\therefore \vec{\nabla} \cdot (\epsilon_0 \vec{E} + \vec{P}) = \rho_f \qquad (4.3.1)$$

여기서

$$\epsilon_0 \vec{E} + \vec{P} = \vec{D} \qquad (4.3.2)$$

인 **전기 변위장** $\vec{D}$로 정의하면 식 (4.3.1)은 다음과 같이 표현된다.

$$\vec{\nabla} \cdot \vec{D} = \rho_f \qquad (4.3.3)$$

위 관계식은 유전체에 대한 미분형 가우스 법칙이다. 위 식에 체적 적분을 취하면 다음과 같이 적분형태로도 표현될 수 있다.

$$\int (\vec{\nabla} \cdot \vec{D}) dv = \int \rho_f dv \Rightarrow \oint \vec{D} \cdot d\vec{a} = Q_f \qquad (4.3.4)$$

여기서 $Q_f$은 유전체의 전체 부피 안에 있는 자유전자의 전하량이다.

전기 변위장 $\vec{D}$와 전기장 $\vec{E}$의 차이에 대해 아래의 식을 계산해봄으로써 알아보자.

$$\vec{\nabla} \times \vec{D} = \vec{\nabla} \times (\epsilon_0 \vec{E} + \vec{P}) = \epsilon_0(\vec{\nabla} \times \vec{E}) + \vec{\nabla} \times \vec{P} = \vec{\nabla} \times \vec{P} \qquad (4.3.5)$$

일반적으로 오른편은 $\vec{\nabla} \times \vec{P} \neq 0$이므로 전기 변위장 $\vec{D}$은 어떤 스칼라 함수의 gradient로 표현될 수 없다. 즉, $\vec{D}$에 대한 전위가 없다. **헬름홀츠(Helmholtz) 정리**[29]에 의해 가우스 법칙으로 유일한 전기장을 결정할 수 있다. 그러나 전기 변위장을 자유전하 분포에 의해서 유일하게 결정할 수는 없다. 왜냐하면 식 (4.3.5)에서와 같이 추가적으로 편극밀도 $\vec{P}$의

(29) 벡터 함수 $\vec{f}$에 대해 $\vec{\nabla} \cdot \vec{f}$와 $\vec{\nabla} \times \vec{f}$가 정의되고 경계조건이 정해지면 그 벡터 함수는 유일하게 정의된다. 즉, 벡터 함수를 유일하게 정의하기 위해서는 gradient와 curl만 있으면 충분하다. 이에 대한 증명은 생략한다.

정보가 필요하기 때문이다.

유전체가 없는 경우와 있는 경우의 경계조건을 정리하면 다음과 같다.

$$\begin{cases}\vec{\nabla}\cdot\vec{E}=\dfrac{\rho}{\epsilon_0}\Rightarrow E_{\perp}^{위}-E_{\perp}^{아래}=\dfrac{\sigma}{\epsilon_0}\\ \vec{\nabla}\times\vec{E}=0\Rightarrow E_{\parallel}^{위}-E_{\parallel}^{아래}=0\end{cases}\Leftrightarrow\begin{cases}\vec{\nabla}\cdot\vec{D}=\rho_f\Rightarrow D_{\perp}^{위}-D_{\perp}^{아래}=\sigma_f\\ \vec{\nabla}\times\vec{D}=\vec{\nabla}\times\vec{P}\Rightarrow D_{\parallel}^{위}-D_{\parallel}^{아래}=P_{\parallel}^{위}-P_{\parallel}^{아래}\end{cases} \tag{4.3.6}$$

**예제 4.6**

원의 반경이 $a$인 원통형의 유전체가 선 전하밀도 $\lambda$인 길고 곧은 철사를 감싸고 있을 때 (i) 유전체 내부와 (ii) 유전체 밖에서의 전기 변위장과 전기장을 각각 구하세요.

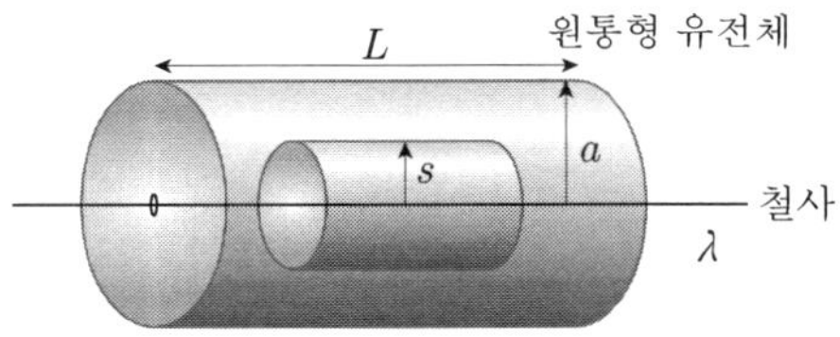


**그림 4.15**

**풀이**

(i) 유전체에서의 가우스 법칙인 식 (4.3.4)를 유전체 밖($s>a$)에 적용하면

$$\oint\vec{D}\cdot d\vec{a}=Q_f\Rightarrow D(2\pi sL)=\lambda L$$

$$\therefore\ \vec{D}=\frac{\lambda}{2\pi s}\hat{s}$$

인 전기 변위장을 얻는다.

그리고 유전체 밖에는 구속전하가 없으므로 $\vec{P}=0$이다. 따라서 식 (4.3.2)로부터 다음과 같이 전기장을 구할 수 있다.

$$\vec{D}=\epsilon_0\vec{E}\Rightarrow\vec{E}=\frac{1}{\epsilon_0}\vec{D}=\frac{1}{\epsilon_0}\left(\frac{\lambda}{2\pi s}\hat{s}\right)$$

$$\therefore\ \vec{E}=\frac{\lambda}{2\pi s\epsilon_0}\hat{s}$$

(ii) 유전체 내부($s < a$)에서의 전기 변위장은 다음과 같이 구할 수 있다.

$$\oint \vec{D} \cdot d\vec{a} = Q_f \Rightarrow D(2\pi s L) = \lambda L$$

$$\therefore \ \vec{D} = \frac{\lambda}{2\pi s}\hat{s}$$

그러나 유전체 내부에서의 편극밀도 $\vec{P}$에 대한 정보가 없기 때문에 전기장은 구할 수 없다.

**예제 4.7**

유전체 안의 전기장이 $\vec{E}_0$이어서 전기 변위장이 $\vec{D}_0 = \epsilon_0 \vec{E}_0 + \vec{P}$일 때 (i) 유전체에 작은 구형의 공동(spherical cavity)을 냈을 때 구형 공동 중심에서의 전기장을 $\vec{E}_0$와 $\vec{P}$로 표현하세요. (ii) 이번에는 편극밀도 $\vec{P}$에 나란한 방향으로 긴 바늘 모양의 공동을 낸 경우에 대해서 공동 중심에서의 전기장을 구하세요. (iii) 편극밀도 $\vec{P}$에 수직하게 얇은 웨이퍼 모양의 공동을 낸 경우에 대해서 공동 내부 중심에서의 전기장을 구하세요.

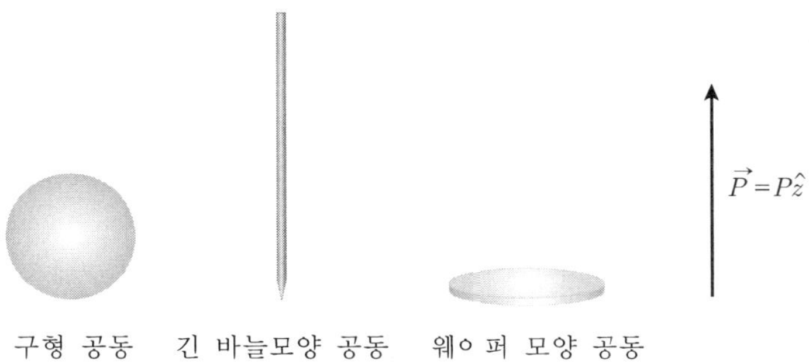


**그림 4.16**

**풀이**

(i) 이 문제는 편극밀도 $\vec{P}$을 갖는 큰 유전체가 편극밀도 $-\vec{P}$을 갖는 작은 구와 중첩되어 있는 경우에 해당한다. 그러면 편극밀도 $-\vec{P}$을 갖는 구 안에서의 전기장은 [예제 4.4]의 식 (예-4.4.9)로부터

$$\vec{E}_{구} = -\frac{1}{3\epsilon_0}(-\vec{P}) = \frac{1}{3\epsilon_0}\vec{P}$$

이므로 구형의 공동 중심에서의 전기장은

$$\vec{E} = \vec{E}_0 + \vec{E}_{구} = \vec{E}_0 + \frac{1}{3\epsilon_0}\vec{P}$$

그러면 구형의 공동 중심에서의 전기 변위장은

$$\vec{D} = \epsilon_0 \vec{E} = \epsilon_0 (\vec{E_0} + \frac{1}{3\epsilon_0}\vec{P}) = \epsilon_0 \vec{E_0} + \frac{1}{3}\vec{P} = (\vec{D_0} - \vec{P}) + \frac{1}{3}\vec{P}$$

$$\therefore \ \vec{D} = \vec{D_0} - \frac{2}{3}\vec{P}$$

(ii) 공동을 냄으로써 생긴 편극된 길이 $\ell$의 바늘 모양의 공동의 전기장은 $\ell$만큼 떨어져 있는 두 전하 $+q$와 $-q$에 의한 전기장을 구하면 된다. 바늘 끝의 면적을 $A$라 하면

$$q = \sigma_b A = (\vec{P} \cdot \hat{n}) A = PA$$

이때 바늘 중심에서의 전기장은

$$\vec{E}_{\text{바늘}} = \frac{1}{4\pi\epsilon_0}\frac{PA}{(\ell/2)^2}\hat{z} - \frac{1}{4\pi\epsilon_0}\frac{-PA}{(\ell/2)^2}\hat{z} = \frac{2PA}{\pi\epsilon_0 \ell^2}\hat{z}$$

여기서 바늘 끝의 면적이 $A \to 0$이므로 $\vec{E}_{\text{바늘}} \to 0$이 되어 바늘 모양의 공동 중심에서의 전기장은

$$\vec{E} = \vec{E_0} + \vec{E}_{\text{바늘}} = \vec{E_0}$$

이 된다. 그러면 바늘 모양의 공동 중심에서의 전기 변위장은 다음과 같다.

$$\vec{D} = \epsilon_0 \vec{E} = \epsilon_0 \vec{E_0} = \vec{D_0} - \vec{P}$$

$$\therefore \ \vec{D} = \vec{D_0} - \vec{P}$$

(iii) 웨이퍼 안의 전기장은 면 전하밀도가 $-\sigma$와 $+\sigma$을 갖는 평행한 판에 의한 전기장에 해당한다. 이 전기장은 평행판 축전기에서 가우스 법칙을 사용해서 구한 전기장인

$$\vec{E}_{\text{웨이퍼}} = \frac{\sigma}{\epsilon_0}\hat{z} = \frac{1}{\epsilon_0}\vec{P}$$

그때 웨이퍼 모양의 공동 내부 중심에서의 전기장은

$$\vec{E} = \vec{E_0} + \vec{E}_{\text{웨이퍼}} = \vec{E_0} + \frac{1}{\epsilon_0}\vec{P}$$

그러면 웨이퍼 모양의 공동 내부 중심에서의 전기 변위장은 다음과 같다.

$$\vec{D} = \epsilon_0 \vec{E} = \epsilon_0 (\vec{E_0} + \frac{1}{\epsilon_0}\vec{P}) = \epsilon_0 \vec{E_0} + \vec{P} = (\vec{D_0} - \vec{P}) + \vec{P}$$

$$\therefore \ \vec{D} = \vec{D_0}$$

## 4.4 선형 유전체

유전체가 외부 전기장에 놓이면 편극 현상이 생기고 이로 인해 유전체 내부에 전기 쌍극자 모멘트가 형성되는 것을 앞의 절에서 살펴보았다. 그리고 유전체의 편극밀도 $\vec{P}$은 외부 전기장이 너무 세지 않을 때는 그 전기장의 세기에 비례한다. 즉, $\vec{P} = \chi(\vec{E})\vec{E}$이다. 여기서 $\chi(\vec{E})$은 비례상수이고 $\vec{E}$은 외부와 내부 전기장을 합한 총 전기장이다. 만약 유전체가 **선형 유전체**일 경우 위 식은 다음과 같이 표현될 수 있다.

$$\vec{P} = \epsilon_0 \chi_e \vec{E} \tag{4.4.1}$$

여기서 $\chi_e$은 **전기 감수율**(susceptibility)이며 위의 등식이 성립하기 위해서는 등식 좌·우의 물리량이 같은 단위를 가져야 한다. 따라서 오른편에 유전율 $\epsilon_0$은 전기 감수율을 무차원인 상수로 만들기 위해 곱했다.

식 (4.3.2)에 (4.4.1)을 대입하면

$$\vec{D} = \epsilon_0 \vec{E} + \vec{P} = \epsilon_0 \vec{E} + \epsilon_0 \chi_e \vec{E} = \epsilon_0 (1 + \chi_e) \vec{E} = \epsilon_0 \epsilon_r \vec{E} \tag{4.4.2}$$

여기서 $\epsilon_r = (1 + \chi_e)$은 유전체의 **비(relative)유전율**(또는 유전상수)이다.

몇 가지 유전체의 비유전율

| 유전체 | 비유전율 $\epsilon_r$ |
|---|---|
| 진공 | 1 |
| 공기 | 1.0006 |
| 기름 | 2.1 |
| 종이 | 2~4 |
| 폴리에틸렌 | 2.3 |
| 고무 | 2.3~4 |
| 흙 | 3~4 |
| 유리 | 4~10 |
| 운모 | 5.4~6 |
| 실리콘 | 12 |
| 바다물 | 72 |

위 식에 있는 $\epsilon_0\epsilon_r$을 **절대유전율**(permittivity) $\epsilon$으로 놓으면 위 식은 다음과 같이 된다.

$$\overrightarrow{D} = \epsilon\overrightarrow{E}, \text{ 여기서 } \epsilon = \epsilon_0\epsilon_r \tag{4.4.3}$$

식 (4.3.3) 또는 (4.3.4)의 가우스 법칙을 사용하여 전기 변위장 $\overrightarrow{D}$을 구한 뒤 식 (4.4.3)으로부터 전기장을 구할 수 있다.

식 (4.4.1)로부터

$$\overrightarrow{\nabla}\times\overrightarrow{P} = \overrightarrow{\nabla}\times(\epsilon_0\chi_e\overrightarrow{E}) = \epsilon_0\chi_e(\overrightarrow{\nabla}\times\overrightarrow{E}) = 0 \tag{4.4.4}$$

그리고 식 (4.3.2)로부터

$$\overrightarrow{\nabla}\times\overrightarrow{D} = \overrightarrow{\nabla}\times(\epsilon_0\overrightarrow{E}+\overrightarrow{P}) = \epsilon_0(\overrightarrow{\nabla}\times\overrightarrow{E}) + (\overrightarrow{\nabla}\times\overrightarrow{P}) = 0 \tag{4.4.5}$$

결과적으로 식 (4.3.3)과 (4.4.5)로부터 다음의 전기 변위장에 대한 미분형 맥스웰 방정식을 얻는다.

$$\begin{cases}\overrightarrow{\nabla}\cdot\overrightarrow{D} = \rho_f \\ \overrightarrow{\nabla}\times\overrightarrow{D} = 0\end{cases} \Rightarrow \overrightarrow{D} = \epsilon_0\overrightarrow{E}_f \tag{4.4.6}$$

여기서 $\overrightarrow{E}_f$은 유전체가 없을 때 자유전자에 의한 전기장이다.

식 (4.4.3)과 (4.4.6)으로부터 다음의 관계식을 얻는다.

$$\epsilon\overrightarrow{E} = \epsilon_0\overrightarrow{E}_f \Rightarrow \overrightarrow{E} = \frac{\epsilon_0}{\epsilon}\overrightarrow{E}_f = \frac{1}{\epsilon_r}\overrightarrow{E}_f \tag{4.4.7}$$

비유전율 $\epsilon_r$은 위의 표에서와 같이 항상 1보다 작지 않기 때문에 유전체의 존재는 전기장의 크기를 감소시킨다.

평행판 축전기 사이에 비유전율 $\epsilon_r$을 갖는 유전체를 넣는 경우, 유전체의 편극에 의해 원래의 전기장 방향 $\overrightarrow{E}_0$에 반대되는 방향으로 전기장이 유도되어 전기장이 감소하게 된다. 이를 수식적으로 $E = \frac{E_0}{\epsilon_r}$로 나타낼 수 있고 유전체에서의 가우스 법칙은 식 (2.5.4)인

$$\oint \overrightarrow{E_0} \cdot \overrightarrow{da} = \oint \epsilon_r \overrightarrow{E} \cdot \overrightarrow{da} = \frac{q_{알짜}}{\epsilon_0}$$

로 주어짐을 2장에서 배웠다. 위 식은

$$\oint \epsilon_r \epsilon_0 \overrightarrow{E} \cdot \overrightarrow{da} = q_{알짜} \Rightarrow \therefore \oint \overrightarrow{D} \cdot \overrightarrow{da} = q_{알짜}$$

인 유전체에 대한 일반화된 가우스 법칙을 얻는다.

평행판 축전기 사이에 비유전율이 $\epsilon_r$인 유전치를 넣으면 기존의 전기장 $E_0$ 대신에 $\frac{E_0}{\epsilon_r}$을 대입하여 정전용량을 다음과 같이 얻을 수 있다.

$$C_0 = \frac{Q}{V} = \frac{Q}{E_0 d} \Rightarrow C = \left(\frac{\epsilon_r}{E_0}\right)\frac{Q}{d} = \epsilon_r C_0 = \epsilon_r\left(\epsilon_0 \frac{A}{d}\right)$$

즉, 유전체의 삽입으로 정전용량은 증가하게 된다.

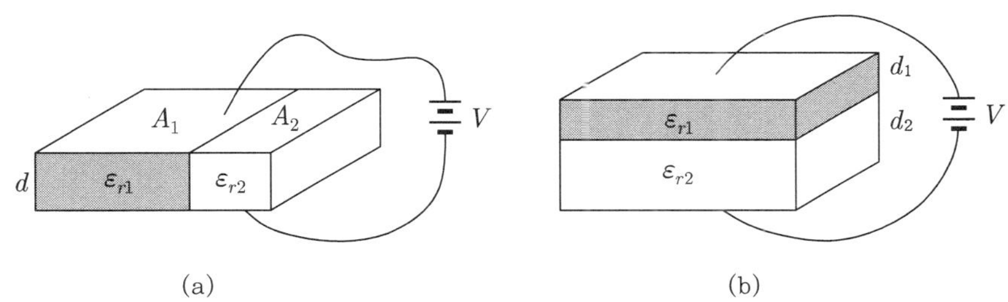


**그림 4.17**

두 유전체가 그림 (a), (b)와 같이 연결될 때 축전기가 각각 병렬과 직렬로 연결된 것으로 간주할 수 있으므로 각각의 등가 정전용량은 다음과 같다.

$$\begin{cases} (a): \quad C_{등가} = C_1 + C_2 \\ (b): \quad \dfrac{1}{C_{등가}} = \dfrac{1}{C_1} + \dfrac{1}{C_2} \end{cases} \tag{4.4.8}$$

유전체의 편극밀도가 전기장의 세기에 비례하는 선형 유전체의 경우에서 구속 체적 전하밀도와 자유전자 사이의 관계에 대해 알아보자.

$$\rho_b = -\vec{\nabla} \cdot \vec{P} = -\vec{\nabla} \cdot (\epsilon_0 \chi_e \vec{E}) = -\vec{\nabla} \cdot (\frac{\epsilon_0}{\epsilon} \chi_e \vec{D}) \quad (\because \vec{E} = \frac{\vec{D}}{\epsilon})$$

$$= -\vec{\nabla} \cdot (\frac{1}{1+\chi_e} \chi_e \vec{D}) \quad (\because \frac{\epsilon}{\epsilon_0} = \epsilon_r = 1 + \chi_e \Rightarrow \frac{\epsilon_0}{\epsilon} = \frac{1}{1+\chi_e})$$

$$= -\frac{\chi_e}{1+\chi_e} \vec{\nabla} \cdot \vec{D}$$

$$\therefore \rho_b = -\frac{\chi_e}{1+\chi_e} \rho_f \quad (\because \vec{\nabla} \cdot \vec{D} = \rho_f) \tag{4.4.9}$$

즉, 구속 체적 전하밀도는 자유전자의 체적밀도에 비례한다. 관계식에서 음의 부호는 구속(자유)전하가 많아질수록 자유(구속)전자가 적어지는 **차폐효과**(shielding effect)이다.

식 (4.3.6)의 경계조건으로부터

$$D_\perp^{위} - D_\perp^{아래} = \sigma_f \Rightarrow \epsilon^{위} E_\perp^{위} - \epsilon^{아래} E_\perp^{아래} = \sigma_f \tag{4.4.10}$$

$$\Rightarrow \epsilon^{위} \frac{\partial V^{위}}{\partial n} - \epsilon^{아래} \frac{\partial V^{아래}}{\partial n} = -\sigma_f \tag{4.4.11}$$

인 자유전자에 대한 경계조건 관계식을 얻는다.

**예제 4.8**

반경 $R$인 선형 유전체 구가 전기장 $E_0 \hat{z}$에 놓일 때 유전체 구 안에서의 전위와 전기장을 구하고, 구 밖에서의 전위와 구속 면 전하밀도를 구하세요.

**풀이**

구면 좌표계에서 전위가 방위각 $\phi$에 무관한 경우, 전위에 대한 일반식인 식 (3.3.14)에서 전위는

$$V(r,\theta) = \sum_{\ell=0}^{\infty} (A_\ell r^\ell + \frac{B_\ell}{r^{\ell+1}}) P_\ell(\cos\theta)$$

로 표현됨을 배웠다.

$r < R$인 경우에는 발산을 막기 위해 $B_\ell = 0$이 되어야 하므로 위 식은 다음과 같이 된다.

$$V_{안} = \sum_{\ell=0}^{\infty} A_\ell r^\ell P_\ell(\cos\theta) \tag{예-4.8.1}$$

그리고 $r > R$인 경우에는 구에서 멀리 떨어진 곳($r \gg R$)에서의 전위가 $-E_0 r\cos\theta$가 되어야 한다. 따라서 위 식의 오른편에서 $P_1(\cos\theta) = \cos\theta$이므로 $\ell = 1$이어야 한다.

즉, $A_1 = -E_0$을 제외한 모든 $A_\ell$은 0이 된다. 그러므로 전위는 다음과 같이 표현된다.

$$V_{밖} = \sum_{\ell=0}^{\infty} \frac{B_\ell}{r^{\ell+1}} P_\ell(\cos\theta) - E_0 r\cos\theta = \sum_{\ell=0}^{\infty} \frac{B_\ell}{r^{\ell+1}} P_\ell(\cos\theta) - E_0 r P_1(\cos\theta)$$

$$= \sum_{\ell=0}^{\infty} \left(\frac{B_\ell}{r^{\ell+1}} - E_0 r^\ell \delta_{1\ell}\right) P_\ell(\cos\theta) \qquad (예-4.8.2)$$

경계조건의 관계식으로부터

$$\begin{cases} V_{밖}(r=R) = V_{안}(r=R) \\ \epsilon_{밖} \left.\frac{\partial V_{밖}}{\partial r}\right|_{r=R} - \epsilon_{안} \left.\frac{\partial V_{안}}{\partial r}\right|_{r=R} = -\sigma_f \end{cases} \Rightarrow \begin{cases} V_{밖}(r=R) = V_{안}(r=R) \\ \epsilon_0 \left.\frac{\partial V_{밖}}{\partial r}\right|_{r=R} - \epsilon \left.\frac{\partial V_{안}}{\partial r}\right|_{r=R} = 0 \end{cases} \qquad (예-4.8.3)$$

을 얻는다. 첫 번째 관계식에 식 (예-4.8.1)과 (예-4.8.2)를 대입하면

$$\sum_{\ell=0}^{\infty} \left(\frac{B_\ell}{R^{\ell+1}} - E_0 R^\ell \delta_{1\ell}\right) P_\ell(\cos\theta) = \sum_{\ell=0}^{\infty} A_\ell R^\ell P_\ell(\cos\theta)$$

이 된다.

(i) $\ell = 1$인 경우

$$\frac{B_1}{R^2} - E_0 R = A_1 R \qquad (예-4.8.4)$$

(ii) $\ell \neq 1$인 경우

$$\frac{B_\ell}{R^{\ell+1}} = A_\ell R^\ell \qquad (예-4.8.5)$$

그리고 식 (예-4.8.3)의 두 번째 관계식으로부터

$$-\epsilon_0 \left[\sum_{\ell=0}^{\infty} (\ell+1) \frac{B_\ell}{R^{\ell+2}} + \ell E_0 R^{\ell-1} \delta_{1\ell}\right] P_\ell(\cos\theta) = \epsilon \sum_{\ell=0}^{\infty} \ell A_\ell R^{\ell-1} P_\ell(\cos\theta)$$

$$\Rightarrow -\left[\sum_{\ell=0}^{\infty} (\ell+1) \frac{B_\ell}{R^{\ell+2}} + \ell E_0 R^{\ell-1} \delta_{1\ell}\right] P_\ell(\cos\theta) = \frac{\epsilon}{\epsilon_0} \sum_{\ell=0}^{\infty} \ell A_\ell R^{\ell-1} P_\ell(\cos\theta)$$

$$= \epsilon_r \sum_{\ell=0}^{\infty} \ell A_\ell R^{\ell-1} P_\ell(\cos\theta) \qquad (예-4.8.6)$$

을 얻고 이때

(i) $\ell = 1$인 경우

$$-2\frac{B_1}{R^3} - E_0 = \epsilon_r A_1 \qquad (예-4.8.7)$$

(ii) $\ell \neq 1$인 경우

$$-(\ell+1)\frac{B_\ell}{R^{\ell+2}} = \epsilon_r \ell A_\ell R^{\ell-1} \qquad (예-4.8.8)$$

가 된다.
그러므로 $\ell=1$인 경우에는 식 (예-4.8.4)와 (예-4.8.7)로부터

$$\epsilon_r A_1 R = -2\frac{B_1}{R^2} - E_0 R \Rightarrow \epsilon_r(\frac{B_1}{R^2} - E_0 R) = -2\frac{B_1}{R^2} - E_0 R$$

$$\Rightarrow B_1(\frac{\epsilon_r}{R^2} + \frac{2}{R^2}) = E_0 R(\epsilon_r - 1)$$

$$\therefore B_1 = (\frac{\epsilon_r - 1}{\epsilon_r + 2})E_0 R^3 \qquad (예-4.8.9)$$

이 결과를 식 (예-4.8.4)에 대입하면

$$A_1 R = \frac{B_1}{R^2} - E_0 R \Rightarrow A_1 = \frac{B_1}{R^3} - E_0 = \frac{1}{R^3}\left(\frac{\epsilon_r - 1}{\epsilon_r + 2}\right)E_0 R^3 - E_0$$

$$\therefore A_1 = -(\frac{3}{\epsilon_r + 2})E_0 \qquad (예-4.8.10)$$

을 얻는다.
그리고 $\ell \neq 1$인 경우에는 식 (예-4.8.5)와 (예-4.8.8)로부터

$$\epsilon_r \ell A_\ell R^\ell = -(\ell+1)\frac{B_\ell}{R^{\ell+1}} \Rightarrow \epsilon_r \ell \frac{B_\ell}{R^{\ell+1}} = -(\ell+1)\frac{B_\ell}{R^{\ell+1}}$$

$$\Rightarrow \frac{1}{R^{\ell+1}}[(\epsilon_r + 1)\ell + 1]B_\ell = 0$$

을 얻는데, 여기서 대괄호의 항이 0이 될 수 없으므로

$$\therefore B_\ell = 0,\ \text{여기서}\ \ell \neq 1 \qquad (예-4.8.11)$$

이 결과를 식 (예-4.8.5)에 대입하면

$$\therefore A_\ell = 0,\ \text{여기서}\ \ell \neq 1 \qquad (예-4.8.12)$$

즉, 구 안과 구 밖의 전위에 대한 식인 식 (예-4.8.1)과 (예-4.8.2)에서 $\ell=1$을 제외한 모든 계수는 0이다. 그러므로 식 (예-4.8.10)을 (예-4.8.1)에 대입하면 유전체 구 안에서의 전위를 다음과 같이 구할 수 있다.

$$V_{\text{안}}(r) = A_1 r P_1(\cos\theta) = -(\frac{3}{\epsilon_r + 2})E_0 r\cos\theta = -(\frac{3}{\epsilon_r + 2})E_0 z$$

그때의 유전체 구 안에서의 전기장은 다음과 같다.

$$\vec{E} = -\vec{\nabla} V \Rightarrow E_z^{\text{안}} = -\frac{dV_{\text{안}}}{dz} = (\frac{3}{\epsilon_r + 2})E_0$$

$$\therefore\ \vec{E}_{안} = \left(\frac{3}{\epsilon_r + 2}\right)\vec{E}_0 \qquad (예-4.8.13)$$

유전체 구 안에서의 전기장은 외부 전기장 $E_0$에 비례하고 계수가 상수이므로 균일한 외부 전기장에 대해 구 안에서의 전기장도 균일하다.

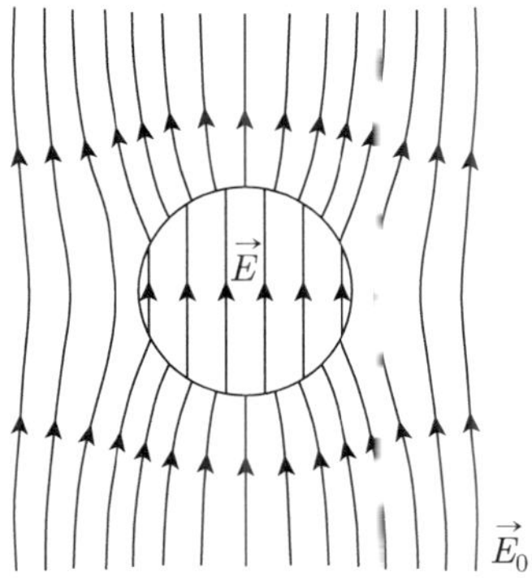


**그림 4.18**

구 밖에서의 전위는 식 (예-4.8.2)와 (예-4.8.9)로부터 다음과 같다.

$$V_{밖} = \frac{B_1}{r^2}\cos\theta - E_0 r\cos\theta. = \left[\left(\frac{\epsilon_r - 1}{\epsilon_r + 2}\right)E_0 R^3\right]\frac{1}{r^2}\cos\theta - E_0 r\cos\theta$$

구 바깥의 전위는 외부 전기장에 의한 전위와 구의 중심에 유도된 쌍극자 모멘트에 의한 전위의 합이다. 위 식의 오른편 두 번째 항이 외부 전기장에 의한 전위에 해당하므로 첫 번째 항이 구에 유도된 쌍극자 모멘트에 의한 전위이다. 그러므로

$$\begin{cases} V_{쌍극자} = \dfrac{\vec{p}\cdot\hat{r}}{4\pi\epsilon_0 r^2} \\ V_{쌍극자} = \left[\left(\dfrac{\epsilon_r - 1}{\epsilon_r + 2}\right)E_0 R^3\right]\dfrac{1}{r^2}\cos\theta \end{cases} \Rightarrow \vec{p} = 4\pi\epsilon_0\left(\frac{\epsilon_r - 1}{\epsilon_r + 2}\right)R^3\vec{E}_0 \qquad (예-4.8.14)$$

인 쌍극자 모멘트를 얻는다. 그러면 편극밀도는

$$\vec{P} = \frac{\vec{p}}{\frac{4}{3}\pi R^3} = \left[4\pi\epsilon_0\left(\frac{\epsilon_r - 1}{\epsilon_r + 2}\right)R^3\vec{E}_0\right]\frac{3}{4\pi R^3} = 3\epsilon_0\left(\frac{\epsilon_r - 1}{\epsilon_r + 2}\right)\vec{E}_0$$

가 되어 다음과 같은 구속 면 전하밀도를 얻는다.

$$\sigma_b = \vec{P}\cdot\hat{n} = \vec{P}\cdot\hat{r} = 3\epsilon_0\left(\frac{\epsilon_r - 1}{\epsilon_r + 2}\right)E_0\cos\theta$$

이 전하는 구 내부에 외부 전기장의 방향에 반대인 전기장을 생성하여 식 (예-4.8.13)과 같이 구 내부의 전기장이 외부 전기장보다 작게 된다.

**예제 4.9**

반경이 $a$이며 자유전하 $Q$을 갖는 금속 구가 반경이 $b$이며 절대유전율이 $\epsilon$인 선형 유전체에 의해 둘러싸여 있을 때, 구 중심에서의 전위와 구속 면 전하밀도를 구하세요.

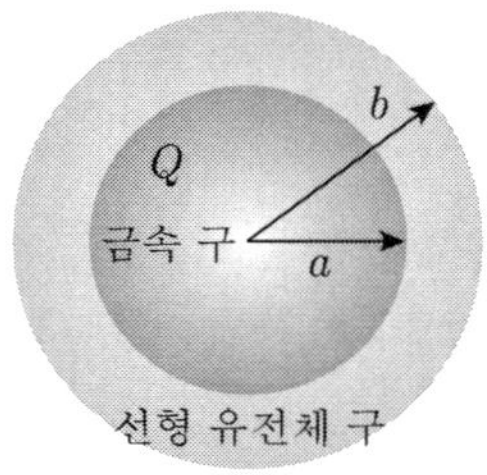


**그림 4.19**

**풀이**

자유전하가 주어져 있으므로 식 (4.3.4)의 가우스 법칙을 사용하여 $\vec{D}$을 구한다. 그리고 그 결과를 식 (4.3.2)에 대입하여 $\vec{E}$을 구한 뒤, $V(r) = -\int \vec{E} \cdot d\vec{r}$의 관계식으로부터 전위를 구할 수 있다.

먼저 $r > a$인 경우에 가우스 법칙으로부터

$$\oint \vec{D} \cdot d\vec{a} = Q_f = Q \Rightarrow D(4\pi r^2) = Q \Rightarrow \vec{D} = \frac{Q}{4\pi r^2}\hat{r}$$

이다.

(i) $r < a$인 경우에 도체 구 내부에는 전하가 존재하지 않기 때문에 $\vec{E} = 0$ 그리고 $\vec{D} = 0$이다. 따라서 식 (4.3.2)로부터 편극밀도는 $\vec{P} = 0$이 된다.

(ii) 그리고 $r > b$인 경우에는 $\vec{P} = 0$이어서 식 (4.3.2)로부터 $\epsilon_0 \vec{E} = \vec{D}$이므로 전기장은

$$\vec{E} = \frac{\vec{D}}{\epsilon_0} = \frac{Q}{4\pi\epsilon_0 r^2}\hat{r}$$

이 된다.

(iii) 반면에 $a < r < b$인 경우 식 (4.4.3)으로부터 $\epsilon \vec{E} = \vec{D}$이므로

$$\vec{E} = \frac{\vec{D}}{\epsilon} = \frac{Q}{4\pi\epsilon r^2}\hat{r}$$

그러면 구 중심에서의 전위는 다음과 같이 얻을 수 있다.

$$V(r=0) = -\int_{\infty}^{b}\vec{E}\cdot d\vec{r} - \int_{b}^{a}\vec{E}\cdot d\vec{r} - \int_{a}^{0}\vec{E}\cdot d\vec{r} = -\frac{Q}{4\pi\epsilon_0}\int_{\infty}^{b}\frac{1}{r^2}dr - \frac{Q}{4\pi\epsilon}\int_{b}^{a}\frac{1}{r^2}dr$$

$$= -\frac{Q}{4\pi\epsilon_0}\left[-\frac{1}{r}\right]_{\infty}^{b} - \frac{Q}{4\pi\epsilon}\left[-\frac{1}{r}\right]_{b}^{a} = \frac{Q}{4\pi\epsilon_0 b} + \frac{Q}{4\pi\epsilon}\left(\frac{1}{a} - \frac{1}{b}\right)$$

유전체의 편극밀도 $\vec{P}$와 외부 전기장과의 관계식인 식 (4.4.1)로부터

$$\vec{P} = \epsilon_0\chi_e\vec{E} = \epsilon_0\chi_e\frac{Q}{4\pi\epsilon r^2}\hat{r}$$

을 얻는다. 그러면 반경 $b$인 유전체 구의 구속 면 전하밀도는 다음과 같다.

$$\sigma_b(r=b) = \vec{P}\cdot\hat{n} = \vec{P}\cdot\hat{r}|_{r=b} = \epsilon_0\chi_e\frac{Q}{4\pi\epsilon b^2}$$

그리고 반경 $a$인 도체 구의 구속 면 전하밀도는

$$\sigma_b(r=a) = \vec{P}\cdot\hat{n} = -\vec{P}\cdot\hat{r}|_{r=a} = -\epsilon_0\chi_e\frac{Q}{4\pi\epsilon a^2}$$

여기서 부호가 음인 이유는 도체 구의 $Q$ 전하에 의해 유전체의 음의 전하가 도체 구 쪽으로 이동하게 되어 편극밀도 방향이 $\hat{r}$인 반면에 $r=a$에서 $\hat{n}$은 $-\hat{r}$이기 때문이다.

**예제 4.10**

$z=0$ 평면 아래의 모든 영역이 전기 감수율 $\chi_e$인 선형 유전체로 채워져 있을 때 $z$-축 상에서 원점으로부터 $d$만큼 떨어져 있는 지점에 점전하 $q$가 놓여 있다. 이때 평면 아래와 위의 전위, 구속 면 전하밀도 그리고 점전하 $q$에 작용하는 전기력을 구하세요.

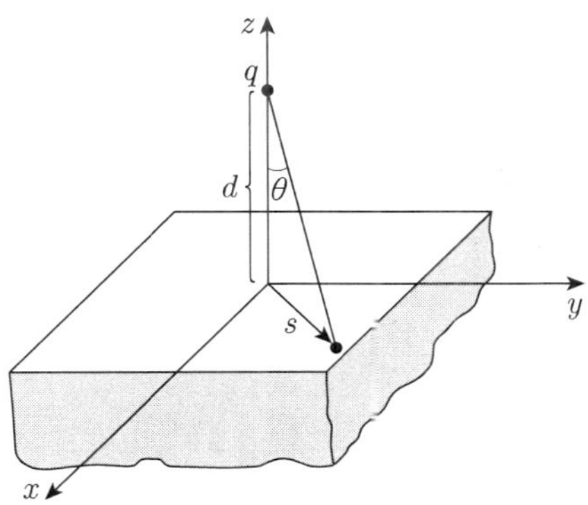


그림 4.20

**풀이**

영상법을 사용하여 문제를 풀어보도록 하자.

(i) $z>0$인 영역에서는

점전하 $q$와 $z-$축상에서 원점으로부터 $-d$만큼 떨어져 있는 지점에 있는 영상전하 $q'$에 의한 전위를 구하면 된다.

$$V^{위}=\frac{1}{4\pi\epsilon_0}\left[\frac{q}{\sqrt{x^2+y^2+(z-d)^2}}+\frac{q'}{\sqrt{x^2+y^2+(z+d)^2}}\right] \qquad (예-4.10.1)$$

(ii) $z<0$인 영역에서는

$z-$축상에서 원점으로부터 $d$만큼 떨어져 있는 지점에 있는 영상전하 $q''$에 의한 전위를 구하면 된다.

$$V^{아래}=\frac{1}{4\pi\epsilon}\frac{q''}{\sqrt{x^2+y^2+(z-d)^2}} \qquad (예-4.10.2)$$

이 문제의 경계조건은 식 (4.3.6)으로부터 다음과 같다.

$$\begin{cases} E_{\parallel}^{위}=E_{\parallel}^{아래} \\ \epsilon_0 E_{\perp}^{위}=\epsilon E_{\perp}^{아래} \end{cases} \qquad (예-4.10.3)$$

여기서 두 번째 관계식은 자유전하가 없으므로 얻어진 결과이다.

식 (예-4.10.1)과 (예-4.10.2)를 경계조건 관계식 (예-4.10.3)의 첫 번째 식에 대입하면

$$E_{\parallel}^{위}(z=0)=E_{\parallel}^{아래}(z=0)$$

$$\Rightarrow -\frac{dV^{위}}{dx}\Big|_{z=0}=-\frac{dV^{아래}}{dx}\Big|_{z=0}$$

$$\Rightarrow \frac{1}{4\pi\epsilon_0}\left[\frac{xq}{(x^2+y^2+d^2)^{\frac{3}{2}}}+\frac{xq'}{(x^2+y^2+d^2)^{\frac{3}{2}}}\right]=\frac{1}{4\pi\epsilon}\left[\frac{xq''}{(x^2+y^2+d^2)^{\frac{3}{2}}}\right]$$

$$\therefore\ \frac{1}{\epsilon_0}(q+q')=\frac{1}{\epsilon}q'' \qquad (예-4.10.4)$$

을 얻고 경계조건 관계식 (예-4.10.3)의 두 번째 관계식에 대입하면

$$\epsilon_0 E_{\perp}^{위}(z=0)=\epsilon E_{\perp}^{아래}(z=0)$$

$$\Rightarrow -\epsilon_0\frac{dV^{위}}{dz}\Big|_{z=0}=-\epsilon\frac{dV^{아래}}{dz}\Big|_{z=0}$$

$$\Rightarrow \frac{1}{4\pi}\left[\frac{qd}{(x^2+y^2+d^2)^{\frac{3}{2}}}-\frac{q'd}{(x^2+y^2+d^2)^{\frac{3}{2}}}\right]=\frac{1}{4\pi}\left[\frac{q''d}{(x^2+y^2+d^2)^{\frac{3}{2}}}\right]$$

$$\therefore\ q'' = q - q \qquad (\text{예}-4.10.5)$$

을 얻는다.
식 (예−4.10.5)를 (예−4.10.4)에 대입하면 다음과 같이 영상전하의 전하량을 구할 수 있다.

$$\frac{1}{\epsilon_0}(q+q') = \frac{1}{\epsilon}(q-q') \Rightarrow q'\left(\frac{1}{\epsilon_0}+\frac{1}{\epsilon}\right) = q\left(\frac{1}{\epsilon}-\frac{1}{\epsilon_0}\right)$$

$$\therefore\ q' = -\left(\frac{\epsilon-\epsilon_0}{\epsilon+\epsilon_0}\right)q \qquad (\text{예}-4.10.6)$$

그리고 이 결과를 식 (예−4.10.5)에 대입하면

$$q'' = q + \left(\frac{\epsilon-\epsilon_0}{\epsilon+\epsilon_0}\right)q \Rightarrow \therefore\ q'' = \left(\frac{2\epsilon}{\epsilon+\epsilon_0}\right)q \qquad (\text{예}-4.10.7)$$

가 된다. 자유전하가 없으므로 식 (4.4.9)는 $\rho_b = -\left(\frac{\chi_e}{1+\chi_e}\right)\rho_f = 0$가 되어 구속 체적 전하밀도는 고려하지 않아도 된다.
그리고 경계인 $z=0$에서 영상전하 $q''$에 의한 전기장은

$$E_z^{\text{아래}}(z=0) = -\frac{dV^{\text{아래}}}{dz}\Big|_{z=0} = -\frac{1}{4\pi\epsilon}\left[\frac{q''d}{(x^2+y^2+d^2)^{\frac{3}{2}}}\right]$$

$$= -\frac{1}{4\pi\epsilon}\left[\frac{d}{(x^2+y^2+d^2)^{\frac{3}{2}}}\right]\left(\frac{2\epsilon}{\epsilon+\epsilon_0}\right)q \qquad (\text{예}-4.10.8)$$

을 얻어서 구속 면 전하밀도는

$$\sigma_b = \vec{P}\cdot\hat{n} = \epsilon_0\chi_e E_z^{\text{아래}} = \epsilon_0\left(\frac{\epsilon}{\epsilon_0}-1\right)E_z^{\text{아래}} = (\epsilon-\epsilon_0)E_z^{\text{아래}} \qquad (\text{예}-4.10.9)$$

식 (예−4.10.8)을 위 식에 대입하면 구속 면 전하밀도는 다음과 같다.

$$\sigma_b = (\epsilon-\epsilon_0)\left[\frac{1}{4\pi\epsilon}\frac{-qd}{(x^2+y^2+d^2)^{\frac{3}{2}}}\left(\frac{2\epsilon}{\epsilon+\epsilon_0}\right)\right] = -\left[\frac{qd}{2\pi(x^2+y^2+d^2)^{\frac{3}{2}}}\right]\left(\frac{\epsilon-\epsilon_0}{\epsilon+\epsilon_0}\right)$$

$$= -\left[\frac{qd}{2\pi(x^2+y^2+d^2)^{\frac{3}{2}}}\right]\left(\frac{\epsilon_r-1}{\epsilon_r+1}\right) = -\left[\frac{qd}{2\pi(x^2+y^2+d^2)^{\frac{3}{2}}}\right]\left(\frac{1+\chi_e-1}{1+\chi_e+1}\right)$$

$$\therefore\ \sigma_b = -\left[\frac{qd}{2\pi(x^2+y^2+d^2)^{\frac{3}{2}}}\right]\left(\frac{\chi_e}{\chi_e+2}\right)$$

구속 면 전하밀도로부터 구속전하를 구하면 다음과 같다.

$$q_b = \int \sigma_b da' = -\frac{qd}{2\pi}\left(\frac{\chi_e}{\chi_e+2}\right)\int\int \frac{1}{(x^2+y^2+d^2)^{\frac{3}{2}}}da'$$

$$= -\frac{qd}{2\pi}\left(\frac{\chi_e}{\chi_e+2}\right)\int_0^{2\pi}\int_0^{\infty}\frac{1}{(s^2+d^2)^{3/2}}sdsd\phi$$

$$= -qd\left(\frac{\chi_e}{\chi_e+2}\right)\int_d^{\infty}\frac{1}{t^2}dt \quad (\text{여기서 } s^2+d^2=t^2\text{으로 놓았다.})$$

$$\therefore\ q_b = qd\left(\frac{\chi_e}{\chi_e+2}\right)\left[\frac{1}{t}\right]_d^{\infty} = -q\left(\frac{\chi_e}{\chi_e+2}\right)$$

그리고 $z$−축상에서 원점으로부터 $d$만큼 떨어져 있는 지점에 있는 점전하 $q$에 작용하는 전기력은 쿨롱 법칙으로부터 다음과 같다.

$$\vec{F} = \frac{1}{4\pi\epsilon_0}\frac{qq'}{(2d)^2}\hat{z} = -\frac{1}{4\pi\epsilon_0}\frac{q^2}{4d^2}\left(\frac{\epsilon-\epsilon_0}{\epsilon+\epsilon_0}\right) = -\frac{1}{4\pi\epsilon_0}\frac{q^2}{4d^2}\left(\frac{\epsilon/\epsilon_0-1}{\epsilon/\epsilon_0+1}\right)\hat{z}$$

[∵ 식 (예−4.10.6)으로부터]

$$\therefore\ \vec{F} = -\frac{1}{4\pi\epsilon_0}\frac{q^2}{4d^2}\left(\frac{\chi_e}{\chi_e+2}\right)\hat{z} \quad (\because\ \chi_e = \epsilon/\epsilon_0 - 1)$$

**예제 4.11**

평행판 축전기의 평판 사이의 공간이 비유전율이 각각 $\epsilon_{r1}=2$와 $\epsilon_{r2}=1.5$이며, 두께가 $t$인 두 개의 선형 유전체 슬래브로 채워져 있다. 축전기의 상판과 아래 판의 자유 전하 밀도는 각각 $\sigma$와 $-\sigma$이다. 이때 각 슬래브에서의 전기 변위장, 전기장, 편극밀도, 전위차 그리고 구속 전하밀도를 구하세요.

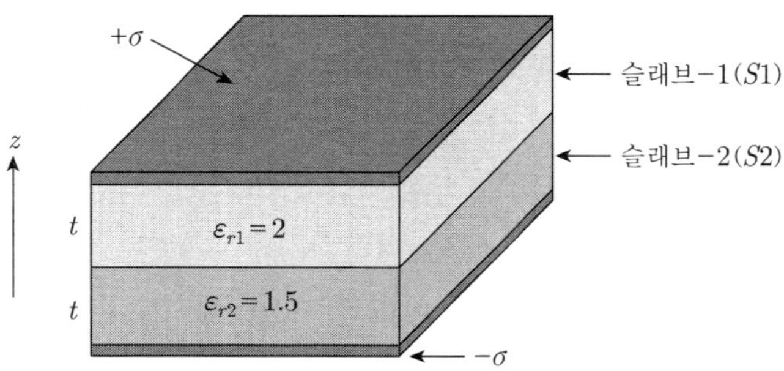


그림 4.21

**풀이**

상판과 슬래브-1에 가우스 법칙 $\oint \vec{D} \cdot d\vec{A} = Q_f$을 적용해보자. 이때 상판 외부에는 자유전하가 존재하지 않으므로 $\vec{D}^{위} = 0$이다.

(i) 그러면 슬래브-1($S1$)에서의 전기 변위장은

$$-D_{s1}A = Q_f \Rightarrow D_{s1} = -\frac{Q_f}{A} = -\sigma$$

여기서 음의 부호는 전기 변위장의 방향과 면적의 방향이 반대이기 때문이다.

$$\therefore \vec{D}_{s1} = -\sigma\hat{z}$$

전기장은 관계식 $\vec{D}_{s1} = \epsilon_{s1}\vec{E}_{s1}$으로부터

$$\therefore \vec{E}_{s1} = \frac{\vec{D}_{s1}}{\epsilon_{s1}} = \frac{1}{\epsilon_0\epsilon_{r1}}(-\sigma\hat{z}) = -\frac{1}{2\epsilon_0}\sigma\hat{z} \qquad (\text{예}-4.11.1)$$

이 되고 편극밀도는 $\vec{D}_{s1} = \epsilon_0\vec{E}_{s1} + \vec{P}_{s1} \Rightarrow \vec{P}_{s1} = \vec{D}_{s1} - \epsilon_0\vec{E}_{s1}$이므로

$$\therefore \vec{P}_{s1} = -\sigma\hat{z} + \epsilon_0\frac{1}{2\epsilon_0}\sigma\hat{z} = -\frac{1}{2}\sigma\hat{z}$$

을 얻는다.

(ii) 유사한 방법으로 슬래브-2($S2$)와 아래 평판에 가우스 법칙을 적용하면 다음과 같이 슬래브-2에서의 전기 변위장을 구할 수 있다.

$$D_{s2}A = Q_f \Rightarrow D_{s2} = \frac{Q_f}{A} = -\sigma$$

여기서는 전기 변위장의 방향과 면적의 방향이 같은 방향이지만 자유 전하밀도가 $-\sigma$이다.

$$\therefore \vec{D}_{s2} = -\sigma\hat{z}$$

그러면 전기장은 다음과 같이 되고

$$\vec{D}_{s2} = \epsilon_{s2}\vec{E}_{s2} \Rightarrow \vec{E}_{s2} = \frac{1}{\epsilon_0\epsilon_{r2}}(-\sigma\hat{z}) = -\frac{1}{1.5\epsilon_0}\sigma\hat{z} \qquad (\text{예}-4.11.2)$$

편극밀도는 다음과 같이 된다.

$$\therefore \vec{P}_{s2} = \vec{D}_{s2} - \epsilon_0\vec{E}_{s2} = -\sigma\hat{z} + \epsilon_0\frac{1}{1.5\epsilon_0}\sigma\hat{z} = -\frac{1}{3}\sigma\hat{z}$$

이때의 아래와 위의 평행판 사이의 전위차를 다음과 같이 얻을 수 있다.

$$\triangle V = V_{상판} - V_{아래판} = -\int_{아래판}^{상판} \vec{E} \cdot d\vec{\ell} = E_{s1}t + E_{s2}t = (\frac{1}{2\epsilon_0}\sigma + \frac{1}{1.5\epsilon_0}\sigma)t$$

$$\therefore\ \triangle V = \frac{7\sigma}{6\epsilon_0}t$$

구속전하에 대해 알아보자. 구속 체적 전하밀도 $\rho_b = -\vec{\nabla} \cdot \vec{P}$에서 위의 (i)과 (ii)에서 구한 편극밀도는 일정하기 때문에 구속 체적 전하밀도는 0이 된다.
이제 구속 면 전하밀도 $\sigma_b = \vec{P} \cdot \hat{n}$을 구해보자.
먼저 슬래브-1의 상단에서의 구속 면 전하밀도는

$$\sigma_b^{s1상단} = \vec{P}_{s1} \cdot \hat{n} = \vec{P}_{s1} \cdot \hat{z} = (-\frac{1}{2}\sigma\hat{z}) \cdot \hat{z} = -\frac{1}{2}\sigma$$

그리고 슬래브-1의 하단에서의 구속 면 전하밀도는 다음과 같다.

$$\sigma_b^{s1하단} = \vec{P}_{s1} \cdot \hat{n} = \vec{P}_{s1} \cdot (-\hat{z}) = (-\frac{1}{2}\sigma\hat{z}) \cdot (-\hat{z}) = \frac{1}{2}\sigma$$

유사한 방법으로 슬래브-2의 상단에서의 구속 면 전하밀도는

$$\sigma_b^{s2상단} = \vec{P}_{s2} \cdot \hat{n} = \vec{P}_{s2} \cdot \hat{z} = (-\frac{1}{3}\sigma\hat{z}) \cdot \hat{z} = -\frac{1}{3}\sigma$$

그리고 슬래브-2의 하단에서의 구속 면 전하밀도

$$\sigma_b^{s2하단} = \vec{P}_{s2} \cdot \hat{n} = \vec{P}_{s2} \cdot (-\hat{z}) = (-\frac{1}{3}\sigma\hat{z}) \cdot (-\hat{z}) = \frac{1}{3}\sigma$$

을 얻는다.
총 전하밀도 $\sigma_t$는 자유 전하밀도와 구속 전하밀도의 합이므로 다음과 같이 표현된다.

$$\sigma_t = \sigma_f + \sigma_b$$

그러면 슬래브-1의 상단에서의 총 전하밀도는

$$\sigma_t^{s1상단} = \sigma^{상단} + \sigma_b^{s1상단} = \sigma - \frac{1}{2}\sigma = \frac{1}{2}\sigma$$

가 되며 이 전하에 의해 생성되는 전기장은

$$2E_{s1}^{상단}A = \frac{\sigma_t^{s1상단}}{\epsilon_0}A \Rightarrow E_{s1}^{상단} = \frac{\sigma_t^{s1상단}}{2\epsilon_0} = \frac{1}{4\epsilon_0}\sigma$$

$$\therefore\ \vec{E}_{s1}^{상단} = -\frac{1}{4\epsilon_0}\sigma\hat{z}$$

반면에 슬래브-1의 하단의 총 전하밀도는

$$\sigma_t^{s1하단} = \sigma_t^{s1상단} + \sigma_b^{s2상단} + \sigma_b^{s2하단} + \sigma^{아래판} = \frac{1}{2}\sigma - \frac{1}{3}\sigma + \frac{1}{3}\sigma - \sigma = -\frac{1}{2}\sigma$$

가 되어 이 전하에 의해 생성되는 전기장은

$$2E_{s1}^{하단}A = \frac{\sigma_t^{s1하단}}{\epsilon_0}A \Rightarrow E_{s1}^{하단} = \frac{\sigma_t^{s1하단}}{2\epsilon_0} = -\frac{1}{4\epsilon_0}\sigma$$

$$\therefore \vec{E}_{s1}^{하단} = -\frac{1}{4\epsilon_0}\sigma\hat{z}$$

가 되어 슬래브-1에 생성된 전기장은 위의 두 전기장의 합이므로

$$\therefore \vec{E}_{s1} = \vec{E}_{s1}^{상단} + \vec{E}_{s1}^{하단} = -\frac{1}{2\epsilon_0}\sigma\hat{z}$$

이 된다. 자유전하와 구속전하의 정보로 구한 이 전기장의 결과는 기대한 대로 가우스 법칙으로부터 구한 전기장의 결과인 식 (예-4.11.1)과 같다.

그리고 유사한 방법으로 슬래브-2의 상단에서의 총 전하밀도는

$$\sigma_t^{s2상단} = \sigma^{상판} + \sigma_b^{s1상단} + \sigma_b^{s1하단} + \sigma_b^{s2상단} = \sigma - \frac{1}{2}\sigma + \frac{1}{2}\sigma - \frac{1}{3}\sigma = \frac{2}{3}\sigma$$

이 전하에 의해 생성되는 전기장은

$$2E_{s2}^{상단}A = \frac{\sigma_t^{s2상단}}{\epsilon_0}A \Rightarrow E_{s2}^{상단} = \frac{\sigma_t^{s2상단}}{2\epsilon_0} = \frac{1}{3\epsilon_0}\sigma$$

$$\therefore \vec{E}_{s2}^{상단} = -\frac{1}{3\epsilon_0}\sigma\hat{z}$$

반면에 슬래브-2의 하단의 총 전하밀도는

$$\sigma_t^{s2하단} = \sigma_b^{s2하단} + \sigma^{아래판} = \frac{1}{3}\sigma - \sigma = -\frac{2}{3}\sigma$$

이 전하에 의해 생성되는 전기장은

$$2E_{s2}^{하단}A = \frac{\sigma_t^{s2하단}}{\epsilon_0}A \Rightarrow E_{s2}^{하단} = \frac{\sigma_t^{s2하단}}{2\epsilon_0} = \frac{1}{3\epsilon_0}\sigma$$

$$\therefore \vec{E}_{s2}^{하단} = -\frac{1}{3\epsilon_0}\sigma\hat{z}$$

그러므로 슬래브-2에 생성된 전기장은 위의 드 전기장의 합이므로

$$\therefore \vec{E}_{s2} = \vec{E}_{s2}^{상단} + \vec{E}_{s2}^{하단} = -\frac{2}{3\epsilon_0}\sigma\hat{z}$$

결과적으로 자유전하와 구속전하의 정보로 구한 이 전기장의 결과는 기대한 대로 가우스 법칙으로부터 구한 전기장의 결과인 식 (예-4.11.2)와 같다.
이들 결과를 그림으로 나타내면 다음과 같다.

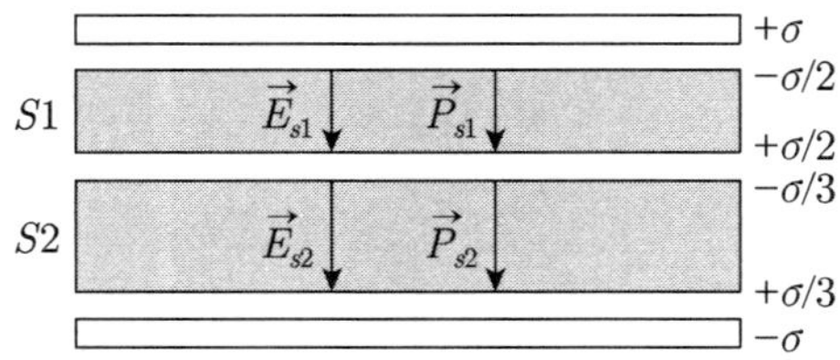


**그림 4.22**

**예제 4.12**

반경 $R$이며 비유전율 $\epsilon_r$을 갖는 선형 유전체 구가 균일한 자유 전하밀도 $\rho$에 완전히 잠겨 있다고 가정할 때 (i) 구 안과 밖에서의 전기 변위장과 전기장을 구하고 (ii) 구 중심에서의 전위를 구하세요.

**풀이**

가우스 법칙 $\oint \vec{D} \cdot d\vec{a} = Q_f$을 적용하면

(i) $r > R$인 경우

$$D(4\pi r^2) = \rho(\frac{4}{3}\pi R^3) \Rightarrow \vec{D} = \frac{\rho R^3}{3r^2}\hat{r} \Rightarrow \vec{E} = \frac{\vec{D}}{\epsilon_0} = \frac{\rho R^3}{3\epsilon_0 r^2}\hat{r}$$

(ii) $r < R$인 경우

$$D(4\pi r^2) = \rho(\frac{4}{3}\pi r^3) \Rightarrow \vec{D} = \frac{1}{3}\rho r\hat{r} \Rightarrow \vec{E} = \frac{\vec{D}}{\epsilon} = \frac{\rho r}{3\epsilon_0\epsilon_r}\hat{r}$$

그러므로 구 중심에서의 전위는 다음과 같이 얻을 수 있다.

$$V = -\int_{\infty}^{R}\vec{E}\cdot d\vec{\ell} - \int_{R}^{0}\vec{E}\cdot d\vec{\ell} = -\int_{\infty}^{R}\frac{\rho R^3}{3\epsilon_0 r^2}dr - \int_{R}^{0}\frac{\rho r}{3\epsilon_0\epsilon_r}dr$$

$$= \left[\frac{\rho R^3}{3\epsilon_0 r}\right]_{\infty}^{R} - \left[\frac{\rho}{3\epsilon_0\epsilon_r}\frac{1}{2}r^2\right]_{R}^{0} = \frac{\rho R^2}{3\epsilon_0} + \frac{\rho}{3\epsilon_0\epsilon_r}\frac{1}{2}R^2 = \frac{\rho R^2}{3\epsilon_0}(1 + \frac{1}{2\epsilon_r})$$

$$\therefore V = \frac{\rho R^2}{3\epsilon_0}(1 + \frac{1}{2\epsilon_r})$$

## 4.5 유전체에서의 에너지

유전체로 채워진 축전기에 대한 에너지에 대해 살펴보자.

앞 장에서 배웠듯이 축전기의 전위가 $V_0$가 도도록 전하를 충전시키기 위해서는

$$W = \frac{1}{2}C_0 V_0^2 \quad (\text{또는 } \frac{1}{2}Q_0 V_0) \tag{4.5.1}$$

의 일을 해야 하고 일만큼의 에너지가 축전기에 저장된다. 축전기가 비유전율 $\epsilon_r$을 갖는 유전체로 채워지면 정전용량은 $C = \epsilon_r C_0$로 증가하게 되어 축전기에 더 많은 에너지가 저장될 수 있다. 그 이유는 유전체가 있는 경우 구속전하에 의해 전기장의 일부가 상쇄되는 효과가 있어 전위가 줄어들게 되고 결국 주어진 전위를 유지하기 위해서는 더 많은 일을 해야 하기 때문이다.

전위 $V$을 갖는 자유 전하분포 $\rho_f$에 대해 $\triangle\rho_f$만큼의 자유전하를 증가시키는 데 필요한 일은

$$\begin{aligned}\triangle W &= \int \triangle\rho_f V dv \quad (\text{여기서 } \vec{\nabla}\cdot\vec{D} = \rho_f \Rightarrow \vec{\nabla}\cdot\triangle\vec{D} = \triangle\rho_f) \\ &= \int(\vec{\nabla}\cdot\triangle\vec{D})\,V dv^{(30)} \\ &= \int \vec{\nabla}\cdot(V\triangle\vec{D})dv - \int\triangle\vec{D}\cdot(\vec{\nabla}V)dv\end{aligned}$$

이 되어 오른편 첫 번째 적분에 발산 정리를 적용하면 위 식은 다음과 같이 된다.

$$\triangle W = \int(V\triangle\vec{D})\cdot d\vec{a} - \int\triangle\vec{D}\cdot(\vec{\nabla}V)dv$$

여기서 오른편 첫 번째 항의 피적분함수는 $\frac{1}{r}$인 전위와 $\frac{1}{r^2}$인 전기 변위장의 곱이므로 모든 닫힌 공간에 관한 면 적분은 $\frac{1}{r^2}$이 된다. 따라서 $r\to\infty$에서 0이 되므로 위 식은

---

(30) 식 (2.3.12) $f(\vec{\nabla}\cdot\vec{A}) = -\vec{A}\cdot\vec{\nabla}f + \vec{\nabla}\cdot(f\vec{A})$로부터 $\int f(\vec{\nabla}\cdot\vec{A})dv = \int\vec{\nabla}\cdot(f\vec{A})dv - \int\vec{A}\cdot(\vec{\nabla}f)dv$이므로 $f\to V$ 그리고 $\vec{A}\to\triangle\vec{D}$을 대입하면 된다.

$$\triangle W = -\int \triangle \vec{D} \cdot (\vec{\nabla} V) dv = \int \triangle \vec{D} \cdot \vec{E} dv \quad (\because \vec{E} = -\vec{\nabla} V \text{이므로})$$

$$= \int (\epsilon \triangle \vec{E}) \cdot \vec{E} dv = \frac{1}{2} \triangle \left[ \int \epsilon \vec{E} \cdot \vec{E} dv \right] = \frac{1}{2} \triangle \left[ \int \vec{D} \cdot \vec{E} dv \right]$$

이 되므로 자유 전하분포 $\rho_f$을 채우는 데 필요한 총 에너지는 다음과 같다.

$$W = \frac{1}{2} \int \vec{D} \cdot \vec{E} dv \tag{4.5.2}$$

**예제 4.13**

전하 $Q$을 갖는 반경이 $a$인 도체 구를 반경이 $b$, 전기 감수율이 $\chi_e$인 선형 유전체 구가 감싸고 있는 경우에 대한 에너지를 구하세요.

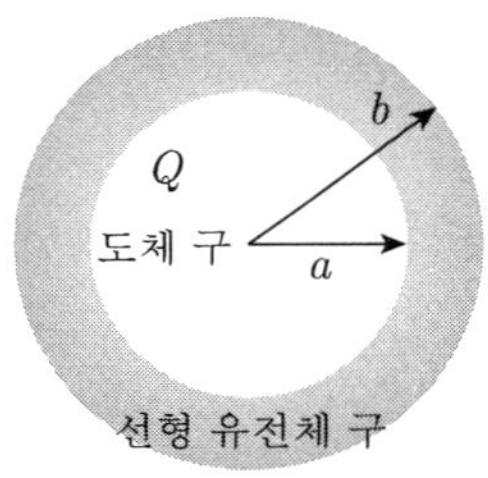


**그림 4.23**

**풀이**

가우스 법칙 $\oint \vec{D} \cdot d\vec{a} = Q_f$을 적용하면

(i) $r < a$인 경우

가우스 면에 둘러싸여 있는 자유전하가 0이므로

$$\vec{D} = 0$$

(ii) $a < r < b$ 그리고 $r > b$인 경우

가우스 면에 둘러싸여 있는 자유전하가 $Q$이므로

$$D(4\pi r^2) = Q \Rightarrow \vec{D} = \frac{Q}{4\pi r^2} \hat{r} \tag{예-4.13.1}$$

그러면

$$\vec{D}=\epsilon_0\vec{E}+\vec{P}=\epsilon_0\vec{E}+\epsilon_0\chi_e\vec{E}=\epsilon_0(1+\chi_e)\vec{E} \Rightarrow \therefore\ \vec{E}=\frac{\vec{D}}{\epsilon_0(1+\chi_e)}$$

(i) $r<a$인 경우

$$\vec{E}=0 \quad (\because \text{ 도체이므로})$$

(ii) $a<r<b$인 경우

$$\vec{E}=\frac{\vec{D}}{\epsilon}=\frac{\vec{D}}{\epsilon_0(1+\chi_e)}=\frac{1}{\epsilon_0(1+\chi_e)}\left(\frac{Q}{4\pi r^2}\hat{r}\right)=\frac{Q}{4\pi\epsilon_0(1+\chi_e)r^2}\hat{r} \qquad (\text{예}-4.13.2)$$

(ii) $r>b$인 경우

$$\vec{E}=\frac{\vec{D}}{\epsilon_0}=\frac{1}{\epsilon_0}\left(\frac{Q}{4\pi r^2}\hat{r}\right)=\frac{Q}{4\pi\epsilon_0 r^2}\hat{r} \qquad (\text{예}-4.13.3)$$

($\because$ 이 영역에서는 $\chi_e=0$이므로 $\epsilon\to\epsilon_0$이 된다.)

전기장과 전기 변위장은 $r$만의 함수이다.
에너지는 식 (4.5.2)에 식 (예−4.13.1), (예−4.13.2), 그리고 (예−4.13.3)를 대입하면 다음과 같다.

$$W=\frac{1}{2}\iiint(DE)(r^2\sin\theta drd\theta d\phi)=2\pi\left[\int_a^b(DE)r^2dr+\int_b^\infty(DE)r^2dr\right]$$

$$=2\pi\left[\int_a^b\frac{Q^2}{(4\pi)^2\epsilon_0(1+\chi_e)}\frac{1}{r^2}dr+\int_b^\infty\frac{Q^2}{(4\pi)^2\epsilon_0}\frac{1}{r^2}dr\right]$$

$$=\frac{Q^2}{8\pi\epsilon_0}\left[\int_a^b\frac{1}{(1+\chi_e)}\frac{1}{r^2}dr+\int_b^\infty\frac{1}{r^2}dr\right]$$

$$=\frac{Q^2}{8\pi\epsilon_0}\left[\frac{1}{(1+\chi_e)}\left(\frac{-1}{r}\right)_a^b+\left(\frac{-1}{r}\right)_b^\infty\right]$$

$$=\frac{Q^2}{8\pi\epsilon_0}\left[\frac{1}{(1+\chi_e)}\left(\frac{1}{a}-\frac{1}{b}\right)+\frac{1}{b}\right]$$

$$\therefore\ W=\frac{Q^2}{8\pi\epsilon_0(1+\chi_e)}\left(\frac{1}{a}+\frac{\chi_e}{b}\right)$$

## 연습문제

**01** 원자 편극성 $\alpha$을 갖는 원자로부터 $\vec{r}$만큼 떨어져 있는 곳에 점전하 $q$가 놓여 있을 때 (a) 원자에 유도된 전기 쌍극자 모멘트 $\vec{p}$와 (b) 원자와 점전하 사이의 힘을 구하세요.

**풀이**

(a) 점전하 $q$에 의한 $\vec{r}$만큼 떨어진 곳에서의 전기장은 $\vec{E} = \frac{q}{4\pi\epsilon_0 r^2}\hat{r}$이며, 이 전기장에 의해 원자에 유도된 전기 쌍극자 모멘트는 $\vec{p} = \alpha\vec{E} = \frac{\alpha q}{4\pi\epsilon_0 r^2}\hat{r}$가 된다.

(b) 그때 포텐셜 에너지는

$$U = -\frac{1}{2}\vec{p}\cdot\vec{E} = -\frac{1}{2}\left(\frac{\alpha q}{4\pi\epsilon_0 r^2}\hat{r}\right)\cdot\left(\frac{q}{4\pi\epsilon_0 r^2}\hat{r}\right) = -\frac{1}{2}\left(\frac{q}{4\pi\epsilon_0 r^2}\right)^2\alpha$$

이며, 여기서 $\frac{1}{2}$은 쌍극자 모멘트가 전기장에 의해 유도되었기 때문이다.

그러므로 힘은 다음과 같다.

$$\vec{F} = -\vec{\nabla}U = -\vec{\nabla}\left[-\frac{1}{2}\left(\frac{q}{4\pi\epsilon_0 r^2}\right)^2\alpha\right]$$

$$= \frac{1}{2}\left(\frac{q}{4\pi\epsilon_0}\right)^2\alpha\frac{d}{dr}\left(\frac{1}{r^4}\right)\hat{r} = -2\alpha\left(\frac{q}{4\pi\epsilon_0}\right)^2\frac{1}{r^5}\hat{r}$$

**02** 편극밀도 $\vec{P}(\vec{r}) = k\vec{r}$을 갖는 반경 $R$인 구가 있다. 여기서 $k$은 상수이고 $\vec{r}$은 구 중심으로부터 쌍극자가 있는 지점까지의 거리벡터이다. 이때 (a) 구속 면 전하밀도 $\sigma_b$와 구속 체적 전하밀도 $\rho_b$을 구하고 (b) 구의 안과 밖에서의 전기장을 각각 구하세요.

**풀이**

(a) 구속 면 전하밀도는

$$\sigma_b = \vec{P}\cdot\hat{n}|_{r=R} = k\vec{r}\cdot\hat{r}|_{r=R} = kr(\hat{r}\cdot\hat{r})|_{r=R} = kR$$

그리고 구속 체적 전하밀도는

$$\rho_b = -\vec{\nabla}\cdot\vec{P}$$

$$= -\left[\frac{1}{r^2\sin\theta}\frac{\partial}{\partial r}(r^2\sin\theta P_r) + \frac{1}{r^2\sin\theta}\frac{\partial}{\partial\theta}(r\sin\theta P_\theta) + \frac{1}{r^2\sin\theta}\frac{\partial}{\partial\phi}(rP_\phi)\right]$$

여기서 편극밀도는 $r$만의 함수이므로 $P_\theta = P_\phi = 0$가 되어 위 식은 다음과 같이 된다.

$$\rho_b = -\frac{1}{r^2\sin\theta}\frac{\partial}{\partial r}(r^2\sin\theta P_r) = -\frac{1}{r^2}\frac{d}{dr}(r^2P_r) = -\frac{k}{r^2}\frac{d}{dr}r^3 = -3k$$

(b) (i) 구 밖에서의 전기장은

$$E(r) = \frac{1}{4\pi\epsilon_0}\frac{(4\pi R^2\sigma_b)}{r^2} + \frac{1}{4\pi\epsilon_0}\frac{(\frac{4\pi R^3}{3}\rho_b)}{r^2}$$

$$= \frac{1}{\epsilon_0}\frac{R^2(kR)}{r^2} + \frac{1}{\epsilon_0}\frac{R^3(-3k)}{3r^2}$$

$$= \frac{kR^3}{\epsilon_0 r^2} - \frac{kR^3}{\epsilon_0 r^2} = 0$$

$$\therefore\ \vec{E}(\vec{r}) = 0$$

(ii) 구 안에서 구속 면 전하밀도는 구 표면에만 존재하므로 전기장에 기여는 0이 되고 구속 체적 전하밀도에 의한 전기장만 구하면 된다.

$$E(r) = \frac{1}{4\pi\epsilon_0}\frac{(\frac{4\pi r^3}{3}\rho_b)}{r^2} = \frac{1}{\epsilon_0}\frac{r(-3k)}{3} = -\frac{kr}{\epsilon_0}$$

$$\therefore\ \vec{E}(\vec{r}) = -\frac{k\vec{r}}{\epsilon_0}$$

**03** 균일한 외부 전기장 $E_0\hat{z}$에 절대유전율 $\epsilon$인 유전체가 놓여 있으며 유전체 내에 반경 $R$인 구형 공동이 있을 때 구형 공동 안에서의 전기장과 쌍극자 모멘트를 구하세요.

**풀이**

이 문제는 [예제 4.8]에서 $\epsilon \rightarrow \epsilon_0$ 그리고 $\epsilon_0 \rightarrow \epsilon$로 바꾸면 된다.

결과적으로 $\epsilon_r = \dfrac{\epsilon}{\epsilon_0} \rightarrow \dfrac{\epsilon_0}{\epsilon} = \dfrac{1}{\epsilon_r}$이 되므로 [예제 4.8]에서 구한 결과에서 $\epsilon_r$을 $\dfrac{1}{\epsilon_r}$로 바꾸면 된다. 그러면 식 (예-4.8.13)으로부터 구형 공동 안에서의 전기장은

$$\vec{E}_{\text{안}} = \left[\frac{3}{(1/\epsilon_r)+2}\right]\vec{E}_0 = \frac{3\epsilon_r}{2\epsilon_r+1}\vec{E}_0$$

그리고 식 (예-4.8.14)로부터 전기 쌍극자 모멘트는

$$\vec{p} = 4\pi\epsilon_0\left[\frac{(1/\epsilon_r)-1}{(1/\epsilon_r)+2}\right]R^3\vec{E}_0 = -4\pi\epsilon_0\left(\frac{\epsilon_r-1}{2\epsilon_r+1}\right)R^3\vec{E}_0$$

가 된다.

**04** 비유전율 $\epsilon_{r1}$을 갖는 선형 유전체가 비유전율 $\epsilon_{r2}$을 갖는 다른 선형 유전체와 붙어 있고 경계면에 자유전하가 없다고 가정할 때 $\dfrac{\tan\theta_1}{\tan\theta_2} = \dfrac{\epsilon_{r2}}{\epsilon_{r1}}$의 관계를 만족함을 증명하세요.

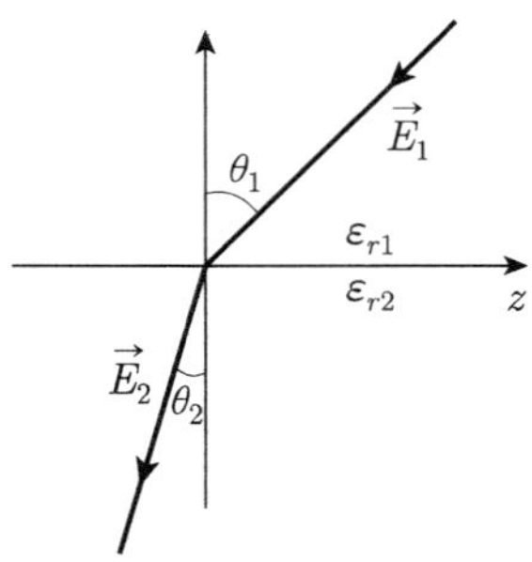


**그림 4.24**

**풀이**

그림으로부터 다음의 관계를 얻는다.

$$\begin{cases} \tan\theta_1 = \dfrac{E_{1z}}{\sqrt{E_{1x}^2+E_{1y}^2}} = \dfrac{D_{1z}/(\epsilon_0\epsilon_{r1})}{\sqrt{E_{1x}^2+E_{1y}^2}} \\ \tan\theta_2 = \dfrac{E_{2z}}{\sqrt{E_{2x}^2+E_{2y}^2}} = \dfrac{D_{2z}/(\epsilon_0\epsilon_{r2})}{\sqrt{E_{2x}^2+E_{2y}^2}} \end{cases} \tag{1}$$

그리고 경계조건 관계식인 식 (4.3.6)으로부터

$$\begin{cases} E_{1\parallel} = E_{2\parallel} \Rightarrow \dfrac{D_{1\parallel}}{\epsilon_0 \epsilon_{r1}} = \dfrac{D_{2\parallel}}{\epsilon_0 \epsilon_{r2}} \\ D_{1\perp} - D_{2\perp} = \rho_f \Rightarrow \epsilon_{r1} E_{1\perp} - \epsilon_{r2} E_{2\perp} = \dfrac{\rho_f}{\epsilon_0} \end{cases}$$

이다. 경계면($xy-$평면)에 자유전하가 없으므로 위 식의 두 번째 관계식의 오른편은 0이 되어 다음의 관계식을 얻는다.

$$\begin{cases} E_{1\parallel} = E_{2\parallel} \Rightarrow \sqrt{E_{1x}^2 + E_{1y}^2} = \sqrt{E_{2x}^2 + E_{2y}^2} \\ D_{1\perp} = D_{2\perp} \Rightarrow D_{1z} = D_{2z} \end{cases} \tag{2}$$

그러면 식 (1)과 (2)으로부터

$$\frac{\tan\theta_1}{\tan\theta_2} = \frac{D_{1z}/(\epsilon_0 \epsilon_{r1})}{D_{2z}/(\epsilon_0 \epsilon_{r2})} = \frac{\epsilon_{r2}}{\epsilon_{r1}}$$

을 얻을 수 있다.

**05** 전위차가 $V$이고 떨어져 있는 거리가 $d$인 평행판 축전기의 평판(전하량은 $Q$, 길이는 $\ell$, 폭은 $W$) 사이의 공간에 비유전율 $\epsilon_r$인 선형 유전체로 평판 길이인 $\ell$에 관해 $(\ell - x)$만큼 채울 경우에 대해서 유전체에 작용하는 전기력을 구하고 평판 길이의 반만큼만 유전체로 채울 경우의 정전용량을 구하세요.

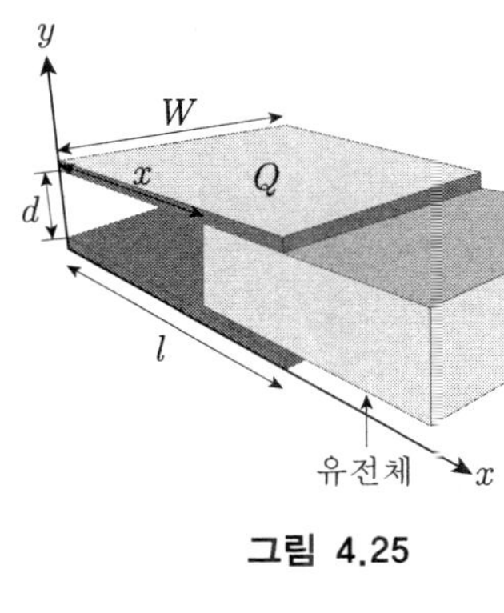


**그림 4.25**

**풀이**

(i) 평판 사이의 공간에 유전체가 없는 경우의 정전용량은 $C_0 = \epsilon_0 \dfrac{A}{d}$ 임을 배웠다.

(ii) 평판 사이의 공간을 비유전율 $\epsilon_r$을 갖는 유전체로 채울 경우, 유전체 위 표면의

구속 면 전하밀도를 편극밀도로부터 구해보면 다음과 같다.

$$P = \epsilon_0 \chi_e E = \epsilon_0 \chi_e \frac{V}{d} \Rightarrow \sigma_b = \vec{P} \cdot \hat{n} = (-P\hat{y}) \cdot \hat{y} = -\epsilon_0 \chi_e \frac{V}{d}$$

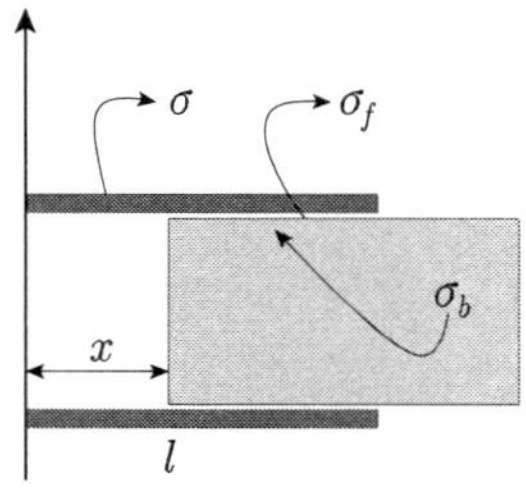


**그림 4.26**

그리고 유전체가 없는 영역에서 축전기 내의 전기장은 다음과 같다.

$$E = \frac{\sigma}{\epsilon_0} \Rightarrow \sigma = \epsilon_0 E = \epsilon_0 \frac{V}{d}$$

그러면 자유 전하밀도는

$$\sigma_f = \sigma - \sigma_b = \epsilon_0 \frac{V}{d} - (-\epsilon_0 \chi_e \frac{V}{d}) = \epsilon_0 (1 + \chi_e) \frac{V}{d} = \epsilon_0 \epsilon_r \frac{V}{d}$$

그때

$$C = \frac{Q}{V} = \frac{1}{V}\left[\sigma_f w(\ell - x) + \sigma w x\right] = \frac{w}{V}\left[\epsilon_0 \epsilon_r \frac{V}{d}(\ell - x) + \epsilon_0 \frac{V}{d} x\right]$$
$$= \epsilon_0 \frac{w}{d}[\epsilon_r(\ell - x) + x]$$

$$\therefore \ C = \epsilon_0 \frac{w}{d}[\epsilon_r(\ell - x) + x] = \frac{\epsilon_0 w}{d}[\epsilon_r \ell + (1 - \epsilon_r)x] = \frac{\epsilon_0 w}{d}(\epsilon_r \ell - \chi_e x) \qquad (1)$$

또 다른 방법으로도 정전용량을 구할 수 있다. 위 축전기는 유전체가 없는 축전기1과 유전체가 있는 축전기2로 구성된 병렬 축전기와도 같아서 식 (4.4.8)의 첫 번째 관계식을 사용하면 된다.

$$C = C_1 + C_2 = \epsilon_0 \frac{\omega x}{d} + \epsilon \frac{\omega(\ell - x)}{d} = \frac{\epsilon_0 \omega}{d}\left[x + \epsilon_r(\ell - x)\right]$$

$$= \frac{\epsilon_0 \omega}{d}\left[\epsilon_r \ell + (1-\epsilon_r) - x\right] = \frac{\epsilon_0 \omega}{d}(\epsilon_r \ell - \chi_e x)$$

즉, 정전용량 $C_1$과 $C_2$를 더하면 식 (1)과 같은 결과를 얻는다.

이때 유전체에 작용한 전기력을 다음과 같이 얻을 수 있다.

$$F_x = \frac{dW}{dx} = \frac{d}{dx}\left(\frac{1}{2}CV^2\right) = \frac{1}{2}V^2\frac{dC}{dx} = \frac{1}{2}V^2\left[\frac{\epsilon_0 u}{d}\frac{d}{dx}(\epsilon_r \ell - \chi_e x)\right]$$

$$\therefore\ \vec{F} = -\frac{\epsilon_0 w}{2d}\chi_e V^2 \hat{x}$$

전기력이 음의 부호를 갖는다는 것은 축전기 안으로 유전체를 당기는 것을 의미한다. 즉, 유전체를 당기는 것과 직접적인 관계가 있는 가장자리 장(fringing field)에 대한 정보 없이 전기력을 구했다.

만약 축전기 길이의 반만큼만 유전체로 채워질 경우에는 $x = \frac{\ell}{2}$이므로 이를 식 (1)에 대입하면

$$C = \epsilon_0 \frac{w}{d}\left[\epsilon_r\left(\ell - \frac{\ell}{2}\right) + \frac{\ell}{2}\right] = \epsilon_0 \frac{w\ell}{2d}(\epsilon_r + 1) = \epsilon_0 \frac{A}{2d}(\epsilon_r + 1)$$

인 정전용량을 얻는다.

**06** 반경 $a$와 반경 $b$(여기서 $b > a$)인 동축 케이블의 반은 비유전율 $\epsilon_{r1}$로 나머지 반은 비유전율 $\epsilon_{r2}$로 채워져 있을 경우의 정전용량을 구하세요.

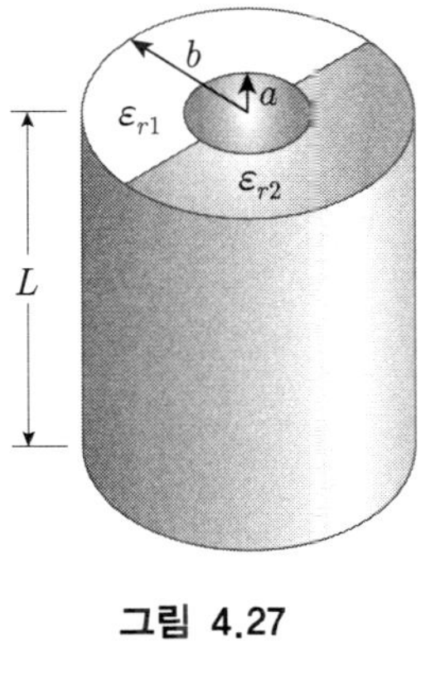


**그림 4.27**

**풀이**

유전율이 서로 다른 유전체가 만나는 경계면은 전기장과 변위 전기장의 방향과 같은 방향이어서 비유전율 $\epsilon_{r1}$과 비유전율 $\epsilon_{r2}$를 갖는 두 원통형 축전기가 병렬로 연결되어 있는 것으로 간주할 수 있다.

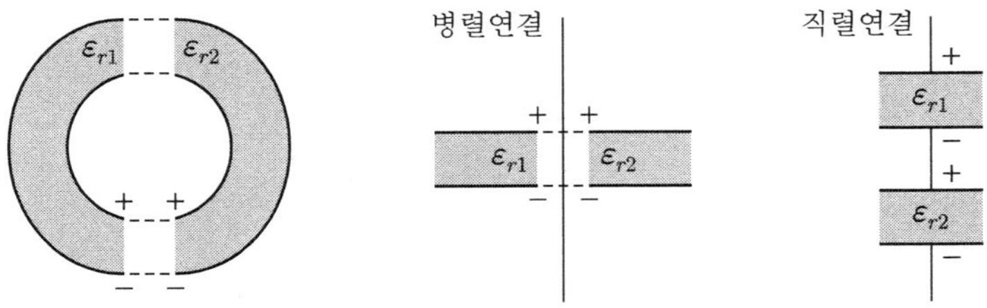


**그림 4.28**

두 원통형($b > a$) 도체 사이에서의 정전용량은 [예제 3.11]에서와 유사한 방법으로 구할 수 있다.

(i) 가우스 법칙으로부터 원통형 축전기 사이의 전기장을 다음과 같이 구할 수 있다.

$$\oint \vec{D} \cdot d\vec{a} = q_f \Rightarrow \epsilon E(\pi r L) = q \Rightarrow E = \frac{q}{\pi \epsilon r L} \quad (\because \text{ 반만 채워져 있으므로})$$

(ii) 전기장과 전위와의 관계식으로부터 전위를 다음과 같이 구할 수 있다.

$$-V = -\int_a^b \vec{E} \cdot d\vec{\ell} \Rightarrow V = \frac{q}{\pi \epsilon L}\int_a^b \frac{dr}{r} = \frac{q}{\pi \epsilon L}(\ln b - \ln a) = \frac{q}{\pi \epsilon L}\ln(b/a)$$

(iii) 정전용량 $C = \dfrac{Q}{V}$이므로

$$\therefore\ C = \frac{q}{\dfrac{q}{\pi \epsilon L}\ln(b/a)} = \frac{\pi \epsilon L}{\ln(b/a)}$$

그러므로

$$C_1 = \frac{\pi \epsilon L}{\ln(b/a)} = \frac{\pi \epsilon_0 \epsilon_{r1} L}{\ln(b/a)} \text{ 그리고 } C_2 = \frac{\pi \epsilon_0 \epsilon_{r2} L}{\ln(b/a)}$$

$$\therefore\ C = C_1 + C_2 = \frac{\pi \epsilon_0 \epsilon_{r1} L}{\ln(b/a)} + \frac{\pi \epsilon_0 \epsilon_{r2} L}{\ln(b/a)} = \frac{\pi \epsilon_0 (\epsilon_{r1} + \epsilon_{r2}) L}{\ln(b/a)}$$

여기서 $\dfrac{\epsilon_{r1}+\epsilon_{r2}}{2}=\epsilon_{r\text{평균}}$으로 놓으면 위 식은 다음과 같이 표현된다.

$$C=\frac{2\pi\epsilon_0\epsilon_{r\text{평균}}L}{\ln(b/a)}$$

즉, 이 문제는 원통형$(b>a)$ 축전기 사이에 두 다른 유전체로 채워진 축전기의 정전용량은 축전기 사이의 공간에 하나의 비유전율 $\epsilon_{r\text{평균}}$로 채워진 원통형 축전기로 다룰 수 있음을 의미한다.

**07** 전위 $V_0$에 있는 반경 $R$인 도체 구가 전기 감수율 $\chi_e$인 선형 유전체에 반쯤 잠겨져 있다. 이때 자유전하 $Q_f$을 구하세요.

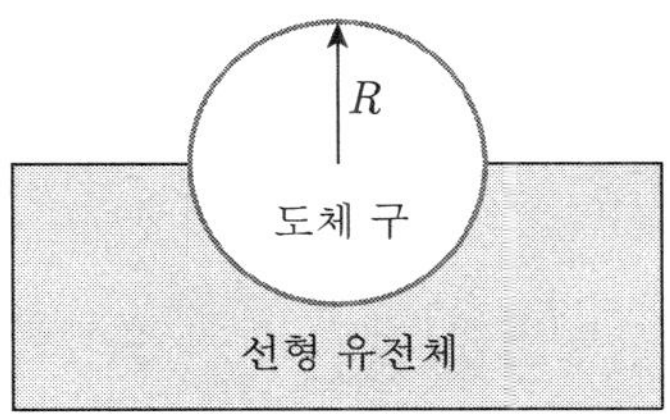


**그림 4.29**

**풀이**

유전체가 없을 때 도체 구 안에서의 전기장은 0이므로 일정한 전위($V_0$)을 갖는다. 구 바깥의 경우에는 가우스 법칙을 사용해서 전기장을 구한 뒤 전위를 구하면 $E_{\text{밖}}=\dfrac{Q}{4\pi\epsilon_0 r^2}\Rightarrow V_{\text{밖}}(r)=\dfrac{Q}{4\pi\epsilon_0 r}$이 되는데 구 표면에서 $V_{\text{안}}(R)=V_{\text{밖}}(R)$인 경계 조건을 적용하면 $V_0=\dfrac{Q}{4\pi\epsilon_0 R}$을 얻는다. 따라서

$$V_{\text{밖}}=\frac{Q}{4\pi\epsilon_0 r}=\frac{4\pi\epsilon_0 RV_0}{4\pi\epsilon_0 r}=V_0\frac{R}{r}$$

가 되고 전기장은 다음과 같이 된다.

$$\vec{E}_{\text{밖}}=\frac{Q}{4\pi\epsilon_0 r^2}\hat{r}=\frac{4\pi\epsilon_0 RV_0}{4\pi\epsilon_0 r^2}\hat{r}=V_0\frac{R}{r^2}\hat{r}$$

반면에 구 표면에서 또 다른 경계조건인 $\frac{\partial V_{밖}}{\partial r}|_{r=R} - \frac{\partial V_{안}}{\partial r}|_{r=R} = -\frac{\sigma_t}{\epsilon_0}$(여기서 $\sigma_t$은 자유 전하밀도와 구속 전하밀도의 합인 총 전하밀도)로부터

$$\sigma_t = -\epsilon_0\left[\frac{\partial V_{밖}}{\partial r}|_{r=R} - \frac{\partial V_{안}}{\partial r}|_{r=R}\right] = -\epsilon_0\left(-V_0\frac{R}{R^2} - 0\right) = \frac{\epsilon_0 V_0}{R} \tag{1}$$

을 얻는다. 총 전하밀도 $\sigma_t$은 상수이므로 총 전하는 구 표면에 고르게 분포되어 있음을 알 수 있다.

(i) 이때 도체 구 밖$(r > R)$이면서 $z < 0$인 영역에서 선형 유전체의 편극밀도는

$$\vec{P} = \epsilon_0\chi_e\vec{E}_{밖} = \epsilon_0\chi_e\left(V_0\frac{R}{r^2}\hat{r}\right) \tag{2}$$

구속 체적 전하밀도는 식 (2)로부터 다음과 같다.

$$\rho_b = -\vec{\nabla}\cdot\vec{P} = -\frac{1}{r^2}\frac{\partial}{\partial r}\left[r^2\left(\epsilon_0\chi_e V_0\frac{R}{r^2}\right)\right] = 0$$

유전체 표면에서의 구속 면 전하밀도는

$$\sigma_b(r=R) = \vec{P}\cdot\vec{n} = \left[\epsilon_0\chi_e\left(V_0\frac{R}{R^2}\hat{r}\right)\right]\cdot(-\hat{r}) = -\epsilon_0\chi_e V_0\frac{1}{R} \tag{3}$$

그러면 자유 전하밀도는 식 (1)과 (3)으로부터

$$\sigma_f = \sigma_t - \sigma_b = \frac{\epsilon_0 V_0}{R} + \frac{\epsilon_0\chi_e V_0}{R} = \frac{\epsilon_0 V_0}{R}(1+\chi_e)$$

가 되어 자유전하는 다음과 같게 된다.

$$\begin{aligned}\Rightarrow Q_f &= \int\sigma_f da = \left[\frac{\epsilon_0 V_0}{R}(1+\chi_e)\right]\frac{4\pi R^2}{2} \\ &= 2\pi\epsilon_0(1+\chi_e)V_0 R \end{aligned}\tag{4}$$

또는 전기 변위장을 구한 뒤에 가우스 법칙을 적용하여 자유전하를 다음과 같이 구할 수도 있다. 전기 변위장은

$$\vec{D} = \epsilon_0\vec{E}_{밖} + \vec{P} = \epsilon_0 V_0\frac{R}{r^2}\hat{r} + \epsilon_0\chi_e V_0\frac{R}{r^2}\hat{r} = \epsilon_0(1+\chi_e)V_0\frac{R}{r^2}\hat{r}$$

그때 자유전하는

$$Q_f = \oint \vec{D} \cdot d\vec{a} = \left[\epsilon_0(1+\chi_e)V_0 \frac{R}{R^2}\right] \frac{4\pi R^2}{2} = 2\pi\epsilon_0(1+\chi_e)V_0 R$$

기대한 대로 식 (4)와 같은 결과를 얻는다.

(ii) 그리고 구 밖($r > R$)이면서 $z > 0$인 영역에서 구속 전하는 0이므로 자유 전하밀도는

$$\sigma_f = \sigma_t - \sigma_b = \frac{\epsilon_0 V_0}{R} + 0 = \frac{\epsilon_0 V_0}{R}$$

가 되어 자유전하는 다음과 같다.

$$Q_f = \int \sigma_f da = \frac{\epsilon_0 V_0}{R} \frac{4\pi R^2}{2} = 2\pi\epsilon_0 V_0 R$$

**08** [예제 4.12]에서 구한 결과를 가지고 그 계의 에너지를 구하세요. 그리고 이 결과와 순수한 정전기적 에너지와 비교해보세요.

**풀이**

[예제 4.12]에서 $r > R$인 경우 전기 변위장과 전기장은

$$\vec{D} = \frac{\rho R^3}{3r^2}\hat{r},\ \vec{E} = \frac{\rho R^3}{3\epsilon_0 r^2}\hat{r}$$

이고 $r < R$인 경우에는

$$\vec{D} = \frac{1}{3}\rho r\hat{r},\ \vec{E} = \frac{\rho r}{3\epsilon_0\epsilon_r}\hat{r}$$

임을 구했다.

그때 그 계의 에너지는 식 (4.5.2)로부터 다음과 같이 얻을 수 있다.

$$\begin{aligned} W &= \frac{1}{2}\left[\int_0^R \vec{D} \cdot \vec{E} dv + \int_R^\infty \vec{D} \cdot \vec{E} dv\right] \\ &= \frac{1}{2}\left[\int_0^R \left(\frac{1}{3}\rho r\hat{r}\right) \cdot \left(\frac{\rho r}{3\epsilon_0\epsilon_r}\hat{r}\right)dv + \int_R^\infty \left(\frac{\rho R^3}{3r^2}\hat{r}\right) \cdot \left(\frac{\rho R^3}{3\epsilon_0 r^2}\hat{r}\right)dv\right] \end{aligned}$$

$$= \frac{1}{2}\int_0^{\pi}\sin\theta d\theta\int_0^{2\pi}d\phi\left[\int_0^R(\frac{1}{3}\rho r\hat{r})\cdot(\frac{\rho r}{3\epsilon_0\epsilon_r}\hat{r})(r^2dr)\right.$$

$$\left.+\int_R^{\infty}(\frac{\rho R^3}{3r^2}\hat{r})\cdot(\frac{\rho R^3}{3\epsilon_0 r^2}\hat{r})(r^2dr)\right]$$

$$= \frac{1}{2}4\pi\left[(\frac{\rho}{3})^2\int_0^R\frac{r^4}{\epsilon_0\epsilon_r}dr + (\frac{\rho R^3}{3})^2\int_R^{\infty}\frac{1}{\epsilon_0}\frac{1}{r^2}dr\right]$$

$$= \frac{1}{2}4\pi\left[(\frac{\rho}{3})^2\frac{R^5}{5\epsilon_0\epsilon_r} + (\frac{\rho R^3}{3})^2\frac{1}{\epsilon_0 R}\right]$$

$$= \frac{1}{2}4\pi(\frac{\rho}{3})^2R^5\left(\frac{1}{5\epsilon_0\epsilon_r}+\frac{1}{\epsilon_0}\right) = \frac{1}{2}4\pi(\frac{\rho}{3})^2R^5\frac{1}{\epsilon_0}\left(\frac{1}{5\epsilon_r}+1\right)$$

$$\therefore\ W = \frac{2\pi}{9\epsilon_0}\rho^2R^5\left(\frac{1}{5\epsilon_r}+1\right) \tag{1}$$

반면에 순수한 정전기적 에너지는 다음과 같다.

$$W = \frac{1}{2}\left[\int_0^R\epsilon_0\vec{E}\cdot\vec{E}dv + \int_R^{\infty}\epsilon_0\vec{E}\cdot\vec{E}dv\right]$$

$$= \frac{1}{2}\epsilon_0\left[\int_0^R E^2dv + \int_R^{\infty}E^2dv\right]$$

$$= \frac{1}{2}\epsilon_0\left[\int_0^R(\frac{\rho r}{3\epsilon_0\epsilon_r})^2dv + \int_R^{\infty}(\frac{\rho R^3}{3\epsilon_0 r^2})^2dv\right]$$

$$= \frac{1}{2}\epsilon_0 4\pi\left[\int_0^R(\frac{\rho r}{3\epsilon_0\epsilon_r})^2r^2dr + \int_R^{\infty}(\frac{\rho R^3}{3\epsilon_0 r^2})^2r^2dr\right]$$

$$= 2\pi\epsilon_0(\frac{\rho}{3\epsilon_0})^2\left[(\frac{1}{\epsilon_r})^2\int_0^R r^4dr + (R^3)^2\int_R^{\infty}\frac{1}{r^2}dr\right]$$

$$= 2\pi\epsilon_0(\frac{\rho}{3\epsilon_0})^2\left(\frac{1}{5\epsilon_r^2}R^5+R^5\right) = 2\pi\epsilon_0(\frac{\rho}{3\epsilon_0})^2R^5\left(\frac{1}{5\epsilon_r^2}+1\right)$$

$$\therefore W = \frac{2\pi}{9\epsilon_0}\rho^2R^5\left(\frac{1}{5\epsilon_r^2}+1\right) \tag{2}$$

유전체의 경우 $\epsilon_r > 1$이므로 식 (1)의 결과가 항상 식 (2)의 결과보다 크다. 왜냐하면 식 (1)은 (2)에 포함되어 있지 않은 유전체의 분자를 늘이는 데 사용한 에너지를 포함하고 있기 때문이다.

CHAPTER 5

# 정자기학

## 5.1 전류와 자기력

지금까지는 전기장을 생성하는 전하가 정지해 있는 정전기학을 다루었다. 이 장에서는 전하가 일정하게 움직이는 경우에 대해서 살펴본다. 정상전류(31)가 흐르는 두 개의 평행한 철사를 고려하자. 철사에 전류가 흐른다는 것은 전하가 움직이는 것으로 간주할 수 있다. 두 철사에 흐르는 전류가 같은 방향이면 철사 사이에는 인력이 작용하고 전류가 반대 방향으로 흐르면 철사 사이에는 척력이 작용한다. 이와 같은 인력과 척력은 철사에 흐르는 전류, 즉 전하의 움직임으로 철사 주위에 생성되는 자기장에 의해 철사에 작용하는 힘인 **자기력**에 기인한다. 정상전류에 의해 생성되는 자기장은 시간과 무관한 정자기학에 속한다.

자기장 $\vec{B}$ 내에서 속도 $\vec{v}$로 움직이는 전하 $q$에 자기장에 의해서 작용하는 자기력 $\vec{F}_B$은 다음과 같이 정의된다.

$$\vec{F}_B = q(\vec{v} \times \vec{B}) \tag{5.1.1}$$

(31) 연속 방정식 $\vec{\nabla} \cdot \vec{J} + \frac{\partial \rho}{\partial t} = 0$에서 $\frac{\partial \rho}{\partial t} = 0$을 조건을 만족하는 전류로서, 어떤 부피 영역으로 전하가 유입되면 그 전하만큼 유출된다는 의미이다.

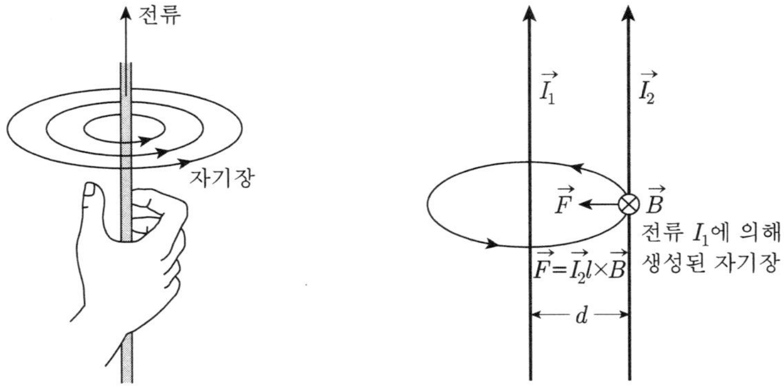


**그림 5.1**

자기력은 전하의 속도와 자기장의 벡터 곱이므로 속도에 수직 방향으로 작용한다. 오른손 엄지를 전류가 향하는 방향으로 했을 때 철사를 감는 손가락 방향이 자기장의 방향이 된다. 즉, 전류 $I_1$가 위로 향하는 방향인 $\hat{z}$로 흐를 때 자기장의 방향은 $\hat{\phi}$ 방향이 된다. 두 철사에 흐르는 전류가 같은 방향인 경우를 고려하자. 왼편 철사로부터 $d$만큼 떨어져 있는 오른편 철사에서의 자기장 $\vec{B}$은 왼편 철사에 흐르는 전류 $I_1$에 의해 생성된 자기장이며, $\vec{F}$은 이 자기장에 의해 전류 $I_2$가 흐르는 오른편 철사에 작용하는 자기력이다. 그러므로 철사 사이에는 인력이 작용한다.

만약 자기장과 전기장 $\vec{E}$이 같이 존재한다면 전자기장에 의해 전하 $q$에 작용하는 힘은 전기장에 의한 전기력 $\vec{F}_E$과 자기장에 의한 자기력 $\vec{F}_B$의 합인 **로렌츠**(Lorentz) **힘** $\vec{F}$로, 다음과 같이 표현된다.

$$\vec{F} = \vec{F}_E + \vec{F}_B = q\vec{E} + q(\vec{v}\times\vec{B}) = q(\vec{E} + \vec{v}\times\vec{B}) \tag{5.1.2}$$

이때 자기력이 전하 $q$을 미소거리 $d\ell$만큼 이동시키는 데 한 일을 계산해보면

$$dW = \vec{F}_B \cdot d\vec{\ell} = q(\vec{v}\times\vec{B}) \cdot (\frac{d\vec{\ell}}{dt}dt) = q(\vec{v}\times\vec{B}) \cdot \vec{v}dt$$

이다. 여기서 $(\vec{v}\times\vec{B})\perp\vec{v}$이므로 오른편의 결과는 0이 된다.
즉, 전기력은 하전입자에 일을 하여 입자의 속도를 바꿀 수 있는 반면에 자기력이 하는 일은 없어서 하전입자의 방향은 바꿀 수 있지만 입자의 속도를 바꿀 수는 없다.

**예제 5.1**

일정한 자기장 $\vec{B}$는 종이 안으로 향하는 방향이다. 이때 $+q$인 하전입자가 자기장과 수직인 방향으로 속도 $\vec{v}$로 입사하는 경우, 이 하전입자의 속도와 원운동을 하는 각진동수를 구하세요.

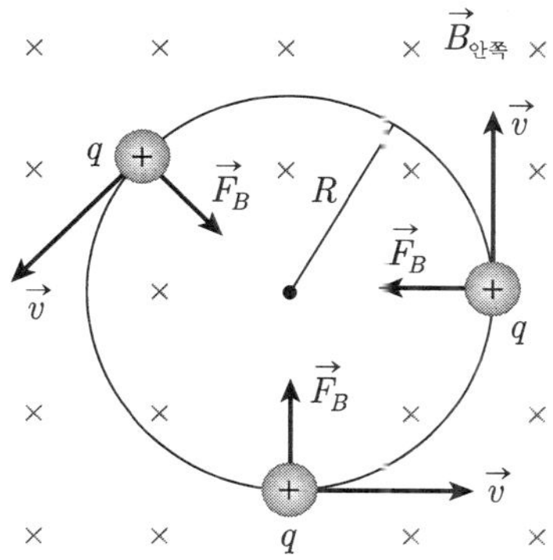


**그림 5.2**

**풀이**

자기장 $\vec{B}$에 의해 전하 $+q$에 작용하는 자기력은 $\vec{F}_B = q(\vec{v} \times \vec{B})$이므로 자기력은 반시계 방향으로 돌아가는 고리의 안쪽으로 작용하게 되어 하전입자가 반시계 방향으로 반경이 $R$인 원운동을 하게 된다. 원운동에 필요한 구심력은 $\vec{F} = m\dfrac{v^2}{R}$이며, 여기서 $m$은 하전입자의 질량이다.

자기력의 크기와 구심력의 크기가 같으므로

$$qvB\sin 90^0 = m\frac{v^2}{R} \Rightarrow \therefore v = \frac{qBR}{m} \qquad \text{(예-5.1.1)}$$

이 되어 하전입자의 운동량은

$$mv = qBR$$

이므로 원의 반경 $R$을 측정하면 하전입자의 운동량을 구할 수 있다.

그리고 원운동의 주기는 $T = \dfrac{2\pi R}{v}$이므로, 식 (예-5.1.1)을 대입하면

$$T = \frac{2\pi R}{v} = 2\pi R\left(\frac{m}{qBR}\right) = \frac{2\pi m}{qB} \qquad \text{(예-5.1.2)}$$

인 원운동의 주기를 구할 수 있다. 또한 각진동수는 $\omega = 2\pi f = \dfrac{2\pi}{T}$이므로

$$\omega = 2\pi\left(\frac{qB}{2\pi m}\right) = \frac{qB}{m} \qquad (예-5.1.3)$$

인 각진동수를 구할 수 있다. 이 진동수를 **사이클로트론**(cyclotron) **진동수**라 부른다.

[예제 5.1]에서는 하전입자의 속도가 자기장과 수직인 경우에 대해서 알아보았다. 만약 하전입자의 속도가 자기장과 평행이면 그때의 자기력은

$$F_B = qvB\sin 0^0 = 0$$

이 되어 하전입자에 작용하는 자기력은 없게 된다. 그러므로 뉴턴의 운동법칙으로부터 자기장에 평행한 가속도 성분은 0이다. 따라서 자기장에 평행한 속도 성분은 시간에 따라 변하지 않고 일정하게 된다. 반면 [예제 5.1]에서 살펴본 것과 같이 자기장에 수직인 속도 성분은 하전입자가 원운동을 하도록 한다. 그러므로 일정한 자기장 $\vec{B}$에 속도 $\vec{v}$로 입사하는 하전입자는 자기장에 평행한 속도 성분 $v_{\parallel}$에 의해 자기장 방향으로 일정한 속도로 진행하고, 자기장과 수직인 속도 성분 $v_{\perp}$에 의해 원운동을 할 것이므로 결국 아래 그림과 같은 나선형 운동을 하게 된다.

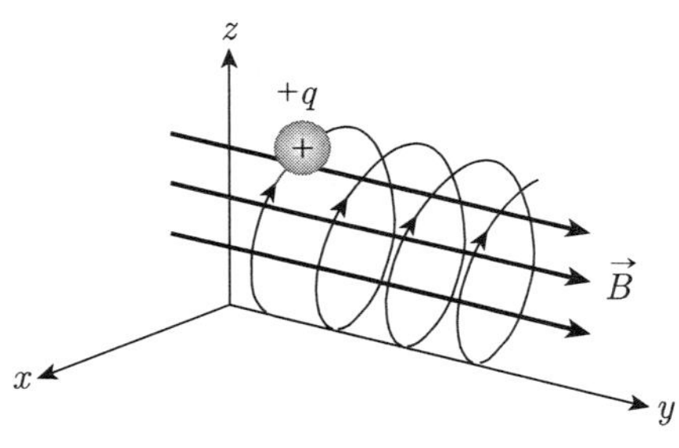


**그림 5.3**

**예제 5.2**

균일한 전자기장에서 전기장 $\vec{E} = E_0\hat{z}$와 자기장 $\vec{B} = B_0\hat{x}$가 서로 수직일 때 원점에서 정지 상태에 놓여 있는 $+q$인 하전입자를 자유롭게 놓으면 아래 그림과 같은 **사이클로이드**(cycloid) **운동**을 하게 된다. 이 운동의 원리에 대해 살펴보세요.

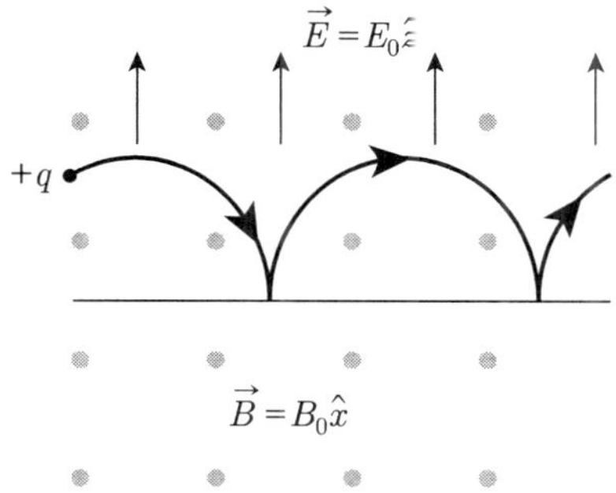


**그림 5.4**

**풀이**

사이클로이드 운동의 원리는 다음과 같다. 하전입자가 정지 상태에 있을 때에는 전기력만 작용하게 되어 하전입자가 전기장 방향인 $z$-축 방향으로 움직인다. 그렇게 움직이게 되면 자기력이 생기게 되고 전자기력에 의해 속도가 증가하게 되며 이로 인해 자기력이 증가하게 된다. 자기력과 하전입자의 속도는 수직이므로 자기력에 의해 원운동을 하게 되고, 이로 인해 하전입자의 속도가 점점 전기력과 반대 방향이 되므로 점점 속도가 줄어들게 된다. 이로 인해 전기력이 주된 힘이 될 만큼 자기력이 줄어들게 되어 결국 하전입자는 정지하게 된다. 그러면 전기력만 작용하게 되고 앞에서 기술한 원리에 의해 다시 같은 운동 궤적을 반복하게 된다.

이제 사이클로이드 운동을 수식적으로 살펴보자. $x$-축 방향으로 작용하는 힘이 없으므로 하전입자는 $yz$-평면에서 운동을 한다. 시간 $t$에서 하전입자의 위치와 속도가 각각 $\vec{r}(t)=y(t)\hat{y}+z(t)\hat{z}$와 $\vec{v}(t)=\dot{y}(t)\hat{y}+\dot{z}(t)\hat{z}$라고 하자.

그때의 자기력과 전기력은 각각

$$\vec{F_B}=q(\vec{v}\times\vec{B})=q\begin{vmatrix}\hat{x} & \hat{y} & \hat{z}\\ 0 & \dot{y} & \dot{z}\\ B_0 & 0 & 0\end{vmatrix}=q(B_0\dot{z}\hat{y}-B_0\dot{y}\hat{z}) \qquad (\text{예}-5.2.1)$$

와

$$\vec{F_E}=qE_0\hat{z} \qquad (\text{예}-5.2.2)$$

이므로 로렌츠 힘은 다음과 같다.

$$\begin{aligned}&\vec{F}=qB_0\dot{z}\hat{y}+q(E_0-B_0\dot{y})\hat{z}\\ &\Rightarrow m(\ddot{y}\hat{y}+\ddot{z}\hat{z})=q\left[B_0\dot{z}\hat{y}+(E_0-B_0\dot{y})\right]\hat{z}\end{aligned} \qquad (\text{예}-5.2.3)$$

여기서 $m$은 하전입자의 질량이다.

그러므로 다음의 관계식을 얻는다.

$$\begin{cases} \ddot{y} = \dfrac{qB_0}{m}\dot{z} = \omega\dot{z} \\ \ddot{z} = \dfrac{q}{m}(E_0 - B_0\dot{y}) = \dfrac{qB_0}{m}(\dfrac{E_0}{B_0} - \dot{y}) = \omega(\dfrac{E_0}{B_0} - \dot{y}) \end{cases} \quad (\text{예}-5.2.4)$$

여기서 $\omega$은 식 (예-5.1.3)인 사이클로트론 진동수이다.

$\dot{y}(t) = p(t)$로 놓으면 식 (예-5.2.4)의 첫 번째 식과 두 번째 식으로부터

$$\ddot{p}(t) = \omega\ddot{z} = \omega^2(\frac{E_0}{B_0} - \dot{y}) = \omega^2[\frac{E_0}{B_0} - p(t)]$$

$$\Rightarrow \ddot{p}(t) + \omega^2 p(t) = \omega^2\frac{E_0}{B_0} \quad (\text{예}-5.2.5)$$

인 등식의 오른편에 상수를 갖는 비동차(inhomogeneous) 이차 미분방정식을 얻는다. 미분 연산자($D = \dfrac{d}{dt}$)를 사용하여 식 (예-5.2.5)의 동차 미분방정식의 解인 $p_c(t)$을 먼저 구해보자. 그때 위 식은 다음과 같이 표현된다.

$$(D^2 + \omega^2)p_c(t) = 0$$

여기서 $p_c(t) \neq 0$이므로 $D^2 + \omega^2 = 0$이 되어야 하기 때문에

$D = \pm i\omega \Rightarrow Dp_c(t) = \pm i\omega p_c(t) \Rightarrow \dfrac{dp_c(t)}{dt} = \pm i\omega p_c(t)$이다.

$$\therefore\ p_c(t) = c_1 e^{i\omega t} + c_2 e^{-i\omega t} \text{ 또는 } p_c(t) = A\sin\omega t + B\cos\omega t$$

$$\Rightarrow \frac{dy_c(t)}{dt} = p_c(t) = A\sin\omega t + B\cos\omega t$$

$$\therefore\ y_c(t) = C_1\sin\omega t + C_2\cos\omega t \quad (\text{예}-5.2.6)$$

그리고 식 (예-5.2.5)의 오른편이 상수이므로 이 미분방정식의 특수解 $p_p(t)$을 상수로 놓을 수 있어서 $p_p = C$라 하자. 이를 식 (예-5.2.5)에 대입하면

$$\omega^2 C = \omega^2\frac{E_0}{B_0} \Rightarrow C = \frac{E_0}{B_0}$$

$$\Rightarrow p_p = \frac{E_0}{B_0}$$

$$\Rightarrow \frac{dy_p(t)}{dt} = p_p = \frac{E_0}{B_0}$$

$$\therefore\ y_p(t) = \frac{E_0}{B_0}t \quad (\text{예}-5.2.7)$$

일반解는 보조解와 특수解의 합이므로

$$y(t) = y_c(t) + y_p(t) = A\sin\omega t + B\cos\omega t + \frac{E_0}{B_0}t + C \qquad \text{(예-5.2.8)}$$

을 얻는다. 여기서 $C$은 초기조건으로부터 결정되는 적분상수이다.
그러면 $\ddot{y}(t) = -\omega^2(A\sin\omega t + B\cos\omega t)$이므로 이 결과를 식 (예-5.2.4)의 첫 번째 관계식에 대입하면

$$\frac{dz(t)}{dt} = -\omega(A\sin\omega t - B\cos\omega t)$$
$$\Rightarrow z(t) = A\cos\omega t - B\sin\omega t + D \qquad \text{(예-5.2.9)}$$

여기서 $D$은 초기조건으로부터 결정되는 적분상수이다.
그리고 식 (예-5.2.8)과 (예-5.2.9)로부터 다음의 관계식을 얻는다.

$$\begin{cases} \dot{y}(t) = A\omega\cos\omega t - B\omega\sin\omega t + \dfrac{E_0}{B_0} \\ \dot{z}(t) = -A\omega\sin\omega t - B\omega\cos\omega t \end{cases} \qquad \text{(예-5.2.10)}$$

이제 위의 관계식에 있는 상수들을 초기조건을 적용해서 구해보자.
하전입자가 원점에서부터 정지 상태로 있다가 출발하므로 식 (예-5.2.8)과 (예-5.2.9)에 초기조건을 적용하면

$$\begin{cases} y(0) = 0 \\ z(0) = 0 \end{cases} \Rightarrow \begin{cases} B + C = 0 \\ A + D = 0 \end{cases} \qquad \text{(예-5.2.11)}$$

그리고 식 (예-5.2.10)으로부터

$$\begin{cases} \dot{y}(0) = 0 \\ \dot{z}(0) = 0 \end{cases} \Rightarrow \begin{cases} A\omega + \dfrac{E_0}{B_0} = 0 \\ -B\omega = 0 \end{cases} \Rightarrow A = -\frac{E_0}{B_0\omega},\ B = 0 \qquad \text{(예-5.2.12)}$$

식 (예-5.2.12)의 결과를 (예-5.2.11)에 대입하면

$$C = 0,\ D = -A = \frac{E_0}{B_0\omega} \qquad \text{(예-5.2.13)}$$

을 얻는다. 식 (예-5.2.12)와 (예-5.2.13)의 결과들을 식 (예-5.2.8)과 (예-5.2.9)에 대입하면 시간 $t$에서의 하전입자의 위치를 다음과 같이 구할 수 있다.

$$\therefore \begin{cases} y(t) = -\dfrac{E_0}{B_0\omega}\sin\omega t + \dfrac{E_0}{B_0}t = \dfrac{E_0}{B_0\omega}(\omega t - \sin\omega t) \\ z(t) = -\dfrac{E_0}{B_0\omega}\cos\omega t + \dfrac{E_0}{B_0\omega} = \dfrac{E_0}{B_0\omega}(1 - \cos\omega t) \end{cases} \qquad \text{(예-5.2.14)}$$

위 관계식에서 상수 $\dfrac{E_0}{B_0\omega} = R$로 놓으면

$$\Rightarrow \begin{cases} y(t) - R\omega t = -R\sin\omega t \\ z(t) - R = -R\cos\omega t \end{cases}$$

$$\therefore\ [y(t) - R\omega t]^2 + [z(t) - R]^2 = R^2 \qquad \text{(예-5.2.15)}$$

위 식은 $yz$-평면에서 반경이 $R = \dfrac{E_0}{B_0\omega}$ 이며, 중심이 $(R\omega t,\ R)$인 원에 대한 방정식이다.

전기력과 자기력의 크기가 같으면 하전입자는 편향 없이 진행한다. 이때의 하전입자의 속도는 다음과 같다.

$$qE_0 = qvB_0 \Rightarrow v = \frac{E_0}{B_0} \qquad \text{(예-5.2.16)}$$

즉, 하전입자의 속도가 $\dfrac{E_0}{B_0}$일 때 하전입자는 편향 없이 진행한다.

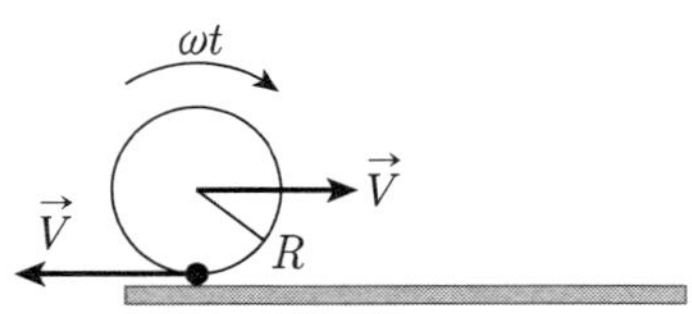


**그림 5.5**

하전입자가 $y$-축 방향으로 일정한 속도 $V$로 움직인다면 다음의 관계식을 얻는다.

$$V = R\omega \Rightarrow R = \frac{V}{\omega} \qquad \text{(예-5.2.17)}$$

식 (예-5.2.16)과 (예-5.2.17)로부터 $v = V$일 때 $R = \dfrac{E_0}{B_0\omega}$가 됨을 알 수 있다.

즉, 하전입자는 반경이 $R = \dfrac{E_0}{B_0\omega}$이며 중심이 $(R\omega t,\ R)$인 원을 그리면서 $y$-축 방향으로 일정한 속도로 운동을 한다.

**예제 5.3**

종이 안으로 향하는 일정하고 균일한 자기장 $\vec{B} = B(-\hat{z})$ 안으로 하전입자가 속도 $\vec{v} = v\hat{x}$로 들어가면 입사방향으로 $a$만큼 떨어진 곳에서 입사 방향에 수직인 방향으로 거리 $d$만큼 편향된다. 하전입자의 부호를 결정하고 하전입자의 운동량을 주어진 변수로 표현하세요.

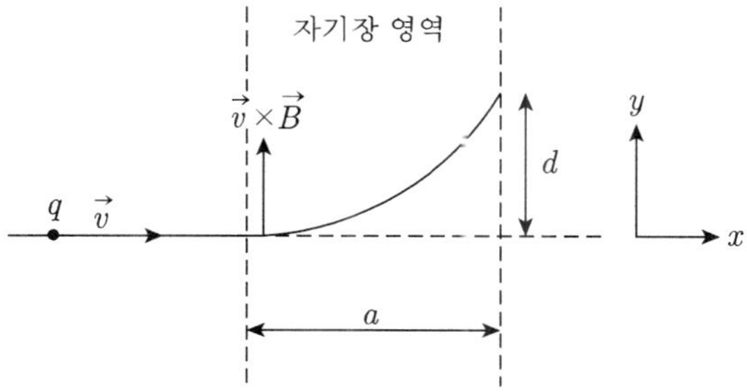


**그림 5.6**

**풀이**

하전입자에 작용하는 자기력은

$$\vec{F}_B = q(\vec{v}\times\vec{B}) = q[v\hat{x}\times(-B\hat{z})]$$
$$= -qvB(\hat{x}\times\hat{z}) = qvB\hat{y}$$

하전입자가 $+y$ 방향으로 움직이므로 입사하는 하전입자는 양의 전하량을 갖는다. 하전입자의 속도와 자기장은 수직이므로 질량이 $m$인 하전입자는 원운동을 하게 된다. 구심력과 자기력이 같아야 한다는 조건으로부터 원의 반경 $r$을 구할 수 있다.

$$m\frac{v^2}{r} = qvB \Rightarrow r = \frac{mv}{qB} \qquad (\text{예}-5.3.1)$$

여기서 $r$은 $a$ 그리고 $d$와 다음의 관계를 갖는다.

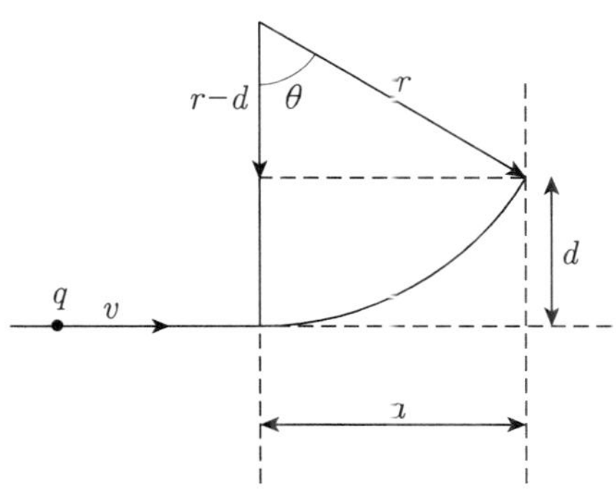


**그림 5.7**

$$(r-d)^2 + a^2 = r^2 \Rightarrow r = \frac{d^2+a^2}{2d} \qquad (\text{예}-5.3.2)$$

그러면 식 (예-5.3.1)과 (예-5.3.2)로부터 하전입자의 운동량을 다음과 같이 구할 수 있다.

$$\frac{mv}{qB} = \frac{d^2 + a^2}{2d} \Rightarrow mv = (\frac{d^2 + a^2}{2d})qB$$

$$\therefore \ p = (\frac{d^2 + a^2}{2d})qB$$

이 절을 시작할 때 철사에 전류가 흐른다는 것은 전하가 움직이는 것으로 간주할 수 있다고 했다. 양전하가 움직이는 방향을 전류의 방향으로 정의하고 이때 전류의 단위는 암페어(Ampere)이다. 전류 $i$의 크기는 단위 시간당의 전하 흐름인 $i = \frac{dq}{dt}$로 정의된다. 선 전하밀도가 $\lambda$인 철사의 미소길이 $d\ell$은 $dq = \lambda d\ell$의 전하를 갖는다. 철사가 자기장 영역에 놓이게 되면 철사에 흐르는 전류는 전하의 움직임에 기인하기 때문에 이들 전하는 자기장에 의한 자기력을 받게 된다.

$$\vec{F}_B = \int dq(\vec{v} \times \vec{B}) = \int (\vec{v} \times \vec{B})\lambda d\ell = \int (\lambda \vec{v} \times \vec{B}) d\ell$$

여기서 $i = \frac{d}{dt}q = \frac{d}{dt}(\lambda \ell) = \lambda \frac{d\ell}{dt} = \lambda v$이므로 위 식은 다음과 같이 표현될 수 있다.

$$\vec{F}_B = \int (\vec{i} \times \vec{B}) d\ell$$

관례에 따라 전류가 흐르는 방향을 길이 방향으로 놓으므로 위 식은 다음과 같이 나타낼 수 있다. 여기서 전류는 일정하다고 가정을 했다.

$$\vec{F}_B = i\int (d\vec{\ell} \times \vec{B}) \quad \text{또는} \quad d\vec{F}_B = i d\vec{\ell} \times \vec{B} \tag{5.1.3}$$

**예제 5.4**

전류 $i$가 흐르는 철사가 반경 $R$의 반원형 고리로 구부러져 있으며 그 평면은 평면 바깥 방향으로 향하는 균일한 자기장 $\vec{B}$에 수직으로 놓여 있을 때 고리에 작용하는 자기력을 구하세요.

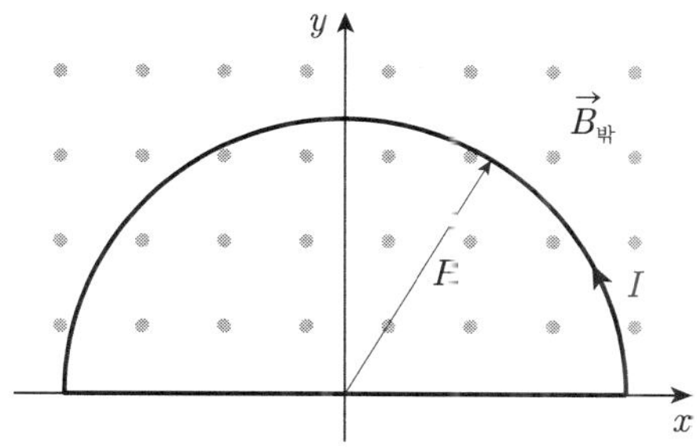


**그림 5.8**

**풀이**

반원형 고리에 작용하는 자기력은 직선 부분에 작용하는 자기력과 반원 고리에 작용하는 자기력의 합이다.

$$\vec{F}_B = \vec{F}_{직선} + \vec{F}_{반고리} \quad (예-5.4.1)$$

식 (5.1.3)으로부터

$$\begin{aligned} &\vec{F}_B = I\vec{\ell} \times \vec{B} \\ &\Rightarrow \vec{F}_{직선} = (I2R\hat{x}) \times (B\hat{z}) = 2IRB(\hat{x} \times \hat{z}) = -2IRB\hat{y} \end{aligned} \quad (예-5.4.2)$$

그리고

$$d\vec{F}_B = Id\vec{\ell} \times \vec{B} \Rightarrow d\vec{F}_{반고리} = IRB(\hat{x}\cos\theta d\theta + \hat{y}\sin\theta d\theta)$$

그러므로

$$F_x = \int_0^\pi dF_x = IRB\int_0^\pi \cos\theta d\theta = IRB\sin\theta|_0^\pi = 0$$

그리고

$$F_y = \int_0^\pi dF_y = IRB\int_0^\pi \sin\theta d\theta = -IRB\cos\theta|_0^\pi = 2IRB$$

그러므로

$$F_{반고리} = 2IRB\hat{y} \quad (예-5.4.3)$$

식 (예-5.4.2)와 (예-5.4.3)을 (예-5.4.1)에 대입하면

$$\vec{F}_B = 2IRB\hat{y} - 2IRB\hat{y} = 0$$

을 얻는다. 즉, 자기장에 의해 반원형 고리에 작용하는 자기력은 0이다.

전류가 표면을 따라 흐를 때 전류가 흐르는 방향에 수직인 단위 길이당 전류의 비를 **표면 전류밀도** $\vec{K}$로 정의한다.

$$\vec{K} = \frac{d\vec{i}}{d\ell_\perp} \tag{5.1.4}$$

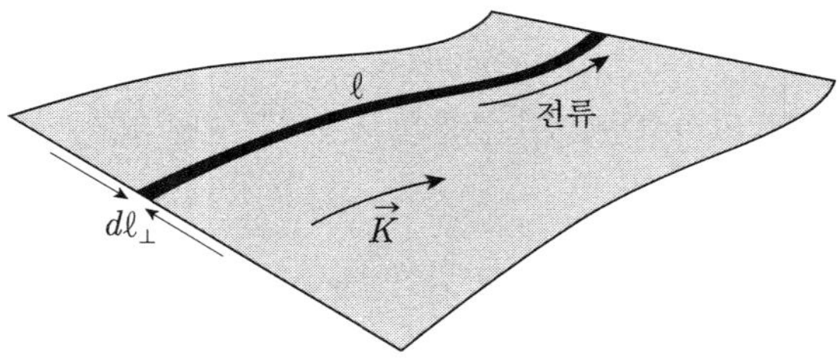


**그림 5.9**

면 전하밀도가 $\sigma$이고 전하의 속도가 $\vec{v}$라고 하면

$$i = \frac{d}{dt}q = \frac{d}{dt}(\sigma A) = \sigma\frac{d}{dt}A = \sigma\frac{d}{dt}(\ell\ell_\perp) = \sigma\ell_\perp\frac{d\ell}{dt} = \sigma\ell_\perp v$$

이므로 표면 전류밀도 식 (5.1.4)는 다음과 같이 표현된다.

$$\vec{K} = \frac{d}{d\ell_\perp}\vec{i} = \frac{d}{d\ell_\perp}(\sigma\ell_\perp\vec{v}) = \sigma\vec{v}\frac{d\ell_\perp}{d\ell_\perp} = \sigma\vec{v}$$

그러면 면 전하밀도 $\sigma$인 표면에 흐르는 전류에 작용하는 자기력은 다음과 같다.

$$\vec{F}_B = \int dq(\vec{v}\times\vec{B}) = \int(\vec{v}\times\vec{B})\sigma da = \int(\sigma\vec{v}\times\vec{B})da = \int(\vec{K}\times\vec{B})da \tag{5.1.5}$$

유사하게 만약 전류가 체적을 통해 흐른다면 전류가 흐르는 방향에 수직인 단위 면적당 전류의 비를 **체적 전류밀도** $\vec{J}$로 정의한다.

$$\vec{J} = \frac{d\vec{i}}{da_\perp} \tag{5.1.6}$$

체적 전하밀도가 $\rho$이고 전하의 속도가 $\vec{v}$라고 하면

$$i=\frac{d}{dt}q=\frac{d}{dt}(\rho V)=\rho\frac{d}{dt}V=\rho\frac{d}{dt}(\ell a_{\perp})=\rho a_{\perp}\frac{d\ell}{dt}=\rho a_{\perp}v$$

이므로 체적 전류밀도 식 (5.1.6)은 다음과 같이 표현된다.

$$\vec{J}=\frac{d}{da_{\perp}}\vec{i}=\frac{d}{da_{\perp}}(\rho a_{\perp}\vec{v})=\rho\vec{v}\frac{da_{\perp}}{da_{\perp}}=\rho\vec{v}$$

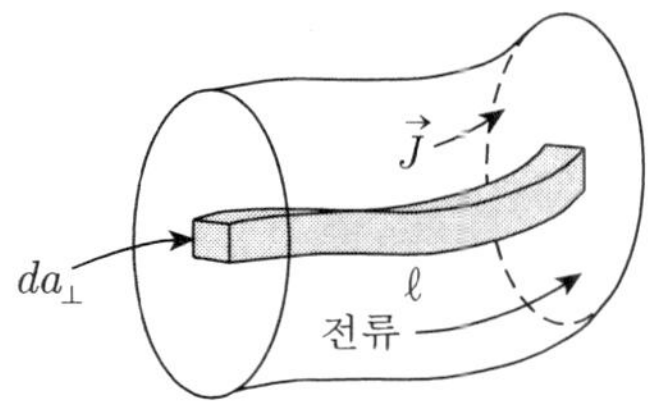


**그림 5.10**

그때 체적 전하밀도 $\rho$인 체적을 통하여 흐르는 전류에 작용하는 자기력은

$$\vec{F}_B=\int(\vec{v}\times\vec{B})dq=\int(\vec{v}\times\vec{B})\rho dV=\int(\rho\vec{v}\times\vec{B})dV=\int(\vec{J}\times\vec{B})dV \qquad (5.1.7)$$

체적 $V$의 단면을 지나는 체적 전류밀도 $\vec{J}$에 관해 면 적분을 하면 전류가 된다.

$$i=\int_S\vec{J}\cdot\vec{da}=\int_V(\vec{\nabla}\cdot\vec{J})dV$$

공간 $V$에 대해 전류가 발산하여 나가는 양에 해당하는 위의 전류만큼 시간당 전하는 줄어들기 때문에 위 식의 오른편은

$$-\frac{d}{dt}\int_V\rho dV=-\int_V\frac{\partial\rho}{\partial t}dV$$

가 되어

$$\int_V(\vec{\nabla}\cdot\vec{J})dV=-\int_V\frac{\partial\rho}{\partial t}dV\Rightarrow\int_V(\vec{\nabla}\cdot\vec{J}+\frac{\partial\rho}{\partial t})dV=0$$

을 얻는다. 등식이 모든 체적에 대해 항상 성립하기 위해서는 피적분함수가 0이 되어야 한다.

$$\therefore\ \overrightarrow{\nabla}\cdot\overrightarrow{J}+\frac{\partial\rho}{\partial t}=0 \tag{5.1.8}$$

이 방정식은 국소영역에서 전하가 보존된다는 것을 의미하는 **연속방정식**이다.

**예제 5.5**

전류 $i$가 흐르는 직사각형 형태의 철사에 질량 $m$인 물체가 매달려 있고 직사각형의 한 변이 종이 안으로 들어가는 자기장에 놓여 있는 경우, 물체의 무게 $\overrightarrow{W}$와 자기력 $\overrightarrow{F}_B$가 평형을 유지하기 위해 필요한 전류를 구하세요.

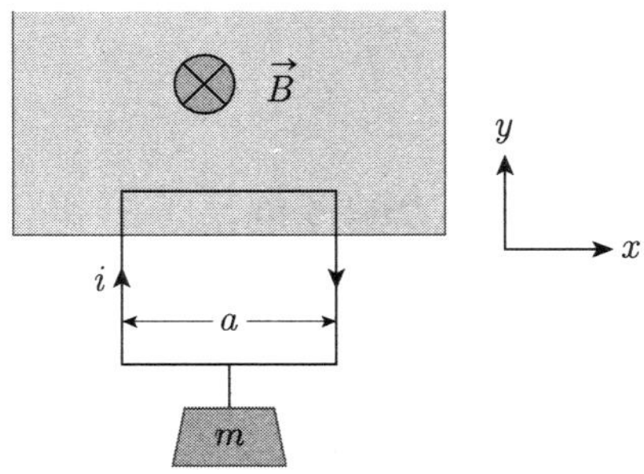


**그림 5.11**

**풀이**

전류 $i$가 흐르는 철사의 한 변만 자기장에 놓여 있다. 이때 작용하는 자기력은 식 (5.1.3)으로부터 다음과 같다.

$$\overrightarrow{F}_B=i\int_0^a d\overrightarrow{\ell}\times\overrightarrow{B}=i\int_0^a \hat{x}d\ell\times(-\hat{z}B)=-iB\int_0^a d\ell(\hat{x}\times\hat{z})=iB\hat{y}\int_0^a d\ell=iBa\hat{y}$$

반면에 질량이 $m$인 물체의 무게는 $\overrightarrow{W}=-mg\hat{y}$.
평형을 이루기 위해서는 모든 힘의 합은 0이 되어야 하므로

$$\sum\overrightarrow{F}=0 \Rightarrow \overrightarrow{F}_B+\overrightarrow{W}=0 \Rightarrow (iBa-mg)\hat{y}=0 \Rightarrow iBa=mg$$

그러므로 전류가

$$i=\frac{mg}{Ba}$$

일 때 평형을 유지한다.

**예제 5.6**

반경이 $R$인 철사 단면적을 지나는 체적 전류밀도가 $J=ks$(여기서 $k$은 상수, $s$는 단면적의 중심축으로부터의 거리)일 때, 철사 안을 흐르는 총 전류를 구하세요.

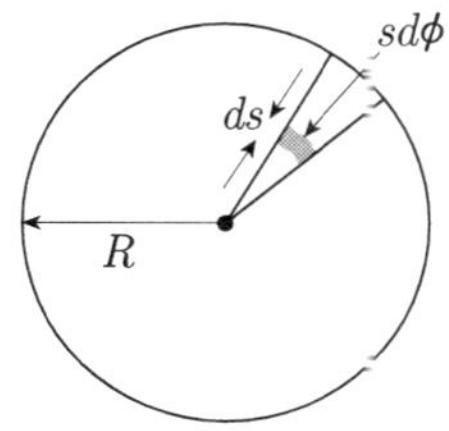


**그림 5.12**

**풀이**

체적 전류밀도를 알고 있으므로 전류를 구하기 위해서 식 (5.1.6)을 사용하면 된다.

$$i=\int Jda_{\perp}=\int\int(ks)(sdsd\phi)=\int_0^{2\pi}d\phi\int_0^R ks^2ds=2\pi k\int_0^R s^2ds=\frac{2\pi k}{3}R^3$$

## 5.2 비오-사바르(Biot-Savart) 법칙

전하량이 시간에 따라 바뀌지 않는 정적인 전하에 의해 일정한 전기장이 생성되듯이 전류의 양이 시간에 따라 바뀌지 않고 계속 흐르는 정상전류에 의해서 주변에 일정한 자기장이 생성된다. 이것이 정전기학에 대응되는 정자기학이다.

정전자기학에서는 체적 전하밀도 $\rho$가 시간에 따다 일정하므로 $\frac{d\rho}{dt}=0$이 되어 연속방정식인 식 (5.1.8)은 $\overrightarrow{\nabla}\cdot\vec{J}=0$의 결과를 준다.

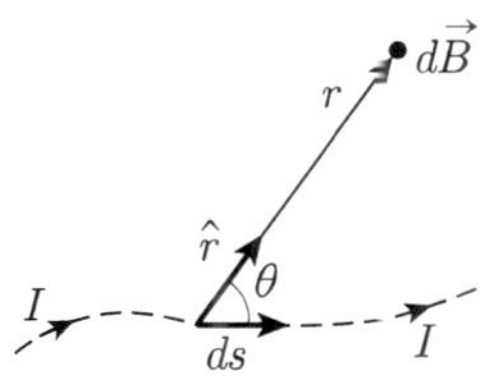


**그림 5.13**

철사에 정상전류 $\vec{I}$가 흐를 때 주변에 자기장이 생성된다. 이때 $ds$에 있는 전류에 의해 $\vec{r}$만큼 떨어져 있는 관측점에 생성된 자기장 $d\vec{B}$은 **비오-사바르 법칙**(정전기학에서 쿨롱의 법칙에 대응하는 법칙)에 의해 다음과 같이 주어진다.

$$d\vec{B} = \frac{\mu_0}{4\pi}\frac{I\vec{ds}\times\hat{r}}{r^2}$$

$$\Rightarrow \vec{B}(\vec{r}) = \int d\vec{B} = \frac{\mu_0}{4\pi}\int\frac{I\vec{ds}\times\hat{r}}{r^2} = \frac{\mu_0}{4\pi}I\int\frac{\vec{ds}\times\vec{r}}{r^3} \quad \textbf{(비오-사바르 법칙)} \qquad (5.2.1)$$

여기서 $\mu_0 = 4\pi\times10^{-7}N/A^2$(32)인 진공에서의 **투자율**(permeability)이다. 자기장의 방향은 $\vec{ds}$와 $\vec{r}$이 이루는 평면에 오른손 법칙을 따르며 수직 바깥 방향이다.

**예제 5.7**

정상전류 $I$가 흐르는 무한히 긴 직선 철사로부터 수직인 방향으로 $R$만큼 떨어진 곳에서의 자기장을 구하세요.

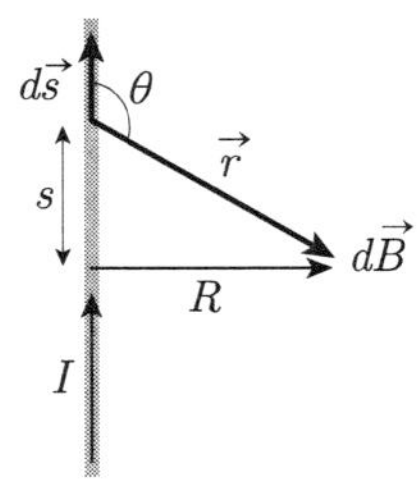


**그림 5.14**

**풀이**

$|\vec{ds}\times\vec{r}| = rds\sin\theta$이고 방향은 오른손 법칙에 의해 종이 안으로 향하는 방향이다. 그리고 $\sin\theta = \sin(\pi-\theta) = \frac{R}{r}$이므로 비오-사바르 법칙으로부터 자기장은

---

(32) $F = qvB \Rightarrow [B] = \frac{[F]}{[q][v]} = \frac{N}{C\cdot m/s} = \frac{N}{C/s\cdot m} = \frac{N}{A\cdot m} \equiv tesla(T)$이므로 비오-사바르 법칙으로부터

$$[B] = [\mu_0]A/m \Rightarrow [\mu_0] = [B]\frac{m}{A} = \frac{N}{A\cdot m}\frac{m}{A} = \frac{N}{A^2}\left(\text{또는 } \frac{T\cdot A\cdot m}{A^2} = \frac{T\cdot m}{A}\right)$$

$$dB = \frac{\mu_0}{4\pi} I \frac{|\vec{ds} \times \vec{r}|}{r^3} = \frac{\mu_0}{4\pi} I \frac{ds \sin\theta}{r^2} = \frac{\mu_0}{4\pi} I \frac{Rds}{r^3} = \frac{\mu_0}{4\pi} I \frac{Rds}{(R^2+s^2)^{\frac{3}{2}}}$$

$$\Rightarrow B = \int dB = \frac{\mu_0}{4\pi} IR \int_{-\infty}^{\infty} \frac{ds}{(R^2+s^2)^{\frac{3}{2}}}$$

이 된다. 여기서 $s = R\tan\theta$로 놓으면 $ds = R\frac{d\theta}{\cos^2\theta}$ 그리고 $(R^2+s^2)^{\frac{3}{2}} = R^3 \frac{1}{\cos^3\theta}$가 되어 위 적분식은

$$B = \frac{\mu_0}{4\pi} IR \int_{-\frac{\pi}{2}}^{\frac{\pi}{2}} \left( R\frac{d\theta}{\cos^2\theta} \right) \frac{\cos^3\theta}{R^3} = \frac{\mu_0}{4\pi} \frac{I}{R} \int_{-\frac{\pi}{2}}^{\frac{\pi}{2}} \cos\theta d\theta$$

$$= \frac{\mu_0}{4\pi} \frac{I}{R} \left[ \sin\theta \right]_{-\frac{\pi}{2}}^{\frac{\pi}{2}} = \frac{\mu_0}{4\pi} \frac{I}{R} \times 2$$

이 되어

$$\therefore B = \frac{\mu_0}{2\pi} \frac{I}{R}$$

즉, 무한히 긴 직선 철사로부터 수직으로 $R$만큼 떨어진 곳에서의 자기장의 크기는 $B = \frac{\mu_0}{2\pi} \frac{I}{R}$이고 자기장의 방향은 전류가 흐르는 방향을 엄지손가락 방향으로 하면 오른손 법칙에 따라서 종이 안으로 향하는 방향임을 알 수 있다.

**예제 5.8**

거리 $d$만큼 떨어져 있는 길이가 $\ell$인 두 직선 철사에 각각 전류 $I_1$과 $I_2$가 흐를 때 두 철사 사이에 작용하는 힘의 크기와 방향을 구하세요.

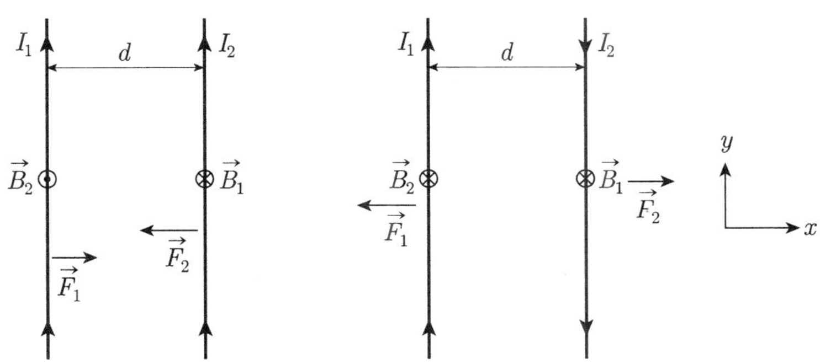


그림 5.15

**풀이**

전류 $I_1$이 흐르는 무한히 긴 직선 철사로부터 수직으로 $d$만큼 떨어져 있는 곳의 자기장은 [예제 5.7]의 결과로부터 크기가 $B_1 = \frac{\mu_0}{2\pi}\frac{I_1}{d}$이고 방향은 종이 안으로 향하는 것을 알 수 있다. 즉, $\vec{B}_1 = -\frac{\mu_0}{2\pi}\frac{I_1}{d}\hat{z}$이다. 이때 이 자기장에 의해 전류 $I_2$가 흐르는 철사의 미소길이 $d\vec{\ell}= \hat{y}dy$(33)에 작용하는 자기력은

$$d\vec{F}_B = dq(\vec{v}_2 \times \vec{B}_1) = dq(\frac{d\vec{\ell}}{dt} \times \vec{B}_1) = \frac{dq}{dt}d\vec{\ell} \times \vec{B}_1 = I_2 d\vec{\ell} \times \vec{B}_1$$

이므로

$$\begin{aligned}\vec{F}_B &= I_2\int d\vec{\ell} \times \vec{B}_1 = I_2\int \hat{y}dy \times (-\frac{\mu_0}{2\pi}\frac{I_1}{d}\hat{z}) \\ &= -\frac{\mu_0}{2\pi}\frac{I_1 I_2}{d}\int (\hat{y}\times\hat{z})dy = -\hat{x}\frac{\mu_0}{2\pi}\frac{I_1 I_2}{d}\int dy\end{aligned}$$

$$\therefore\ \vec{F}_B = -\hat{x}\frac{\mu_0}{2\pi}\frac{I_1 I_2}{d}\ell \qquad \text{(예-5.8.1)}$$

그러므로 길이가 $\ell$인 두 철사 사이에 작용하는 힘의 크기는 $F=\frac{\mu_0}{2\pi}\frac{I_1 I_2}{d}\ell$이다. 힘의 방향은 $-\hat{x}$이므로 끌어당기는 방향이 된다. 결론적으로 마주 보고 있는 두 철사에 흐르는 전류의 방향이 같으면 철사 사이에는 인력(attractive)이 작용하고, 전류의 방향이 서로 반대이면 철사 사이에 척력(repulsive)이 작용한다. 식 (예-5.8.1)로부터 철사의 단위 길이당 작용하는 힘의 크기 $f$을 다음과 같이 구할 수 있다.

$$f = \frac{F}{\ell} = \frac{\mu_0}{2\pi}\frac{I_1 I_2}{d}$$

**예제 5.9**

**정상전류 $I$가 흐르는 반경 $R$인 원형 고리가 $xy-$평면에 놓여 있을 때 고리 중심으로부터 $z-$축 방향으로 $z$만큼 떨어져 있는 곳에서의 자기장을 구하세요.**

**풀이**

원형 고리에 흐르는 전류에 의한 관측점에서의 자기장은 원형 고리의 대칭성에 의해 $z$-축에 수직인 성분은 서로 상쇄되기 때문에 자기장의 $z$ 성분만 고려하면 된다.(34)

(33) 전류가 흐르는 방향을 길이 벡터의 방향으로 한다.

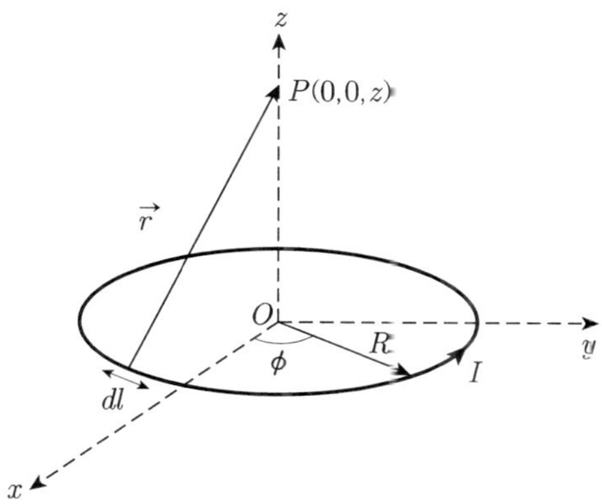


**그림 5.16**

비오-사바르 법칙

$$d\vec{B} = \frac{\mu_0}{4\pi}\frac{Id\vec{s}\times\hat{r}}{r^2}$$

에서 [보충자료-1]의 식 (5)로부터 자기장의 $z$ 성분은

$$B_z = \frac{\mu_0}{4\pi}I\int_0^{2\pi}\frac{R^2 d\phi}{(R^2+z^2)^{\frac{3}{2}}} = \frac{\mu_0}{4\pi}I\frac{R^2}{(R^2+z^2)^{\frac{3}{2}}}\int_0^{2\pi}d\phi$$

$$= \frac{\mu_0}{4\pi}I\frac{R^2}{(R^2+z^2)^{\frac{3}{2}}}\times 2\pi = \frac{\mu_0}{2}I\frac{R^2}{(R^2+z^2)^{\frac{3}{2}}}$$

이 되므로

$$\therefore\ \vec{B} = \frac{\mu_0 I}{2}\frac{R^2}{(R^2+z^2)^{\frac{3}{2}}}\hat{z} \qquad \text{(예-5.9.1)}$$

인 자기장을 얻는다.

원형 고리 중심에서의 자기장은, 원형 고리의 중심은 $z=0$에 해당하므로 식 (예-5.9.1)에 $z=0$을 대입하면

$$\vec{B}(z=0) = \frac{\mu_0 I}{2R}\hat{z} \qquad \text{(예-5.9.2)}$$

을 얻는다. 그리고 원형 고리로부터 아주 먼 곳($z \gg R$)에서의 자기장은

(34) 수식적인 증명은 [보충자료-1]을 참고하세요.

$$\vec{B} \approx \frac{\mu_0 I}{2}\frac{R^2}{z^3}\hat{z} \quad (\text{예}-5.9.3)$$

가 된다. **자기 쌍극자 모멘트** $\vec{m}$은 평면상의 면적을 둘러싸는 폐곡선을 따라 전류가 흐를 때 전류 곱하기 면적으로 정의되고, 방향은 오른손 법칙을 따르며 평면에 수직 바깥을 향한다.

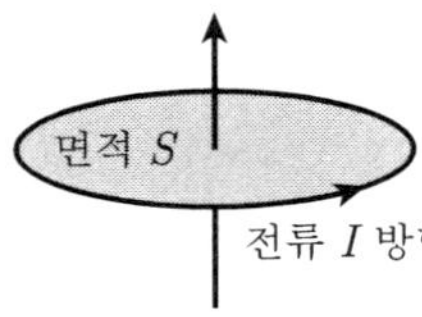


**그림 5.17**

즉, $m = (\pi R^2)I$가 되어 식 (예−5.9.3)은

$$B = \frac{\mu_0}{2}\left(\frac{m}{\pi R^2}\right)\frac{R^2}{z^3} = \frac{\mu_0 m}{2\pi z^3}$$

이 되는데, 이 결과는 자기 쌍극자 모멘트 $\vec{m}$에 의한 자기장의 크기에 해당한다.(35)

**예제 5.10**

그림과 같은 모양을 갖는 철사에 전류 $I$가 흐를 때 반경이 $R$인 호를 이루는 호의 중심에서의 자기장을 구하세요.

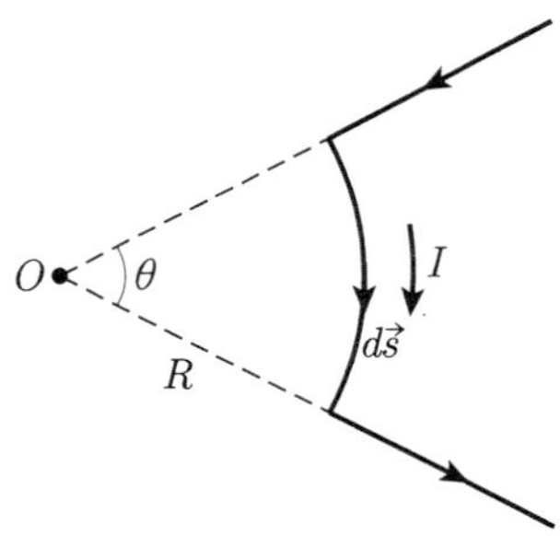


**그림 5.18**

(35) 막대자석과 같이 N극과 S극이 일정한 거리를 두고 떨어져 있는 것을 자기 쌍극자라고 한다. 정상전류가 흐르는 작은 원형 고리로부터 멀리 떨어진 곳에서는 원형 고리를 막대자석과 같은 자기적 현상을 나타내는 자기 쌍극자로 간주할 수 있다.

**풀이**

비오-사바르 법칙

$$d\vec{B} = \frac{\mu_0}{4\pi}\frac{I d\vec{s}\times\vec{r}}{r^3}$$

에서 윗부분의 직선 철사에 의한 호의 중심에서의 경우

$$d\vec{s}\times\vec{r} = (-\hat{r}dr)\times(-\hat{r}r) = rdr(\hat{r}\times\hat{r}) = 0$$

이 되고, 유사한 방법으로 아래 부분의 직선 철사에 의한 호의 중심에서의 경우

$$d\vec{s}\times\vec{r} = \hat{r}dr\times(-\hat{r}r) = -rdr(\hat{r}\times\hat{r}) = 0$$

이 된다.

그러므로 호를 이루는 철사에 흐르는 전류에 의한 호의 중심에서의 자기장만 계산하면 된다.

이때 $|d\vec{s}\times\vec{r}| = |(-\hat{\theta}Rd\theta)\times(-\hat{r}R)| = R^2 d\theta$이 된다. 자기장 방향은 오른손 법칙을 따르므로 엄지를 전류의 방향으로 놓을 때 손가락이 가리키는 방향이 되기 때문에 이 문제의 경우 자기장의 방향은 종이 안으로 들어가는 방향이다.

$$B = \int dB = \frac{\mu_0 I}{4\pi}\int\frac{|d\vec{s}\times\vec{r}|}{r^3} = \frac{\mu_0 I}{4\pi}\int_0^\theta \frac{R^2}{R^3}d\theta = \frac{\mu_0 I}{4\pi}\frac{\theta}{R}$$

$$\therefore\ B = \frac{\mu_0 I}{4\pi}\frac{\theta}{R} \qquad \text{(예-5.10.1)}$$

그리고 원형 고리의 경우에는 $\theta = 2\pi$에 해당하므로 원형 고리 중심에서의 자기장은 식 (예-5.10.1)에 $\theta = 2\pi$을 대입하면

$$B = \frac{\mu_0 I}{4\pi}\frac{2\pi}{R} = \frac{\mu_0 I}{2R}$$

가 된다. 이 결과는 기대한 대로 원형 고리 예제인 식 (예-5.9.2)의 자기장과 같다.

**예제 5.11**

그림과 같은 철사 모양에 전류 $I$가 흐를 때 반경이 $R$인 호를 이루는 철사의 중심 $P$에서의 자기장을 구하세요.

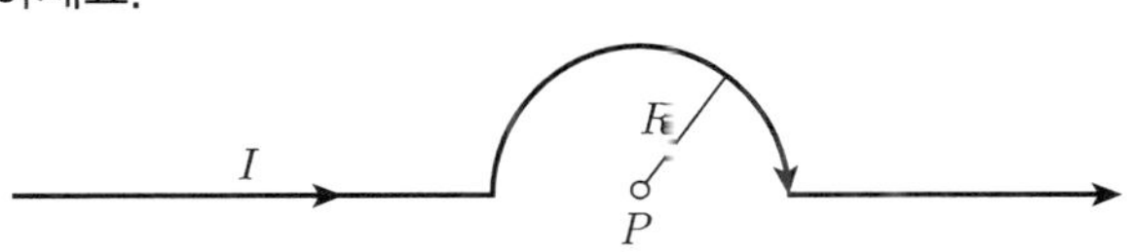


**그림 5.19**

**풀이**

왼편의 직선 길이 철사에 의한 호의 중심에서는 $\vec{ds}\times\vec{r}=(\hat{r}dr)\times(r\hat{r})=rdr(\hat{r}\times\hat{r})=0$이 된다. 그리고 오른편의 직선 길이 철사의 경우에는
$\vec{ds}\times\vec{r}=(\hat{r}dr)\times(-r\hat{r})=-rdr(\hat{r}\times\hat{r})=0$이 되어 결과적으로 좌·우의 직선 길이 철사에 흐르는 전류에 의해 반경이 $R$인 호를 이루는 철사의 중심에서 생성되는 자기장은 0이다. 그러므로 호를 이루는 철사 부분만을 고려하면 된다. [예제 5.10]에서 각 $\theta$를 이루는 반경 $R$인 호에 흐르는 전류 $I$에 의한 호의 중심에서의 자기장은 식 (예-5.10.1)인 $B=\dfrac{\mu_0 I}{4\pi}\dfrac{\theta}{R}$이다. 이 결과를 이 문제에 적용하면 $\theta=\pi$에 해당하므로

$$\therefore\ B=\frac{\mu_0 I}{4\pi}\frac{\pi}{R}=\frac{\mu_0 I}{4R}$$

인 호의 중심에서의 자기장을 구할 수 있다. 그리고 자기장의 방향은 종이 안으로 들어가는 방향이다.

## 5.3 앙페르(Ampere)의 법칙

**앙페르의 법칙**은 기하학적으로 대칭성을 갖는 전류분포에 의한 자기장의 크기와 방향에 관한 법칙이다. 전류가 흐르는 도선을 오른손으로 잡으면서 오른손의 엄지를 전류의 방향으로 향하게 할 때 손가락이 감싸는 방향이 자기장의 방향이다.

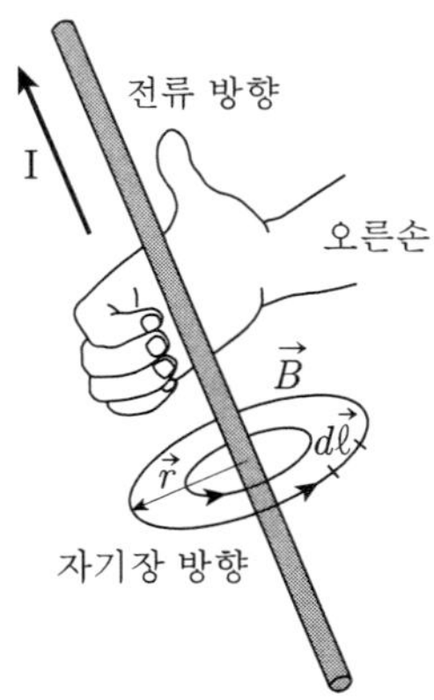


**그림 5.20**

전류 $I$가 흐르는 무한히 긴 철사의 중심으로부터 $r$만큼 떨어져 있는 곳에서의 자기장은 [예제 5.7]에서 구한 것과 같이 $B=\frac{\mu_0 I}{2\pi r}$이다. 이때 철사로부터 반경이 $r$인 원둘레를 따라 자기장의 선 적분을 계산하면 다음과 같다.

$$\oint \vec{B}\cdot d\vec{\ell}=\frac{\mu_0 I}{2\pi r}\oint \hat{\phi}\cdot d\vec{\ell}=\frac{\mu_0 I}{2\pi r}\oint \hat{\phi}\cdot \hat{\phi} d\ell=\frac{\mu_0 I}{2\pi r}\oint d\ell$$

여기서 $\hat{\phi}$은 원둘레를 시계 반대 방향으로 도는 단위벡터이다.
그러므로 위 적분은

$$\oint \vec{B}\cdot d\vec{\ell}=\frac{\mu_0 I}{2\pi r}2\pi r=\mu_0 I$$

가 된다. 여기서 $I$는 반경 $r$인 원에 의해 둘러싸여 흐르는 알짜 전류($I_{알짜}$)이다.

결과적으로 위 식은 다음과 같은 **적분형의 앙페르 법칙**이 된다.

$$\oint \vec{B}\cdot d\vec{\ell}=\mu_0 I_{알짜} \tag{5.3.1}$$

위 식의 왼편에 있는 선 적분에 대한 표현에 스토크 정리[36]를 적용하여 면 적분으로 나타내면 위 식은

$$\int (\vec{\nabla}\times\vec{B})\cdot d\vec{a}=\mu_0 I_{알짜} \tag{5.3.2}$$

이 된다. 여기서 면 적분은 폐경로에 의해 둘러싸인 면적에 관한 적분이다.
그리고 알짜 전류 $I_{알짜}$은 전류밀도[37] $\vec{J}$(단위 면적당 흐르는 전류)와

$$I_{알짜}=\int \vec{J}\cdot d\vec{a}$$

(36) 증명은 《Guardian for Mathematical Physics》 by H. Park, 78쪽을 참고하세요.

(37) 전류밀도의 방향은 전류의 방향과 같고, $d\vec{a}$의 방향은 전류가 흐르는 방향에 대해 수직인 면적에 대해 오른손 법칙을 따르는 바깥 방향이다. 즉, 무한히 긴 철사의 경우 $\vec{J}\cdot d\vec{a}=Jda\cos 0^0=Jda$가 된다.

의 관계가 있으므로 식 (5.3.2)는

$$\int (\overrightarrow{\nabla} \times \overrightarrow{B}) \cdot \overrightarrow{da} = \mu_0 \int \overrightarrow{J} \cdot \overrightarrow{da} = \int \mu_0 \overrightarrow{J} \cdot \overrightarrow{da}$$

로 표현될 수 있다. 모든 면 적분에 관해 등식이 항상 성립하기 위해서는 좌·우의 피적분함수가 같아야 되므로

식 (5.3.1)의 적분형의 앙페르 법칙에 대응하는 다음과 같은 **미분형의 앙페르 법칙**을 얻을 수 있다.

$$\overrightarrow{\nabla} \times \overrightarrow{B} = \mu_0 \overrightarrow{J} \qquad (5.3.3)$$

이제 비오-사바르 법칙인 식 (5.2.1)로부터 미분형의 앙페르 법칙인 식 (5.3.3)을 유도하는 과정에 대해 살펴보자.

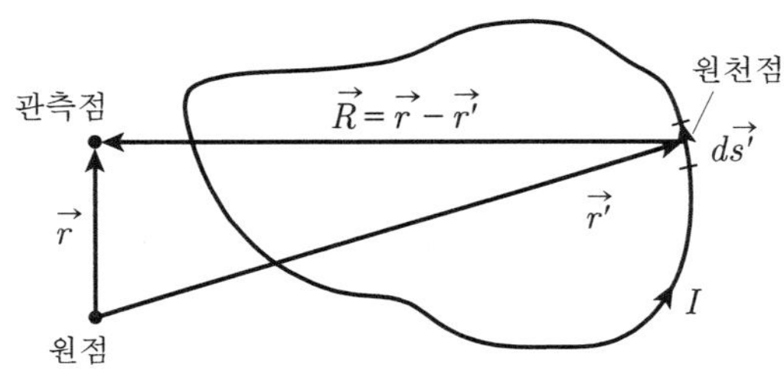


**그림 5.21**

비오-사바르 법칙을 위 그림에 적용하면 자기장을 다음과 같이 전류밀도 $\overrightarrow{J}$로 표현할 수 있다.

$$\overrightarrow{B}(\overrightarrow{r}) = \frac{\mu_0}{4\pi} I \int \frac{\overrightarrow{ds} \times \overrightarrow{r}}{r^3}$$

$$\Rightarrow \overrightarrow{B}(\overrightarrow{r}) = \frac{\mu_0}{4\pi} I \int \frac{\overrightarrow{ds'} \times \overrightarrow{R}}{R^3} = \frac{\mu_0}{4\pi} \int \frac{I\overrightarrow{ds'} \times \overrightarrow{R}}{R^3} = \frac{\mu_0}{4\pi} \int \frac{\overrightarrow{J}(\overrightarrow{r'}) \times \overrightarrow{R}}{R^3} dV' \qquad (5.3.4)$$

여기서 $\vec{R}=(\vec{r}-\vec{r}')$은 원천점에서 관측점까지의 거리벡터, $\vec{r}$은 원점에서 관측점까지의 거리벡터 그리고 $\vec{r}'$은 원점에서 원천점까지의 거리벡터이다. 위 관계식의 좌·우에 발산 연산자인 divergence를 취하면 다음과 같다.

$$\vec{\nabla}\cdot\vec{B}(\vec{r})=\frac{\mu_0}{4\pi}\int\vec{\nabla}\cdot\left[\frac{\vec{J}(\vec{r}')\times\vec{R}}{R^3}\right]dV' \tag{5.3.5}$$

위 식의 오른편에 있는 피적분함수를 계산해보면

$$\begin{aligned}\vec{\nabla}\cdot\left[\frac{\vec{J}(\vec{r}')\times\vec{R}}{R^3}\right]&=\sum_i\left(\frac{\partial}{\partial r}\right)_i\left(\frac{\vec{J}(\vec{r}')\times\vec{R}}{R^3}\right)_i=\frac{1}{R^3}\sum_i\partial_i(\epsilon_{ijk}J_jR_k)\\&=\frac{1}{R^3}\sum_i\epsilon_{ijk}\partial_i(J_jR_k)\end{aligned}$$

여기서 $\partial_i\equiv\left(\frac{\partial}{\partial r}\right)_i$이며 $\epsilon_{ijk}$은 레비-시비타 기호이다. 이때 위 식의 오른편은

$$\begin{aligned}\sum_i\epsilon_{ijk}\partial_i(J_jR_k)&=\sum_i\epsilon_{ijk}(J_j\partial_iR_k+R_k\partial_iJ_j)\\&=-\sum_j\epsilon_{jik}J_j\partial_iR_k+\sum_k\epsilon_{kij}R_k\partial_iJ_j\\&=-\sum_jJ_j(\epsilon_{jik}\partial_iR_k)+\sum_kR_k(\epsilon_{kij}\partial_iJ_j)\\&=-\sum_jJ_j(\vec{\nabla}\times\vec{R})_j+\sum_kR_k(\vec{\nabla}\times\vec{J})_k\\&=-\vec{J}\cdot(\vec{\nabla}\times\vec{R})+\vec{R}\cdot(\vec{\nabla}\times\vec{J})\end{aligned}$$

이 된다. 여기서 $\vec{\nabla}$은 관측 좌표계의 연산자이기 때문에 위 관계식의 오른편에 있는 두 번째 항은 0이다. 즉, $\vec{\nabla}\times\vec{J}(\vec{r}')=0$ 그리고 첫 번째 항에 있는

$$\vec{\nabla}\times\vec{R}=\vec{\nabla}\times(\vec{r}-\vec{r}')=\vec{\nabla}\times\vec{r}=\frac{1}{r^2\sin\theta}\begin{vmatrix}\hat{r} & r\hat{\theta} & r\sin\theta\hat{\phi}\\ \frac{\partial}{\partial r} & \frac{\partial}{\partial\theta} & \frac{\partial}{\partial\phi}\\ r & 0 & 0\end{vmatrix}=0 \quad (\because\vec{\nabla}\times\vec{r}'=0)$$

이 된다. 그러므로 위 관계식의 오른편에 있는 두 항이 모두 0이 되어 식 (5.3.5)는

$$\overrightarrow{\nabla} \cdot \overrightarrow{B}(\vec{r}) = 0 \tag{5.3.6}$$

이 된다. 이 식은 맥스웰 방정식 중의 하나로서 전기장에서의 가우스 법칙에 대응하는 자기장에서의 가우스 법칙이라고 불리기도 하며, 의미하는 바는 자기홀극(monopole)은 존재하지 않는다는 것이다.

이제 식 (5.3.4)의 좌·우에 발산 연산자인 divergence 대신에 회전 연산자인 curl을 취해주면 다음과 같다.

$$\overrightarrow{\nabla} \times \overrightarrow{B}(\vec{r}) = \frac{\mu_0}{4\pi} \int \overrightarrow{\nabla} \times \left[ \frac{\overrightarrow{J}(\overrightarrow{r'}) \times \overrightarrow{R}}{R^3} \right] dV' \tag{5.3.7}$$

여기서 위 식의 오른편에 있는 피적분함수는

$$\begin{aligned}
\left[ \overrightarrow{\nabla} \times \left( \frac{\overrightarrow{J}(\overrightarrow{r'}) \times \overrightarrow{R}}{R^3} \right) \right]_i &= \frac{1}{R^3} \sum_{j,k} \epsilon_{ijk} \partial_j (\vec{J} \times \overrightarrow{R})_k = \frac{1}{R^3} \sum_{j,k,\ell,m} \epsilon_{ijk} \epsilon_{k\ell m} \partial_j (J_\ell R_m) \\
&= \frac{1}{R^3} \sum_{j,\ell,m} (\delta_{i\ell}\delta_{jm} - \delta_{im}\delta_{j\ell})(J_\ell \partial_j R_m + R_m \partial_j J_\ell) \\
&= \frac{1}{R^3} \sum_{i,j} [J_i \partial_j R_j + R_j \partial_j J_i - J_j \partial_j R_i - R_i \partial_j J_j]
\end{aligned} \tag{5.3.8}$$

여기서 $\overrightarrow{\nabla}$은 관측 좌표계의 연산자이고 $\vec{J}$은 원천 좌표계에서의 함수이다.
그러므로 위 관계식의 오른편에 있는 두 번째 항과 네 번째 항은 0이 되어서 오른편은 $\frac{1}{R^3} \sum_{i,j} (J_i \partial_j R_j - J_j \partial_j R_i) = \frac{1}{R^3} \sum_i [J_i (\overrightarrow{\nabla} \cdot \overrightarrow{R}) - (\vec{J} \cdot \overrightarrow{\nabla}) R_i]$이 된다. 그러므로 식 (5.3.8)은 다음과 같이 표현될 수 있다.

$$\begin{aligned}
&\left[ \overrightarrow{\nabla} \times \left( \frac{\overrightarrow{J}(\overrightarrow{r'}) \times \overrightarrow{R}}{R^3} \right) \right]_i = \frac{1}{R^3} \sum_i [J_i (\overrightarrow{\nabla} \cdot \overrightarrow{R}) - (\vec{J} \cdot \overrightarrow{\nabla}) R_i] \\
\Rightarrow\ &\overrightarrow{\nabla} \times \left( \frac{\overrightarrow{J}(\overrightarrow{r'}) \times \overrightarrow{R}}{R^3} \right) = \frac{1}{R^3} [\overrightarrow{J} (\overrightarrow{\nabla} \cdot \overrightarrow{R}) - (\vec{J} \cdot \overrightarrow{\nabla}) \overrightarrow{R}]
\end{aligned}$$

여기서 오른편에 있는 두 번째 항은 0[(38)]이고 첫 번째 항은

$$\frac{1}{R^3}\vec{J}(\vec{r'})(\vec{\nabla}\cdot\vec{R}) = \vec{J}(\vec{r'})(\vec{\nabla}\cdot\frac{\hat{R}}{R^2}) = \vec{J}(\vec{r'})[4\pi\delta(\vec{R})]^{(39)}$$

이므로 식 (5.3.7)은 다음과 같이 된다.

$$\begin{aligned}\vec{\nabla}\times\vec{B}(\vec{r}) &= \frac{\mu_0}{4\pi}\int 4\pi\vec{J}(\vec{r'})\delta(\vec{R})dV' \\ &= \mu_0\int\vec{J}(\vec{r'})\delta(\vec{r}-\vec{r'})dV' = \mu_0\vec{J}(\vec{r})\end{aligned}$$

이 결과는 무한히 긴 철사의 예로부터 구한 미분형의 앙페르 법칙인 식 (5.3.3)이다. 그러므로 자기장에 관한 일반식인 비오-사바르 법칙으로부터 앙페르 법칙을 구할 수 있음을 알 수 있다. 일반적으로 전류가 대칭적인 분포를 가질 때 비오-사바르 법칙을 사용하는 것보다 앙페르 법칙을 사용하면 자기장을 보다 쉽게 구할 수 있다.

**예제 5.12**

전류 $I$가 흐르는 무한히 긴 직선 철사로부터 수직으로 $r$만큼 떨어진 곳에서의 자기장을 앙페르 법칙을 사용해서 구하세요. ([예제 5.7]에서는 비오-사바르 법칙을 사용해서 구했다.)

**풀이**

식 (5.3.1)로부터

$$\oint\vec{B}\cdot d\vec{\ell} = \mu_0 I_{\text{알짜}} \Rightarrow \oint B\hat{\phi}\cdot\hat{\phi}d\ell = \mu_0 I$$
$$\Rightarrow B\oint d\ell = \mu_0 I \Rightarrow B(2\pi r) = \mu_0 I$$

$$\therefore\ B = \frac{\mu_0 I}{2\pi r}$$

비오-사바르 법칙으로 구한 결과와 같은 결과를 얻는다. 즉, 비오-사바르 법칙을 사용해서 자기장을 구하는 것보다 앙페르 법칙을 사용하면 매우 간단하게 구할 수 있음을 알 수 있다.

---

(38) 수식적인 증명은 [보충자료-2]를 참고하세요.

(39) 증명은 《Guardian for Mathematical Physics》 by H. Park, 80~81쪽을 참고하세요.

**예제 5.13**

단위 길이당 코일의 감긴 횟수가 $n$인 매우 긴 **솔레노이드**에 전류 $I$가 흐를 때의 자기장을 구하세요.

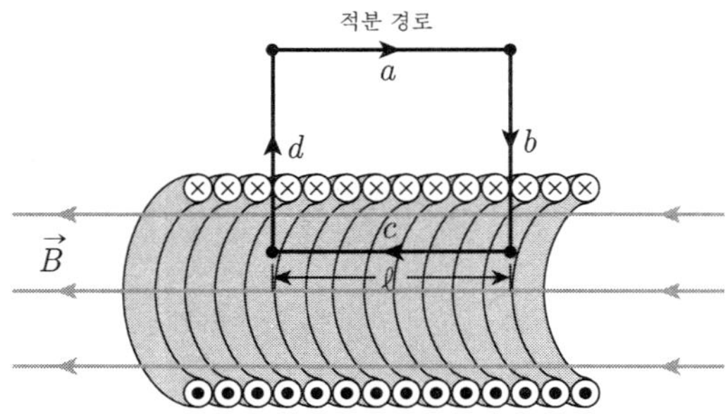


그림 5.22

**풀이**

매우 긴 솔레노이드이므로 솔레노이드 안의 자기장은 균일하고 솔레노이드 양 끝에서의 자기장의 불균일성을 무시할 수 있다. 앙페르 법칙을 적용하기 위해 가로 길이가 $\ell$인 폐경로를 위 그림과 같이 잡으면

$$\oint \vec{B} \cdot d\vec{\ell} = \mu_0 I_{알짜}$$

$$\Rightarrow \int_a \vec{B} \cdot d\vec{\ell} + \int_b \vec{B} \cdot d\vec{\ell} + \int_c \vec{B} \cdot d\vec{\ell} + \int_d \vec{B} \cdot d\vec{\ell} = \mu_0 I_{알짜}$$

$$\Rightarrow 0 + 0 + B\ell + 0 = \mu_0 (n\ell I)$$

그러므로 솔레노이드 안의 자기장은

$$B = \mu_0 n I$$

가 되며, 자기장의 방향은 전류가 흐르는 방향에 대해 오른손 법칙을 따르는 방향이다.

**예제 5.14**

전류 $I$가 흐르는 **환상**(toroid) **코일**에 대한 자기장을 구하세요. 코일의 감긴 횟수는 $N$이라 가정한다.

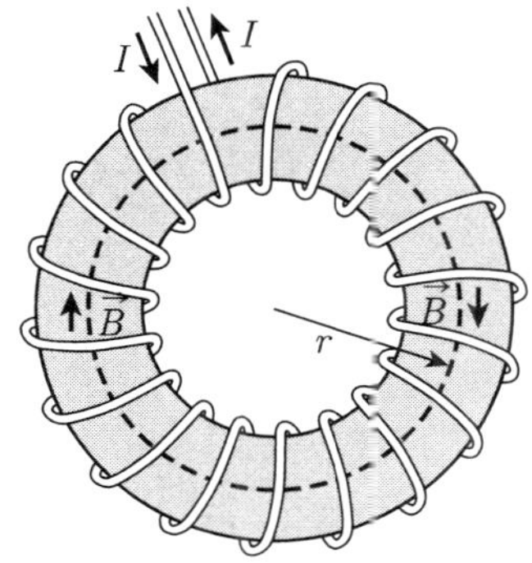


**그림 5.23**

**풀이**

원의 중심으로부터 $a < r < b$인 $r$만큼 떨어진 곳에서의 자기장은 일정하고 자기장의 방향은 원의 둘레 방향이므로 앙페르 법칙은

$$\oint \vec{B} \cdot d\vec{\ell} = \mu_0 I_{\text{알짜}} \Rightarrow B\oint d\ell = \mu_0 I_{\text{알짜}}$$
$$\Rightarrow B(2\pi r) = \mu_0 I_{\text{알짜}}$$

이 된다. 여기서 $I_{\text{알짜}} = NI$이므로 위 식은 다음과 같이 된다.

$$B(2\pi r) = \mu_0 NI \Rightarrow B = \mu_0 I \frac{N}{2\pi r}$$

위 식의 오른편에 있는 $\dfrac{N}{2\pi r}$은 환상 코일에 대한 단위 길이당 감긴 코일의 횟수이므로 [예제 5.13]의 솔레노이드에 대한 단위 길이당 코일의 감긴 횟수 $n$으로 대체하면 위 식은

$$B = \mu_0 nI$$

로 표현된다. 즉, 환상 코일은 솔레노이드의 도넛 형태임을 알 수 있다. 그리고 자기장의 방향은 전류가 흐르는 방향에 대해 오른손 법칙을 따르는 방향이다.

**예제 5.15**

무한 $xy$−평면에 균일한 표면 전류밀도(단위 길이당 전류) $\vec{K} = K_0\hat{x}$가 흐를 때의 자기장을 구하세요. 여기서 $K_0$은 상수이다. (힌트: 평면이 전류가 흐르는 무한히 많은 필라멘트로 이루어져 있다고 가정하세요.)

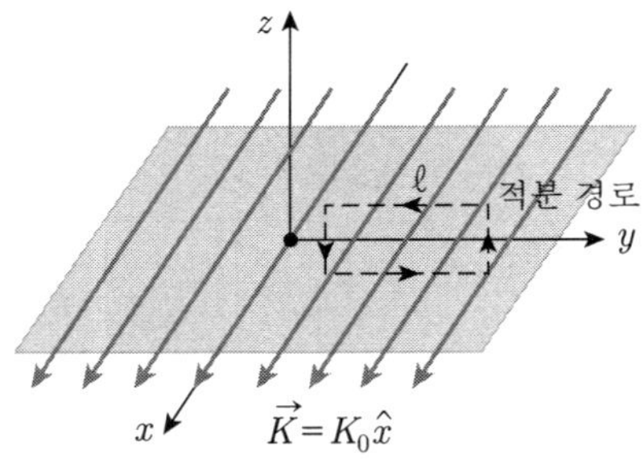


**그림 5.24**

**풀이**

비오-사바르 법칙은 다음과 같이 표면 전류밀도로 표현될 수 있다.

$$\vec{B}(\vec{r}) = \frac{\mu_0}{4\pi} I \int \frac{\vec{ds} \times \vec{r}}{r^3}$$

$$\Rightarrow \vec{B}(\vec{r}) = \frac{\mu_0}{4\pi} I \int \frac{\vec{ds'} \times \vec{R}}{R^3} = \frac{\mu_0}{4\pi} \int \frac{I\vec{ds'} \times \vec{R}}{R^3} = \frac{\mu_0}{4\pi} \int \frac{\vec{K}(\vec{r'}) \times \vec{R}}{R^3} da' \quad \text{(예-5.15.1)}$$

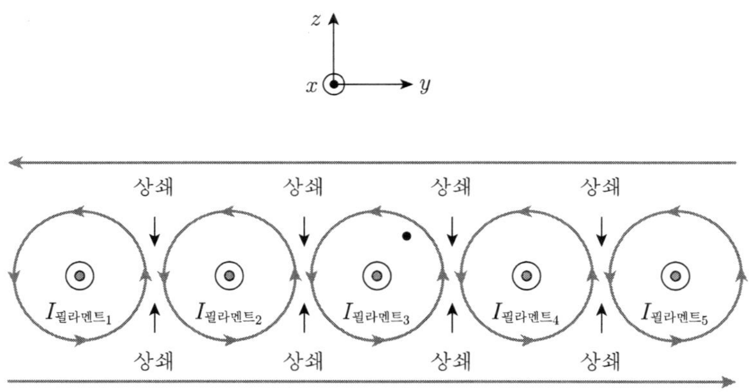


**그림 5.25**

표면 전류에 의해서 생성된 자기장은 $x$ 성분을 가질 수 없고, 평면에 수직인 방향의 자기장은 그림 5.25와 같이 $+z$에 의한 기여와 $-z$에 의한 기여가 서로 상쇄되어 0이 된다. 그러므로 자기장은 다만 $y$ 성분만을 갖게 되고, 자기장의 방향은 $z>0$인 영역에서는 $-y$ 방향(필라멘트 위에 왼쪽으로 향하는 화살표)이고 $z<0$인 영역에서는 $+y$ 방향(필라멘트 밑에 오른쪽으로 향하는 화살표)이다.

그림 5.24와 같이 폐경로를 잡으면 앙페르 법칙으로부터 자기장을 다음과 같이 구할 수 있다.

$$\oint \vec{B} \cdot d\vec{\ell} = \mu_0 I_{\text{알짜}} \Rightarrow B\ell + 0 - B\ell + 0 = \mu_0(K_0 \ell)$$

$$\Rightarrow B = \frac{\mu_0}{2} K_0$$

그러므로

$$\vec{B} = \begin{cases} -\dfrac{\mu_0}{2} K_0 \hat{y}, & z > 0 \text{인 경우} \\ \dfrac{\mu_0}{2} K_0 \hat{y}, & z < 0 \text{인 경우} \end{cases}$$

## 5.4 벡터 포텐셜과 게이지 변환

curl의 divergence는 항상 0이므로(40) 식 (5.3.6)인 $\vec{\nabla} \cdot \vec{B}(\vec{r}) = 0$으로부터

$$\vec{B} = \vec{\nabla} \times \vec{A} \tag{5.4.1}$$

로 놓을 수 있다. 여기서 $\vec{A}$을 **벡터 포텐셜**로 정의한다.

위의 벡터 포텐셜에 gradient 항을 더한 경우

$$\vec{A}' = \vec{A} + \vec{\nabla} f$$

가 된다. 이런 경우를 **게이지 변환**이라 한다. 이 때

$$\vec{B} = \vec{\nabla} \times \vec{A}' = \vec{\nabla} \times (\vec{A} + \vec{\nabla} f) = \vec{\nabla} \times \vec{A} + \vec{\nabla} \times \vec{\nabla} f = \vec{\nabla} \times \vec{A}$$

이 된다. 즉, 벡터 포텐셜에 gradient 항을 더한다고 자기장이 변하는 것은 아니다.

우리는 gradient와 무관한 **쿨롱 게이지**($\vec{\nabla} \cdot \vec{A} = 0$) 또는 gradient와 관계가 있는 **로렌츠 게이지**($\vec{\nabla} \cdot \vec{A} = -\mu_0 \epsilon_0 \dfrac{\partial V}{\partial t}$)를 만족하는 벡터 포텐셜을 택할 수 있다.

(40) 증명은 《Guardian for Mathematical Physics》 by H. Park, 72~73쪽을 참고하세요.

미분형의 앙페르 법칙 $\vec{\nabla}\times\vec{B}=\mu_0\vec{J}$에 식 (5.4.1)을 대입하면

$$\vec{\nabla}\times(\vec{\nabla}\times\vec{A})=\mu_0\vec{J} \Rightarrow \vec{\nabla}(\vec{\nabla}\cdot\vec{A})-\nabla^2\vec{A}=\mu_0\vec{J}$$

가 되는데 왼편의 첫 항이 0이면(즉, 쿨롱 게이지를 선택하면) 위 식은 다음과 같이 표현된다.

$$\nabla^2\vec{A}=-\mu_0\vec{J} \tag{5.4.2}$$

이제 비오-사바르 법칙으로부터 벡터 포텐셜에 대한 표현을 구해보자.

$$\begin{aligned}\vec{B}(\vec{r})&=\frac{\mu_0}{4\pi}I\int\frac{d\vec{s'}\times\vec{R}}{R^3}=\frac{\mu_0}{4\pi}\int\frac{\vec{J}(\vec{r'})\times\vec{R}}{R^3}dV'\\&=\frac{\mu_0}{4\pi}\int\frac{\vec{J}(\vec{r'})\times\hat{R}}{R^2}dV'=\frac{\mu_0}{4\pi}\int\vec{J}\times(-\vec{\nabla}\frac{1}{R})dV'\\&=\frac{\mu_0}{4\pi}\int\vec{\nabla}\times\frac{\vec{J}}{R}dV'\overset{(41)}{=}\vec{\nabla}\times\left[\frac{\mu_0}{4\pi}\int\frac{\vec{J}}{R}dV'\right]\end{aligned}$$

위 식 오른편의 대괄호 안을 벡터 포텐셜로 놓을 수 있으므로

$$\vec{A}=\frac{\mu_0}{4\pi}\int\frac{\vec{J}(\vec{r'})}{R}dV' \tag{5.4.3}$$

이 된다. 여기서 $\vec{R}$은 원천점에서 관측점까지의 거리벡터이다. 위 식은 다음과 같이 전류 $\vec{I}$ 또는 표면 전류밀도 $\vec{K}$로도 표현될 수 있다.

$$\begin{cases}\vec{A}=\dfrac{\mu_0}{4\pi}I\oint\dfrac{d\vec{\ell'}}{R}\\[2mm]\vec{A}=\dfrac{\mu_0}{4\pi}\int\dfrac{\vec{K}(\vec{r'})}{R}da'\end{cases} \tag{5.4.4}$$

포아송 방정식 $\nabla^2V=-\dfrac{\rho(\vec{r'})}{\epsilon_0}$의 解가 $V=\dfrac{1}{4\pi\epsilon_0}\int\dfrac{\rho(\vec{r'})}{R}dV'$인 것처럼 식 (5.4.2)의 解는 식 (5.4.3)임을 알 수 있다.

---

(41) 수식적인 증명은 [보충자료-3]을 참고하세요.

**예제 5.16**

균일한 면 전하밀도 $\sigma$을 갖는 반경 $a$의 구 껍질이 각속도 $\vec{\omega}$로 회전할 때 구 껍질의 중심으로부터 $\vec{r}$만큼 떨어져 있는 $P$에서의 벡터 포텐셜을 구하고, 그 결과로부터 자기장도 구하세요.

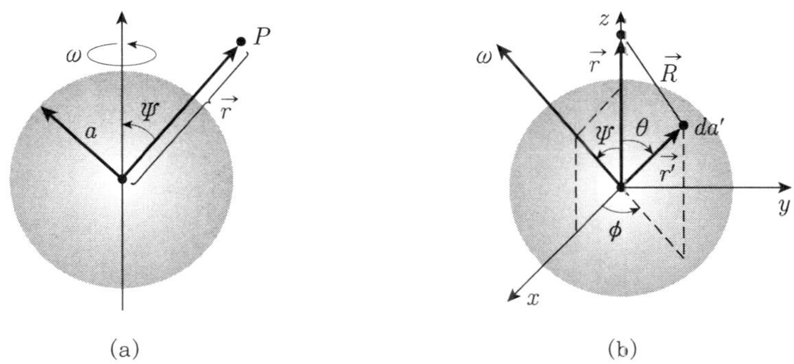


그림 5.26

**풀이**

계산의 편의를 위해 $\vec{r}$ 방향을 $z$-축 방향에 맞추자. 그러면 $\vec{\omega}$ 방향은 $z$-축으로부터 $\Psi$만큼 기울어져 있게 된다. 그런 다음에 $\vec{\omega}$가 $xz$-평면에 놓이도록 $x$-축을 회전하면 위의 그림 (b)와 같이 된다. 식 (5.4.4)의 두 번째 관계식으로부터 벡터 포텐셜은 다음과 같이 표현된다.

$$\vec{A}=\frac{\mu_0}{4\pi}\int\frac{\vec{K}(\vec{r}')}{R}da'=\frac{\mu_0}{4\pi}\int\frac{\sigma\vec{v}}{R}da' \overset{(42)}{=} \frac{\mu_0}{4\pi}\int\frac{\sigma(\vec{\omega}\times\vec{r}')}{R}da' \qquad (\text{예}-5.16.1)$$

여기서 $\vec{r}=r\hat{z}$ 그리고 $\vec{r}'=\hat{x}a\sin\theta\cos\phi+\hat{y}a\sin\theta\sin\phi+\hat{z}a\cos\theta$이므로

$$\begin{aligned}\vec{R}&=\vec{r}-\vec{r}'=r\hat{z}-(\hat{x}a\sin\theta\cos\phi+\hat{y}a\sin\theta\sin\phi+\hat{z}a\cos\theta)\\&=-\hat{x}a\sin\theta\cos\phi-\hat{y}a\sin\theta\sin\phi+\hat{z}(r-a\cos\theta)\end{aligned}$$

$$\begin{aligned}\Rightarrow R^2=\vec{R}\cdot\vec{R}&=a^2\sin^2\theta\cos^2\phi+a^2\sin^2\theta\sin^2\phi+(r-a\cos\theta)^2\\&=a^2\sin^2\theta+r^2-2ra\cos\theta+a^2\cos^2\theta=a^2-2ra\cos\theta+r^2\end{aligned}$$

$$\therefore\ R=\sqrt{a^2-2ra\cos\theta+r^2}$$

그리고

(42) $[\mathrm{K}]=[\sigma][v]=\frac{\text{전하}}{\text{면적}}\cdot\frac{\text{길이}}{\text{시간}}=\frac{\text{전류}}{\text{길이}}$

$$\vec{\omega}\times\vec{r}' = \begin{vmatrix} \hat{x} & \hat{y} & \hat{z} \\ \omega\sin\Psi & 0 & \omega\cos\Psi \\ a\sin\theta\cos\phi & a\sin\theta\sin\phi & a\cos\theta \end{vmatrix}$$

$$= -\hat{x}a\omega\cos\Psi\sin\theta\sin\phi + \hat{y}a\omega(\cos\Psi\sin\theta\cos\phi - \sin\Psi\cos\theta) + \hat{z}a\omega\sin\Psi\sin\theta\sin\phi$$

이들을 벡터 포텐셜에 대한 관계식 (예-5.16.1)에 대입하면

$$\vec{A} = \frac{\mu_0}{4\pi}\left[\hat{x}\int\int\frac{-\sigma a\omega\cos\Psi\sin\theta\sin\phi}{\sqrt{a^2-2ra\cos\theta+r^2}}(a^2\sin\theta d\theta d\phi)\right.$$
$$+\hat{y}\int\int\frac{\sigma a\omega(\cos\Psi\sin\theta\cos\phi-\sin\Psi\cos\theta)}{\sqrt{a^2-2ra\cos\theta+r^2}}(a^2\sin\theta d\theta d\phi)$$
$$\left.+\hat{z}\int\int\frac{\sigma a\omega\sin\Psi\sin\theta\sin\phi}{\sqrt{a^2-2ra\cos\theta+r^2}}(a^2\sin\theta d\theta d\phi)\right]$$

가 되는데 여기서 $\int_0^{2\pi} d\phi\sin\phi = -\cos\phi|_0^{2\pi} = 0$ 그리고 $\int_0^{2\pi} d\phi\cos\phi = \sin\phi|_0^{2\pi} = 0$이므로 벡터 포텐셜의 $x$ 성분과 $z$ 성분은 0이 되고, 유사하게 $y$ 성분의 첫 번째 항은 0이 되므로 위 식의 벡터 포텐셜은 다음과 같이 된다.

$$\vec{A} = -\frac{\mu_0}{4\pi}\hat{y}\int\int\frac{\sigma a\omega\sin\Psi\cos\theta}{\sqrt{a^2-2ra\cos\theta+r^2}}(a^2\sin\theta d\theta d\phi)$$
$$= -\hat{y}\frac{\mu_0}{4\pi}\sigma a^3\omega\sin\Psi\int_0^{2\pi}d\phi\int_0^{\pi}\frac{\cos\theta}{\sqrt{a^2-2ra\cos\theta+r^2}}\sin\theta d\theta$$
$$= -\hat{y}\frac{\mu_0}{2}\sigma a^3\omega\sin\Psi\int_0^{\pi}\frac{\cos\theta\sin\theta}{\sqrt{a^2-2ra\cos\theta+r^2}}d\theta \qquad \text{(예–5.16.2)}$$

위 적분을 계산하기 위하여 $u=\cos\theta(\Rightarrow du = -\sin\theta d\theta)$로 놓으면 오른편의 적분은

$$\int_0^{\pi}\frac{\cos\theta\sin\theta}{\sqrt{a^2-2ra\cos\theta+r^2}}d\theta = -\int_1^{-1}\frac{udu}{\sqrt{a^2-2rau+r^2}} = \int_{-1}^{1}\frac{udu}{\sqrt{a^2-2rau+r^2}}$$
$$= \int_{-1}^{1}\frac{udu}{\sqrt{2ra\left(\frac{a^2+r^2}{2ra}-u\right)}}$$
$$= \frac{a^2+r^2}{2a^2r^2}(a+r-|a-r|)+\frac{1}{6a^2r^2}[|a-r|^3-(a+r)^3]^{(43)}$$

(예–5.16.3)

이 된다.

(i) 관측점이 구 껍질 안에 있을 때, 즉 $r<a$인 경우 식 (예–5.16.3)의 오른편은 다음과 같이 된다.

---

(43) 수식적인 증명은 [보충자료-4]를 참고하세요.

$$\frac{a^2+r^2}{2a^2r^2}[a+r-(a-r)]+\frac{1}{6a^2r^2}[(a-r)^3-(a+r)^3]$$

$$=\frac{a^2+r^2}{2a^2r^2}2r+\frac{1}{6a^2r^2}(-2r^3-6a^2r)=\frac{a^2+r^2}{a^2r}-\frac{1}{3a^2r}(r^2+3a^2)$$

$$=\frac{3a^2+3r^2-r^2-3a^2}{3a^2r}=\frac{2r^2}{3a^2r}=\frac{2r}{3a^2}$$

이 결과를 식 (예-5.16.2)에 대입하면 구 껍질 안에서의 벡터 포텐셜은

$$\vec{A}=-\hat{y}\frac{\mu_0}{2}\sigma a^3\omega\sin\Psi\left(\frac{2r}{3a^2}\right)=-\hat{y}\frac{\mu_0\sigma ar\omega\sin\Psi}{3}$$

이 된다.

여기서

$$\vec{\omega}\times\vec{r}=\begin{vmatrix}\hat{x} & \hat{y} & \hat{z}\\ \omega\sin\Psi & 0 & \omega\cos\Psi\\ 0 & 0 & r\end{vmatrix}=-\hat{y}r\omega\sin\Psi$$

이므로 위의 벡터 포텐셜은 다음과 같이 표현된다.

$$\therefore\ \vec{A}(\vec{r})=\frac{\mu_0\sigma a}{3}(\vec{\omega}\times\vec{r}) \qquad \text{(예-5.16.4)}$$

(ii) 관측점이 구 껍질 밖에 있을 때, 즉 $r>a$인 경우 식 (예-5.16.3)의 오른편은 다음과 같이 된다.

$$\frac{a^2+r^2}{2a^2r^2}[a+r+(a-r)]+\frac{1}{6a^2r^2}[-(a-r)^3-(a+r)^3]$$

$$=\frac{a^2+r^2}{2a^2r^2}2a-\frac{1}{6a^2r^2}(2a^3+6ar^2)=\frac{a^2+r^2}{ar^2}-\frac{1}{3ar^2}(a^2+3r^2)$$

$$=\frac{3a^2+3r^2-a^2-3r^2}{3ar^2}=\frac{2a^2}{3ar^2}=\frac{2a}{3r^2}$$

이 결과를 식 (예-5.16.2)에 대입하면 구 껍질 밖에서의 벡터 포텐셜은

$$\vec{A}=-\hat{y}\frac{\mu_0}{2}\sigma a^3\omega\sin\Psi\left(\frac{2a}{3r^2}\right)=-\hat{y}\frac{\mu_0\sigma a^4\omega\sin\Psi}{3r^2}$$

이 된다. (i)에서와 같이 $\vec{\omega}\times\vec{r}=-\hat{y}r\omega\sin\Psi$이므로 위 식은 다음과 같이 표현된다.

$$\therefore\ \vec{A}(\vec{r})=\frac{\mu_0\sigma a^4}{3r^3}(\vec{\omega}\times\vec{r}) \qquad \text{(예-5.16.5)}$$

(i)과 (ii)에서 구한 벡터 포텐셜의 결과로부터 구 껍질의 표면, 즉 $r=a$에서의 벡터

포텐셜은 식 (예-5.16.4) 또는 (예-5.16.5)에 $r=a$을 대입하면 다음과 같은 벡터 포텐셜을 얻을 수 있다.

$$\vec{A}(r=a)=-\frac{\mu_0\sigma a^4\omega\sin\Psi}{3a^2}\hat{y}=-\frac{\mu_0\sigma a^2\omega\sin\Psi}{3}\hat{y}$$

회전된 좌표계가 아닌 회전하기 전의 좌표계에서는 $\vec{\omega}=\omega\hat{z}$이므로

$$\vec{\omega}\times\vec{r}=\begin{vmatrix}\hat{x} & \hat{y} & \hat{z}\\ 0 & 0 & \omega\\ r\sin\theta\cos\phi & r\sin\theta\sin\phi & r\cos\theta\end{vmatrix}=\omega r\sin\theta(-\hat{x}\sin\phi+\hat{y}\cos\phi)$$
$$=\hat{\phi}\omega r\sin\theta^{(44)}$$

이다. 여기서 $\theta$와 $\phi$는 원래 좌표계로 되돌아간 후의 극각과 방위각이다.
그러면 식 (예-5.15.4)와 (예-5.15.5)는 각각 다음과 같이 된다.

$$\begin{cases}\vec{A}(r,\theta,\phi)=\hat{\phi}\dfrac{\mu_0\sigma a\omega}{3}r\sin\theta, & r<a\text{인 경우}\\ \vec{A}(r,\theta,\phi)=\hat{\phi}\dfrac{\mu_0\sigma a^4\omega}{3r^2}\sin\theta, & r>a\text{인 경우}\end{cases}\qquad\text{(예-5.16.6)}$$

자기장은 관계식 $\vec{B}=\vec{\nabla}\times\vec{A}$에 위에서 구한 벡터 포텐셜을 대입해서 구할 수 있다. 구 껍질 안에서의 자기장은 벡터 포텐셜에 대해 식 (예-5.16.6)의 첫 번째 관계식을 사용하면

$$\vec{B}_{\text{안}}=\frac{1}{r^2\sin\theta}\begin{vmatrix}\hat{r} & r\hat{\theta} & r\sin\theta\hat{\phi}\\ \dfrac{\partial}{\partial r} & \dfrac{\partial}{\partial\theta} & \dfrac{\partial}{\partial\phi}\\ A_r & rA_\theta & r\sin\theta A_\phi\end{vmatrix}=\frac{1}{r^2\sin\theta}\begin{vmatrix}\hat{r} & r\hat{\theta} & r\sin\theta\hat{\phi}\\ \dfrac{\partial}{\partial r} & \dfrac{\partial}{\partial\theta} & \dfrac{\partial}{\partial\phi}\\ 0 & 0 & r\sin\theta(\dfrac{\mu_0\sigma a\omega}{3}r\sin\theta)\end{vmatrix}$$

$$=\frac{1}{r^2\sin\theta}\begin{vmatrix}\hat{r} & r\hat{\theta} & r\sin\theta\hat{\phi}\\ \dfrac{\partial}{\partial r} & \dfrac{\partial}{\partial\theta} & \dfrac{\partial}{\partial\phi}\\ 0 & 0 & \dfrac{\mu_0\sigma a\omega}{3}r^2\sin^2\theta\end{vmatrix}$$

$$=\frac{1}{r^2\sin\theta}\left[\hat{r}\frac{\partial}{\partial\theta}(\frac{\mu_0\sigma a\omega}{3}r^2\sin^2\theta)-r\hat{\theta}\frac{\partial}{\partial r}(\frac{\mu_0\sigma a\omega}{3}r^2\sin^2\theta)\right]$$

$$=\frac{1}{r^2\sin\theta}\left[\hat{r}\frac{\mu_0\sigma a\omega}{3}r^2(\frac{1}{2}2\sin2\theta)-r\hat{\theta}\frac{\mu_0\sigma a\omega}{3}\sin^2\theta(2r)\right],\ \text{여기서 }\sin2\theta=2\sin\theta\cos\theta$$

$$=\hat{r}\frac{2}{3}\mu_0\sigma a\omega\cos\theta-\hat{\theta}\frac{2}{3}\mu_0\sigma a\omega\sin\theta$$

$$=\frac{2}{3}\mu_0\sigma a\omega(\hat{r}\cos\theta-\hat{\theta}\sin\theta)=\hat{z}\frac{2}{3}\mu_0\sigma a\omega^{(45)}$$

---

(44) 증명은 《Guardian for Mathematical Physics》 by H. Park, 96쪽을 참고하세요.

$$\therefore\ \vec{B}_{안} = \hat{z}\frac{2}{3}\mu_0\sigma a\omega = \frac{2}{3}\mu_0\sigma a\vec{\omega} \qquad (예-5.16.7)$$

그러므로 구 껍질 안에서의 자기장은 일정함을 알 수 있다.
구 껍질 밖에서의 자기장을 구해보면

$$\vec{B}_{밖} = \frac{\mu_0\sigma a^4\omega}{3r^3}(\hat{r}2\cos\theta + \hat{\theta}\sin\theta) \qquad (예-5.16.8)$$

을 얻는다. 위 결과의 유도는 이 장의 [연습문제 4]에서 다룬다.

**예제 5.17**

**반경이 $R$이며 단위 길이당 감긴 횟수가 $n$인 무한히 긴 솔레노이드에 대한 벡터 포텐셜을 구하세요.**

**풀이**

솔레노이드의 경우 균일한 자기장은 [예제 5.13]에서

$$B = \mu_0 nI$$

임을 구했다.
자기장과 벡터 포텐셜의 관계식으로부터

$$\vec{B} = \vec{\nabla}\times\vec{A} \Rightarrow \int\vec{B}\cdot d\vec{a} = \int(\vec{\nabla}\times\vec{A})\cdot d\vec{a} = \oint\vec{A}\cdot d\vec{\ell} \qquad (예-5.17.1)$$

을 얻을 수 있다.
솔레노이드 중심축으로부터 수직 방향으로 떨어져 있는 거리가 $s$라고 가정하면
(i) $s < R$인 경우, 식 (예-5.17.1)은

$$B(\pi s^2) = A(2\pi s)$$

이 되고 벡터 포텐셜의 방향은 전류가 흐르는 방향이므로

$$\vec{A}(s,\phi) = \frac{1}{2}Bs\hat{\phi}$$

을 얻는다.
(ii) $s > R$인 경우, 식 (예-5.17.1)은 다음과 같이 된다.

---

(45) 증명은 《Guardian for Mathematical Physics》 by H. Park, 96쪽을 참고하세요.

$$B(\pi R^2) = A(2\pi s)$$

$$\therefore \ \vec{A}(s) = \frac{1}{2} B \frac{R^2}{s} \hat{s}$$

## 5.5 벡터 포텐셜의 다극자 표현

벡터 포텐셜에 대한 관계식인 식 (5.4.4)의 첫 번째 관계식

$$\vec{A} = \frac{\mu_0}{4\pi} I \oint \frac{\vec{d\ell'}}{R} \tag{5.5.1}$$

의 피적분함수에 있는 $\vec{R} = \vec{r} - \vec{r}'$은 원천점에서 관측점까지의 거리벡터이다. 관측점이 멀리 떨어져 있는 경우인 $r \gg r'$에 대해서 [예제 2.21]에서

$$\begin{aligned} R^{-1} &= (r^2 + r'^2 - 2rr'\cos\theta)^{-\frac{1}{2}} \\ &= \frac{1}{r}\left[1 - \frac{1}{2}\frac{r'}{r}(\frac{r'}{r} - 2\cos\theta) + \frac{3}{8}(\frac{r'}{r})^2(\frac{r'}{r} - 2\cos\theta)^2 \right. \\ &\qquad \left. - \frac{5}{16}(\frac{r'}{r})^3(\frac{r'}{r} - 2\cos\theta)^3 + \cdots\cdots \right] \end{aligned}$$

로 표현될 수 있음을 구했다. 그리고 위 식의 오른편을 $\frac{r'}{r}$에 관한 세제곱항까지만 나타내면

$$R^{-1} = \frac{1}{r}\left[1 + (\frac{r'}{r})\cos\theta + (\frac{r'}{r})^2\frac{1}{2}(3\cos^2\theta - 1) + (\frac{r'}{r})^3\frac{1}{2}(5\cos^3\theta - 3\cos\theta) + \cdots\cdots\right]$$

로 되고 위 식 오른편을 르장드르 다항식으로 표현하면 위 식은 다음과 같이 됨을 구했다.(46)

$$R^{-1} = \frac{1}{r}\sum_{n=0}^{\infty}(\frac{r'}{r})^n P_n(\cos\theta)$$

(46) 증명 및 관계식은 《Guardian for Mathematical Physics》 by H. Park, 180~187쪽을 참고하세요.

이를 식 (5.5.1)에 대입하면 벡터 포텐셜은 다음과 같이 르장드르 다항식으로 표현될 수 있다.

$$\vec{A} = \frac{\mu_0}{4\pi} I \oint \frac{1}{r} \sum_{n=0}^{\infty} \left(\frac{r'}{r}\right)^n P_n(\cos\theta) d\vec{\ell'} = \frac{\mu_0 I}{4\pi} \oint \sum_{n=0}^{\infty} \frac{r'^n}{r^{n+1}} P_n(\cos\theta) d\vec{\ell'}$$

$$= \frac{\mu_0 I}{4\pi} \frac{1}{r} \oint (r')^0 P_0(\cos\theta) d\vec{\ell'} + \frac{\mu_0 I}{4\pi} \frac{1}{r^2} \oint (r')^1 P_1(\cos\theta) d\vec{\ell'}$$

$$+ \frac{\mu_0 I}{4\pi} \frac{1}{r^3} \oint (r')^2 P_2(\cos\theta) d\vec{\ell'} + \cdots\cdots \qquad (5.5.2)$$

여기서 오른편의 첫 번째 항은 **자기 단극자**, 두 번째 항은 **자기 쌍극자**, 그리고 세 번째 항은 **자기 사극자**에 의한 벡터 포텐셜의 기여이다.

(i) 식 (5.5.2)에서 자기 단극자의 경우 $\oint d\vec{\ell'} = 0$이므로 자기 단극자는 벡터 포텐셜에 기여하는 바가 없다.

(ii) 자기 쌍극자($n = 1$) 경우의 벡터 포텐셜은

$$\vec{A} = \frac{\mu_0 I}{4\pi r^2} \oint r' \cos\theta d\vec{\ell'}$$

이고, $\theta$가 원천점과 관측점 사이의 각이고 $d\vec{\ell'}$이 전류 방향을 의미하므로 위 식은 다음과 같이 나타낼 수 있다.

$$\vec{A} = \frac{\mu_0 I}{4\pi r^2} \oint r' (\hat{r'} \cdot \hat{r}) d\vec{\ell'} = \frac{\mu_0 I}{4\pi r^2} \oint (\hat{r} \cdot \vec{r'}) d\vec{\ell'} = \frac{\mu_0 I}{4\pi r^2} \oint (\hat{r} \cdot \vec{r'}) d\vec{r'} \qquad (5.5.3)$$

여기서 $d(\hat{r} \cdot \vec{r'})\vec{r'} = (\hat{r} \cdot d\vec{r'})\vec{r'} + (\hat{r} \cdot \vec{r'}) d\vec{r'}$ ($\because$ $d$는 prime 좌표계에 관한 미분)

$$\Rightarrow \oint d(\hat{r} \cdot \vec{r'})\vec{r'} = \oint (\hat{r} \cdot d\vec{r'})\vec{r'} + \oint (\hat{r} \cdot \vec{r'}) d\vec{r'}$$

위 식의 왼편은 벡터 함수에 관한 폐경로의 적분이기 때문에 0이 되어

$$\oint (\hat{r} \cdot d\vec{r'})\vec{r'} = -\oint (\hat{r} \cdot \vec{r'}) d\vec{r'} \qquad (5.5.4)$$

그리고

$$\hat{r}\times\oint(\vec{r'}\times d\vec{r'}) = \oint[(\hat{r}\cdot d\vec{r'})\vec{r'} - (\hat{r}\cdot\vec{r'})d\vec{r'}]^{(47)} \quad (5.5.5)$$

식 (5.5.4)를 (5.5.5)에 대입하면

$$\hat{r}\times\oint(\vec{r'}\times d\vec{r'}) = -2\oint(\hat{r}\cdot\vec{r'})d\vec{r'}$$

$$\Rightarrow \oint(\hat{r}\cdot\vec{r'})d\vec{r'} = -\frac{1}{2}[\hat{r}\times\oint(\vec{r'}\times d\vec{r'})]$$

이 결과를 식 (5.5.3)에 대입하면 벡터 포텐셜은 다음과 같이 표현된다.

$$\vec{A} = \frac{\mu_0 I}{4\pi r^2}\left[-\frac{1}{2}\hat{r}\times\oint(\vec{r}'\times d\vec{r}')\right] = \frac{\mu_0}{4\pi}\left[\frac{1}{2}I\oint(\vec{r}'\times d\vec{r}')\times\frac{\hat{r}}{r^2}\right] \quad (5.5.6)$$

위 식을 전기 쌍극자 모멘트 $\vec{p}$에 의한 포텐셜인

$$V = \frac{1}{4\pi\epsilon_0}\frac{\vec{p}\cdot\hat{r}}{r^2}$$

와 비교해보면 **자기 쌍극자 모멘트** $\vec{m}$을 다음과 같이 놓을 수 있음을 알 수 있다.

$$\vec{m} = \frac{1}{2}I\oint\vec{r'}\times d\vec{r'} = \frac{1}{2}I\oint\vec{r'}\times d\vec{\ell'} = \frac{1}{2}\oint\vec{r'}\times\vec{I}d\ell' \quad (5.5.7)$$

그러면 식 (5.5.6)의 벡터 포텐셜은 다음과 같이 자기 쌍극자 모멘트로 표현될 수 있다.

$$\vec{A} = \frac{\mu_0}{4\pi}\frac{\vec{m}\times\hat{r}}{r^2} \quad (5.5.8)$$

만약 전류가 아래 그림과 같은 평면 고리에 흐른다면, 그때의 자기 쌍극자 모멘트는

(47) 증명은 《Guardian for Mathematical Physics》 by H. Park, 65~66쪽을 참고하세요.

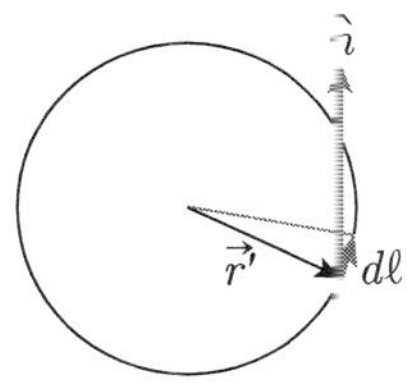


**그림 5.27**

$$\vec{m} = \frac{1}{2}\oint \vec{r}' \times \vec{I}d\ell = \frac{1}{2}\oint r' I d\ell(\hat{r}' \times \hat{\ell}) = \frac{1}{2}Ir'\oint \hat{n}d\ell$$
$$= \frac{1}{2}Ir'\hat{n}\oint d\ell = \frac{1}{2}Ir'(2\pi r')\hat{n} = I(\pi r'^2\hat{n}) = I\vec{a} \qquad (5.5.9)$$

여기서 $\hat{n}$은 평면에 대해 수직 바깥 방향이며 오른손 법칙을 따르는 방향이다. 즉, 자기 쌍극자 모멘트는 전류와 전류가 흐르는 원의 면적과의 곱이다.

**예제 5.18**

원점에 놓여 있는 자기 쌍극자 모멘트가 $\vec{m} = m\hat{z}$인 경우, 원점으로부터 $\vec{r}$만큼 떨어져 있는 관측점 $P$에서의 벡터 포텐셜과 자기장을 구하세요.

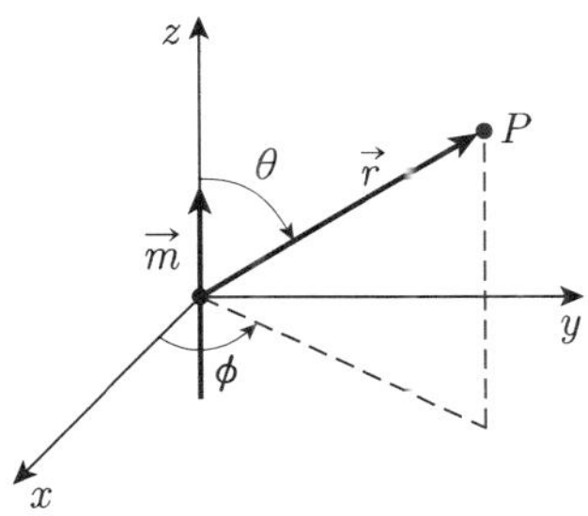


**그림 5.28**

**풀이**

식 (5.5.8)을 사용하여 벡터 포텐셜을 구하기 위해 먼저 다음을 계산해보자.

$$\vec{m} \times \hat{r} = \begin{vmatrix} \hat{x} & \hat{y} & \hat{z} \\ 0 & 0 & m \\ \sin\theta\cos\phi & \sin\theta\sin\phi & \cos\theta \end{vmatrix} = -\hat{x}m\sin\theta\sin\phi - \hat{y}m\sin\theta\cos\phi$$
$$= (-\hat{x}\sin\phi + \hat{y}\cos\phi)m\sin\theta = \hat{\phi}m\sin\theta$$

여기서 $\theta$와 $\phi$는 각각 극각과 방위각이다. 그러면 벡터 포텐셜을 다음과 같이 구할 수 있다.

$$\vec{A} = \frac{\mu_0}{4\pi}\frac{\vec{m}\times\hat{r}}{r^2} = \hat{\phi}\frac{\mu_0}{4\pi r^2}m\sin\theta$$

그리고 자기장은 $\vec{B} = \vec{\nabla}\times\vec{A}$로부터 다음과 같이 구할 수 있다.

$$\vec{B} = \frac{1}{r^2\sin\theta}\begin{vmatrix}\hat{r} & r\hat{\theta} & r\sin\theta\hat{\phi}\\ \frac{\partial}{\partial r} & \frac{\partial}{\partial\theta} & \frac{\partial}{\partial\phi}\\ A_r & rA_\theta & r\sin\theta A_\phi\end{vmatrix} = \frac{1}{r^2\sin\theta}\begin{vmatrix}\hat{r} & r\hat{\theta} & r\sin\theta\hat{\phi}\\ \frac{\partial}{\partial r} & \frac{\partial}{\partial\theta} & \frac{\partial}{\partial\phi}\\ 0 & 0 & r\sin\theta(\frac{\mu_0}{4\pi r^2}m\sin\theta)\end{vmatrix}$$

$$= \frac{1}{r^2\sin\theta}\left[\hat{r}\frac{\partial}{\partial\theta}(\frac{\mu_0}{4\pi r}m\sin^2\theta) - r\hat{\theta}\frac{\partial}{\partial r}(\frac{\mu_0}{4\pi r}m\sin^2\theta)\right]$$

$$= \hat{r}\frac{\mu_0}{4\pi r^3}m(2\cos\theta) + \hat{\theta}\frac{\mu_0}{4\pi r^3}m\sin\theta = \frac{\mu_0 m}{4\pi r^3}(\hat{r}2\cos\theta + \hat{\theta}\sin\theta)$$

$$\therefore\ \vec{B} = \frac{\mu_0 m}{4\pi r^3}(2\hat{r}\cos\theta + \hat{\theta}\sin\theta) \qquad (\text{예}-5.18.1)$$

위 식은 자기 쌍극자 모멘트 $\vec{m} = m\hat{z}$에 의한 관측점에서의 자기장이다.

> 임의의 방향을 갖는 자기 쌍극자 모멘트 $\vec{m}$에 의한 자기장의 일반식은 다음과 같다.
>
> $$\vec{B}(\vec{r}) = \frac{\mu_0}{4\pi}\frac{1}{r^3}[3(\vec{m}\cdot\hat{r})\hat{r} - \vec{m}]$$

이 관계식의 유도는 이 장의 [연습문제 6]의 풀이에 주어져 있다.

### 예제 5.19

한 변의 길이가 $\ell$인 철사 고리에 전류 $I$가 흐르며 아래 그림과 같은 형태를 이루고 있다. 이때 자기 쌍극자 모멘트의 크기를 구하세요.

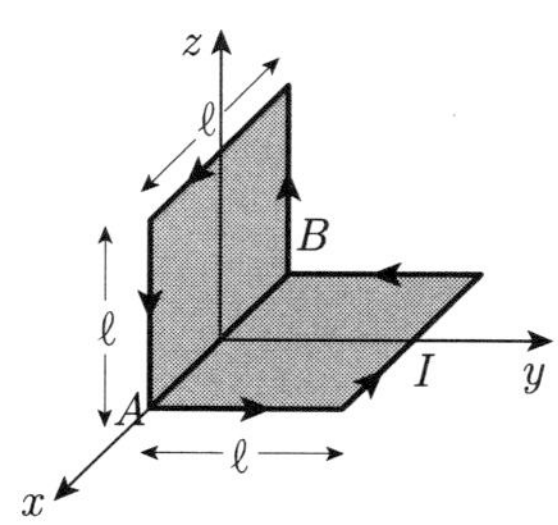


그림 5.29

풀이

한 변의 길이가 $\ell$인 두 개의 철사 고리를 주어진 문제의 경우처럼 붙이면 고리의 길이 $AB$에 의한 기여는 전류의 방향이 서로 반대 방향이므로 상쇄되어 주어진 문제를 아래 그림과 같은 두 평면 고리의 중첩으로 이해할 수 있다.

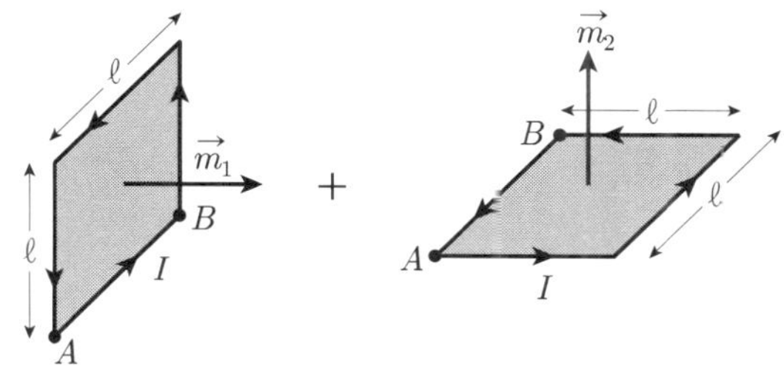


**그림 5.30**

이때 자기 모멘트는 식 (5.5.9)로부터

$$\vec{m} = \vec{m}_1 + \vec{m}_2 = I\ell^2 \hat{y} + I\ell^2 \hat{z}$$

가 되므로

$$m^2 = \vec{m} \cdot \vec{m} = I^2\ell^4 + I^2\ell^4 = 2I^2\ell^4$$

$$\therefore m = \sqrt{2}\, I\ell^2$$

인 자기 쌍극자 모멘트를 얻는다.

## 5.6 자기장과 벡터 포텐셜의 경계조건

2장 4절에서 전기장의 경계조건에 대해 알아보았을 때 식 (2.4.1)에서와 같이 전하가 존재하는 경계면에서 표면에 수직인 전기장은 불연속적이고 표면에 평행인 전기장은 연속적임을 배웠다.

지금부터는 자기장의 경계조건에 대해 살펴보기로 한다. 일정하고 균일한 표면 전류밀도 $\vec{K}$을 갖는 경계면을 고려하자.

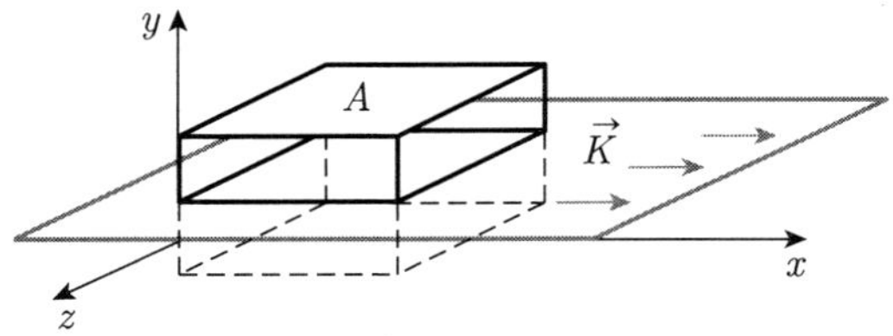


**그림 5.31**

그때 $\vec{\nabla}\cdot\vec{B}=0 \Rightarrow \int_V \vec{\nabla}\cdot\vec{B}dv=0 \Rightarrow \int_S \vec{B}\cdot d\vec{a}=0 \Rightarrow B_\perp^{위}A - B_\perp^{아래}A=0$

여기서 $A$는 상자의 위와 아래의 면적이다.

$$\therefore\ B_\perp^{위} = B_\perp^{아래} \tag{5.6.1}$$

즉, 표면 전류밀도가 존재하는 경계면에서 자기장의 수직 성분은 연속적이다.

이제 경계면에 평행인 자기장의 경계조건을 아래 그림을 가지고 살펴보자.

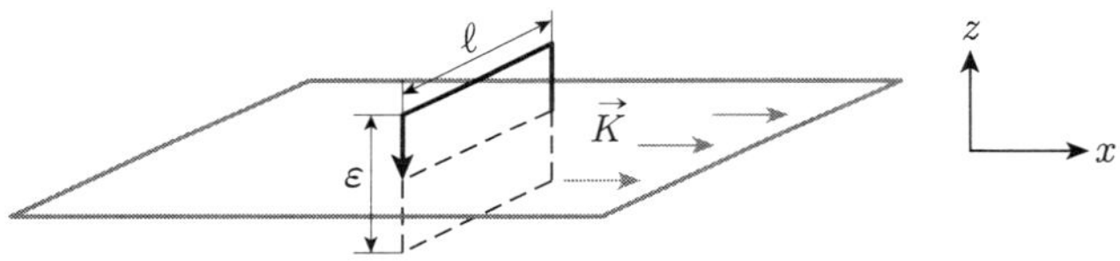


**그림 5.32**

그때 $\oint \vec{B}\cdot d\vec{\ell} = \mu_0 I_{알짜} \Rightarrow B_\parallel^{위}\ell - B_\parallel^{아래}\ell = \mu_0 K\ell$, 여기서 $\epsilon \to 0$

$$\therefore\ B_\parallel^{위} - B_\parallel^{아래} = \mu_0 K \tag{5.6.2}$$

즉, 표면 전류밀도가 존재하는 경계면에서 자기장의 평행 성분은 불연속적이다.

> 식 (5.6.1)과 (5.6.2)는 다음과 같이 하나의 관계식으로 표현될 수 있다.
>
> $$\vec{B}^{위} - \vec{B}^{아래} = \mu_0(\vec{K}\times\hat{n}) \tag{5.6.3}$$
>
> 여기서 $\hat{n}$은 경계면에 수직 바깥 방향인 단위벡터이다.

이 관계식은 전기장의 경계조건

$$\vec{E}^{위} - \vec{E}^{아래} = \frac{\sigma}{\epsilon_0}\hat{n}$$

에 대응한다.

이제 벡터 포텐셜에 대한 경계조건에 대해 알아보자.

$$\vec{\nabla} \cdot \vec{A} = 0 \Rightarrow \int_V \vec{\nabla} \cdot \vec{A}\, dv = 0 \Rightarrow \int_S \vec{A} \cdot d\vec{a} = 0$$

즉, 경계면에 수직인 벡터 포텐셜의 성분은 연속적이다.

그리고

$$\oint \vec{A} \cdot d\vec{\ell} = \int_S (\vec{\nabla} \times \vec{A}) \cdot d\vec{c} = \int_S \vec{B} \cdot d\vec{a} = \Phi_B$$

여기서 $\Phi_B$은 폐경로에 의해 둘러싸여 있는 면을 통과하는 **자기 선속**이다. 이때 면의 두께를 0에 가깝게, 즉 아주 얇게 잡으면 자기장이 델타함수가 될 수 없으므로 결국 자기 선속은 0이 되어, 경계면에 평행인 벡터 포텐셜의 성분 또한 연속적이다.

결과적으로 벡터 포텐셜의 경계면에서의 경계조건은 다음과 같이 표현될 수 있다.

$$\vec{A}^{위} = \vec{A}^{아래}$$

그림 5.32의 경우 식 (5.6.3)의 오른편은

$$\mu_0(\vec{K} \times \hat{n}) = \mu_0(K\hat{x} \times \hat{z}) = \mu_0 K(\hat{x} \times \hat{z}) = -\mu_0 K\hat{y}$$

이고 왼편은

$$\vec{B} = \vec{\nabla} \times \vec{A} \Rightarrow \begin{cases} \vec{B}^{위} = -\hat{x}\dfrac{\partial A_y^{위}}{\partial z} + \hat{y}\dfrac{\partial A_x^{위}}{\partial z} \\ \vec{B}^{아래} = -\hat{x}\dfrac{\partial A_y^{아래}}{\partial z} + \hat{y}\dfrac{\partial A_x^{아래}}{\partial z} \end{cases}$$

$$\Rightarrow \vec{B}^{위} - \vec{B}^{아래} = \hat{x}\left(\frac{\partial A_y^{아래}}{\partial z} - \frac{\partial A_y^{위}}{\partial z}\right) + \hat{y}\left(\frac{\partial A_x^{위}}{\partial z} - \frac{\partial A_x^{아래}}{\partial z}\right)$$

이므로 식 (5.6.3)의 벡터 등식이 성립하기 위해서는 다음의 관계식을 만족해야 한다.

$$\begin{cases} \dfrac{\partial A_y^{\text{아래}}}{\partial z} = \dfrac{\partial A_y^{\text{위}}}{\partial z} \\ \dfrac{\partial A_x^{\text{위}}}{\partial z} - \dfrac{\partial A_x^{\text{아래}}}{\partial z} = -\mu_o K \end{cases}$$

위 식은 다음과 같이 하나의 관계식으로 표현될 수 있다.

$$\frac{\partial \vec{A}^{\text{위}}}{\partial n} - \frac{\partial \vec{A}^{\text{아래}}}{\partial n} = -\mu_0 \vec{K} \qquad (5.6.4)$$

## 보충자료-1

원형 고리에 흐르는 전류에 의한 관측점 $P$에서의 자기장은 원형 고리의 대칭성에 의해 $z$ –축에 수직인 성분은 서로 상쇄됨을 증명하세요.

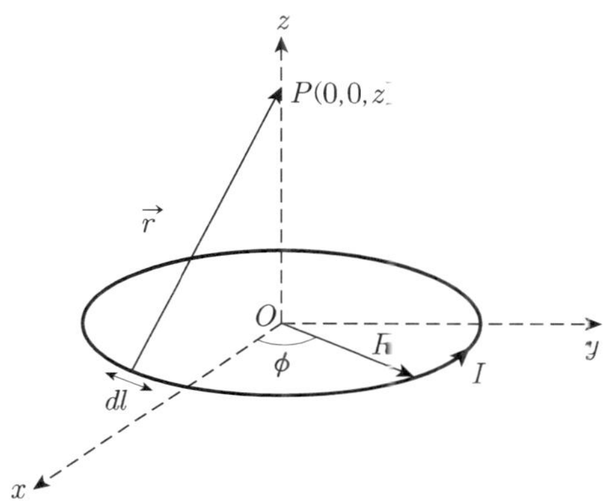


**그림 5.33**

**풀이**

원점에서 전류가 흐르는 $dI$까지의 위치는 극 좌표계로 다음과 같이 나타낼 수 있다.

$$\begin{cases} x = \rho\cos\phi \\ y = \rho\sin\phi \end{cases} \Rightarrow \begin{cases} dx = \cos\phi d\rho - \rho\sin\phi d\phi \\ dy = \sin\phi d\rho + \rho\cos\phi d\phi \end{cases}$$

그러면

$$ds^2 = dx^2 + dy^2 = (\cos\phi d\rho - \rho\sin\phi d\phi)^2 + (\sin\phi d\rho + \rho\cos\phi d\phi)^2 = d\rho^2 + \rho^2 d\phi^2$$

$$\Rightarrow \vec{ds} = \hat{\rho}d\rho + \hat{\phi}\rho d\phi \tag{1}$$

그리고

$$\begin{aligned} \vec{ds} &= \hat{x}dx + \hat{y}dy = \hat{x}(\cos\phi d\rho - \rho\sin\phi d\phi) + \hat{y}(\sin\phi d\rho + \rho\cos\phi d\phi) \\ &= (\hat{x}\cos\phi + \hat{y}\sin\phi)d\rho + \rho(-\hat{x}\sin\phi + \hat{y}\cos\phi)d\phi \end{aligned} \tag{2}$$

식 (1)과 (2)를 비교하면 극 좌표계의 단위벡터와 직각 좌표계의 단위벡터 사이의 다음 관계식을 얻을 수 있다.

$$\begin{cases}\hat{\rho} = \hat{x}\cos\phi + \hat{y}\sin\phi \\ \hat{\phi} = -\hat{x}\sin\phi + \hat{y}\cos\phi\end{cases} \tag{3}$$

이 문제의 경우, 비오-사바르 법칙

$$d\vec{B} = \frac{\mu_0}{4\pi} I \frac{\vec{ds}\times\vec{r}}{r^3} \tag{4}$$

에서

$\vec{ds} = \hat{\phi}Rd\phi = Rd\phi(-\hat{x}\sin\phi + \hat{y}\cos\phi)$ [∵ 식 (3)의 두 번째 관계식으로부터]

그리고

$$\vec{r} = \hat{z}z - \vec{\rho} = \hat{z}z - (\hat{x}R\cos\phi + \hat{y}R\sin\phi)$$

이므로

$$\begin{aligned}\vec{ds}\times\vec{r} &= Rd\phi(-\hat{x}\sin\phi + \hat{y}\cos\phi)\times(\hat{z}z - \hat{x}R\cos\phi - \hat{y}R\sin\phi) \\ &= \hat{y}Rz\sin\phi d\phi + \hat{z}R^2\sin^2\phi d\phi + \hat{x}Rz\cos\phi d\phi + \hat{z}R^2\cos^2\phi d\phi \\ &= \hat{x}Rz\cos\phi d\phi + \hat{y}Rz\sin\phi d\phi + \hat{z}R^2 d\phi\end{aligned}$$

이 된다. 이를 비오-사바르 법칙인 식 (4)에 대입하면

$$\begin{aligned}d\vec{B} &= \frac{\mu_0}{4\pi} I \frac{\vec{ds}\times\vec{r}}{r^3} = \frac{\mu_0 I}{4\pi}\frac{(\hat{x}Rz\cos\phi d\phi + \hat{y}Rz\sin\phi d\phi + \hat{z}R^2 d\phi)}{(R^2+z^2)^{\frac{3}{2}}} \\ \Rightarrow \vec{B} &= \int d\vec{B} = \frac{\mu_0 I}{4\pi}\int_0^{2\pi}\frac{\hat{x}Rz\cos\phi d\phi + \hat{y}Rz\sin\phi d\phi + \hat{z}R^2 d\phi}{(R^2+z^2)^{\frac{3}{2}}}\end{aligned} \tag{5}$$

이 되어 자기장의 벡터 성분을 계산하면 다음과 같다.

$$B_x = \frac{\mu_0 I}{4\pi}\int_0^{2\pi}\frac{Rz\cos\phi d\phi}{(R^2+z^2)^{\frac{3}{2}}} = \frac{\mu_0 I}{4\pi}\frac{Rz}{(R^2+z^2)^{\frac{3}{2}}}\int_0^{2\pi}\cos\phi d\phi$$

여기서 $\int_0^{2\pi}\cos\phi d\phi = \sin\phi|_0^{2\pi} = 0$이므로

$$\therefore B_x = 0$$

그리고

$$B_y = \frac{\mu_0 I}{4\pi}\int_0^{2\pi}\frac{Rz\sin\phi d\phi}{(R^2+z^2)^{\frac{3}{2}}} = \frac{\mu_0 I}{4\pi}\frac{Rz}{(R^2+z^2)^{\frac{3}{2}}}\int_0^{2\pi}\sin\phi d\phi$$

여기서 $\int_0^{2\pi}\sin\phi d\phi = -\cos\phi|_0^{2\pi} = 0$이므로

$$\therefore B_y = 0$$

즉, $z$-축에 수직 성분인 자기장의 $x$ 성분과 $y$ 성분은 각각 0이 된다.

## 보충자료-2

관계식 $\vec{\nabla}\times(\frac{\vec{J}(\vec{r})\times\vec{R}}{R^3})=\frac{1}{R^3}[\vec{J}(\vec{\nabla}\cdot\vec{R})-(\vec{J}\cdot\vec{\nabla})\vec{R}]$에서 오른편 두 번째 항이 $-(\vec{J}\cdot\vec{\nabla})\vec{R}=0$됨을 보이세요.

**풀이**

관측 좌표계의 연산자 $\vec{\nabla}$을 원천 좌표계의 연산자 $\vec{\nabla}'$로 대체하면

$$-(\vec{J}\cdot\vec{\nabla})\vec{R}\xrightarrow{\vec{\nabla}\to\vec{\nabla}'}(\vec{J}\cdot\vec{\nabla}')\vec{R}$$

가 되고, $x$ 성분에 대해 계산하면

$$[(\vec{J}\cdot\vec{\nabla}')\vec{R}]_1=[(\vec{J}\cdot\vec{\nabla}')(\vec{r}-\vec{r}')]_1=[(\vec{J}\cdot\vec{\nabla}')(x-x')]$$

그런데

$$\vec{\nabla}'\cdot[(x-x')\vec{J}]=\sum_i\partial_i'[(x-x')J_i]=(x-x')\sum_i\partial_i'J_i+\sum_i J_i\partial_i'(x-x')$$

$$(\text{여기서 }\partial_i'=\frac{\partial}{\partial x_i'})$$

$$=(x-x')\vec{\nabla}'\cdot\vec{J}+\vec{J}\cdot\vec{\nabla}'(x-x')$$

인데, 여기서 오른편 첫 번째 항은 정상전류의 연속방정식으로부터 0이 되어 다음의 관계식을 얻는다.

$$\vec{\nabla}'\cdot[(x-x')\vec{J}]=\vec{J}\cdot\vec{\nabla}'(x-x')$$

위 식의 좌·우에 체적 적분을 취해주면

$$\int\vec{\nabla}'\cdot[(x-x')\vec{J}]dV'=\int\vec{J}\cdot\vec{\nabla}'(x-x')dV'$$

이 되는데, 이 식의 왼편에 발산 정리를 적용하면 위 식은 다음과 같이 표현된다.

$$\int(x-x')\vec{J}\cdot d\vec{a}'=\int\vec{J}\cdot\vec{\nabla}'(x-x')dV'$$

여기서 왼편은 모든 전류를 둘러싸고 있는 표면에 관한 적분이고, 이 표면에서 $\vec{J}=0$이므로 왼편 적분은 0이 된다. 따라서 모든 체적에 대해 위의 등식이 항상 성립하기 위해서는 오른편의 피적분함수가 0이 되어야 하므로 $\vec{J}\cdot\vec{\nabla}'(x-x')=0$을 얻는다.
유사한 방법으로 $y$와 $z$ 성분에 대해 계산하면 각각 $\vec{J}\cdot\vec{\nabla}'(y-y')=0$와 $\vec{J}\cdot\vec{\nabla}'(z-z')=0$인 결과를 얻으므로

$$(\vec{J}\cdot\vec{\nabla'})\vec{R}=0 \xrightarrow{\vec{\nabla'}\to\vec{\nabla}} -(\vec{J}\cdot\vec{\nabla})\vec{R}=0$$

가 된다.

$$\therefore\ -(\vec{J}\cdot\vec{\nabla})\vec{R}=0$$

## 보충자료-3

아래의 관계식을 증명하세요.

$$\int \vec{J} \times (-\overrightarrow{\nabla}\frac{1}{R})dV' = \int \overrightarrow{\nabla} \times \frac{\vec{J}}{R}dV'$$

**풀이**

왼편의 피적분함수를 살펴보면

$$\left[\vec{J} \times (-\overrightarrow{\nabla}\frac{1}{R}\right]_i = \sum_{j,k}\epsilon_{ijk}J_j(-\overrightarrow{\nabla}\frac{1}{R})_k = -\sum_{j,k}\epsilon_{ijk}J_j\partial_k\left(\frac{1}{R}\right) \tag{1}$$

그리고

$$\begin{aligned}
&\sum_{j,k}\epsilon_{ijk}\partial_k(J_j\frac{1}{R}) = \sum_{j,k}\left[\frac{1}{R}\epsilon_{ijk}\partial_k J_j + \epsilon_{ijk}J_j\partial_k\left(\frac{1}{R}\right)\right] \\
&\Rightarrow \sum_{j,k}\epsilon_{ijk}J_j\partial_k\left(\frac{1}{R}\right) = \sum_{j,k}\left[\epsilon_{ijk}\partial_k(J_j\frac{1}{R}) - \frac{1}{R}\epsilon_{ijk}\partial_k J_j\right] \\
&\qquad = \sum_{j,k}\left[-\epsilon_{ikj}\partial_k(J_j\frac{1}{R}) + \frac{1}{R}\epsilon_{ikj}\partial_k J_j\right] \\
&\qquad = \left(-\overrightarrow{\nabla}\times\frac{\vec{J}}{R} + \frac{1}{R}\overrightarrow{\nabla}\times\vec{J}\right)_i
\end{aligned} \tag{2}$$

여기서 $\overrightarrow{\nabla}$는 $\vec{r}$에 대한 미분 연산자이기 때문에 위 식 오른편 두 번째 항은 0이 되어 식 (2)는 다음과 같이 된다.

$$-\sum_{j,k}\epsilon_{ijk}J_j\partial_k\left(\frac{1}{R}\right) = \left(\overrightarrow{\nabla}\times\frac{\vec{J}}{R}\right)_i \tag{3}$$

그러면 식 (1)과 (3)으로부터

$$\left[\vec{J}\times(-\overrightarrow{\nabla}\frac{1}{R})\right]_i = \left(\overrightarrow{\nabla}\times\frac{\vec{J}}{R}\right)_i$$

가 되어

$$\therefore\ \vec{J}\times(-\overrightarrow{\nabla}\frac{1}{R}) = \overrightarrow{\nabla}\times\frac{\vec{J}}{R}$$

## 보충자료-4

$$\int_{-1}^{1}\frac{udu}{\sqrt{2ra(\frac{a^2+r^2}{2ra}-u)}}=\frac{a^2+r^2}{2a^2r^2}(a+r-|a-r|)+\frac{1}{6a^2r^2}[|a-r|^3-(a+r)^3]$$ 임을 증명하세요.

**풀이**

$k=\frac{a^2+r^2}{2ra}$ 로 놓으면 위 식의 왼편 적분식은 다음과 같이 표현된다.

$$\int_{-1}^{1}\frac{udu}{\sqrt{2ra(k-u)}}=\frac{1}{\sqrt{2ra}}\int_{-1}^{1}\frac{udu}{\sqrt{k-u}}$$

여기서 $k-u=t^2(\Rightarrow du=-2tdt)$로 놓으면 위 식의 오른편에 있는 적분식은

$$\begin{aligned}\frac{1}{\sqrt{2ra}}\int_{-1}^{1}\frac{udu}{\sqrt{k-u}}&=\frac{1}{\sqrt{2ra}}\int_{\sqrt{k+1}}^{\sqrt{k-1}}\frac{(k-t^2)}{t}(-2tdt)\\&=\frac{2}{\sqrt{2ra}}\int_{\sqrt{k-1}}^{\sqrt{k+1}}(k-t^2)dt=\frac{2}{\sqrt{2ra}}\left[kt-\frac{1}{3}t^3\right]_{t=\sqrt{k-1}}^{t=\sqrt{k+1}}\\&=\frac{2}{\sqrt{2ra}}\left[k\sqrt{k+1}-\frac{1}{3}(k+1)^{\frac{3}{2}}-k\sqrt{k-1}+\frac{1}{3}(k-1)^{\frac{3}{2}}\right]\\&=\frac{2}{\sqrt{2ra}}\left[k(\sqrt{k+1}-\sqrt{k-1})+\frac{1}{3}[(k-1)^{\frac{3}{2}}-(k+1)^{\frac{3}{2}})\right]\qquad(1)\end{aligned}$$

이 된다.

위 식의 오른편에 있는 $k$에 $k=\frac{a^2+r^2}{2ra}$을 대입하면

$$\sqrt{k+1}=\sqrt{\frac{a^2+r^2}{2ra}+1}=\sqrt{\frac{(a+r)^2}{2ra}}$$ 그리고 $$\sqrt{k-1}=\sqrt{\frac{(a-r)^2}{2ra}}$$ 이므로

이들을 식 (1)의 오른편에 대입하면

$$\frac{2}{\sqrt{2ra}}\left[\frac{a^2+r^2}{2ra}\frac{1}{\sqrt{2ra}}[(a+r)-|a-r|]+\frac{1}{3}(\frac{1}{2ra})^{\frac{3}{2}}[|a-r|^3-(a+r)^3]\right]$$

$$=\frac{a^2+r^2}{2a^2r^2}(a+r-|a-r|)+\frac{1}{6a^2r^2}[|a-r|^3-(a+r)^3]$$

이 된다.

$$\therefore \int_{-1}^{1}\frac{udu}{\sqrt{2ra(\frac{a^2+r^2}{2ra}-u)}}=\frac{a^2+r^2}{2a^2r^2}(a+r-|a-r|)+\frac{1}{6a^2r^2}[|a-r|^3-(a+r)^3]$$

## 연습문제

**01** 균일한 면 전하밀도 $\sigma$을 갖는 반경이 $R$인 얇은 플라스틱 원판이 중심을 지나는 $z$-축에 관해 각속도 $\omega$로 회전을 할 때, 원판의 중심으로부터 회전축을 따라 $z$만큼 떨어져 있는 곳에서의 자기장과 원판의 중심에서의 자기장을 구하세요.

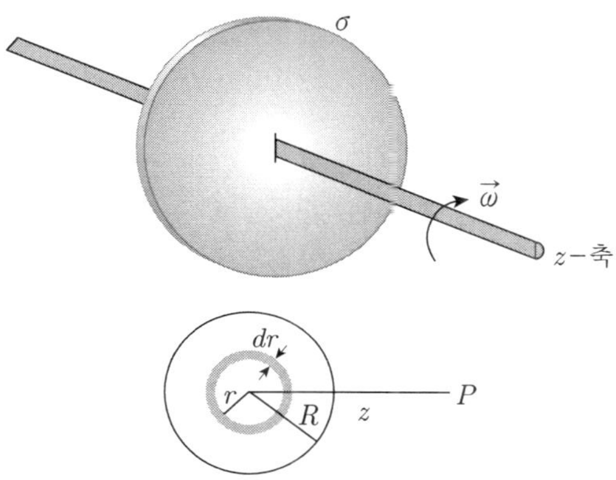


**그림 5.34**

**풀이**

전류 $I$가 흐르는 반경이 $R$인 원형 고리에 의한 원형 고리의 중심축에서 $z$만큼 떨어진 곳에서의 자기장은 $\vec{B}=\frac{\mu_0 I}{2}\frac{R^2}{(R^2+z^2)^{\frac{3}{2}}}\hat{z}$인 것을 [예제 5.9]에서 구했다. 주어진 문제는 반경이 $r$이며 폭이 $dr$인 원형 고리에 있는 전류가 회전함으로써 원판의 중심으로부터 회전축을 따라 $z$만큼 떨어져 있는 곳에서의 자기장을 구하는 문제로 볼 수 있다. 따라서 먼저 폭이 $dr$인 원형 고리에 있는 전류 $dI$을 구하면

$$dI=\frac{dq}{dt}=\frac{\sigma(2\pi r dr)}{2\pi/\omega}=\sigma\omega r dr$$

이 된다. 이를 위의 원형 고리에 의한 자기장의 식에 대입하면

$$d\vec{B}=\frac{\mu_0 dI}{2}\frac{R^2}{(R^2+z^2)^{\frac{3}{2}}}\hat{z}\ \Rightarrow\ d\vec{B}=\frac{\mu_0(\sigma\omega r dr)}{2}\frac{r^2}{(r^2+z^2)^{\frac{3}{2}}}\hat{z}=\frac{\mu_0\sigma\omega}{2}\frac{r^3 dr}{(r^2+z^2)^{\frac{3}{2}}}\hat{z}$$

이 되어 원판에 의한 자기장은 위 식을 적분하면 되므로

$$\vec{B} = \int_0^R d\vec{B} = \hat{z}\frac{\mu_0\sigma\omega}{2}\int_0^R dr\frac{r^3}{(r^2+z^2)^{\frac{3}{2}}}$$

이 된다. 여기서 $r = z\tan\theta (\Rightarrow\ dr = \frac{z}{\cos^2\theta}d\theta)$로 놓으면 위 식은 다음과 같이 된다.

$$\begin{aligned}\vec{B} &= \hat{z}\frac{\mu_0\sigma\omega}{2}\int_0^{\tan^{-1}\frac{R}{z}}\left(\frac{zd\theta}{\cos^2\theta}\right)\left(\frac{z^3\sin^3\theta}{\cos^3\theta}\right)\left(\frac{\cos^3\theta}{z^3}\right) \\ &= \hat{z}\frac{\mu_0\sigma\omega z}{2}\int_0^{\tan^{-1}\frac{R}{z}} d\theta\frac{\sin^3\theta}{\cos^2\theta}\end{aligned}$$

여기서 $d(\cos\theta) = -\sin\theta d\theta$이므로 $\cos\theta = x$로 놓으면 위 식은 다음과 같이 나타낼 수 있다.

$$\begin{aligned}\vec{B} &= -\hat{z}\frac{\mu_0\sigma\omega z}{2}\int_1^{\frac{z}{\sqrt{R^2+z^2}}} dx\left(\frac{1-x^2}{x^2}\right) = -\hat{z}\frac{\mu_0\sigma\omega z}{2}\int_1^{\frac{z}{\sqrt{R^2+z^2}}} dx\left(x^{-2}-1\right) \\ &= -\hat{z}\frac{\mu_0\sigma\omega z}{2}\left[-x^{-1}-x\right]_{x=1}^{x=\frac{z}{\sqrt{R^2+z^2}}} = \hat{z}\frac{\mu_0\sigma\omega z}{2}\left[\frac{1}{x}+x\right]_{x=1}^{x=\frac{z}{\sqrt{R^2+z^2}}} \\ &= \hat{z}\frac{\mu_0\sigma\omega z}{2}\left[\frac{\sqrt{R^2+z^2}}{z}+\frac{z}{\sqrt{R^2+z^2}}-2\right] = \hat{z}\frac{\mu_0\sigma\omega z}{2}\left[\frac{R^2+2z^2}{z\sqrt{R^2+z^2}}-2\right]\end{aligned}$$

$$\therefore\ \vec{B}(z) = \frac{\mu_0\sigma\omega}{2}\left[\frac{R^2+2z^2}{\sqrt{R^2+z^2}}-2z\right]\hat{z}$$

그리고 원판의 중심, 즉 $z = 0$에서의 자기장은

$$\vec{B}(z=0) = \frac{\mu_0\sigma\omega}{2}R\hat{z}$$

이 된다.

**02** 머리핀 형태의 철사에 전류 $I$가 흐를 때 반경이 $a$인 반원형 호의 중심 $P$에서 자기장을 구하세요.

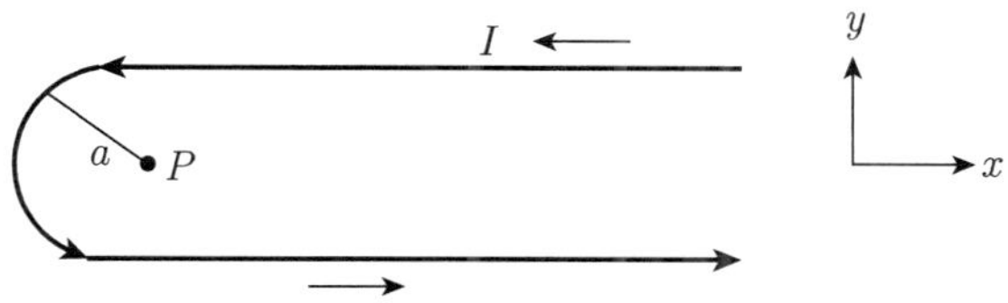

그림 5.35

**풀이**

위 직선 철사에 흐르는 전류 $I$에 의한 $P$ 지점에서의 자기장을 먼저 계산해보자. 이때, 비오-사바르 법칙에서 $d\vec{\ell}\times\vec{r} = -\hat{x}dx\times(-x\hat{x}-a\hat{y}) = \hat{z}adx$ 이므로 자기장은

$$\vec{B}_1 = \frac{\mu_0 I}{4\pi}\int\frac{d\vec{\ell}\times\vec{r}}{r^3} = \hat{z}\frac{\mu_0 aI}{4\pi}\int_0^\infty\frac{dx}{(x^2+a^2)^{\frac{3}{2}}}$$

여기서 $x = a\tan\theta$로 놓고 적분을 수행하여 자기장을 구하면 다음과 같이 된다.

$$\vec{B}_1 = \hat{z}\frac{\mu_0 aI}{4\pi}\int_0^{\frac{\pi}{2}}\left(\frac{ad\theta}{\cos^2\theta}\right)\left(\frac{\cos^3\theta}{a^3}\right) = \hat{z}\frac{\mu_0 I}{4\pi a}\int_0^{\frac{\pi}{2}}\cos\theta d\theta$$

$$= \hat{z}\frac{\mu_0 I}{4\pi a}[\sin\theta]_0^{\frac{\pi}{2}} = \hat{z}\frac{\mu_0 I}{4\pi a}$$

자기장의 방향은 종이 밖으로 향하는 방향이다. 그리고 아래의 직선 길이에 흐르는 전류 $I$에 의해 $P$ 지점에서의 자기장도 유사한 방법으로 다음과 같이 계산할 수 있다. 이때 $d\vec{\ell}\times\vec{r} = \hat{x}dx\times(-x\hat{x}+a\hat{y}) = \hat{z}adx$ 이므로 비오-사바르 법칙에 대입하면 위와 같은 자기장 값을 얻음을 알 수 있다.

$$\vec{B}_2 = \hat{z}\frac{\mu_0 I}{4\pi a}$$

그리고 [예제 5.10]으로부터 각 $\theta$를 이루는 반경이 $R$인 호에 흐르는 전류에 의한 자기장은 $B = \frac{\mu_0 I}{4\pi}\frac{\theta}{R}$인 것을 구했다. 이 결과를 주어진 문제에 적용하면 $\theta = \pi$ 그리고 $R = a$에 해당하므로

$$B_3 = \frac{\mu_0 I}{4\pi}\frac{\pi}{a} = \frac{\mu_0 I}{4a}$$

가 된다. 그리고 자기장의 방향은 오른손 법칙에 따라 종이 밖으로 향하는 방향이다.

$$\therefore\ \vec{B}_3 = \hat{z}\frac{\mu_0 I}{4a}$$

그러므로 머리핀 형태의 반원형 호의 중심 $P$에 위치한 지점에서 자기장은 위에서 구한 모든 자기장을 합하면 된다.

$$\therefore\ \vec{B} = \vec{B}_1 + \vec{B}_2 + \vec{B}_3 = \mu_0 I(\frac{1}{2\pi a} + \frac{1}{4a})\hat{z}$$

**03** 아래 그림과 같은 철사 형태에 전류 $I$가 흐르는 경우에서 반경이 $R_2$인 호를 이루는 철사의 중심인 $P$에서의 자기장을 구하세요.

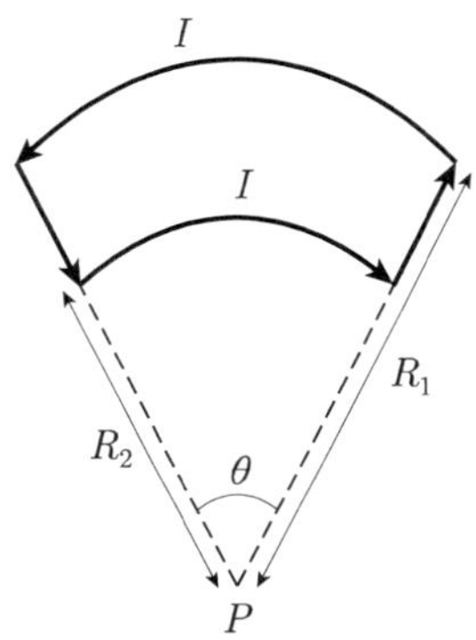


**그림 5.36**

**풀이**

[예제 5.10]에서 주어진 문제의 직선 길이에 흐르는 전류에 의해 반경이 $R_2$인 호를 이루는 철사의 중심 $P$에서 생성되는 자기장은 없음을 구했다. 그러므로 호를 이루는 길이에 흐르는 전류에 의해 생성되는 자기장만 구하면 된다. [예제 5.10]에서 각 $\theta$를 이루는 반경이 $R$인 호에 흐르는 전류에 의해 호의 중심에서 생성되는 자기장은 $B = \frac{\mu_0 I}{4\pi}\frac{\theta}{R}$임을 구했다. 이 결과를 주어진 문제에 적용하면 자기장의 크기는 각각 $B_1 = \frac{\mu_0 I}{4\pi}\frac{\theta}{R_1}$와 $B_2 = \frac{\mu_0 I}{4\pi}\frac{\theta}{R_2}$이다. 여기서 $\vec{B}_1$의 방향은 종이 밖이고, $\vec{B}_2$의 방향은 종이 안으로 향하는 방향이다. 종이 밖으로 나오는 방향을 + 방향으로 잡으면

$$B = \frac{\mu_0 I}{4\pi}\frac{\theta}{R_1} - \frac{\mu_0 I}{4\pi}\frac{\theta}{R_2} = \frac{\mu_0 I}{4\pi}\theta(\frac{1}{R_1} - \frac{1}{R_2}) = \frac{\mu_0 I}{4\pi}\theta\frac{R_2 - R_1}{R_1 R_2}$$

인 자기장이 반경이 $R_2$인 호를 이루는 철사의 중심에서 생성된다. 여기서 $R_2 < R_1$이므로 자기장은 음의 부호를 갖는다. 즉, 자기장은 종이 안으로 향하는 방향이다.

**04** 식 [예-5.16.8]을 증명하세요.

**풀이**

구 껍질 밖에서의 자기장은 벡터 포텐셜에 대해 식 (예-5.16.6)의 두 번째 결과를 사용하면

$$\vec{B} = \frac{1}{r^2\sin\theta}\begin{vmatrix} \hat{r} & r\hat{\theta} & r\sin\theta\hat{\phi} \\ \frac{\partial}{\partial r} & \frac{\partial}{\partial \theta} & \frac{\partial}{\partial \phi} \\ A_r & rA_\theta & r\sin\theta A_\phi \end{vmatrix} = \frac{1}{r^2\sin\theta}\begin{vmatrix} \hat{r} & r\hat{\theta} & r\sin\theta\hat{\phi} \\ \frac{\partial}{\partial r} & \frac{\partial}{\partial \theta} & \frac{\partial}{\partial \phi} \\ 0 & 0 & r\sin\theta(\frac{\mu_0\sigma a^4\omega}{3r^2}\sin\theta) \end{vmatrix}$$

$$= \frac{1}{r^2\sin\theta}\begin{vmatrix} \hat{r} & r\hat{\theta} & r\sin\theta\hat{\phi} \\ \frac{\partial}{\partial r} & \frac{\partial}{\partial \theta} & \frac{\partial}{\partial \phi} \\ 0 & 0 & \frac{\mu_0\sigma a^4\omega}{3r}\sin^2\theta \end{vmatrix}$$

$$= \frac{1}{r^2\sin\theta}\left[\hat{r}\frac{\partial}{\partial\theta}(\frac{\mu_0\sigma a^4\omega}{3r}\sin^2\theta) - r\hat{\theta}\frac{\partial}{\partial r}(\frac{\mu_0\sigma a^4\omega}{3r}\sin^2\theta)\right]$$

$$= \frac{1}{r^2\sin\theta}\left[\hat{r}\frac{\mu_0\sigma a^4\omega}{3r}(\frac{1}{2}2\sin 2\theta) + r\hat{\theta}\frac{\mu_0\sigma a^4\omega}{3}\sin^2\theta(\frac{1}{r^2})\right]$$

$$= \hat{r}\frac{2}{3r^3}\mu_0\sigma a^4\omega\cos\theta + \hat{\theta}\frac{1}{3r^3}\mu_0\sigma a^4\omega\sin\theta = \frac{1}{3r^3}\mu_0\sigma a^4\omega(\hat{r}2\cos\theta + \hat{\theta}\sin\theta)$$

$$\therefore\ \vec{B} = \frac{\mu_0\sigma a^4\omega}{3r^3}(\hat{r}2\cos\theta + \hat{\theta}\sin\theta)$$

**05** [예제 5.17]에서 구한 벡터 포텐셜이 원통 좌표계$(s, \phi, z)$에서 $\vec{\nabla}\cdot\vec{A} = 0$와 $\vec{\nabla}\times\vec{A} = \vec{B}$의 관계를 충족함을 보이세요.

**풀이**

원통 좌표계에서

(i) $s < R$인 영역에서

$$\vec{\nabla}\cdot\vec{A}=\frac{1}{s}\left[\frac{\partial}{\partial s}(sA_s)+\frac{\partial}{\partial\phi}A_\phi+s\frac{\partial}{\partial z}A_z\right]^{(48)}$$

$$=\frac{1}{s}\left[\frac{\partial}{\partial s}(0)+\frac{\partial}{\partial\phi}(\frac{1}{2}Bs)+s\frac{\partial}{\partial z}(0)\right]=0$$

$$\therefore\ \vec{\nabla}\cdot\vec{A}=0$$

그리고

$$\vec{\nabla}\times\vec{A}=\frac{1}{s}\begin{vmatrix}\hat{s} & s\hat{\phi} & \hat{z}\\ \frac{\partial}{\partial s} & \frac{\partial}{\partial\phi} & \frac{\partial}{\partial z}\\ A_s & sA_\phi & A_z\end{vmatrix}^{(49)}=\frac{1}{s}\begin{vmatrix}\hat{s} & s\hat{\phi} & \hat{z}\\ \frac{\partial}{\partial s} & \frac{\partial}{\partial\phi} & \frac{\partial}{\partial z}\\ 0 & \frac{1}{2}Bs^2 & 0\end{vmatrix}$$

$$=\frac{1}{s}\left[\hat{s}\frac{\partial}{\partial z}(\frac{1}{2}Bs^2)+\hat{z}\frac{\partial}{\partial s}(\frac{1}{2}Bs^2)\right]=B\hat{z}$$

$$\therefore\ \vec{\nabla}\times\vec{A}=\vec{B}$$

(ii) $s>R$인 영역에서

$$\vec{\nabla}\cdot\vec{A}=\frac{1}{s}\left[\frac{\partial}{\partial s}(sA_s)+\frac{\partial}{\partial\phi}A_\phi+s\frac{\partial}{\partial z}A_z\right]$$

$$=\frac{1}{s}\left[\frac{\partial}{\partial s}(0)+\frac{\partial}{\partial\phi}(\frac{1}{2s}BR^2)+s\frac{\partial}{\partial z}(0)\right]=0$$

$$\therefore\vec{\nabla}\cdot\vec{A}=0$$

그리고

$$\vec{\nabla}\times\vec{A}=\frac{1}{s}\begin{vmatrix}\hat{s} & s\hat{\phi} & \hat{z}\\ \frac{\partial}{\partial s} & \frac{\partial}{\partial\phi} & \frac{\partial}{\partial z}\\ A_s & sA_\phi & A_z\end{vmatrix}=\frac{1}{s}\begin{vmatrix}\hat{s} & s\hat{\phi} & \hat{z}\\ \frac{\partial}{\partial s} & \frac{\partial}{\partial\phi} & \frac{\partial}{\partial z}\\ 0 & \frac{1}{2}BR^2 & 0\end{vmatrix}$$

$$=\frac{1}{s}\left[-\hat{s}\frac{\partial}{\partial z}(\frac{1}{2}BR^2)+\hat{z}\frac{\partial}{\partial s}(\frac{1}{2}BR^2)\right]=0$$

$\vec{\nabla}\times\vec{A}=0$의 결과는 솔레노이드 바깥 영역에는 자기장이 존재하지 않기 때문이다.

---

(48) 증명은 《Guardian for Mathematical Physics》 by H. Park, 106쪽을 참고하세요.

(49) 증명은 《Guardian for Mathematical Physics》 by H. Park, 108쪽을 참고하세요.

이 영역에서 자기장은 존재하지 않지만 벡터 포텐셜은 0이 아니다.

$$\therefore \vec{\nabla} \times \vec{A} = \vec{B}$$

**06** 자기 쌍극자 모멘트 $\vec{m}$에 의한 원점으로부터 $\vec{r}$만큼 떨어져 있는 곳에서의 자기장을 구하세요. 이를 위해 폐경로를 이루는 고리에 정상전류 $I$가 흐를 때, (a) 전류 고리에 의한 자기장을 비오-사바르 법칙으로부터 구하면 $\vec{B}(\vec{r}) = \frac{\mu_0}{4\pi}\frac{1}{r^3}[3(\vec{m}\cdot\hat{r})\hat{r} - \vec{m}]$가 됨을 보이고, (b) 이 관계식으로부터 식 (예-5.18.1)을 얻을 수 있음을 보이세요.

**풀이**

(a) 비오-사바르 법칙인 식 (5.2.1)은 다음과 같이 표현될 수 있다.

$$\vec{B} = \frac{\mu_0 I}{4\pi}\oint \frac{d\vec{\ell} \times (\vec{r} - \vec{r'})}{|\vec{r} - \vec{r'}|^3} \tag{1}$$

여기서 $\vec{r}'$과 $\vec{r}$은 각각 원점으로부터 원천점 그리고 관측점까지의 거리벡터이며 $(\vec{r} - \vec{r}')$은 원천점으로부터 관측점까지의 거리 벡터이며 $d\vec{\ell}$은 전류가 흐르는 미소길이 벡터이다. 관측점이 원점으로부터 멀리 떨어져 있는 경우($r \gg r'$)에는

$$(\vec{r} - \vec{r}')^2 = r^2 - 2\vec{r}\cdot\vec{r}' + r'^2 \approx r^2(1 - 2\frac{\vec{r}\cdot\vec{r}'}{r^2})$$

$$\Rightarrow |\vec{r} - \vec{r'}| = r(1 - 2\frac{\vec{r}\cdot\vec{r'}}{r^2})^{\frac{1}{2}} \approx r\left[1 + \frac{1}{2}(-2\frac{\vec{r}\cdot\vec{r'}}{r^2})\right] = r(1 - \frac{\hat{r}\cdot\vec{r}'}{r})$$

$$\Rightarrow |\vec{r} - \vec{r'}|^{-3} = \left[r(1 - \frac{\hat{r}\cdot\vec{r'}}{r})\right]^{-3} \approx \frac{1}{r^3}(1 + 3\frac{\hat{r}\cdot\vec{r'}}{r})$$

이 된다. 이들 결과를 식 (1)에 대입하면 자기장은

$$\begin{aligned}\vec{B} &= \frac{\mu_0 I}{4\pi}\frac{1}{r^3}\oint d\vec{\ell}\times(\vec{r} - \vec{r'})(1 + 3\frac{\hat{r}\cdot\vec{r'}}{r}) \\ &= \frac{\mu_0 I}{4\pi}\frac{1}{r^3}\left[\oint d\vec{\ell}\times\vec{r}(1 + 3\frac{\hat{r}\cdot\vec{r'}}{r}) - \oint d\vec{\ell}\times\vec{r'}(1 + 3\frac{\hat{r}\cdot\vec{r'}}{r})\right] \\ &= \frac{\mu_0 I}{4\pi}\frac{1}{r^3}\oint d\vec{\ell}\times\vec{r} + \frac{\mu_0 I}{4\pi}\frac{3}{r^3}\oint d\vec{\ell}\times\vec{r}\frac{\hat{r}\cdot\vec{r'}}{r}\end{aligned}$$

$$-\frac{\mu_0 I}{4\pi}\frac{1}{r^3}\oint d\vec{\ell}\times\vec{r}'-\frac{\mu_0 I}{4\pi}\frac{3}{r^3}\oint d\vec{\ell}\times\vec{r}'\frac{\hat{r}\cdot\vec{r}'}{r} \tag{2}$$

이 된다.

위 식의 오른편 첫 번째 적분은 $\oint d\vec{\ell}\times\vec{r}=(\oint d\vec{\ell})\times\vec{r}=0$이고 네 번째 적분의 피적분함수가 $r'^2$이므로 무시할 수 있다. 그리고 오른편의 두 번째 적분 항은

$$\frac{\mu_0 I}{4\pi}\frac{3}{r^3}\oint d\vec{\ell}\times r\hat{r}\frac{\hat{r}\cdot\vec{r}'}{r}=\frac{\mu_0 I}{4\pi}\frac{3}{r^3}\oint d\vec{\ell}(\hat{r}\cdot\vec{r}')\times\hat{r}$$

이기 때문에 식 (2)는 다음과 같이 주어진다.

$$\vec{B}=-\frac{\mu_0 I}{4\pi}\frac{1}{r^3}\oint d\vec{\ell}\times\vec{r}'+\frac{\mu_0 I}{4\pi}\frac{3}{r^3}[\oint d\vec{\ell}(\hat{r}\cdot\vec{r}')]\times\hat{r} \tag{3}$$

한편 상수 벡터 $\vec{C}$와 스칼라 함수 $f$에 대해 스토크 정리로부터

$$\int\vec{F}\cdot d\vec{\ell}=\int(\vec{\nabla}\times\vec{F})\cdot d\vec{a}\xrightarrow{\vec{F}=\vec{C}f}\vec{C}\cdot\int fd\vec{\ell}=\int(\vec{\nabla}\times\vec{C}f)\cdot d\vec{a}$$

이 되고 여기서 $\vec{\nabla}\times(\vec{C}f)=f\vec{\nabla}\times\vec{C}-\vec{C}\times\vec{\nabla}f=-\vec{C}\times\vec{\nabla}f$이므로 위 관계식은

$$\vec{C}\cdot\int fd\vec{\ell}=-\int(\vec{C}\times\vec{\nabla}f)\cdot d\vec{a}=-\int\vec{C}\cdot(\vec{\nabla}f\times d\vec{a})$$

(∵ 삼중 벡터 곱에서 ABC 규칙으로부터)

$$=-\vec{C}\cdot\int\vec{\nabla}f\times d\vec{a}$$

$$\Rightarrow\vec{C}\cdot\int fd\vec{\ell}=-\vec{C}\cdot\int\vec{\nabla}f\times d\vec{a}$$

$$\Rightarrow\int fd\vec{\ell}=-\int\vec{\nabla}f\times d\vec{a} \tag{4}$$

이제 스칼라 함수를 $f=\vec{c}\cdot\vec{r}'$라 하자. 여기서 $\vec{c}$은 상수 벡터이다.
그러면 식 (4)는

$$\int(\vec{c}\cdot\vec{r}')d\vec{\ell}=-\int\vec{\nabla}'(\vec{c}\cdot\vec{r}')\times d\vec{a}=-\int\vec{c}(\vec{\nabla}'\cdot\vec{r}')\times d\vec{a}$$

$$=-\vec{c}\times\int d\vec{a}=\int d\vec{a}\times\vec{c}$$

전류가 흐르는 원형 고리라고 하면 $d\vec{a}=\frac{1}{2}\vec{r}'\times d\vec{\ell}$이므로 위 관계식은 다음과 같이 된다.

$$\oint(\vec{c}\cdot\vec{r}')d\vec{\ell}=(\frac{1}{2}\oint\vec{r}'\times d\vec{\ell})\times\vec{c}$$

위 식에 $\vec{c}\rightarrow\hat{r}$을 하면

$$\oint(\hat{r}\cdot\vec{r}')d\vec{\ell}=(\frac{1}{2}\oint\vec{r}'\times d\vec{\ell})\times\hat{r}$$

이 결과를 식 (3)의 오른편 두 번째 항에 대입하면 두 번째 항은

$$\frac{\mu_0 I}{4\pi}\frac{3}{r^3}\left[(\frac{1}{2}\oint\vec{r}'\times d\vec{\ell})\times\hat{r}\right]\times\hat{r}$$

이 된다. 여기서 삼중 벡터 곱의 관계식 $(\vec{A}\times\vec{B})\times\vec{C}=(\vec{A}\cdot\vec{C})\vec{B}-(\vec{B}\cdot\vec{C})\vec{A}$[(50)] 로부터(이 경우 $\frac{1}{2}\oint\vec{r}'\times d\vec{\ell}=\vec{A}$로 생각하면 됨) 위 식은

$$\begin{aligned}&\frac{\mu_0 I}{4\pi}\frac{3}{r^3}\left[(\frac{1}{2}\oint\vec{r}'\times d\vec{\ell})\cdot\hat{r}\right]\hat{r}-\frac{\mu_0 I}{4\pi}\frac{3}{r^3}\left[(\hat{r}\cdot\hat{r})\frac{1}{2}\oint\vec{r}'\times d\vec{\ell}\right]\\&=\frac{\mu_0 I}{4\pi}\frac{3}{r^3}\left[(\frac{1}{2}\oint\vec{r}'\times d\vec{\ell})\cdot\hat{r}\right]\hat{r}-\frac{\mu_0 I}{4\pi}\frac{3}{r^3}\left[\frac{1}{2}\oint\vec{r}'\times d\vec{\ell}\right]\end{aligned}\tag{5}$$

식 (5)를 식 (3)에 대입하면

$$\begin{aligned}\vec{B}&=-\frac{\mu_0 I}{4\pi}\frac{1}{r^3}\oint d\vec{\ell}\times\vec{r}'+\frac{\mu_0 I}{4\pi}\frac{3}{r^3}\left[(\frac{1}{2}\oint\vec{r}'\times d\vec{\ell})\cdot\hat{r}\right]\hat{r}-\frac{\mu_0 I}{4\pi}\frac{3}{r^3}\left[\frac{1}{2}\oint\vec{r}'\times d\vec{\ell}\right]\\&=\frac{\mu_0 I}{4\pi}\frac{1}{r^3}\oint\vec{r}'\times d\vec{\ell}+\frac{\mu_0 I}{4\pi}\frac{3}{r^3}\left[(\frac{1}{2}\oint\vec{r}'\times d\vec{\ell})\cdot\hat{r}\right]\hat{r}-\frac{\mu_0 I}{4\pi}\frac{3}{r^3}\frac{1}{2}\oint\vec{r}'\times d\vec{\ell}\\&=\frac{\mu_0}{4\pi}\frac{3}{r^3}\left[(\frac{I}{2}\oint\vec{r}'\times d\vec{\ell})\cdot\hat{r}\right]\hat{r}-\frac{\mu_0}{4\pi}\frac{1}{r^3}(\frac{I}{2}\oint\vec{r}'\times d\vec{\ell})\end{aligned}\tag{6}$$

전류 고리에 의한 자기 쌍극자 모멘트는 이 문제의 경우 식 (5.5.7)로부터

$$\vec{m}=\frac{1}{2}\oint\vec{r}'\times\vec{I}d\ell=\frac{I}{2}\oint\vec{r}'\times d\vec{\ell}$$

---

(50) 증명은 《Guardian for Mathematical Physics》 by H. Park, 66쪽을 참고하세요.

이다. 이 결과를 식 (6)에 대입하면

$$\vec{B} = \frac{\mu_0}{4\pi}\frac{3}{r^3}(\vec{m} \cdot \hat{r})\hat{r} - \frac{\mu_0}{4\pi}\frac{1}{r^3}\vec{m}$$

이 된다.

$$\therefore\ \vec{B} = \frac{\mu_0}{4\pi}\frac{1}{r^3}[3(\vec{m} \cdot \hat{r})\hat{r} - \vec{m}] \tag{7}$$

(b) [예제 5.18]은 원점에 놓여 있는 자기 쌍극자 모멘트가 $\vec{m} = m\hat{z}$인 경우에 해당하므로 $\vec{m} \cdot \hat{r} = m\cos\theta$ 그리고 $\hat{z} = \hat{r}\cos\theta - \hat{\theta}\sin\theta$(51)이다.

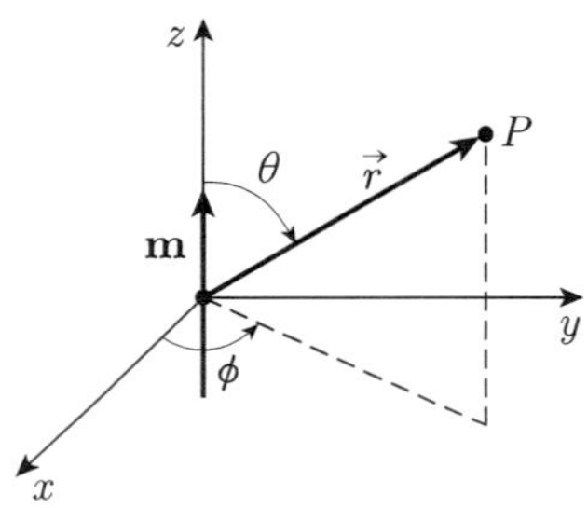


그림 5.37

이때 식 (7)은

$$\vec{B} = \frac{\mu_0}{4\pi}\frac{1}{r^3}(3m\cos\theta\hat{r} - m\hat{z}) = \frac{\mu_0}{4\pi}\frac{1}{r^3}[3m\cos\theta\hat{r} - m(\hat{r}\cos\theta - \hat{\theta}\sin\theta)]$$

$$\therefore\ \vec{B} = \frac{\mu_0 m}{4\pi r^3}(2\cos\theta\hat{r} + \sin\theta\hat{\theta})$$

기대한 대로 위의 관계식은 자기 쌍극자가 $z$-축으로 향해 있을 때 극각이 $\theta$이고 방위각 $\phi$인 관측점 $\vec{r}$에서의 자기장인 식 (예-5.18.1)과 같은 결과임을 알 수 있다.

(51) 증명은 《Guardian for Mathematical Physics》 by H. Park, 96쪽을 참고하세요.

CHAPTER

# 6 매질 내에서의 자기장

전하가 움직이면 주변에 자기장을 생성할 수 있음을 앞의 장에서 배웠다. 원자 모델에서 원자는 전자와 원자핵으로 이루어져 있고, 자체의 스핀을 가지고 있는 전자는 원자 둘레를 돌고 있다. 거시적 관점에서는 원자를 주변에 자기장을 생성하는 자기 쌍극자로 간주할 수 있다. 물질은 원자들로 이루어져 있고 개개의 원자는 임의의 방향을 갖기 때문에 일반적으로 개개의 원자에 의해 생성되는 자기장은 서로 상쇄된다. 그러나 외부 자기장에 물질이 놓이게 되면, 자기 쌍극자는 자기적으로 분극된다. 이 자기적 분극을 **자화**(magnetization) 현상이라 한다. 자화($\overrightarrow{M}$)는 단위 부피당 자기 쌍극자 모멘트를 뜻하는 물리량으로, 이는 정전기학에서의 편극 $\overrightarrow{P}$(polarization)과 유사한 역할을 한다. 자화는 외부 자기장과 같은 방향으로 놓이거나[이러한 성질을 갖는 물질을 **상자성체**(paramagnet)라 부름] 또는 반대 방향으로 놓인다[이러한 성질을 갖는 물질을 **반자성체**(diamagnet)라 부름]. 그리고 외부 자기장을 제거했을 때도 자화를 그대로 유지하는 물질을 **강자성체**(ferromagnet)라 부른다. 이제 이러한 현상이 어떻게 해서 일어나는지에 대해 살펴보자.

## 6.1 자기 쌍극자에 작용하는 힘과 토크

전류 $I$가 흐르는 직사각형 철사가 아래 그림과 같이 $z$-축으로부터 $\theta$만큼 기울어져서 일정한 외부 자기장 $\vec{B}= B\hat{z}$에 놓일 때, 자기장에 의한 직사각형 도선이 받는 토크를 계산해보자.

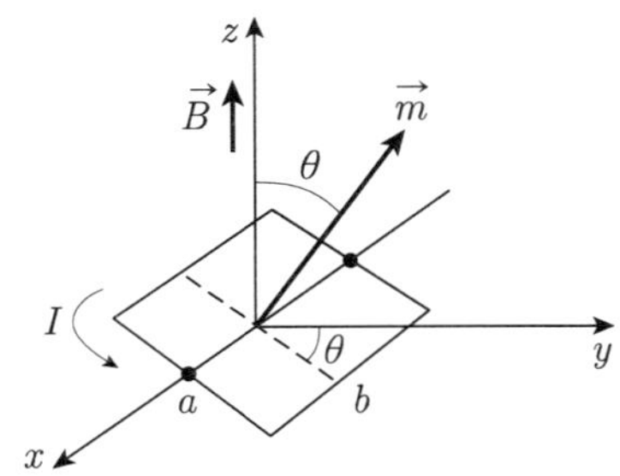


**그림 6.1**

전류 $I$가 흐르는 방향이 반시계 방향이므로 자기 쌍극자 $\vec{m}$은 전류가 흐르는 직사각형 평면에 오른손 법칙을 따르며 수직 바깥 방향으로 위 그림과 같이 주어진다. 이때 외부 자기장에 의한 직사각형의 왼편 길이 $b$에 작용하는 힘은 식 (5.1.3)으로부터

$$\vec{F}=I\int d\vec{\ell}\times\vec{B} \Rightarrow \vec{F}=I(\hat{x}b\times\hat{z}B)$$
$$=IbB(\hat{x}\times\hat{z})=-IbB\hat{y}$$

이고 직사각형의 오른편 길이 $b$에 작용하는 힘은

$$\vec{F}=I\int d\vec{\ell}\times\vec{B} \Rightarrow \vec{F}=I(-\hat{x}b\times\hat{z}B)$$
$$=-IbB(\hat{x}\times\hat{z})=-IbB\hat{y}$$

가 된다. 즉, 왼편과 오른편의 길이 $b$에 작용하는 자기력의 크기는 같고 방향이 반대이므로 힘은 서로 상쇄된다.

이제 자기 토크[52]에 대해 살펴보자. 물체의 회전운동을 일으키는 토크의 일반식은

(52) 이 장에서는 자기장만 다루기 때문에 자기 토크를 그냥 토크라고 부르도록 한다.

$$\vec{\tau} = \vec{r} \times \vec{F} \tag{6.1.1}$$

이다. 여기서 $\vec{r}$은 회전축으로부터 힘 $\vec{F}$가 작용하는 지점까지의 거리이다.

위 그림을 이해하기 쉽게 $yz$-평면상에 다음과 같이 나타낼 수 있다.

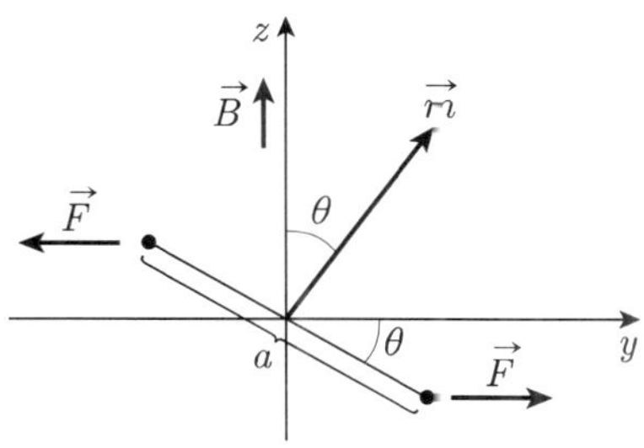


**그림 6.2**

이때 직사각형의 왼편 길이 $b$에 작용하는 힘에 의한 토크를 일반식 (6.1.1)로 계산해보면

$$\vec{\tau_1} = \begin{vmatrix} \hat{x} & \hat{y} & \hat{z} \\ 0 & -\frac{a}{2}\cos\theta & \frac{a}{2}\sin\theta \\ 0 & -IbB & 0 \end{vmatrix} = \hat{x}(\frac{a}{2}\sin\theta)(IbB)$$

이고, 직사각형의 오른편 길이 $b$에 작용하는 힘에 의한 토크를 유사한 방법으로 계산해 보면

$$\vec{\tau_2} = \begin{vmatrix} \hat{x} & \hat{y} & \hat{z} \\ 0 & \frac{a}{2}\cos\theta & -\frac{a}{2}\sin\theta \\ 0 & IbB & 0 \end{vmatrix} = \hat{x}(\frac{a}{2}\sin\theta)(IbB)$$

이다. 그러므로 외부 자기장에 의해 직사각형이 힘을 받게 되고 이로 인해 생기는 토크는

$$\vec{\tau} = \vec{\tau_1} + \vec{\tau_2} = \hat{x} IabB\sin\theta$$

가 된다. 여기서 $ab$는 직사각형 철사의 면적($A$)이므로 자기 쌍극자 모멘트의 크기는 $m = IA$가 되고 $\theta$는 자기장과 자기 쌍극자 사이의 각이므로 위 식을 다음과 같이 표현할 수 있다.

$$\vec{\tau} = \hat{x}(IA)B\sin\theta = \hat{x}mB\sin\theta = \vec{m} \times \vec{B} \qquad (6.1.2)$$

이 결과는 일정한 외부 전기장 $\vec{E}$ 내에 있는 전기 쌍극자 모멘트 $\vec{p}$에 작용하는 토크에 관한 식 (4.1.4) $\vec{\tau} = \vec{p} \times \vec{E}$에 대응한다.

전기 쌍극자 모멘트 방향이 외부 전기장과 나란히 될 때까지 극성 분자에 토크가 작용하여 회전시키듯이 식 (6.1.2)에 의해 자기 쌍극자 모멘트 방향이 외부 자기장 방향과 나란히 될 때까지 토크가 작용한다. 이러한 경우가 상자성(paramagnetism)에 해당한다. 양자적으로 한 에너지 상태에 반대 방향의 스핀을 갖는 두 개의 전자가 존재할 수 있으므로 짝을 이루는 전자에 의한 토크는 서로 상쇄된다. 결과적으로 짝을 이루지 못하는 전자가 토크 및 상자성에 직접적인 기여를 한다.

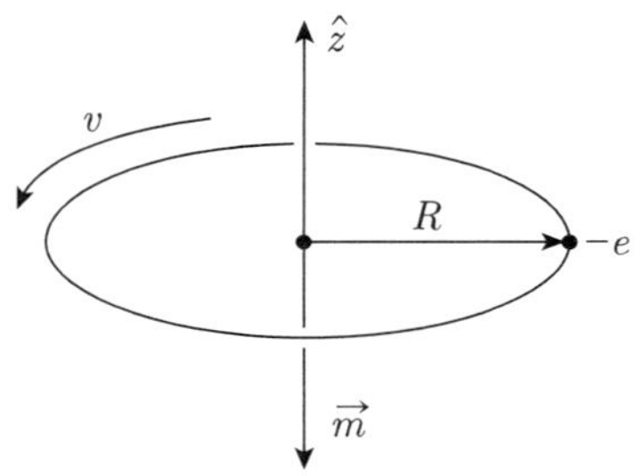


**그림 6.3**

앞에서 언급했듯이 전자는 스핀을 가질 뿐만 아니라 원자핵 주위를 회전한다. 전자가 속도 $v$로 반경 $R$인 원을 주기 $T$로 돌고 있다고 하면, 이로 인한 전류는

$$I = \frac{-e}{T} = \frac{-e}{2\pi R/v} = -\frac{ev}{2\pi R}$$

이다. **궤도 쌍극자 모멘트** $\vec{m}$은 전류와 궤도 면적의 곱이고, 면적 벡터의 방향은 전자가 도는 방향으로 오른손 법칙을 적용하면 $+\hat{z}$ 방향이 되어

$$\vec{m} = \hat{z}(I\pi R^2) = \hat{z}\left(-\frac{ev}{2\pi R}\pi R^2\right) = -\frac{1}{2}evR\hat{z} \qquad (6.1.3)$$

가 된다.

외부 자기장이 걸리면 식 (6.1.2)와 같은 토크가 작용하게 되지만 지금의 경우는 궤도를 움직이게 해야 하므로 앞에서 배운 것과 같이 전자의 스핀 방향을 움직이게 하는 것보다 훨씬 어렵다. 그러므로 상자성에 궤도 쌍극자 모멘트에 의한 기여도는 자기 쌍극자 모멘트에 의한 기여도 보다 훨씬 적다.

전자가 원자핵 주위를 돌 때 쿨롱 전기력과 구심력의 크기는 같으므로

$$\frac{1}{4\pi\epsilon_0}\frac{e^2}{R^2} = m_e\frac{v^2}{R} \tag{6.1.4}$$

이다. 여기서 $m_e$은 전자 질량이다. 그렇지만 외부 자기장 $\vec{B}$가 존재할 때는 전자의 도는 속도에 영향을 줄 수 있으므로 위 식은 수정되어야 한다. 외부 자기장에 의해 전자는 추가적으로 다음의 힘을 받게 된다.

$$\vec{F}_B = q\vec{v}\times\vec{B} \Rightarrow \vec{F}_B = -e(\vec{v}\times\vec{B})$$

만약 자기장이 $\vec{B} = B\hat{z}$라고 가정하면 식 (6.1.4)는

$$\frac{1}{4\pi\epsilon_0}\frac{e^2}{R^2} + ev'B = m_e\frac{v'^2}{R} \tag{6.1.5}$$

로 표현된다. 여기서 $v'$은 외부 자기장의 영향으로 인한 전자의 속도이다.

식 (6.1.5)로부터 (6.1.4)를 빼면

$$ev'B = \frac{m_e}{R}(v'^2 - v^2) = \frac{m_e}{R}(v'+v)(v'-v) = \frac{m_e}{R}(v'+v)\Delta v$$

이다. 외부 자기장에 의한 원자핵 둘레를 도는 전자의 속도 변화 $\Delta v$가 일반적으로 작기 때문에 위 식은 다음과 같이 나타낼 수 있다.

$$evB \approx \frac{m_e}{R}(2v)\Delta v$$

$$\Rightarrow \Delta v = \frac{eRB}{2m_e}$$

그러므로 전자의 속도 변화에 따른 궤도 쌍극자 모멘트의 변화는 식 (6.1.3)으로부터

$$\Delta\vec{m} = -\frac{1}{2}eR(\Delta v)\hat{z} = -\frac{e^2R^2}{4m_e}B\hat{z} = -\frac{e^2R^2}{4m_e}\vec{B}$$

이 된다. 외부 자기장에 의한 궤도 쌍극자 모멘트의 변화 방향은 외부 자기장 방향의 반대 방향이다. 이는 **반자성** 성질에 해당한다.

> 결론적으로 외부 자기장이 있는 경우, 원자를 이루는 전자의 수가 홀수인 경우에는 짝을 이루지 못한 전자의 스핀에 의한 상자성이 물질의 자화 성질에 주된 기여를 하게 된다. 반면, 원자를 이루는 전자의 수가 짝수인 경우에는 모든 전자가 짝을 이루기 때문에 상자성 성질이 상쇄되어 없어지고 궤도 쌍극자 모멘트에 의한 반자성 성질이 나타나게 된다.

## 6.2 자기적 분극(자화)

앞 절에서 짝을 이루지 못하는 전자에 외부 자기장이 작용하여 전자스핀이 외부 자기장에 평행하도록 하는 토크가 작용하여 물질이 상자성을 갖게 한다는 것과 외부 자기장이 자기장과 반대 방향으로(반자성) 궤도 자기 모멘트가 생기도록 원자 궤도를 도는 전자의 속도를 변경한다는 것을 배웠다. 즉, 외부 자기장은 물질에 자기적 분극 현상인 자화를 야기한다.

이 절에서는 아래 그림과 같이 단위 부피당 자기 쌍극자 모멘트인 자화가 $\vec{M}$인 물질에 의해 원점으로부터 $\vec{r}$만큼 떨어진 곳에 생성되는 벡터 포텐셜을 구해보자. (벡터 포텐셜을 구하면 $\vec{\nabla}\times\vec{A} = \vec{B}$의 관계식으로부터 그곳에서의 자기장을 구할 수 있다.)

자기 쌍극자 모멘트 $\vec{m}$에 의해 원점으로부터 $\vec{r}$만큼 떨어진 곳에서의 벡터 포텐셜을 주는 식 (5.5.8)을 이 경우에 적용하면

$$\vec{A} = \frac{\mu_0}{4\pi}\frac{\vec{m}\times\hat{r}}{r^2} \Rightarrow \vec{A} = \frac{\mu_0}{4\pi}\int\frac{\vec{M}(\vec{r'})\times\hat{R}}{R^2}dV' \tag{6.2.1}$$

이 된다. 여기서 원천점에서 관측점까지의 거리벡터는 $\vec{R} = \vec{r} - \vec{r}'$이므로

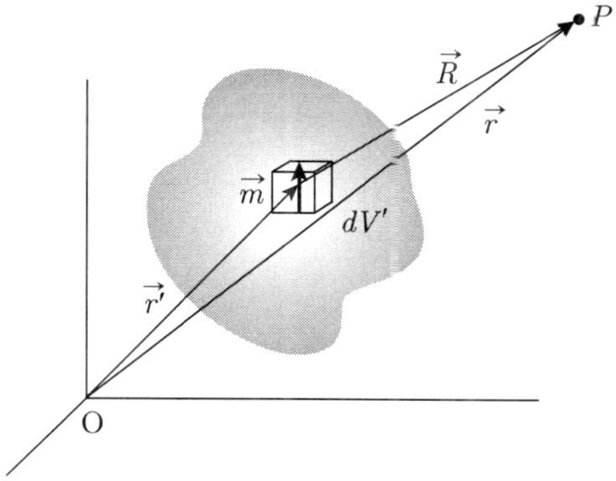


**그림 6.4**

$\vec{\nabla}' \frac{1}{R} = \vec{\nabla}' \frac{1}{|\vec{r} - \vec{r}'|} = \frac{\hat{R}}{R^2}$가 된다. 이 결과를 식 (6.2.1)에 대입하면 벡터 포텐셜을 다음과 같이 나타낼 수 있다.

$$
\begin{aligned}
\vec{A} &= \frac{\mu_0}{4\pi} \int \vec{M}(\vec{r}') \times (\vec{\nabla}' \frac{1}{R}) dV' \\
&= \frac{\mu_0}{4\pi} \left[ \int \frac{1}{R} \vec{\nabla}' \times \vec{M}(\vec{r}') dV' - \int \vec{\nabla}' \times \frac{\vec{M}(\vec{r}')}{R} dV' \right]^{(53)} \qquad (6.2.2)
\end{aligned}
$$

여기서 오른편의 두 번째 항인 체적 적분은 $\int \frac{\vec{M}(\vec{r}')}{R} \times d\vec{a}'$인 면 적분으로 표현될 수 있어서[54] 식 (6.2.2)는 다음과 같이 표현된다.

$$
\begin{aligned}
\vec{A} &= \frac{\mu_0}{4\pi} \left[ \int \frac{1}{R} \vec{\nabla}' \times \vec{M}(\vec{r}') dV' + \int \frac{1}{R} \vec{M}(\vec{r}') \times d\vec{a}' \right] \\
&= \frac{\mu_0}{4\pi} \int \frac{1}{R} \vec{\nabla}' \times \vec{M}(\vec{r}') dV' + \frac{\mu_0}{4\pi} \int \frac{1}{R} \vec{M}(\vec{r}') \times d\vec{a}' \\
&= \frac{\mu_0}{4\pi} \int \frac{1}{R} \vec{\nabla}' \times \vec{M}(\vec{r}') dV' + \frac{\mu_0}{4\pi} \int \frac{1}{R} \vec{M}(\vec{r}') \times \hat{n} da'
\end{aligned}
$$

여기서 $\hat{n}$은 부피를 둘러싼 표면에 수직 바깥 방향인 단위벡터이다.

---

(53) 증명은 [보충자료-1] 참고하세요.

(54) 증명은 [보충자료-2] 참고하세요.

$\overrightarrow{J_b}(\overrightarrow{r'}) = \overrightarrow{\nabla'} \times \overrightarrow{M}(\overrightarrow{r'})$을 자화를 생성하는 **체적 구속**(volume bound) **전류밀도**라 정의하고 $\overrightarrow{K_b}(\overrightarrow{r'}) = \overrightarrow{M}(\overrightarrow{r'}) \times \hat{n}$을 자화를 생성하는 **표면 구속**(surface bound) **전류밀도**라 정의하면 위 식의 벡터 포텐셜은 이들 전류밀도로 다음과 같이 표현될 수 있다.

$$\overrightarrow{A} = \frac{\mu_0}{4\pi}\int \frac{\overrightarrow{J_b}(\overrightarrow{r'})}{R} dV' + \frac{\mu_0}{4\pi}\int \frac{\overrightarrow{K_b}(\overrightarrow{r'})}{R} da' \tag{6.2.3}$$

정자기학에서의 $\overrightarrow{J_b}$와 $\overrightarrow{K_b}$은 각각 정전기학에서 체적 구속 전하밀도 $\rho_b = -\overrightarrow{\nabla} \cdot \overrightarrow{P}$와 표면 구속 전하밀도 $\sigma_b = \overrightarrow{P} \cdot \hat{n}$에 대응한다.

자화된 물질에 의한 자기장을 구하기 전에 위에서 정의한 구속 전류밀도가 어떻게 그렇게 정의될 수 있고 그것이 갖는 물리적 의미가 무엇인지에 대해 먼저 알아보자. 여기서 '구속' 이란 단어를 사용하는 이유는 모든 전하는 특정한 원자에 구속되어 있다는 의미로 사용하는 것이다. 균일하게 자화된 아래 그림 (a)와 같은 두께 $t$가 얇은 물체를 고려하면 모서리에 있는 전류 고리(자기 쌍극자)를 제외하고는 서로 이웃하는 전류 고리에 의해 전류는 상쇄된다.

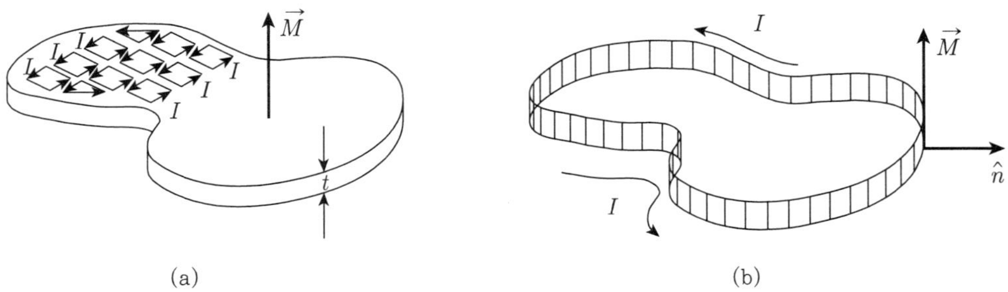


**그림 6.5**

즉, 수많은 작은 전류 고리에 전류 $I$가 흐르는 문제는 물체의 경계를 따라 전류 $I$가 흐르는 문제로 간주할 수 있다[그림 (b)]. 이때 각각의 작은 전류 고리 면적은 $a$라고 가정할 때 이 전류와 자화 $\overrightarrow{M}$과의 관계를 알아보자. 자화는 단위 부피당 자기 쌍극자 모멘트이고 또한 자기 쌍극자 모멘트는 전류와 면적의 곱이므로

$$\begin{cases} M = \dfrac{m}{\text{부피}} \Rightarrow m = M(at) \\ m = Ia \end{cases} \Rightarrow Ia = M(at) \Rightarrow I = Mt$$

의 전류와 자화에 대한 관계식을 얻는다. 이때 자화된 물체의 표면에 흐르는 전류인 표면 구속 전류밀도 $K_b$는

$$K_b = \frac{I}{t} = \frac{Mt}{t} = M$$

이 된다.

그러므로 표면 구속 전류밀도의 방향까지 고려한 표면 구속 전류밀도 벡터는 다음과 같다.

$$\overrightarrow{K_b} = \overrightarrow{M} \times \hat{n} \tag{6.2.4}$$

반면에 균일하게 자화된 물체가 아닌 경우에는 이웃하는 전류 고리의 전류는 서로 상쇄되지 않는다. 이웃하는 전류 고리의 자화 정도가 $y-$축 방향에서 아래 그림 (a)와 같이 다를 경우

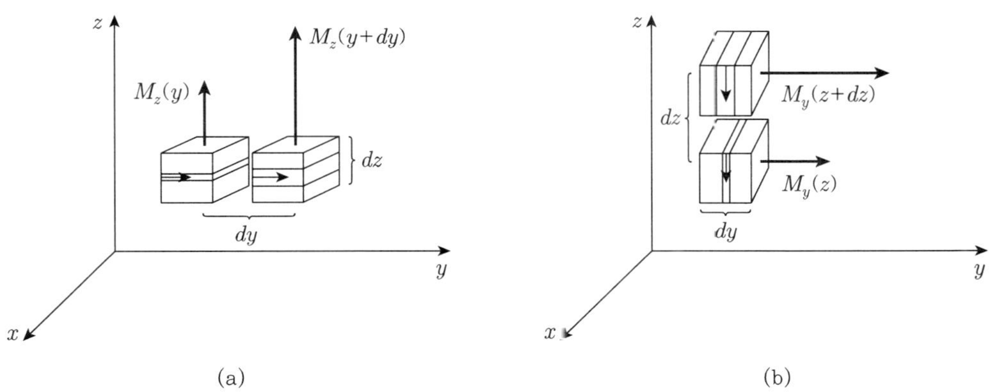


**그림 6.6**

연결되는 표면에서 흐르는 알짜 전류는

$$I = Mt \Rightarrow I = [M_z(y+dy) - M_z(y)]dz = (\frac{\partial M_z}{\partial y}dy)dz = \frac{\partial M_z}{\partial y}dydz$$

(∵ 미분 정의 식으로부터)

이 되는데 $dydz$ 평면에 수직 바깥 방향이 $x-$축 방향이므로 위 식은

$$I_x = (\frac{\partial M_z}{\partial y})dydz = (J_b)_x dydz \tag{6.2.5}$$

이 된다. 여기서 $(J_b)_x = \frac{\partial M_z}{\partial y}$ 인 체적 구속 전류밀도이다.

반면에 위 그림 (b)와 같이 이웃하는 전류 고리의 자화 정도가 $z$-축 방향에서 다를 경우 연결되는 표면에서 흐르는 알짜 전류는 식 (6.2.5)와 유사하게

$$I_x = [M_y(z) - M_y(z+dz)]dy = (-\frac{\partial M_y}{\partial z})dzdy = (J_b)_x dydz \tag{6.2.6}$$

가 되고 여기서 $(J_b)_x = -\frac{\partial M_y}{\partial z}$ 이다. 그러므로 식 (6.2.5)와 (6.2.6)으로부터

$$(J_b)_x = \frac{\partial M_z}{\partial y} - \frac{\partial M_y}{\partial z} \tag{6.2.7}$$

인 체적 구속 전류밀도의 $x$-성분에 대한 관계식을 얻을 수 있다.

체적 구속 전류밀도의 $x$-성분을 구한 위의 방법과 유사한 방법으로 $y$- 그리고 $z$-성분을 다음과 같이 얻을 수 있다(55).

$$\begin{cases} (J_b)_y = \frac{\partial M_x}{\partial z} - \frac{\partial M_z}{\partial x} \\ (J_b)_z = \frac{\partial M_y}{\partial x} - \frac{\partial M_x}{\partial y} \end{cases} \tag{6.2.8}$$

그러므로 식 (6.2.7)과 (6.2.8)로부터 체적 구속 전류밀도는 다음과 같이 표현될 수 있음을 알 수 있다.

$$\overrightarrow{J_b} = \overrightarrow{\nabla} \times \overrightarrow{M} \tag{6.2.9}$$

식 (6.2.4)와 (6.2.9)는 식 (6.2.3)에서 정의된 표면 구속 전류밀도와 체적 구속 전류밀도에 대한 정의가 물리적으로 타당함을 보여준다.

그리고 식 (6.2.9)에 divergence를 취하면

$$\overrightarrow{\nabla} \cdot \overrightarrow{J_b} = \overrightarrow{\nabla} \cdot (\overrightarrow{\nabla} \times \overrightarrow{M}) = 0$$

인 정전기학에서의 전하 보존의 법칙에 대한 관계식을 얻는다.

---

(55) 증명은 이 장의 [연습문제 1]의 풀이를 참고하세요.

**예제 6.1**

균일하게 자화된 반경 $R$인 구가 있을 때, 구의 중심으로부터 $\vec{r}$만큼 떨어진 곳에서의 자기장을 구하세요. 이때 자화의 방향은 $+\hat{z}$ 방향이고 $r<R$이라고 가정한다. ($\vec{M}=M_0\hat{z}$, 여기서 $M_0$은 상수)

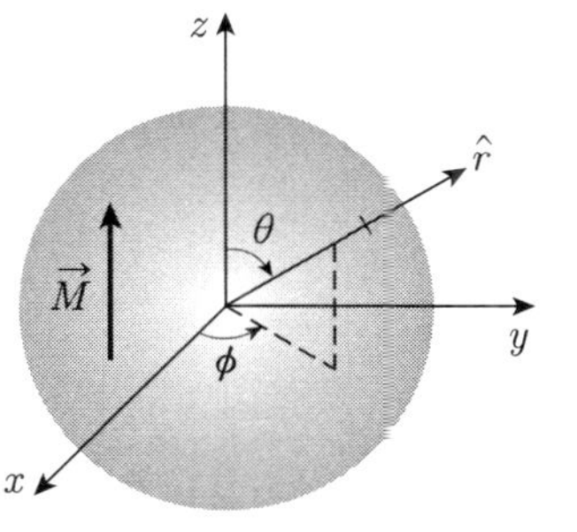


**그림 6.7**

**풀이**

먼저 식 (6.2.3)으로부터 벡터 포텐셜을 구한 뒤, 관계식 $\vec{\nabla}\times\vec{A}=\vec{B}$에 벡터 포텐셜을 대입하여 자기장을 구하고자 한다.

벡터 포텐셜을 구하기 위해 체적 구속 전류밀도 $\vec{J_b}$와 표면 구속 전류밀도 $\vec{K_b}$을 구해야 한다.

(i) 체적 구속 전류밀도는

$$\vec{J_b}(\vec{r'})=\vec{\nabla'}\times\vec{M}(\vec{r'})=0 \quad (\because \vec{M}\text{은 상수 벡터})$$

(ii) 그리고 $\vec{M}=M_0\hat{z}$이고 $\hat{n}=\hat{x}\sin\theta\cos\phi+\hat{y}\sin\theta\sin\phi+\hat{z}\cos\theta$이므로 표면 구속 전류밀도는

$$\vec{K_b}(\vec{r'})=\vec{M}(\vec{r'})\times\hat{n}=\begin{vmatrix}\hat{x} & \hat{y} & \hat{z}\\ 0 & 0 & M_0\\ \sin\theta\cos\phi & \sin\theta\sin\phi & \cos\theta\end{vmatrix}$$

$$=M_0\sin\theta(-\hat{x}\sin\phi+\hat{y}\cos\phi)=\hat{\phi}M_0\sin\theta \qquad (\text{예}-6.1.1)$$

이다.

결과적으로 표면 구속 전류밀도만 존재하므로 주어진 문제는 [예제 5.16]의 균일한 표면 전하밀도 $\sigma$을 갖는 반경 $a$의 구 껍질이 각속도 $\omega$로 회전할 때의 문제로 다룰 수 있다. 그때 표면 전류밀도는

$$\vec{K}=\sigma\vec{v}=\sigma(\vec{\omega}\times\vec{r})|_{r=a}=\hat{\phi}\sigma a\omega\sin\theta \qquad (\text{예}-6.1.2)$$

임을 구했다.
식 (예−6.1.2)와 (예−6.1.1)을 비교하면 주어진 문제의 자화 $M$은 [예제 5.16]에서 $\sigma a\omega$에 대응함을 알 수 있다. 그러므로 균일하게 자화된 구에 의한 자기장은 회전하는 대전된 구 껍질에 의한 자기장과 같음을 알 수 있다. 즉, [예제 5.16]에서 구 껍질 안에서 구한 자기장에서 $\sigma a\omega \to M_0$을 대입하면 주어진 문제에 해당하는 자기장을 구할 수 있다. 그러므로 식 (예−5.16.7)로부터 구 안에서의 자기장은 다음과 같다.

$$\vec{B} = \frac{2}{3}\mu_0(\sigma a\vec{\omega}) \Rightarrow \vec{B} = \frac{2}{3}\mu_0\vec{M} \qquad (예-6.1.3)$$

즉, 구 안에서의 자기장은 일정하다.
반면에 구 바깥에서의 자기장은 자기 쌍극자 모멘트 $\vec{m} = \frac{4\pi}{3}R^3\vec{M}$에 의한 벡터 포텐셜을 식 (5.5.8)로부터 구하고 난 뒤에 관계식 $\vec{\nabla}\times\vec{A} = \vec{B}$을 이용하여 구한다.

## 6.3 보조(auxiliary) 자기장 $H$

물질의 자화 $\vec{M}$에 의한 자기장은 물질 내의 체적 구속 전류밀도 $\vec{J_b} = \vec{\nabla}\times\vec{M}$과 물질 표면의 표면 구속 전류밀도 $\vec{K_b} = \vec{M}\times\hat{n}$에 의해 생성된 자기장임을 앞 절에서 알아보았다. 자화에 기인하는 이들 구속 전류 $\vec{J_b}$ 외에 자기장에 기여하는 전류를 **자유전류** $\vec{J_f}$라 한다. 그러므로 총 전류 $\vec{J}$는 다음과 같이 구속전류와 자유전류의 합으로 주어진다.

$$\vec{J} = \vec{J_b} + \vec{J_f} \qquad (6.3.1)$$

그때 앙페르 법칙은

$$\vec{\nabla}\times\vec{B} = \mu_0\vec{J} \Rightarrow \frac{1}{\mu_0}(\vec{\nabla}\times\vec{B}) = \vec{J_b} + \vec{J_f} = (\vec{\nabla}\times\vec{M}) + J_f$$

$$\Rightarrow \vec{\nabla}\times\left(\frac{1}{\mu_0}\vec{B} - \vec{M}\right) = J_f$$

인 관계식을 준다.

위 식에 있는 괄호의 물리량을 **보조 자기장**

$$\vec{H} = \frac{1}{\mu_0}\vec{B} - \vec{M} \tag{6.3.2}$$

으로 정의하면

$$\vec{\nabla} \times \vec{H} = \vec{J_f} \tag{6.3.3}$$

또는

$$\int (\vec{\nabla} \times \vec{H}) \cdot d\vec{a} = \int \vec{J_f} \cdot d\vec{a} = I_{\text{알짜자유}}$$

$$\Rightarrow \oint \vec{H} \cdot d\vec{\ell} = I_{\text{알짜자유}} \tag{6.3.4}$$

의 관계식을 얻는다. 여기서 $I_{\text{알짜자유}}$는 앙페르 고리를 통과하는 자유전류이다.

식 (6.3.3)과 (6.3.4)로부터 알 수 있듯이 보조 자기장 $\vec{H}$은 미분형 앙페르 법칙과 적분형 앙페르 법칙을 자유전류로만 표현될 수 있도록 한다. 이는 정전기학에서 보조 전기장 $\vec{D}$로 미분형 가우스 법칙과 적분형 가우스 법칙을 자유전하 $\rho_f$로만 표현한 것에 대응한다.

**예제 6.2**

반경이 $R$이고 길이가 $L$인 원통이 자화($\vec{M} = ks^2\hat{\phi}$ 여기서 $k$은 상수이고 $s$은 $xy$-평면에서 원통의 중심축으로부터 떨어져 있는 거리)되어 있다. 이때 자화에 의한 원통 안 ($s < R$)과 밖($s > R$)에서의 자기장 $\vec{B}$와 보조 자기장 $\vec{H}$을 구하세요.

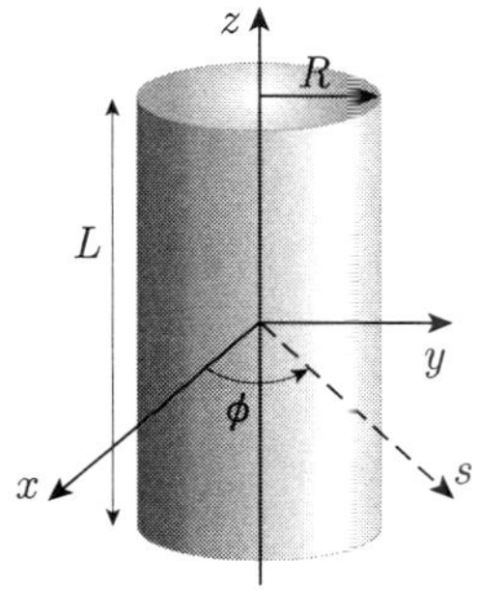


그림 6.8

**풀이**

자화 $\vec{M}$에 의한 체적 구속 전류밀도와 표면 구속 전류밀도를 먼저 구해보자.
원통 좌표계에서 체적 구속 전류밀도를 계산하면

$$\vec{J_b} = \vec{\nabla} \times \vec{M} = \frac{1}{s}\begin{vmatrix} \hat{s} & s\hat{\phi} & \hat{z} \\ \frac{\partial}{\partial s} & \frac{\partial}{\partial \phi} & \frac{\partial}{\partial z} \\ M_s & sM_\phi & M_z \end{vmatrix} = \frac{1}{s}\begin{vmatrix} \hat{s} & s\hat{\phi} & \hat{z} \\ \frac{\partial}{\partial s} & \frac{\partial}{\partial \phi} & \frac{\partial}{\partial z} \\ 0 & s(ks^2) & 0 \end{vmatrix}$$

$$= \frac{1}{s}\hat{z}[\frac{\partial}{\partial s}(ks^3)] = 3ks\hat{z}$$

이고 표면 구속 전류밀도는

$$\vec{K_b} = \vec{M} \times \hat{n} = \vec{M} \times \hat{s} = \frac{1}{s}\begin{vmatrix} \hat{s} & s\hat{\phi} & \hat{z} \\ 0 & s(ks^2) & 0 \\ 1 & 0 & 0 \end{vmatrix}$$

$$= \frac{1}{s}\hat{z}(-ks^3) = -ks^2\hat{z}$$

이다. 그러므로 원통의 표면$(s = R)$에서는

$$\vec{K_b} = -kR^2\hat{z}$$

이다.
위에서 구한 체적 구속 전류밀도와 표면 구속 전류밀도의 부호는 원통의 체적 안에서는 $+\hat{z}$ 방향으로 구속전류가 흐르는 반면에 원통의 표면을 따라서는 $-\hat{z}$ 방향으로 구속전류가 흐른다는 것을 의미한다.
이제 앙페르 법칙 $\oint \vec{B} \cdot d\vec{\ell} = \mu_0 I = \mu_0 \int_S \vec{J} \cdot d\vec{a}$로부터 자기장을 구해보자. 여기서 $\vec{B}$의 방향은 방위각 방향이고 $d\vec{a}$의 방향은 $+\hat{z}$ 방향임을 기억하자.
(i) $s < R$인 경우

$$B(2\pi s) = \mu_0 \int_0^s J_b(2\pi s ds) = \mu_0 \int_0^s (3ks)(2\pi s ds)$$

$$= \mu_0 6k\pi \int_0^s s^2 dr = \mu_0 2k\pi s^3$$

$$\therefore \ \vec{B} = \mu_0 ks^2\hat{\phi} = \mu_0 \vec{M}$$

그때 보조 자기장은 식 (6.3.2)로부터

$$\vec{H} = \frac{1}{\mu_0}(\mu_0 \vec{M}) - \vec{M} = 0$$

가 된다.

(ii) $s > R$인 경우

길이가 $L$인 원통에 흐르는 전류를 계산해보면

$$I = L\int_0^R \vec{J_b} \cdot d\vec{a} + \vec{K_b} \cdot (2\pi RL)\hat{z}$$

$$= L(3k2\pi)\int_0^R s^2 ds + (-kR^2)(2\pi RL)$$

$$= 2k\pi R^3 L - 2k\pi R^3 L = 0$$

이 결과를 앙페르 법칙에 대입하면

$$\therefore \vec{B} = 0$$

그러면 이 영역에서는 $\vec{M} = 0$이고 $\vec{B} = 0$이므로 보조 자기장은 식 (6.3.2)로부터

$$\vec{H} = 0$$

을 얻는다.

## 6.4 보조 자기장 $H$의 경계조건

식 (6.3.2)의 좌·우에 divergence를 적용하면

$$\vec{\nabla} \cdot \vec{H} = \frac{1}{\mu_0}\vec{\nabla} \cdot \vec{B} - \vec{\nabla} \cdot \vec{M} = -\vec{\nabla} \cdot \vec{M} \quad (\because \vec{\nabla} \cdot \vec{B} = 0)$$

이 된다. 위 식의 좌·우에 체적 적분을 취하면

$$\int \vec{\nabla} \cdot \vec{H} dV = -\int \vec{\nabla} \cdot \vec{M} dV$$

$$\Rightarrow \int \vec{H} \cdot d\vec{a} = -\int \vec{M} \cdot d\vec{a} \quad (\because \text{ 발산 정리로부터})$$

가 되어 다음의 경계조건을 얻는다.

$$H_{\perp}^{\text{위}} - H_{\perp}^{\text{아래}} = -(M_{\perp}^{\text{위}} - M_{\perp}^{\text{아래}}) \qquad (6.4.1)$$

이 관계식은 정자기학에서의 식 (5.6.1)에 대응한다.

그리고 식 (6.3.3)의 관계식 좌·우에 면 적분을 취하면

$$\int (\vec{\nabla} \times \vec{H}) \cdot d\vec{a} = \int \vec{J_f} \cdot d\vec{a} = I_{\text{알짜자유}}$$
$$\Rightarrow \oint \vec{H} \cdot d\vec{\ell} = I_{\text{알짜자유}} = (\vec{K_f} \times \hat{n})\ell$$

가 되어 다음의 경계조건을 얻는다.

$$\vec{H}_{\parallel}^{\text{위}} - \vec{H}_{\parallel}^{\text{아래}} = \vec{K_f} \times \hat{n} \tag{6.4.2}$$

이 관계식은 정자기학에서의 식 (5.6.2)에 대응한다.

5장의 자기장과 이 절의 보조 자기장의 경계조건을 종합하여 정리하면 다음과 같다.

$$\begin{cases} B_{\perp}^{\text{위}} = B_{\perp}^{\text{아래}} & (5.6.1) \\ B_{\parallel}^{\text{위}} - B_{\parallel}^{\text{아래}} = \mu_0 K & (5.6.2) \end{cases}$$

$$\begin{cases} H_{\perp}^{\text{위}} - H_{\perp}^{\text{아래}} = -(M_{\perp}^{\text{위}} - M_{\perp}^{\text{아래}}) & (6.4.1) \\ \vec{H}_{\parallel}^{\text{위}} - \vec{H}_{\parallel}^{\text{아래}} = \vec{K_f} \times \hat{n} & (6.4.2) \end{cases}$$

**예제 6.3**

유한한 크기를 가지며 균일하게 자화($\vec{M} = M_0\hat{z}$)된 원통의 경우 (i) 구속전류를 구하고 (ii) 주변의 자기장과 보조 자기장에 대해 기술하세요.

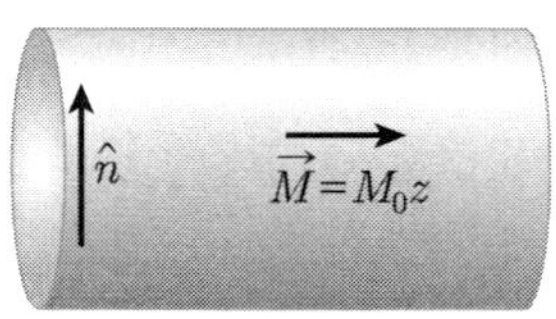


**그림 6.9**

**풀이**

(i) 균일한 자화이므로 $\vec{M}$은 상수 벡터이다. 이때 자화에 의한 체적 구속 전류밀도는

$$\vec{J_b} = \vec{\nabla} \times \vec{M} = 0$$

이 된다. 그리고 표면 구속 전류밀도는

$$\overrightarrow{K_b} = \overrightarrow{M} \times \hat{n} = \overrightarrow{M} \times \hat{s} = \frac{1}{s}\begin{vmatrix} \hat{s} & s\hat{\phi} & \hat{z} \\ 0 & 0 & M_0 \\ 1 & 0 & 0 \end{vmatrix} = M_0\hat{\phi}$$

이다.

(ii) 표면 구속 전류밀도 $\overrightarrow{K_b}$에 의한 자기장은 유한한 길이를 갖는 솔레노이드의 자기장과 같으므로, 자기장의 수직 성분은 식 (5.6.1)의 경계조건에 의해 연속적이다. 반면에 자기장의 수평 성분은 식 (5.6.3)의 경계조건으로부터

$$\overrightarrow{B}_{\parallel}^{\text{밖}} - \overrightarrow{B}_{\parallel}^{\text{안}} = \mu_0(\overrightarrow{K} \times \hat{n}) = \mu_0(\overrightarrow{K} \times \hat{s}) = \mu_0\frac{1}{s}\begin{vmatrix} \hat{s} & s\hat{\phi} & \hat{z} \\ 0 & sM_0 & 0 \\ 1 & 0 & 0 \end{vmatrix} = -\mu_0 M_0\hat{z}$$

$$\Rightarrow \overrightarrow{B}_{\parallel}^{\text{안}} - \overrightarrow{B}_{\parallel}^{\text{밖}} = \mu_0 M_0\hat{z}$$

이다. 즉 표면 전류가 존재하는 표면에서 자기장의 평행 성분은 불연속적이어서 원통 밖에서의 자기장의 평행 성분이 원통 안에서의 평행 성분보다 작으므로 아래의 그림과 같이 자기장이 휘게 된다.

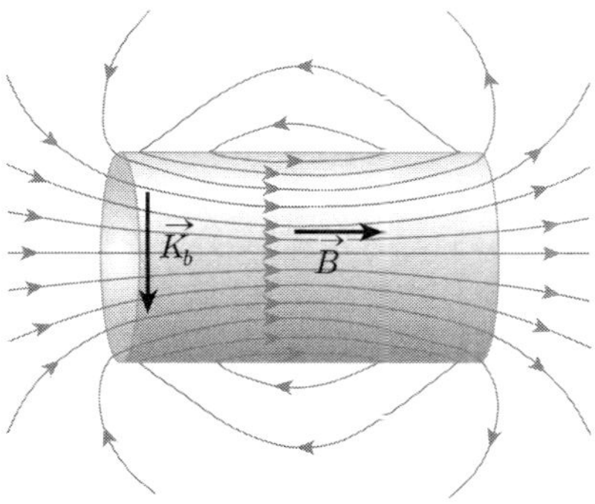


**그림 6.10**

그리고 원통의 바깥 영역에서는 $\overrightarrow{M}=0$이므로 $\overrightarrow{H}=\dfrac{\overrightarrow{B}}{\mu_0}$이 된다. 표면에 자유전류가 없으므로 식 (6.4.2)로부터 표면에서 보조 자기장의 평행 성분은 연속적이다. 반면에 표면에서 수직 성분은 다음과 같다.

$$\overrightarrow{H}_{\perp}^{\text{밖}} - \overrightarrow{H}_{\perp}^{\text{안}} = \frac{1}{\mu_0}(\overrightarrow{B}_{\perp}^{\text{밖}} - \overrightarrow{B}_{\perp}^{\text{안}}) - (0 - \overrightarrow{M}) = \overrightarrow{M}$$

$$\Rightarrow \overrightarrow{M}_{\perp}^{\text{안}} - \overrightarrow{M}_{\perp}^{\text{밖}} = -M_0\hat{z}$$

위 결과에서 음의 부호는 원통 안에서의 보조 자기장의 방향이 자화의 방향과 반대인

오른쪽에서 왼쪽($-\hat{z}$)을 향한다는 의미이다.

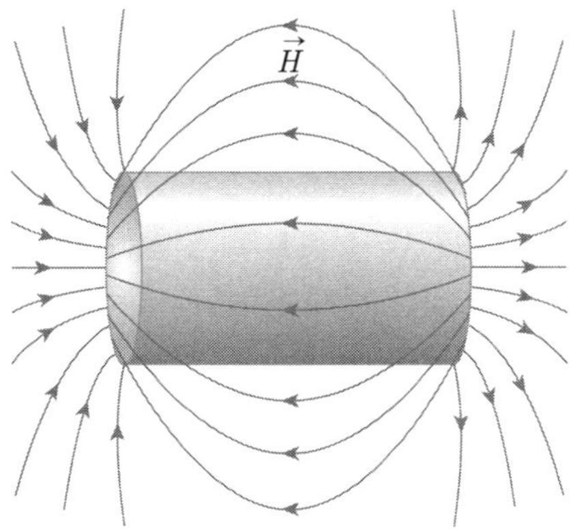

**그림 6.11**

## 6.5 자성체

상자성체와 반자성체의 경우 자기장에 의해 자화가 생기고 자기장이 없게 되면 자화도 사라지게 된다. 너무 크지 않은 자기장의 경우 자화는 보조 자기장의 세기에 다음과 같이 비례한다.

$$\vec{M} = \chi_m \vec{H} \tag{6.5.1}$$

(오른편에 자기장 $\vec{B}$가 아닌 보조 자기장 $\vec{H}$임을 기억하자.) 여기서 단위(unit)가 없는 비례상수 $\chi_m$을 **자기 자화율**(magnetic susceptibility)이라 하며, 상자성체일 경우에 부호는 양($\chi_m > 0$)이고 반자성체일 경우에는 부호가 음($\chi_m < 0$)이 된다. 일반적으로 물질은 약 $10^{-5}$ 정도의 자기 자화율 값을 갖는다. 식 (6.5.1)의 관계식을 따르는 물질을 선형 매질(linear media)(56)이라 한다.

식 (6.3.2)로부터

(56) 전기학에서 전기분극 $\vec{P}$와 전기장 $\vec{E}$과의 관계식인 $\vec{P} = \epsilon_0 \chi_e \vec{E}$에 대응한다.

$$\vec{H} = \frac{1}{\mu_0}\vec{B} - \vec{M} \Rightarrow \vec{B} = \mu_0(\vec{H} + \vec{M})$$

을 얻고 이 관계식에 식 (6.5.1)을 대입하면 다음의 관계식을 얻는다.

$$\vec{B} = \mu_0(\vec{H} + \chi_m \vec{H}) = \mu_0(1 + \chi_m)\vec{H} \tag{6.5.2}$$

즉, 자기장은 보조 자기장에 비례한다. 여기서 $\mu = \mu_0(1 + \chi_m)$[57]로 놓으면 위 식은

$$\vec{B} = \mu \vec{H} \tag{6.5.3}$$

이 된다. 여기서 $\mu_0$와 $\mu$은 각각 자유 공간의 투자율과 물질의 **투자율**(permeability)이다. 진공에서는 자화될 물질이 없으므로 $\chi_m = 0$이 되어서 $\mu = \mu_0$가 된다는 의미이다. 이때 자유 공간의 투자율에 대한 물질의 투자율인 **상대 투자율**(또는 비투자율)은

$$\mu_r = \frac{\mu}{\mu_0} = 1 + \chi_m \tag{6.5.4}$$

가 된다.

그리고 선형 매질인 경우, 체적 구속 전류밀도와 자화의 관계식으로부터

$$\vec{J_b} = \vec{\nabla} \times \vec{M} = \vec{\nabla} \times (\chi_m \vec{H}) = \chi_m(\vec{\nabla} \times \vec{H}) \tag{6.5.5}$$

을 얻고 위 식에 식 (6.3.3)을 대입하면

$$\vec{J_b} = \chi_m \vec{J_f} \tag{6.5.6}$$

의 관계식을 얻는다. 즉, 선형 매질의 경우에는 체적 구속 전류밀도는 자유 전류밀도에 비례하고 비례상수는 물질의 자기 자화율이 된다.

선형 매질이 아닌 강자성체는 자화 상태를 유지하기 위해서 지속적으로 자기장을 필요로 하는 것은 아니다. 강자성체에서는 개개의 자기 쌍극자가 가까이 있는 쌍극자와 같은 방향을 가지려는 성질이 있어서 모든 스핀이 같은 방향으로 정렬하게 된다.

강자성체를 자화시킬 때, 자화의 정도가 외부 자기장뿐만 아니라 자성체가 전에 받은 자화 경과에도 관련되는 현상을 **자기이력**(자기 히스테리시스, hysteresis)이라 한다.

---

(57) 이는 전기학에서 유전율의 관계식인 $\epsilon = \epsilon_0(1 + \chi_e)$에 대응한다.

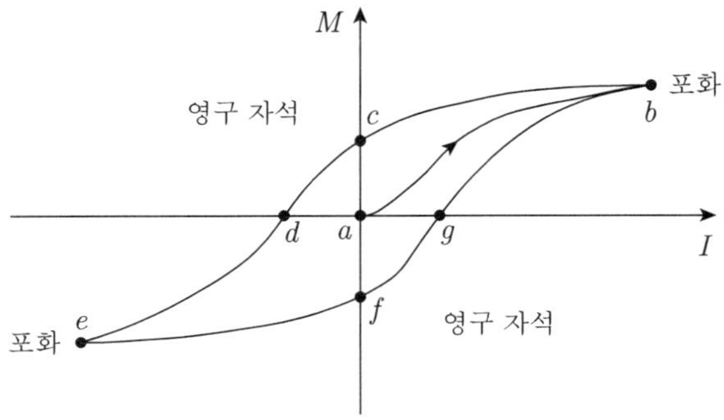


**그림 6.12**

철이 강한 자기장에 놓이게 되면 토크가 작용하여 자기장과 같은 방향으로 쌍극자가 정렬되도록 한다. 외부 자기장을 없애도 일정 영역에서는 쌍극자의 방향이 변하지 않고 그대로 있게 되어 영구 자석이 된다. 그러나 어떤 특정한 온도 이상에서는 쌍극자가 임의의 방향을 갖게 되어 강자성 성질을 잃게 되고 상자성 성질을 갖게 된다. 이때의 온도를 **큐리(Curie) 온도**라 한다. 즉, 큐리 온도 이하에서는 철은 강자성체이고, 큐리 온도 이상에서는 상자성체가 된다.

**예제 6.4**

전류 $I$가 흐르는 단위 길이당 감은 횟수가 $n$인 무한히 긴 솔레노이드가 식 (6.5.3)을 따르는 선형 매질로 채워져 있을 때 솔레노이드 안에서의 자기장을 구하세요. 이때 솔레노이드 중심축을 $z$-축 방향으로 잡는다.

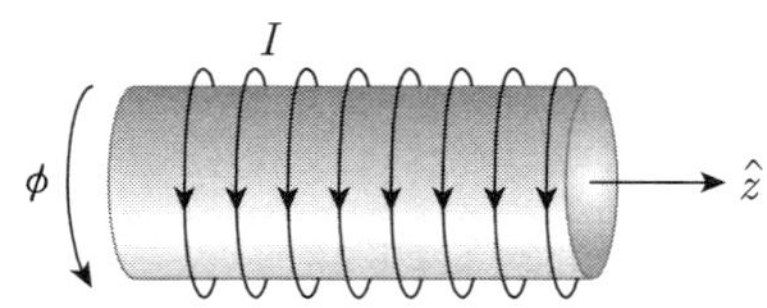


**그림 6.13**

**풀이**

식 (6.3.4)로부터 솔레노이드 안에서는

$$\oint \vec{H} \cdot d\vec{\ell} = I_{\text{알짜자유}} \Rightarrow H\ell = n\ell I$$

$$\Rightarrow H = nI$$

$$\Rightarrow \vec{H} = nI\hat{z}$$

이므로 식 (6.5.2)에 이 결과를 대입하면

$$\therefore\ \vec{B}=\mu_0(1+\chi_m)nI\hat{z}$$

그러므로 솔레노이드가 선형 매질로 채워질 때, 그 매질이 상자성체일 경우에는 $\chi_m>0$이어서 솔레노이드 안에서 생성되는 자기장의 세기가 커지고 채워지는 매질이 반자성체일 경우에는 $\chi_m<0$이므로 솔레노이드 안에서 생성되는 자기장의 세기가 작아진다.

**예제 6.5**

반경이 $a$인 선형 매질로 만들어진 직선 철사에 전류 $\vec{I}=I_0\hat{z}$가 흐른다. (a) 철사의 중심축으로부터 $s$만큼 떨어져 있는 곳에서의 자기장을 구하세요. 그리고 (b) 체적 구속 전류밀도와 표면 구속 전류밀도를 구하세요.

**풀이**

(a) 체적 자유 전류밀도는 $J_f=\dfrac{I}{\pi a^2}$이므로 식 (6.3.4)로부터

(i) $s<a$인 경우

$$H(2\pi s)=J_f(\pi s^2)=(\frac{I}{\pi a^2})\pi s^2=\frac{s^2}{a^2}I \Rightarrow H=\frac{s}{2\pi a^2}I$$

여기서 $\vec{I}=I_0\hat{z}$이고 보조 자기장의 방향은 방위각 방향이 되므로

$$\therefore\ \vec{H}=\frac{sI_0}{2\pi a^2}\hat{\phi}$$

인 보조 자기장을 얻고 그때의 자기장은 식 (6.5.2)로부터

$$\vec{B}=\mu_0(1+\chi_m)\frac{sI_0}{2\pi a^2}\hat{\phi}$$

가 된다.

(ii) $s>a$인 경우

$$H(2\pi s)=J_f(\pi a^2)=(\frac{I}{\pi a^2})\pi a^2=I \Rightarrow H=\frac{I}{2\pi s}$$

$$\therefore\ \vec{H}=\frac{I}{2\pi s}\hat{\phi}=\frac{I_0}{2\pi s}\hat{\phi}$$

철사 밖에서의 자기장은 식 (6.5.2)에서 $\chi_m=0$이므로

$$\vec{B} = \mu_0 \frac{I_0}{2\pi s}\hat{\phi}$$

가 된다.

(b) 그때 체적 구속 전류밀도는 식 (6.5.6)으로부터

$$\vec{J_b} = \chi_m \vec{J_f} = \chi_m \frac{I_0}{\pi a^2}\hat{z}$$

이고 표면 구속 전류밀도는 다음과 같다.

$$\vec{K_b} = \vec{M} \times \hat{n} = \vec{M} \times \hat{s} = \chi_m \vec{H}(r=a) \times \hat{s} = \chi_m \frac{aI_0}{2\pi a^2}(\hat{\phi} \times \hat{s}) = -\chi_m \frac{I_0}{2\pi a}\hat{z}$$

그러면 자화로 인한 전류는

$$\int_0^a \vec{J_b} \cdot d\vec{a} + K_b(2\pi a) = \chi_m \frac{I_0}{\pi a^2}\int_0^a 2\pi s ds - \chi_m \frac{I_0}{2\pi a}(2\pi a) = \chi_m I_0 - \chi_m I_0 = 0$$

이다.

즉, 기대한 대로 자화에 의해서 생성되는 전류는 없다.

## 보충자료-1

$\vec{M}(\vec{r}')\times(\vec{\nabla}\frac{1}{R}) = \frac{1}{R}\vec{\nabla}\times\vec{M}(\vec{r}') - \vec{\nabla}\times\frac{\vec{M}(\vec{r}')}{R}$임을 증명하세요.

**풀이**

$$[\vec{\nabla}\times(f\vec{A})]_i = \sum_{j,k}\epsilon_{ijk}\partial_j(f\vec{A})_k = \sum_{j,k}\epsilon_{ijk}(f\partial_j A_k + A_k\partial_j f)$$

$$= f(\sum_{j,k}\epsilon_{ijk}\partial_j A_k) - (\sum_{j,k}\epsilon_{ijk}A_k\partial_j f) = f(\vec{\nabla}\times\vec{A})_i - (\vec{A}\times\vec{\nabla}f)_i$$

$$\Rightarrow\ \vec{\nabla}\times(f\vec{A}) = f(\vec{\nabla}\times\vec{A}) - \vec{A}\times\vec{\nabla}f$$

$$\therefore\ \vec{A}\times\vec{\nabla}f = f(\vec{\nabla}\times\vec{A}) - \vec{\nabla}\times(f\vec{A})$$

위 관계식에 $\vec{A}\rightarrow\vec{M}(\vec{r}')$ 그리고 $f\rightarrow\frac{1}{R}$을 대입하면

$$\vec{M}(\vec{r}')\times(\vec{\nabla}\frac{1}{R}) = \frac{1}{R}\vec{\nabla}\times\vec{M}(\vec{r}') - \vec{\nabla}\times\frac{\vec{M}(\vec{r}')}{R}$$

을 얻는다.

## 보충자료-2

$\int \vec{\nabla} \times \frac{\vec{M}}{R} dV = -\int \frac{\vec{M}}{R} \times d\vec{a}$ 임을 증명하세요.

**풀이**

발산 정리 $\int \vec{\nabla} \cdot \vec{F} dV = \int \vec{F} \cdot d\vec{a}$ 에 $\vec{F} \to \vec{M} \times \vec{C}$ (여기서 $\vec{C}$은 $x, y, z$와 무관한 상수 벡터)을 대입하면

$$\int \vec{\nabla} \cdot (\vec{M} \times \vec{C}) dV = \int (\vec{M} \times \vec{C}) \cdot d\vec{a} \tag{1}$$

이 된다. 여기서 등식의 왼편에 있는 피적분함수는

$$\begin{aligned}
\vec{\nabla} \cdot (\vec{M} \times \vec{C}) &= \sum_i \partial_i (\vec{M} \times \vec{C})_i = \sum_{i,j,k} \epsilon_{ijk} \partial_i (M_j C_k) \\
&= \sum_{i,j,k} \epsilon_{ijk} C_k \partial_i M_j + \sum_{i,j,k} \epsilon_{ijk} M_j \partial_i C_k \\
&= \sum_{i,j,k} C_k \epsilon_{kij} \partial_i M_j - \sum_{i,j,k} M_j \epsilon_{jik} \partial_i C_k \\
&= \sum_k C_k (\vec{\nabla} \times \vec{M})_k - \sum_j M_j (\vec{\nabla} \times \vec{C})_j \\
&= \vec{C} \cdot (\vec{\nabla} \times \vec{M}) - \vec{M} \cdot (\vec{\nabla} \times \vec{C}) \\
&= \vec{C} \cdot (\vec{\nabla} \times \vec{M}) \qquad (2) \\
&(\because \ \vec{C}\text{은 상수 벡터이므로 } \vec{\nabla} \times \vec{C} = 0)
\end{aligned}$$

이고 등식의 오른편에 있는 피적분함수는

$$(\vec{M} \times \vec{C}) \cdot d\vec{a} = -(\vec{C} \times \vec{M}) \cdot d\vec{a} = -\vec{C} \cdot (\vec{M} \times d\vec{a}) \quad (\because \text{ ABC 규칙}) \tag{3}$$

이다. 식 (2)와 (3)을 (1)에 대입하면

$$\begin{aligned}
&\int \vec{C} \cdot (\vec{\nabla} \times \vec{M}) \ dV = -\int \vec{C} \cdot (\vec{M} \times d\vec{a}) \\
&\Rightarrow \vec{C} \cdot \int (\vec{\nabla} \times \vec{M}) dV = -\vec{C} \cdot \int \vec{M} \times d\vec{a}
\end{aligned}$$

이 된다. 위의 등식이 항상 성립하기 위해서는 다음의 관계식을 만족해야 한다.

$$\int \overrightarrow{\nabla} \times \overrightarrow{M} dV = -\int \overrightarrow{M} \times d\overrightarrow{a}$$

여기서 $\overrightarrow{M} \rightarrow \frac{\overrightarrow{M}}{R}$을 위 식에 대입하면

$$\therefore \int \overrightarrow{\nabla} \times \frac{\overrightarrow{M}}{R} dV = -\int \frac{\overrightarrow{M}}{R} \times d\overrightarrow{a}$$

## 연습문제

**01** 식 (6.2.8)을 증명하세요.

**풀이**

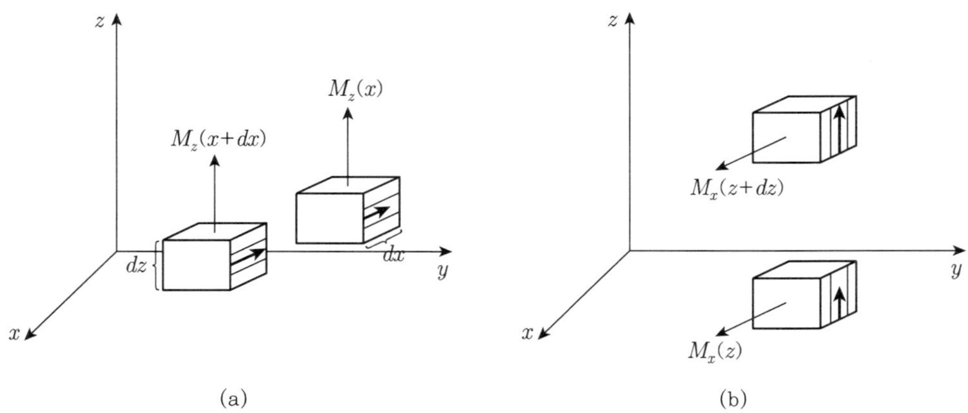


**그림 6.14**

그림 (a)에서

$$[M_z(x) - M_z(x+dx)]dz = -\frac{\partial M_z}{\partial x}dxdz = I_y, \quad \text{여기서 } (J_b)_y = -\frac{\partial M_z}{\partial x}$$

그리고 그림 (b)에서

$$[M_x(z+dz) - M_x(z)]dz = \frac{\partial M_x}{\partial z}dzdx = I_y, \quad \text{여기서 } (J_b)_y = \frac{\partial M_x}{\partial z}$$

$$\therefore \ (J_b)_y = \frac{\partial M_x}{\partial z} - \frac{\partial M_z}{\partial x}$$

그림 (c)에서

$$[M_x(y) - M_x(y+dy)]dx = -\frac{\partial M_x}{\partial y}dydx = I_z, \quad \text{여기서 } (J_b)_z = -\frac{\partial M_x}{\partial y}$$

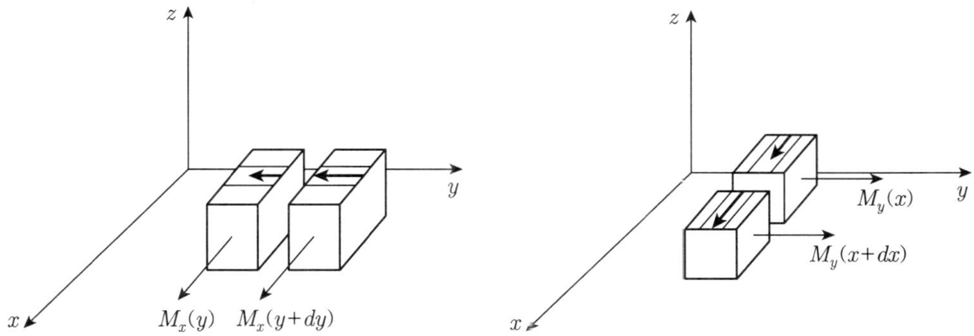


(c) (d)

**그림 6.15**

그리고 그림 (d)에서

$$[M_y(x+dx) - M_y(x)]dy = \frac{\partial M_y}{\partial x}dxdy = I_z, \quad \text{여기서 } (J_b)_z = \frac{\partial M_y}{\partial x}$$

$$\therefore\ (J_b)_z = \frac{\partial M_y}{\partial x} - \frac{\partial M_x}{\partial y}$$

**02** 구리는 반자성체이다. 반경이 $R$인 긴 구리 막대에 균일한 자유전류 $I$가 흐를 때 구리 막대의 안($s < R$)과 바깥($s > R$)에서의 보조 자기장 $\vec{H}$와 자기장 $\vec{B}$을 각각 구하세요.

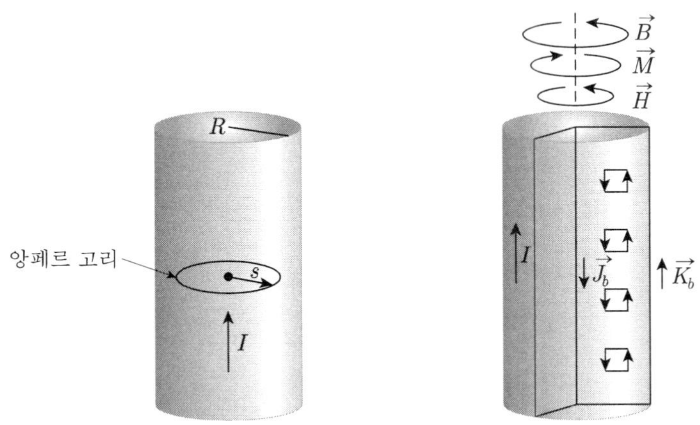


(a) (b)

**그림 6.16**

**풀이**

구리는 반자성체이므로, 자기 쌍극자는 자유전류에 의해 생성되는 자기장 $\vec{B}$의 방향과 반대 방향을 갖게 된다. 결과적으로 구리 표면에서는 자유전류 $I$와 같은 방향의 표면 전류 $\vec{K_b}$가 생기지만 구리 내에서는 자유전류 $I$의 방향과 반대 방향의 구속전류 $\vec{J_b}$가 생기게 된다. 이를 그림으로 나타낸 것이 위 그림 (b)이다.

이제 보조 자기장을 앙페르 법칙 $\oint \vec{H} \cdot d\vec{\ell} = I_{알짜}$로부터 구해보자.

(i) $s < R$인 경우

$$H(2\pi s) = I_{알짜} \tag{1}$$

여기서 앙페르 고리의 단면적을 지나는 알짜 전류는

$I : \pi R^2 = I_{알짜} : \pi s^2 \Rightarrow I_{알짜} = \dfrac{s^2}{R^2} I$이므로 식 (1)은

$$H(2\pi s) = \frac{s^2}{R^2} I \Rightarrow H = \frac{s}{2\pi R^2} I$$

보조 자기장의 방향은 앙페르 고리 둘레의 방향이므로

$$\therefore\ \vec{H} = \frac{sI}{2\pi R^2}\hat{\phi}$$

비록 보조 자기장이 자기장과 식 (6.3.2)의 관계가 있지만, 구리 안에서의 자화 $\vec{M}$의 정보가 없어서 자기장 $\vec{B}$은 구할 수 없다.

(ii) $s > R$인 경우

$$H(2\pi s) = I_{알짜}$$

여기서 앙페르 고리의 단면적을 지나는 알짜 전류는 구리 막대에 흐르는 자유전류 $I$이므로 식 (1)은

$$H(2\pi s) = I \Rightarrow H = \frac{I}{2\pi s}$$

그리고 보조 자기장의 방향은 앙페르 고리 둘레의 방향이므로

$$\therefore\ \vec{H} = \frac{I}{2\pi s}\hat{\phi}$$

그리고 식 (6.3.2)에서 구리 막대 밖의 영역에서는 $\vec{M}=0$이므로

$$\therefore\ \vec{B}=\mu_0\vec{H}=\frac{\mu_0 I}{2\pi r}\hat{\phi}$$

인 자기장을 얻는다.

**03** 균일한 자화 $\vec{M}=M_0\hat{\phi}$를 갖는 길이가 $L$이고 단면적이 $a\times a$인 토로이드 자석의 구속 전류밀도를 구하세요.

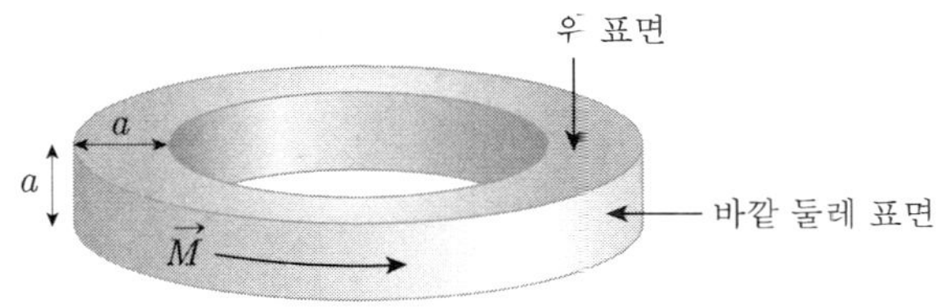


**그림 6.17**

**풀이**

(a) 체적 구속 전류밀도는

$$\vec{J_b}=\vec{\nabla}\times\vec{M}=\frac{1}{s}\begin{vmatrix}\hat{s} & s\hat{\phi} & \hat{z}\\ \frac{\partial}{\partial s} & \frac{\partial}{\partial\phi} & \frac{\partial}{\partial z}\\ M_s & sM_\phi & M_z\end{vmatrix}=\frac{1}{s}\begin{vmatrix}\hat{s} & s\hat{\phi} & \hat{z}\\ \frac{\partial}{\partial s} & \frac{\partial}{\partial\phi} & \frac{\partial}{\partial z}\\ 0 & sM_0 & 0\end{vmatrix}=\frac{1}{s}\hat{z}\frac{\partial}{\partial s}(sM_0)=\frac{1}{s}M_0\hat{z}$$

그리고

(i) 자석 바깥 둘레 표면 구속 전류밀도는

$$\vec{K_b}=\vec{M}\times\hat{n}\ \Rightarrow\ \vec{K_b}^{\text{둘레표면}}=\vec{M}\times\hat{s}=M_0\hat{\phi}\times\hat{s}=-M_0\hat{z}$$

이며

(ii) 자석 위 표면 구속 전류밀도는

$$\vec{K_b}=\vec{M}\times\hat{n}\ \Rightarrow\ \vec{K_b}^{\text{위표면}}=\vec{M}\times\hat{z}=M_0\hat{\phi}\times\hat{z}=M_0\hat{s}$$

이다.

**04** $z$-방향을 축으로 가지며 자화가 $\overrightarrow{M} = M_0(\frac{s}{R})^2\hat{\phi}$을 갖는 반경 $R$의 무한히 긴 원통이 있다. (a) 구속 전류밀도를 구하세요. (b) 구속 전류밀도에 의해 전달되는 총 전류를 구하세요. (c) 구속 전류에 의한 자기장을 구하세요. (d) 보조 자기장으로부터 자기장을 구해서 (c)의 자기장 결과와 비교해보세요.

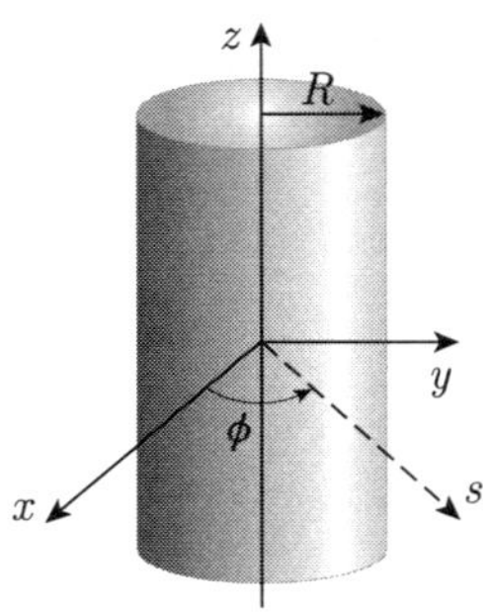


**그림 6.18**

**풀이**

(a) 체적 구속 전류밀도는

$$\overrightarrow{J_b} = \overrightarrow{\nabla} \times \overrightarrow{M} = \frac{1}{s}\begin{vmatrix} \hat{s} & s\hat{\phi} & \hat{z} \\ \frac{\partial}{\partial s} & \frac{\partial}{\partial \phi} & \frac{\partial}{\partial z} \\ M_s & sM_\phi & M_z \end{vmatrix} = \frac{1}{s}\begin{vmatrix} \hat{s} & s\hat{\phi} & \hat{z} \\ \frac{\partial}{\partial s} & \frac{\partial}{\partial \phi} & \frac{\partial}{\partial z} \\ 0 & sM_0(\frac{s}{R})^2 & 0 \end{vmatrix}$$

$$= \frac{1}{s}\hat{z}\frac{\partial}{\partial s}(\frac{M_0 s^3}{R^2}) = 3\frac{M_0 s}{R^2}\hat{z}$$

그리고 표면 구속 전류밀도는 다음과 같이 얻을 수 있다.

$$\overrightarrow{K_b} = \overrightarrow{M} \times \hat{n} = M_0(\frac{s}{R})^2(\hat{\phi} \times \hat{s}) = -\frac{M_0 s^2}{R^2}\hat{z}$$

$$\therefore\ \overrightarrow{K_b}(s = R) = -M_0\hat{z}$$

(b) 체적 구속 전류밀도에 의한 전류는

$$I_{체적} = \int \overrightarrow{J_b} \cdot \overrightarrow{da} = \iint 3\frac{M_0 s}{R^2}\hat{z} \cdot (s\,d\phi\,ds\,\hat{z})$$

$$= 3\frac{M_0}{R^2}\int_0^{2\pi} d\phi \int_0^R s^2 ds = (\frac{3M_0}{R^2})2\pi(\frac{1}{3}R^3)$$

$$\therefore\ I_{체적} = 2\tau M_0 R$$

그리고 표면 구속 전류밀도에 의한 전류는

$$I_{표면} = K_b(2\pi R) = -2\pi M_0 R$$

이므로 총 전류는

$$\therefore I = I_{체적} + I_{표면} = 0$$

기대한 대로 구속 전류에 의해 전달되는 전류는 없다.

(c) (i) $s > R$인 경우, 앙페르 고리 안의 알짜 전류는 없기 때문에 $\vec{B} = 0$이 된다.

(ii) $s < R$인 경우, 앙페르 법칙을 적용하면

$$B(2\pi s) = \mu_0 \int \vec{J_b} \cdot d\vec{a} = \mu_0 \int\int 3\frac{M_0 s}{R^2}\hat{z} \cdot (s d\phi ds \hat{z})$$

$$= 3\mu_0 \frac{M_0}{R^2}\int_0^{2\pi} d\phi \int_0^R s^2 ds = \mu_0(\frac{3M_0}{R^2})2\pi(\frac{1}{3}s^3)$$

$$\Rightarrow B(2\pi s) = \mu_0 \frac{2\pi M_0}{R^2}s^3$$

$$\therefore\ \vec{B} = \mu_0 \frac{M_0 s^2}{R^2}\hat{\phi}$$

인 자기장을 얻는다.

(d) $\begin{cases} \vec{H} = \frac{1}{\mu_0}\vec{B} - \vec{M} \\ \oint \vec{H} \cdot d\vec{\ell} = I_{알짜자유} = 0 \end{cases} \Rightarrow \oint (\frac{1}{\mu_0}\vec{B} - \vec{M}) \cdot d\vec{\ell} = 0$

$$\Rightarrow \frac{1}{\mu_0}\oint \vec{B} \cdot d\vec{\ell} = \oint \vec{M} \cdot d\vec{\ell}$$

$$\Rightarrow B(2\pi s) = \mu_0 M(2\pi s)$$

$$\therefore B = \mu_0 M$$

(i) $s > R$인 경우, 자화가 없으므로 $\vec{M} = 0$이 되어 $\vec{B} = 0$이다.

(ii) $s < R$인 경우에는

$$B = \mu_0 M = \mu_0 M_0 (\frac{s}{R})^2 = \mu_0 \frac{M_0^2 s^2}{R^2}$$

$$\therefore\ \vec{B} = \mu_0 \frac{M_0 s^2}{R^2}\hat{\phi}$$

그러므로 (i)과 (ii)에서 구한 결과는 (c)의 (i)과 (ii)에서 구한 결과와 기대한 대로 같다.

**05** [예제 6.1]에서는 [예제 5.16]의 결과에 $\sigma a\omega \to M$을 대입하여 구 안에서의 자기장인 식 (예-6.1.3)을 구했다. 구에는 자유전류 $\vec{J_f}$가 없으므로 $\vec{\nabla}\times\vec{H} = 0$이 되어 $\vec{H} = -\vec{\nabla}\Phi$로 놓을 수 있다. 여기서 $\Phi$은 스칼라 포텐셜이다. 그러면 $\vec{\nabla}\cdot\vec{H} = -\vec{\nabla}\cdot\vec{M} \Rightarrow \nabla^2\Phi = \vec{\nabla}\cdot\vec{M}$가 되어 스칼라 포텐셜은 포아송 방정식을 만족함을 알 수 있다. 여기서 구 표면을 제외한 모든 곳에서는 $\vec{\nabla}\cdot\vec{M} = 0$이므로 결국 스칼라 포텐셜은 라플라스 방정식 $\nabla^2\Phi = 0$을 만족한다. 보조 자기장의 경계조건을 적절하게 사용하여 구 안에서의 자기장을 보조 자기장으로부터 구하세요.

**풀이**

라플라스 방정식을 만족하는 스칼라 포텐셜은 식 (3.3.14)로부터

$$\Phi(r,\theta) = \sum_{\ell=0}^{\infty}(A_\ell r^\ell + \frac{B_\ell}{r^{\ell+1}})P_\ell(\cos\theta)$$

이다.

구 안($r < R$)인 경우 $r = 0$에서 $\frac{1}{r^{\ell+1}}$은 발산하므로 $B_\ell = 0$이어야 한다. 그러므로 구 안에서의 스칼라 포텐셜은 다음과 같이 표현된다.

$$\Phi_{안}(r,\theta) = \sum_{\ell=0}^{\infty} A_\ell r^\ell P_\ell(\cos\theta) \tag{1}$$

그리고 구 밖($r > R$)인 경우 $r^\ell$이 발산하므로 $A_\ell = 0$이어야 한다. 그러므로 구 밖에서의 스칼라 포텐셜은 다음과 같이 표현된다.

$$\Phi_{밖}(r,\theta) = \sum_{\ell=0}^{\infty} \frac{B_\ell}{r^{\ell-1}} P_\ell(\cos\theta) \tag{2}$$

경계에서 스칼라 포텐셜은 연속적이라는 조건으로부터

$$\Phi_{안}(r=R,\theta) = \Phi_{밖}(r=R,\theta) \Rightarrow \sum_{\ell=0}^{\infty} A_\ell R^\ell P_\ell(\cos\theta) = \sum_{\ell=0}^{\infty} \frac{B_\ell}{R^{\ell+1}} P_\ell(\cos\theta)$$

모든 $\theta$에 대해 위 등식이 항상 성립하기 위해서는 다음의 관계식을 만족해야 한다.

$$A_\ell R^\ell = \frac{B_\ell}{R^{\ell+1}} \tag{3}$$

식 (6.4.1)의 경계조건식은 다음과 같이 나타낼 수 있다.

$$H_\perp^{밖} - H_\perp^{안} = -(M_\perp^{밖} - M_\perp^{안}) = M_\perp^{안} \quad (\because \text{ 구 밖에는 자화가 없으므로}) \tag{4}$$

여기서 $\overrightarrow{M} = M_0 \hat{z} = M_0(\hat{r}\cos\theta - \hat{\theta}\sin\theta)$이므로 자화의 수직성분은 $\hat{r}$에 해당하므로 $M_\perp^{안} = M_0 \cos\theta$가 되어 식 (4)는 다음과 같이 된다.

$$H_\perp^{밖} - H_\perp^{안} = M_0 \cos\theta \tag{5}$$

그리고

$$\overrightarrow{H} = -\overrightarrow{\nabla}\Phi \Rightarrow \begin{cases} H_\perp^{밖} = -\dfrac{\partial}{\partial r}\Phi_{밖} = \displaystyle\sum_{\ell=0}^{\infty} \frac{(\ell+1)B_\ell}{r^{\ell+2}} P_\ell(\cos\theta) \\ H_\perp^{안} = -\dfrac{\partial}{\partial r}\Phi_{안} = -\displaystyle\sum_{\ell=0}^{\infty} \ell A_\ell r^{\ell-1} P_\ell(\cos\theta) \end{cases}$$

$$\text{경계에서} \Rightarrow \begin{cases} H_\perp^{밖} = \displaystyle\sum_{\ell=0}^{\infty} \frac{(\ell+1)B_\ell}{R^{\ell+2}} P_\ell(\cos\theta) \\ H_\perp^{안} = -\displaystyle\sum_{\ell=0}^{\infty} \ell A_\ell R^{\ell-1} P_\ell(\cos\theta) \end{cases} \tag{6}$$

식 (6)을 (5)의 왼편에 대입하면

$$\sum_{\ell=0}^{\infty} \frac{(\ell+1)B_\ell}{R^{\ell+2}} P_\ell(\cos\theta) + \sum_{\ell=0}^{\infty} \ell A_\ell R^{\ell-1} P_\ell(\cos\theta) = M_0 \cos\theta = M_0 P_1(\cos\theta)$$

위 등식이 모든 $\theta$에 대해 항상 성립하기 위해서는 $\ell = 1$이 되어야 한다. 그러므로 다음의 관계식을 얻는다.

$$\frac{2B_1}{R^3} + A_1 = M_0 \tag{7}$$

그리고 식 (3)으로부터

$$A_1 R = \frac{B_1}{R^2} \Rightarrow B_1 = A_1 R^3$$

을 얻고 이를 식 (7)에 대입하면

$$3A_1 = M_0 \Rightarrow \therefore A_1 = \frac{1}{3}M_0$$

가 된다. 이 결과를 식 (1)에 대입하여 구 안에서의 스칼라 포텐셜을 구하면 다음과 같이 된다.

$$\Phi_{\text{안}}(r,\theta) = A_1 r P_1(\cos\theta) = \frac{1}{3}M_0 r\cos\theta \tag{8}$$

그러면

$$\begin{aligned}\vec{H}_{\text{안}} &= -\vec{\nabla}\Phi_{\text{안}} = -\frac{1}{3}M_0\left[\hat{r}\frac{\partial}{\partial r}(r\cos\theta) + \hat{\theta}\frac{1}{r}\frac{\partial}{\partial\theta}(r\cos\theta)\right] \\ &= -\frac{1}{3}M_0(\hat{r}\cos\theta - \hat{\theta}\sin\theta) = -\frac{1}{3}M_0\hat{z}\end{aligned}$$

$$\therefore \vec{H}_{\text{안}} = -\frac{1}{3}\vec{M}$$

이때 자기장은 다음과 같이 얻을 수 있다.

$$\vec{B}_{\text{안}} = \mu_0(\vec{H}_{\text{안}} + \vec{M}_{\text{안}}) = \mu_0\left(-\frac{1}{3}\vec{M} + \vec{M}\right) = \frac{2}{3}\mu_0\vec{M}$$

이 결과는 식 (예-6.1.3)과 같다.

**06** 반경 $a$의 철사를 둘러싸고 있는 반경이 $c$인 원통형 도체 튜브로 이루어진 동축 케이블이 있다. 동축은 $z$-축 방향을 따른다. 균일하고 일정한 전류 $I$가 철사를 따라 흘러서 원통형 도체를 따라 되돌아온다. 여기서 동축 케이블의 두 도체 사이의 공간이 두 개의 서로 다른 선형 매질로 채워져 있는 경우, $a < s < b$에는 $\chi_{m,1}$ 그리고 $b < s < c$에는 $\chi_{m,2}$, 두 도체 사이의 영역에서 (a) 자기장을 구하고 (b) 자화와 구속

전류밀도를 구하세요. (c) 자기장의 앙페르 법칙으로부터 자기장을 구한 결과가 (a)의 결과와 일치함을 보이세요.

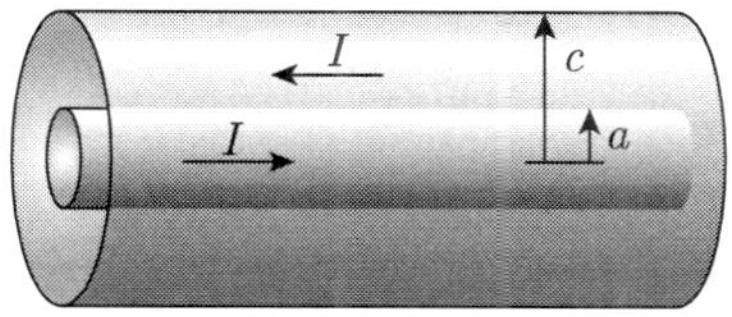


**그림 6.19**

**풀이**

(a) 두 도체 사이의 영역에서는 식 (6.3.4)로부터

$$H(2\pi s) = I_f = I \Rightarrow \vec{H} = \frac{I}{2\pi s}\hat{\phi}$$

그러면 식 (6.5.2)로부터

$$\vec{B}_1 = \mu_0(1+\chi_{m,1})\vec{H} = \mu_0(1+\chi_{m,1})\frac{I}{2\pi s}\hat{\phi}$$

그리고

$$\vec{B}_2 = \mu_0(1+\chi_{m,2})\vec{H} = \mu_0(1+\chi_{m,2})\frac{I}{2\pi s}\hat{\phi}$$

인 자기장을 얻는다.

(b) 그리고 자화는 다음과 같다.

$$\vec{M} = \chi_m \vec{H} \Rightarrow \begin{cases} \vec{M}_1 = \chi_{m,1}(\frac{I}{2\pi s}\hat{\phi}) \\ \vec{M}_2 = \chi_{m,2}(\frac{I}{2\pi s}\hat{\phi}) \end{cases}$$

그리고 체적 구속 전류밀도는 식 (6.5.5)로부터

$$\vec{J}_b = \chi_m(\vec{\nabla}\times\vec{H}) \Rightarrow \begin{cases} \vec{J}_{b,1} = \chi_{m,1}(\vec{\nabla}\times\frac{I}{2\pi s}\hat{\phi}) = \frac{I}{2\pi}\chi_{m,1}(\vec{\nabla}\times\frac{\hat{\phi}}{s}) \\ \vec{J}_{b,2} = \chi_{m,2}(\vec{\nabla}\times\frac{I}{2\pi s}\hat{\phi}) = \frac{I}{2\pi}\chi_{m,2}(\vec{\nabla}\times\frac{\hat{\phi}}{s}) \end{cases}$$

여기서

$$\vec{\nabla}\times\frac{\hat{\phi}}{s}=\frac{1}{s}\begin{vmatrix}\hat{s} & s\hat{\phi} & \hat{z}\\ \frac{\partial}{\partial s} & \frac{\partial}{\partial \phi} & \frac{\partial}{\partial z}\\ 0 & s\frac{1}{s} & 0\end{vmatrix}=\hat{z}\frac{1}{s}\frac{\partial}{\partial s}(1)=0$$

이므로 위 식은

$$\vec{J}_{b,1}=0 \text{ 그리고 } \vec{J}_{b,2}=0$$

이 된다. 즉, 체적 구속 전류밀도는 없다.

반면에 표면 구속 전류밀도의 경우에는 $s=a, b$ 그리고 $c$인 표면을 고려해야 한다.

(i) $s=a$인 경우

$$\vec{K}_b(s=a)=\vec{M}\times\vec{n}=\vec{M}_1\times(-\hat{s})=\chi_{m,1}(\frac{I}{2\pi a}\hat{\phi})\times(-\hat{s})=\hat{z}\frac{I}{2\pi a}\chi_{m,1}$$

(ii) $s=c$인 경우

$$\vec{K}_b(s=c)=\vec{M}\times\vec{n}=\vec{M}_2\times\hat{s}=\chi_{m,2}(\frac{I}{2\pi c}\hat{\phi})\times(\hat{s})=-\hat{z}\frac{I}{2\pi c}\chi_{m,2}$$

(iii) $s=b$인 경우

$$\vec{K}_{b,1}(s=b)=\vec{M}\times\vec{n}=\vec{M}_1\times\hat{s}=\chi_{m,1}(\frac{I}{2\pi b}\hat{\phi})\times\hat{s}=-\hat{z}\frac{I}{2\pi b}\chi_{m,1}$$

$$\vec{K}_{b,2}(s=b)=\vec{M}\times\vec{n}=\vec{M}_2\times(-\hat{s})=\chi_{m,2}(\frac{I}{2\pi b}\hat{\phi})\times(-\hat{s})=\hat{z}\frac{I}{2\pi b}\chi_{m,2}$$

그러므로

$$\vec{K}_b=\vec{K}_{b,1}+\vec{K}_{b,2}=-\hat{z}\frac{I}{2\pi b}\chi_{m,1}+\hat{z}\frac{I}{2\pi b}\chi_{m,2}=\hat{z}\frac{I}{2\pi b}(\chi_{m,2}-\chi_{m,1})$$

(c) 앙페르 법칙으로부터

$$B(2\pi s)=\mu_0 I_{\text{알짜}} \Rightarrow \vec{B}=\frac{\mu_0 I_{\text{알짜}}}{2\pi s}\hat{\phi} \tag{1}$$

여기서 $I_{\text{알짜}}$는 앙페르 고리에 둘러싸여 있는 자유전류와 구속전류의 합이다.

자유전류는 문제에서 $I$로 주어져 있고 (b)에서 구한 표면 구속 전류밀도는 상수이므로 이 결과에 표면을 가로지르는 길이를 곱하면 구속전류가 된다.

그러므로

(i) $a < s < b$에서

$$I_{알짜} = I + K_b(s=a)L = I + (\frac{I}{2\pi a}\chi_{m,1})(2\pi a) = (1+\chi_{m,1})I$$

이 결과를 식 (1)에 대입하면

$$\overrightarrow{B}_1 = \hat{\phi}\frac{\mu_0}{2\pi s}(1+\chi_{m,1})I$$

을 얻는다. 이 결과는 (a)에서 구한 결과와 같다.

(ii) $b < s < c$에서

$$\begin{aligned} I_{알짜} &= I + K_b(s=a)L_1 + K_b(s=b)L_2 \\ &= I + (\frac{I}{2\pi a}\chi_{m,1})(2\pi a) + \frac{I}{2\pi b}(\chi_{m,2} - \chi_{m,1})(2\pi b) \\ &= (1+\chi_{m,2})I \end{aligned}$$

이 결과를 식 (1)에 대입하면

$$\overrightarrow{B}_2 = \hat{\phi}\frac{\mu_0}{2\pi s}(1+\chi_{m,2})I$$

을 얻는다. 이 결과는 (a)에서 구한 결과와 같다.

CHAPTER 7

# 전자기학

지금까지는 정적인 전하에 의해 주변에 생성되는 시간과 무관한 전기장에 대한 정전기학과 시간에 따라 크기와 부호가 변하지 않는 정상전류에 의해 주변에 생성되는 시간과 무관한 자기장에 대한 정자기학에 대해 알아보았다. 이 장에서는 전기장과 자기장이 정적이지 않고 시간에 따라 변하는 경우에 대해 살펴본다.

## 7.1 옴(Ohm)의 법칙

전류는 전하의 이동이다. 전하 이동속도는 물질의 고유 성질에 속하며, 전류가 계속 흐르게 하기 위해서는 전하가 이동하도록 전하에 힘을 가해야 한다. 전하당 가해지는 힘을 $\vec{f}$라고 하면 그때의 전류밀도 $\vec{J}$는 이 힘과 다음의 비례관계에 있다.

$$\vec{J} = \sigma \vec{f} \tag{7.1.1}$$

여기서 비례상수 $\sigma$을 물질의 **전도도**(conductivity)라 하며, 전도도는 물질의 **비저항**

(resistivity, 또는 고유 저항)인 $\rho$(단위는 $\Omega \cdot \mathrm{m}$)의 역수이다.

전자기장 내에 있는 전하 $q$가 전기장 $\vec{E}$과 자기장 $\vec{B}$에 의해 받는 전자기력은

$$\vec{F} = q(\vec{E} + \vec{v} \times \vec{B})$$

이므로 $\vec{f} = \dfrac{\vec{F}}{q} = \vec{E} + \vec{v} \times \vec{B}$이다. 이를 식 (7.1.1)에 대입하면

$$\vec{J} = \sigma(\vec{E} + \vec{v} \times \vec{B})$$

가 되는데 일반적으로 전하의 이동속도 $\vec{v}$가 작기 때문에 오른편의 두 번째 항은 무시할 수 있어서 위 식은 다음과 같은 **옴의 법칙** 관계식으로 나타낼 수 있다.

$$\vec{J} \approx \sigma \vec{E} \tag{7.1.2}$$

길이가 $L$이고 단면적이 $A$인 철사 양 끝의 전위차가 $V$라고 하면, 이때 철사 안에서 생성되는 전기장은 다음과 같다.

$$E = \frac{V}{L}$$

이를 옴의 법칙인 식 (7.1.2)에 대입하면 전류밀도의 크기는

$$J = \sigma \frac{V}{L}$$

이고 전류밀도의 방향은 전기장의 방향이다. 이때 철사를 지나는 총 전류는

$$I = JA = (\sigma \frac{V}{L})A = \frac{\sigma A}{L} V \tag{7.1.3}$$

가 된다. 여기서

$$R = \frac{L}{\sigma A} = \frac{L}{A}\rho \tag{7.1.4}$$

인 단위가 $\Omega$인 물질의 **저항**(resistance)으로 놓으면 식 (7.1.3)은

$$I = \frac{V}{R} \Rightarrow V = IR$$

인 관계식으로 표현된다. 물질의 저항이 물질의 기하학적 형태와 물질의 비저항에 관계되는 식 (7.1.4)를 만족하는 물질을 **옴성 물질**이라 한다.

전류를 만들기 위해서는 일을 해야만 한다. 전위차가 $V$인 곳에서 전하를 이동시켜 전류 $I$을 만드는 데 필요한 전력(power)은

$$P = IV = I^2 R \tag{7.1.5}$$

이 된다. 전하에 가해지는 전기력에 의해 한 일은 열로 바뀐다는 이 관계식을 **주울(Joule) 발열 법칙**이라 한다. 이때 한 일의 단위는 W(Watt) = J/s 이다.

**예제 7.1**

반경이 $a$이고 $b$인 두 개의 긴 동축 원통이 전도도가 $\sigma$인 물질에 의해 분리되어 있다. 두 원통의 전위차가 $V$일 때 길이 $L$에 흐르는 전류 $I$와 저항 $R$을 구하세요. 여기서 $b > a$라고 가정한다.

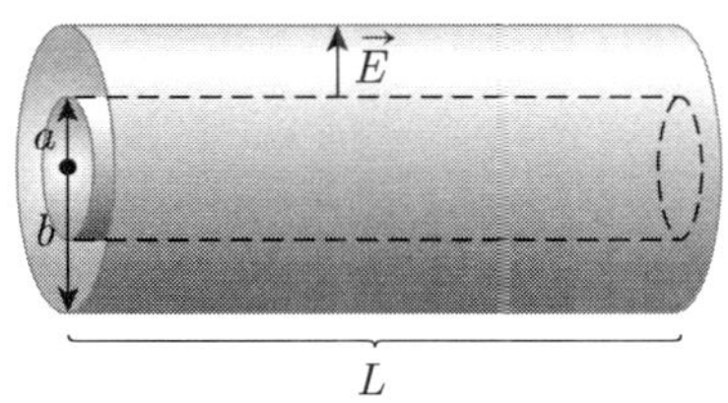


**그림 7.1**

**풀이**

두 원통 사이의 전기장을 가우스 법칙으로부터 먼저 구해보자.

$$\int \vec{E} \cdot d\vec{a} = \frac{q_{알짜}}{\epsilon_0} \Rightarrow E(2\pi s L) = \frac{\lambda L}{\epsilon_0}$$

여기서 $s$은 동축으로부터 $a$와 $b$ 사이에 있는 거리이며 $\lambda$는 내부 원통이 갖는 단위 길이당 전하이다. 그러면 두 원통 사이의 전기장은

$$\vec{E} = \frac{\lambda}{2\pi\epsilon_0 s}\hat{s}$$

이다. 그때 전류는 다음과 같다.

$$I=\int \vec{J}\cdot d\vec{a}=\sigma\int \vec{E}\cdot d\vec{a}=\sigma\left(\frac{\lambda}{2\pi\epsilon_0 s}\right)(2\pi sL)=\sigma\frac{\lambda L}{\epsilon_0} \qquad (\text{예}-7.1.1)$$

이 식에 있는 $\lambda$ 대신에 주어진 문제에 있는 변수로 전류를 나타내자.
전위차와 전기장의 다음의 관계식으로부터

$$V_- - V_+ = -\int_+^- \vec{E}\cdot d\vec{\ell} \Rightarrow -V=-\int_a^b \vec{E}\cdot d\vec{\ell}$$

$$\Rightarrow V=\int_a^b \frac{\lambda}{2\pi\epsilon_0 s}\hat{s}\cdot\hat{s}ds=\frac{\lambda}{2\pi\epsilon_0}\int_a^b\frac{ds}{s}=\frac{\lambda}{2\pi\epsilon_0}\ln\left(\frac{b}{a}\right) \qquad (\text{예}-7.1.2)$$

을 얻는다. 식 (예−7.1.2)에 있는 $\frac{\lambda}{\epsilon_0}$에 식 (예−7.1.1)로부터 구한 값인 $\frac{\lambda}{\epsilon_0}=\frac{I}{\sigma L}$을 대입하면 식 (예−7.1.2)로부터 다음과 같이 전류를 구할 수 있다.

$$V=\frac{I}{2\pi\sigma L}\ln\left(\frac{b}{a}\right) \Rightarrow \therefore\ I=\frac{2\pi\sigma L}{\ln(b/a)}V$$

그리고 주어진 문제의 원통이 옴성 물질이라고 하면 위 식으로부터 저항은 다음과 같이 주어짐을 알 수 있다.

$$R=\frac{V}{I}=\frac{\ln(b/a)}{2\pi\sigma L}=\frac{\ln(b/a)}{2\pi L}\rho$$

**예제 7.2**

같은 중심을 갖는 반경이 $a$와 $b$인 두 개의 금속 구 껍질이 전도도가 $\sigma$인 물질에 의해 분리되어 있다. 두 구 껍질의 전위차가 $V$일 때 구 껍질 사이에 흐르는 전류 $I$을 구하세요. 여기서 작은 구 껍질의 총 전하량은 $Q$이고 $b>a$라고 가정한다.

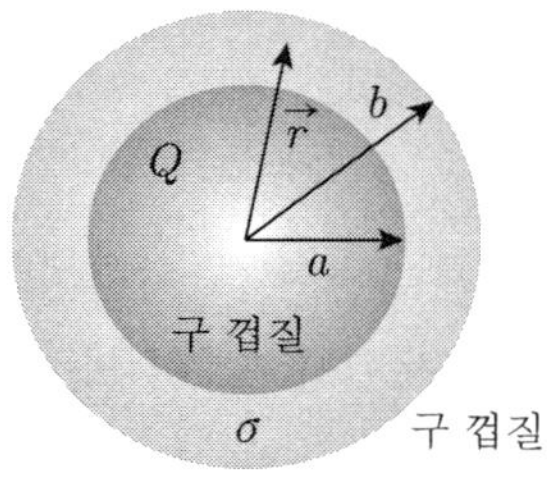


**그림 7.2**

**풀이**

구 껍질 사이의 전기장을 가우스 법칙으로부터 먼저 구해보자.

$$\int \vec{E} \cdot d\vec{a} = \frac{q_{알짜}}{\epsilon_0} \Rightarrow E(4\pi r^2) = \frac{Q}{\epsilon_0}$$
$$\Rightarrow \vec{E} = \frac{Q}{4\pi\epsilon_0 r^2}\hat{r}$$

그때 전류는

$$I = \int \vec{J} \cdot d\vec{a} = \sigma \int \vec{E} \cdot d\vec{a} = \sigma\left(\frac{Q}{4\pi\epsilon_0 r^2}\right)(4\pi r^2) = \sigma\frac{Q}{\epsilon_0} \qquad (예-7.2.1)$$

그리고 전위차와 전기장의 다음의 관계식으로부터

$$V_- - V_+ = -\int_+^- \vec{E} \cdot d\vec{\ell} \Rightarrow -V = -\int_a^b \vec{E} \cdot d\vec{\ell}$$
$$\Rightarrow V = \int_a^b \frac{Q}{4\pi\epsilon_0 r^2}\hat{r} \cdot \hat{r}dr = \frac{Q}{4\pi\epsilon_0}\int_a^b \frac{dr}{r^2} = \frac{Q}{4\pi\epsilon_0}\left[-\frac{1}{r}\right]_a^b$$
$$= \frac{Q}{4\pi\epsilon_0}\left(\frac{1}{a} - \frac{1}{b}\right) \qquad (예-7.2.2)$$

식 (예-7.2.2)에 있는 $\frac{Q}{\epsilon_0}$에 식 (예-7.2.1)로부터 구한 값인 $\frac{Q}{\epsilon_0} = \frac{I}{\sigma}$을 대입하면 식 (예-7.2.2)로부터 다음과 같이 전류를 구할 수 있다.

$$V = \frac{I}{4\pi\sigma}\left(\frac{1}{a} - \frac{1}{b}\right) \Rightarrow \therefore I = \frac{4\pi\sigma}{(1/a - 1/b)}V$$

그리고 위 식으로부터 저항은 다음과 같이 주어짐을 알 수 있다.

$$R = \frac{1}{4\pi\sigma}\left(\frac{1}{a} - \frac{1}{b}\right) = \frac{1}{4\pi}\left(\frac{1}{a} - \frac{1}{b}\right)\rho$$

## 7.2 기전력과 패러데이(Faraday) 법칙

전하를 전위가 높은 쪽으로부터 낮은 쪽으로 이동시키려는 힘을 **기전력**(electromotive force 또는 emf)이라 하고 기전력의 단위는 볼트(V)이다. **유도기전력**은 전자기 유도현상에 의해 발생되는 기전력이다. 예로서 자기장의 변화가 전류를 유도하는데, 이때 전류를 생성하는 힘을 유도기전력이라 한다.

아래 그림과 같이 자기장의 방향이 종이 안으로 향하는 일정한 자기장 $\vec{B}$ 내에 놓여 있는 철사가 오른쪽으로 일정한 속도 $\vec{v}$로 움직임으로써 생성되는 기전력에 대해 살펴보자.

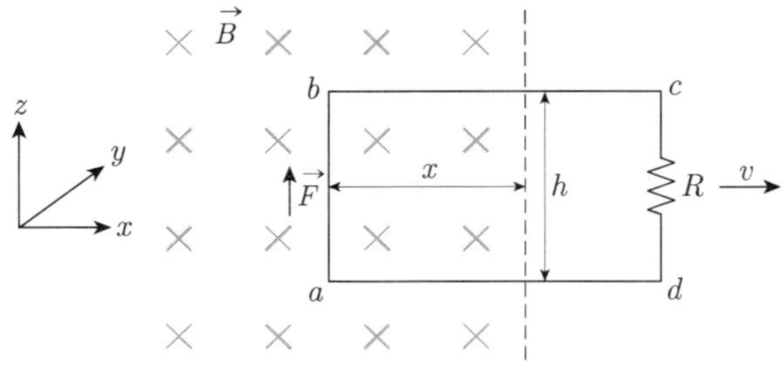


**그림 7.3**

이 경우에 자기장이 철사에 작용하는 자기력의 크기와 방향은

$$\vec{F} = q\vec{v} \times \vec{B} \Rightarrow \vec{F} = q(v\hat{x} \times B\hat{y}) = qvB(\hat{x} \times \hat{y}) = qvB\hat{z} \tag{7.2.1}$$

이다. 이때 기전력 $\varepsilon$은 다음과 같이 정의된다.

$$\varepsilon = \oint \vec{f}_m \cdot d\vec{\ell} \tag{7.2.2}$$

여기서 $\vec{f}_m$은 단위 전하당 작용하는 힘이며 식 (7.2.1)로부터 $\vec{f}_m = \dfrac{\vec{F}}{q} = vB\hat{z}$이다.

식 (7.2.2)를 위 그림의 경우에 적용하면 철사 선분 $bc$와 $da$의 길이 방향은 자기장에 의해 철사에 작용하는 자기력의 방향인 $z$ 방향과 수직을 이루기 때문에 기전력에 기여하는 바는 없고 철사 선분 $cd$의 경우 자기장이 존재하지 않는 영역에 있기 때문에 또한 기전력에 기여하는 바가 없다. 철사 선분 $ab$(길이는 $h$)에 대해서는 식 (7.2.2)로부터

$$\varepsilon = \int_a^b \vec{f}_m \cdot d\vec{\ell} = \int_a^b vB\hat{z} \cdot \hat{z}\,d\ell = vB\int_a^b d\ell = vBh \tag{7.2.3}$$

인 단위 전하당 작용한 일인 기전력을 얻는다.

이제 이렇게 생성된 기전력 $\varepsilon$과 철사 고리가 둘러싸고 있는 면적을 지나는 자기장의

크기인 **자기 선속**($\Phi_B$)의 상관관계에 대해 살펴노자. 자기 선속은

$$\int \vec{B} \cdot d\vec{a} = \Phi_B \Rightarrow \Phi_B = \int_x^0 B(hdx) = -Bh\int_0^x dx = -Bhx$$

이 되어 위 식을 시간에 관해 미분하면

$$\frac{d\Phi_B}{dt} = -Bh\frac{dx}{dt} = -Bhv \tag{7.2.4}$$

을 얻을 수 있다. 여기서 오른편에 음의 부호를 갖는 것은 시간에 따라 $x$가 줄어든다는 의미이다. 식 (7.2.3)과 (7.2.4)로부터 다음의 관계식을 얻는다.

$$\varepsilon = -\frac{d\Phi_B}{dt} \tag{7.2.5}$$

즉, 고리를 통과하는 자기 선속의 변화에 반하는 기전력이 철사 고리에 생성된다. 달리 표현하면 **유도전류**는 자기 선속의 변화를 상쇄시키는 방향으로 생성된다. 이를 **렌츠(Lenz) 법칙**이라 한다.

이때 유도전류 $I$는 옴의 법칙에 따라 $I = \frac{\epsilon}{R}$을 만족한다.

식 (7.2.5)는 일정한 자기장 내에 있는 직사각형 철사 고리로부터 얻은 결과이지만, 이 관계식은 균일하지 않은 자기장 내에 놓여 있는 임의의 형태의 철사 고리에도 적용되는 일반 관계식이다(58).

식 (7.2.5)는 일정한 자기장 내에 철사가 움직일 때 생기는 자기력에 대한 관계식인데 [아래 그림 (a)], 철사와 자기장의 위치를 고정한 채로 자기장만 변하게 할 경우[아래 그림 (b)]에도 동일한 기전력이 생긴다. (a)의 경우에는 자기력이 기전력을 생기게 하고 (b)의 경우에는 자기장이 변함에 따라 생긴 전기장(유도 전기장)에 의한 전기력이 기전력을 생기게 한다는 차이가 있다.

(58) 증명은 이 장의 [연습문제 2]를 참고하세요.

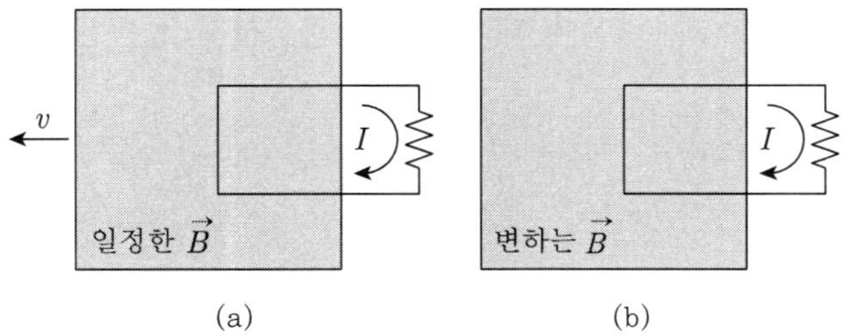


**그림 7.4**

자기 선속이 변하여 생기는 유도 전기장 $\vec{E}$가 단위 전하당 한 일은

$$\varepsilon = \oint \vec{E} \cdot d\vec{\ell}$$

이다. 그림 (b)와 같이 자기장이 시간에 따라 변하는 경우에 식 (7.2.5)로부터 위 식은

$$\oint \vec{E} \cdot d\vec{\ell} = -\frac{d\Phi_B}{dt} = -\frac{d}{dt}\int \vec{B} \cdot d\vec{a} = -\int \frac{\partial \vec{B}}{\partial t} \cdot d\vec{a}$$

이 되어 아래와 같은 **적분형의 패러데이 법칙**을 얻을 수 있다.

$$\therefore \oint \vec{E} \cdot d\vec{\ell} = -\int \frac{\partial \vec{B}}{\partial t} \cdot d\vec{a} \qquad (7.2.6)$$

위 식의 왼편에 스토크 정리를 적용하면

$$\int (\vec{\nabla} \times \vec{E}) \cdot d\vec{a} = -\int \frac{\partial \vec{B}}{\partial t} \cdot d\vec{a}$$

이 되어 아래와 같은 **미분형의 패러데이 법칙**을 얻을 수 있다.

$$\therefore \vec{\nabla} \times \vec{E} = -\frac{\partial \vec{B}}{\partial t} \qquad (7.2.7)$$

자기장이 변하는 그림 (b)와 같은 경우, 패러데이 법칙에 의해 유도 전기장이 생기게 되고 이로 인한 전기력에 의해 기전력이 생기게 된다.

**예제 7.3**

일정한 자기장 $\vec{B}=B\hat{z}$ 내에 반경이 $a$인 금속 원반이 원반의 수직축을 회전축으로 해서 각속도 $\omega$로 반시계 방향으로 회전할 때, 전기회로가 아래 그림과 같이 연결되어 있다. 이때 저항 $R$에 흐르는 전류 $I$을 구하세요.

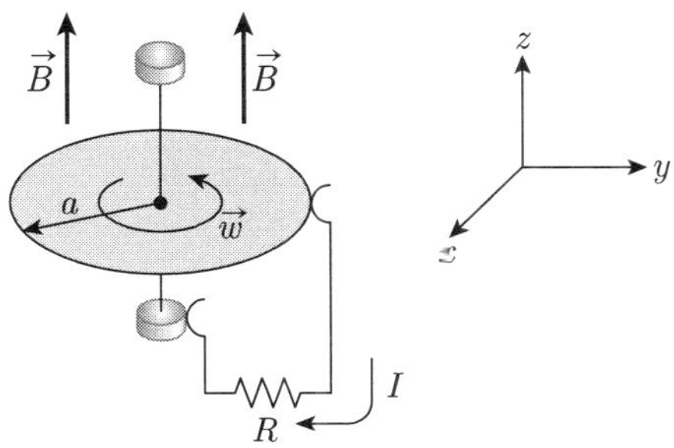


**그림 7.5**

**풀이**

회전축으로부터 $r$만큼 떨어져 있는 지점의 속도는

$$\vec{v}=\vec{\omega}\times\vec{r}=\begin{vmatrix}\hat{x} & \hat{y} & \hat{z}\\ 0 & 0 & \omega\\ r\cos\phi & r\sin\phi & 0\end{vmatrix}=\omega r(-\hat{x}\sin\phi+\hat{y}\cos\phi)$$

이므로 단위 전하당 자기력은

$$\vec{f}_m=\frac{\vec{F}}{q}=\vec{v}\times\vec{B}=\begin{vmatrix}\hat{x} & \hat{y} & \hat{z}\\ -\omega r\sin\phi & \omega r\cos\phi & 0\\ 0 & 0 & B\end{vmatrix}=\omega rB(\hat{x}\cos\phi+\hat{y}\sin\phi)=\omega rB\hat{r}$$

이다. 그때 자기력에 의해 생성되는 기전력은

$$\varepsilon=\int_0^a\vec{f}_m\cdot d\vec{r}=\omega B\int_0^a r(\hat{r}\cdot\hat{r})dr=\omega B\int_0^a rdr=\omega B\frac{1}{2}r^2\Big|_0^a=\frac{1}{2}\omega Ba^2$$

이 된다. 그러므로 유도전류는

$$I=\frac{\varepsilon}{R}=\frac{1}{2R}\omega Ba^2$$

이다.

**예제 7.4**

길이가 $L$이고 반경이 $a$인 긴 원통 자석이 원통 축과 평행하게 일정한 자화 $\vec{M}= M\hat{z}$을 갖는다. 이 원통 자석이 원형 고리를 일정한 속도로 통과할 때 최대의 자기 선속 $\Phi_B$을 구하세요.

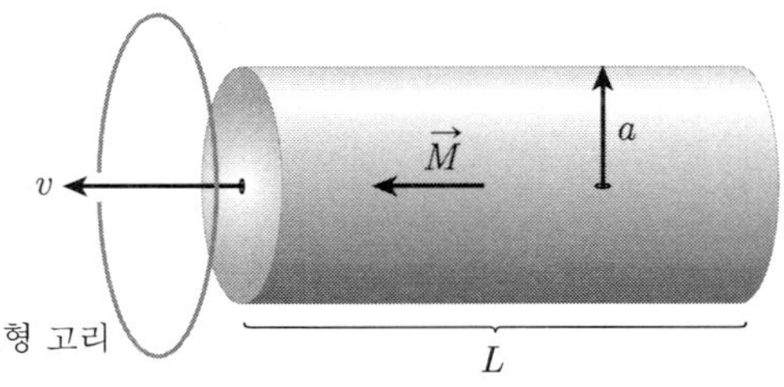


**그림 7.6**

**풀이**

자화에 의한 체적 구속 전류밀도는 자화가 상수 벡터이므로 $\vec{J_b}= \vec{\nabla}\times \vec{M}=0$이다. 그리고 원통의 윗면과 아랫면의 표면 구속 전류밀도는 각각 $\vec{M}//\hat{n}$이므로 $\vec{K_b}= \vec{M}\times \hat{n}= M\hat{z}\times \hat{z}=0$이고 원통 옆면의 표면 구속 전류밀도는 원통 좌표계 $(s,\phi,z)$에서

$$\vec{K_b}= \vec{M}\times \hat{n} = \vec{M}\times \hat{s} = \frac{1}{s}\begin{vmatrix} \hat{s} & s\hat{\phi} & \hat{z} \\ 0 & 0 & M \\ 1 & 0 & 0 \end{vmatrix} = M\hat{\phi}$$

이다[59]. 즉, 자화에 의해 생성되는 자기장은 원통 옆면에 흐르는 표면 구속 전류밀도에 의한 자기장이다. 이는 솔레노이드에 흐르는 자유전류에 의한 자기장과 유사하다. 그러므로 원통 밖의 자기장은 0이고 원통 안의 자기장은

$$\oint \vec{B}\cdot d\vec{\ell} = \mu_0 I_{\text{알짜}} \Rightarrow \oint \vec{B}\cdot d\vec{\ell} = \mu_0 \int \vec{K_b}\cdot d\vec{\ell}$$

$$\Rightarrow B(2\pi s) = \mu_0 M(2\pi s)$$

$$\therefore\ \vec{B} = \mu_0 \vec{M}$$

이 된다. 원통의 아랫면이 원형 고리를 통과할 때 아래와 같이 자기 선속은 최대가 된다.

$$\Phi_B = \oint \vec{B}\cdot d\vec{a}= \mu_0 M \oint da = \mu_0 M\pi a^2$$

(59) 직각 좌표계를 사용해도 같은 결과를 얻을 수 있음을 [보충자료-1]에서 증명하였음.

**예제 7.5**

자기장 $\vec{B}(t)$이 원에 균일하게 채워져 있다. 자기장이 시간에 따라 변할 때 이로 인한 유도된 전기장을 구하세요.

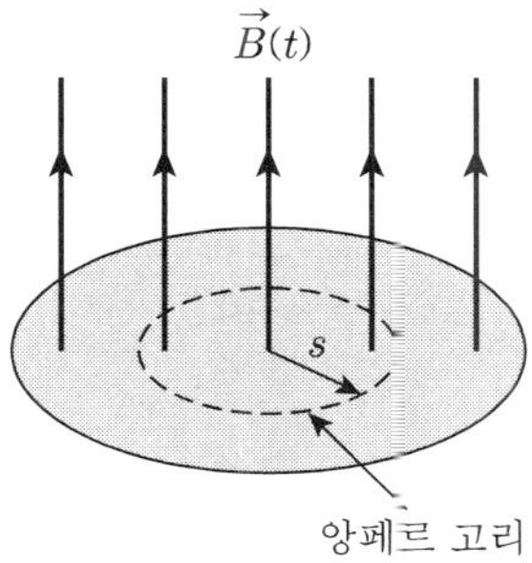


**그림 7.7**

**풀이**

자기장이 시간에 따라 변하면 자속이 변하게 되므로 렌츠의 법칙을 따르도록 전기장이 유도된다. 그러므로 이때의 유도 전기장은 고리 둘레 방향을 따른다. 유도 전기장을 구하기 위해서 패러데이 법칙을 사용하면 된다. 위 그림과 같이 반경이 $s$인 앙페르 고리를 잡으면

$$\oint \vec{E} \cdot d\vec{\ell} = -\frac{d\Phi_B}{dt} \Rightarrow \oint \vec{E} \cdot d\vec{\ell} = -\frac{d}{dt}\int \vec{B} \cdot d\vec{a}$$

$$\Rightarrow E(2\pi s) = -\frac{d}{dt}[B(t)(\pi s^2)] = -\pi s^2 \frac{dB(t)}{dt}$$

$$\Rightarrow E = -\frac{1}{2}s\frac{dB(t)}{dt}$$

그리고 유도 전기장의 방향은 고리 둘레 방향이므로 전기장을 벡터로 나타내면

$$\therefore \vec{E} = -\frac{1}{2}s\frac{dB(t)}{dt}\hat{\phi}$$

이 된다. 여기서 음의 부호는 전기장은 자기장의 변화를 거스르도록 유도된다는 의미이다.

**예제 7.6**

회전 가능한 반경이 $b$인 고리 둘레에 선 전하밀도가 $\lambda$인 전하가 균일하게 분포되어 있고 반경이 $a$인 고리에 균일한 자기장 $\vec{B}_0$로 채워져 있을 경우, 자기장을 없게 하면 어떤 현상이 생기는지에 대해 알아보세요.

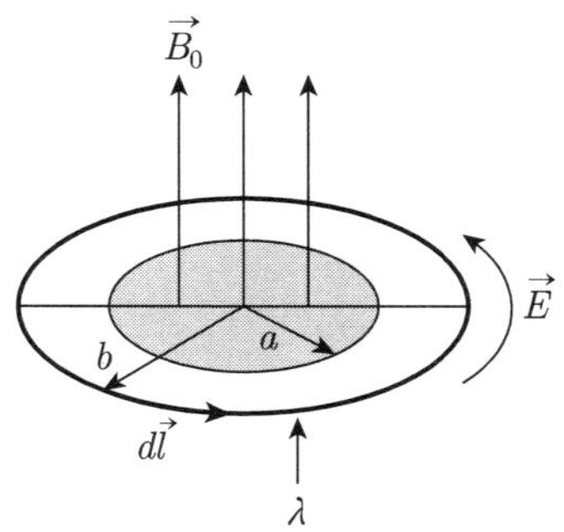


**그림 7.8**

**풀이**

자기장을 없게 한다는 뜻은 자기장을 변하게 한다는 의미이다. 이로 인해 유도 전기장이 자기장의 변화를 거스르게 하는 방향으로 생기게 된다. 즉, 위로 수직으로 향하는 방향으로 자기장이 생성되도록 전기장이 유도되어야 한다. 따라서 전하는 반시계 방향으로 움직여야 하므로 고리가 반시계 방향으로 회전을 하게 된다.
반경이 $b$인 고리에 패러데이 법칙을 적용하면

$$\oint \vec{E} \cdot d\vec{\ell} = -\frac{d\Phi_B}{dt} \Rightarrow \oint \vec{E} \cdot d\vec{\ell} = -\frac{d}{dt}\int \vec{B} \cdot d\vec{a}$$

$$\Rightarrow E(2\pi b) = -\frac{d}{dt}[B(t)(\pi a^2)] = -\pi a^2 \frac{dB(t)}{dt}$$

$$\Rightarrow \vec{E} = -\frac{a^2}{2b}\frac{dB(t)}{dt}\hat{\phi}$$

이 전기장에 의해 $d\ell$에 있는 전하 $dq$에 작용하는 전기력은

$$dF = Edq = E(\lambda d\ell)$$

이므로 이때의 토크는

$$d\vec{\tau} = \vec{r} \times d\vec{F} \Rightarrow d\tau = b(E\lambda d\ell)\sin\frac{\pi}{2} = b\lambda E d\ell$$

그러므로 총 전하에 작용하는 토크는

$$\tau = \oint d\tau = b\lambda E \int_0^{2\pi b} d\ell = b\lambda\left(-\frac{a^2}{2b}\frac{dB}{dt}\right)2\pi b = -\pi a^2 b\lambda \frac{dB}{dt}$$

이 된다. 이 토크에 의해 반경이 $b$인 고리는 회전하게 된다.

각운동량 $L$과 토크와의 상관관계(60)로부터 각운동량은 다음과 같이 구할 수 있다.

$$L = \int \tau dt = -\pi a^2 b\lambda \int \frac{dB}{dt} dt = -\pi a^2 b\lambda \int_{B_0}^{0} dB = \pi a^2 b\lambda B_0$$

즉, 각운동량은 상수이다. 다시 말하면 자기장을 빨리 없애든 천천히 없애든 고리에 전달되는 각운동량은 일정하다.

## 7.3 인덕턴스

인접해서 정지상태에 있는 도선 고리에 전류가 흐르면 그 도선 고리 자체에도 기전력이 생기고 또한 인접해 있는 도선 고리에도 기전력이 생긴다. 이런 유도기전력을 생성할 수 있는 장치를 **인덕터**라 한다. 인덕터로는 고리 모양의 도선 또는 코일이 있으며 솔레노이드는 가장 많이 쓰이는 인덕터의 한 형태이다. 인덕터의 특성을 **인덕턴스**(단위는 Henrie, $\mathrm{H} = \frac{\mathrm{V \cdot s}}{\mathrm{A}}$(61))로 나타내는데, 하나의 도선 고리만으로도 생길 수 있는 인덕턴스를 **자체 인덕턴스**라 하고 인접해 있는 도선 고리와 상호작용을 하여 생기는 인덕턴스를 **상호 인덕턴스**라 한다.

지금부터는 인덕터에 흐르는 전류의 시간에 따른 변화와 그로 인해 유도되는 기전력의 비인 인덕턴스가 어떻게 구해지는지에 대해 살펴본다.

아래 그림의 고리 1에 정상전류 $I_1$가 흐르면 주변에 자기장 $\vec{B}_1$이 비오-사바르 법칙

$$\vec{B}_1 = \frac{\mu_0}{4\pi} I_1 \oint d\vec{\ell}_1 \times \frac{(\vec{r} - \vec{r}')}{|\vec{r} - \vec{r}'|^3}$$

(60) $\vec{L} = \vec{r} \times \vec{p} \Rightarrow \frac{d\vec{L}}{dt} = \vec{r} \times \frac{d\vec{p}}{dt} = \vec{r} \times \vec{F} = \vec{\tau}$ (일정한 $\vec{r}$에 대해서) $\Rightarrow \vec{L} = \int \vec{\tau} dt$

(61) $\int \vec{E} \cdot d\vec{\ell} = -\frac{d\Phi}{dt} \Rightarrow [\Phi] = [\text{전위}][\text{시간}] = V \cdot s \Rightarrow [M][I] = V \cdot s \Rightarrow [M] = \frac{V \cdot s}{A}$

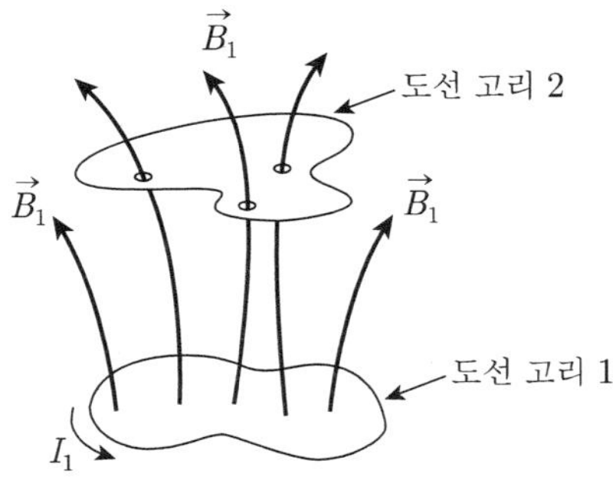


**그림 7.9**

에 의해 생성되고 고리 2를 지나가는 일부의 자기장이 있게 된다. 이때의 자기 선속을 $\Phi_2$라 하면

$$\Phi_2 = \int \vec{B_1} \cdot d\vec{a_2} = \int (\vec{\nabla} \times \vec{A_1}) \cdot d\vec{a_2} = \oint \vec{A_1} \cdot d\vec{\ell_2}$$

이 되는데, 오른편에 있는 벡터 포텐셜에 식 (5.4.3)의 첫 번째 관계식을 대입하면 위 식은

$$\Phi_2 = \oint \left[ \frac{\mu_0 I_1}{4\pi} \oint \frac{d\vec{\ell_1}}{|\vec{r} - \vec{r'}|} \right] \cdot d\vec{\ell_2} = \left[ \frac{\mu_0}{4\pi} \oint \oint \frac{d\vec{\ell_1} \cdot d\vec{\ell_2}}{|\vec{r} - \vec{r'}|} \right] I_1 \tag{7.3.1}$$

이 되어 고리 2를 지나는 자기 선속은 정상전류 $I_1$에 비례함을 알 수 있다. 비례상수를 $M_{21} = \frac{\mu_0}{4\pi} \oint \oint \frac{d\vec{\ell_1} \cdot d\vec{\ell_2}}{|\vec{r} - \vec{r'}|}$로 놓으면 식 (7.3.1)은 다음과 같이 표현된다.

$$\Phi_2 = M_{21} I_1 \tag{7.3.2}$$

순서를 바꾸어 고리 2에 정상전류 $I_2$가 흐르고 이로 인해 생성된 자기장 $\vec{B}_2$의 일부가 고리 1을 지날 때의 자기 선속 $\Phi_1$은 위와 유사한 방법을 따르면

$$\Phi_1 = \oint \left[ \frac{\mu_0 I_2}{4\pi} \oint \frac{d\vec{\ell_2}}{|\vec{r} - \vec{r'}|} \right] \cdot d\vec{\ell_1} = \left[ \frac{\mu_0}{4\pi} \oint \oint \frac{d\vec{\ell_2} \cdot d\vec{\ell_1}}{|\vec{r} - \vec{r'}|} \right] I_2 \tag{7.3.3}$$

이 되어 비례상수를 $M_{21} = \frac{\mu_0}{4\pi} \oint \oint \frac{d\vec{\ell_2} \cdot d\vec{\ell_1}}{|\vec{r} - \vec{r'}|}$로 놓으면 식 (7.3.3)은

$$\Phi_1 = M_{12} I_2 \tag{7.3.4}$$

이 된다. 비례상수 $M_{12} = M_{21} \equiv M$으로 놓을 수 있다. 이 비례상수를 상호 인덕턴스라 한다. 그러면

$$\begin{cases} \Phi_2 = MI_1 \\ \Phi_1 = MI_2 \end{cases} \tag{7.3.5}$$

식 (7.3.5)가 의미하는 바는 도선 고리의 모양과 위치에 상관없이 고리 1에 전류 $I$가 흐를 때 고리 2를 지나는 자기 선속은 같은 전류가 고리 2에 흐를 때 고리 1을 지나는 자기 선속과 같다는 뜻이다.

그리고 고리 1에 흐르는 전류 $I_1$을 변화시키면 고리 2를 지나는 자기 선속 $\Phi_2$가 변하게 되어 패러데이 법칙에 의해 고리 2에 작용하는 다음과 같은 기전력 $\varepsilon_2$이 생기게 된다.

$$\varepsilon_2 = -\frac{d\Phi_2}{dt} = -\frac{d}{dt}(MI_1) = -M\frac{dI_1(t)}{dt} \tag{7.3.6}$$

도선 고리에 흐르는 전류가 변하면 그 도선 고리 자체에도 기전력이 생긴다. 전류로 인해 생기는 자기장과 고리를 지나는 자기 선속은 모두 도선 고리에 흐르는 전류에 비례하기 때문에 다음과 같이 자기 선속과 전류의 관계식을 나타낼 수 있다.

$$\Phi = LI \tag{7.3.7}$$

여기서 비례상수 $L$을 자체 인덕턴스라 한다. 위 식으로부터 고리에 작용하는 기전력은

$$\varepsilon = -\frac{d\Phi}{dt} = -L\frac{dI(t)}{dt} \tag{7.3.8}$$

이 된다.

식 (7.3.6)과 (7.3.8)에서 음의 부호는 렌츠의 법칙에 따라 항상 전류가 변하는 것에 거스르는 기전력이 생김을 의미한다. 즉, 전기회로에서 소자의 인덕턴스가 클수록 전류를 변화시키기가 어렵다.

**예제 7.7**

아래의 $RL$회로를 가지고 인덕터가 위에서 기술한 것과 같이 저항의 역할을 하는 것에 대해 살펴보세요.

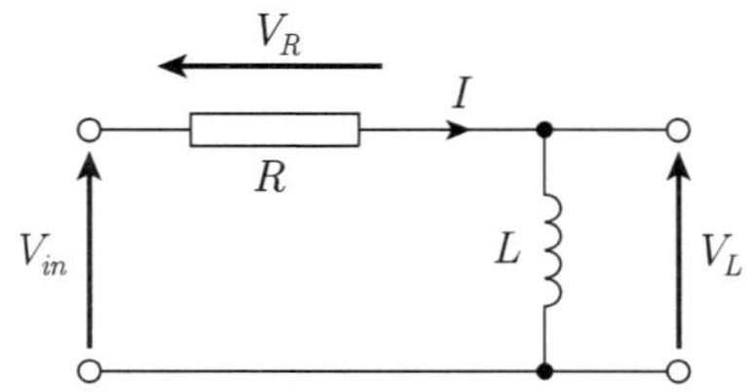


**그림 7.10**

**풀이**

$RL$회로에 **키르히호프**의 제2법칙(전압법칙)을 적용하면 다음의 관계식을 얻는다.

$$V_{in} - L\frac{dI}{dt} - IR = 0 \;\Rightarrow\; \frac{dI}{V_{in} - IR} = \frac{dt}{L}$$

$$\Rightarrow \int_0^I \frac{dI}{V_{in} - IR} = \int_0^t \frac{dt}{L}$$

여기서 $V_{in} - IR = x$로 놓으면 $-RdI = dx$가 되어 위 식은

$$\int_{V_{in}}^{V_{in}-IR} \frac{1}{x}\left(-\frac{dx}{R}\right) = \int_0^t \frac{dt}{L} \;\Rightarrow\; \int_{V_{in}}^{V_{in}-IR} \frac{dx}{x} = -\int_0^t \frac{R}{L}dt$$

$$\Rightarrow \left[\ln x\right]_{V_{in}}^{V_{in}-IR} = -\frac{R}{L}t \;\Rightarrow\; \ln\left(\frac{V_{in} - IR}{V_{in}}\right) = -\frac{R}{L}t$$

$$\Rightarrow \frac{V_{in} - IR}{V_{in}} = e^{-\frac{R}{L}t} \;\Rightarrow\; 1 - \frac{IR}{V_{in}} = e^{-\frac{R}{L}t}$$

이 되어

$$\therefore\; I(t) = \frac{V_{in}}{R}(1 - e^{-\frac{R}{L}t}) = \frac{V_{in}}{R}(1 - e^{-\frac{t}{\tau}})$$

을 얻는다. 여기서 $\tau = \frac{L}{R}$로 정의된 **시 상수**(time constant)이다. 이 결과를 그래프로 그리면 다음과 같다.

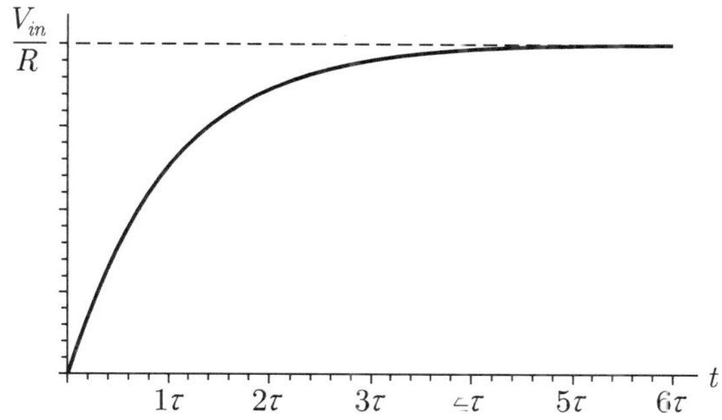


**그림 7.11**

만약 회로에 인덕터가 없으면($L=0$) 전류는 최대값인 $I=\frac{V_{in}}{R}$을 갖는다. 즉, 인덕터는 전류가 갑자기 증가하는 것을 막아서 전류가 갑자기 점프하는 대신에 시간의 함수로서 연속적이며 부드러운 형태의 전류의 함수를 갖도록 하는 역할을 한다.

**예제 7.8**

아래 그림과 같은 코일이 $N$번 감긴 작은 반경이 $a$이고 큰 반경이 $b$ 그리고 높이가 $h$인 토로이드 코일의 자체 인덕턴스를 구하세요.

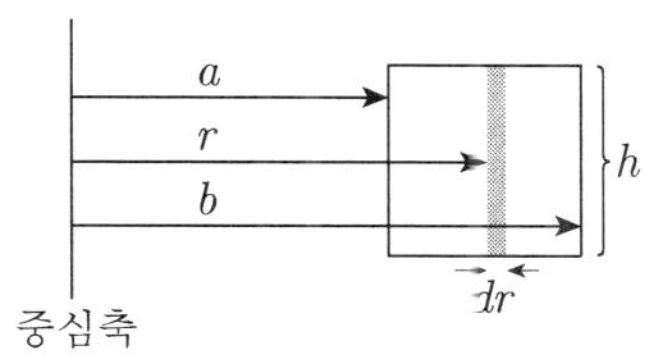


**그림 7.12**

**풀이**

전류 $I$가 흐르는 코일이 $N$번 감긴 토로이드에서 중심으로부터 $r$만큼 떨어져 있는 토로이드 안의 자기장은 $B=\mu_0 I\frac{N}{2\pi r}$임을 [예제 5.14]에서 구했다. 그러면 1번 감긴 코일의 단면적을 지나가는 자기 선속은

$$\Phi=\int\vec{B}\cdot d\vec{a}=\frac{\mu_0 IN}{2\pi}\int_a^b\frac{1}{r}(hdr)=\frac{\mu_0 IN}{2\pi}h\int_a^b\frac{dr}{r}=\frac{\mu_0 IN}{2\pi}h\ln\left(\frac{b}{a}\right)$$

이므로 $N$번 감긴 코일의 단면적을 지나가는 자기 선속은

$$\Phi_B = N\Phi = \frac{\mu_0 I N^2}{2\pi} h \ln\left(\frac{b}{a}\right)$$

가 되어, 이때의 자체 인덕턴스는 식 (7.3.7)로부터

$$L = \frac{\Phi_B}{I} = \frac{\mu_0 N^2}{2\pi} h \ln\left(\frac{b}{a}\right)$$

가 된다.

**예제 7.9**

큰 직사각형 철사 고리 사이에 한 변의 길이가 $s$인 정사각형 철사 고리가 아래 그림과 같이 놓여 있다. 정사각형 철사 고리에 시계 방향으로 $\frac{dI(t)}{dt} = k$($k$은 상수)의 전류가 흐른다. 직사각형 철사 고리의 길이가 매우 길어서 양변의 철사는 무시할 수 있다고 가정한다. 직사각형 철사 고리의 길이에 유도된 기전력을 구하세요.

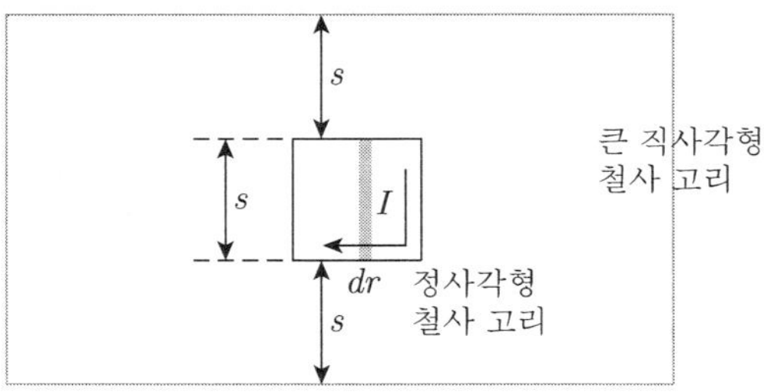


**그림 7.13**

**풀이**

무한히 긴 철사에 흐르는 전류 $I$에 의해 철사로부터 수직 방향으로 $r$만큼 떨어져 있는 곳에서 생성된 자기장은 [예제 5.7]에서 $B = \frac{\mu_0 I}{2\pi r}$임을 배웠다. 그리고 상호 인덕턴스의 경우 $M_{21} = M_{12}$이므로 큰 직사각형 철사 고리의 길이에 전류가 흘러서 생기는 자기장에 의해 정사각형 고리를 지나는 자기 선속을 구한 뒤 이로부터 상호 인덕턴스와 유도 기전력을 구하는 방법이 훨씬 용이하다.

위 그림에서 위쪽에 있는 무한히 긴 철사에 흐르는 전류 $I$에 의해 정사각형 고리를 지나는 자기 선속은

$$\Phi = \int \vec{B} \cdot d\vec{a} = \int_s^{2s} \frac{\mu_0 I}{2\pi r}(s dr) = \frac{\mu_0 I}{2\pi} s \int_s^{2s} \frac{1}{r} dr$$

$$= \frac{\mu_0 I}{2\pi} s \left[\ln r\right]_{r=s}^{r=2s} = \frac{\mu_0 I}{2\pi} s \ln 2 \qquad \text{(예-7.9.1)}$$

이다. 유사한 방법으로 그림에서 아래쪽에 있는 무한히 긴 철사에 흐르는 전류 $I$에 의해 정사각형 고리를 지나는 자기 선속은 식 (예-7.9.1)과 같음을 알 수 있다. 결과적으로 무한히 긴 철사에 흐르는 전류 $I$에 의해 정사각형 고리를 지나는 자기 선속은

$$\Phi_B = 2\Phi = \frac{\mu_0 I}{\pi} s \ln 2 \qquad \text{(예-7.9.2)}$$

이 된다. 그러면 상호 인덕턴스는 식 (7.3.5)로부터

$$M = \frac{\Phi_B}{I} = \frac{\mu_0}{\pi} s \ln 2 \qquad \text{(예-7.9.3)}$$

가 되어, 이로 인해 생기는 유도기전력은 다음과 같다.

$$\therefore\ \varepsilon = -\frac{d\Phi_B}{dt} = -M\frac{dI}{dt} = -\left(\frac{\mu_0}{\pi} s \ln 2\right)k = -\frac{\mu_0 sk}{\pi}\ln 2$$

## 7.4 자기 에너지

도선 고리(또는 코일)에 흐르는 전류를 $0 \rightarrow I$로 증가시키면 고리를 지나는 자기 선속이 증가하게 되므로 렌츠의 법칙에 의해 이러한 증가를 거스르는 방향으로 자기 선속이 생기도록 유도기전력 $\varepsilon$가 생성된다. 그러므로 지속적으로 전류가 흐르도록 하기 위해서는 이 유도기전력 $\varepsilon$에 반하는 단위 전하마다 $-\varepsilon$의 일 $W$을 해 주어야 한다.

$$W = q(-\varepsilon) \Rightarrow \frac{dW}{dt} = -\varepsilon\frac{dq}{dt} + q\left(-\frac{d\varepsilon}{dt}\right) = -\varepsilon\frac{dq}{dt} \quad \left(\because\ \frac{d\varepsilon}{dt} = 0\right)$$

그러므로 단위 시간당 해 주어야 하는 일은

$$\Rightarrow \frac{dW}{dt} = -\varepsilon I = -\left(-L\frac{dI}{dt}\right)I = LI\frac{dI}{dt}$$

$$\Rightarrow W = \int LI\frac{dI}{dt}dt = L\int_0^I IdI = \frac{1}{2}LI^2$$

이다. 위 식은 인덕턴스 $L$인 인덕터에 전류 $I$가 흐르면 인덕터 안의 자기장에 저장되는

**자기 에너지**이다. 즉, 인덕터는 자기 에너지를 저장하는 장치이다. 이는 전기학에서 축전기가 전기 에너지를 저장하는 장치라는 것에 대응한다.

위 식은 다음과 같이 표현될 수 있다.

$$U=\frac{1}{2}LI^2 \tag{7.4.1}$$

그러므로 자기 에너지는 인덕터(또는 도선 고리)의 기하학적 형태와 흐르는 전류에만 관계함을 알 수 있다.

그리고 자기 선속에 관한 관계식으로부터

$$\Phi=\int\vec{B}\cdot d\vec{a}=\int(\vec{\nabla}\times\vec{A})\cdot d\vec{a}=\oint\vec{A}\cdot d\vec{\ell}$$

을 얻는데, 위 식의 왼편은 $\Phi=LI$이므로 위 식은 다음과 같이 표현된다.

$$LI=\oint\vec{A}\cdot d\vec{\ell} \tag{7.4.2}$$

식 (7.4.2)를 (7.4.1)에 대입하면 자기 에너지는 다음과 같이 표현될 수 있다.

$$U=\frac{1}{2}I\oint\vec{A}\cdot d\vec{\ell}=\frac{1}{2}\oint\vec{A}\cdot\vec{I}d\ell=\frac{1}{2}\oint\vec{A}\cdot\vec{J}dV \tag{7.4.3}$$

앙페르 법칙으로부터

$$\oint\vec{B}\cdot d\vec{\ell}=\mu_0 I\Rightarrow\int(\vec{\nabla}\times\vec{B})\cdot d\vec{a}=\mu_0\int\vec{J}\cdot d\vec{a}\ \Rightarrow\ \frac{1}{\mu_0}\vec{\nabla}\times\vec{B}=\vec{J}$$

을 얻는다. 이 결과를 식 (7.4.3)에 대입하면 다음과 같다.

$$\begin{aligned}U&=\frac{1}{2}\oint\vec{A}\cdot\frac{1}{\mu_0}(\vec{\nabla}\times\vec{B})dV=\frac{1}{2\mu_0}\oint\vec{A}\cdot(\vec{\nabla}\times\vec{B})dV\\&=\frac{1}{2\mu_0}\left[\int\vec{B}\cdot(\vec{\nabla}\times\vec{A})dV-\int\vec{\nabla}\cdot(\vec{A}\times\vec{B})dV\right]\end{aligned}$$ (62)

위 식의 오른편 첫 번째 피적분함수에서 $\vec{\nabla}\times\vec{A}=\vec{B}$이고 두 번째 적분에 발산 정리를 적용하면 위 식은 다음과 같이 된다.

$$
\begin{aligned}
U &= \frac{1}{2\mu_0}\left[\int \vec{B}\cdot\vec{B}\,dV - \int(\vec{A}\times\vec{B})\cdot d\vec{a}\right] \\
&= \frac{1}{2\mu_0}\left[\int B^2\,dV - \int(\vec{A}\times\vec{B})\cdot d\vec{a}\right]
\end{aligned}
$$

이 식에서 면 적분은 체적 $V$을 둘러싸고 있는 표면에 관한 적분이다. 자기장이 존재하는 모든 공간에 대해 적분을 수행한다고 하면, 그때 전류로부터 멀리 떨어져 있는 곳에서는 $\vec{A}$와 $\vec{B}$가 무시할 정도로 작아질 것이므로, 오른편의 두 번째 적분은 0이 될 것이다. 그러므로 위 식은

$$U = \frac{1}{2\mu_0}\int_{\text{모든 공간}} B^2\,dV = \int u_B\,dV \tag{7.4.4}$$

가 된다. 여기서 $u_B$은 단위 부피당 에너지인 **자기 에너지 밀도**이다. 즉,

$$u_B = \frac{1}{2\mu_0}B^2 \tag{7.4.5}$$

이다. 이는 전기학에서 축전기에서 단위 부피당 전기장에 저장되는 전기 에너지 밀도인

$$u_E = \frac{1}{2}\epsilon_0 E^2$$

에 대응한다.

자기 에너지 밀도에 관한 식 (7.4.5)는 솔레노이드에서 뿐만 아니라 자기장 $B$가 존재하는 모든 공간에 저장된 자기 에너지를 구하는 일반식이다.

---

(62) 증명은 [보충자료-2]를 참조하세요.

**예제 7.10**

단위 길이당 코일의 감긴 횟수가 $n$, 길이가 $\ell$이며 단면적이 $A$인 솔레노이드에 전류 $I$가 흐를 때 솔레노이드 안에서의 자기장은 $B=\mu_0 nI$임을 [예제 5.13]에서 구했다. 이 결과로부터 솔레노이드에 저장되는 자기 에너지를 구하세요.

**풀이**

식 (7.4.5)로부터 자기 에너지 밀도는

$$u_B = \frac{1}{2\mu_0}B^2 = \frac{1}{2\mu_0}(\mu_0 nI)^2 = \frac{1}{2}\mu_0 n^2 I^2$$

가 된다. 그러면 저장되는 총 자기 에너지는

$$U = u_B(A\ell) = \frac{1}{2}(\mu_0 n^2 A\ell)I^2 \qquad \text{(예−7.10.1)}$$

이다. 여기서 솔레노이드의 자체 인덕턴스는 식 (7.3.7)로부터

$$L = \frac{\Phi_B}{I} = \frac{N\Phi}{I} = \frac{n\ell}{I}\int \vec{B}\cdot d\vec{a} = \frac{n\ell}{I}\mu_0 nIA = \mu_0 n^2 A\ell \quad \text{(여기서 } N\text{은 감긴 횟수)}$$

이므로 식 (예−7.10.1)은

$$U = \frac{1}{2}LI^2$$

이 된다. 이 결과는 기대한 대로 식 (7.4.1)과 같다.

**예제 7.11**

작은 반경이 $a$이고 큰 반경이 $b$인 긴 동축 케이블에 전류 $I$가 흐를 때, 길이 $\ell$에 저장되는 자기 에너지와 자체 인덕턴스를 구하세요.

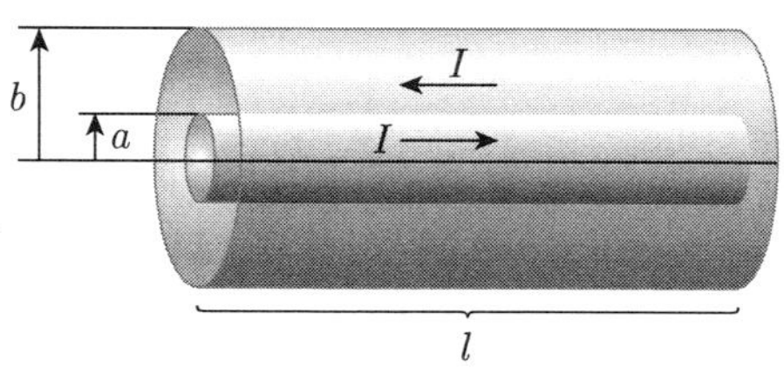


그림 7.14

**풀이**

원통 사이의 자기장을 구하기 위해 $a < s < b$에 앙페르 고리를 잡고 앙페르 법칙을 적용하면

$$\oint \vec{B} \cdot d\vec{\ell} = \mu_0 I_{알짜} \Rightarrow B(2\pi s) = \mu_0 I$$

이 되고 자기장의 방향은 오른손 법칙을 따르며 원통 둘레이기 때문에

$$\vec{B} = \frac{\mu_0 I}{2\pi s}\hat{\phi}$$

가 된다. 그때 저장된 자기 에너지는

$$U = \int u_B dV = \frac{1}{2\mu_0}\int B^2 dV = \frac{1}{2\mu_0}\int_a^b \frac{\mu_0^2 I^2}{4\pi^2 s^2}(2\pi s\ell ds)$$

$$= \frac{\mu_0 I^2}{4\pi}\ell\int_a^b \frac{ds}{s} = \frac{\mu_0 I^2}{4\pi}\ell\left[\ln s\right]_a^b$$

$$\therefore\ U = \frac{\mu_0 I^2}{4\pi}\ell\ln\left(\frac{b}{a}\right) \qquad (예-7.11.1)$$

자체 인덕턴스는 식 (7.4.1)과 (예-7.11.1)로부터

$$U = \frac{1}{2}LI^2 \Rightarrow L = \frac{2U}{I^2} = \frac{\mu_0}{2\pi}\ell\ln\left(\frac{b}{a}\right)$$

가 된다.

## 7.5 맥스웰 방정식

### (1) 자유공간에서의 맥스웰 방정식

먼저 자유공간에서의 맥스웰 방정식에 대해 살펴보자. 전기학과 자기학으로부터 지금까지 구한 관계식을 정리하면 다음과 같다.

$$
\begin{cases}
\overrightarrow{\nabla}\cdot\overrightarrow{E}=\dfrac{\rho}{\epsilon_0} \text{ 또는 } \oint\overrightarrow{E}\cdot d\overrightarrow{a}=\dfrac{Q_{\text{알짜}}}{\epsilon_0} \text{ (가우스 법칙)} \\
\overrightarrow{\nabla}\cdot\overrightarrow{B}=0 \text{ 또는 } \oint\overrightarrow{B}\cdot d\overrightarrow{a}=0 \text{ (홀극은 존재하지 않음)} \\
\overrightarrow{\nabla}\times\overrightarrow{E}=-\dfrac{\partial\overrightarrow{B}}{\partial t} \text{ 또는 } \oint\overrightarrow{E}\cdot d\overrightarrow{\ell}=-\dfrac{d\Phi_B}{dt} \text{ (패러데이 법칙)} \\
\overrightarrow{\nabla}\times\overrightarrow{B}=\mu_0\overrightarrow{J} \text{ 또는 } \oint\overrightarrow{B}\cdot d\overrightarrow{\ell}=\mu_0 I_{\text{알짜}} \text{ (앙페르 법칙)}
\end{cases}
\tag{7.5.1}
$$

식 (7.5.1)에 있는 앙페르 법칙은 전류가 시간에 따라 변하는 경우에는 맞지 않는다는 문제점이 있다.

미분형 앙페르 법칙의 좌·우에 divergence를 취하면

$$
\overrightarrow{\nabla}\cdot(\overrightarrow{\nabla}\times\overrightarrow{B})=\mu_0\overrightarrow{\nabla}\cdot\overrightarrow{J} \tag{7.5.2}
$$

가 되는데, 등식의 왼편은 $ABC$ 규칙에 의해 $\overrightarrow{\nabla}\cdot(\overrightarrow{\nabla}\times\overrightarrow{B})=(\overrightarrow{\nabla}\times\overrightarrow{\nabla})\cdot\overrightarrow{B}=0$이 된다. 그런데 등식의 오른편은 연속 방정식 $\dfrac{\partial\rho}{\partial t}+\overrightarrow{\nabla}\cdot\overrightarrow{J}=0$에서 $\dfrac{\partial\rho}{\partial t}\neq 0 \Rightarrow \overrightarrow{\nabla}\cdot\overrightarrow{J}\neq 0$이 되어 식 (7.5.2)의 등식이 성립하지 않는 모순점이 생긴다.

맥스웰(James C. Maxwell)은 앙페르 법칙에 전기장의 시간에 대한 변화량을 추가하여 전기장과 자기장 모두에서 대칭적인 수식을 만들어서 위의 모순점을 해결했다. 이에 대해 살펴보자. 연속 방정식에 미분형 가우스 법칙을 적용하면

$$
\begin{aligned}
\frac{\partial\rho}{\partial t}+\overrightarrow{\nabla}\cdot\overrightarrow{J}=0 &\Rightarrow \overrightarrow{\nabla}\cdot\overrightarrow{J}=-\frac{\partial\rho}{\partial t}=-\frac{\partial}{\partial t}(\epsilon_0\overrightarrow{\nabla}\cdot\overrightarrow{E}) \\
&\Rightarrow \overrightarrow{\nabla}\cdot\overrightarrow{J}+\overrightarrow{\nabla}\cdot(\epsilon_0\frac{\partial\overrightarrow{E}}{\partial t})=0 \\
&\Rightarrow \overrightarrow{\nabla}\cdot(\overrightarrow{J}+\epsilon_0\frac{\partial\overrightarrow{E}}{\partial t})=0
\end{aligned}
\tag{7.5.3}
$$

가 된다. 여기서 $\overrightarrow{J'}=\overrightarrow{J}+\epsilon_0\dfrac{\partial\overrightarrow{E}}{\partial t}$로 놓으면 위 식은

$$
\overrightarrow{\nabla}\cdot\overrightarrow{J}'=0
$$

이 된다. 전류가 시간에 따라 변하지 않는다면 $\dfrac{\partial\overrightarrow{E}}{\partial t}=0$이므로 $\overrightarrow{J}'=\overrightarrow{J}$가 되어 우리가

알고 있는 앙페르 법칙을 얻을 수 있다.

이제 전류가 시간에 따라 변하는 일반적인 경우에 앙페르 법칙을

$$\overrightarrow{\nabla}\times\overrightarrow{B}=\mu_0\overrightarrow{J'} \tag{7.5.4}$$

로 놓고 식의 좌·우에 divergence를 취하면

$$\overrightarrow{\nabla}\cdot(\overrightarrow{\nabla}\times\overrightarrow{B})=\mu_0\overrightarrow{\nabla}\cdot\overrightarrow{J}'=0$$

이 되어 식 (7.5.2)에서 전류가 시간에 따라 변할 때 등식이 성립하지 않는 문제점이 해결된다.

그러므로 식 (7.5.4)로부터 다음과 같은 미분형 **앙페르-맥스웰 법칙**을 얻을 수 있다.

$$\overrightarrow{\nabla}\times\overrightarrow{B}=\mu_0(\overrightarrow{J}+\epsilon_0\frac{\partial\overrightarrow{E}}{\partial t})=\mu_0 J+\mu_0\epsilon_0\frac{\partial\overrightarrow{E}}{\partial t} \tag{7.5.5}$$

위 식의 좌·우에 면 적분을 취한 뒤, 왼편에 스토크 정리를 적용하면

$$\oint\overrightarrow{B}\cdot d\overrightarrow{\ell}=\mu_0 I+\mu_0\int\epsilon_0\frac{\partial\overrightarrow{E}}{\partial t}\cdot d\overrightarrow{a} \tag{7.5.6}$$

이 된다. 여기서 오른편의 적분 항은 전류 단위를 갖는 물리량임을 알 수 있다. 이를

$$I_d=\int\epsilon_0\frac{\partial\overrightarrow{E}}{\partial t}\cdot d\overrightarrow{a} \tag{7.5.7}$$

**변위(displacement) 전류**라 한다. 식 (7.5.6)의 으른편 첫 번째 항에 있는 전류는 앙페르 법칙을 만족하는 정상전류이다.
위 식은 다음과 같은 변위 전류밀도로도 나타낼 수 있다.

$$J_d=\epsilon_0\frac{\partial\overline{E}}{\partial t} \tag{7.5.8}$$

자기장이 시간에 따라 변하면 전기장이 유도된다는 패러데이 법칙처럼 앙페르-맥스웰 법칙은 전기장이 시간에 따라 변하면 자기장이 유도된다는 법칙이다.

아래 그림과 같이 전원을 연결하여 평행판 축전기를 충전할 경우에 양전하와 음전하는

축전기 극판의 왼쪽과 오른쪽에 각각 충전된다. 그래서 회로에 시계 방향으로 전류 $I$가 흐르는 것으로 간주할 수 있다.

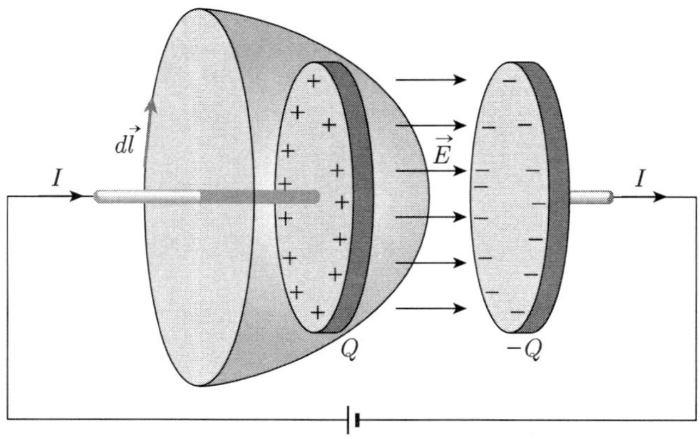


그림 7.15

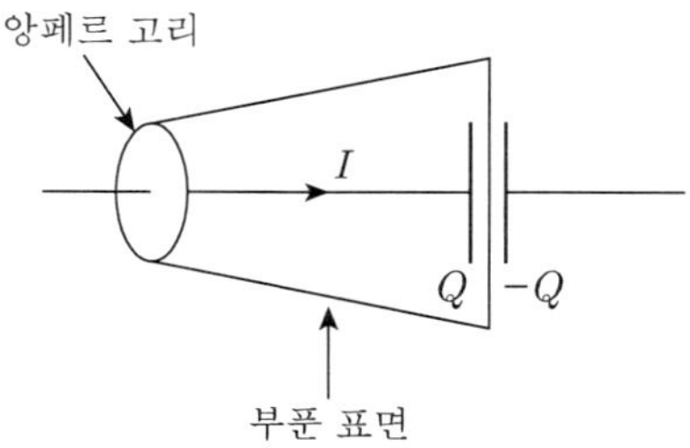


그림 7.16

앙페르 폐경로를 위 그림과 같이 잡으면 적분형 앙페르 법칙에서 앙페르 고리를 지나는 알짜 전류는 $I$가 된다. 그런데 앙페르 폐경로를 부푼 표면을 두르는 것으로 잡으면 축전기는 떨어져 있으므로 이 표면을 지나는 알짜 전류는 없다. 축전기가 충전되고 있으므로 전하는 점점 극판에 쌓이게 되어 시간에 따라 전류가 변한다. 따라서 앙페르 고리를 지나는 전류를 정하는 것은 어렵다. 암페어 법칙은 앙페르 폐경로를 어떻게 정하던 항상 성립해야 하는데 전류가 시간에 따라 변할 때는 앙페르 법칙이 맞지 않는 문제점이 생긴다. 이제 앙페르-맥스웰 법칙을 적용하여 이 문제점이 어떻게 해결되는지 살펴보자.

적분형 가우스 법칙으로부터 평행판 축전기의 전기장을 다음과 같이 구할 수 있다.

$$\oint \vec{E} \cdot d\vec{a} = \frac{Q_{알짜}}{\epsilon_0} \Rightarrow EA = \frac{Q}{\epsilon_0} \Rightarrow E = \frac{Q}{\epsilon_0 A} \tag{7.5.9}$$

여기서 $A$는 극판의 면적이며, $Q$은 극판에 있는 전하량이다.

앙페르-맥스웰 법칙인 식 (7.5.6)으로부터

(i) 앙페르 폐경로를 고리로 잡았을 때

$$\oint \vec{B} \cdot d\vec{\ell} = \mu_0 \int \vec{J} \cdot d\vec{a} + \mu_0 \epsilon_0 \int \frac{\partial \vec{E}}{\partial t} \cdot d\vec{a} = \mu_0 \int \vec{J} \cdot d\vec{a} = \mu_0 I$$

(ii) 앙페르 폐경로를 부푼 표면을 두르는 것으로 잡았을 때

$$\oint \vec{B} \cdot d\vec{\ell} = \mu_0 \int \vec{J} \cdot d\vec{a} + \mu_0 \epsilon_0 \int \frac{\partial \vec{E}}{\partial t} \cdot d\vec{a} = \mu_0 \epsilon_0 \int \frac{\partial \vec{E}}{\partial t} \cdot d\vec{a}$$

$$= \mu_0 \epsilon_0 \int \frac{\partial}{\partial t} \left(\frac{Q}{\epsilon_0 A}\right) da = \mu_0 \epsilon_0 \frac{1}{\epsilon_0 A} \frac{dQ}{dt} A = \mu_0 I$$

그러므로 앙페르 폐경로를 달리 잡아도 같은 결과를 얻을 수 있어 흐르는 전류가 시간에 따라 변할 때 앙페르 법칙이 맞지 않는 문제점을 앙페르-맥스웰 법칙을 사용해서 해결할 수 있음을 알 수 있다.

### (2) 전자기적 분극과 관계되는 물질 내에서의 맥스웰 방정식

이제 전자기적 분극과 관계되는 물질 내에서의 맥스웰 방정식에 대해 살펴보자.

(i) 정전기적 및 정자기적인 경우에는 전기적 편극($\vec{P}$)이 체적 구속 전하밀도 $\rho_b = -\nabla \cdot \vec{P}$가 생기게 하고 자기적 분극인 자화($\vec{M}$)는 체적 구속 전류밀도 $\vec{J_b} = \nabla \times \vec{M}$를 생기게 한다.

(ii) 위와 달리 정적인 경우가 아닐 때는 전기적 분극이 또한 시간에 따라 변함으로 인해 전하의 이동이 일어나고 다음과 같은 **편극 전류밀도** $\vec{J_P}$가 생긴다.

$$\vec{J_P} = \frac{dI}{da_\perp} = \frac{dq}{dt}\frac{1}{da_\perp} = \frac{1}{dt}(d\sigma_b da_\perp)\frac{1}{da_\perp} = \frac{d\sigma_b}{dt}\frac{da_\perp}{da_\perp} = \frac{\partial \vec{P}}{\partial t} \tag{7.5.10}$$

여기서 $\sigma_b = \vec{P} \cdot \hat{n}$이다. 위 식은 다음과 같이 연속 방정식을 만족한다.

$$\vec{\nabla} \cdot \vec{J_P} = \vec{\nabla} \cdot \frac{\partial \vec{P}}{\partial t} = \frac{\partial}{\partial t}(\vec{\nabla} \cdot \vec{P}) = -\frac{\partial \rho_b}{\partial t}$$

$$\therefore \ \frac{\partial \rho_b}{\partial t} + \vec{\nabla} \cdot \vec{J_P} = 0$$

그리고 체적 전하밀도와 체적 전류밀도는 각각 다음과 같이 자유 전하밀도 $\rho_f$와 구속 전하밀도 $\rho_b$의 합과 자유 전류밀도 $\vec{J_f}$, 구속 전류밀도 $\vec{J_b}$ 그리고 분극 전류밀도 $\vec{J_P}$의 합으로 나타난다.

$$\begin{cases} \rho = \rho_f + \rho_b = \rho_f - \vec{\nabla} \cdot \vec{P} \\ \vec{J} = \vec{J_f} + \vec{J_b} + \vec{J_P} = \vec{J_f} + (\vec{\nabla} \times \vec{M}) + \dfrac{\partial \vec{P}}{\partial t} \end{cases} \tag{7.5.11}$$

식 (7.5.11)을 미분형 가우스 법칙에 대입하면 다음과 같은 관계식을 얻을 수 있다.

$$\vec{\nabla} \cdot \vec{E} = \frac{1}{\epsilon_0}\rho = \frac{1}{\epsilon_0}(\rho_f - \vec{\nabla} \cdot \vec{P}) \ \Rightarrow \ \epsilon_0(\vec{\nabla} \cdot \vec{E}) = \rho_f - \vec{\nabla} \cdot \vec{P}$$

$$\Rightarrow \ \vec{\nabla} \cdot (\epsilon_0 \vec{E} + \vec{P}) = \rho_f$$

여기서 $\vec{D} = \epsilon_0 \vec{E} + \vec{P}$인 **전기변위**(electric displacement)로 정의된다. 그러면 위 식은 다음과 같이 표현된다.

$$\vec{\nabla} \cdot \vec{D} = \rho_f \tag{7.5.12}$$

그리고 식 (7.5.5)의 미분형 앙페르-맥스웰 법칙에 식 (7.5.11)을 대입하면

$$\vec{\nabla} \times \vec{B} = \mu_0 \left[ \vec{J_f} + (\vec{\nabla} \times \vec{M}) + \frac{\partial \vec{P}}{\partial t} \right] + \mu_0 \epsilon_0 \frac{\partial \vec{E}}{\partial t}$$

$$\Rightarrow \ \vec{\nabla} \times \frac{1}{\mu_0} \vec{B} = \vec{J_f} + (\vec{\nabla} \times \vec{M}) + \frac{\partial \vec{P}}{\partial t} + \epsilon_0 \frac{\partial \vec{E}}{\partial t}$$

$$\Rightarrow \ \vec{\nabla} \times \left(\frac{1}{\mu_0} \vec{B} - \vec{M}\right) = \vec{J_f} + \frac{\partial \vec{P}}{\partial t} + \epsilon_0 \frac{\partial \vec{E}}{\partial t}$$

$$\Rightarrow\ \vec{\nabla}\times\vec{H}=\vec{J}_f+\frac{\partial\vec{P}}{\partial t}+\epsilon_0\frac{\partial\vec{E}}{\partial t}\quad(\because\ \vec{B}=\mu_0\vec{H}+\vec{M})$$

$$\Rightarrow\ \vec{\nabla}\times\vec{H}=\vec{J}_f+\frac{\partial}{\partial t}(\vec{P}+\epsilon_0\vec{E})$$

가 되어

$$\therefore\ \vec{\nabla}\times\vec{H}=\vec{J}_f+\frac{\partial\vec{D}}{\partial t}\tag{7.5.13}$$

의 관계식을 얻는다. 반면에 홀극이 존재하지 않는다는 것을 보여주는 관계식과 패러데이 법칙은 자유전하와 구속전하 또는 자유전류와 구속전류 항으로 나누어지는 전하 또는 전류 항을 포함하고 있지 않기 때문에 관계식에 변화가 없다.

이들 결과를 종합하여 자유 전하밀도와 자유 전류밀도로 표현되는 가장 일반적인 맥스웰 방정식은 다음과 같다.

$$\begin{cases}\vec{\nabla}\cdot\vec{D}=\rho_f\\ \vec{\nabla}\cdot\vec{B}=0\\ \vec{\nabla}\times\vec{E}=-\dfrac{\partial\vec{B}}{\partial t}\\ \vec{\nabla}\times\vec{H}=\vec{J}_f+\dfrac{\partial\vec{D}}{\partial t}\end{cases}\tag{7.5.14}$$

### (3) 경계조건

이제 전기변위 $\vec{D}$와 보조 자기장 $\vec{H}$의 경계조건에 대해 살펴보자.

식 (7.5.14)의 첫 번째 관계식에 체적 적분을 취하면

$$\int\vec{\nabla}\cdot\vec{D}dV=\int\rho_f dV\Rightarrow\oint_S\vec{D}\cdot d\vec{a}=Q_{알짜}\tag{7.5.15}$$

이 된다. 여기서 $Q_{알짜}$는 표면 $S$가 둘러싸고 있는 체적에 있는 전하이다.

식 (7.5.15)를 아래 그림에 적용하면 전기변위의 경우 다음의 불연속적인 경계조건을 얻는다.

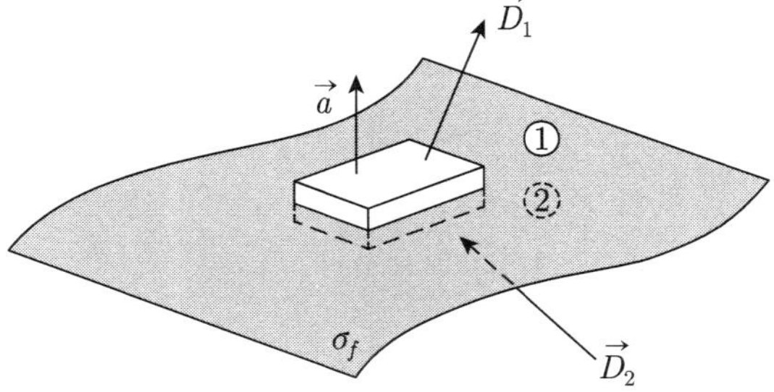


**그림 7.17**

$$\vec{D}_1 \cdot \vec{a} - \vec{D}_2 \cdot \vec{a} = \sigma_f a \Rightarrow D_{1\perp} - D_{2\perp} = \sigma_f \qquad (7.5.16)$$

만약 물질이 $\vec{P} = \epsilon_0 \chi_e \vec{E}$의 관계식을 만족하는 선형 매질이라 하면

$$\vec{D} = \epsilon_0 \vec{E} + \vec{P} = \epsilon_0 \vec{E} + \epsilon_0 \chi_e \vec{E} = \epsilon_0 (1 + \chi_e) \vec{E} = \epsilon \vec{E}$$

의 관계를 갖기 때문에 식 (7.5.16)은 다음과 같이 표현될 수 있다.

$$\epsilon_1 E_{1\perp} - \epsilon_2 E_{2\perp} = \sigma_f \qquad (7.5.17)$$

만약에 경계면에 자유전하가 없으면 $\sigma_f = 0$이므로 $\epsilon_1 E_{1\perp} - \epsilon_2 E_{2\perp} = 0$이 된다.

그리고 식 (7.5.14)의 두 번째 관계식에 체적 적분을 취한 뒤에 발산 정리를 적용하면

$$\vec{B}_1 \cdot \vec{a} - \vec{B}_2 \cdot \vec{a} = 0 \Rightarrow B_{1\perp} - B_{2\perp} = 0 \qquad (7.5.18)$$

인 표면에 관해 수직인 자기장의 성분이 항상 연속이라는 경계조건을 얻는다.

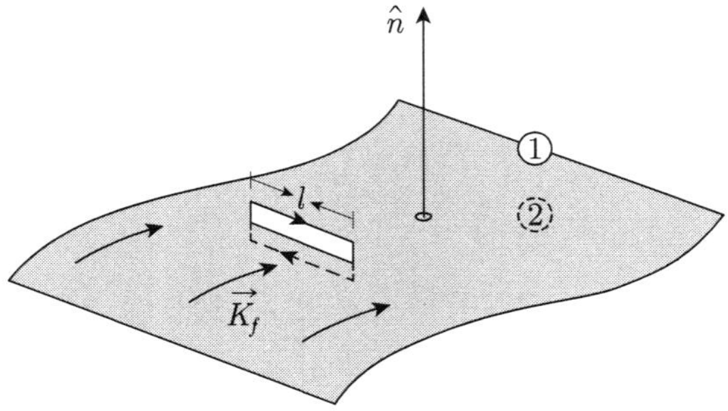


**그림 7.18**

위 그림과 같이 표면 자유 전류밀도 $\overrightarrow{K_f}$를 갖는 경우에 해당하는 경계조건에 대해 살펴보자. 식 (7.5.14)의 세 번째 관계식에 면 적분을 취하면

$$\int(\overrightarrow{\nabla}\times\overrightarrow{E})\cdot d\overrightarrow{a}=-\frac{\partial}{\partial t}\int\overrightarrow{B}\cdot d\overrightarrow{a}$$

$$\Rightarrow\oint\overrightarrow{E}\cdot d\overrightarrow{\ell}=-\frac{\partial}{\partial t}\int\overrightarrow{B}\cdot d\overrightarrow{a}$$

$$\Rightarrow\overrightarrow{E_1}\cdot\overrightarrow{\ell}-\overrightarrow{E_2}\cdot\overrightarrow{\ell}=-\frac{\partial}{\partial t}\int\overrightarrow{B}\cdot d\overrightarrow{a}$$

이 되는데 고리의 높이를 아주 작게 하면 위 관계식의 오른편의 적분인 자기 선속이 0이 되어 위 식은

$$\overrightarrow{E_1}\cdot\overrightarrow{\ell}-\overrightarrow{E_2}\cdot\overrightarrow{\ell}=0\Rightarrow E_{1\parallel}-E_{2\parallel}=0 \tag{7.5.19}$$

인 표면에 관해 평행인 전기장의 성분에 대한 경계조건을 얻는다.
그리고 식 (7.5.14)의 네 번째 관계식에 면 적분을 취하면

$$\int(\overrightarrow{\nabla}\times\overrightarrow{H})\cdot d\overrightarrow{a}=\int\overrightarrow{J_f}\cdot d\overrightarrow{a}+\frac{\partial}{\partial t}\int\overrightarrow{D}\cdot d\overrightarrow{a}$$

$$\Rightarrow\int\overrightarrow{H}\cdot d\overrightarrow{\ell}=I_{\text{알짜}}+\frac{\partial}{\partial t}\int\overrightarrow{D}\cdot d\overrightarrow{a}$$

$$\Rightarrow\overrightarrow{H_1}\cdot\overrightarrow{\ell}-\overrightarrow{H_2}\cdot\overrightarrow{\ell}=I_{\text{알짜}}+\frac{\partial}{\partial t}\int\overrightarrow{D}\cdot d\overrightarrow{a} \tag{7.5.20}$$

여기서 $I_{\text{알짜}}$는 앙페르 고리를 지나는 자유전류이고 고리의 높이를 아주 작게하면 전기 선속은 0이 되고 또한 표면 전류만 전류에 기여하므로

$$I_{\text{알짜}}=\overrightarrow{K_f}\cdot(\hat{n}\times\overrightarrow{\ell})=(\overrightarrow{K_f}\times\hat{n})\cdot\overrightarrow{\ell}$$

이 되어 식 (7.1.20)은 다음과 같이 표현된다.

$$(\overrightarrow{H_1}-\overrightarrow{H_2})\cdot\overrightarrow{\ell}=(\overrightarrow{K_f}\times\hat{n})\cdot\overrightarrow{\ell}$$

$$\therefore\ H_{1\parallel}-H_{2\parallel}=(\overrightarrow{K_f}\times\hat{n})_{\parallel} \tag{7.5.21}$$

즉, 표면에 관해 평행인 보조 자기장의 성분에 더한 경계조건은 불연속적이다. 물질이

선형 매질인 경우에는 위 경계조건은 다음과 같이 표현된다.

$$\frac{1}{\mu_1}B_{1\parallel} - \frac{1}{\mu_2}B_{2\parallel} = (\overrightarrow{K_f} \times \hat{n})_{\parallel} \tag{7.5.22}$$

지금까지 구한 경계조건을 종합하여 정리하면 다음과 같다.

- $\epsilon_1 E_{1\perp} - \epsilon_2 E_{2\perp} = \sigma_f$
- $B_{1\perp} - B_{2\perp} = 0$
- $E_{1\parallel} - E_{2\parallel} = 0$
- $\frac{1}{\mu_1}B_{1\parallel} - \frac{1}{\mu_2}B_{2\parallel} = (\overrightarrow{K_f} \times \hat{n})_{\parallel}$

## 보충자료-1

직각 좌표계에서 아래의 결과를 얻을 수 있음을 노이세요.

$$\overrightarrow{K_b} = M\hat{\phi}$$

**풀이**

직각 좌표계에서

$$\overrightarrow{K_b} = \overrightarrow{M} \times \hat{n} = \overrightarrow{M} \times \hat{r} = \begin{vmatrix} \hat{x} & \hat{y} & \hat{z} \\ 0 & 0 & M \\ \cos\phi & \sin\phi & 0 \end{vmatrix} = (-\hat{x}M\sin\phi + \hat{y}M\cos\phi)$$

$$= M(-\hat{x}\sin\phi + \hat{y}\cos\phi) \tag{1}$$

여기서 $xy-$평면에서

$$\begin{cases} x = r\cos\phi \\ y = r\sin\phi \end{cases} \Rightarrow \begin{cases} dx = \cos\phi dr - r\sin\phi d\phi \\ dy = \sin\phi dr + r\cos\phi d\phi \end{cases} \tag{2}$$

이므로

$$\begin{aligned} ds^2 &= dx^2 + dy^2 = dr^2(\cos^2\phi + \sin^2\phi) + r^2 d\phi^2(\sin^2\phi + \cos^2\phi) \\ &= dr^2 + r^2 d\phi^2 \\ \Rightarrow \overrightarrow{ds} &= \hat{r}dr + \hat{\phi}rd\phi \end{aligned} \tag{3}$$

이다. 한편

$$\begin{aligned} \overrightarrow{ds} &= \hat{x}dx + \hat{y}dy \\ &= \hat{x}(\cos\phi dr - r\sin\phi d\phi) + \hat{y}(\sin\phi dr + r\cos\phi d\phi) \quad [\because \text{ 식 (2)를 대입하면}] \\ &= (\hat{x}\cos\phi + \hat{y}\sin\phi)dr + (-\hat{x}\sin\phi + \hat{y}\cos\phi)rd\phi \end{aligned} \tag{4}$$

식 (3)과 (4)는 같아야 하므로

$$\therefore \begin{cases} \hat{r} = \hat{x}\cos\phi + \hat{y}\sin\phi \\ \hat{\phi} = -\hat{x}\sin\phi - \hat{y}\cos\phi \end{cases} \tag{5}$$

식 (5)의 두 번째 관계식을 식 (1)에 대입하면

$$\overrightarrow{K_b} = M\hat{\phi}$$

을 얻는다.

# 보충자료-2

$\overrightarrow{A}\cdot(\overrightarrow{\nabla}\times\overrightarrow{B})=\overrightarrow{B}\cdot(\overrightarrow{\nabla}\times\overrightarrow{B})-\overrightarrow{\nabla}\cdot(\overrightarrow{A}\times\overrightarrow{B})$을 증명하세요.

**풀이**

$$
\begin{aligned}
\overrightarrow{\nabla}\cdot(\overrightarrow{A}\times\overrightarrow{B}) &= \sum_i \partial_i\Big(\sum_{j,k}\epsilon_{ijk}A_jB_k\Big)=\sum_{i,j,k}\epsilon_{ijk}\partial_i(A_jB_k)\\
&= \sum_{i,j,k}\epsilon_{ijk}A_j\partial_iB_k+\sum_{i,j,k}\epsilon_{ijk}B_k\partial_iA_j\\
&= -\sum_{i,j,k}A_j\epsilon_{jik}\partial_iB_k+\sum_{i,j,k}B_k\epsilon_{kij}\partial_iA_j\\
&= -\sum_j A_j(\overrightarrow{\nabla}\times\overrightarrow{B})_j+\sum_k B_k(\overrightarrow{\nabla}\times\overrightarrow{A})_k\\
&= -\overrightarrow{A}\cdot(\overrightarrow{\nabla}\times\overrightarrow{B})+\overrightarrow{B}\cdot(\overrightarrow{\nabla}\times\overrightarrow{A})
\end{aligned}
$$

$$\therefore\ \overrightarrow{A}\cdot(\overrightarrow{\nabla}\times\overrightarrow{B})=\overrightarrow{B}\cdot(\overrightarrow{\nabla}\times\overrightarrow{B})-\overrightarrow{\nabla}\cdot(\overrightarrow{A}\times\overrightarrow{B})$$

## 연습문제

**01** 반경이 1 mm인 구리철사에 1 A의 전류가 흐른다. 철사의 길이가 1 cm라고 할 때 전자가 구리철사를 지나는 데 걸리는 시간을 구하세요. 구리의 원자량과 밀도는 각각 64 g/mol과 9 g/cm$^3$이다.

**풀이**

단위 면적당 흐르는 전류인 전류밀도는

$$J = \frac{I}{A} = \frac{1}{A}\frac{\Delta q}{\Delta t} = \frac{1}{A}\frac{1}{\Delta t}[\rho(Av_d\Delta t)] = \rho v_d$$

여기서 $A$는 전류가 지나가는 단면적, $\rho$는 단위 부피당 전하, $v_d$는 전자의 유동속도이다. 그러면

$$v_d = \frac{I}{A\rho} = \frac{I}{(\pi a^2)\rho} \tag{1}$$

여기서 $a$는 구리의 반경이다. 이때 단위 부피당 전하는

$$\begin{aligned}\rho &= \frac{\text{전하량}}{\text{부피}} = \frac{\text{기본 전하량}\times\text{원자 수}}{\text{부피}} \\ &= \text{기본 전하량}\left(\frac{\text{원자 수}}{\text{몰}}\right)\left(\frac{\text{몰}}{\text{질량}}\right)\left(\frac{\text{질량}}{\text{부피}}\right) \\ &= \text{기본 전하량}\times\text{아보가드로 수}\times\frac{\text{몰}}{\text{질량}}\times\text{원자 밀도}\end{aligned}$$

이므로 값들을 대입하면

$$\rho = (1.6\times10^{-19}\,\mathrm{C})\left(\frac{6.0\times10^{23}}{1\ \mathrm{mol}}\right)\times\frac{1\ \mathrm{mol}}{64\ \mathrm{g}}\times\frac{9\ \mathrm{g}}{\mathrm{cm}^3} = 1.4\times10^4\ \mathrm{C/cm^3}$$

이다. 이를 식 (1)에 대입하면

$$v_d = \frac{1}{3.14\times0.1^2}\times\frac{1}{1.4\times10^4} = 2.3\times10^{-3}\ \mathrm{cm/s}$$

$$\left(\text{단위는 } \left[\frac{\mathrm{A}}{\mathrm{cm}^2\cdot\mathrm{C}\cdot\mathrm{cm}^{-3}}\right] = \left[\frac{\mathrm{C}\cdot\mathrm{s}^{-1}}{\mathrm{C}\cdot\mathrm{cm}^{-1}}\right] = \left[\frac{\mathrm{cm}}{\mathrm{s}}\right]\right)$$

인 전자의 평균 유동속도를 얻을 수 있다.

이와 같이 유동속도가 작기 때문에 속도를 무시한 식 (7.1.2)를 얻을 수 있다. 이때 구리철사를 지나는 데 걸리는 시간은 다음과 같이 얻을 수 있다.

$$\therefore\ t = \frac{L}{v_d} = \frac{1}{2.3 \times 10^{-3}} = 4.3 \times 10^{2}\ \mathrm{s} \approx 7\ \text{분}$$

**02** 식 (7.2.5)의 관계식이 생성된 기전력과 자기 선속에 관한 일반 상관관계식임을 증명하세요.

**풀이**

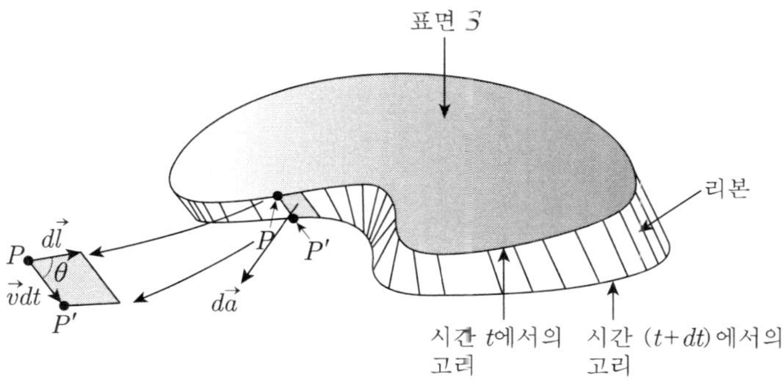


**그림 7.19**

철사가 속도 $\vec{v}$로 움직이고 전하의 속도가 $\vec{u}$라고 가정하자. 시간 $t$에서의 자기 선속과 시간 $(t+dt)$에서의 자기 선속 차이를 계산하면

$$d\Phi_B = \Phi_B(t+dt) - \Phi_B(t) = \int_{\text{리본}} \vec{B} \cdot \vec{da} \tag{1}$$

여기서 '리본'은 위 그림의 리본에 해당한다. 시간 $t$에 있던 위치 $P$는 시간 $(t+dt)$에서 $P'$으로 움직였다. 이로 인한 리본의 미소면적은

$$\vec{da} = \vec{v}dt \times \vec{d\ell} = (\vec{v} \times \vec{d\ell})dt \tag{2}$$

이므로 식 (2)를 (1)에 대입하면

$$d\Phi_B = \int_{\text{리본}} \vec{B} \cdot (\vec{v} \times \vec{d\ell})dt \Rightarrow \frac{d\Phi_B}{dt} = \int_{\text{리본}} \vec{B} \cdot (\vec{v} \times \vec{d\ell})$$

여기서 $(\vec{v}+\vec{u}) \equiv \vec{w} \Rightarrow \vec{w}\times d\vec{\ell} = (\vec{v}+\vec{u})\times d\vec{\ell} = \vec{v}\times d\vec{\ell}$ $(\because \vec{u}//d\vec{\ell})$이므로 위 식은 다음과 같이 표현된다.

$$\frac{d\Phi_B}{dt} = \int_{\text{리본}} \vec{B}\cdot(\vec{w}\times d\vec{\ell}) = \int_{\text{리본}} (\vec{B}\times\vec{w})\cdot d\vec{\ell} \quad (\because ABC \text{ 규칙에 의해서})$$
$$= -\int_{\text{리본}} (\vec{w}\times\vec{B})\cdot d\vec{\ell}$$

오른편 피적분함수인 $(\vec{w}\times\vec{B})$은 자기장이 단위 전하당 작용하는 힘 $\vec{f}_m$이므로 위 식은

$$\frac{d\Phi_B}{dt} = -\int_{\text{리본}} \vec{f}_m\cdot d\vec{\ell} = -\varepsilon$$

이 되어

$$\therefore \varepsilon = -\frac{d\Phi_B}{dt}$$

의 관계식을 얻을 수 있다.

**03** 반경이 $a$, 두께가 $d$ 그리고 전도도 σ를 갖는 금속 원판이 반경 $b$의 단위 길이당 감긴 횟수가 $n$인 긴 솔레노이드의 중심에 아래 그림과 같이 놓여 있다. 여기서 솔레노이드 반경은 원판의 반경보다 크고($b > a$), 솔레노이드의 중심과 원판의 중심은 같다. 솔레노이드에 $I(t) = I_0 \sin\omega t$의 전류가 흐를 때, 금속 원판에 유도되는 전류밀도 $\vec{J}$을 구하세요. 솔레노이드에 흐르는 전류에 의한 솔레노이드 안의 자기장은 정자기학에서의 자기장과 같다고 가정한다.

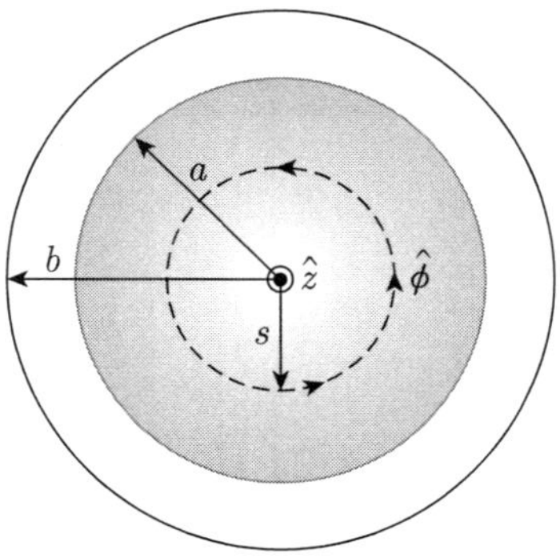


**그림 7.20**

**풀이**

솔레노이드의 자기 선속이 변하므로 원판에 전기장이 유도된다. 유도된 전기장을 구한 뒤 $\vec{J}=\sigma\vec{E}$의 관계식으로부터 유도된 전류밀도를 구할 수 있다. 주어진 문제에서 솔레노이드에 흐르는 전류에 의한 솔레노이드 안의 자기장은 정자기학에서의 자기장과 같다고 가정했기 때문에 솔레노이드 안의 자기장은

$$\vec{B}(t)=\mu_0 nI(t)\hat{z}=\hat{z}\mu_0 nI_0\sin\omega t \tag{1}$$

이 된다. 그러면 적분형 패러데이 법칙으로부터

$$\oint\vec{E}\cdot d\vec{\ell}=-\frac{d\Phi_B}{dt}\Rightarrow E(2\pi s)=-\frac{d}{dt}(B\pi s^2)\Rightarrow E=-\frac{1}{2}s\frac{dB}{dt}$$

이므로 식 (1)을 대입하면

$$E=-\frac{1}{2}s\frac{d}{dt}(\mu_0 nI_0\sin\omega t)=-\frac{1}{2}s\mu_0 nI_0\omega\cos\omega t$$

가 되는데 유도전류는 자기장의 변화에 거스르는 방향으로 생성되기 때문에 유도 전기장은 방위각($\phi$) 방향을 가지므로

$$\vec{E}=-\hat{\phi}(\frac{1}{2}s\mu_0 nI_0\omega\cos\omega t)$$

가 된다. 그때 유도 전류밀도는 다음과 같게 된다.

$$\vec{J}=\sigma\vec{E}=-\hat{\phi}(\frac{1}{2}\sigma s\mu_0 nI_0\omega\cos\omega t)$$

**04** 무한히 긴 직선 철사에 시간에 따라 천천히 변하는 전류 $I(t)$가 흐를 때, 철사로부터 수직인 방향으로 $r$만큼 떨어진 곳에서의 유도 전기장을 구하세요.

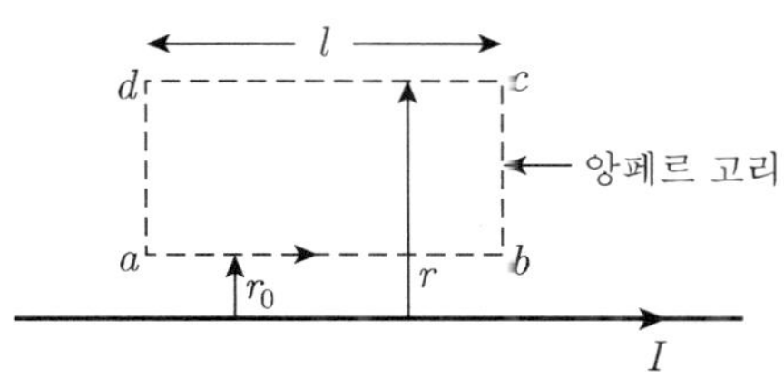


**그림 7.21**

**풀이**

긴 직선 철사에 흐르는 전류에 의해 수직인 방향으로 $r$만큼 떨어진 곳에서의 자기장은 [예제 5.7]로부터

$$\vec{B} = \frac{\mu_0 I}{2\pi r}\hat{\phi}$$

(∵ 전류가 천천히 변하므로 대략적으로 이와 같은 자기장을 갖는다고 할 수 있다.)

임을 배웠다. 그러므로 유도되는 전기장은 전류의 방향을 향하게 된다. 이때 패러데이 법칙으로부터

$$\oint \vec{E} \cdot d\vec{\ell} = -\frac{d\Phi_B}{dt} \Rightarrow \int_a^b \vec{E} \cdot d\vec{\ell} + \int_c^d \vec{E} \cdot d\vec{\ell} = -\frac{d}{dt}\int \vec{B} \cdot d\vec{a}$$

$$\Rightarrow E(r_0)\ell - E(r)\ell = -\frac{\mu_0}{2\pi}\frac{d}{dt}\int \frac{I}{r'}(\ell dr')$$

$$= -\frac{\mu_0}{2\pi}\frac{dI}{dt}\ell\int_{r_0}^{r}\frac{dr'}{r'}$$

$$= -\frac{\mu_0}{2\pi}\frac{dI}{dt}\ell\left[\ln r'\right]_{r_0}^{r}$$

$$= \frac{\mu_0}{2\pi}\frac{dI}{dt}\ell\ln\left(\frac{r_0}{r}\right)$$

$$\therefore\ E(r) = E(r_0) - \frac{\mu_0}{2\pi}\frac{dI}{dt}\ln\left(\frac{r_0}{r}\right)$$

**05** 단위 길이당 감긴 횟수가 $n_1$, 반경이 $a$이며 길이가 $\ell$인 짧은 솔레노이드가 동일 축상에 있는 단위 길이당 감긴 횟수가 $n_2$이며 반경이 $b$인 매우 긴 솔레노이드 안에 놓여 있다. 여기서 $b > a$이다. 짧은 솔레노이드에 전류 $I$가 흐를 때, 상호 인덕턴스를 구하세요.

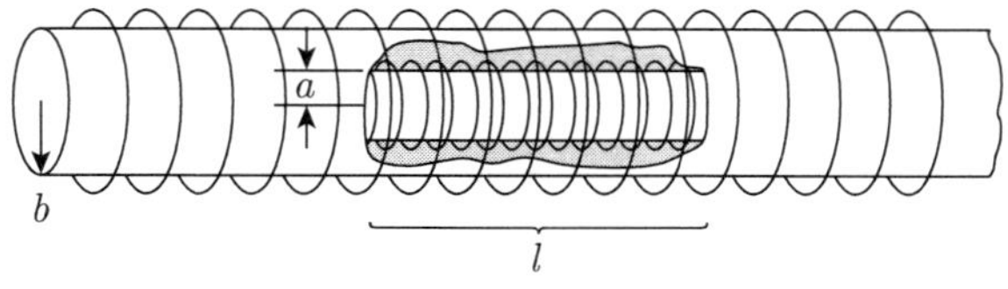


**그림 7.22**

**풀이**

상호 인덕턴스가 같다는 원리로부터 전류 $I$가 대우 긴 솔레노이드에 흐를 때 솔레노이드 안에 생성되는 자기장에 의해 짧은 솔레노이드를 지나는 자기 선속을 구하는 것이 훨씬 편리하다.

매우 긴 솔레노이드에 전류 $I$가 흐를 때 솔레노이드 안에 생성되는 자기장은

$$B = \mu_0 n_2 I$$

임을 [예제 5.13]에서 구했다. 이 자기장이 한 번 감긴 짧은 솔레노이드를 지나는 자기 선속은

$$\Phi = \int \vec{B} \cdot d\vec{a} = \mu_0 n_2 I(\pi a^2)$$

이다. 짧은 솔레노이드는 $n_1 \ell$번 감겨 있으므로 짧은 솔레노이드를 지나는 자기 선속은

$$\Phi_B = (n_1 \ell)\Phi = \mu_0 n_1 n_2 \ell I \pi a^2$$

이다. 그러므로 상호 인덕턴스는 다음과 같다.

$$M = \frac{\Phi_B}{I} = \mu_0 n_1 n_2 \ell \pi a^2$$

CHAPTER

8

# 보존 법칙

이 장에서는 전자기학 조건에서의 에너지, 운동량 및 각운동량 보존에 대해 살펴본다.

## 8.1 보존 법칙들

### (1) 전하 보존 법칙

부피 전하밀도 $\rho(\vec{r},t)$와 체적 $V$ 안에 있는 전하 $Q$는

$$Q(t)=\int\rho(\vec{r},t)\,dV \Rightarrow \frac{dQ(t)}{dt}=\frac{d}{dt}\int\rho(\vec{r},t)\,dV=\int\frac{\partial\rho}{\partial t}dV \qquad (8.1.1)$$

의 관계에 있다. 여기서 식의 왼편은 전하의 시간 변화율인 전류에 해당하고 이를 단위 면적당 전류 $\vec{J}$로 나타내면 $I=-\int\vec{J}\cdot d\vec{a}$이다. 여기서 음의 부호는 체적 $V$을 둘러싸고 있는 닫혀있는 표면적을 빠져나가는 전류라는 의미이다.

그러면 식 (8.1.1)은 발산 정리를 적용하여 다음과 같이 표현될 수 있다.

$$-\int \vec{J}\cdot d\vec{a} = \int \frac{\partial \rho}{\partial t}\, dV \Rightarrow -\int \vec{\nabla}\cdot \vec{J} dV = \int \frac{\partial \rho}{\partial t}\, dV$$

$$\Rightarrow \int (\vec{\nabla}\cdot \vec{J} + \frac{\partial \rho}{\partial t})\ dV = 0$$

위 관계식이 모든 체적에 관해서 항상 성립하기 위해서는 피적분함수가 0이어야 하므로

$$\vec{\nabla}\cdot \vec{J} + \frac{\partial \rho}{\partial t} = 0 \tag{8.1.2}$$

인 전류밀도와 전하밀도의 관계인 전하보존 법칙에 해당하는 **연속 방정식**을 얻는다.

### (2) 전자기 에너지 보존 법칙

에너지밀도에 대한 관계식을 구해서 에너지 보존에 대해 살펴보자.

같은 전하들끼리는 척력이 작용하기 때문에 이 전하들을 모아두기 위해서는 일 $W_E$을 해야 한다. 이 전하분포에 의한 전기장을 $\vec{E}$라고 하면

$$U_E = \frac{1}{2}\epsilon_0 E^2 \ \Rightarrow\ W_E = \frac{\epsilon_0}{2}\int E^2\, dV \tag{8.1.3}$$

이다. 반면에 자기장 $\vec{B}$가 변하거나 자기 선속이 변하면 렌츠의 법칙에 의해 변화에 거스르는 방향으로 기전력이 생긴다. 그러므로 전류를 계속 흐르도록 하기 위해서는 이 기전력에 반하는 일 $W_B$을 해 주어야 한다.

$$U_B = \frac{1}{2\mu_0}B^2 \ \Rightarrow\ W_B = \frac{1}{2\mu_0}\int B^2\, dV \tag{8.1.4}$$

한 일은 에너지로 저장되기 때문에 결과적으로 전자기장에 저장된 총 에너지(63)는

$$U_{EB} = U_E + U_B = \frac{\epsilon_0}{2}\int E^2\, dV + \frac{1}{2\mu_0}\int B^2\, dV$$

$$= \frac{1}{2}\int (\epsilon_0 E^2 + \frac{1}{\mu_0}B^2)\ dV \tag{8.1.5}$$

(63) 전기역학(electrodynamics)에서의 일반적인 에너지 보존 법칙을 증명하는 것은 [보충자료-1]을 참고하세요.

단위 부피당 에너지인 에너지밀도는

$$u_{em} = \frac{1}{2}(\epsilon_0 E^2 + \frac{1}{\mu_0} B^2) \qquad (8.1.6)$$

이다.

[보충자료-1]에서 단위 면적당 그리고 단위 시간당 면적을 통해 전달되는 전자기 에너지를 **포인팅 벡터**라 하고 다음과 같이 정의된다고 했다.

$$\vec{S} = \frac{1}{\mu_0}(\vec{E} \times \vec{B}) \qquad (8.1.7)$$

포인팅 벡터는 Joule/(sec · $m^2$) 또는 Watt/$m^2$ 단위를 갖는다. 포인팅 벡터의 방향은 전자기파의 진행 방향과 같음을 위 식으로부터 알 수 있다.
또한 에너지밀도와 포인팅 벡터는 다음의 관계를 갖는다.

$$\frac{\partial u}{\partial t} + \vec{\nabla} \cdot \vec{S} = 0 \qquad (8.1.8)$$

여기서 에너지밀도 $u$은 역학적 에너지밀도 $u_{역학}$와 전자기 에너지밀도 $u_{em}$의 합이다. 이 식은 전하에 대한 연속 방정식에 대응하는 에너지에 대한 연속 방정식에 해당한다. 즉, 전하 보존 법칙에서 $\rho \rightarrow u$ 그리고 $\vec{J} \rightarrow \vec{S}$로 변경하면 얻을 수 있는 **에너지 보전의 법칙**(또는 에너지 연속 방정식)이다.

**예제 8.1**

반경이 $a$이고 길이가 $L$인 철사에 전류 $I$가 흐른다. 철사의 양 끝단의 전위차는 $V$이며 전기장 $\vec{E}$와 자기장 $\vec{B}$의 방향은 아래 그림과 같다. 이때 $\int \vec{S} \cdot d\vec{a}$[64]을 계산하세요. 여기서 $\vec{S}$은 포인팅 벡터이다.

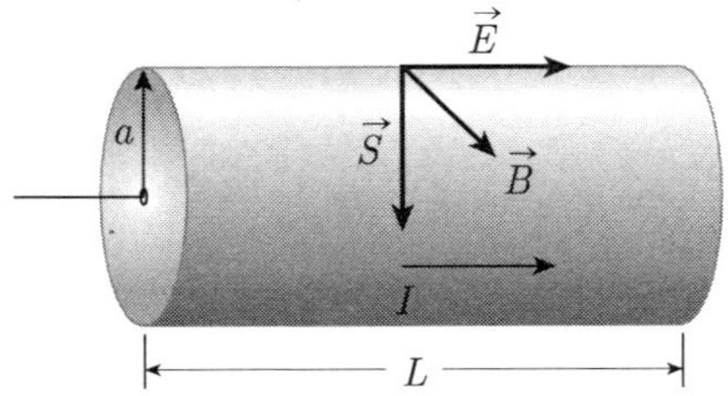


**그림 8.1**

**풀이**

전기장 $\vec{E}$와 자기장 $\vec{B}$는 수직관계에 있으므로 그때의 포인팅 벡터는

$$\vec{S} = \frac{1}{\mu_0} EB\hat{n} \qquad \text{(예-8.1.1)}$$

이 된다. 여기서 $\hat{n}$은 전기장과 자기장이 이루는 평면에 오른손 법칙을 따르며 수직 바깥 방향으로 향하는 단위벡터이다. 그리고 전기장은 전위차와의 관계식으로부터 $E = \frac{V}{L}$이며, 표면에서의 자기장은 앙페르 법칙으로부터 $B = \frac{\mu_0 I}{2\pi a}$이다. 이들 값을 식 (예-8.1.1)에 대입하면

$$\vec{S} = \frac{1}{\mu_0} \frac{V}{L} \frac{\mu_0 I}{2\pi a} \hat{n} = \frac{VI}{2\pi a L} \hat{n}$$

이 된다. 그러므로

$$\int \vec{S} \cdot d\vec{a} = \int \frac{VI}{2\pi a L} \hat{n} \cdot \hat{n} da = \int_0^L \frac{VI}{2\pi a L} \hat{n} \cdot \hat{n} (2\pi a d\ell) = \frac{VI}{L} \int_0^L d\ell = VI$$

을 얻는다. 적분 결과는 전력(power)에 해당하므로 위 식의 왼편에 있는 적분은 주울 열(Joule heating)에 해당한다.

## 8.2 맥스웰 변형력 텐서와 (각)운동량 보존 법칙

단위 부피당 전자기력 $\vec{f}$을 구하고 맥스웰 변형력 $\overleftrightarrow{T}$을 정의한 후에 이들 물리량 사이에 어떤 관계에 있는지에 대해서 그리고 맥스웰 변형력이 갖는 물리적 의미에 대해서 알아보자.

---

(64) 이 관계식이 의미하는 바는 [보충자료-1]을 참고하세요.

부피 전하밀도가 $\rho$인 체적 $V$ 안에 있는 전하들에 작용하는 전자기력은

$$\begin{aligned}\vec{F} &= \int(\vec{E}+\vec{v}\times\vec{B})\rho dV = \int(\rho\vec{E}+\rho\vec{v}\times\vec{B})dV \\ &= \int(\rho\vec{E}+\vec{J}\times\vec{B})dV\end{aligned}$$

이므로 단위 부피당 전자기력을 $\vec{f}$라고 놓으면 의 식은 다음과 같이 표현된다.

$$\int\vec{f}dV = \int(\rho\vec{E}+\vec{J}\times\vec{B})dV$$

모든 체적에 대해 위의 등식이 항상 성립하기 위해서는 좌·우의 피적분함수가 같아야 하므로

$$\vec{f} = \rho\vec{E}+\vec{J}\times\vec{B} \tag{8.2.1}$$

가 된다. 그리고 $\vec{\nabla}\cdot\vec{E} = \dfrac{\rho}{\epsilon_0} \Rightarrow \rho = \epsilon_0(\vec{\nabla}\cdot\vec{E})$이고

$\vec{\nabla}\times\vec{B} = \mu_0\vec{J}+\mu_0\epsilon_0\dfrac{\partial\vec{E}}{\partial t} \Rightarrow \vec{J} = \dfrac{1}{\mu_0}\vec{\nabla}\times\vec{B}-\epsilon_0\dfrac{\partial\vec{E}}{\partial t}$이므로 이들을 식 (8.2.1)에 대입하면

$$\begin{aligned}\vec{f} &= \epsilon_0(\vec{\nabla}\cdot\vec{E})\vec{E}+\left(\frac{1}{\mu_0}\vec{\nabla}\times\vec{B}-\epsilon_0\frac{\partial\vec{E}}{\partial t}\right)\times\vec{B} \\ &= \epsilon_0(\vec{\nabla}\cdot\vec{E})\vec{E}+\frac{1}{\mu_0}(\vec{\nabla}\times\vec{B})\times\vec{B}-\epsilon_0\frac{\partial\vec{E}}{\partial t}\times\vec{B}\end{aligned} \tag{8.2.2}$$

로 표현된다.

여기서 위 식의 오른편 마지막 항은

$$\frac{\partial}{\partial t}(\vec{E}\times\vec{B}) = \frac{\partial\vec{E}}{\partial t}\times\vec{B}+\vec{E}\times\frac{\partial\vec{B}}{\partial t} = \frac{\partial\vec{E}}{\partial t}\times\vec{B}+\vec{E}\times(-\vec{\nabla}\times\vec{E})$$

($\because$ 패러데이 법칙으로부터)

$$\Rightarrow \frac{\partial\vec{E}}{\partial t}\times\vec{B} = \frac{\partial}{\partial t}(\vec{E}\times\vec{B})+\vec{E}\times(\vec{\nabla}\times\vec{E})$$

이므로 이를 식 (8.2.2)에 대입하면

$$\vec{f} = \epsilon_0(\vec{\nabla}\cdot\vec{E})\vec{E}+\frac{1}{\mu_0}(\vec{\nabla}\times\vec{B})\times\vec{B}-\epsilon_0\left[\frac{\partial}{\partial t}(\vec{E}\times\vec{B})+\vec{E}\times(\vec{\nabla}\times\vec{E})\right]$$

$$= \epsilon_0[(\vec{\nabla}\cdot\vec{E})\vec{E}-\vec{E}\times(\vec{\nabla}\times\vec{E})]+\frac{1}{\mu_0}(\vec{\nabla}\times\vec{B})\times\vec{B}-\epsilon_0\frac{\partial}{\partial t}(\vec{E}\times\vec{B})$$

$$= \epsilon_0[(\vec{\nabla}\cdot\vec{E})\vec{E}-\vec{E}\times(\vec{\nabla}\times\vec{E})]-\frac{1}{\mu_0}\vec{B}\times(\vec{\nabla}\times\vec{B})-\epsilon_0\frac{\partial}{\partial t}(\vec{E}\times\vec{B}) \qquad (8.2.3)$$

이 된다.

여기서

$$\begin{aligned}
[\vec{E}\times(\vec{\nabla}\times\vec{E})]_i &= \epsilon_{ijk}E_j(\vec{\nabla}\times\vec{E})_k \overset{(65)}{=} \epsilon_{ijk}\epsilon_{k\ell m}E_j(\partial_\ell E_m)\\
&= (\delta_{i\ell}\delta_{jm}-\delta_{im}\delta_{j\ell})(\partial_\ell E_j E_m - E_m\partial_\ell E_j)\\
&= \partial_i E_j E_j - E_j\partial_i E_j - \partial_j E_j E_i + E_i\partial_j E_j\\
&= \partial_i E_j E_j - \frac{1}{2}\partial_i E_j E_j - (E_j\partial_j E_i + E_i\partial_j E_j) + E_i\partial_j E_j\\
&= \frac{1}{2}\partial_i E_j E_j - E_j\partial_j E_i = \frac{1}{2}\partial_i E^2 - (\vec{E}\cdot\vec{\nabla})E_i
\end{aligned}$$

$$\Rightarrow \vec{E}\times(\vec{\nabla}\times\vec{E}) = \frac{1}{2}\vec{\nabla}E^2-(\vec{E}\cdot\vec{\nabla})\vec{E}$$

그리고 유사한 방법으로 다음의 관계식을 얻을 수 있다.

$$\vec{B}\times(\vec{\nabla}\times\vec{B}) = \frac{1}{2}\vec{\nabla}B^2-(\vec{B}\cdot\vec{\nabla})\vec{B}$$

이들을 식 (8.2.3)에 대입하면 다음과 같이 표현된다.

$$\begin{aligned}
\vec{f} &= \epsilon_0[(\vec{\nabla}\cdot\vec{E})\vec{E}-\frac{1}{2}\vec{\nabla}E^2+(\vec{E}\cdot\vec{\nabla})\vec{E}]-\frac{1}{\mu_0}[\frac{1}{2}\vec{\nabla}B^2-(\vec{B}\cdot\vec{\nabla})\vec{B}]-\epsilon_0\frac{\partial}{\partial t}(\vec{E}\times\vec{B})\\
&= \epsilon_0[(\vec{\nabla}\cdot\vec{E})\vec{E}+(\vec{E}\cdot\vec{\nabla})\vec{E}]+\frac{1}{\mu_0}(\vec{B}\cdot\vec{\nabla})\vec{B}\\
&\quad -\frac{1}{2}(\epsilon_0\vec{\nabla}E^2+\frac{1}{\mu_0}\vec{\nabla}B^2)-\epsilon_0\frac{\partial}{\partial t}(\vec{E}\times\vec{B})\\
&= \epsilon_0[(\vec{\nabla}\cdot\vec{E})\vec{E}+(\vec{E}\cdot\vec{\nabla})\vec{E}]+\frac{1}{\mu_0}[(\vec{\nabla}\cdot\vec{B})\vec{B}+(\vec{B}\cdot\vec{\nabla})\vec{B}]\\
&\quad -\frac{1}{2}(\epsilon_0\vec{\nabla}E^2+\frac{1}{\mu_0}\vec{\nabla}B^2)-\epsilon_0\frac{\partial}{\partial t}(\vec{E}\times\vec{B})
\end{aligned}$$

---

(65) 여기서 Einstein summation convention을 사용했음.

여기서 오른편의 첫 번째 대괄호 안과 유사하게 만들기 위해 두 번째 대괄호 안에 $(\vec{\nabla}\cdot\vec{B})\vec{B}$ 항을 추가하였으나 $\vec{\nabla}\cdot\vec{B}=0$이므로 결과에 영향을 주지 않는다. 그러므로 단위 부피당 전자기력은 다음과 같이 표현될 수 있다.

$$\vec{f}=\epsilon_0[(\vec{\nabla}\cdot\vec{E})\vec{E}+(\vec{E}\cdot\vec{\nabla})\vec{E}]+\frac{1}{\mu_0}[(\vec{\nabla}\cdot\vec{B})\vec{B}+(\vec{B}\cdot\vec{\nabla})\vec{B}]$$
$$-\frac{1}{2}(\epsilon_0\vec{\nabla}E^2+\frac{1}{\mu_0}\vec{\nabla}B^2)-\mu_0\epsilon_0\frac{\partial\vec{S}}{\partial t} \quad (8.2.4)$$

여기서 $\vec{S}=\frac{1}{\mu_0}\vec{E}\times\vec{B}$인 포인팅 벡터이다.

식 (8.2.4)는 **맥스웰 변형력 텐서**(Maxwell stress tensor) $T_{ij}$을 다음과 같이 정의함으로써 보다 간결하게 표현될 수 있다.

$$T_{ij}=\epsilon_0(E_iE_j-\frac{1}{2}\delta_{ij}E^2)+\frac{1}{\mu_0}(B_iB_j-\frac{1}{2}\delta_{ij}B^2) \quad (8.2.5)$$

그러면

$$T_{11}=\epsilon_0(E_1^2-\frac{1}{2}E^2)+\frac{1}{\mu_0}(B_1^2-\frac{1}{2}B^2)$$
$$=\epsilon_0[E_1^2-\frac{1}{2}(E_1^2+E_2^2+E_3^2)]+\frac{1}{\mu_0}[B_1^2-\frac{1}{2}(B_1^2+B_2^2+B_3^2)]$$
$$=\frac{1}{2}\epsilon_0(E_1^2-E_2^2-E_3^2)+\frac{1}{2\mu_0}(B_1^2-B_2^2-B_3^2)$$

그리고

$$T_{12}=\epsilon_0E_1E_2+\frac{1}{\mu_0}B_1B_2=T_{21}$$

텐서의 다른 대각행렬 성분인 $T_{22}$, $T_{33}$와 비대각행렬 성분인 $T_{13}=T_{31}$, $T_{23}=T_{32}$를 위와 유사한 방법으로 구할 수 있다[(66)].

(66) 텐서의 9개 성분들은 [보충자료-2]를 참고하세요.

관계식 $(\overrightarrow{\nabla}\cdot\overleftrightarrow{T})_i=\sum_j \nabla_j T_{ji}$[67]의 오른편에 있는 텐서에 식 (8.2.5)를 대입하면

$$
\begin{aligned}
(\overrightarrow{\nabla}\cdot\overleftrightarrow{T})_i &= \sum_j \nabla_j[\epsilon_0(E_jE_i-\frac{1}{2}\delta_{ji}E^2)+\frac{1}{\mu_0}(B_jB_i-\frac{1}{2}\delta_{ji}B^2)] \\
&= \epsilon_0[\sum_j(\nabla_jE_j)E_i+\sum_j(E_j\nabla_j)E_i-\sum_j\frac{1}{2}\delta_{ji}\nabla_jE^2)] \\
&\quad +\frac{1}{\mu_0}[\sum_j(\nabla_jB_j)B_i+\sum_j(B_j\nabla_j)B_i-\sum_j\frac{1}{2}\delta_{ji}\nabla_jB^2)] \\
&= \epsilon_0[(\overrightarrow{\nabla}\cdot\overrightarrow{E})E_i+(\overrightarrow{E}\cdot\overrightarrow{\nabla})E_i-\frac{1}{2}\nabla_iE^2] \\
&\quad +\frac{1}{\mu_0}[(\overrightarrow{\nabla}\cdot\overrightarrow{B})B_i+(\overrightarrow{B}\cdot\overrightarrow{\nabla})B_i-\frac{1}{2}\nabla_iB^2]
\end{aligned}
$$

가 되어

$$
\begin{aligned}
\overrightarrow{\nabla}\cdot\overleftrightarrow{T} &= \epsilon_0[(\overrightarrow{\nabla}\cdot\overrightarrow{E})\overrightarrow{E}+(\overrightarrow{E}\cdot\overrightarrow{\nabla})\overrightarrow{E}-\frac{1}{2}\overrightarrow{\nabla}E^2] \\
&\quad +\frac{1}{\mu_0}[(\overrightarrow{\nabla}\cdot\overrightarrow{B})\overrightarrow{B}+(\overrightarrow{B}\cdot\overrightarrow{\nabla})\overrightarrow{B}-\frac{1}{2}\overrightarrow{\nabla}B^2] \\
&= \epsilon_0[(\overrightarrow{\nabla}\cdot\overrightarrow{E})\overrightarrow{E}+(\overrightarrow{E}\cdot\overrightarrow{\nabla})\overrightarrow{E}]+\frac{1}{\mu_0}[(\overrightarrow{\nabla}\cdot\overrightarrow{B})\overrightarrow{B}+(\overrightarrow{B}\cdot\overrightarrow{\nabla})\overrightarrow{B}] \\
&\quad -\frac{1}{2}\overrightarrow{\nabla}(\epsilon_0E^2+\frac{1}{\mu_0}B^2) \qquad (8.2.6)
\end{aligned}
$$

을 얻는다.

그러면 식 (8.2.4)와 (8.2.6)으로부터 다음과 같은 단위 부피당 전자기력과 맥스웰 변형력 텐서와의 관계식을 얻을 수 있다.

$$\overrightarrow{f}=\overrightarrow{\nabla}\cdot\overleftrightarrow{T}-\mu_0\epsilon_0\frac{\partial\overrightarrow{S}}{\partial t} \qquad (8.2.7)$$

(67) 증명은 《Guardian for Mathematical Physics》 by H. Park, 87쪽을 참고하세요.

$$\Rightarrow \int \vec{f} dV = \int \vec{\nabla} \cdot \overleftrightarrow{T} dV - \mu_0\epsilon_0 \int \frac{\partial \vec{S}}{\partial t} dV$$

$$= \int \vec{\nabla} \cdot \overleftrightarrow{T} dV - \mu_0\epsilon_0 \frac{d}{dt} \int \vec{S} dV$$

그러므로 체적 $V$ 안에 있는 전하들에 작용하는 총 전자기력은 다음과 같다.

$$\vec{F} = \oint \overleftrightarrow{T} \cdot d\vec{a} - \mu_0\epsilon_0 \frac{d}{dt} \int \vec{S} dV \tag{8.2.8}$$

위 식으로부터 맥스웰 변형력 텐서 $\overleftrightarrow{T}$의 물리적 의미는 단위 면적당 작용하는 힘(변형력)임을 알 수 있다. $T_{ij}$은 $j-$축(여기서 $j=1,2,3$은 $x, y, z$에 대응함) 방향에 있는 표면에 $i-$축 방향의 힘이 작용한다는 것을 의미하므로 결국 텐서의 대각행렬 성분은 **압력**$\left(=\frac{\text{힘}}{\text{면적}}\right)$ 그리고 비대각행렬 성분은 **층밀리기**(shear)에 해당함을 알 수 있다.

**예제 8.2**

반경이 $R$이며 균일하게 전하 $Q$로 대전되어 있는 단단한 구를 반구로 절단한다. 이러한 구의 분리를 방지하기 위해 필요한 힘을 구하세요.

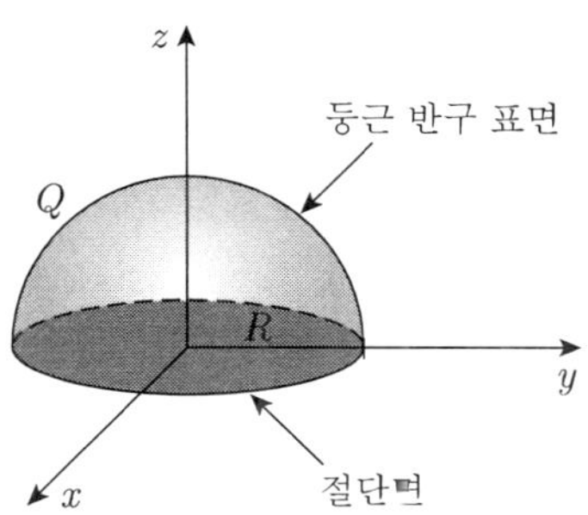


**그림 8.2**

**풀이**

이 문제는 정전하에 해당하므로 자기장 $\vec{B}$가 존재하지 않아서 $\vec{S}=0$이어서 식 (8.2.8)은 다음과 같이 된다.

$$\vec{F} = \oint \overleftrightarrow{T} \cdot d\vec{a} \Rightarrow d\vec{F} = \overleftrightarrow{T} \cdot d\vec{a}$$

(i) 구의 대칭성에 의해서 둥근 반구 표면에 작용하는 알짜 힘은 $z-$축 방향일 것이므로

위 관계식은

$$dF_z = (\overleftrightarrow{T} \cdot \overrightarrow{da})_3 = \sum_{i=1}^{3} T_{3i} da_i = T_{31} da_1 + T_{32} da_2 + T_{33} da_3 \qquad (\text{예}-8.2.1)$$

이 된다. [보충자료-2]의 결과로부터

$$T_{31} = \epsilon_0 E_1 E_3 + \frac{1}{\mu_0} B_1 B_3 = \epsilon_0 E_x E_z \quad (\because \ \overrightarrow{B} = 0)$$

$$T_{32} = \epsilon_0 E_y E_z$$

그리고

$$T_{33} = \frac{1}{2}\epsilon_0 (E_3^2 - E_2^2 - E_1^2) + \frac{1}{2\mu_0}(B_3^2 - B_2^2 - B_1^2) = \frac{1}{2}\epsilon_0 (E_z^2 - E_y^2 - E_x^2) \quad (\because \ \overrightarrow{B} = 0)$$

이다.
전기장은 가우스 법칙으로부터 다음과 같다.

$$\oint \overrightarrow{E} \cdot \overrightarrow{da} = \frac{Q_{\text{알짜}}}{\epsilon_0} \Rightarrow E(4\pi r^2) = \frac{1}{\epsilon_0}\frac{r^3}{R^3} Q \Rightarrow E = \frac{Qr}{4\pi\epsilon_0 R^3}$$

$$\Rightarrow \overrightarrow{E} = \frac{Qr}{4\pi\epsilon_0 R^3}\hat{r} = \frac{Qr}{4\pi\epsilon_0 R^3}(\hat{x}\sin\theta\cos\phi + \hat{y}\sin\theta\sin\phi + \hat{z}\cos\theta)$$

여기서 $\theta$와 $\phi$은 구면 좌표계에서 각각 극각과 방위각이다.

$$\Rightarrow \begin{cases} E_x = \dfrac{Qr}{4\pi\epsilon_0 R^3}\sin\theta\cos\phi \\ E_y = \dfrac{Qr}{4\pi\epsilon_0 R^3}\sin\theta\sin\phi \\ E_z = \dfrac{Qr}{4\pi\epsilon_0 R^3}\cos\theta \end{cases} \qquad (\text{예}-8.2.2)$$

그리고

$$\overrightarrow{da} = \hat{r} R^2 \sin\theta d\theta d\phi = (\hat{x}\sin\theta\cos\phi + \hat{y}\sin\theta\sin\phi + \hat{z}\cos\theta) R^2 \sin\theta d\theta d\phi$$

$$\Rightarrow \begin{cases} da_1 = da_x = R^2 \sin^2\theta\cos\phi d\theta d\phi \\ da_2 = da_y = R^2 \sin^2\theta\sin\phi d\theta d\phi \\ da_3 = da_z = R^2 \sin\theta\cos\theta d\theta d\phi \end{cases}$$

그러면 둥근 반구 표면에 작용하는 변형력은

$$T_{31} = \epsilon_0 E_x E_z |_{r=R} = \epsilon_0 \left(\frac{Q}{4\pi\epsilon_0 R^2}\right)^2 \sin\theta\cos\theta\cos\phi$$

$$T_{32}=\epsilon_0 E_y E_z|_{r=R}=\epsilon_0\left(\frac{Q}{4\pi\epsilon_0 R^2}\right)^2 \sin\theta\cos\theta\sin\phi$$

그리고

$$\begin{aligned}T_{33}&=\frac{1}{2}\epsilon_0(E_z^2-E_y^2-E_x^2)|_{r=R}\\&=\frac{1}{2}\epsilon_0\left(\frac{Q}{4\pi\epsilon_0 R^2}\right)^2(\cos^2\theta-\sin^2\theta\cos^2\phi-\sin^2\theta\sin^2\phi)\\&=\frac{1}{2}\epsilon_0\left(\frac{Q}{4\pi\epsilon_0 R^2}\right)^2(\cos^2\theta-\sin^2\theta)\end{aligned}$$

이들 결과를 식 (예-8.2.1)에 대입하면 둥근 반구 표면에 작용하는 힘은 다음과 같은 관계식을 얻는다(68).

$$\begin{aligned}dF_z&=\frac{1}{2}\epsilon_0\left(\frac{Q}{4\pi\epsilon_0 R}\right)^2\sin\theta\cos\theta d\theta d\phi\\ \Rightarrow F_z&=\int dF_z=\frac{1}{2}\epsilon_0\left(\frac{Q}{4\pi\epsilon_0 R}\right)^2\int\sin\theta\cos\theta d\theta\int d\phi\\&=\frac{1}{2}\epsilon_0\left(\frac{Q}{4\pi\epsilon_0 R}\right)^2 2\int_0^{\frac{\pi}{2}}\sin\theta\cos\theta d\theta\int_0^{2\pi}d\phi\\&=\frac{1}{2}\epsilon_0\left(\frac{Q}{4\pi\epsilon_0 R}\right)^2\left(\int_0^{\frac{\pi}{2}}\sin 2\theta d\theta\right)(2\pi)\\&=\frac{\pi\epsilon_0}{2}\left(\frac{Q}{4\pi\epsilon_0 R}\right)^2\left[-\frac{1}{2}\cos 2\theta\right]_0^{\frac{\pi}{2}}=\frac{\pi\epsilon_0}{2}\left(\frac{Q}{4\pi\epsilon_0 R}\right)^2\end{aligned}$$

$$\therefore\ F_z=\frac{1}{4\pi\epsilon_0}\frac{Q^2}{8R^2} \qquad \text{(예-8.2.3)}$$

(ii) 반구의 절단면에 작용하는 알짜 힘을 구해보자.
절단면에 대해서는

$$\vec{da}=-\hat{z}da=-\hat{z}(rd\phi dr)\Rightarrow da_3=-rd\phi dr$$

이고 전기장은 가우스 법칙으로부터

$$\oint\vec{E}\cdot\vec{da}=\frac{Q_{알짜}}{\epsilon_0}\Rightarrow E(4\pi r^2)=\frac{Q}{\epsilon_0}\left(\frac{r^3}{R^3}Q\right)\Rightarrow E=\frac{Qr}{4\pi\epsilon_0 R^3}$$

$$\Rightarrow\vec{E}=\frac{Qr}{4\pi\epsilon_0 R^3}\hat{r}=\frac{Qr}{4\pi\epsilon_0 R^3}(\hat{x}\cos\phi+\hat{y}\sin\phi)$$

(68) 자세한 계산과정은 [보충자료-3]을 참고하세요.

여기서 $\hat{r}$은 $xy$-평면에서 구의 중심으로부터 멀어지는 방향이다.

$$\Rightarrow \begin{cases} E_x = \dfrac{Qr}{4\pi R^3}\cos\phi \\ E_y = \dfrac{Qr}{4\pi R^3}\sin\phi \end{cases} \qquad \text{(예-8.2.4)}$$

이므로

$$T_{31} = \epsilon_0 E_x E_z = 0, \quad T_{32} = \epsilon_0 E_y E_z = 0, \text{ 그리고}$$

$$\begin{aligned} T_{33} &= \frac{1}{2}\epsilon_0(E_z^2 - E_y^2 - E_x^2) = -\frac{1}{2}\epsilon_0(E_y^2 + E_x^2) \\ &= -\frac{1}{2}\epsilon_0\left(\frac{Qr}{4\pi R^3}\right)^2(\cos^2\phi + \sin^2\phi) = -\frac{1}{2}\epsilon_0\left(\frac{Qr}{4\pi R^3}\right)^2 \end{aligned}$$

이들 결과를 식 (예-8.2.1)에 대입하면 반구의 절단면에 작용하는 힘은 다음과 같다[69].

$$\begin{aligned} dF_z &= \frac{1}{2}\epsilon_0\left(\frac{Q}{4\pi\epsilon_0 R^3}\right)^2 r^3 dr d\phi \\ \Rightarrow F_z &= \int dF_z = \frac{1}{2}\epsilon_0\left(\frac{Q}{4\pi\epsilon_0 R^3}\right)^2 \int_0^R r^3 dr \int_0^{2\pi} d\phi \\ &= \frac{1}{2}\epsilon_0\left(\frac{Q}{4\pi\epsilon_0 R^3}\right)^2\left(\frac{1}{4}R^4\right)(2\pi) \end{aligned}$$

$$\therefore\ F_z = \frac{1}{4\pi\epsilon_0}\frac{Q^2}{16R^2} \qquad \text{(예-8.2.5)}$$

(i)과 (ii)에서 구한 둥근 반구 표면에 작용하는 힘과 반구의 절단면에 작용하는 힘인 식 (예-8.2.3)과 (예-8.2.5)를 더하면 반구에 작용하는 전체 힘을 구할 수 있다.

$$\therefore\ F = \frac{1}{4\pi\epsilon_0}\frac{Q^2}{8R^2} + \frac{1}{4\pi\epsilon_0}\frac{Q^2}{16R^2} = \frac{1}{4\pi\epsilon_0}\frac{3Q^2}{16R^2}$$

이제, 전자기장의 운동량밀도에 대한 관계식을 구해서 운동량 보존의 법칙에 대해 살펴보자.

역학에서 물체에 작용하는 힘은 물체의 운동량의 시간 변화와 같다는 것을 배웠다. 즉, 뉴턴의 제2법칙인 가속도의 법칙으로부터 다음의 관계식을 얻을 수 있다.

(69) 자세한 계산과정은 [보충자료-4]를 참고하세요.

$$\vec{F} = m\vec{a} = m\frac{d\vec{v}}{dt} = \frac{d}{dt}(m\vec{v}) = \frac{d}{dt}\vec{p}$$

전자기력에 의해 체적 $V$ 안에 있는 입자들에 힘

$$\vec{F} = \oint \overleftrightarrow{T} \cdot d\vec{a} - \mu_0\epsilon_0\frac{d}{dt}\int \vec{S}\, dV \quad [\because \text{ 식 (8.2.8)로부터}]$$

이 작용하게 되면 입자들의 운동량이 변하게 된다.
그러므로

$$\frac{d\vec{p}}{dt} = \oint \overleftrightarrow{T} \cdot d\vec{a} - \mu_0\epsilon_0\frac{d}{dt}\int \vec{S}\, dV = \oint \overleftrightarrow{T} \cdot d\vec{a} - \frac{d}{dt}\int \mu_0\epsilon_0\vec{S}\, dV \tag{8.2.9}$$

의 관계식을 얻는다. 왼편에 있는 운동량은 역학적 운동량이다. 위 식의 오른편의 두 번째 항의 적분은 운동량의 단위를 가짐을 알 수 있고 이 항에 전기장과 관련이 있는 포인팅 벡터가 있어서 이 적분 항을 전자기장에 저장된 운동량 $\vec{p}_{em}$로 정의할 수 있다. 즉,

$$\vec{p}_{em} = \int \mu_0\epsilon_0\vec{S}\, dV = \int \vec{g}_{em}\, dV \tag{8.2.10}$$

여기서 $\vec{g}_{em} = \mu_0\epsilon_0\vec{S} = \mu_0\epsilon_0\left[\frac{1}{\mu_0}(\vec{E}\times\vec{B})\right] = \epsilon_0(\vec{E}\times\vec{B})$은 전자기장의 **운동량밀도**이다.

식 (8.2.9)의 오른편 첫 번째 항은 체적 $V$을 둘러싸고 있는 표면을 통하여 들어오는 단위 시간당 전자기 운동량에 해당한다. 그러므로 역학적 운동량의 변화는 들어오는 단위 시간당 전자기 운동량에서 전자기장에 저장된 단위 시간당 운동량을 뺀 값이 된다는 의미이다.

그리고 역학적 운동량밀도를 $\vec{g}_{역학}$라 놓으면 식 (8.2.9)는 다음과 같이 표현될 수 있다.

$$\frac{d}{dt}\int \vec{g}_{역학}\, dV = \oint \overleftrightarrow{T} \cdot d\vec{a} - \frac{d}{dt}\int \vec{g}_{em}\, dV$$

$$\Rightarrow \int \frac{\partial \vec{g}_{역학}}{\partial t} dV + \int \frac{\partial \vec{g}_{em}}{\partial t} dV = \oint \overleftrightarrow{T} \cdot d\vec{a}$$

$$\Rightarrow \int \frac{\partial \vec{g}_{역학}}{\partial t} dV + \int \frac{\partial \vec{g}_{em}}{\partial t} dV = \int \vec{\nabla} \cdot \overleftrightarrow{T}\, dV$$

$$\Rightarrow \int \left( \frac{\partial \vec{g}_{역학}}{\partial t} + \frac{\partial \vec{g}_{em}}{\partial t} \right) dV = \int \vec{\nabla} \cdot \overleftrightarrow{T} dV$$

모든 체적에 대해 위의 등식이 항상 성립하기 위해서는 좌·우의 피적분함수가 같아야 한다.

$$\therefore \frac{\partial}{\partial t}(\vec{g}_{역학} + \vec{g}_{em}) = \vec{\nabla} \cdot \overleftrightarrow{T} \tag{8.2.11}$$

이 식은 미분형 **운동량 보존 법칙**에 해당한다.

그리고 전자기장에 저장된 운동량밀도 $\vec{g}_{em}$에 의해 $\vec{r}$만큼 떨어진 곳에 작용하는 각운동량밀도 $\vec{\ell}_{em}$은

$$\vec{\ell}_{em} = \vec{r} \times \vec{g}_{em} = \vec{r} \times [\epsilon_0 (\vec{E} \times \vec{B})] = \epsilon_0 [\vec{r} \times (\vec{E} \times \vec{B})] \tag{8.2.12}$$

로 표현된다.

**예제 8.3**

안쪽 반경이 $a$이고 바깥 반경이 $b$인 길이가 $\ell$인 도체(선 전하밀도는 $\lambda$라고 가정함)로 이루어진 동축 케이블이 있다. 아래 그림과 같이 양 끝이 배터리 $V$와 저항 $R$로 연결되어 있다. 작은 원통과 큰 원통에 정상전류 $I$가 그림과 같이 흐르고 전하가 분포되어 있다고 가정할 때, 전자기장에 저장되는 운동량 $\vec{p}_{em} = \int \mu_0 \epsilon_0 \vec{S} dV$을 구하세요.

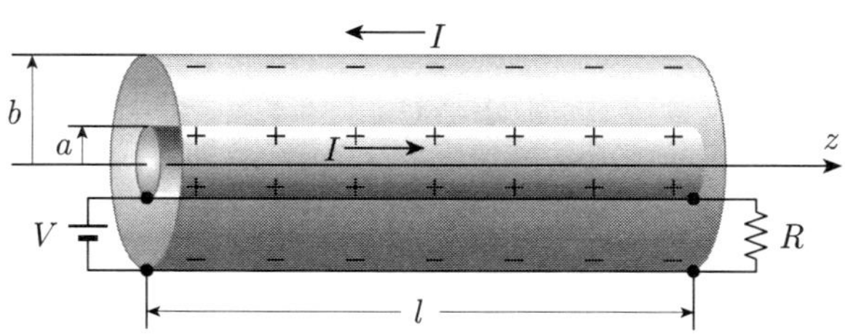


**그림 8.3**

**풀이**

전자기장에 저장되는 운동량을 구하기 위해 포인팅 벡터를 알아야 한다.

포인팅 벡터는 $\vec{S}=\frac{1}{\mu_0}\vec{E}\times\vec{B}$이므로 먼저 전기장과 자기장을 구할 필요가 있다.

가우스 법칙으로부터 전기장을 구하면 다음과 같다.

$$\oint \vec{E}\cdot d\vec{a}=\frac{Q_{\text{알짜}}}{\epsilon_0} \Rightarrow E(2\pi s\ell)=\frac{\lambda\ell}{\epsilon_0} \Rightarrow E=\frac{\lambda}{2\pi\epsilon_0 s}$$

$$\therefore\ \vec{E}=\frac{\lambda}{2\pi\epsilon_0 s}\hat{r} \qquad (\text{예}-8.3.1)$$

앙페르 법칙으로부터 자기장을 구하면 다음과 같다.

$$\oint \vec{B}\cdot d\vec{\ell}=\mu_0 I_{\text{알짜}} \Rightarrow B(2\pi s)=\mu_0 I \Rightarrow B=\frac{\mu_0 I}{2\pi s}$$

$$\therefore\ \vec{B}=\frac{\mu_0 I}{2\pi s}\hat{\varphi}$$

그러면 포인팅 벡터는 다음과 같다.

$$\vec{S}=\frac{1}{\mu_0}(\vec{E}\times\vec{B})=\frac{1}{\mu_0}\frac{1}{s}\begin{vmatrix}\hat{s} & s\hat{\phi} & \hat{z}\\ \frac{\lambda}{2\pi\epsilon_0 s} & 0 & 0\\ 0 & s\left(\frac{\mu_0 I}{2\pi s}\right) & 0\end{vmatrix}=\hat{z}\frac{1}{\mu_0 s}\frac{\lambda}{2\pi\epsilon_0 s}\left(s\frac{\mu_0 I}{2\pi s}\right)=\hat{z}\frac{\lambda I}{4\pi^2\epsilon_0 s^2}$$

즉, 에너지는 배터리로부터 저항으로 흐른다. 포인팅 벡터는 전자기장에 의해 단위 시간당 그리고 단위 면적당 전달되는 에너지이므로 전자기장에 의해 전달되는 단위 시간당 에너지인 전력 $P$는 다음과 같다.

$$P=\int \vec{S}\cdot d\vec{a}=\int\left(\hat{z}\frac{\lambda I}{4\pi^2\epsilon_0 s^2}\right)\cdot d\vec{a}=\int_a^b \frac{\lambda I}{4\pi^2\epsilon_0 s^2}(2\pi s ds)=\frac{\lambda I}{2\pi\epsilon_0}\int_a^b\frac{ds}{s}$$

$$\therefore\ P=\frac{\lambda I}{2\pi\epsilon_0}\ln\left(\frac{b}{a}\right) \qquad (\text{예}-8.3.2)$$

전위는 식 (8.3.1)로부터

$$V=\int\vec{E}\cdot d\vec{s}=\int_a^b\frac{\lambda}{2\pi\epsilon_0 s}ds=\frac{\lambda}{2\pi\epsilon_0}\int_a^b\frac{ds}{s}=\frac{\lambda}{2\pi\epsilon_0}\ln\left(\frac{b}{a}\right)$$

이어서 식 (예-8.3.2)는

$$P=IV \qquad (\text{예}-8.3.3)$$

인 기대한 결과를 준다.
그리고 전자기장에 저장되는 운동량 $\vec{p}_{em}$은 다음과 같다.

$$\vec{p}_{em} = \int \mu_0\epsilon_0\vec{S}dV = \mu_0\epsilon_0\int(\hat{z}\frac{\lambda I}{4\pi^2\epsilon_0 s^2})dV = \mu_0\epsilon_0\int(\hat{z}\frac{\lambda I}{4\pi^2\epsilon_0 s^2})(\ell 2\pi s ds)$$

$$= \hat{z}\frac{\mu_0\lambda I\ell}{2\pi}\int_a^b\frac{ds}{s} = \hat{z}\frac{\mu_0\lambda I\ell}{2\pi}\ln\left(\frac{b}{a}\right) = \hat{z}\mu_0\epsilon_0\ell P \qquad [\because \text{ 식 (예-8.3.2)로부터}]$$

$$\therefore\ \vec{p}_{em} = \hat{z}\mu_0\epsilon_0\ell IV \qquad [\because \text{ 식 (예-8.3.3)으로부터}]$$

**예제 8.4**

일정한 자기장 $\vec{B} = B\hat{z}$ 내에 반경이 $a$이고 단위 길이당 관성 모멘트 $I$ 그리고 면 전하밀도 $\sigma = \dfrac{\lambda}{2\pi a}$로 대전된 자유롭게 회전할 수 있는 원통이 있고, 이 원통 축과 동일한 축에 선 전하밀도가 $-\lambda$인 무한히 긴 철사가 놓여있다. 자기장을 천천히 줄이면 원통이 회전하게 된다. 이때 전자기장에 저장된 각운동량 $\vec{L}_{em}$을 구하고 각운동량이 보전됨을 보이세요.

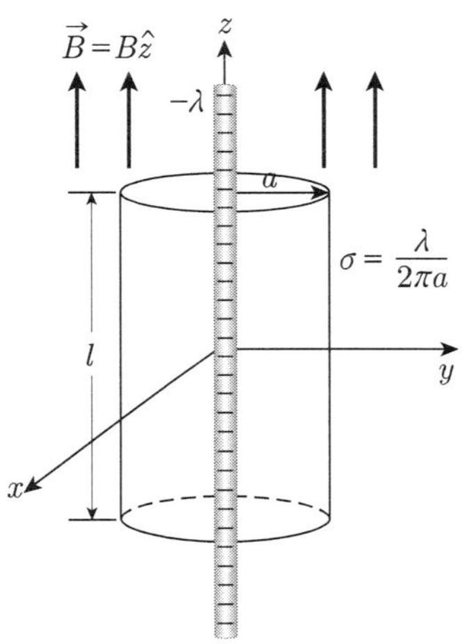


**그림 8.4**

**풀이**

전자기장의 각운동량을 구하기 위해서는 식 (8.2.12)의 각운동량밀도를 구해야 한다.
이를 위해 먼저 전기장과 자기장을 구해야 한다.
무한히 긴 철사로부터 $s$만큼 떨어진 곳에서의 전기장은 가우스 법칙으로부터 다음과 같이 구할 수 있다.

(i) $s < a$인 경우

$$\oint \vec{E} \cdot d\vec{a} = \frac{Q_{\text{알짜}}}{\epsilon_0} \Rightarrow E(2\pi s\ell) = \frac{-\lambda\ell}{\epsilon_0} \Rightarrow E = \frac{-\lambda}{2\pi\epsilon_0 s}$$

$$\therefore \vec{E} = \frac{-\lambda}{2\pi\epsilon_0 s}\hat{s}$$

(ii) $s > a$인 경우

$$\oint \vec{E} \cdot d\vec{a} = \frac{Q_{\text{알짜}}}{\epsilon_0} \Rightarrow E(2\pi s\ell) = \frac{1}{\epsilon_0}[-\lambda\ell + \frac{\lambda}{2\pi a}(2\pi a\ell)] = 0 \Rightarrow E = 0$$

$$\therefore \vec{E} = 0$$

그러므로 $s < a$인 경우만 고려하면 된다. 이때

$$\vec{E} \times \vec{B} = \frac{1}{s}\begin{vmatrix} \hat{s} & s\hat{\phi} & \hat{z} \\ \frac{-\lambda}{2\pi\epsilon_0 s} & 0 & 0 \\ 0 & 0 & B \end{vmatrix} = \frac{1}{s}(s\hat{\phi}\frac{\lambda B}{2\pi\epsilon_0 s}) = \frac{\lambda B}{2\pi\epsilon_0 s}\hat{\phi}$$

$$\Rightarrow \epsilon_0[\vec{s} \times (\vec{E} \times \vec{B})] = \frac{\lambda B}{2\pi s}(\vec{s} \times \hat{\phi}) = \frac{\lambda B}{2\pi}(\hat{s} \times \hat{\phi})$$

이 된다. 이를 식 (8.2.12)에 대입하면 각운동량밀도 $\vec{\ell}_{em}$을 얻을 수 있다.

$$\vec{\ell}_{em} = \frac{\lambda B}{2\pi}\hat{z}$$

그러면 전자기장의 **각운동량**은 다음과 같다.

$$\vec{L}_{em} = \int \vec{\ell}_{em} dV = \hat{z}\frac{\lambda B}{2\pi}\int_0^a 2\tau s\ell ds = \frac{1}{2}\lambda B a^2 \ell \hat{z} \qquad \text{(예−8.4.1)}$$

그리고 자기장이 줄어드는 경우에는 패러데이 법칙에 의해 그 변화에 거스르도록 자기장을 유도하는 기전력이 생긴다.

$$\vec{\nabla} \times \vec{E} = -\frac{\partial \vec{B}}{\partial t} \Rightarrow \int \vec{\nabla} \times \vec{E} \cdot d\vec{a} = -\frac{d}{dt}\int \vec{B} \cdot d\vec{a}$$

$$\Rightarrow \oint \vec{E} \cdot d\vec{\ell} = -\frac{d}{dt}\int \vec{B} \cdot d\vec{a}$$

$r < a$인 영역에서, 위 식으로부터 이 경우에 유도되는 전기장은 다음과 같이 구할 수 있다.

$$E(2\pi s) = -\frac{d}{dt}(B\pi a^2) = -\pi a^2\frac{dB}{dt} \Rightarrow E = -\frac{a^2}{2s}\frac{dB}{dt}$$

$$\therefore\ \vec{E} = -\frac{a^2}{2s}\frac{dB}{dt}\hat{\phi}$$

그때 반경이 $a$인 원통을 돌리는 데 작용하는 토크는

$$\begin{aligned}
\vec{\tau} &= \vec{s}\times\vec{F}|_{s=a} = \vec{s}\times(Q\vec{E})|_{s=a} = Q(\vec{s}\times\vec{E})|_{s=a} \\
&= \sigma(2\pi a\ell)\frac{1}{s}\begin{vmatrix} \hat{s} & s\hat{\phi} & \hat{z} \\ s & 0 & 0 \\ 0 & s(-\frac{a^2}{2s}\frac{dB}{dt}) & 0 \end{vmatrix}_{s=a} = \frac{\lambda\ell}{s}\begin{vmatrix} \hat{s} & s\hat{\phi} & \hat{z} \\ s & 0 & 0 \\ 0 & s(-\frac{a^2}{2s}\frac{dB}{dt}) & 0 \end{vmatrix}_{s=a} \\
&= \frac{\lambda\ell}{s}[\hat{z}s^2(-\frac{a^2}{2s}\frac{dB}{dt})]_{s=a} = -\frac{1}{2}\lambda\ell a^2\frac{dB}{dt}\hat{z} \qquad \text{(예−8.4.2)}
\end{aligned}$$

을 얻는다.

각운동량과 토크의 관계식은

$$\vec{L} = \vec{s}\times\vec{p} \Rightarrow \frac{d\vec{L}}{dt} = \vec{s}\times\frac{d\vec{p}}{dt} = \vec{s}\times\vec{F} = \vec{\tau} \Rightarrow \vec{L} = \int\vec{\tau}dt$$

이므로 위 관계식에 구한 토크인 식 (예−8.4.2)를 대입하고 자기장 $B\rightarrow 0$이 될 때의 각운동량을 구하면

$$\vec{L} = \int\vec{\tau}dt = -\hat{z}\frac{\lambda\ell a^2}{2}\int_B^0\frac{dB}{dt} = \frac{\lambda\ell a^2 B}{2}\hat{z} \qquad \text{(예−8.4.3)}$$

을 얻는다. 이 결과는 식 (예−8.4.1)과 같다. 전자기장에 저장된 각운동량은 자기장이 0이 될 때까지 원통을 회전시키는 데 사용된다. 즉, 각운동량은 보존된다.

## 보충자료-1

전자기장 내의 전하 $q$가 $dt$시간 동안 $d\vec{\ell}$만큼 속도 $\vec{v}$로 이동했을 때, 전자기력 $\vec{F}$이 전하에 한 일은

$$dW = \vec{F} \cdot d\vec{\ell} = q(\vec{E} + \vec{v} \times \vec{B}) \cdot d\vec{\ell} = q(\vec{E} + \vec{v} \times \vec{B}) \cdot \vec{v}dt$$

이다. 여기서 오른편의 두 번째 항에서 $(\vec{v} \times \vec{B}) \cdot \vec{v} = -(\vec{B} \times \vec{v}) \cdot \vec{v} = -\vec{B} \cdot (\vec{v} \times \vec{v}) = 0$ 이므로(즉, 자기력이 한 일은 없음) 위 식은

$$dW = q\vec{E} \cdot \vec{v}dt = (\rho dV)\vec{E} \cdot \vec{v}dt = \vec{E} \cdot (\rho\vec{v})dVdt = \vec{E} \cdot \vec{J}dVdt^{(70)}$$

이 된다. 그러므로 체적 $V$에 있는 모든 전하에 한 일은

$$W = \left(\int \vec{E} \cdot \vec{J}dV\right)dt$$

가 되어 단위 시간당 한 일[물리량 전력(power)에 해당함]은 다음과 같이 표현된다.

$$\frac{dW}{dt} = \int \vec{E} \cdot \vec{J}dV \qquad (1)$$

그리고 앙페르-맥스웰 법칙으로부터

$$\vec{\nabla} \times \vec{B} = \mu_0\vec{J} + \mu_0\epsilon_0\frac{\partial \vec{E}}{\partial t} \Rightarrow \vec{J} = \frac{1}{\mu_0}\vec{\nabla} \times \vec{B} - \epsilon_0\frac{\partial \vec{E}}{\partial t}$$

이므로 식 (1)에 있는 피적분함수는 다음과 같다.

$$\vec{E} \cdot \vec{J} = \vec{E} \cdot \left(\frac{1}{\mu_0}\vec{\nabla} \times \vec{B} - \epsilon_0\frac{\partial \vec{E}}{\partial t}\right) = \frac{1}{\mu_0}\vec{E} \cdot (\vec{\nabla} \times \vec{B}) - \epsilon_0\vec{E} \cdot \frac{\partial \vec{E}}{\partial t} \qquad (2)$$

여기서

$$\frac{\partial E^2}{\partial t} = \frac{\partial}{\partial t}(\vec{E} \cdot \vec{E}) = \frac{\partial \vec{E}}{\partial t} \cdot \vec{E} + \vec{E} \cdot \frac{\partial \vec{E}}{\partial t} = 2\vec{E} \cdot \frac{\partial \vec{E}}{\partial t} \Rightarrow \vec{E} \cdot \frac{\partial \vec{E}}{\partial t} = \frac{1}{2}\frac{\partial E^2}{\partial t} \qquad (3)$$

---

(70) $[\rho v] = \frac{\text{전하}}{\text{부피}}\frac{\text{길이}}{\text{시간}} = \frac{\text{전하}}{\text{시간} \cdot \text{면적}} = \frac{\text{전류}}{\text{면적}} = [J]$

그리고

$$\vec{E}\cdot(\vec{\nabla}\times\vec{B}) = \sum_i E_i(\vec{\nabla}\times\vec{B})_i = \sum_i \epsilon_{ijk}E_i(\partial_j B_k)$$

(여기서, Einstein summation convention을 사용함)

$$= \sum_i \epsilon_{ijk}[\partial_j(E_iB_k) - B_k(\partial_j E_i)] \quad (\because\ \partial_j(E_iB_k) = E_i(\partial_j B_k) + B_k(\partial_j E_i))$$

$$= \sum_i \epsilon_{ijk}\partial_j(E_iB_k) - \sum_i \epsilon_{ijk}B_k(\partial_j E_i) = -\sum_i \partial_j \epsilon_{jik}E_iB_k + \sum_i B_k\epsilon_{kji}\partial_j E_i$$

$$= -\sum_j \partial_j(\vec{E}\times\vec{B})_j + \sum_k B_k(\vec{\nabla}\times\vec{E})_k = -\vec{\nabla}\cdot(\vec{E}\times\vec{B}) + \vec{B}\cdot(\vec{\nabla}\times\vec{E})$$

$$= -\vec{\nabla}\cdot(\vec{E}\times\vec{B}) - \vec{B}\cdot\frac{\partial\vec{B}}{\partial t} \quad (\because\ \text{패러데이 법칙으로부터})$$

$$= -\vec{\nabla}\cdot(\vec{E}\times\vec{B}) - \frac{1}{2}\frac{\partial B^2}{\partial t} \quad [\because\ \text{식 (3)과 유사한 방법으로}] \tag{4}$$

식 (3)과 (4)를 (2)에 대입하면

$$\vec{E}\cdot\vec{J} = -\frac{1}{\mu_0}[\vec{\nabla}\cdot(\vec{E}\times\vec{B}) + \frac{1}{2}\frac{\partial B^2}{\partial t}] - \frac{1}{2}\epsilon_0\frac{\partial E^2}{\partial t}$$

$$= -\frac{1}{2}\frac{\partial}{\partial t}(\epsilon_0 E^2 + \frac{1}{\mu_0}B^2) - \frac{1}{\mu_0}\vec{\nabla}\cdot(\vec{E}\times\vec{B})$$

이 된다. 이를 식 (1)에 대입하면 다음과 같다.

$$\frac{dW}{dt} = \int\left[-\frac{1}{2}\frac{\partial}{\partial t}(\epsilon_0 E^2 + \frac{1}{\mu_0}B^2) - \frac{1}{\mu_0}\vec{\nabla}\cdot(\vec{E}\times\vec{B})\right]dV$$

$$= -\frac{d}{dt}\int\left[\frac{1}{2}(\epsilon_0 E^2 + \frac{1}{\mu_0}B^2)\right]dV - \frac{1}{\mu_0}\int\vec{\nabla}\cdot(\vec{E}\times\vec{B})\,dV$$

$$= -\frac{d}{dt}\int\left[\frac{1}{2}(\epsilon_0 E^2 + \frac{1}{\mu_0}B^2)\right]dV - \frac{1}{\mu_0}\int(\vec{E}\times\vec{B})\cdot d\vec{a} \tag{5}$$

($\because$ 발산 정리로부터)

위 식의 오른편 첫 번째 피적분함수는 전자기장에 저장된 에너지인 식 (8.1.5)이며, 두 번째 적분 항은 체적 $V$을 둘러싸고 있는 닫혀있는 표면적을 지나가는 단위 시간당의 에너지에 해당한다. 여기서 전자기장에 의해 단위 시간당 그리고 단위 면적당 전달되는 에너지인 두 번째 적분 항의 피적분함수를 다음과 같이 정의하고

$$\vec{S} = \frac{1}{\mu_0}(\vec{E} \times \vec{B}) \tag{6}$$

이를 **포인팅 벡터**라 한다. 식 (5)를 전기역학에서 일-에너지 정리인 **포인팅의 정리**라 한다.

식 (6)을 (5)에 대입하면

$$\begin{aligned}
\frac{dW}{dt} &= -\frac{d}{dt}\int\left[\frac{1}{2}(\epsilon_0 E^2 + \frac{1}{\mu_0}B^2)\right]dV - \int \vec{S}\cdot d\vec{a} = -\frac{d}{dt}U_{EB} - \int \vec{S}\cdot d\vec{a} \\
&\Rightarrow \frac{d}{dt}U_{역학} = -\frac{d}{dt}U_{EB} - \int \vec{S}\cdot d\vec{a} \\
&\Rightarrow \frac{d}{dt}(U_{역학} + U_{EB}) = -\int \vec{S}\cdot d\vec{a} \\
&\Rightarrow \frac{d}{dt}\int (u_{역학} + u_{em})dV = -\int \vec{S}\cdot d\vec{a} \\
&\Rightarrow \frac{d}{dt}\int (u_{역학} + u_{em})dV = -\int \vec{\nabla}\cdot \vec{S}\, dV \\
&\Rightarrow \int \frac{\partial}{\partial t}(u_{역학} + u_{em})dV = -\int \vec{\nabla}\cdot \vec{S}\, dV
\end{aligned} \tag{7}$$

모든 체적에 대해 식 (7)의 등식이 항상 성립하기 위해서는 좌·우의 피적분함수가 같아야 하므로

$$\frac{\partial}{\partial t}(u_{역학} + u_{em}) = -\vec{\nabla}\cdot\vec{S} \tag{8}$$

을 얻는다. 여기서 역학적 에너지밀도 $u_{역학}$와 전자기 에너지밀도 $u_{em}$의 합을 에너지밀도 $u$라고 하면 다음의 에너지밀도와 포인팅 벡터와의 관계식을 얻는다.

$$\frac{\partial u}{\partial t} + \vec{\nabla}\cdot\vec{S} = 0 \tag{9}$$

이 식은 전하에 대한 연속 방정식에 대응하는 에너지에 대한 연속 방정식에 해당한다. 즉, 전하 보존 법칙에서 $\rho \rightarrow u$ 그리고 $\vec{J} \rightarrow \vec{S}$로 변경하면 얻을 수 있는 에너지 보전의 법칙에 해당하는 관계식이다.

## 보충자료-2

(i) 텐서의 대각행렬 성분

$$T_{11} = \frac{1}{2}\epsilon_0(E_1^2 - E_2^2 - E_3^2) + \frac{1}{2\mu_0}(B_1^2 - B_2^2 - B_3^2) = T_{xx}$$

$$T_{22} = \frac{1}{2}\epsilon_0(E_2^2 - E_3^2 - E_1^2) + \frac{1}{2\mu_0}(B_2^2 - B_3^2 - B_1^2) = T_{yy}$$

$$T_{33} = \frac{1}{2}\epsilon_0(E_3^2 - E_2^2 - E_1^2) + \frac{1}{2\mu_0}(B_3^2 - B_2^2 - B_1^2) = T_{zz}$$

(ii) 텐서의 비대각행렬 성분

$$T_{12} = T_{xy} = \epsilon_0 E_1 E_2 + \frac{1}{\mu_0} B_1 B_2 = T_{21} = T_{yx}$$

$$T_{13} = T_{xz} = \epsilon_0 E_1 E_3 + \frac{1}{\mu_0} B_1 B_3 = T_{31} = T_{zx}$$

$$T_{23} = T_{yz} = \epsilon_0 E_2 E_3 + \frac{1}{\mu_0} B_2 B_3 = T_{32} = T_{zy}$$

# 보충자료-3

$$
\begin{aligned}
dF_z &= T_{31}da_1 + T_{32}da_2 + T_{33}da_3 \\
&= \epsilon_0 (\frac{Q}{4\pi\epsilon_0 R^2})^2 \sin\theta\cos\theta\cos\phi(R^2\sin^2\theta\cos\phi d\theta d\phi) \\
&\quad + \epsilon_0 (\frac{Q}{4\pi\epsilon_0 R^2})^2 \sin\theta\cos\theta\sin\phi(R^2\sin^2\theta\sin\phi d\theta d\phi) \\
&\quad + \frac{1}{2}\epsilon_0 (\frac{Q}{4\pi\epsilon_0 R^2})^2 (\cos^2\theta - \sin^2\theta)(R^2\sin\theta\cos\theta d\theta d\phi) \\
&= \epsilon_0 (\frac{Q}{4\pi\epsilon_0 R^2})^2 \sin\theta\cos\theta(R^2\sin^2\theta\cos^2\phi d\theta d\phi) \\
&\quad + \epsilon_0 (\frac{Q}{4\pi\epsilon_0 R^2})^2 \sin\theta\cos\theta(R^2\sin^2\theta\sin^2\phi d\theta d\phi) \\
&\quad + \frac{1}{2}\epsilon_0 (\frac{Q}{4\pi\epsilon_0 R^2})^2 (\cos^2\theta - \sin^2\theta)(R^2\sin\theta\cos\theta d\theta d\phi) \\
&= \epsilon_0 (\frac{Q}{4\pi\epsilon_0 R^2})^2 R^2\sin\theta\cos\theta\sin^2\theta(\cos^2\phi + \sin^2\phi) d\theta d\phi \\
&\quad + \frac{1}{2}\epsilon_0 (\frac{Q}{4\pi\epsilon_0 R^2})^2 (\cos^2\theta - \sin^2\theta)(R^2\sin\theta\cos\theta d\theta d\phi) \\
&= \epsilon_0 (\frac{Q}{4\pi\epsilon_0 R})^2 \sin\theta\cos\theta\sin^2\theta d\theta d\phi \\
&\quad + \frac{1}{2}\epsilon_0 (\frac{Q}{4\pi\epsilon_0 R})^2 (\cos^2\theta - \sin^2\theta)(\sin\theta\cos\theta d\theta d\phi) \\
&= \frac{1}{2}\epsilon_0 (\frac{Q}{4\pi\epsilon_0 R})^2 (\cos^2\theta + \sin^2\theta)(\sin\theta\cos\theta d\theta d\phi)
\end{aligned}
$$

$$
\therefore\ dF_z = \frac{1}{2}\epsilon_0 (\frac{Q}{4\pi\epsilon_0 R})^2 \sin\theta\cos\theta d\theta d\phi
$$

## 보충자료-4

$$\begin{aligned} dF_z &= T_{31}da_1 + T_{32}da_2 + T_{33}da_3 = T_{33}da_3 \\ &= -\frac{1}{2}\epsilon_0 \left(\frac{Qr}{4\pi\epsilon_0 R^3}\right)^2 (-r d\phi dr) = \frac{1}{2}\epsilon_0 \left(\frac{Q}{4\pi\epsilon_0 R^3}\right)^2 r^3 dr d\phi \end{aligned}$$

## 연습문제

**01** [예제 5.16]에서 균일한 면 전하밀도 $\sigma$을 갖는 반경 $a$의 구 껍질이 각속도 $\omega$로 회전할 때 구 껍질의 중심으로부터 $\vec{r}$인 곳에서의 자기장이 각각

$$\begin{cases} r < a\text{인 경우}, & \vec{B} = \hat{z}\dfrac{2}{3}\mu_0\sigma a\omega \\ r > a\text{인 경우}, & \vec{B} = \dfrac{\mu_0\sigma a^4\omega}{3r^3}(2\hat{r}\cos\theta + \hat{\theta}\sin\theta) \end{cases}$$

임을 구했다. 구 껍질의 두 반쪽 사이에 작용하는 자기력을 맥스웰 변형력 텐서를 사용해서 구하세요.

**풀이**

[예제 8.2]와 유사한 접근 방법으로 이 문제를 다루면 된다. 이 문제의 경우 전류는 일정하기 때문에 $\dfrac{\partial\vec{S}}{\partial t} = 0$이어서 식 (8.2.8)은

$$\vec{F} = \oint \overleftrightarrow{T} \cdot d\vec{a} \Rightarrow d\vec{F} = \overleftrightarrow{T} \cdot d\vec{a}$$

이 된다. 자기력에만 관심이 있으므로 전기장은 무시해도 된다.

(i) 대칭성에 의해 구 껍질의 두 반쪽 사이에 작용하는 알짜 힘은 $z-$축 방향일 것이므로 위 관계식은

$$dF_z = (\overleftrightarrow{T} \cdot d\vec{a})_3 = \sum_i T_{3i}da_i = T_{31}da_1 + T_{32}da_2 + T_{33}da_3 \tag{1}$$

이 된다. [보충자료-2]의 결과로부터

$$T_{31} = \epsilon_0 E_1 E_3 + \frac{1}{\mu_0}B_1 B_3 = \epsilon_0 E_x E_z + \frac{1}{\mu_0}B_x B_z = 0 \quad (\because B_x = 0)$$

유사하게 $T_{32} = \epsilon_0 E_y E_z = 0$

그리고

$$T_{33} = \frac{1}{2}\epsilon_0(E_3^2 - E_2^2 - E_1^2) + \frac{1}{2\mu_0}(B_3^2 - B_2^2 - B_1^2)$$

$$= \frac{1}{2\mu_0}(B_z^2 - B_y^2 - B_x^2) = \frac{1}{2\mu_0}B_z^2 \quad (\because\ B_x = B_y = 0)$$

이다.

$xy-$평면은 $\theta = \frac{\pi}{2}$ 이므로 이때의 자기장은

$$\begin{cases} r < a\text{인 경우, } \vec{B} = \hat{z}\frac{2}{3}\mu_0\sigma a\omega \\ r > a\text{인 경우, } \vec{B} = \frac{\mu_0\sigma a^4\omega}{3r^3}\hat{\theta} = \frac{\mu_0\sigma a^4\omega}{3r^3}(\hat{x}\cos\theta\cos\phi + \hat{y}\cos\theta\sin\phi - \hat{z}\sin\theta)|_{\theta=\frac{\pi}{2}} \end{cases}$$

$$= -\hat{z}\frac{\mu_0\sigma a^4\omega}{3r^3}$$

이 되어

$$\Rightarrow \begin{cases} r < a\text{인 경우, } T_{33} = \frac{1}{2\mu_0}B_z^2 = \frac{1}{2\mu_0}\left(\frac{2}{3}\mu_0\sigma a\omega\right)^2 = \frac{2}{9}\mu_0\sigma^2 a^2\omega^2 \\ r > a\text{인 경우, } T_{33} = \frac{1}{2\mu_0}B_z^2 = \frac{1}{2\mu_0}\left(-\frac{\mu_0\sigma a^4\omega}{3r^3}\right)^2 = \frac{1}{18}\frac{\mu_0\sigma^2 a^8\omega^2}{r^6} \end{cases}$$

그리고

$$da_3 = -(2\pi r dr)$$

이므로 식 (1)은 다음과 같다.

$$dF_z = T_{33}da_3 = \begin{cases} \frac{2}{9}\mu_0\sigma^2 a^2\omega^2(2\pi r dr) & (r < a\text{인 경우}) \\ \frac{1}{18}\frac{\mu_0\sigma^2 a^8\omega^2}{r^6}(2\pi r dr) & (r > a\text{인 경우}) \end{cases}$$

그러므로

$$F_z = \int dF_z = -\frac{2}{9}\mu_0\sigma^2 a^2\omega^2 2\pi\int_0^a r dr - \frac{1}{18}\mu_0\sigma^2 a^8\omega^2 2\pi\int_a^\infty \frac{dr}{r^5}$$

$$= -\frac{2\pi}{9}\mu_0\sigma^2 a^4\omega^2 - \frac{\pi}{36}\mu_0\sigma^2 a^4\omega^2 = -\frac{\pi}{4}\mu_0\sigma^2 a^4\omega^2$$

$$\therefore\ F_z = -\frac{\pi}{4}\mu_0\sigma^2 a^4\omega^2$$

**02** 반경이 $R$인 원통에 단위 길이당 코일이 $n$번 감겨 있고 전류 $I$가 흐른다. 그리고 길이가 $\ell$이며 반경이 $a$와 반경이 $b$(여기서 $a < R < b$)인 동심 축을 갖는 두 원통이 놓여 있다. 여기서 $\ell \gg b$라고 가정한다. 작은 원통과 큰 원통에는 아래 그림과 같이 각각 $+Q$와 $-Q$의 전하가 원통 표면에 고르게 분포되어 있다. 이때 반경 $R$인 원통 코일에 흐르는 전류가 점점 줄어들면 원통이 회전하기 시작한다. 이 회전운동을 일으키는 각운동량을 구하고, 각운동량이 보존됨을 보이세요.

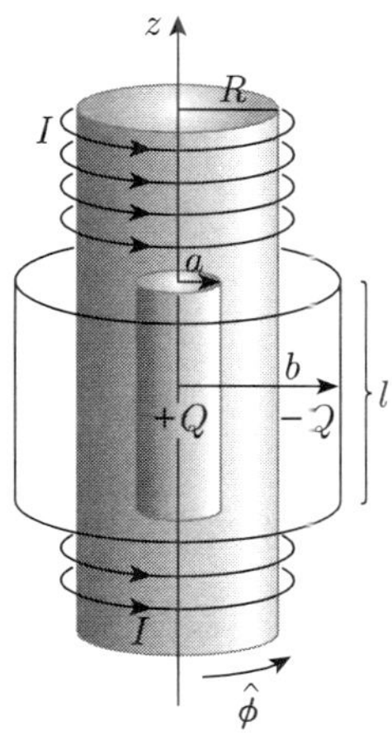


**그림 8.5**

**풀이**

(i) 식 (8.2.12)를 계산하기 위해 전류가 흐를 때 전자기장을 먼저 구하자.
가우스 법칙으로부터 $a < r < b$ 영역에서의 전기장 그리고 앙페르 법칙으로부터 $r < R$ 영역에서의 자기장은 각각 다음과 같다.

$$\begin{cases} \oint \vec{E} \cdot d\vec{a} = \dfrac{Q_{알짜}}{\epsilon_0} \Rightarrow E(2\pi s\ell) = \dfrac{Q}{\epsilon_0} \Rightarrow \vec{E} = \dfrac{Q}{2\pi\epsilon_0 s\ell}\hat{s} \\ \oint \vec{B} \cdot d\vec{\ell} = \mu_0 I_{알짜} \Rightarrow B\ell = \mu_0 n\ell I \Rightarrow \vec{B} = \mu_0 nI\hat{z} \end{cases} \tag{1}$$

그러면

$$\vec{E} \times \vec{B} = \frac{1}{s}\begin{vmatrix} \hat{s} & s\hat{\phi} & \hat{z} \\ \dfrac{Q}{2\pi\epsilon_0 s\ell} & 0 & 0 \\ 0 & 0 & \mu_0 nI \end{vmatrix} = \frac{1}{s}\left(-s\hat{\phi}\frac{Q}{2\pi\epsilon_0 s\ell}\mu_0 nI\right) = -\frac{\mu_0 nIQ}{2\pi\epsilon_0 s\ell}\hat{\phi}$$

$$\Rightarrow \epsilon_0[\vec{s}\times(\vec{E}\times\vec{B})] = -\frac{\mu_0 nIQ}{2\pi\ell}\frac{1}{s}\begin{vmatrix}\hat{s} & s\hat{\phi} & \hat{z}\\ s & 0 & 0\\ 0 & s\frac{1}{s} & 0\end{vmatrix} = -\frac{\mu_0 nIQ}{2\pi\ell}\frac{1}{s}s\hat{z} = -\frac{\mu_0 nIQ}{2\pi\ell}\hat{z}$$

이 결과를 식 (8.2.12)에 대입하면 각운동량밀도는

$$\vec{\ell}_{em} = -\frac{\mu_0 nIQ}{2\pi\ell}\hat{z}$$

이 되어

$$\vec{L}_{em} = \int \vec{\ell}_{em}\,dV = -\hat{z}\frac{\mu_0 nIQ}{2\pi\ell}\int_a^R \ell 2\pi s ds = -\hat{z}\frac{\mu_0 nIQ}{2\pi\ell}[\pi(R^2-a^2)\ell]$$

$$\therefore\ \vec{L}_{em} = -\frac{1}{2}\mu_0 nIQ(R^2-a^2)\hat{z} \tag{2}$$

인 전자기장의 각운동량을 얻는다.

(ii) 전류가 줄어드는 경우에는 자기장이 변하게 되고 패러데이 법칙에 의해 그 변화에 거스르는 방향으로 자기장을 유도하는 기전력이 생긴다.

$$\vec{\nabla}\times\vec{E} = -\frac{\partial\vec{B}}{\partial t} \Rightarrow \int\vec{\nabla}\times\vec{E}\cdot d\vec{a} = -\frac{d}{dt}\int\vec{B}\cdot d\vec{a}$$

$$\Rightarrow \oint\vec{E}\cdot d\vec{\ell} = -\frac{d}{dt}\int\vec{B}\cdot d\vec{a}$$

$s > R$인 영역에서, 위 식으로부터

$$E(2\pi s) = -\frac{d}{dt}(B\pi R^2) = -\pi R^2\frac{dB}{dt} = -\pi R^2\frac{d}{dt}(\mu_0 nI) \Rightarrow E = -\frac{1}{2}\mu_0 n\frac{R^2}{s}\frac{dI}{dt}$$

$$\therefore\ \vec{E} = -\frac{1}{2}\mu_0 n\frac{R^2}{s}\frac{dI}{dt}\hat{\phi} \tag{3}$$

인 전기장을 얻는다.

반면에 $s > R$인 영역에서의 전기장은 다음과 같다.

$$E(2\pi s) = -\frac{d}{dt}(B\pi s^2) = -\pi s^2\frac{dB}{dt} = -\pi s^2\frac{d}{dt}(\mu_0 nI) \Rightarrow E = -\frac{1}{2}\mu_0 ns\frac{dI}{dt}$$

$$\therefore\ \vec{E} = -\frac{1}{2}\mu_0 ns\frac{dI}{dt}\hat{\phi} \tag{4}$$

그때 반경이 $a$인 안쪽의 원통을 돌리는 데 작용하는 토크는

$$\vec{\tau}_a = \vec{s}\times\vec{F}_a|_{s=a} = \vec{s}\times(Q\vec{E})|_{s=a} = \frac{Q}{\varepsilon}\begin{vmatrix} \hat{s} & s\hat{\phi} & \hat{z} \\ s & 0 & 0 \\ 0 & s(-\frac{1}{2}\mu_0 ns\frac{dI}{dt}) & 0 \end{vmatrix}_{s=a}$$

$$= \frac{Q}{s}\left[\hat{z}s^2(-\frac{1}{2}\mu_0 ns\frac{dI}{dt})\right]_{s=a} = -\frac{1}{2}Q\mu_0 na^2\frac{dI}{dt}\hat{z} \tag{5}$$

인 반면에 반경이 $b$인 바깥쪽의 원통을 돌리는 데 작용하는 토크는

$$\vec{\tau}_b = \vec{s}\times\vec{F}_b|_{s=b} = \vec{s}\times(-Q\vec{E})|_{s=a} = -\frac{Q}{s}\begin{vmatrix} \hat{s} & s\hat{\phi} & \hat{z} \\ s & 0 & 0 \\ 0 & s(-\frac{1}{2}\mu_0 n\frac{R^2}{s}\frac{dI}{dt}) & 0 \end{vmatrix}_{s=b}$$

$$= -\frac{Q}{s}\left[\hat{z}s^2(-\frac{1}{2}\mu_0 n\frac{R^2}{s}\frac{dI}{dt})\right]_{s=b} = \frac{1}{2}Q\mu_0 nR^2\frac{dI}{dt}\hat{z} \tag{6}$$

을 얻는다. 각운동량과 토크의 관계식은

$$\vec{L} = \vec{r}\times\vec{p} \Rightarrow \frac{d\vec{L}}{dt} = \vec{r}\times\frac{d\vec{p}}{dt} = \vec{r}\times\vec{F} = \vec{\tau} \Rightarrow \vec{L} = \int\vec{\tau}dt$$

이므로 위 관계식에 식 (5)와 (6)을 대입해서 전류 $I\to 0$이 될 때

$$\begin{cases} \vec{L}_a = \int\vec{\tau}_a dt = -\hat{z}\frac{1}{2}Q\mu_0 na^2\int_I^0\frac{dI}{dt}dt = \frac{1}{2}Q\mu_0 na^2 I\hat{z} \\ \vec{L}_b = \int\vec{\tau}_b dt = \hat{z}\frac{1}{2}Q\mu_0 nR^2\int_I^0\frac{dI}{dt}dt = -\frac{1}{2}Q\mu_0 nR^2 I\hat{z} \end{cases}$$

의 각운동량을 얻는다. 그러므로 두 원통을 회전시키는 총 각운동량은

$$\vec{L} = \vec{L}_a + \vec{L}_b = \frac{1}{2}(Q\mu_0 na^2 I - \frac{1}{2}Q\mu_0 nR^2 I)\hat{z} = -\frac{1}{2}Q\mu_0 nI(R^2 - a^2)\hat{z}$$

이 된다. 이 결과는 $\vec{L}_{em}$에 대한 식 (2)와 같은 결과이다. 즉, 전류가 흐를 때 전자기장에 저장된 각운동량은 전류 흐름이 없어질 때까지 두 원통을 회전시키는 데 사용된다. 즉, 각운동량은 보전된다.

**03** 점전하 $q$가 접지된 무한 도체 평면으로부터 $z-$축 방향으로 거리 $d$에 놓여 있는 경우에 맥스웰 변형력 텐서를 구하고 이로부터 점전하에 작용하는 힘을 구하세요.

**풀이**

전기장을 구하기 위해 먼저 영상법으로 전위를 구하면 다음과 같다.

$$V(x,y,z) = \frac{1}{4\pi\epsilon_0}\left[\frac{q}{\sqrt{x^2+y^2+(z-d)^2}} + \frac{-q}{\sqrt{x^2+y^2+(z+d)^2}}\right]$$

그러면 전기장은

$$\begin{aligned}\vec{E} &= -\vec{\nabla} V \\ &= -\hat{z}\frac{q}{4\pi\epsilon_0}\left\{-(z-d)[x^2+y^2+(z-d)^2]^{-\frac{3}{2}} + (z+d)[x^2+y^2+(z-d)^2]^{-\frac{3}{2}}\right\}\end{aligned}$$

이 되어 도체 평면상의 전기장은 다음과 같게 된다.

$$\vec{E}(z=0) = -\hat{z}\frac{q}{4\pi\epsilon_0}[2d(x^2+y^2+d^2)^{-\frac{3}{2}}] \tag{1}$$

주어진 문제의 경우 자기장이 0이어서 포인팅 벡터가 0이 되므로 식 (8.2.8)은

$$\vec{F} = \oint \overleftrightarrow{T}\cdot d\vec{a} \Rightarrow d\vec{F} = \overleftrightarrow{T}\cdot d\vec{a} \tag{2}$$

가 된다.

전기장은 식 (1)의 $z$ 성분만 존재하므로

$$T_{31} = \epsilon_0 E_1 E_3 + \frac{1}{\mu_0}B_1 B_3 = 0, \quad T_{32} = \epsilon_0 E_y E_z = 0$$

그리고

$$\begin{aligned}T_{33} &= \frac{1}{2}\epsilon_0(E_3^2 - E_2^2 - E_1^2) + \frac{1}{2\mu_0}(B_3^2 - B_2^2 - B_1^2) \\ &= \frac{1}{2}\epsilon_0 E_3^2 = \frac{1}{2}\epsilon_0\left[\frac{q}{4\pi\epsilon_0}[2d(x^2+y^2+d^2)^{-\frac{3}{2}}]\right]^2\end{aligned} \tag{3}$$

이 된다.

식 (3)을 (2)에 대입하면

$$\vec{F} = \int T_{33}\hat{z}(\hat{z} \cdot \hat{z})da_3 = \hat{z}\int T_{33}da_3$$

$$= \hat{z}\int_{-\infty}^{\infty}\int_{-\infty}^{\infty} dxdy\frac{1}{2}\epsilon_0\left[\frac{q}{4\pi\epsilon_0}[2d(x^2+y^2+d^2)^{-\frac{3}{2}}]\right]^2$$

극 좌표계에서 위 적분은 다음과 같이 표현된다.

$$\vec{F} = \hat{z}\int_0^{2\pi} d\phi\int_0^{\infty} rdr\frac{1}{2}\epsilon_0\left[\frac{q}{4\pi\epsilon_0}[2d(r^2+d^2)^{-\frac{3}{2}}]\right]^2 = \hat{z}\frac{4q^2d^2}{16\pi\epsilon_0}\int_0^{\infty}\frac{rdr}{(r^2+d^2)^3}$$

여기서 $r^2+d^2=t^2$으로 놓으면 위 식은

$$\vec{F} = \hat{z}\frac{4q^2d^2}{16\pi\epsilon_0}\int_d^{\infty}\frac{tdt}{t^6} = \hat{z}\frac{4q^2d^2}{16\pi\epsilon_0}\int_d^{\infty}\frac{dt}{t^5} = \hat{z}\frac{4q^2d^2}{16\pi\epsilon_0}\left[-\frac{1}{4}t^{-4}\right]_d^{\infty} = \hat{z}\frac{q^2d^2}{16\pi\epsilon_0}\frac{1}{d^4}$$

이 되어

$$\therefore \vec{F} = \hat{z}\frac{q^2}{16\pi\epsilon_0 d^2}$$

을 얻는다.

도체 평면과 전하 사이에는 인력이 작용하기 때문에 전하에 작용하는 힘은

$$\vec{F} = -\hat{z}\frac{q^2}{16\pi\epsilon_0 d^2}$$

임을 알 수 있다.

CHAPTER 9

# 전자기파

라디오파, 마이크로파, 적외선, 자외선, 엑스선, 감마선과 빛으로 불리는 가시광선 등은 전기장과 자기장이 각각 서로 수직인 두 평면에서 수직으로 진동을 하며 두 면에 수직인 방향으로 진행하는 파동(또는 파)으로서 전자기파이다. 파동은 공간이나 매질에서 생긴 주기적인 진동이 시간에 따라 주위로 멀리 퍼져나가는 현상을 의미한다. 파동의 진동 방향과 진행 방향이 수직인 경우의 파동을 **횡파**(또는 $S$파)라 하고 평행한 경우의 파동을 **종파**(또는 $P$파)라 한다. 전자기파는 횡파에 속하고 음파는 종파에 속한다. 횡파와 종파는 공간 내에서 임의의 방향으로 진행하는 **진행파**이다. 반면에 진폭과 진동수가 같은 파동이 서로 반대 방향으로 이동할 때 이들의 합성파는 한정된 공간 안에 갇혀서 제자리에서 진동하는 **정상파**(standing wave) 형태를 갖는다.

## 9.1 파동방정식

시간 $t$에서의 파동의 위치가 $x$라고 하면 파동함수는 $f(x,t)$로 표현된다. 파동의 형태가

변하지 않고 일정한 속도 $v$로 $+x$ 방향으로 진행하는 파의 경우에

$$f(x,t)=f(x-vt,0)=g(x-vt) \tag{9.1.1}$$

의 관계식을 만족한다.

이제 장력이 $T$이며 단위 길이당 질량이 $\mu$인 줄의 진동에 대해 살펴보자. 아래 그림은 시간 $t$에서 줄을 표현하는 함수 $f(x)$을 나타낸 것이다.

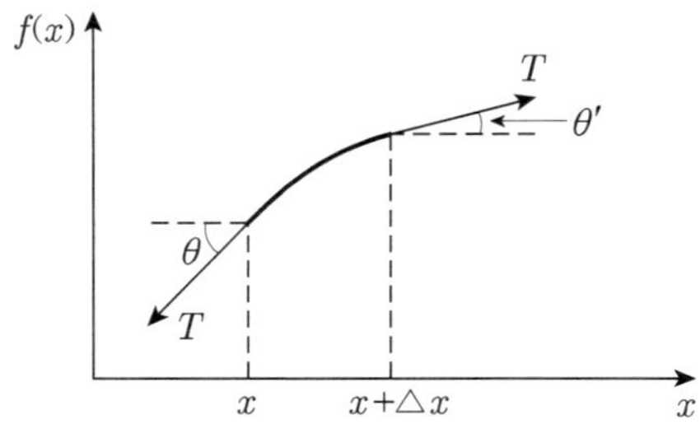


**그림 9.1**

이때 $x+\Delta x$와 $x$에서의 **횡력**(transverse force)의 차이 $\Delta F$는

$$\Delta F= T\sin\theta' - T\sin\theta$$

이다. 줄의 흔들림이 크지 않다고 가정하면 각 $\theta$은 작은 경우에 해당한다. 그때 위 식은

$$\Delta F \approx T\frac{\sin\theta'}{\cos\theta'} - T\frac{\sin\theta}{\cos\theta} = T(\tan\theta' - \tan\theta)$$

로 표현될 수 있다. 여기서 $\tan\theta$은 기울기에 해당하므로 위 식은 다음과 같이 표현된다.

$$\Delta F= T\left(\frac{\partial f}{\partial x}\Big|_{x+\Delta x} - \frac{\partial f}{\partial x}\Big|_{x}\right) = T\frac{\partial^2 f}{\partial x^2}\Delta x \tag{9.1.2}$$

그리고 뉴턴의 제2법칙으로부터

$$F=ma \Rightarrow \Delta F=(\Delta m)a=(\mu\Delta x)a=(\mu\Delta x)\frac{d}{dt}\frac{\partial f}{\partial t}$$

(여기서 $F$은 횡력이고 $\mu$은 선 질량밀도이다.)

$$\Rightarrow \Delta F = \mu(\Delta x)\frac{\partial^2 f}{\partial t^2} \tag{9.1.3}$$

식 (9.1.2)와 (9.1.3)으로부터 다음의 관계식을 얻는다.

$$T\frac{\partial^2 f}{\partial x^2}\triangle x = \mu(\triangle x)\frac{\partial^2 f}{\partial t^2} \Rightarrow \frac{\partial^2 f}{\partial x^2} = \frac{\mu}{T}\frac{\partial^2 f}{\delta t^2}$$

$$\therefore \frac{\partial^2 f}{\partial x^2} = \frac{1}{v^2}\frac{\partial^2 f}{\partial t^2} \tag{9.1.4}$$

여기서 $v = \sqrt{\frac{T}{\mu}}$ 인 줄에서의 횡파 속도이다(71).

그러므로 속도 $v$로 진행하는 파동방정식 $f(\vec{r}, t)$의 일반식은 다음과 같은 이차 편미분방정식으로 표현될 수 있음을 알 수 있다.

$$\nabla^2 f(\vec{r}, t) = \frac{1}{v^2}\frac{\partial^2 f(\vec{r}, t)}{\partial t^2}$$

즉, 식 (9.1.4)는 일차원에서의 속도 $v$로 진행하는 파동함수 $f(x, t)$에 대한 **파동방정식**이다(72).

앞에서 $+x$ 방향으로 일정한 속도 $v$로 진행하는 1차원 파등방정식 $f(x, t)$을 $x - vt$ 만의 함수로 나타낼 수 있음을 보았다. 이때 파동함수를 일반적으로 삼각함수 꼴로 나타내어서 1차원에서의 일반적인 파동함수는

$$f(x, t) = A\cos[k(x - vt) + \delta] \tag{9.1.5}$$

의 **사인파**(sinusoidal wave) 형태로 표현될 수 있다. 여기서 $A$는 파의 진폭, $k = \frac{2\pi}{\lambda}$ 인 파수(73), $[k(x - vt) + \delta]$은 위상이며, $\delta$은 위상상수이다.

위 식은

$$f(x, t) = A\cos(x - vt + \frac{\delta}{k})$$

---

(71) 증명은 [보충자료-1]을 참고하세요.

(72) 증명은 [보충자료-2]를 참고하세요.

(73) 파수 $k$와 파장 $\lambda$의 관계의 증명은 [보충자료-3]을 참고하세요.

이므로 $x = vt - \frac{\delta}{k}$일 때 최대값을 갖는다. 즉, 파동이 오른쪽으로 이동을 할 때 갖는 최대값이 $\frac{\delta}{k}$만큼 지연됨을 의미한다. 이를 그림으로 나타내면 다음과 같다.

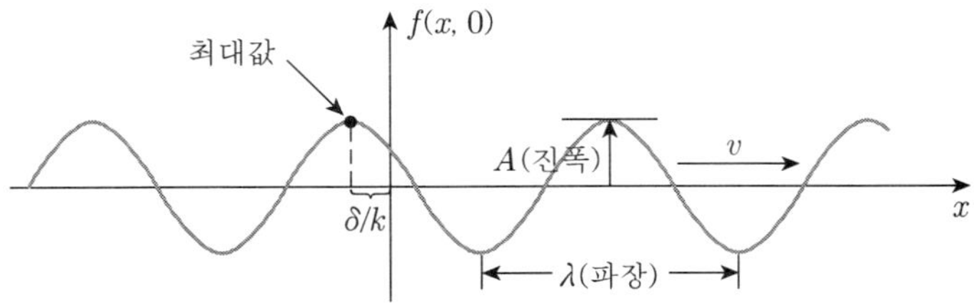


**그림 9.2**

반면에 $-x$ 방향으로 일정한 속도 $v$로 진행하는 1차원 파동에서 파동의 최대값이 $\frac{\delta}{k}$만큼 지연된다는 것은 위상상수가 $-\delta$가 됨을 뜻한다. 그러면 그때의 파동방정식은

$$f(x,t) = A\cos\left(x + vt - \frac{\delta}{k}\right)$$

$$\Rightarrow f(x,t) = A\cos\left[k(x+vt) - \delta\right] \tag{9.1.6}$$

로 표현된다. 파동함수는 우함수이므로 위 식은

$$f(x,t) = A\cos\left(-kx - vt + \delta\right)$$

로도 표현될 수 있다. 이 식을 식 (9.1.5)와 비교해보면 $+x$ 방향으로 파동이 이동할 때는 $k$가 양수이고, $-x$ 방향으로 파동이 이동할 때는 $k$가 음수임을 알 수 있다.

식 (9.1.5)를 각진동수 $\omega$로 나타내는 것이 편리할 때가 많다. 그러면

$$f(x,t) = A\cos\left(kx - kvt + \delta\right) = A\cos\left(kx - \omega t + \delta\right) \tag{9.1.7}$$

이 된다. $\tilde{f}(x,t)$를 복소(complex) 파동함수로 놓으면 위 식은

$$\tilde{f}(x,t) = Ae^{i\delta}e^{i(kx - \omega t)} = \tilde{A}e^{i(kx - \omega t)} \tag{9.1.8}$$

로 표현될 수 있다. 식 (9.1.7)을 얻기 위해서는 위 식의 실수부분만을 취하면 된다. 즉,

$$f(x,t) = Re\left[\tilde{f}(x,t)\right] \tag{9.1.9}$$

식 (9.1.8)을 사용하여 어떤 파동도 사인파로 다음과 같이 표현될 수 있다.

$$\tilde{f}(x,t) = \int_{-\infty}^{\infty} \tilde{A} e^{i(kx - \omega t)} dk \qquad (9.1.10)$$

여기서 $k$가 양수 그리고 음수일 때는 각각 파동의 진행 방향이 오른쪽과 왼쪽에 해당한다.

## 9.2 파동함수의 반사와 투과

선 질량밀도 $\mu$가 다른 두 줄이 $x = 0$에서 연결되어 있는 경우, 줄에서의 파동의 속도는 $v = \sqrt{\dfrac{T}{\mu}}$ 이므로 두 줄에서의 파동의 진행속도는 다르게 된다. 진행파가 $x = 0$인 경계에 도달하면 파동의 일부 또는 전부가 반사하게 된다.

$x < 0$인 영역에서 왼쪽에서 오른쪽으로 진행하는 **입사파** $f_I(x,t)$는 식 (9.1.8)로부터 다음과 같이 표현된다.

$$\tilde{f}_I(x,t) = \tilde{A}_I e^{i(k_1 x - \omega t)}$$

반면에 $x < 0$인 영역에서 오른쪽에서 왼쪽으로 진행하는 **반사파** $f_R(x,t)$는 위 식에서 $k_1$의 부호를 바꾸어 주면 되므로 다음과 같이 표현된다.

$$\tilde{f}_R(x,t) = \tilde{A}_R e^{i(-k_1 x - \omega t)}$$

그리고 $x > 0$인 영역에서의 **투과파** $f_T(x,t)$은

$$\tilde{f}_T(x,t) = \tilde{A}_T e^{i(k_2 x - \omega t)}$$

이다. 여기서 $k_1 = \dfrac{\omega}{v_1} = \omega\sqrt{\dfrac{\mu_1}{T}}$ 그리고 $k_2 = \dfrac{\omega}{v_2} = \omega\sqrt{\dfrac{\mu_2}{T}}$ 이다.

$x < 0$인 영역에서의 파동은 입사파와 반사파의 합이므로

$$\tilde{f}_{x<0}(x,t) = \widetilde{A_I} e^{i(k_1 x - \omega t)} + \widetilde{A_R} e^{i(-k_1 x - \omega t)} \tag{9.2.1}$$

이 되고 $x > 0$인 영역에서의 파동은 투과파만 존재하므로

$$\tilde{f}_{x>0}(x,t) = \widetilde{A_T} e^{i(k_2 x - \omega t)} \tag{9.2.2}$$

이 된다.

지금 고려하고 있는 $x=0$에서 두 줄이 연결되어 있는 경우에 대한 경계조건은 다음과 같다.

$$\begin{cases} \tilde{f}_{x<0}(0,t) = \tilde{f}_{x>0}(0,t) \\ \dfrac{\partial \tilde{f}_{x<0}}{\partial x}\Big|_{x=0} = \dfrac{\partial \tilde{f}_{x>0}}{\partial x}\Big|_{x=0} \end{cases} \tag{9.2.3}$$

식 (9.2.1)과 (9.2.2)를 위의 경계조건 관계식에 대입하면 다음과 같은 관계식을 얻는다.

$$\begin{cases} \widetilde{A}_I + \widetilde{A}_R = \widetilde{A}_T \\ k_1(\widetilde{A}_I - \widetilde{A}_R) = k_2 \widetilde{A}_T \end{cases} \tag{9.2.4}$$

우리가 구하고자 하는 물리량은 입사 복소진폭 크기에 대한 반사 복소진폭의 크기 비와 투과 복소진폭의 크기 비이다. 식 (9.2.4)의 첫 번째 관계식을 두 번째 관계식에 대입하면

$$\begin{aligned} k_1(\widetilde{A}_I - \widetilde{A}_R) = k_2(\widetilde{A}_I + \widetilde{A}_R) \ &\Rightarrow \ \widetilde{A}_I(k_1 - k_2) = \widetilde{A}_R(k_1 + k_2) \\ &\Rightarrow \ \widetilde{A}_R = \frac{k_1 - k_2}{k_1 + k_2}\widetilde{A}_I \\ &\Rightarrow \ \widetilde{A}_R = \frac{(\omega/v_1 - \omega/v_2)}{(\omega/v_1 + \omega/v_2)}\widetilde{A}_I \end{aligned}$$

$$\therefore \ \widetilde{A}_R = \left(\frac{v_2 - v_1}{v_2 + v_1}\right)\widetilde{A}_I \tag{9.2.5}$$

인 반사 복소진폭과 입사 복소진폭의 관계식을 얻는다. 식 (9.2.5)를 (9.2.4)의 첫 번째 관계식에 대입하면

$$\widetilde{A}_I + \frac{v_2 - v_1}{v_2 + v_1}\widetilde{A}_I = \widetilde{A}_T \ \Rightarrow \ \frac{2v_2}{v_2 + v_1}\widetilde{A}_I = \widetilde{A}_T$$

$$\therefore\ \widetilde{A}_T = \left(\frac{2v_2}{v_2+v_1}\right)\widetilde{A}_I \tag{9.2.6}$$

인 투과 복소진폭과 입사 복소진폭의 관계식을 얻는다.

이제 물리적으로 관측 또는 측정이 가능한 실수인 진폭과 위상의 물리량을 구해보자. 식 (9.2.5)와 (9.2.6)으로부터 다음의 관계식을 얻는다.

$$\begin{cases} A_R e^{i\delta_R} = \left(\dfrac{v_2-v_1}{v_2+v_1}\right) A_I e^{i\delta_I} \\ A_T e^{i\delta_T} = \left(\dfrac{2v_2}{v_2+v_1}\right) A_I e^{i\delta_I} \end{cases} \tag{9.2.7}$$

(i) $\mu_1 > \mu_2$인 경우 (이는 아래 그림과 같이 선 질량길도가 $\mu_1$인 줄의 끝이 자유롭게 움직이는 경우에 해당함)

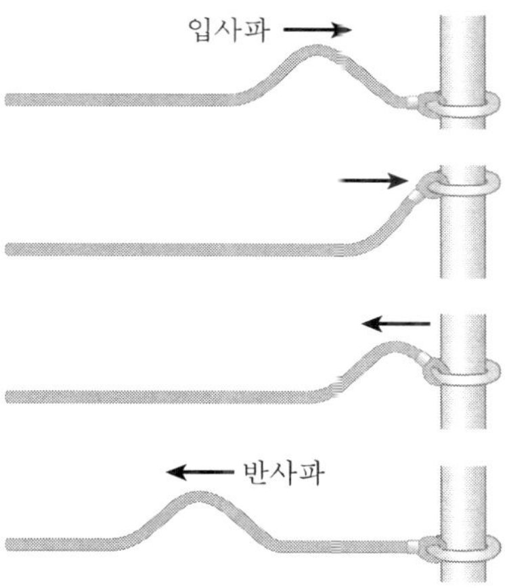


**그림 9.3**

즉, $v_1 < v_2$인 경우에는 식 (9.2.7)로부터 입사파, 반사파 그리고 투과파의 위상상수가 같게($\delta_I = \delta_R = \delta_T$)되는 것을 알 수 있다. 그러므로 식 (9.2.7)은

$$\begin{cases} A_R = \left(\dfrac{v_2-v_1}{v_2+v_1}\right) A_I \\ A_T = \left(\dfrac{2v_2}{v_2+v_1}\right) A_I \end{cases} \Rightarrow \begin{cases} \dfrac{A_R}{A_I} = \dfrac{v_2-v_1}{v_2+v_1} \\ \dfrac{A_T}{A_I} = \dfrac{2v_2}{v_2+v_1} \end{cases} \tag{9.2.8}$$

인 입사진폭 $A_I$에 대한 반사진폭 $A_R$인 비인 **반사계수**와 입사진폭 $A_I$에 대한 투과진폭 $A_T$의 비인 **투과계수**를 얻을 수 있다.

결과적으로 입사파의 일부인 투과파는 가벼운 줄에서 움직이고 반사파는 뒤집히지 않고 무거운 줄에서 움직인다.

(ii) $\mu_1 < \mu_2$인 경우 (이는 아래 그림과 같이 선 질량밀도가 $\mu_1$인 줄의 끝이 고정되어 있는 경우에 해당함)

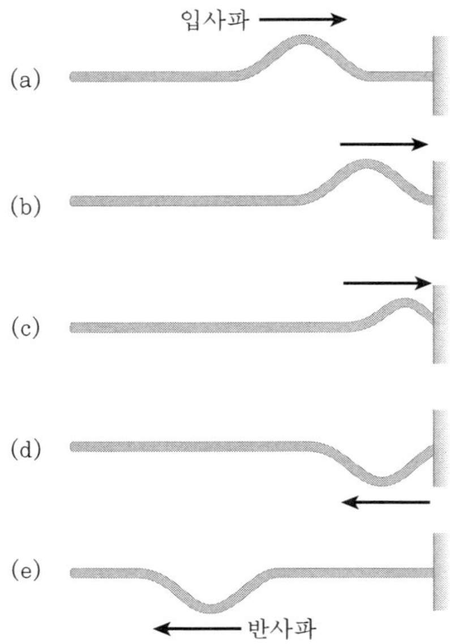


**그림 9.4**

즉, $v_1 > v_2$인 경우에는 경계조건으로부터 얻은 식 (9.2.7)의 첫 번째 관계식으로부터 반사파는 입사파와 $\pi$만큼 위상차가 생기는 것을 알 수 있다.

$$e^{i\delta_R} = e^{i(\delta_I \pm \pi)} = e^{i\delta_I} e^{\pm i\pi} = -e^{i\delta_I}$$

반면에 입사파와 투과파는 같은 위상을 갖는다($\delta_I = \delta_T$). 그러면 식 (9.2.7)은

$$\begin{cases} -A_R = \left(\dfrac{v_2 - v_1}{v_2 + v_1}\right) A_I \Rightarrow A_R = \left(\dfrac{v_1 - v_2}{v_1 + v_2}\right) A_I \\ A_T = \left(\dfrac{2v_2}{v_2 + v_1}\right) A_I \end{cases} \tag{9.2.9}$$

인 입사진폭 $A_I$에 대한 반사진폭 $A_R$ 그리고 투과진폭 $A_T$의 관계식을 준다. 결과적으로 입사파의 일부인 투과파는 무거운 줄에서 움직이고 반사파의 위상은 $\pi$만큼 차이가 나고(뒤집힌다는 의미) 가벼운 줄에서 움직인다.

만약 $\mu_1 \ll \mu_2 \Rightarrow v_1 \gg v_2$라고 하면 위의 관계식에서

$$A_R = \left(\frac{v_1 - v_2}{v_1 + v_2}\right)A_I = \left(\frac{1 - v_2/v_1}{1 + v_2/v_1}\right)A_I \approx A_I$$

그리고

$$A_T = \left(\frac{2v_2}{v_2 + v_1}\right)A_I = \left(\frac{2v_2/v_1}{v_2/v_1 + 1}\right)A_I \approx 0$$

을 얻는다. 이들 결과는 반사파의 진폭은 입사파의 진폭과 같으나 위상은 $\pi$만큼 차이가 나고 투과파는 존재하지 않는 경우에 해당한다.

## 9.3 전자기파

전자기파는 진행 방향과 진동 방향이 수직인 횡파이다. 전기장의 진동 방향이 특정한 방향으로 일정할 때 그 방향으로 **편광**되었다고 한다. 즉, 전기장의 진동 방향을 편광 방향 $\hat{\epsilon}$으로 잡는다. 2절에서 줄에서의 진동은 횡파임을 배웠다. 줄은 아래·위로 흔들어 진동시킬 수 있고 또는 좌·우로 흔들어 진동시킬 수 있다. 횡파는 아래 그림 (a)와 같이 $x$−축 방향으로 진동을 하며 $+z$ 방향으로 진행하는 **수직 편광**과 그림 (b)와 같이 $y$−축 방향으로 진동을 하며 $+z$ 방향으로 진행하는 **수평 편광**을 갖는다.(74)

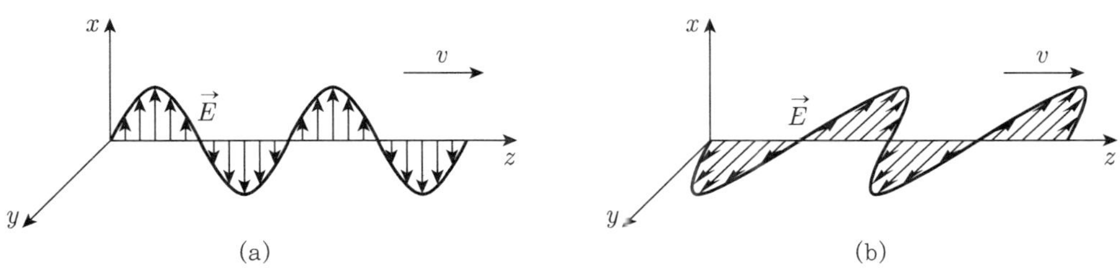


**그림 9.5**

(74) 수직 편광과 수평 편광은 선형 편광의 일종이다.

수직 편광인 파동 $\overrightarrow{f_a}$와 수평 편광인 파동 $\overrightarrow{f_b}$을 식 (9.1.7)과 유사하게 다음과 같이 나타낼 수 있다.

$$\begin{cases} \overrightarrow{\widetilde{f_a}}(z,t) = \widetilde{A}e^{i(kz-\omega t)}\hat{x} \\ \overrightarrow{\widetilde{f_b}}(z,t) = \widetilde{A}e^{i(kz-\omega t)}\hat{y} \end{cases} \tag{9.3.1}$$

아래 그림과 같이

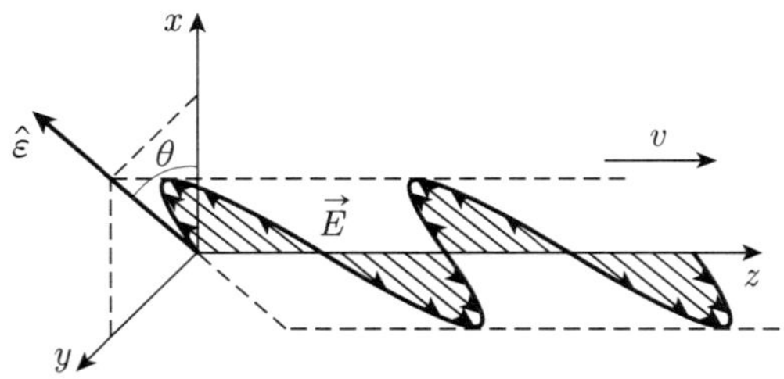


**그림 9.6**

전기장이 $xy$-평면에서 진동하며 $+z$ 방향으로 진행하는 파동에 대한 일반식은

$$\overrightarrow{\widetilde{f}}(z,t) = \widetilde{A}e^{i(kz-\omega t)}\hat{\epsilon} \tag{9.3.2}$$

이다. 위 그림과 같이 편광각 $\theta$을 갖는 편광벡터는

$$\hat{\epsilon} = \hat{x}\cos\theta + \hat{y}\sin\theta \tag{9.3.3}$$

이므로 식 (9.3.2)는 다음과 같이 표현될 수 있다.

$$\begin{aligned} \overrightarrow{\widetilde{f}}(z,t) &= \widetilde{A}e^{i(kz-\omega t)}(\hat{x}\cos\theta + \hat{y}\sin\theta) \\ &= (\widetilde{A}\cos\theta)e^{i(kz-\omega t)}\hat{x} + (\widetilde{A}\sin\theta)e^{i(kz-\omega t)}\hat{y} \end{aligned} \tag{9.3.4}$$

이를 식 (9.3.1)과 비교해보면 파동에 대한 일반식은 수직 편광인 파동과 수평 편광인 파동의 합으로 나타낼 수 있음을 알 수 있다.

그리고 $xy$-평면에 있는 편광벡터는 진행 방향인 $z$-축과 수직이므로

$$\hat{\epsilon} \cdot \hat{z} = 0 \tag{9.3.5}$$

의 관계를 만족한다.

반면에, 각 지점에서 전자기파의 전기장이 일정한 크기를 갖지만 그 방향이 파의 진행 방향에 수직인 평면에서 일정한 속도로 회전하는 아래 그림과 같은 편광 상태를 **원형 편광**되어 있다고 한다. 파의 진행 방향에 관해 편광 상태가 그림 (a)와 같이 반시계 방향으로 회전하면 오른손 방향 원형 편광이라 하고 그림 (b)와 같이 시계 방향으로 회전하면 왼손 방향 원형 편광이라 한다.

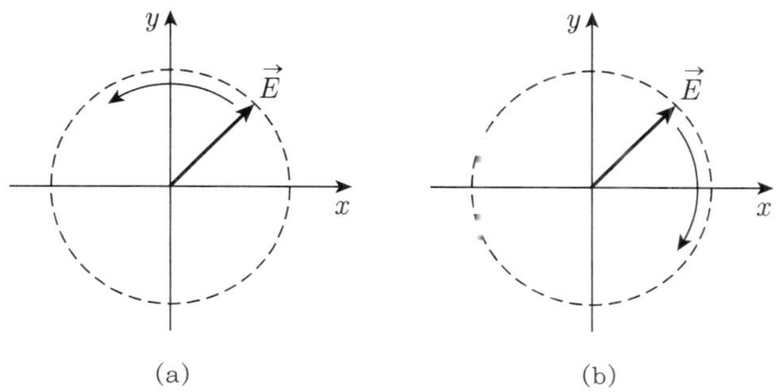


**그림 9.7**

전자기학에서 전하와 전류가 없는 자유공간(즉, $\rho=0$, $\vec{J}=0$)에서의 미분형 맥스웰 방정식은 다음과 같이 주어진다.

$$\begin{cases} \vec{\nabla}\cdot\vec{E}=\dfrac{\rho}{\epsilon_0} \Rightarrow \vec{\nabla}\cdot\vec{E}=0 \\ \vec{\nabla}\cdot\vec{B}=0 \\ \vec{\nabla}\times\vec{E}=-\dfrac{\partial\vec{B}}{\partial t} \\ \vec{\nabla}\times\vec{B}=\mu_0\vec{J}+\mu_0\epsilon_0\dfrac{\partial\vec{E}}{\partial t} \Rightarrow \vec{\nabla}\times\vec{B}=\mu_0\epsilon_0\dfrac{\partial\vec{E}}{\partial t} \end{cases} \tag{9.3.6}$$

위 식의 세 번째 관계식(패러데이 법칙)의 좌·우에 curl을 취하면

$$\vec{\nabla}\times(\vec{\nabla}\times\vec{E})=-\frac{\partial}{\partial t}(\vec{\nabla}\times\vec{B})=-\mu_0\epsilon_0\frac{\partial^2\vec{E}}{\partial t^2}$$ ($\because$ 위 식의 네 번째 관계식으로부터)

$$\Rightarrow \vec{\nabla}(\vec{\nabla}\cdot\vec{E})-\nabla^2\vec{E}=-\mu_0\epsilon_0\frac{\partial^2\vec{E}}{\partial t^2}$$ (75)

(75) 왼편의 증명은 《Guardian for mathematical physics》 by H. Park, 75쪽을 참조하세요.

이 되어

$$\therefore \ \nabla^2 \vec{E} = \mu_0 \epsilon_0 \frac{\partial^2 \vec{E}}{\partial t^2} \quad (\because \text{ 위 식의 첫 번째 관계식으로부터}) \qquad (9.3.7)$$

을 얻는다. 그리고 식 (9.3.6)의 네 번째 관계식 좌·우에 curl을 취하면

$$\vec{\nabla} \times (\vec{\nabla} \times \vec{B}) = \mu_0 \epsilon_0 \frac{\partial}{\partial t} (\vec{\nabla} \times \vec{E}) = -\mu_0 \epsilon_0 \frac{\partial^2 \vec{B}}{\partial t^2} \quad (\because \text{ 위 식의 세 번째 관계식으로부터})$$

$$\Rightarrow \ \vec{\nabla}(\vec{\nabla} \cdot \vec{B}) - \nabla^2 \vec{B} = -\mu_0 \epsilon_0 \frac{\partial^2 \vec{B}}{\partial t^2}$$

이 되어

$$\therefore \ \nabla^2 \vec{B} = \mu_0 \epsilon_0 \frac{\partial^2 \vec{B}}{\partial t^2} \quad (\because \text{ 위 식의 두 번째 관계식으로부터}) \qquad (9.3.8)$$

을 얻는다.

식 (9.3.7)과 (9.3.8)을 파동방정식인 식 (9.1.4)와 비교해보면 이들 식은 각각 진행하는 속도가 $\frac{1}{\sqrt{\mu_0 \epsilon_0}}$ 인 전기장 $\vec{E}$와 자기장 $\vec{B}$에 대한 파동방정식임을 알 수 있다. 자유공간에 대한 $\mu_0$와 $\epsilon_0$ 값을 대입하면 $\frac{1}{\sqrt{\mu_0 \epsilon_0}} = 3.0 \times 10^8 \, \mathrm{m/s}$ 을 얻는다. 이는 빛의 속도이다. 그러므로 전기장과 자기장으로 이루어져 있는 전자기파는 빛의 속도로 진행하는 횡파이다.

## 9.4 평면파

공간에서 진행하는 파동의 위상이 같은 위상을 갖는 면을 **파면**이라고 한다. 파면의 종류에 따라 파동에는 **평면파**(plane wave)와 **구면파**(spherical wave)가 있다. 파면이 무한 평면인 파동을 평면파[아래 그림 (a)]라 하고 반면에 파면이 구면인 파동을 구면파[아래 그림 (b)]라 한다. 파동의 원천으로부터 매우 멀리 떨어진 곳의 구면파는 곡률반경이 매우 커서 근사적으로는 평면파로 간주할 수 있다.

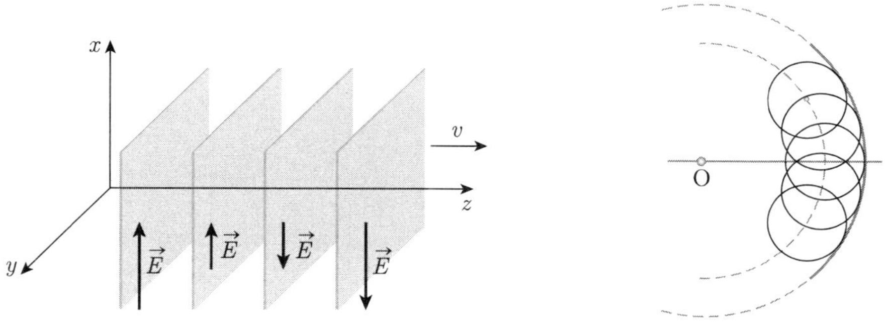


(a) (b)

**그림 9.8**

그림 (a)[76]와 같이 $+z$ 방향으로 빛의 속도$(c=\dfrac{\omega}{k})$로 진행하는 전자기파가 평면파로 기술되는 경우에는 전자기파의 전기장 벡터와 자기장 벡터는 같은 위상을 가지며 각각 다음과 같은 식으로 표현된다.

$$\vec{\widetilde{E}}(z,t)=\vec{\widetilde{E}}_0 e^{i(kz-\omega t)},\ \ \vec{\widetilde{B}}(z,t)=\vec{\widetilde{B}}_0 e^{i(kz-\omega t)} \tag{9.4.1}$$

여기서 복소 벡터인 $\vec{\widetilde{E}}_0$의 방향은 편광 방향이며 크기는 전기장의 진폭이고 $\vec{k}$는 파수이며 방향은 파동의 진행 방향이다. 평면파의 경우 위상인 $(kz-\omega t)$ 값이 일정하므로 주어진 시간 $t$에 대해 $kz$ 값이 일정하다는 것을 의미한다. 그리고

$$\vec{\nabla}\cdot\vec{E}=0 \Rightarrow \frac{\partial\widetilde{E}_x}{\partial x}+\frac{\partial\widetilde{E}_y}{\partial y}+\frac{\partial\widetilde{E}_z}{\partial z}=0 \Rightarrow \frac{\partial\widetilde{E}_z}{\partial z}=0$$

$$(\because\ xy\text{-평면에서 전기장은 일정하므로})$$

$$\Rightarrow (\widetilde{E}_0)_z[ike^{i(kz-\omega t)}]=0 \Rightarrow \therefore\ (\widetilde{E}_0)_z=0 \tag{9.4.2}$$

유사하게

$$\vec{\nabla}\cdot\vec{B}=0 \Rightarrow \frac{\partial\widetilde{B}_z}{\partial z}=(\widetilde{B}_0)_z[ike^{i(kz-\omega t)}]=0 \Rightarrow \therefore\ (\widetilde{B}_0)_z=0 \tag{9.4.3}$$

---

(76) 입사파의 전기장 방향이 입사평면에 평행(수직)할 때 그 전자기파는 p(s)편광되었다고 한다. 또는 p(s)편광을 TM(TE)파라고도 한다. 이렇게 불리는 이유는 뒤의 '도파관' 절에서 설명한다.

그러므로 전자기파의 전기장과 자기장의 진행 방향 성분은 존재하지 않는다.
그리고 식 (9.3.6)의 세 번째 관계식인 패러데이 법칙으로부터

$$\vec{\nabla}\times\vec{E}=-\frac{\partial\vec{B}}{\partial t}$$

$$\Rightarrow\begin{cases}\hat{x}:\ \dfrac{\partial\widetilde{E}_z}{\partial y}-\dfrac{\partial\widetilde{E}_y}{\partial z}=-\dfrac{\partial\widetilde{B}_x}{\partial t}\ \Rightarrow\ k(\widetilde{E}_0)_y=-\omega(\widetilde{B}_0)_x\\ \hat{y}:\ \dfrac{\partial\widetilde{E}_x}{\partial z}-\dfrac{\partial\widetilde{E}_z}{\partial x}=-\dfrac{\partial\widetilde{B}_y}{\partial t}\ \Rightarrow\ k(\widetilde{E}_0)_x=-\omega(\widetilde{B}_0)_y\\ \hat{z}:\ \dfrac{\partial\widetilde{E}_y}{\partial x}-\dfrac{\partial\widetilde{E}_x}{\partial y}=-\dfrac{\partial(\widetilde{B})_z}{\partial t}\ \Rightarrow\ 0=0\end{cases}\tag{9.4.4}$$

인 관계식을 얻고 식 (9.3.6)의 네 번째 관계식인 앙페르-맥스웰 법칙으로부터

$$\vec{\nabla}\times\vec{B}=\mu_0\epsilon_0\frac{\partial\vec{E}}{\partial t}$$

$$\Rightarrow\begin{cases}\hat{x}:\ \dfrac{\partial\widetilde{B}_z}{\partial y}-\dfrac{\partial\widetilde{B}_y}{\partial z}=\mu_0\epsilon_0\dfrac{\partial\widetilde{E}_x}{\partial t}\ \Rightarrow\ k(\widetilde{B}_0)_y=\mu_0\epsilon_0\omega(\widetilde{E}_0)_x\\ \hat{y}:\ \dfrac{\partial\widetilde{B}_x}{\partial z}-\dfrac{\partial\widetilde{B}_z}{\partial x}=\mu_0\epsilon_0\dfrac{\partial\widetilde{E}_y}{\partial t}\ \Rightarrow\ k(\widetilde{B}_0)_x=-\mu_0\epsilon_0\omega(\widetilde{E}_0)_y\\ \hat{z}:\ \dfrac{\partial\widetilde{B}_y}{\partial x}-\dfrac{\partial\widetilde{B}_x}{\partial y}=\mu_0\epsilon_0\dfrac{\partial\widetilde{E}_z}{\partial t}\ \Rightarrow\ 0=0\end{cases}\tag{9.4.5}$$

을 얻는다.

식 (9.4.4)와 (9.4.5)는 같은 관계식임을 쉽게 알 수 있고 이들은 다음의 관계식을 준다.

$$\begin{cases}(\widetilde{B}_0)_x=-\dfrac{k}{\omega}(\widetilde{E}_0)_y\\ (\widetilde{B}_0)_y=\dfrac{k}{\omega}(\widetilde{E}_0)_x\\ (\widetilde{B}_0)_z=0\end{cases}\tag{9.4.6}$$

여기서

$$\frac{1}{c}(\hat{z}\times\vec{\widetilde{E}_0})=\frac{k}{\omega}(\hat{z}\times\vec{\widetilde{E}_0})\quad\left(\because\ \frac{1}{c}=\frac{\omega}{c}\frac{1}{\omega}=\frac{k}{\omega}\right)$$

$$=\frac{k}{\omega}\begin{vmatrix}\hat{x}&\hat{y}&\hat{z}\\0&0&1\\(\widetilde{E}_0)_x&(\widetilde{E}_0)_y&0\end{vmatrix}=\frac{k}{\omega}[-\hat{x}(\widetilde{E}_0)_y+\hat{y}(\widetilde{E}_0)_x]$$

가 되어 관계식 (9.4.6)은

$$\overrightarrow{\widetilde{B}_0} = \frac{1}{c}(\hat{z} \times \overrightarrow{\widetilde{E}_0})$$

로 나타낼 수 있어서

$$\therefore\ \overrightarrow{\widetilde{B}} = \frac{1}{c}(\hat{z} \times \overrightarrow{\widetilde{E}}) \qquad (9.4.7)$$

인 관계식을 얻는다.

식 (9.4.7)은 자기장의 방향이 전기장의 방향과 수직임을 의미한다. 그러므로 식 (9.4.2), (9.4.3) 그리고 (9.4.7)의 물리적 의미는 전자기파의 전기장과 자기장은 서로 수직이고 전기장과 자기장은 각각 진행 방향과도 수직인 횡파라는 것이다.

**예제 9.1**

$+x$ 방향으로 빛의 속도로 진행하는 전자기파에서 전기장이 $\overrightarrow{\widetilde{E}}(x,t) = \widetilde{E}_0 e^{i(kx-\omega t)}\hat{y}$일 때, 자기장을 구하세요.

**풀이**

전자기파의 전기장과 자기장은 식 (9.4.7)의 관계에 있으므로

$$\overrightarrow{\widetilde{B}} = \frac{1}{c}(\hat{x} \times \overrightarrow{\widetilde{E}}) = \frac{1}{c}\begin{vmatrix} \hat{x} & \hat{y} & \hat{z} \\ 1 & 0 & 0 \\ 0 & \widetilde{E}_0 e^{i(kx-\omega t)} & 0 \end{vmatrix} = \hat{z}\frac{1}{c}\widetilde{E}_0 e^{i(kx-\omega t)} = \hat{z}\frac{1}{c}E_0 e^{i\delta} e^{i(kx-\omega t)}$$

$$= \frac{1}{c}E_0 e^{i(kx-\omega t+\delta)}\hat{z}$$

을 얻고 위 식에서 물리적 의미를 갖는 실수부분을 취하면

$$\overrightarrow{B}(x,t) = \frac{1}{c}E_0 \cos(kx-\omega t+\delta)\hat{z}$$

인 전기장과 수직 방향에 놓여 있는 자기장을 얻는다.

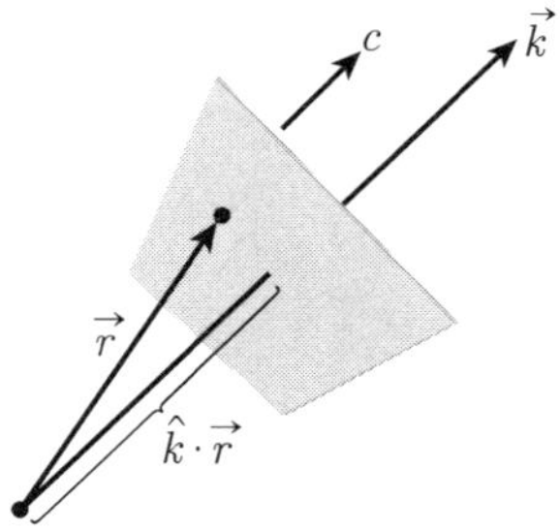


**그림 9.9**

위 그림과 같이 진행하는 파동의 방향이 특정한 축의 방향(예로서 앞에서 가정한 것과 같이 $\hat{z}$ 방향)이 아닌 보다 일반적인 방향인 경우에는 식 (9.4.1)과 (9.4.7)로부터 전기장과 자기장은 다음과 같이 표현됨을 알 수 있다.

$$\begin{cases} \vec{\widetilde{E}}(\vec{r},t) = \vec{\widetilde{E}}_0 e^{i(\vec{k}\cdot\vec{r}-\omega t)} = \widetilde{E}_0 e^{i(\vec{k}\cdot\vec{r}-\omega t)}\hat{\epsilon} \\ \vec{\widetilde{B}}(\vec{r},t) = \vec{\widetilde{B}}_0 e^{i(\vec{k}\cdot\vec{r}-\omega t)} = \dfrac{1}{c}\widetilde{E}_0 e^{i(\vec{k}\cdot\vec{r}-\omega t)}(\hat{k}\times\hat{\epsilon}) = \dfrac{1}{c}\hat{k}\times\vec{\widetilde{E}}(\vec{r},t) \end{cases}$$

여기서 $\hat{\epsilon}$과 $\hat{k}$은 각각 편광 방향과 파동의 진행 방향의 단위벡터이다.

$$\therefore\ \vec{B} = \frac{1}{c}(\hat{k}\times\vec{E}) \qquad (9.4.8)$$

전기장의 방향이 편광 방향이고 전기장과 파동의 진행 방향은 수직이므로 $\hat{k}\cdot\hat{\epsilon}=0$의 관계에 있다.

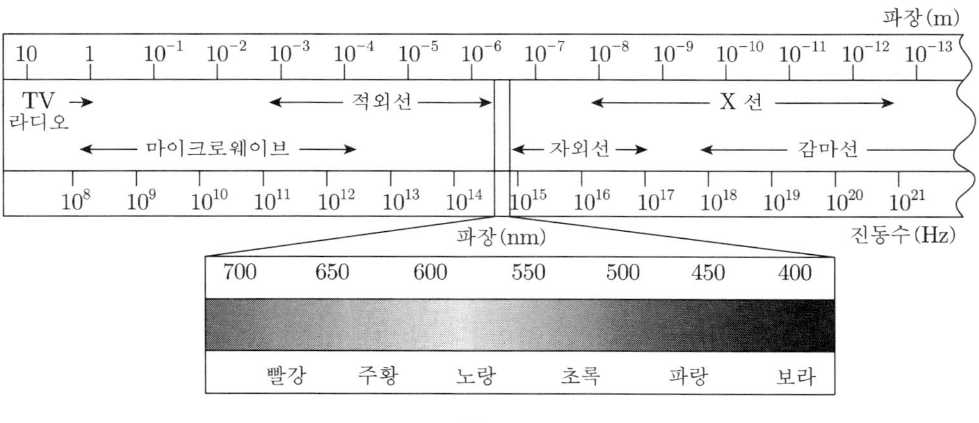


**그림 9.10**

이제 전자기파에 저장된 에너지에 대해 살펴보자. 단일 파장 또는 진동수 값을 갖는 빛을 **단색광**이라 하고 여러 파장의 빛이 혼합되어 있는 빛을 **복합광**이라 한다. 전자기파에서 위 그림과 같이 400~700 nm의 파장을 갖는 가시광선은 파장에 따라 다른 색을 나타낸다.

단색광의 경우 전기장과 자기장은 각각 다음과 같이 표현되어서

$$\begin{cases} \vec{E}(\vec{r},t) = E_0 \cos(\vec{k}\cdot\vec{r}-\omega t+\delta)\hat{\epsilon} \\ \vec{B}(\vec{r},t) = \dfrac{1}{c}[\vec{k}\times\vec{E}(\vec{r},t)] = \dfrac{1}{c}E_0\cos(\vec{k}\cdot\vec{r}-\omega t+\delta)(\hat{k}\times\hat{\epsilon}) \end{cases}$$

$$\Rightarrow B^2 = \vec{B}\cdot\vec{B} = \frac{1}{c^2}E_0^2\cos^2(\vec{k}\cdot\vec{r}-\omega t+\delta)[(\hat{k}\times\hat{\epsilon})\cdot(\hat{k}\times\hat{\epsilon})]$$

$$= \frac{1}{c^2}E_0^2\cos^2(\vec{k}\cdot\vec{r}-\omega t+\delta) \overset{(77)}{=} \frac{1}{c^2}E^2 = \mu_0\epsilon_0 E^2$$

$$\therefore\ B = \frac{1}{c}E \qquad (9.4.9)$$

인 자기장과 전기장의 관계식을 얻는다.

전자기장에 저장된 에너지밀도 $u_{em}$은

$$u_{em} = u_E + u_B = \frac{1}{2}(\epsilon_0 E^2 + \frac{1}{\mu_0}B^2)$$

$$= \frac{1}{2}(\epsilon_0 E^2 + \frac{1}{\mu_0}\mu_0\epsilon_0 E^2) = \epsilon_0 E^2 \text{ 또는 } \frac{1}{\mu_0}B^2$$

$$\Rightarrow u_{em} = \epsilon_0 E_0^2\cos^2(\vec{k}\cdot\vec{r}-\omega t+\delta) \text{ 또는 } \frac{1}{\mu_0}B_0^2\cos^2(\vec{k}\cdot\vec{r}-\omega t+\delta) \qquad (9.4.10)$$

이다. $+z$ 방향으로 진행하는 전자기파의 경우에 위 식은

$$u_{em} = \epsilon_0 E_0^2\cos^2(kz-\omega t+\delta)$$

(77) 증명은 [보충자료-4]를 참고하세요.

이 되어 포인팅 벡터는

$$\vec{S}=\frac{1}{\mu_0}\vec{E}\times\vec{B}=\hat{z}\frac{1}{\mu_0}\left(\frac{1}{c}E^2\sin\frac{\pi}{2}\right)=\hat{z}c\epsilon_0E_0^2\cos^2(kz-\omega t+\delta)=\hat{z}cu_{em}$$

$$\therefore\ \vec{S}=cu_{em}\hat{z} \tag{9.4.11}$$

이 된다. 위 관계식으로부터 포인팅 벡터의 단위를 살펴보면

$$[S]=\frac{\text{길이}}{\text{시간}}\frac{\text{에너지}}{\text{부피}}=\frac{\text{에너지}}{\text{시간}\cdot\text{면적}}$$

을 갖는다. 즉, 식 (9.4.11)은 전자기파에 의해 단위 시간당 단위 면적당 전달되는 에너지이다.

전자기장에 저장된 운동량 $\vec{p}_{em}$에 대한 식 (8.2.10)으로부터 전자기장의 운동량밀도는 $\vec{g}_{em}=\mu_0\epsilon_0\vec{S}$임을 배웠다.

$$\therefore\ \overrightarrow{g_{em}}=\mu_0\epsilon_0\vec{S}=\mu_0\epsilon_0(cu_{em})\hat{z}=\frac{1}{c}u_{em}\hat{z} \tag{9.4.12}$$

가시광선의 경우, 파장은 상대적으로 짧기 때문에 파동의 요동이 심한 것으로 간주할 수 있어 일반적으로 전자기파의 에너지밀도와 운동량밀도의 경우 해당 물리량의 시간 평균(78)을 취한다. 그러면 식 (9.4.10), (9.4.11) 그리고 (9.4.12)로부터

$$\begin{cases} <u_{em}>=\frac{1}{2}\epsilon_0E_0^2 \\ <\vec{S}>=\frac{1}{2}c\epsilon_0E_0^2\hat{z} \\ <\overrightarrow{g_{em}}>=\frac{1}{2c}\epsilon_0E_0^2\hat{z} \end{cases} \tag{9.4.13}$$

을 얻는다.

전자기파의 세기 $I$는 단위 면적에 전달되는 평균 복사전력(79)(즉, 단위 시간당 에너지)으

(78) 증명은 [보충자료-5]를 참고하세요.

(79) 전력(또는 일률)은 단위 시간당 에너지로 Joule/sec 또는 Watt를 단위로 갖는 물리량이다.

로 정의되므로

$$I = < S > = \frac{1}{2} c \epsilon_0 E_0^2 \qquad (9.4.14)$$

가 된다.

아래 그림과 같이 전자기파가 빛을 완전히 흡수하는 물체에 수직으로 입사할 경우에 **복사압력**(radiation pressure) $P_{압력}$을 구해보자.

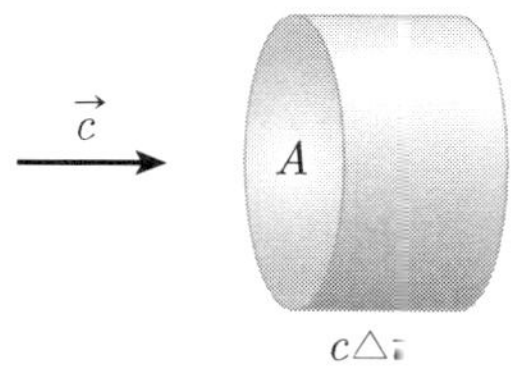


**그림 9.11**

빛을 흡수하는 물체의 길이는 $c\triangle t$에 해당하므로 단면적이 $A$인 물체의 부피는 $A(c\triangle t)$이다. 압력은 단위 면적당 작용하는 힘이므로

$$\begin{aligned} P_{압력} &= \frac{F}{A} = \frac{1}{A}\frac{\triangle p_{em}}{\triangle t} = \frac{1}{A\triangle t}(< g_{em} > \triangle V) \\ &= \frac{1}{A\triangle t}\left(\frac{1}{2c}\epsilon_0 E_0^2\right)(Ac\triangle t) \quad [\because \text{ 식 (9.4.13)으로부터}] \\ &= \frac{1}{2}\epsilon_0 E_0^2 = \frac{1}{2}\epsilon_0\left(\frac{2I}{c\epsilon_0}\right) \quad [\because \text{ 식 (9.4.14)로부터}] \end{aligned}$$

$$\therefore\ P_{압력} = \frac{I}{c} \qquad (9.4.15)$$

인 전자기파의 복사압력과 전자기파의 세기의 관계식을 얻는다.

만약에 물체가 빛을 완전히 흡수하는 경우가 아닌 빛을 완전히 반사하는 경우에는 전자기파의 운동량의 방향은 반대가 되기 때문에 위 식에서 $\triangle p \rightarrow 2\triangle p$가 되어 식 (9.4.15)는 다음과 같이 된다.

$$\therefore P_{압력} = 2\frac{I}{c} \qquad (9.4.16)$$

**예제 9.2**

라디오 방송국은 91.9 MHz 주파수에서 10 KW 신호를 전송한다. 문제를 간단하게 하기 위해서 방송 근원을 원천점으로 간주한다. 안테나에서 1 Km 떨어진 곳에서의 (a) 전기장과 자기장의 진폭 그리고 (b) 5분 동안 길이가 10 cm인 정사각형 판에 입사하는 전자기파의 에너지를 구하세요.

**풀이**

(a) 평균 포인팅 벡터의 크기는 단위 시간당 단위 면적당 전달된 에너지이므로

$$< S > = \frac{\text{평균에너지}}{\text{면적} \cdot \text{시간}} = \frac{\text{평균전력}}{\text{면적}} = \frac{\text{평균전력}}{4\pi r^2} = \frac{10 \times 10^3}{4\pi \times 10^6}\ \mathrm{W/m^2} = 0.80 \times 10^{-3}\ \mathrm{W/m}$$

가 된다. 식 (9.4.13)의 두 번째 관계식으로부터 평균 포인팅 벡터의 크기는

$$< S > = \frac{1}{2} c\epsilon_0 E_0^2$$

이므로

$$\frac{1}{2} c\epsilon_0 E_0^2 = 0.80 \times 10^{-3}\ \mathrm{W/m}$$

$$\Rightarrow E_0 = \sqrt{\frac{1.6 \times 10^{-3}}{c\epsilon_0}} = \sqrt{\frac{1.6 \times 10^{-3}}{3 \times 10^8 \times 8.85 \times 10^{-12}}}\ \mathrm{V/m} = 0.78\ \mathrm{V/m}$$

인 전기장의 진폭을 얻을 수 있다. 그리고 자기장의 진폭은 식 (9.4.9)로부터 다음과 같이 구할 수 있다.

$$B_0 = \frac{1}{c} E_0 = \frac{0.78}{3 \times 10^8}\ T(\text{또는 tesla}) = 0.26 \times 10^{-8}\ \mathrm{T}$$

(b) 식 (9.4.11)로부터 전자기파의 평균 에너지는

$$< u_{em} > = \frac{1}{c} < S > \Rightarrow < \Delta U_{em} > = (\frac{< S >}{c})(Ac\Delta t) = < S > A\Delta t$$

이므로 (a)에서 구한 결과를 대입하면

$$< \Delta U_{em} > = (0.8 \times 10^{-3})(10 \times 10^{-2} \times 10 \times 10^{-2})(5 \times 60)\ \mathrm{J} = 2.40 \times 10^{-3}\ \mathrm{J}$$

을 얻는다.

## 9.5 매질 내에서의 전자기파

자유전자와 자유전류가 존재하지 않는 매질에서의 맥스웰 방정식은 식 (7.5.14)에 $\rho_f = \overrightarrow{J_f} = 0$을 대입하면 다음과 같은 관계식을 얻을 수 있다.

$$\begin{cases} \overrightarrow{\nabla} \cdot \overrightarrow{D} = 0 \\ \overrightarrow{\nabla} \cdot \overrightarrow{B} = 0 \\ \overrightarrow{\nabla} \times \overrightarrow{E} = -\dfrac{\partial \overrightarrow{B}}{\partial t} \\ \overrightarrow{\nabla} \times \overrightarrow{H} = \dfrac{\partial \overrightarrow{D}}{\partial t} \end{cases} \tag{9.5.1}$$

만약 매질이 균일한 선형매질이라면 $\overrightarrow{D} = \epsilon \overrightarrow{E}$ 그리고 $\overrightarrow{H} = \dfrac{1}{\mu}\overrightarrow{B}$이므로, 여기서 $\epsilon$와 $\mu$는 각각 매질의 유전율과 투자율, 위 관계식은 다음과 같이 표현된다.

$$\begin{cases} \overrightarrow{\nabla} \cdot \overrightarrow{E} = 0 \\ \overrightarrow{\nabla} \cdot \overrightarrow{B} = 0 \\ \overrightarrow{\nabla} \times \overrightarrow{E} = -\dfrac{\partial \overrightarrow{B}}{\partial t} \\ \overrightarrow{\nabla} \times \overrightarrow{B} = \mu\epsilon \dfrac{\partial \overrightarrow{E}}{\partial t} \end{cases} \tag{9.5.2}$$

자유공간에서 전자기파의 속도 $c = \dfrac{1}{\sqrt{\mu_0 \epsilon_0}}$를 주는 관계식 (9.3.7)과 식 (9.5.2)를 비교해 보면 $\mu_0 \to \mu$ 그리고 $\epsilon_0 \to \epsilon$ 외에는 다른 차이가 없다. 그러므로 균일한 선형매질 내에서의 전자기파의 속도 $v$은 다음과 같이 나타낼 수 있다.

$$c = \frac{1}{\sqrt{\mu_0\epsilon_0}} \xrightarrow[\epsilon_0 \to \epsilon]{\mu_0 \to \mu} v = \frac{1}{\sqrt{\mu\epsilon}} = \frac{c}{n} \tag{9.5.3}$$

여기서 $n$은 매질의 **굴절률**이다.

위 식으로부터 $n = \frac{c}{v} = \sqrt{\frac{\mu\epsilon}{\mu_0\epsilon_0}}$ 인 굴절률에 대한 관계식을 얻는데, 대부분의 매질의 경우에는 $\mu_0 \approx \mu$이어서 다음의 관계식을 얻는다.

$$n \approx \sqrt{\frac{\epsilon}{\epsilon_0}} = \sqrt{\epsilon_r}$$

비유전율 $\epsilon_r$은 항상 1보다 큰 값이므로 식 (9.5.3)으로부터 매질을 지나는 전자기파의 속도는 광속보다 느려짐을 알 수 있다.

결과적으로 매질 내에서의 물리량은 자유공간에서 구한 물리량에 $\mu_0 \to \mu$, $\epsilon_0 \to \epsilon$ 그리고 $c \to v$로 변경해주면 된다. 예로서 에너지밀도, 포인팅 벡터, 운동량밀도 그리고 빛의 세기는 매질 내에서 다음과 같이 각각 표현된다.

$$u_{em} = \frac{1}{2}(\epsilon E^2 + \frac{1}{\mu}B^2), \quad \vec{S} = \frac{1}{\mu}(\vec{E} \times \vec{B}), \quad \vec{g}_{em} = \frac{1}{v}u_{em}\hat{z} \text{ 그리고 } I = \frac{1}{2}v\epsilon E_0^2$$

식 (9.5.1)로부터 경계조건을 구하기 위해 7장에서 경계조건을 구한 것과 유사한 방법을 적용하면 자유전자와 자유전류가 존재하지 않는 두 선형매질 사이의 경계조건이 다음과 같다.

$$\begin{cases} \epsilon_1 E_{1\perp} = \epsilon_2 E_{2\perp} \\ B_{1\perp} = B_{2\perp} \\ E_{1\parallel} = E_{2\parallel} \\ \frac{1}{\mu_1} B_{1\parallel} = \frac{1}{\mu_2} B_{2\parallel} \end{cases} \tag{9.5.4}$$

전자기파가 경계면에 수직으로 입사하는 경우와 경계면에 비스듬히 입사하는 경우에 대해 위의 경계조건을 사용함으로써 반사와 굴절에 대한 관계식을 구해보자.

### (1) 전자기파가 경계면에 수직으로 입사할 경우

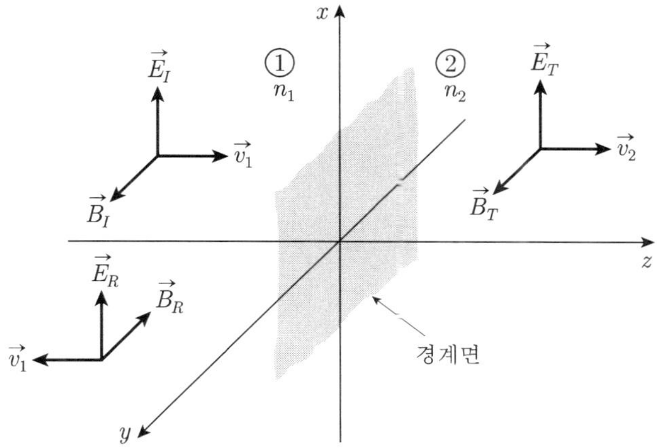


**그림 9.12**

위 그림과 같이 굴절률이 $n_1$인 매질과 굴절률이 $n_2$인 매질의 경계면이 $xy$-평면을 이루며 매질 1에서 $+x$ 방향으로 편광되어 있는 전자기파가 각진동수 $\omega$로 $+z$ 방향으로 진행하는 경우에 대한 입사파, 반사파 그리고 투과파의 전자기장은 다음과 같이 표현된다.

$$\text{입사파:}\begin{cases}\widetilde{E}_I(z,t)=\widetilde{E}_{0I}e^{i(k_1z-\omega t)}\hat{x}\\ \widetilde{B}_I(z,t)=\dfrac{1}{v_1}(\hat{k}\times\overrightarrow{\widetilde{E}_I})=\dfrac{1}{v_1}(\hat{z}\times\hat{x})\widetilde{E}_{0I}e^{i(k_1z-\omega t)}=\dfrac{1}{v_1}\widetilde{E}_{0I}e^{i(k_1z-\omega t)}\hat{y}\end{cases}$$

$$\text{반사파:}\begin{cases}\widetilde{E}_R(z,t)=\widetilde{E}_{0R}e^{i(-k_1z-\omega t)}\hat{x}\\ \widetilde{B}_R(z,t)=\dfrac{1}{v_1}(\hat{k}\times\overrightarrow{\widetilde{E}}_R)=\dfrac{1}{v_1}(-\hat{z}\times\hat{x})\widetilde{E}_{0R}e^{i(-k_1z-\omega t)}\end{cases}$$

$$=-\frac{1}{v_1}\widetilde{E}_{0R}e^{i(-k_1z-\omega t)}\hat{y}$$

($\because$ 오른쪽으로 진행하는 파는 양의 $k$ 값을 갖고, 왼쪽으로 진행하는 파는 음의 $k$ 값을 가지므로)

$$\text{투과파:}\begin{cases}\widetilde{E}_T(z,t)=\widetilde{E}_{0T}e^{i(k_2z-\omega t)}\hat{x}\\ \widetilde{B}_T(z,t)=\dfrac{1}{v_2}(\hat{k}\times\overrightarrow{\widetilde{E}}_T)=\dfrac{1}{v_1}(\hat{z}\times\hat{x})\widetilde{E}_{0T}e^{i(k_2z-\omega t)}=\dfrac{1}{v_2}\widetilde{E}_{0T}e^{i(k_2z-\omega t)}\hat{y}\end{cases}$$

위 관계식에서 반사파와 투과파의 편광 방향은 입사파의 편광 방향과 같게 놓았다.(80)

경계면에 수직 성분은 $z-$축 방향이나 입사파, 반사파 그리고 투과파의 $\hat{z}$ 성분이 없다. 반면에 $z=0$인 경계면에서 전자기장의 수평 성분은 경계조건인 식 (9.5.4)의 세 번째와 네 번째 관계식으로부터 다음의 관계를 만족해야 한다.

$$\begin{cases} \widetilde{E}_{0I}+\widetilde{E}_{0IR}=\widetilde{E}_{0T} \\ \dfrac{1}{\mu_1}(\widetilde{B}_{0I}+\widetilde{B}_{0R})=\dfrac{1}{\mu_2}\widetilde{B}_{0T} \end{cases} \Rightarrow \frac{1}{\mu_1}(\frac{1}{v_1}\widetilde{E}_{0I}-\frac{1}{v_1}\widetilde{E}_{0R})=\frac{1}{\mu_2}(\frac{1}{v_2}\widetilde{E}_{0T})$$

$$\Rightarrow \mu_2 v_2(\widetilde{E}_{0I}-\widetilde{E}_{0R})=\mu_1 v_1\widetilde{E}_{0T}$$

$$\Rightarrow \widetilde{E}_{0I}-\widetilde{E}_{0R}=\frac{\mu_1 v_1}{\mu_2 v_2}\widetilde{E}_{0T}=\beta\widetilde{E}_{0T}$$

여기서 편의상 경계면 왼편과 오른편을 관계시키는 상수를 $\beta=\dfrac{\mu_1 v_1}{\mu_2 v_2}$로 놓았다.

그러면 위의 두 경계조건으로부터 입사파의 전기장 진폭에 대한 반사파와 투과파의 전기장 진폭의 관계식을 다음과 같이 각각 얻을 수 있다.

$$\begin{cases} \widetilde{E}_{0I}+\widetilde{E}_{0IR}=\widetilde{E}_{0T} \\ \widetilde{E}_{0I}-\widetilde{E}_{0R}=\beta\widetilde{E}_{0T} \end{cases} \Rightarrow \begin{cases} \widetilde{E}_{0T}=(\dfrac{2}{1+\beta})\widetilde{E}_{0I} \\ \widetilde{E}_{0R}=(\dfrac{1-\beta}{1+\beta})\widetilde{E}_{0I} \end{cases} \tag{9.5.5}$$

앞에서 언급했듯이 대부분의 매질의 경우 $\mu_1\approx\mu_2\approx\mu_0$이므로 $\beta=\dfrac{\mu_1 v_1}{\mu_2 v_2}\approx\dfrac{v_1}{v_2}$가 되어 위 식은 다음과 같이 표현될 수 있다.

$$\begin{cases} \widetilde{E}_{0T}=\left(\dfrac{2}{1+v_1/v_2}\right)\widetilde{E}_{0I}=\left(\dfrac{2v_2}{v_2+v_1}\right)\widetilde{E}_{0I} \text{ 또는 } \left(\dfrac{2n_1}{n_1+n_2}\right)\widetilde{E}_{0I} \\ \widetilde{E}_{0R}=\left(\dfrac{1-v_1/v_2}{1+v_1/v_2}\right)\widetilde{E}_{0I}=\left(\dfrac{v_2-v_1}{v_2+v_1}\right)\widetilde{E}_{0I} \text{ 또는 } \left(\dfrac{n_1-n_2}{n_1+n_2}\right)\widetilde{E}_{0I} \end{cases} \tag{9.5.6}$$

만약 $v_2>v_1$이면 반사파와 투과파의 전기장 위상은 입사파의 전기장의 위상과 같다. 그리고 $v_2<v_1$이면 위 식의 두 번째 관계식으로부터 반사파의 전기장 위상은 입사파의 전기장의 위상과 $\pi$만큼 차이가 난다는 것을 알 수 있다. 반면에 투과파의 전기장 위상은

(80) 증명은 [보충자료-6]를 참고하세요.

입사파의 전기장의 위상과 같다. 이 결과는 2절에서 다룬 질량이 다른 줄이 연결되어 있는 경우에서 줄에서의 파동의 위상에 대한 식 (9.2.8)과 (9.2.9)와 같은 결과임을 알 수 있다.

진공에서의 빛의 세기는 식 (9.4.14)로부터 $I=\frac{1}{2}c\epsilon_0 E_0^2$이므로 매질에서의 빛의 세기는 $I=\frac{1}{2}v\epsilon E_0^2$이다. **반사율** $R$과 **투과율** $T$를 각각 입사하는 빛의 세기 $I_I$에 대한 반사하는 빛의 세기 $I_R$의 비 그리고 투과하는 빛의 세기 $I_T$의 비로 정의하면 식 (9.5.6)으로부터 다음의 관계식을 얻는다.

$$\begin{cases} R=\dfrac{I_R}{I_I}=\dfrac{\frac{1}{2}v_1\epsilon_1 E_{0R}^2}{\frac{1}{2}v_1\epsilon_1 E_{0I}^2}=\left(\dfrac{n_1-n_2}{n_1+n_2}\right)^2 \\ T=\dfrac{I_T}{I_I}=\dfrac{\frac{1}{2}v_2\epsilon_2 E_{0R}^2}{\frac{1}{2}v_1\epsilon_1 E_{0I}^2}=\dfrac{v_2\epsilon_2}{v_1\epsilon_1}\left(\dfrac{2n_1}{n_1+n_2}\right)^2=\dfrac{\frac{c}{n_2}n_2^2\epsilon_0}{\frac{c}{n_1}n_1^2\epsilon_0}\dfrac{4n_1^2}{(n_1+n_2)^2}=\dfrac{4n_1n_2}{(n_1+n_2)^2} \end{cases} \tag{9.5.7}$$

$$\left(\because\ n_i=\sqrt{\frac{\epsilon_i}{\epsilon_0}}\ \Rightarrow\ \epsilon_2=n_2^2\epsilon_0\right)$$

위에서 구한 반사율 $R$과 투과율 $T$를 합하면 다음과 같이 기대한 대로 1이 된다.

$$R+T=\frac{(n_1-n_2)^2}{(n_1+n_2)^2}+\frac{4n_1n_2}{(n_1+n_2)^2}=\frac{(n_1+n_2)^2}{(n_1+n_2)^2}=1 \tag{9.5.8}$$

이 관계는 에너지가 보전된다는 것을 의미한다.

**예제 9.3**

$+z$ 방향으로 진행하는 평면파가 있다. 진폭이 $E_0$이며 각진동수 $\omega$로 $+x$ 방향으로 진동하는 평면파 전기장이 진공에서 유리로 수직하게 입사한다. 진공과 유리의 굴절률은 각각 $n_1=1$과 $n_2=1.5$이다. 이때의 입사파, 반사파 그리고 투과파를 구한 뒤에 반사율과 투과율을 구하세요.

**풀이**

입사파, 반사파 그리고 투과파는 각각 다음과 같다.

$$\tilde{E}_I(z,t) = \tilde{E}_{0I} e^{i(k_1 z - \omega t)} \hat{x} = \tilde{E}_{0I} e^{i(\frac{\omega n_1}{c} z - \omega t)} \hat{x} = \tilde{E}_{0I} e^{i\omega(\frac{n_1}{c} z - t)} \hat{x}$$

$$\tilde{E}_R(z,t) = \tilde{E}_{0R} e^{i(-k_1 z - \omega t)} \hat{x} = \tilde{E}_{0I} e^{-i\omega(\frac{n_1}{c} z + t)} \hat{x}$$

$$\tilde{E}_T(z,t) = \tilde{E}_{0T} e^{i(k_2 z - \omega t)} \hat{x} = \tilde{E}_{0I} e^{i\omega(\frac{n_2}{c} z - t)} \hat{x}$$

그리고 반사율과 투과율은 식 (9.5.7)로부터 다음과 같다.

$$R = (\frac{n_1 - n_2}{n_1 + n_2})^2 = \frac{(1-1.5)^2}{(1+1.5)^2} = 0.04$$

$$T = \frac{4n_1 n_2}{(n_1 + n_2)^2} = \frac{4 \times 1 \times 1.5}{(1+1.5)^2} = 0.96 \text{ 또는 } T = 1 - R = 0.96$$

즉, 공기에서 유리로 수직으로 입사하는 전자기파는 대부분 투과함을 알 수 있다.

### (2) 전자기파 경계면에 비스듬히 입사할 경우

이제 일반적인 경우로서 두 매질의 경계면에 아래 그림과 같이 $\theta_I$(**입사각**)로 입사하는 평면파의 경우에 대해 살펴보자. 여기서 $\theta_R$과 $\theta_T$는 각각 **반사각** 그리고 **굴절각**이다. $\hat{k_I} = \hat{z}$인 경우(즉, $\theta_I = 0$)는 (1)에서 다룬 평면파가 경계면에 수직으로 입사하는 경우에 해당한다. 이 경우 입사파의 전기장과 자기장은 각각 다음과 같이 표현된다.

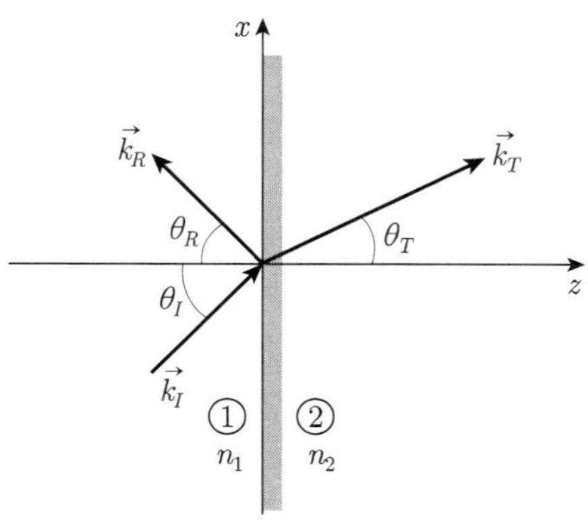


**그림 9.13**

$$\begin{cases} \vec{\tilde{E}}_I(\vec{r},t) = \vec{\tilde{E}}_{0I}\, e^{i(\vec{k}_I \cdot \vec{r} - \omega t)} \\ \vec{\tilde{B}}_I(\vec{r},t) = \dfrac{1}{v_1}\hat{k}_I \times \vec{\tilde{E}}_I(\vec{r},t), \end{cases}$$ [여기서 자기장은 식 (9.4.7)로부터] (9.5.9)

유사한 방법으로 반사파와 투과파의 전자기장은 각각 다음과 같이 표현된다.

$$\begin{cases} \vec{\tilde{E}}_R(\vec{r},t) = \vec{\tilde{E}}_{0R} e^{i(\vec{k}_R \cdot \vec{r} - \omega t)} \\ \vec{\tilde{B}}_R(\vec{r},t) = \dfrac{1}{v_1}\hat{k}_R \times \vec{\tilde{E}}_R(\vec{r},t) \end{cases} \tag{9.5.10}$$

그리고

$$\begin{cases} \vec{\tilde{E}}_T(\vec{r},t) = \vec{\tilde{E}}_{0T}\, e^{i(\vec{k}_T \cdot \vec{r} - \omega t)} \\ \vec{\tilde{B}}_T(\vec{r},t) = \dfrac{1}{v_2}\hat{k}_T \times \vec{\tilde{E}}_T(\vec{r},t) \end{cases} \tag{9.5.11}$$

모든 파는 같은 각진동수 $\omega$를 갖기 때문에

$$\omega = k_I v_1 = k_R v_1 = k_T v_2$$ (81)

$$\Rightarrow k_I = k_R = \frac{v_2}{v_1} k_T = \frac{n_1}{n_2} k_T \tag{9.5.12}$$

의 관계를 만족한다.

그리고 경계조건인 $\vec{\tilde{E}}_I + \vec{\tilde{E}}_R = \vec{\tilde{E}}_T$를 만족하기 위해서는

$$\vec{k}_I \cdot \vec{r} = \vec{k}_R \cdot \vec{r} = \vec{k}_T \cdot \vec{r}$$

$$\Rightarrow k_{Ix}x + k_{Iy}y = k_{Rx}x + k_{Ry}y = k_{Tx}x + k_{Ty}y$$

$$\xrightarrow{x=0\text{에 대해}} k_{Iy}y = k_{Ry}y = k_{Ty}y \Rightarrow k_{Iy} = k_{Ry} = k_{Ty}$$

$$\Rightarrow k_I \sin\theta_I = k_R \sin\theta_R = k_T \sin\theta_T$$

$$\Rightarrow \begin{cases} \sin\theta_I = \sin\theta_R \\ k_I \sin\theta_I = k_T \sin\theta_T \end{cases}$$ [∵ 식 (9.5.12)로부터] (9.5.13)

그러므로 위 식의 첫 번째 관계식으로부터

---

(81) [예제 9.4]를 참고하세요.

$$\theta_I = \theta_R$$

인 반사되는 전자기파의 진행 방향은 입사각과 반사각이 같다는 조건으로부터 결정된다는 **스넬**(Snell)**의 반사법칙**의 관계식을 얻는다. 그리고 식 (9.5.13)의 두 번째 관계식으로부터

$$\frac{\sin\theta_T}{\sin\theta_I} = \frac{k_I}{k_T} = \frac{v_2}{v_1} = \frac{n_1}{n_2} \quad [\because \text{ 식 (9.5.12)로부터}]$$

$$\therefore \ \frac{\sin\theta_T}{\sin\theta_I} = \frac{n_1}{n_2} \ \text{ 또는 } n_1\sin\theta_I = n_2\sin\theta_T \qquad (9.5.14)$$

을 얻는다. 이는 입사각과 투과각 사이의 관계인 **스넬**(Snell)**의 굴절법칙**이다. 두 매질 사이의 굴절률 차이가 클수록, 입사각과 굴절각 사이의 차이도 커지고, 굴절률이 작은 매질에서 큰 매질로 전자기파가 입사하는 경우(즉, $n_1 < n_2$)에는 입사각이 굴절각보다 크다. 반대로 굴절률이 큰 매질에서 작은 매질로 입사하는 경우(즉, $n_1 > n_2$)에는 굴절각이 입사각보다 크다.

스넬의 법칙은 한 매질에서 다른 매질로 빛을 보낼 때 적용하여 광섬유에서 빛을 효과적으로 전달하는 데 응용되고 있다.

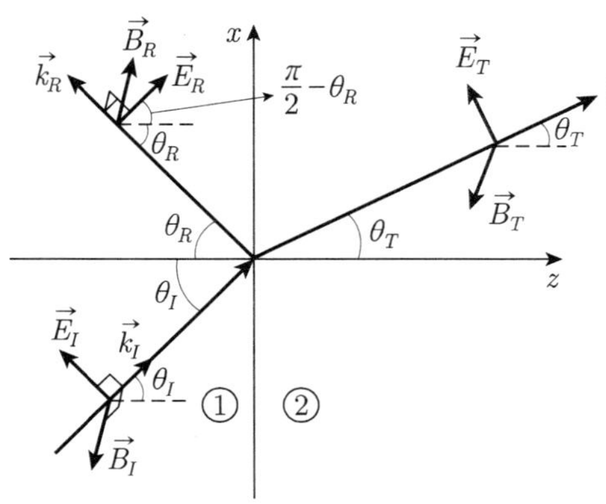


**그림 9.14**

그리고 식 (9.5.4)로부터 다음과 같은 경계조건에 관한 관계식을 얻는다.

$$\begin{cases} \epsilon_1 E_{1\perp} = \epsilon_2 E_{2\perp} \Rightarrow \epsilon_1(\vec{\tilde{E}}_{0I} + \vec{\tilde{E}}_{0R})_z = \epsilon_2(\vec{\tilde{E}}_{0T})_z \\ B_{1\perp} = B_{2\perp} \Rightarrow (\vec{\tilde{B}}_{0I} + \vec{\tilde{B}}_{0R})_z = (\vec{\tilde{B}}_{0T})_z \\ \vec{E}_{1\parallel} = \vec{E}_{2\parallel} \Rightarrow (\vec{\tilde{E}}_{0I} + \vec{\tilde{E}}_{0R})_{x,y} = (\vec{\tilde{E}}_{0T})_{x,y} \\ \frac{1}{\mu_1}\vec{B}_{1\parallel} = \frac{1}{\mu_2}\vec{B}_{2\parallel} \Rightarrow \frac{1}{\mu_1}(\vec{\tilde{B}}_{0I} + \vec{\tilde{B}}_{0R})_{x,y} = \frac{1}{\mu_2}(\vec{\tilde{B}}_{0T})_{x,y} \end{cases} \tag{9.5.15}$$

위 그림과 같이 입사파의 전기장 방향(또는 편광 방향)이 $xz$-평면에 평행하다고 가정하면 식 (9.5.15)의 첫 번째 관계식으로부터

$$\epsilon_1[\tilde{E}_{0I}\cos(\frac{\pi}{2}+\theta_I) + \tilde{E}_{0R}\cos(\frac{\pi}{2}-\theta_R)] = \epsilon_2\tilde{E}_{0T}\cos(\frac{\pi}{2}+\theta_T)$$

$$\Rightarrow \epsilon_1(-\tilde{E}_{0I}\sin\theta_I + \tilde{E}_{0R}\sin\theta_R) = -\epsilon_2\tilde{E}_{0T}\sin\theta_T$$

$$\Rightarrow \epsilon_1(-\tilde{E}_{0I}\sin\theta_I + \tilde{E}_{0R}\sin\theta_I) = -\epsilon_2\tilde{E}_{0T}\sin\theta_T \quad (\because \text{ 반사법칙으로부터}) \tag{9.5.16}$$

을 얻고 식 (9.5.15)의 세 번째 관계식으로부터

$$\tilde{E}_{0I}\sin(\frac{\pi}{2}+\theta_I) + \tilde{E}_{0R}\sin(\frac{\pi}{2}-\theta_R) = \tilde{E}_{0T}\sin(\frac{\pi}{2}+\theta_T)$$

$$\Rightarrow \tilde{E}_{0I}\cos\theta_I + \tilde{E}_{0R}\cos\theta_R = \tilde{E}_{0T}\cos\theta_T$$

$$\Rightarrow \tilde{E}_{0I}\cos\theta_I + \tilde{E}_{0R}\cos\theta_I = \tilde{E}_{0T}\cos\theta_T \quad (\because \text{ 반사법칙으로부터})$$

$$\Rightarrow \tilde{E}_{0I} + \tilde{E}_{0R} = \frac{\cos\theta_T}{\cos\theta_I}\tilde{E}_{0T} = \alpha\tilde{E}_{0T}, \text{ 여기서 } \alpha = \frac{\cos\theta_T}{\cos\theta_I}\text{인 상수} \tag{9.5.17}$$

을 얻는다. 그리고 식 (9.5.15)의 네 번째 관계식으로부터

$$\frac{1}{\mu_1}(\vec{\tilde{B}}_{0I} + \vec{\tilde{B}}_{0R})_y = \frac{1}{\mu_2}(\vec{\tilde{B}}_{0T})_y \Rightarrow \frac{1}{\mu_1}\frac{1}{v_1}(\tilde{E}_{0I} - \tilde{E}_{0R}) = \frac{1}{\mu_2}\frac{1}{v_2}\tilde{E}_{0T}$$

을 얻는다. 여기서 반사파가 음의 부호를 갖는 이유는 $\tilde{B}_0 = \frac{1}{v}(\hat{k}\times\vec{\tilde{E}}_0)$의 관계식에서 입사파와 반사파의 $\hat{k}$의 부호가 바뀌기 때문이다. 위 식은

$$\Rightarrow \tilde{E}_{0I} - \tilde{E}_{0R} = \left(\frac{\mu_1 v_1}{\mu_2 v_2}\right)\tilde{E}_{0T} = \left(\frac{\mu_1 n_2}{\mu_2 n_1}\right)\tilde{E}_{0T} = \beta\tilde{E}_{0T} \tag{9.5.18}$$

이 된다. 식 (9.5.17)과 (9.5.18)을 더하면

$$2\widetilde{E}_{0I} = (\alpha + \beta)\widetilde{E}_{0T} \Rightarrow \therefore \widetilde{E}_{0T} = \frac{2}{\alpha + \beta}\widetilde{E}_{0I} \tag{9.5.19}$$

인 투과파와 입사파의 관계식을 얻는다. 그리고 식 (9.5.17)과 (9.5.18)을 뺀 뒤, 그 결과에 식 (9.5.19)를 대입하면 다음과 같은 반사파와 입사파의 관계식을 얻는다.

$$2\widetilde{E}_{0R} = (\alpha - \beta)\widetilde{E}_{0T} \Rightarrow \widetilde{E}_{0R} = \left(\frac{\alpha - \beta}{2}\right)\widetilde{E}_{0T} = \left(\frac{\alpha - \beta}{2}\right)\left(\frac{2}{\alpha + \beta}\right)\widetilde{E}_{0I}$$

$$\therefore \widetilde{E}_{0R} = \left(\frac{\alpha - \beta}{\alpha + \beta}\right)\widetilde{E}_{0I} \tag{9.5.20}$$

식 (9.5.19)와 (9.5.20)은 전기장 방향(편광 방향)이 입사 평면과 평행인 경우에 대한 **프레스넬**(Fresnel) **방정식**이라 한다. 두 식에 있는 상수 $\alpha = \dfrac{\cos\theta_T}{\cos\theta_I}$와 $\beta = \dfrac{\mu_1 n_2}{\mu_2 n_1}$은 양의 부호를 가지므로 식 (9.5.19)는 입사파와 투과파가 같은 위상을 갖는다는 것을 나타낸다. 그리고 식 (9.5.20)은 $\alpha > \beta$인 경우에는 입사파와 반사파가 같은 위상을 갖고 $\alpha < \beta$인 경우에는 입사파와 반사파의 위상이 $\pi$만큼 차이가 난다는 것을 나타낸다.

① 입사각이 $\theta_I = 0$이면 경계면에 수직으로 입사하는 경우에 해당하며 이때

$$\alpha = \frac{\cos\theta_T}{\cos\theta_I} = \frac{\sqrt{1 - \sin^2\theta_T}}{\cos\theta_I} = \frac{\sqrt{1 - (\frac{n_1}{n_2}\sin\theta_I)^2}}{\cos\theta_I} \qquad [\because \text{ 식 (9.5.14)로부터}]$$

$$\therefore \alpha = 1$$

이 되어 이를 프레스넬 방정식인 식 (9.5.19)와 (9.5.20)에 대입하면

$$\begin{cases} \widetilde{E}_{0T} = \left(\dfrac{2}{1 + \beta}\right)\widetilde{E}_{0I} \\ \widetilde{E}_{0R} = \left(\dfrac{1 - \beta}{1 + \beta}\right)\widetilde{E}_{0I} \end{cases}$$

을 얻는데 이 결과는 기대한 대로 경계면에 수직으로 입사하는 경우에서 얻은 식 (9.5.5)와 같은 결과이다.

② 만약 $\alpha = \beta$이면 식 (9.5.20)에서 $\widetilde{E}_{0R} = 0$이 되어 반사파가 존재하지 않는다. 반사파

가 존재하지 않을 때의 입사각을 **브루스터**(Brewster)**각** $\theta_B$로 정의한다. 그러면

$$\alpha=\beta \Rightarrow \frac{\cos\theta_T}{\cos\theta_B}=\beta \Rightarrow \frac{1-\sin^2\theta_T}{1-\sin^2\theta_B}=\beta^2$$

$$\Rightarrow \frac{1-(\frac{n_1}{n_2})^2\sin^2\theta_B}{1-\sin^2\theta_B}=\beta^2 \quad [\because \text{ 식 (9.5.14)로부터}]$$

$$\Rightarrow \left[(\frac{n_1}{n_2})^2-\beta^2\right]\sin^2\theta_B=1-\beta^2 \Rightarrow \sin^2\theta_B=\frac{1-\beta^2}{(\frac{n_1}{n_2})^2-\beta^2}$$

대부분의 매질의 경우 $\mu_1 \approx \mu_2$이므로 $\beta=\frac{\mu_1 n_2}{\mu_2 n_1}\approx\frac{n_2}{n_1}$가 되어 이를 위 식에 대입하면

$$\sin^2\theta_B=\frac{1-\beta^2}{(\frac{1}{\beta})^2-\beta^2}=\frac{\beta^2(1-\beta^2)}{1-\beta^4}=\frac{\beta^2(1-\beta^2)}{(1+\beta^2)(1-\beta^2)}=\frac{\beta^2}{1+\beta^2}$$

을 얻어서

$$\tan\theta_B=\frac{\sin\theta_B}{\cos\theta_B}=\frac{\sin\theta_B}{\sqrt{1-\sin^2\theta_B}}=\frac{\sqrt{\frac{\beta^2}{1+\beta^2}}}{\sqrt{\frac{1}{1+\beta^2}}}=\beta\approx\frac{n_2}{n_1}$$

인 모든 전자기파가 투과하기 위한 조건에 대한 관계식을 얻는다. [예제 9.3]과 같은 경우에는 브루스터각은

$$\theta_B=\tan^{-1}\left(\frac{1.5}{1}\right)\approx 56.3^0$$

이다. 그러므로 입사 매질이 진공인 경우에는 브루스터각을 측정하면 투과 매질의 굴절률을 알아낼 수 있다.

③ 입사각이 $\theta_I=\frac{\pi}{2}$인 경우

$$\alpha=\frac{\sqrt{1-(\frac{n_1}{n_2}\sin\theta_I)^2}}{\cos\theta_I}\rightarrow\infty$$

가 된다. 이를 식 (9.5.19)와 (9.5.20)에 대입하면 $\widetilde{E}_{0T}=0$ 그리고 $\widetilde{E}_{0R}=\widetilde{E}_{0I}$가 되어 투과하는 전자기파는 존재하지 않고 모두 반사(이를 **전반사**라 함)하게 된다.

경계면에서의 입사파, 반사파 그리고 투과파의 세기는 각각

$$I_I=\vec{S}_I\cdot\hat{z}=\frac{1}{2}\epsilon_1 v_1 E_{0I}^2\cos\theta_I,$$

$$I_R=\vec{S}_R\cdot\hat{z}=\frac{1}{2}\epsilon_1 v_1 E_{0R}^2\cos\theta_R=\frac{1}{2}\epsilon_1 v_1\left(\frac{\alpha-\beta}{\alpha+\beta}\right)^2 E_{0I}^2\cos\theta_R$$

$$=\frac{1}{2}\epsilon_1 v_1\left(\frac{\alpha-\beta}{\alpha+\beta}\right)^2 E_{0I}^2\cos\theta_I$$

[∵ 식 (9.5.20) 그리고 식 (9.5.13)으로부터]

$$\Rightarrow\ I_R=\left(\frac{\alpha-\beta}{\alpha+\beta}\right)^2 I_I$$

그리고

$$I_T=\vec{S}_T\cdot\hat{z}$$

$$=\frac{1}{2}\epsilon_2 v_2 E_{0T}^2\cos\theta_T=\frac{1}{2}\epsilon_2 v_2\left(\frac{2}{\alpha+\beta}\right)^2 E_{0I}^2\cos\theta_T\ \text{[∵ 식 (9.5.19)로부터]}$$

$$=\frac{1}{2}\epsilon_2 v_2\left(\frac{2}{\alpha+\beta}\right)^2\left(\frac{2I_I}{\epsilon_1 v_1\cos\theta_I}\right)\cos\theta_T=\frac{\epsilon_2 v_2}{\epsilon_1 v_1}\left(\frac{2}{\alpha+\beta}\right)^2\frac{\cos\theta_T}{\cos\theta_I}I_I$$

$$=\frac{n_2^2 v_2}{n_1^2 v_1}\left(\frac{2}{\alpha+\beta}\right)^2\frac{\cos\theta_T}{\cos\theta_I}I_I\quad\left(\because\ n_i=\sqrt{\frac{\epsilon_i}{\epsilon_0}}\ \Rightarrow\ \epsilon_2=n_i^2\epsilon_0\right)$$

$$=\left(\frac{n_2^2}{n_1^2}\right)\left(\frac{c/n_2}{c/n_1}\right)\left(\frac{2}{\alpha+\beta}\right)^2\frac{\cos\theta_T}{\cos\theta_I}I_I=\left(\frac{n_2}{n_1}\right)\left(\frac{2}{\alpha+\beta}\right)^2\frac{\cos\theta_T}{\cos\theta_I}I_I\ \left(\because\ n_i=\frac{c}{v_i}\right)$$

$$=\beta\left(\frac{2}{\alpha+\beta}\right)^2\alpha I_I$$

$$\Rightarrow\ I_T=\alpha\beta\left(\frac{2}{\alpha+\beta}\right)^2 I_I$$

이다.

그러므로 반사율과 투과율은 다음과 같다.

$$\begin{cases} R=\dfrac{I_R}{I_I}=(\dfrac{\alpha-\beta}{\alpha+\beta})^2 \\ T=\dfrac{I_T}{I_I}=\alpha\beta(\dfrac{2}{\alpha+\beta})^2 \end{cases},\ \text{여기서}\ \alpha=\frac{\cos\theta_T}{\cos\theta_I}\text{와}\ \beta=\frac{\mu_1 n_2}{\mu_2 n_1}\text{이다.} \tag{9.5.21}$$

그리고

$$R+T=(\frac{\alpha-\beta}{\alpha+\beta})^2+\alpha\beta(\frac{2}{\alpha+\beta})^2=\frac{\alpha^2+\beta^2+2\alpha\beta}{(\alpha+\beta)^2}=1$$

이 되어 기대한 대로 에너지가 보존됨을 알 수 있다.

**예제 9.4**

모든 $x$에 관해 $E_1e^{ik_1x}+E_2e^{ik_2x}=E_3e^{ik_3x}$일 때 $k_1=k_2=k_3$임을 보이세요.

**풀이**

$E_1e^{ik_1x}+E_2e^{ik_2x}=E_3e^{ik_3x}$을 $x$에 관해 한 번 그리고 두 번 미분하면 각각 다음의 관계식을 얻는다.

$$\begin{cases} k_1E_1e^{ik_1x}+k_2E_2e^{ik_2x}=k_3E_3e^{ik_3x} \\ k_1^2E_1e^{ik_1x}+k_2^2E_2e^{ik_2x}=k_3^2E_3e^{ik_3x} \end{cases}$$

그러면 $x=0$에서 세 개의 관계식을 얻을 수 있다.

$$E_1+E_2=E_3,\ k_1E_1+k_2E_2=k_3E_3\ \text{그리고}\ k_1^2E_1+k_2^2E_2=k_3^2E_3$$

그러면

$$k_1E_1+k_2E_2=k_3E_3 \Rightarrow \begin{cases} k_1^2E_1^2+k_1k_2E_1E_2=k_1k_3E_1E_3 \\ k_1k_2E_1E_2+k_2^2E_2^2=k_2k_3E_2E_3 \end{cases}$$

을 얻을 수 있다. 위의 두 관계식을 더하면

$$\begin{aligned} k_1^2E_1^2+2k_1k_2E_1E_2+k_2^2E_2^2 &= k_1k_3E_1E_3+k_2k_3E_2E_3 \\ &= k_3(k_1E_1+k_2E_2)E_3=k_3(k_3E_3)E_3 \\ &= (k_3^2E_3)E_3=(k_1^2E_1+k_2^2E_2)(E_1+E_2) \\ &= k_1^2E_1^2+k_2^2E_1E_2+k_1^2E_1E_2+k_2^2E_2^2 \end{aligned}$$

$$\Rightarrow 2k_1k_2E_1E_2=k_1^2E_1E_2+k_2^2E_1E_2$$

을 얻는다. 여기서 $E_1 \neq 0$, $E_2 \neq 0$이므로 위 식은

$$k_1^2 - 2k_1k_2 + k_2^2 = 0 \Rightarrow (k_1 - k_2)^2 = 0$$

$$\therefore k_1 = k_2$$

이다. 그러면

$$k_1E_1 + k_2E_2 = k_3E_3 \Rightarrow k_1(E_1 + E_2) = k_3E_3 = k_3(E_1 + E_2)$$

$$\therefore k_1 = k_3$$

결과적으로 $k_1 = k_2 = k_3$의 관계식을 얻는다.

## 9.6 도체 내에서의 전자기파

① 지금까지는 자유전하와 자유전류가 없는 공간과 매질 내에서의 전자기파에 대해서 살펴보았다. 이 절에서는 옴의 법칙 $\vec{J} = \sigma\vec{E}$을 따르는 선형매질인 도체 내에서의 전자기장에 대해 살펴본다. 이때의 미분형 맥스웰 방정식은 다음과 같다.

$$\begin{cases} \vec{\nabla} \cdot \vec{E} = \dfrac{\rho}{\epsilon} \Rightarrow \vec{\nabla} \cdot \vec{E} = 0 \\ \vec{\nabla} \cdot \vec{B} = 0 \\ \vec{\nabla} \times \vec{E} = -\dfrac{\partial \vec{B}}{\partial t} \\ \vec{\nabla} \times \vec{B} = \mu\vec{J} + \mu\epsilon\dfrac{\partial \vec{E}}{\partial t} \Rightarrow \vec{\nabla} \times \vec{B} = \mu\sigma\vec{E} + \mu\epsilon\dfrac{\partial \vec{E}}{\partial t} \end{cases} \tag{9.6.1}$$

위 식의 네 번째 관계식(패러데이 법칙)의 좌·우에 curl을 취하면

$$\vec{\nabla} \times (\vec{\nabla} \times \vec{E}) = -\frac{\partial}{\partial t}(\vec{\nabla} \times \vec{B}) = -\frac{\partial}{\partial t}\left(\mu\sigma\vec{E} + \mu\epsilon\frac{\partial \vec{E}}{\partial t}\right) = -\mu\sigma\frac{\partial \vec{E}}{\partial t} - \mu\epsilon\frac{\partial^2 \vec{E}}{\partial t^2}$$

[∵ 식 (9.6.1)의 네 번째 관계식으로부터]

$$\Rightarrow \vec{\nabla}(\vec{\nabla} \cdot \vec{E}) - \nabla^2\vec{E} = -\mu\sigma\frac{\partial \vec{E}}{\partial t} - \mu\epsilon\frac{\partial^2 \vec{E}}{\partial t^2}$$

$$\therefore\ \nabla^2\vec{E}=\mu\epsilon\frac{\partial^2\vec{E}}{\partial t^2}+\mu\sigma\frac{\partial\vec{E}}{\partial t}\quad [\because\ 식\ (9.6.1)의\ 첫\ 번째\ 관계식으로부터] \tag{9.6.2}$$

그리고 식 (9.6.1)의 네 번째 관계식 좌·우에 curl을 취하면

$$\vec{\nabla}\times(\vec{\nabla}\times\vec{B})=\mu\sigma(\vec{\nabla}\times\vec{E})+\mu\epsilon\frac{\partial}{\partial t}(\vec{\nabla}\times\vec{E})=-\mu\sigma\frac{\partial\vec{B}}{\partial t}-\mu\epsilon\frac{\partial^2\vec{B}}{\partial t^2}$$

[∵ 식 (9.6.1)의 세 번째 관계식으로부터]

$$\Rightarrow\ \vec{\nabla}(\vec{\nabla}\cdot\vec{B})-\nabla^2\vec{B}=-\mu\sigma\frac{\partial\vec{B}}{\partial t}-\mu\epsilon\frac{\partial^2\vec{B}}{\partial t^2}$$

$$\therefore\ \nabla^2\vec{B}=\mu\epsilon\frac{\partial^2\vec{B}}{\partial t^2}+\mu\sigma\frac{\partial\vec{B}}{\partial t}\quad [\because\ 식\ (9.6.1)의\ 두\ 번째\ 관계식으로부터] \tag{9.6.3}$$

이제 식 (9.6.2)와 (9.6.3)을 만족하는 전기장과 자기장을 구하자. 각진동수 $\omega$로 $xy$-평면에서 진동하면서 $+z$ 방향으로 진행하는 전자기파의 경우, 4절에서 구한 전기장 벡터와 자기장 벡터의 식 (9.4.1)에서 $k\rightarrow\tilde{k}$로 변경한 것이 식 (9.6.2)와 (9.6.3)의 解라고 하면 이때의 $\tilde{k}$을 구하면 된다.

$$\begin{cases}\vec{\tilde{E}}(z,t)=\vec{\tilde{E}}_0e^{i(\tilde{k}z-\omega t)}\\ \vec{\tilde{B}}(z,t)=\vec{\tilde{B}}_0e^{i(\tilde{k}z-\omega t)}\end{cases} \tag{9.6.4}$$

여기서 $\tilde{k}$은 $\tilde{k}=k+i\kappa$인 복소수 파수이다. 식 (9.6.4)를 (9.6.2)에 대입하면

$$\Rightarrow\ (i\tilde{k})^2=\mu\epsilon(-i\omega)^2+\mu\sigma(-i\omega)=0\ \Rightarrow\ -(k+i\kappa)^2=-\mu\epsilon\omega^2-i\mu\sigma\omega$$

$$\Rightarrow\ (k+i\kappa)^2=\mu\epsilon\omega^2+i\mu\sigma\omega\ \Rightarrow\ \begin{cases}k^2-\kappa^2=\mu\epsilon\omega^2\\ 2k\kappa=\mu\sigma\omega\end{cases} \tag{9.6.5}$$

식 (9.6.5)에서 $\kappa$를 소거하면

$$k^2-\left(\frac{\mu\sigma\omega}{2k}\right)^2-\mu\epsilon\omega^2=0\ \Rightarrow\ 4k^4-4\mu\epsilon\omega^2k^2-\mu^2\sigma^2\omega^2=0$$

$$\Rightarrow k^2 = \frac{2\mu\epsilon\omega^2 \pm \sqrt{(2\mu\epsilon\omega^2)^2 + 4\mu^2\sigma^2\omega^2}}{4} = \frac{\mu\epsilon\omega^2 \pm \mu\epsilon\omega^2\sqrt{1+(\frac{\sigma}{\epsilon\omega})^2}}{2}$$

파수인 $k$은 실수이므로 분자의 부호가 음수가 될 수 없으므로 다음과 같은 관계식을 얻을 수 있다.

$$\therefore\ k = \left[\frac{\mu\epsilon\omega^2 \pm \mu\epsilon\omega^2\sqrt{1+(\frac{\sigma}{\epsilon\omega})^2}}{2}\right]^{\frac{1}{2}} = \omega\sqrt{\frac{\mu\epsilon}{2}}\left[\sqrt{1+(\frac{\sigma}{\epsilon\omega})^2}+1\right]^{\frac{1}{2}} \qquad (9.6.6)$$

그리고 식 (9.6.5)에서 $k$을 소거하면

$$\Rightarrow \kappa^2 - (\frac{\mu\sigma\omega}{2\kappa})^2 + \mu\epsilon\omega^2 = 0 \Rightarrow 4\kappa^4 + 4\mu\epsilon\omega^2\kappa^2 - \mu^2\sigma^2\omega^2 = 0$$

$$\Rightarrow \kappa^2 = \frac{-2\mu\epsilon\omega^2 \pm \sqrt{(2\mu\epsilon\omega^2)^2 + 4\mu^2\sigma^2\omega^2}}{4} = \frac{-\mu\epsilon\omega^2 \pm \mu\epsilon\omega^2\sqrt{1+(\frac{\sigma}{\epsilon\omega})^2}}{2}$$

여기서 $\kappa$은 실수이므로 분자의 부호가 음수가 될 수 없다.

$$\therefore\ \kappa = \left[\frac{-\mu\epsilon\omega^2 + \mu\epsilon\omega^2\sqrt{1+(\frac{\sigma}{\epsilon\omega})^2}}{2}\right]^{\frac{1}{2}} = \omega\sqrt{\frac{\mu\epsilon}{2}}\left[\sqrt{1+(\frac{\sigma}{\epsilon\omega})^2}-1\right]^{\frac{1}{2}} \qquad (9.6.7)$$

식 (9.6.4)로부터

$$\begin{cases} \overrightarrow{\widetilde{E}}(z,t) = \overrightarrow{\widetilde{E}_0} e^{i[(k+i\kappa)z-\omega t]} = [\overrightarrow{\widetilde{E}_0} e^{i(kz-\omega t)}]e^{-\kappa z} \\ \overrightarrow{\widetilde{B}}(z,t) = \overrightarrow{\widetilde{B}_0} e^{i(\tilde{k}z-\omega t)} = [\overrightarrow{\widetilde{B}_0} e^{i(kz-\omega t)}]e^{-\kappa z} \end{cases} \qquad (9.6.8)$$

을 얻는다. $e^{-\kappa z}$에 의해 $+z$ 방향으로 진행할수록 전자기파의 진폭의 크기는 줄어든다. 진폭이 $e^{-1}$만큼 줄어드는 데까지의 거리를 **침투 깊이**(skin depth) $d$라 한다. 즉

$$\kappa d = 1 \Rightarrow d = \frac{1}{\kappa} \tag{9.6.9}$$

침투 깊이는 전자기파가 도체 내로 얼마나 깊이 침투하는지를 측정하는 데 사용된다.

식 (9.6.8)의 전자기장 벡터는 식 (9.6.1)의 맥스웰 방정식을 만족한다. 전기장의 방향이 $\hat{x}$ 방향이라고 가정하면 식 (9.6.8)로부터 전기장 벡터는

$$\vec{\tilde{E}}(z,t) = \tilde{E}_0 e^{-\kappa z} e^{i(kz-\omega t)} \hat{x} \tag{9.6.10}$$

가 된다. 그때

$$\vec{\nabla} \times \vec{\tilde{E}}(z,t) = \begin{vmatrix} \hat{x} & \hat{y} & \hat{z} \\ \frac{\partial}{\partial x} & \frac{\partial}{\partial y} & \frac{\partial}{\partial z} \\ \tilde{E}_0 e^{-\kappa z} e^{i(kz-\omega t)} & 0 & 0 \end{vmatrix} = \hat{y}\frac{\partial}{\partial z}[\tilde{E}_0 e^{-\kappa z} e^{i(kz-\omega t)}]$$

$$= \hat{y}(ik-\kappa)\tilde{E}(z,t) = i(k+i\kappa)\tilde{E}(z,t)\hat{y} = i\tilde{k}\tilde{E}(z,t)\hat{y}$$

이 된다. 그러면

$$\vec{\nabla} \times \vec{\tilde{E}} = -\frac{\partial \vec{\tilde{B}}}{\partial t} \Rightarrow i\tilde{k}\tilde{E}(z,t)\hat{y} = -\left[-i\omega \vec{\tilde{B}}(z,t)\right] = i\omega \vec{\tilde{B}}(z,t)$$

$$\therefore \vec{\tilde{B}}(z,t) = \frac{\tilde{k}}{\omega}\tilde{E}(z,t)\hat{y} = \frac{\tilde{k}}{\omega}\tilde{E}_0 e^{-\kappa z} e^{i(kz-\omega t)}\hat{y} \tag{9.6.11}$$

인 자기장 벡터를 얻는다.

복소수 파수인 $\tilde{k} = k + i\kappa$을 아래 그림과 같은 복소평면에서 $\tilde{k} = Ke^{i\phi}$로 표현해보자.

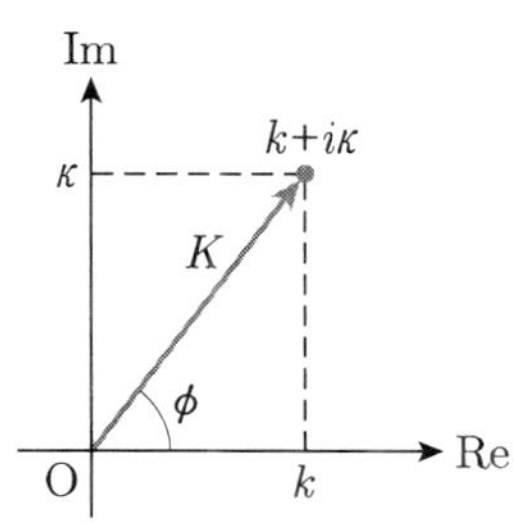


**그림 9.15**

여기서 $K = \sqrt{k^2+\kappa^2} = \left[\mu\epsilon\omega^2\sqrt{1+(\frac{\sigma}{\epsilon\omega})^2}\right]^{\frac{1}{2}}$ [∵ 식 (9.6.6)과 (9.6.7)을 대입하면]

그리고

$$\tan\phi = \frac{\kappa}{k} \Rightarrow \phi = \tan^{-1}\left(\frac{\left[\sqrt{1+(\frac{\sigma}{\epsilon\omega})^2}-1\right]^{\frac{1}{2}}}{\left[\sqrt{1+(\frac{\sigma}{\epsilon\omega})^2}+1\right]^{\frac{1}{2}}}\right)$$

식 (9.6.10)과 (9.6.11)에서 전자기장의 복소 진폭은 위상상수 $\delta$을 포함하고 있으므로 전기장과 자기장의 복소 진폭은 각각 다음과 같이 표현될 수 있다.

$$\widetilde{E}_0 = E_0 e^{i\delta_E} \quad \text{그리고} \quad \widetilde{B}_0 = B_0 e^{i\delta_B}$$

식 (9.6.8)의 두 번째 관계식을 식 (9.6.11)의 왼편에 대입하면

$$\widetilde{B}_0 e^{-\kappa z} e^{i(kz-\omega t)} = \frac{\widetilde{k}}{\omega}\widetilde{E}_0 e^{-\kappa z} e^{i(kz-\omega t)}$$

가 되어

$$B_0 e^{i\delta_B} = \frac{\widetilde{k}}{\omega}E_0 e^{i\delta_E} = \frac{Ke^{i\phi}}{\omega}E_0 e^{i\delta_E} = \frac{K}{\omega}E_0 e^{i(\phi+\delta_E)}$$

을 얻는다. 등식의 좌·우를 비교하면 다음의 관계식을 얻는다.

$$\begin{cases} B_0 = \dfrac{K}{\omega}E_0 \Rightarrow \dfrac{B_0}{E_0} = \dfrac{K}{\omega} \\ \delta_B = \phi + \delta_E \Rightarrow \delta_B - \delta_E = \phi \end{cases} \tag{9.6.12}$$

그러므로 전기장의 진폭에 대한 자기장 진폭의 비는 위 식의 첫 번째 관계식으로부터

$$\frac{B_0}{E_0} = \frac{K}{\omega} = \frac{1}{\omega}\left[\mu\epsilon\omega^2\sqrt{1+(\frac{\sigma}{\epsilon\omega})^2}\right]^{\frac{1}{2}} = \left[\mu\epsilon\sqrt{1+(\frac{\sigma}{\epsilon\omega})^2}\right]^{\frac{1}{2}}$$

가 된다. 그리고 식 (9.6.12)의 두 번째 관계식으로부터 자기장의 위상상수는 전기장의 위상상수와 같지 않음을 알 수 있다. 자기장의 위상상수 $\delta_B$는 전기장의 위상상수 $\delta_E$보다

$\phi$만큼 뒤처진다. 이때 전자기장 벡터의 실수부분은

$$\begin{cases} \vec{E}(z,t) = E_0 e^{-\kappa z}\cos(kz-\omega t+\delta_E)\hat{x} \\ \vec{B}(z,t) = B_0 e^{-\kappa z}\cos(kz-\omega t+\delta_B)\hat{y} \end{cases}$$

이 된다. 여기서 $B_0$와 $\delta_B$는 식 (9.6.12)의 관계식을 만족한다.

이들 결과를 그림으로 나타내면 다음과 같다.

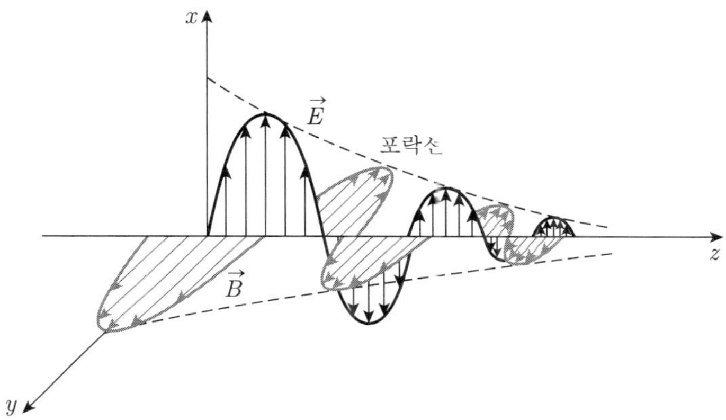


**그림 9.16**

② 붙어있는 부도체인 선형매질(매질 1)과 도체인 선형매질(매질 2)을 전자기파가 $+z$ 방향으로 진행하는 경우에 대해 살펴보자. 이때 입사하는 전기장은 $\hat{x}$ 방향이고 경계면은 $xy$-평면이라 가정한다. 이때 부도체에 대해서는 식 (9.4.1) 그리고 도체에 대해서는 식 (9.6.4)로부터 입사파, 반사파 그리고 투과파는 각각 다음과 같이 표현된다.

$$\text{입사파:}\begin{cases} \vec{\widetilde{E}}_I(z,t) = \widetilde{E}_{0I}e^{i(k_1 z-\omega t)}\hat{x} \\ \vec{\widetilde{B}}_I(z,t) = \dfrac{1}{v_1}(\hat{z}\times\vec{\widetilde{E}}_I) = \dfrac{1}{v_1}\widetilde{E}_{0I}e^{i(k_1 z-\omega t)}\hat{y} \end{cases}$$

$$\text{반사파:}\begin{cases} \vec{\widetilde{E}}_R(z,t) = \widetilde{E}_{0R}e^{i(-k_1 z-\omega t)}\hat{x} \\ \vec{\widetilde{B}}_R(z,t) = \dfrac{1}{v_1}(-\hat{z}\times\vec{\widetilde{E}}_R) = -\dfrac{1}{v_1}\widetilde{E}_{0R}e^{i(-k_1 z-\omega t)}\hat{y} \end{cases}$$

그리고

투과파: $\begin{cases} \vec{\widetilde{E}}_T(z,t) = \widetilde{E}_{0T} e^{i(\widetilde{k}_2 z - \omega t)} \hat{x} \\ \vec{\widetilde{B}}_T(z,t) = \dfrac{\widetilde{k}_2}{\omega} \widetilde{E}_T \hat{y} = \dfrac{\widetilde{k}_2}{\omega} \widetilde{E}_{0T} e^{i(\widetilde{k}_2 z - \omega t)} \hat{y} \end{cases}$ [∵ 식 (9.6.11)로부터]

자유 전하밀도 $\sigma_f$와 자유 전류밀도 $\vec{K}_f$로 표현되는 맥스웰 방정식으로부터 다음의 경계조건 관계식을 7장 5절에서 얻었다.

$$\begin{cases} \text{식 (7.5.17)}: \ \epsilon_1 E_{1\perp} - \epsilon_2 E_{2\perp} = \sigma_f \\ \text{식 (7.5.18)}: \ B_{1\perp} - B_{2\perp} = 0 \\ \text{식 (7.5.19)}: \ E_{1\|} - E_{2\|} = 0 \\ \text{식 (7.5.22)}: \ \dfrac{1}{\mu_1} B_{1\|} - \dfrac{1}{\mu_2} B_{2\|} = \vec{K}_f \times \hat{n} \end{cases} \tag{9.6.13}$$

여기서 $\hat{n}$은 $+z$ 방향을 따라 매질 2인 도체로부터 매질 1인 부도체로 향하는 방향이며, 경계면의 좌·우에서 $E_\perp = B_\perp = 0$이므로 경계면인 $z=0$에서 식 (9.6.13)의 첫 번째 관계식으로부터 $\sigma_f = 0$임을 알 수 있다.

그리고 식 (9.6.13)의 세 번째 관계식으로부터 경계면인 $z=0$에서

$$E_{1\|} = E_{2\|} \Rightarrow \widetilde{E}_{0I} + \widetilde{E}_{0R} = \widetilde{E}_{0T} \tag{9.6.14}$$

을 얻고 식 (9.6.13)의 네 번째 관계식으로부터 경계면인 $z=0$에서

$$\frac{1}{\mu_1} B_{1\|} - \frac{1}{\mu_2} B_{2\|} = 0 \ (\because \text{경계에서 } \vec{K}_f = 0) \Rightarrow \frac{1}{\mu_1 v_1} \widetilde{E}_{0I} - \frac{1}{\mu_1 v_1} \widetilde{E}_{0R} - \frac{1}{\mu_2} \frac{\widetilde{k}_2}{\omega} \widetilde{E}_{0T} = 0$$

$$\Rightarrow \frac{1}{\mu_1 v_1} (\widetilde{E}_{0I} - \widetilde{E}_{0R}) = \frac{\widetilde{k}_2}{\mu_2 \omega} \widetilde{E}_{0T}$$

$$\therefore \widetilde{E}_{0I} - \widetilde{E}_{0R} = \mu_1 v_1 \left( \frac{\widetilde{k}_2}{\mu_2 \omega} \widetilde{E}_{0T} \right) = \left( \frac{\mu_1 v_1}{\mu_2 \omega} \widetilde{k}_2 \right) \widetilde{E}_{0T} = \widetilde{\beta} \widetilde{E}_{0T} \tag{9.6.15}$$

여기서 $\widetilde{\beta} = \dfrac{\mu_1 v_1}{\mu_2 \omega} \widetilde{k}_2$로 놓았다.

그러면 식 (9.6.14)와 (9.6.15)를 더하면

$$2\widetilde{E}_{0I} = (1 + \widetilde{\beta}) \widetilde{E}_{0T} \Rightarrow \ \therefore \ \widetilde{E}_{0T} = \left( \frac{2}{1 + \widetilde{\beta}} \right) \widetilde{E}_{0I} \tag{9.6.16}$$

인 입사파에 대한 투과파의 관계식을 얻고 또 이 결과를 식 (9.6.14)에 대입하면 다음과 같은 입사파에 대한 반사파의 관계식을 얻을 수 있다.

$$\tilde{E}_{0I} + \tilde{E}_{0R} = \left(\frac{2}{1+\tilde{\beta}}\right)\tilde{E}_{0I} \Rightarrow \tilde{E}_{0R} = \left(\frac{2}{1+\tilde{\beta}} - 1\right)\tilde{E}_{0I} = \left(\frac{1-\tilde{\beta}}{1+\tilde{\beta}}\right)\tilde{E}_{0I}$$

$$\therefore\ \tilde{E}_{0R} = \left(\frac{1-\tilde{\beta}}{1+\tilde{\beta}}\right)\tilde{E}_{0I} \tag{9.6.17}$$

그러므로 반사율과 투자율은 각각 다음과 같다.

$$\begin{cases} R = \dfrac{I_R}{I_I} = \dfrac{\frac{1}{2}\epsilon_1 v_1 \tilde{E}_{0R}^2}{\frac{1}{2}\epsilon_1 v_1 \tilde{E}_{0I}^2} = (\dfrac{1-\tilde{\beta}}{1+\tilde{\beta}})^2 = (\dfrac{1-\tilde{\beta}}{1+\tilde{\beta}})(\dfrac{1-\tilde{\beta}^*}{1+\tilde{\beta}^*}) \\ T = \dfrac{I_T}{I_I} = \dfrac{\frac{1}{2}\epsilon_2 v_2 \tilde{E}_{0T}^2}{\frac{1}{2}\epsilon_1 v_1 \tilde{E}_{0I}^2} = \dfrac{\epsilon_2 v_2}{\epsilon_1 v_1}(\dfrac{2}{1+\tilde{\beta}})^2 = \dfrac{v_1}{v_2}(\dfrac{2}{1+\tilde{\beta}})^2 = 4\dfrac{v_1}{v_2}(\dfrac{1}{1+\tilde{\beta}})(\dfrac{1}{1+\tilde{\beta}^*}) \end{cases} \tag{9.6.18}$$

도체가 완전(perfect)도체일 경우 $\sigma \to \infty$에 해당하므로, 식 (9.6.6)으로부터 $k_2 \to \infty$가 되어 또한 $\tilde{\beta} \to \infty$가 된다. 그러면 식 (9.6.16)과 (9.6.17)은 각각 다음의 관계식을 준다.

$$\begin{cases} \tilde{E}_{0T} = 0 \\ \tilde{E}_{0R} = -\tilde{E}_{0I} \end{cases} \tag{9.6.19}$$

즉, 매질 2인 도체가 완전도체일 경우 전반사가 일어나고 반사파와 입사파는 $\pi$만큼의 위상차를 갖는다.

**예제 9.5**

유리 뒷면을 전도도가 좋은 은으로 얇게 코팅하여 거울로 사용한다. 거울로 입사하는 가시광선의 파장은 587 nm, 그 파장에서 은의 비유전율 $\epsilon_r$은 0.04이며 은의 비저항 $\rho$은 상온에서 15.87 n$\Omega$ · m, 진공에서의 유전율과 투자율은 각각 $\epsilon_0 = 8.854 \times 10^{-12}$ F/m 그리고 $\mu_0 = 4\pi \times 10^{-7}$ H/m이다. 모든 매질에 대해서 투자율은 같다고 가정한다. (a) 반사율을 구하고 (b) 얇게 코팅해도 되는지에 대해 기술하세요.

**풀이**

(a) 반사율 $R$은 식 (9.6.18)의 첫 번째 관계식과 같이 $\tilde{\beta}=\frac{\mu_1 v_1}{\mu_2\omega}\tilde{k}_2\approx\frac{v_1}{\omega}\tilde{k}_2$만의 함수이므로 $\tilde{k}_2=k_2+i\kappa_2$에 있는 $k_2$와 $\kappa_2$을 각각 식 (9.6.6)과 (9.6.7)로부터 구해보자.

은의 전도도는 $\sigma=\frac{1}{\rho}=6.3\times10^7\,(\Omega\cdot\mathrm{m})^{-1}$이고 입사하는 가시광선의 각진동수는

$$\omega=2\pi\frac{c}{\lambda}=2\pi\frac{3\times10^8}{587\times10^{-9}}=3.2\times10^{15}\,\mathrm{s}^{-1}$$

이다. 그리고 식 (9.6.6)과 (9.6.7)에 있는 $\epsilon\omega$은 이 문제에서

$$\epsilon_2\omega=(\epsilon_r\epsilon_0)\omega=(0.04\times8.854\times10^{-12})(3.2\times10^{15})=1.1\times10^3\ \mathrm{F/(m\cdot s)}$$

가 된다. 식 (9.6.6)과 (9.6.7)에서 보이는 것과 같이 $\sigma$와 $\epsilon_2\omega$의 단위는 같으므로 크기만 비교하면 된다. 이 문제에서 두 변수의 크기는 $\sigma\gg\epsilon_2\omega$이므로 식 (9.6.6)과 (9.6.7)로부터

$$\begin{aligned}k_2&=\omega\sqrt{\frac{\mu_2\epsilon_2}{2}}\left[\sqrt{1+(\frac{\sigma}{\epsilon_2\omega})^2}+1\right]^{\frac{1}{2}}\approx\omega\sqrt{\frac{\mu_2\epsilon_2}{2}}\left[\sqrt{(\frac{\sigma}{\epsilon_2\omega})^2}\right]^{\frac{1}{2}}\\&=\omega\sqrt{\frac{\mu_2\epsilon_2}{2}}\sqrt{\frac{\sigma}{\epsilon_2\omega}}=\sqrt{\frac{\mu_2\sigma\omega}{2}}\end{aligned}$$

그리고 유사한 방법으로

$$\kappa_2=\sqrt{\frac{\mu_2\sigma\omega}{2}}$$

이므로

$$\widetilde{k_2}=k_2+i\kappa_2=\sqrt{\frac{\mu_2\sigma\omega}{2}}(1+i)$$

가 되어

$$\tilde{\beta}=\frac{v_1}{\omega}\widetilde{k_2}=\frac{v_1}{\omega}\sqrt{\frac{\mu_2\sigma\omega}{2}}(1+i)\approx c\sqrt{\frac{\mu_0\sigma}{2\omega}}(1+i)\qquad(\text{예}-9.5.1)$$

을 얻는다.

반사율에 대한 관계식 (9.6.18)에 식 (예-9.5.1)을 대입하면 다음과 같다.

$$R=(\frac{1-\tilde{\beta}}{1+\tilde{\beta}})(\frac{1-\widetilde{\beta^*}}{1+\widetilde{\beta^*}})=\frac{1-(\tilde{\beta}+\widetilde{\beta^*})+\tilde{\beta}\widetilde{\beta^*}}{1+(\tilde{\beta}+\widetilde{\beta^*})+\tilde{\beta}\widetilde{\beta^*}}\qquad(\text{예}-9.5.2)$$

여기서

$$\tilde{\beta}+\tilde{\beta}^* = c\sqrt{\frac{\mu_0\sigma}{2\omega}}\,[(1+i)+(1-i)] = c\sqrt{\frac{2\mu_0\sigma}{\omega}}$$
$$= (3\times10^8)\sqrt{\frac{2\times4\pi\times10^{-7}\times6.3\times10^7}{3.2\times10^{15}}} = 56.7$$

그리고

$$\tilde{\beta}\tilde{\beta}^* = c^2\frac{\mu_0\sigma}{2\omega}(1+i)(1-i) = c^2\frac{\mu_0\sigma}{\omega} = (3\times10^8)^2\frac{4\pi\times10^{-7}\times6.3\times10^7}{3.2\times10^{15}} = 2225.4$$

이들 값을 식 (예-9.5.2)에 대입하면

$$R \approx 0.94$$

인 반사율을 얻는다. 이것이 유리의 뒷면을 전도드가 아주 좋은 도체로 얇게 코팅하여 거울로 사용하는 원리가 된다. 전도도가 좋으면 좋을수록 즉, 완전도체일수록 $\tilde{\beta}\tilde{\beta}^* \gg (\tilde{\beta}+\tilde{\beta}^*)$가 되어 반사율에 대한 식 (예-9.5.2)는 1에 가까워진다.

(b) 도체에 침투하는 깊이 $d$는 식 (9.6.9)로부터

$$d = \frac{1}{\kappa_2} = \sqrt{\frac{2}{\mu_2\sigma\omega}} \approx \sqrt{\frac{2}{\mu_0\sigma\omega}}$$
$$= \sqrt{\frac{2}{4\pi\times10^{-7}\times6.3\times10^7\times3.2\times10^{15}}} \approx 0.3\times10^{-8}\ \text{m}$$

이어서 도체인 은을 깊이 침투하지 못하므로 얇게 코팅해도 된다. 위 식에서 보는 것과 같이 전도도가 좋으면 좋을수록, 즉 완전도체일수록 침투 깊이는 작아진다.

## 9.7 분산(dispersive) 관계

매질의 특성을 나타내는 변수인 유전율($\epsilon$), 투자율($\mu$), 전도도($\sigma$) 그리고 굴절률($n$) 등이 파동의 진동수에 의존하는 매질을 **분산매질**이라 한다. 사실 거의 대부분의 물질은 분산매질이다. 분산매질이 아닌 **비분산매질**에서는 파동이 모든 파장에서 같은 속도(이를 $v = \frac{\omega}{k}$인 **위상속도**라 함)를 갖는 반면에 분산매질에서는 매질의 변수가 파동의 파장에 의존하기 때문에 단일 파동 진행속도가 아닌 $v = \frac{\omega(k)}{k(\omega)} \Rightarrow v_g = \frac{d\omega}{dk}$인 **군**(group)**속도**로

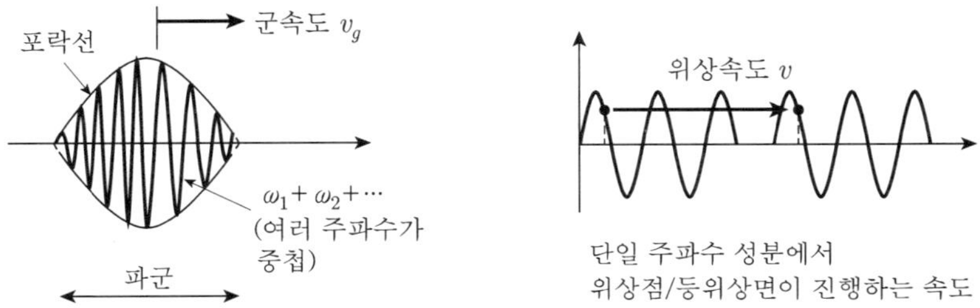


**그림 9.17**

진행을 한다. 이때 유사한 파동이 중첩되는 경우, 파군(wave packet)의 포락선이 위상속도가 아닌 군속도로 이동한다.

태양광이 프리즘에 통과하면 파장에 따라 굴절률이 달라진다. 파장이 증가하면 굴절률이 감소하기 때문에 장파장인 붉은빛이 가장 적게 꺾이고 단파장인 보랏빛이 가장 크게 꺾이는 태양광의 분산이 일어나게 된다. 백색광이 프리즘에 입사하면 나타나는 무지개색은 유리의 분산 그리고 비가 온 후에 볼 수 있는 무지개는 물방울의 분산으로 인해 생기는 것이다.

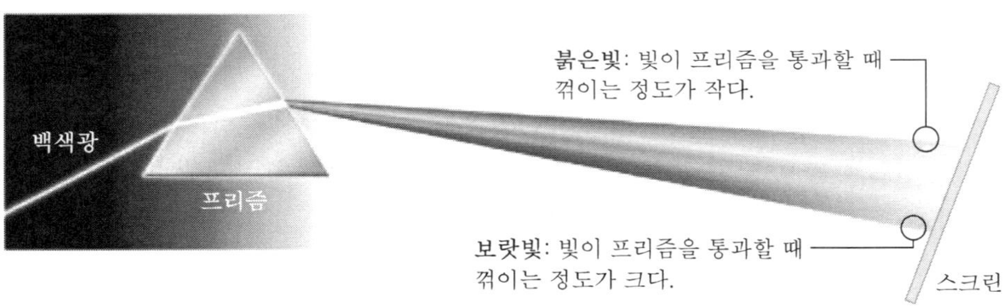


**그림 9.18**

유전체 내의 전자를 살펴봄으로써 유전체의 유전율과 파동의 각진동수와의 관계를 정성적으로 알아보자.

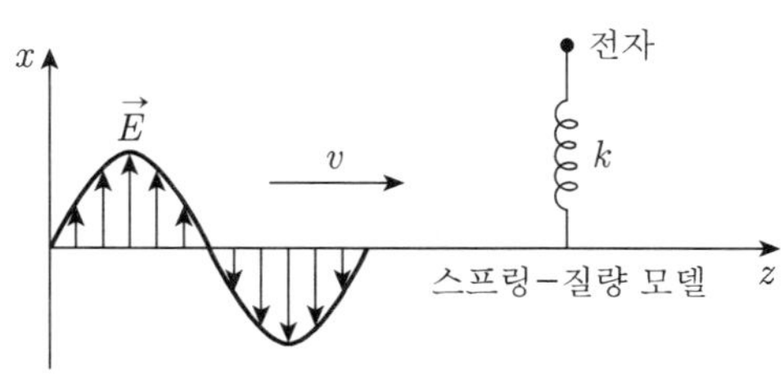


**그림 9.19**

각 전자가 원자에 구속되어 있는 것을 위 그림과 같이 **스프링-질량 모델**로 나타내면 다음과 같다.

$$F_{\text{복원}} = -kx = -m_e\omega_0^2 x$$

여기서 $m_e$은 전자의 질량, $k$은 용수철 상수, $x$는 전자의 변위이다. 그리고 전자가 움직임으로써 에너지를 잃게 되어 시간이 지남에 따라 진동운동이 감쇠하는 것을 나타내는 속도에 비례하는 감쇠력은

$$F_{\text{감쇠}} = -m_e\gamma\frac{dx}{dt}$$

이다. 여기서 $m_e\gamma$는 감쇠계수이다.

전자가 각진동수 $\omega$를 갖는 전기장 내에 놓여 있다면 전기장이 전자에 작용하는 전기력은 다음과 같이 표현된다.

$$F_{\text{전기}} = qE = qE_0\cos\omega t$$

여기서 $q$은 전자의 전하이고 $E_0$은 전자가 정지상태에 있을 때의 전기장의 진폭이다.

스프링-질량 모델에 감쇠력과 전기력을 추가한 뒤에 뉴턴의 운동법칙을 전자에 대해 적용하면

$$F = m_e\frac{d^2x}{dt^2} \Rightarrow F_{\text{복원}} + F_{\text{감쇠}} + F_{\text{전기}} = m_e\frac{d^2x}{dt^2}$$

$$\Rightarrow -m_e\omega_0^2 x - m_e\gamma\frac{dx}{dt} + qE_0\cos\omega t = m_e\frac{d^2x}{dt^2}$$

$$\Rightarrow m_e\frac{d^2x}{dt^2} + m_e\omega_0^2 x + m_e\gamma\frac{dx}{dt} = qE_0\cos\omega t$$

$$\therefore \frac{d^2x}{dt^2} + \gamma\frac{dx}{dt} + \omega_0^2 x = \frac{qE_0}{m_e}\cos\omega t \quad (9.7.1)$$ [82]

인 이차 미분방정식을 얻는다. 위 식을 다음과 같이 나타내서 解를 구한 뒤에 실수부분을

(82) 이차 미분방정식을 푸는 방법은 《Guardian for Mathematical Physics》 by H. Park, 44~48쪽을 참고하세요.

취하면 위 식의 解가 된다.

$$\frac{d^2\tilde{x}}{dt^2}+\gamma\frac{d\tilde{x}}{dt}+\omega_0^2\tilde{x}=\frac{qE_0}{m_e}e^{-i\omega t} \tag{9.7.2}$$

시도解로 $\tilde{x}(t)=\tilde{A}e^{-i\omega t}$로 놓으면

$$\frac{d\tilde{x}(t)}{dt}=-i\omega\tilde{A}e^{-i\omega t} \text{ 그리고 } \frac{d^2\tilde{x}(t)}{dt^2}=-\omega^2\tilde{A}e^{-i\omega t}$$

이다. 이들을 식 (9.7.2)에 대입하면

$$(-\omega^2-i\omega\gamma+\omega_0^2)\tilde{A}e^{-i\omega t}=\frac{qE_0}{m_e}e^{-i\omega t}$$

$$\Rightarrow \tilde{A}=\frac{qE_0/m_e}{\omega_0^2-\omega^2-i\omega\gamma}$$

가 되어

$$\tilde{x}(t)=\tilde{A}e^{-i\omega t}=\frac{qE_0/m_e}{\omega_0^2-\omega^2-i\omega\gamma}e^{-i\omega t} \tag{9.7.3}$$

인 解를 얻는다. 그러면 복소 쌍극자 모멘트는

$$\begin{aligned}\tilde{p}(t)&=q\tilde{x}(t)=\frac{q^2E_0/m_e}{\omega_0^2-\omega^2-i\omega\gamma}e^{-i\omega t} \\ &=\left[\frac{\omega_0^2-\omega^2}{(\omega_0^2-\omega^2)^2+\omega^2\gamma^2}+\frac{i\omega\gamma}{(\omega_0^2-\omega^2)^2+\omega^2\gamma^2}\right]\frac{q^2E_0}{m_e}e^{-i\omega t}\end{aligned} \tag{9.7.4}$$

이 된다. 식 (9.7.3)과 (9.7.4)의 실수부분을 취하면 각각 식 (9.7.1)의 解인 $x(t)$와 쌍극자 모멘트 $p(t)$가 된다.

여기서 $\cos\phi=\dfrac{\omega_0^2-\omega^2}{\sqrt{(\omega_0^2-\omega^2)^2+\omega^2\gamma^2}}$로 놓으면 $\sin\phi=\dfrac{\omega^2\gamma^2}{\sqrt{(\omega_0^2-\omega^2)^2+\omega^2\gamma^2}}$이 되어 위 관계식은 다음과 같이 표현된다.

$$\begin{aligned}\tilde{p}(t) &= \frac{1}{\sqrt{(\omega_0^2-\omega^2)^2+\omega^2\gamma^2}}(\cos\phi + i\sin\phi)\frac{q^2E_0}{m_e}e^{-i\omega t} \\ &= \frac{1}{\sqrt{(\omega_0^2-\omega^2)^2+\omega^2\gamma^2}}e^{i\phi}\frac{q^2E_0}{m_e}e^{-i\omega t} \\ &= \frac{1}{\sqrt{(\omega_0^2-\omega^2)^2+\omega^2\gamma^2}}\frac{q^2E_0}{m_e}e^{-i(\omega t-\phi)} \qquad (9.7.5)\end{aligned}$$

여기서 $\tan\phi = \frac{\sin\phi}{\cos\phi} = \frac{\omega\gamma}{\omega_0^2-\omega^2} \Rightarrow \therefore \phi = \tan^{-1}(\frac{\omega\gamma}{\omega_0^2-\omega^2})$이다.

그러므로 쌍극자 모멘트는 전기장과 $\phi$만큼의 위상차를 갖는다. 만약 $\omega \ll \omega_0$이면 위상차는 거의 없고, $\omega \gg \omega_0$이면 위상차는 $\pi$가 된다.

단위 부피당 $N$개의 분자가 있고 각 분자에 각진동수 $\omega_j$와 감쇠계수 $\gamma_j$를 갖는 $f_j$개의 전자가 있다고 하면 이때의 단위 부피당 쌍극자 모멘트인 편극밀도 $\tilde{P}$은 식 (9.7.4)로부터

$$\tilde{P}(t) = N\sum_j \frac{f_j(q^2E_0/m_e)}{\omega_j^2-\omega^2-i\omega\gamma_j}e^{-i\omega t} = [N\sum_j \frac{f_jq^2/m_e}{\omega_j^2-\omega^2-i\omega\gamma_j}]\tilde{E} \qquad (9.7.6)$$

가 된다. 편극 $\vec{P}$와 전기장 $\vec{E}$는 $\vec{P} = \epsilon_0\chi_e\vec{E}$(여기서 $\chi_e$은 전기 감수율)인 비례관계에 있기 때문에 유사하게 편극의 위상이 전기장의 위상과 다른 경우를 고려하여 다음과 같이 나타낼 수 있다.

$$\tilde{\vec{P}} = \epsilon_0\tilde{\chi}_e\tilde{\vec{E}} \quad (\text{여기서 } \tilde{\chi}_e\text{은 **복소 전기 감수율**}) \qquad (9.7.7)$$

식 (9.7.6)과 (9.7.7)을 비교하면 복소 전기 감수율이 다음과 같음을 알 수 있다.

$$\tilde{\chi}_e = \frac{Nq^2}{\epsilon_0 m_e}\sum_j \frac{f_j}{\omega_j^2-\omega^2-i\omega\gamma_j} \qquad (9.7.8)$$

유사한 방법으로 다음과 같이 **복소 비유전율**을 구할 수 있다.

$$\epsilon = \epsilon_0(1+\chi_e) \Rightarrow \tilde{\epsilon} = \epsilon_0(1+\tilde{\chi}_e) \Rightarrow \frac{\tilde{\epsilon}}{\epsilon_0} = 1+\tilde{\chi}_e$$

$$\therefore\ \tilde{\epsilon}_r = 1 + \tilde{\chi}_e = 1 + \frac{Nq^2}{\epsilon_0 m_e}\sum_j \frac{f_j}{\omega_j^2 - \omega^2 - i\omega\gamma_j} \tag{9.7.9}$$

분산매질 내에서의 전자기파는 다음의 맥스웰 방정식을 만족한다.

$$\begin{cases} \overrightarrow{\nabla}\cdot\overrightarrow{\tilde{E}} = 0 \\ \overrightarrow{\nabla}\cdot\overrightarrow{\tilde{B}} = 0 \\ \overrightarrow{\nabla}\times\overrightarrow{\tilde{E}} = -\dfrac{\partial\overrightarrow{\tilde{B}}}{\partial t} \\ \overrightarrow{\nabla}\times\overrightarrow{\tilde{B}} = \mu_0\tilde{\epsilon}\dfrac{\partial\overrightarrow{\tilde{E}}}{\partial t} \end{cases}$$

위의 이차 미분방정식을 만족하는 解인 $+z$ 방향으로 진행하는 전기장 벡터는 식 (9.6.4)와 같이 나타낼 수 있다.

$$\overrightarrow{\tilde{E}}(z,t) = \overrightarrow{\tilde{E}}_0 e^{i(\tilde{k}z - \omega t)} \tag{9.7.10}$$

앞에서 한 것과 유사한 방법으로 위의 세 번째 맥스웰 방정식에 curl을 취한 뒤의 결과에 네 번째 관계식을 적용하면 다음의 관계식을 얻는다.

$$\nabla^2\overrightarrow{\tilde{E}} = \mu_0\tilde{\epsilon}\frac{\partial^2\overrightarrow{\tilde{E}}}{\partial t^2}$$

위 식에 식 (9.7.10)을 대입하면

$$-\tilde{k}^2\overrightarrow{\tilde{E}} = -\mu_0\tilde{\epsilon}\omega^2\overrightarrow{\tilde{E}} \Rightarrow \tilde{k} = \sqrt{\mu_0\tilde{\epsilon}}\,\omega$$

$$\Rightarrow k + i\kappa = \sqrt{\mu_0\tilde{\epsilon}}\,\omega = \sqrt{\frac{1}{\epsilon_0 c^2}\tilde{\epsilon}}\,\omega = \sqrt{\tilde{\epsilon}_r}\,\frac{\omega}{c} \tag{9.7.11}$$

이 되어 식 (9.7.10)은

$$\overrightarrow{\tilde{E}}(z,t) = \overrightarrow{\tilde{E}}_0 e^{-\kappa z} e^{i(kz - \omega t)} \tag{9.7.12}$$

이 된다. 즉, 감쇠에 의해 에너지를 잃어버리기 때문에 $+z$ 방향으로 진행함에 따라 전기장은 감쇠한다.

전자기파의 세기 $I$은 $E^2$에 비례한다는 것을 배웠다. 그러므로 위 식으로부터

$$I \propto E^2 \propto e^{-2\kappa z} = e^{-\alpha z}$$

여기서 $\alpha = 2\kappa$은 **흡수계수**이다. 그리고 전자기파의 속도는 $v = \dfrac{\omega}{k}$이므로 이때의 굴절률은 $n = \dfrac{c}{v} = \dfrac{ck}{\omega}$가 된다.

매질이 가스(gas)인 경우, 식 (9.7.9)의 오른편 두 번째 항은 첫 번째 항에 비해 값이 작다. 이때 식 (9.7.11)에 (9.7.9)를 대입하면

$$\begin{aligned}\tilde{k} = \frac{\omega}{c}\sqrt{\tilde{\epsilon}_r} &= \frac{\omega}{c}\left[1 + \frac{Nq^2}{\epsilon_0 m_e}\sum_j \frac{f_j}{\omega_j^2 - \omega^2 - i\omega\gamma_j}\right]^{\frac{1}{2}} \\ &\approx \frac{\omega}{c}\left(1 + \frac{1}{2}\frac{Nq^2}{\epsilon_0 m_e}\sum_j \frac{f_j}{\omega_j^2 - \omega^2 - i\omega\gamma_j}\right)\end{aligned}$$

$$\Rightarrow \begin{cases} k = \dfrac{\omega}{c}\left[1 + \dfrac{1}{2}\dfrac{Nq^2}{\epsilon_0 m_e}\displaystyle\sum_j \dfrac{f_j(\omega_j^2 - \omega^2)}{(\omega_j^2 - \omega^2)^2 + \omega^2\gamma_j^2}\right] \\ \kappa = \dfrac{\omega}{c}\left[\dfrac{1}{2}\dfrac{Nq^2}{\epsilon_0 m_e}\displaystyle\sum_j \dfrac{f_j\omega\gamma_j}{(\omega_j^2 - \omega^2)^2 + \omega^2\gamma_j^2}\right] \end{cases}$$

이 되어

$$\Rightarrow \begin{cases} n = \dfrac{ck}{\omega} = 1 + \dfrac{1}{2}\dfrac{Nq^2}{\epsilon_0 m_e}\displaystyle\sum_j \dfrac{f_j(\omega_j^2 - \omega^2)}{(\omega_j^2 - \omega^2)^2 + \omega^2\gamma_j^2} \\ \alpha = 2\kappa = \dfrac{\omega^2}{c}\dfrac{Nq^2}{\epsilon_0 m_e}\displaystyle\sum_j \dfrac{f_j\gamma_j}{(\omega_j^2 - \omega^2)^2 + \omega^2\gamma_j^2} \end{cases} \qquad (9.7.13)$$

인 전자기파의 각진동수의 함수로 표현되는 굴절률과 흡수계수를 얻는다.

아래 그림은 식 (9.7.13)을 전자기파의 각진동수 $\omega$의 함수르서 그린 것이다. 굴절률은 각진동수가 증가함에 따라 천천히 증가하다가 공명 $\omega \to \omega_j$에 감에 따라 굴절률이 빠르게 감소한다. 이를 **비정상 분산**이라한다. 공명 $\omega = \omega_j$에서 최대의 흡수가 일어나며 $\omega_1 < \omega < \omega_2$인 비정상 분산이 일어나는 영역이 흡수가 크게 일어나는 영역임을 알 수 있다. 즉, 이 각진동수 영역에서 전자의 진동폭이 상대적으로 크게 되어 이를 위해 많은 에너지가 소모되어 매질은 불투명하게 된다.

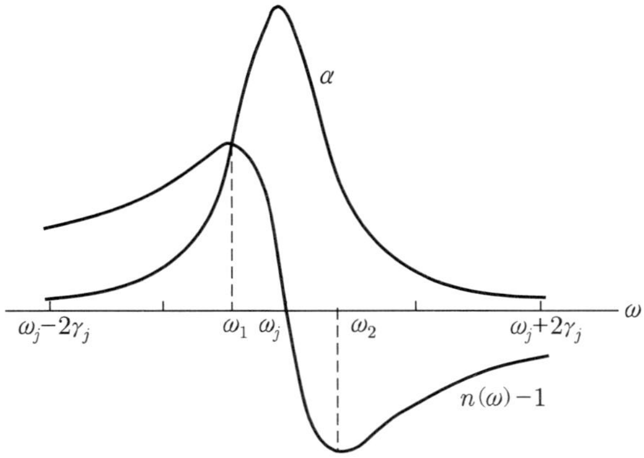


**그림 9.20**

그림에서 $n(\omega)-1<0$인 경우에는 $v>c$에 해당한다. 이는 우리가 고려한 용수철-질량 모델이 실질적으로 포함해야 하는 모든 항들을 포함하지 못하는 이유에 기인한다. 공명에서 떨어져 있는 각진동수 영역에서는 식 (9.7.13)의 굴절률은 다음과 같이 표현될 수 있다.

$$n \approx 1+\frac{1}{2}\frac{Nq^2}{\epsilon_0 m_e}\sum_j \frac{f_j(\omega_j^2-\omega^2)}{(\omega_j^2-\omega^2)^2}$$

$$=1+\frac{1}{2}\frac{Nq^2}{\epsilon_0 m_e}\sum_j \frac{f_j}{(\omega_j^2-\omega^2)} \tag{9.7.14}$$

투명한 매질의 경우 각진동수 $\omega_j$은 자외선 영역의 값을 가지므로 $\omega<\omega_j$에 해당한다. 이 경우

$$\frac{1}{\omega_j^2-\omega^2}=\frac{1}{\omega_j^2}(1-\frac{\omega^2}{\omega_j^2})^{-1}\approx\frac{1}{\omega_j^2}(1+\frac{\omega^2}{\omega_j^2})=\frac{1}{\omega_j^2}+\frac{\omega^2}{\omega_j^4}$$

이므로 식 (9.7.14)의 굴절률은

$$n=1+\left[\frac{1}{2}\frac{Nq^2}{\epsilon_0 m_e}\sum_j \frac{f_j}{\omega_j^2}\right]\left(1+\frac{\omega^2}{\omega_j^2}\right) \tag{9.7.15}$$

로 표현된다. 위 식을 진공에서의 파장인 $\lambda=\frac{c}{\nu}=c\frac{2\pi}{\omega}=\frac{2\pi c}{\omega}$로 표현하면 위 식은

$$n = 1 + A(1 + \frac{B}{\lambda^2})$$

이 되고 이 관계식은 대부분의 가스에 잘 맞는 **코시 (Cauchy) 공식**이다. 여기서 $A$와 $B$를 각각 **굴절계수**와 **분산계수**라 한다. 결과적으로 간단한 용수철-질량 모델로서 파장의 함수로서 굴절률을 잘 표현할 수 있으며 그리고 굴절률이 파장이 증가함(또는 각진동수가 줄어감)에 따라 천천히 줄어드는 것을 잘 설명하고 있고 또한 비분산 영역을 잘 설명하고 있음을 보여준다.

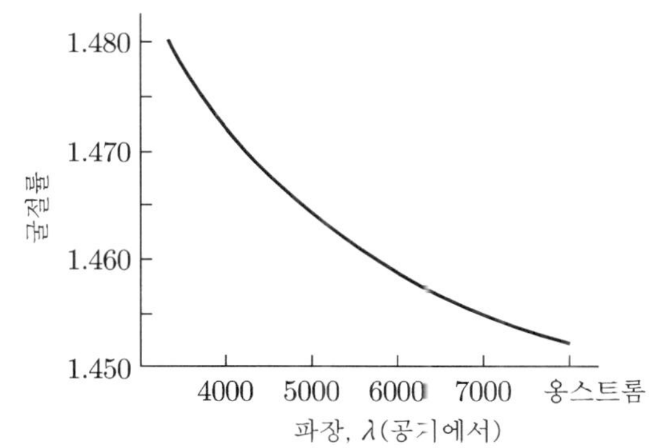


**그림 9.21**

## 9.8 도파관(wave guide)

전자기파가 잘 전달될 수 있도록 만들어진 통르를 도파관이라 하며, 도파관은 주로 전기 전도도가 매우 높은 도체로 만들어진다.

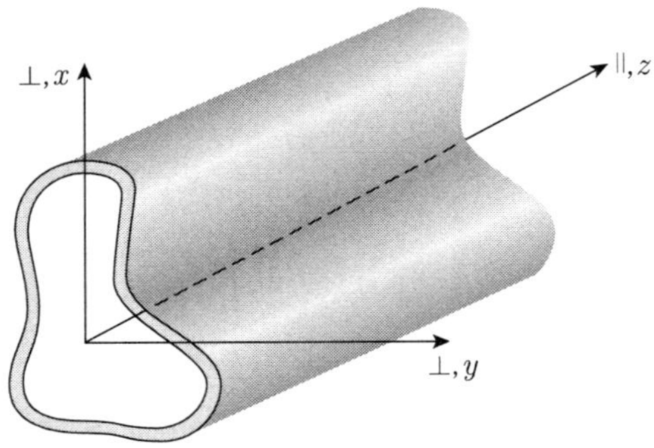


**그림 9.22**

편의상 도파관이 완전한 도체라 가정하자. 즉, 도체 내에서의 전기장과 자기장은 0이므로 내부 벽에서의 경계조건은

$$\begin{cases} \overrightarrow{\nabla}\times\overrightarrow{E}=0 \Rightarrow \overrightarrow{E}_{\text{내부 벽},\parallel}=\overrightarrow{E}_{\text{도체},\parallel}=0 \\ \overrightarrow{\nabla}\cdot\overrightarrow{B}=0 \Rightarrow B_{\text{내부 벽},\perp}=B_{\text{도체},\perp}=0 \end{cases} \tag{9.8.1}$$

이다. 위 그림과 같은 도파관을 따라 $+z$ 방향으로 진행하는 전자기파는 다음과 같이 표현된다.

$$\begin{cases} \overrightarrow{\tilde{E}}(x,y,z,t)=\overrightarrow{\tilde{E}_0}(x,y)e^{i(kz-\omega t)} \\ \overrightarrow{\tilde{B}}(x,y,z,t)=\overrightarrow{\tilde{B}_0}(x,y)e^{i(kz-\omega t)} \end{cases} \tag{9.8.2}$$

이제 위 식에 있는 $\overrightarrow{\tilde{E}_0}(x,y)=E_x(x,y)\hat{x}+E_y(x,y)\hat{y}+E_z(x,y)\hat{z}$과 $\overrightarrow{\tilde{B}_0}(x,y)=B_x(x,y)\hat{x}+B_y(x,y)\hat{y}+B_z(x,y)\hat{z}$을 구해보자. 즉, $E_x(x,y)$, $E_y(x,y)$, 그리고 $E_z(x,y)$를 구해야 한다. 전자기파는 맥스웰 방정식

$$\begin{cases} \overrightarrow{\nabla}\cdot\overrightarrow{E}=0 \\ \overrightarrow{\nabla}\cdot\overrightarrow{B}=0 \\ \overrightarrow{\nabla}\times\overrightarrow{E}=-\dfrac{\partial\overrightarrow{B}}{\partial t} \\ \overrightarrow{\nabla}\times\overrightarrow{B}=\dfrac{1}{c^2}\dfrac{\partial\overrightarrow{E}}{\partial t} \end{cases} \tag{9.8.3}$$

을 만족해야 한다.

여기서

$$\vec{\nabla}\times\vec{E}=\begin{vmatrix}\hat{x} & \hat{y} & \hat{z}\\ \dfrac{\partial}{\partial x} & \dfrac{\partial}{\partial y} & \dfrac{\partial}{\partial z}\\ E_x(x,y)e^{i(kz-\omega t)} & E_y(x,y)e^{i(kz-\omega t)} & E_z(x,y)e^{i(kz-\omega t)}\end{vmatrix}$$

$$=\hat{x}\left[e^{i(kz-\omega t)}\frac{\partial E_z(x,y)}{\partial y}-E_y(x,y)\frac{\partial}{\partial z}e^{i(kz-\omega t)}\right]$$

$$+\hat{y}\left[E_x(x,y)\frac{\partial}{\partial z}e^{i(kz-\omega t)}-e^{i(kz-\omega t)}\frac{\partial E_z(x,y)}{\partial x}\right]$$

$$+\hat{z}\left[e^{i(kz-\omega t)}\frac{\partial E_y(x,y)}{\partial x}-e^{i(kz-\omega t)}\frac{\partial E_x(x,y)}{\partial y}\right]$$

$$=\hat{x}\left[\frac{\partial E_z(x,y)}{\partial y}-ikE_y(x,y)\right]e^{i(kz-\omega t)}+\hat{y}\left[ikE_x(x,y)-\frac{\partial E_z(x,y)}{\partial x}\right]e^{i(kz-\omega t)}$$

$$+\hat{z}\left[\frac{\partial E_y(x,y)}{\partial x}-\frac{\partial E_x(x,y)}{\partial y}\right]e^{i(kz-\omega t)}$$

이고

$$-\frac{\partial\vec{B}}{\partial t}=-\frac{\partial}{\partial t}[B_x(x,y)\hat{x}+B_y(x,y)\hat{y}+B_z(x,y)\hat{z}]e^{i(kz-\omega t)}$$

$$=i\omega[B_x(x,y)\hat{x}+B_y(x,y)\hat{y}+B_z(x,y)\hat{z}]e^{i(kz-\omega t)}$$

이다.

이들을 식 (9.8.3)의 세 번째 관계식인 패러데이 법칙에 대입하면 다음의 관계식을 얻는다.

$$\begin{cases}\dfrac{\partial E_z(x,y)}{\partial y}-ikE_y(x,y)=i\omega B_x(x,y)\\ ikE_x(x,y)-\dfrac{\partial E_z(x,y)}{\partial x}=i\omega B_y(x,y)\\ \dfrac{\partial E_y(x,y)}{\partial x}-\dfrac{\partial E_x(x,y)}{\partial y}=i\omega B_z(x,y)\end{cases}\tag{9.8.4}$$

그리고 유사한 방법으로 식 (9.8.3)의 네 번째 식인 앙페르-맥스웰 법칙으로부터

$$\begin{cases}\dfrac{\partial B_z(x,y)}{\partial y}-ikB_y(x,y)=-\dfrac{i\omega}{c^2}E_x(x,y)\\ ikB_x(x,y)-\dfrac{\partial B_z(x,y)}{\partial x}=-\dfrac{i\omega}{c^2}E_y(x,y)\\ \dfrac{\partial B_y(x,y)}{\partial x}-\dfrac{\partial B_x(x,y)}{\partial y}=-\dfrac{i\omega}{c^2}E_z(x,y)\end{cases}\tag{9.8.5}$$

을 얻는다.

식 (9.8.4)의 두 번째 관계식과 (9.8.5)의 첫 번째 관계식으로부터 다음과 같이 $E_x(x,y)$을 구할 수 있다.

$$\begin{aligned}ikE_x(x,y) &= \frac{\partial E_z(x,y)}{\partial x} + i\omega B_y(x,y)\\ &= \frac{\partial E_z(x,y)}{\partial x} + i\omega\left[\frac{1}{ik}\left\{\frac{\partial B_z(x,y)}{\partial y} + \frac{i\omega}{c^2}E_x(x,y)\right\}\right]\\ &= \frac{\partial E_z(x,y)}{\partial x} + \frac{\omega}{k}\left[\frac{\partial B_z(x,y)}{\partial y} + \frac{i\omega}{c^2}E_x(x,y)\right]\end{aligned}$$

$$\Rightarrow\ E_x(x,y)[ik - \frac{i\omega^2}{kc^2}] = \frac{\partial E_z(x,y)}{\partial x} + \frac{\omega}{k}\frac{\partial B_z(x,y)}{\partial y}$$

$$\Rightarrow\ E_x(x,y)[i\frac{k^2c^2-\omega^2}{kc^2}] = \frac{\partial E_z(x,y)}{\partial x} + \frac{\omega}{k}\frac{\partial B_z(x,y)}{\partial y}$$

$$\begin{aligned}\Rightarrow\ E_x(x,y) &= \frac{(-i)kc^2}{k^2c^2-\omega^2}\left[\frac{\partial E_z(x,y)}{\partial x} + \frac{\omega}{k}\frac{\partial B_z(x,y)}{\partial y}\right]\\ &= \frac{ic^2}{\omega^2 - k^2c^2}\left[k\frac{\partial E_z(x,y)}{\partial x} + \omega\frac{\partial B_z(x,y)}{\partial y}\right]\end{aligned}$$

$$\therefore\ E_x(x,y) = \frac{i}{(\frac{\omega}{c})^2 - k^2}\left[k\frac{\partial E_z(x,y)}{\partial x} + \omega\frac{\partial B_z(x,y)}{\partial y}\right] \qquad (9.8.6)$$

이 결과를 식 (9.8.4)의 두 번째 관계식에 대입하면 다음과 같이 $B_y(x,y)$을 구할 수 있다.

$$\begin{aligned}i\omega B_y(x,y) &= ikE_x(x,y) - \frac{\partial E_z(x,y)}{\partial x}\\ &= ik\left[\frac{i}{(\frac{\omega}{c})^2 - k^2}\left\{k\frac{\partial E_z(x,y)}{\partial x} + \omega\frac{\partial B_z(x,y)}{\partial y}\right\}\right] - \frac{\partial E_z(x,y)}{\partial x}\\ &= \left[\frac{-k^2}{(\frac{\omega}{c})^2 - k^2} - 1\right]\frac{\partial E_z(x,y)}{\partial x} - \left[\frac{k\omega}{(\frac{\omega}{c})^2 - k^2}\right]\frac{\partial B_z(x,y)}{\partial y}\end{aligned}$$

$$\Rightarrow B_y(x,y) = \frac{1}{i\omega}\left[\frac{-k^2}{(\frac{\omega}{c})^2 - k^2} - 1\right]\frac{\partial E_z(x,y)}{\partial x} - \frac{1}{i\omega}\left[\frac{k\omega}{(\frac{\omega}{c})^2 - k^2}\right]\frac{\partial B_z(x,y)}{\partial y}$$

$$= \left[\frac{ik}{(\frac{\omega}{c})^2 - k^2}\right]\frac{\partial B_z(x,y)}{\partial y} + \left[\frac{i}{(\frac{\omega}{c})^2 - k^2}\right](\frac{\omega}{c^2})\frac{\partial E_z(x,y)}{\partial x}$$

$$\therefore B_y(x,y) = \frac{i}{(\frac{\omega}{c})^2 - k^2}\left[k\frac{\partial B_z(x,y)}{\partial y} + \frac{\omega}{c^2}\frac{\partial E_z(x,y)}{\partial x}\right] \qquad (9.8.7)$$

유사한 방법으로 식 (9.8.4)의 첫 번째 관계식과 (9.8.5)의 두 번째 관계식으로부터 $E_y(x,y)$와 $B_x(x,y)$가 다음과 같음을 알 수 있다.

$$\begin{cases} E_y(x,y) = \frac{i}{(\frac{\omega}{c})^2 - k^2}\left[k\frac{\partial E_z(x,y)}{\partial y} - \omega\frac{\partial B_z(x,y)}{\partial x}\right] \\ B_x(x,y) = \frac{i}{(\frac{\omega}{c})^2 - k^2}\left[k\frac{\partial B_z(x,y)}{\partial x} - \frac{\omega}{c^2}\frac{\partial E_z(x,y)}{\partial y}\right] \end{cases} \qquad (9.8.8)$$

식 (9.8.3)의 첫 번째 식인 가우스 법칙에 위에서 구한 관계식을 대입하면 다음과 같이 $E_z(x,y)$에 대한 관계식을 얻을 수 있다.

$$\vec{\nabla} \cdot \vec{E} = 0 \Rightarrow \left[e^{i(kz-\omega t)}\frac{\partial E_x(x,y)}{\partial x} + e^{i(kz-\omega t)}\frac{\partial E_y(x,y)}{\partial y} + E_z(x,y)\frac{\partial}{\partial z}(e^{i(kz-\omega t)})\right] = 0$$

$$\Rightarrow \left[\frac{\partial E_x(x,y)}{\partial x} + \frac{\partial E_y(x,y)}{\partial y} + ikE_z(x,y)\right]e^{i(kz-\omega t)} = 0$$

$$\Rightarrow \frac{\partial E_x(x,y)}{\partial x} + \frac{\partial E_y(x,y)}{\partial y} + ikE_z(x,y) = 0$$

$$\Rightarrow \left[\frac{i}{(\frac{\omega}{c})^2 - k^2}\right]\frac{\partial}{\partial x}[k\frac{\partial E_z(x,y)}{\partial x} + \omega\frac{\partial B_z(x,y)}{\partial y}]$$

$$+ \left[\frac{i}{(\frac{\omega}{c})^2 - k^2}\right]\frac{\partial}{\partial y}[k\frac{\partial E_z(x,y)}{\partial y} - \omega\frac{\partial B_z(x,y)}{\partial x}] + ikE_z(x,y) = 0$$

$$\Rightarrow \left[\frac{ik}{(\frac{\omega}{c})^2 - k^2}\right]\left[\frac{\partial^2 E_z(x,y)}{\partial x^2} + \frac{\partial^2 E_z(x,y)}{\partial y^2}\right] + ikE_z(x,y) = 0$$

$$\Rightarrow \frac{\partial^2 E_z(x,y)}{\partial x^2} + \frac{\partial^2 E_z(x,y)}{\partial y^2} + [(\frac{\omega}{c})^2 - k^2]E_z(x,y) = 0$$

$$\therefore\ [\frac{\partial^2}{\partial x^2} + \frac{\partial^2}{\partial y^2} + (\frac{\omega}{c})^2 - k^2]E_z(x,y) = 0 \tag{9.8.9}$$

유사한 방법으로 식 (9.8.3)의 두 번째 식에 위에서 구한 관계식을 대입하면 다음과 같은 $B_z(x,y)$에 대한 관계식을 얻을 수 있다.

$$\therefore\ [\frac{\partial^2}{\partial x^2} + \frac{\partial^2}{\partial y^2} + (\frac{\omega}{c})^2 - k^2]B_z(x,y) = 0 \tag{9.8.10}$$

위에서 구한 전자기장의 각 성분의 결과를 종합하여 정리하면 다음과 같다.

- $$\begin{cases} E_x(x,y) = \dfrac{i}{(\frac{\omega}{c})^2 - k^2}\left[k\dfrac{\partial E_z(x,y)}{\partial x} + \omega\dfrac{\partial B_z(x,y)}{\partial y}\right] \\ E_y(x,y) = \dfrac{i}{(\frac{\omega}{c})^2 - k^2}\left[k\dfrac{\partial E_z(x,y)}{\partial y} - \omega\dfrac{\partial B_z(x,y)}{\partial x}\right] \\ \left[\dfrac{\partial^2}{\partial x^2} + \dfrac{\partial^2}{\partial y^2} + (\frac{\omega}{c})^2 - k^2\right]E_z(x,y) = 0 \end{cases}$$
- $$\begin{cases} B_x(x,y) = \dfrac{i}{(\frac{\omega}{c})^2 - k^2}\left[k\dfrac{\partial B_z(x,y)}{\partial x} - \dfrac{\omega}{c^2}\dfrac{\partial E_z(x,y)}{\partial y}\right] \\ B_y(x,y) = \dfrac{i}{(\frac{\omega}{c})^2 - k^2}\left[k\dfrac{\partial B_z(x,y)}{\partial y} + \dfrac{\omega}{c^2}\dfrac{\partial E_z(x,y)}{\partial x}\right] \\ \left[\dfrac{\partial^2}{\partial x^2} + \dfrac{\partial^2}{\partial y^2} + (\frac{\omega}{c})^2 - k^2\right]B_z(x,y) = 0 \end{cases}$$

일반적으로 전자기파가 진행하는 전자기장의 $z$-성분을 구하는 것으로 충분하다.

만약 $E_z(x,y) = 0$이면(전기장이 진행 방향에 관해 수직인 경우이며 자기장은 $z$-성분을 가질 수 있음), 이때의 전자기파는 **TE**(transverse electric)**파**라 한다. 만약 $B_z(x,y) = 0$이면(자기장이 진행 방향에 관해 수직인 경우이며 전기장은 $z$-성분을 가질 수 있음), 이때의 전자기파는 TM(transverse magentic)**파**라 한다. 그리고 $E_z(x,y)=0=B_z(x,y)$인 경우(전기장과 자기장이 진행 방향에 관해 수직인 경우)는 **TEM파**라 한다. 균일한 평면파는 TEM파의 대표적인 예이다.

**예제 9.6**

안이 비어있는 도체 도파관의 경우(한 개의 도체만 존재하는 경우에 해당함), TEM파는 존재하지 않음을 보이세요.

**풀이**

TEM파의 경우, 전기장과 자기장은 전자기파의 진행 방향에 수직이다. $E_z(x,y)=0$이면 가우스 법칙으로부터 $\frac{\partial E_x(x,y)}{\partial x}+\frac{\partial E_y(x,y)}{\partial y}=0$ 그리고 $B_z(x,y)=0$이면 패러데이 법칙으로부터 관계식의 $z$-성분은 $\frac{\partial E_y(x,y)}{\partial x}-\frac{\partial E_x(x,y)}{\partial y}=0$이 된다. 그러면 이들 식으로부터 다음과 같은 관계식을 얻는다.

$$\frac{\partial E_y}{\partial x}-\frac{\partial E_x}{\partial y}=0 \Rightarrow \frac{\partial}{\partial y}\left(\frac{\partial E_y}{\partial x}\right)-\frac{\partial}{\partial y}\left(\frac{\partial E_x}{\partial y}\right)=0 \Rightarrow \frac{\partial}{\partial x}\left(\frac{\partial E_y}{\partial y}\right)-\frac{\partial^2 E_x}{\partial y^2}=0$$

$$\Rightarrow \frac{\partial}{\partial x}(-\frac{\partial E_x}{\partial x})-\frac{\partial^2 E_x}{\partial y^2}=0 \Rightarrow -\frac{\partial^2 E_x}{\partial x^2}-\frac{\partial^2 E_x}{\partial y^2}=0$$

$$\therefore \frac{\partial^2 E_x(x,y)}{\partial x^2}+\frac{\partial^2 E_x(x,y)}{\partial y^2}=0 \Rightarrow \nabla_\perp^2 E_x(x,y)=0$$

유사한 방법으로 $\nabla_\perp^2 E_y(x,y)=0$의 관계식을 또한 얻을 수 있다. 이들 결과를 하나의 식으로 나타내면 $\nabla_\perp^2 \vec{E}(x,y)=0$이다.

그리고

$$\begin{cases} \vec{\nabla}\cdot\vec{B}=0 \Rightarrow \frac{\partial B_x(x,y)}{\partial x}+\frac{\partial B_y(x,y)}{\partial y}=0 \\ \vec{\nabla}\times\vec{B}=\frac{1}{c^2}\frac{\partial \vec{E}}{\partial t} \Rightarrow (\vec{\nabla}\times\vec{B})_z=0 \Rightarrow \frac{\partial B_y(x,y)}{\partial x}-\frac{\partial B_x(x,y)}{\partial y}=0 \end{cases}$$

을 얻는다. 그러면 전기장에서 한 것과 유사한 방법으로 $\nabla_\perp^2 \vec{B}(x,y)=0$을 얻을 수 있다. 이들 결과는 정전기학에서 얻은 결과와 동일하다. 정전기학에서 안이 비어있는 도체 안에는 전하가 없기 때문에 전기장이 0이 됨을 배웠다. 즉, TEM파는 안이 비어있는 도파관을 통과할 수 없다.

### (1) 직사각형 도파관

전기 전도도가 매우 높은 도체를 사각형으로 배열하여 관을 만든 아래 그림과 같은 높이가 $a$이고 폭이 $b$인 직사각형 도파관을 $+z$ 방향으로 통과하는 파에 대해 살펴보자. [예제 9.6]에서 이러한 도파관의 경우 TEM파는 통과할 수 없음을 알아봤다. 지금부터는 도파관을 통과하는 TE파에 대해 살펴보고 이 장의 [연습문제 5]에서 도파관을 통과하는 TM파에 대해 알아본다.

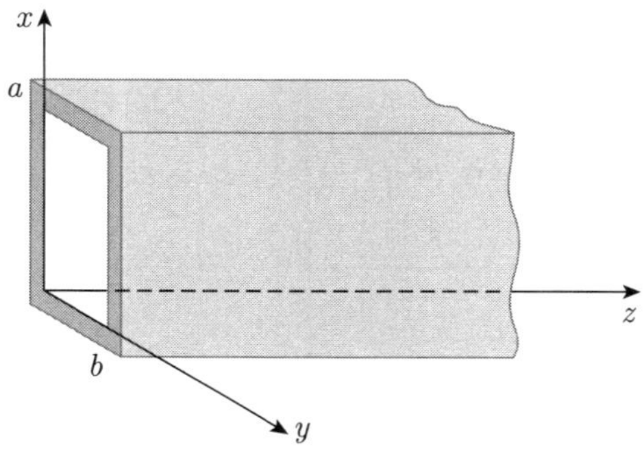


**그림 9.23**

TE파이므로 $E_z(x,y)=0$이고 $B_z(x,y)\neq 0$이다. $B_z(x,y)=X(x)Y(y)$로 놓고 이를 식 (9.8.10)에 대입하면

$$[\frac{\partial^2}{\partial x^2}+\frac{\partial^2}{\partial y^2}+(\frac{\omega}{c})^2-k^2]X(x)Y(y)=0 \Rightarrow Y\frac{d^2X}{dx^2}+X\frac{d^2Y}{dy^2}+[(\frac{\omega}{c})^2-k^2]XY=0$$

$$\Rightarrow \frac{1}{X}\frac{d^2X}{dx^2}+\frac{1}{Y}\frac{d^2Y}{dy^2}+[(\frac{\omega}{c})^2-k^2]=0$$

이 되고, 여기서 $\frac{1}{X}\frac{d^2X}{dx^2}=-k_x^2$ 그리고 $\frac{1}{Y}\frac{d^2Y}{dy^2}=-k_y^2$로 놓으면 위 식은 다음의 관계식을 준다.

$$\begin{cases}\dfrac{d^2X}{dx^2}+k_x^2X=0\\[4pt] \dfrac{d^2Y}{dx^2}+k_y^2Y=0\\[4pt] -k_x^2-k_y^2+\left[(\dfrac{\omega}{c})^2-k^2\right]=0\end{cases} \Rightarrow \begin{cases}X(x)=A\sin k_x x+B\cos k_x x\\ Y(y)=C\sin k_y y+D\cos k_y y\end{cases}$$

여기서 $k^2 = (\frac{\omega}{c})^2 - k_x^2 - k_y^2$이다.

그러므로

$$B_z(x,y) = X(x)Y(y) = (A\sin k_x x + B\cos k_x x)(C\sin k_y y + D\cos k_y y) \quad (9.8.11)$$

$$\Rightarrow \begin{cases} \dfrac{\partial B_z(x,y)}{\partial x} = (Ak_x\cos k_x x - Bk_x\sin k_x x)(C\sin k_y y + D\cos k_y y) \\ \dfrac{\partial B_z(x,y)}{\partial y} = (A\sin k_x x + B\cos k_x x)(Ck_y\cos k_y y - Dk_y\sin k_y y) \end{cases} \quad (9.8.12)$$

식 (9.8.8)의 첫 번째 관계식에 식 (9.8.12)의 첫 번째 관계식을 대입하면

$$E_y(x,y) = \frac{i}{(\frac{\omega}{c})^2 - k^2}\left[-\omega\frac{\partial B_z(x,y)}{\partial x}\right] \quad (\because\ E_z(x,y) = 0)$$

$$\Rightarrow E_y(x,y) = \frac{-i\omega}{(\frac{\omega}{c})^2 - k^2}(Ak_x\cos k_x x - Bk_x\sin k_x x)(C\sin k_y y + D\cos k_y y) \quad (9.8.13)$$

을 얻는다.

$x = 0$과 $x = a$에서 $E_y(x,y) = 0$인 경계조건(83)으로부터 식 (9.8.13)은 각각 모든 $y$에 대해 다음의 관계식을 준다.

$$\begin{cases} E_y(0,y) = \dfrac{-i\omega}{(\frac{\omega}{c})^2 - k^2}Ak_x(C\sin k_y y + D\cos k_y y) = 0 \\ E_y(a,y) = \dfrac{-i\omega}{(\frac{\omega}{c})^2 - k^2}(Ak_x\cos k_x a - Bk_x\sin k_x a)(C\sin k_y y + D\cos k_y y) = 0 \end{cases}$$

$$\Rightarrow \begin{cases} A = 0 \\ k_x a = n\pi \Rightarrow k_x = \dfrac{n\pi}{a},\ \text{여기서}\ n = 0,\ 1,\ 2,\ \cdots \end{cases} \quad (9.8.14)$$

그리고 식 (9.8.6)에 식 (9.8.12)의 두 번째 관계식을 대입하면

(83) 식 (9.8.1)의 첫 번째 관계식으로부터

$$E_x(x,y)=\frac{i}{(\frac{\omega}{c})^2-k^2}[\omega\frac{\partial B_z(x,y)}{\partial y}] \quad (\because\ E_z(x,y)=0)$$

$$\Rightarrow E_x(x,y)=\frac{i\omega}{(\frac{\omega}{c})^2-k^2}(A\sin k_x x+B\cos k_x x)(Ck_y\cos k_y y-Dk_y\sin k_y y) \quad (9.8.15)$$

을 얻는다.

$y=0$과 $y=b$에서 $E_x(x,y)=0$인 경계조건으로부터 식 (9.8.15)는 각각 모든 $x$에 대해 다음의 관계식을 준다.

$$\begin{cases} E_x(x,0)=\frac{i\omega}{(\frac{\omega}{c})^2-k^2}(A\sin k_x x+B\cos k_x x)Ck_y\cos k_y y=0 \\ E_x(x,b)=\frac{i\omega}{(\frac{\omega}{c})^2-k^2}(A\sin k_x x+B\cos k_x x)(Ck_y\cos k_y b-Dk_y\sin k_y b)=0 \end{cases}$$

$$\Rightarrow \begin{cases} C=0 \\ k_y b=n\pi \Rightarrow k_y=\frac{m\pi}{b}, \text{ 여기서 } m=0,\ 1,\ 2,\ \cdots \end{cases} \quad (9.8.16)$$

경계조건으로부터 구한 결과인 식 (9.8.14)와 (9.8.16)을 (9.8.11)에 대입하면

$$B_z(x,y)=(B\cos k_x x)(D\cos k_y y)=B_0\cos(\frac{n\pi}{a}x)\cos(\frac{m\pi}{b}y)$$

인 $\mathrm{TE}_{nm}$ 모드에 대한 解를 얻는다. 물리적으로 의미 있는 解가 되기 위해서는 $k_x$와 $k_y$ 중 적어도 하나는 0이 아니어야 한다(84). 여기서 $B_0$은 상수이며 이 모드의 파수 $k$은

$$k^2=(\frac{\omega}{c})^2-k_x^2-k_y^2 \Rightarrow k=\sqrt{(\frac{\omega}{c})^2-(\frac{n\pi}{a})^2-(\frac{m\pi}{b})^2}$$
$$=\frac{1}{c}\sqrt{\omega^2-c^2\pi^2\left[(\frac{n}{a})^2+(\frac{m}{b})^2\right]}$$

이다. 여기서 $\omega_{nm}^2=c^2\pi^2[(\frac{n}{a})^2+(\frac{m}{b})^2]$로 놓으면 위 식은 다음과 같이 표현된다.

$$k=\frac{1}{c}\sqrt{\omega^2-\omega_{nm}^2} \quad (9.8.17)$$

---

(84) 만약 $k_x=k_y=0$이면 $E_x(x,y)=E_y(x,y)=0$이 되어(이미 $E_z(x,y)=0$) 결국 전자기장은 도파관 내부에 존재할 수 없다.

만약 $\omega < \omega_{nm}$ 이면 $k$은 허수가 된다. 그러면 사인파로 진동하면서 진행하는 파가 아닌 진행하면서 지수적으로 진폭이 줄어드는 파가 된다($\because\ e^{ikz} \to e^{i(ik)z} = e^{-kz}$). 이런 결과를 주는 각진동수 $\omega_{nm}$ 을 **차단**(cutoff) **각진동수**라 한다 가장 낮은 값을 갖는 차단 각진동수는 $\omega_{10}$(85)이므로

$$\omega_{nm} = c\pi\sqrt{(\frac{n}{a})^2 + (\frac{m}{b})^2}$$

$$\Rightarrow\ \omega_{10} = c\pi\sqrt{\frac{1}{a^2}} = \frac{c\pi}{a} \tag{9.8.18}$$

이 각진동수에 대응하는 파를 $\mathrm{TE}_{10}$라 한다.

전자기파가 도파관을 통과하기 위해서는 $k$가 실수이어야 한다. 즉, $\omega$가 차단 각진동수 $\omega_{nm}$보다 클 경우에만 전자기파가 도파관을 통과할 수 있다.

식 (9.8.17)은 또한 다음 관계식을 준다.

$$dk = \frac{1}{c}2\omega\frac{1}{2}\frac{1}{\sqrt{\omega^2 - \omega_{nm}^2}}d\omega = \frac{\omega}{c}\frac{1}{\sqrt{\omega^2 - \omega_{nm}^2}}d\omega$$

$$\Rightarrow\ \frac{dk}{d\omega} = \frac{\omega}{c}\frac{1}{\sqrt{\omega^2 - \omega_{nm}^2}}$$

그러면 이때 진행하는 파의 위상속도 $v_{위상}$와 군속도 $v_{군}$은 각각 다음과 같다.

$$\begin{cases} v_{위상} = \dfrac{\omega}{k} = \dfrac{c\omega}{\sqrt{\omega^2 - \omega_{nm}^2}} = \dfrac{c}{\sqrt{1 - (\dfrac{\omega_{nm}}{\omega})^2}} > c \\ v_{군} = \dfrac{d\omega}{dk} = \dfrac{c}{\omega}\sqrt{\omega^2 - \omega_{nm}^2} = c\sqrt{1 - (\dfrac{\omega_{nm}}{\omega})^2} < c \end{cases} \Rightarrow v_{위상}v_{군} = c^2$$

파면은 광속도로 진행을 하지만 $z-$축에 대해 $\theta$의 각을 이루기 때문에 도파관을 통과하는 속도인 군속도는 광속도보다 작은 속도이다. 그리고 군속도로 진행하는 파에 의해

(85) 관례적으로 도파관의 높이와 폭 중 큰 값을 갖는 쪽을 차단 진동수의 아래첨자의 앞에 둔다. 즉, 본문은 $a > b$인 경우에 해당한다.

전달된 에너지로 인해 $v_{위상} > c$가 된다. 이들 결과를 그림으로 아래와 같이 나타낼 수 있다.

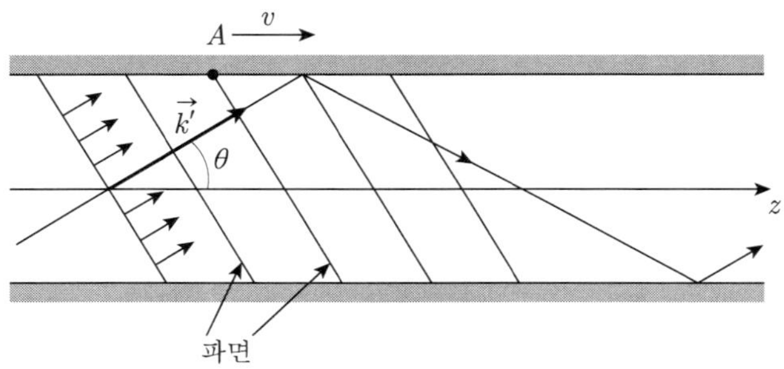


**그림 9.24**

**예제 9.7**

군용레이더에 사용되는 주파수 대역은 약 8~12 GHz(X-band)이다. X-band 직사각형 도파관의 높이가 2 cm이고 폭이 1 cm일 때, 도파관을 통과하는 TE 모드를 구하세요.

**풀이**

식 (9.8.18)로부터 다음과 같이 차단 주파수에 대한 관계식을 얻는다.

$$\omega_{nm} = c\pi\sqrt{(\frac{n}{a})^2 + (\frac{m}{b})^2} \Rightarrow f_{nm} = \frac{\omega_{nm}}{2\pi} = \frac{c}{2}\sqrt{(\frac{n}{a})^2 + (\frac{m}{b})^2}$$

그러면 $n$과 $m$에 대한 차단 주파수는 다음과 같다.

| $n$ | $m$ | $f_{nm}$ (GHz) |
|---|---|---|
| 1 | 0 | 7.5 |
| 0 | 1 | 15.0 |
| 1 | 1 | 16.7 |
| 2 | 0 | 15.0 |

그러므로 X-band 영역에서는 단지 $TE_{10}$ 모드만 도파관을 통해 통과할 수 있다. 그러므로 이는 단일 모드 작동(single mode operation)에 해당한다.

### (2) 동축 전송선(coaxial transmission line)

반경이 $a$인 무한히 긴 철사를 둘러싸고 있는 반경이 $b$인 원통형 도체 덮개로 이루어진 동축 전송선을 통과하는 $E_z(x,y) = B_z(x,y) = 0$인 TEM파를 살펴보자. [예제 9.6]에서 속이 비어있는 도파관의 경우 TEM파는 통과할 수 없지만 동축 전송선에서는 가능하다.

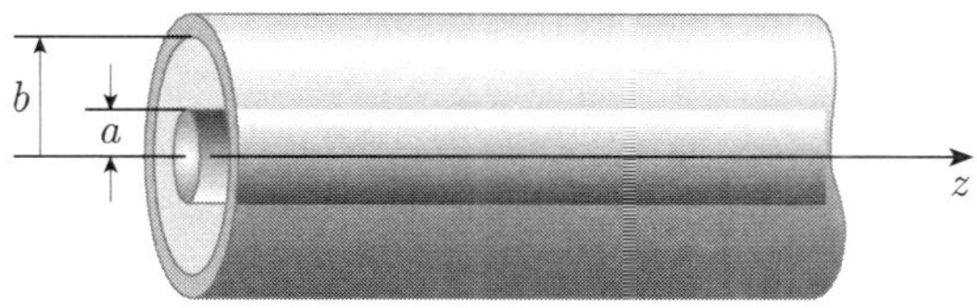


**그림 9.25**

식 (9.8.4)의 첫 번째 관계식으로부터

$$\frac{\partial E_z(x,y)}{\partial y} - ikE_y(x,y) = i\omega B_x(x,y) \Rightarrow -kE_y(x,y) = \omega B_x(x,y) \quad (\because\ E_z(x,y)=0)$$

$$\Rightarrow \omega B_x(x,y) = -\frac{\omega}{c}E_y(x,y)$$

$$\therefore\ cB_x(x,y) = -E_y(x,y) \tag{9.8.19}$$

그리고 식 (9.8.4)의 두 번째 관계식으로부터

$$ikE_x(x,y) - \frac{\partial E_z(x,y)}{\partial x} = i\omega B_y(x,y) \Rightarrow kE_x(x,y) = \omega B_y(x,y) \quad (\because\ E_z(x,y)=0)$$

$$\Rightarrow \omega B_y(x,y) = \frac{\omega}{c}E_x(x,y)$$

$$\therefore\ cB_y(x,y) = E_x(x,y) \tag{9.8.20}$$

식 (9.8.19)와 (9.8.20)으로부터

$$\vec{E}\cdot\vec{B} = E_xB_x + E_yB_y + E_zE_z = E_xB_x + E_yB_y$$
$$= E_x\left(-\frac{E_y}{c}\right) + E_y\left(\frac{E_x}{c}\right) = 0$$

이 된다. 즉, 전기장 벡터와 자기장 벡터는 서로 수직 관계에 있다.

그리고 식 (9.8.4)의 세 번째 관계식으로부터

$$\frac{\partial E_y(x,y)}{\partial x} - \frac{\partial E_x(x,y)}{\partial y} = i\omega B_z(x,y)$$

$$\Rightarrow \frac{\partial E_y(x,y)}{\partial x} - \frac{\partial E_x(x,y)}{\partial y} = 0$$

$$\therefore (\overrightarrow{\nabla} \times \overrightarrow{E})_z = 0 \tag{9.8.21}$$

을 얻고 식 (9.8.5)의 세 번째 관계식으로부터

$$\frac{\partial B_y(x,y)}{\partial x} - \frac{\partial B_x(x,y)}{\partial y} = -\frac{i\omega}{c^2} E_z(x,y)$$

$$\Rightarrow \frac{\partial B_y(x,y)}{\partial x} - \frac{\partial B_x(x,y)}{\partial y} = 0$$

$$\therefore (\overrightarrow{\nabla} \times \overrightarrow{B})_z = 0 \tag{9.8.22}$$

을 얻는다.

$E_z(x,y) = B_z(x,y) = 0$이면서 $E_x = E_x(x,y)$ 그리고 $E_y = E_y(x,y)$인 경우 $(\overrightarrow{\nabla} \times \overrightarrow{E})_x = (\overrightarrow{\nabla} \times \overrightarrow{E})_y = 0$이고 $(\overrightarrow{\nabla} \times \overrightarrow{B})_x = (\overrightarrow{\nabla} \times \overrightarrow{B})_y = 0$이 된다.

그러므로

$$\begin{cases} \overrightarrow{\nabla} \times \overrightarrow{E} = 0 \\ \overrightarrow{\nabla} \times \overrightarrow{B} = 0 \end{cases}$$

인 결과를 얻는다.

또한, 자유전하가 없으므로 $\overrightarrow{\nabla} \cdot \overrightarrow{E} = 0$이고 단극자는 존재하지 않으므로 $\overrightarrow{\nabla} \cdot \overrightarrow{B} = 0$이다. 결론적으로

$$\begin{cases} \overrightarrow{\nabla} \cdot \overrightarrow{E} = 0 \text{ 그리고 } \overrightarrow{\nabla} \times \overrightarrow{E} = 0 \Rightarrow \overrightarrow{E} = -\nabla \phi_E \\ \overrightarrow{\nabla} \cdot \overrightarrow{B} = 0 \text{ 그리고 } \overrightarrow{\nabla} \times \overrightarrow{B} = 0 \Rightarrow \overrightarrow{B} = -\nabla \phi_B \end{cases}$$

인 정전자기에 해당하는 관계식을 얻으므로 무한히 긴 선전하(선 전하밀도는 $\lambda$)에 의한

전기장과 안쪽 반경이 $a$이며(정상전류 $I$가 흐르는) 바깥쪽 반경이 $b$인 원통형 동축 케이블에서 $a < r < b$에서의 자기장에 대한 결과인

$$\begin{cases} \overrightarrow{E}_0(s,\phi) = \dfrac{\lambda}{2\pi\epsilon_0 s}\hat{s} \\ \overrightarrow{B}_0(s,\phi) = \dfrac{\mu_0 I}{2\pi s}\hat{\phi} \end{cases} \tag{9.8.23}$$

를 사용할 수 있다. 식 (9.8.2)를 원통 좌표계에서 표현하면

$$\begin{cases} \overrightarrow{\tilde{E}}(x,y,z,t) = \overrightarrow{\tilde{E}_0}(x,y)e^{i(kz-\omega t)} \Rightarrow \overrightarrow{\tilde{E}}(s,\phi,z,t) = \overrightarrow{\tilde{E}_0}(s,\phi)e^{i(kz-\omega t)} \\ \overrightarrow{\tilde{B}}(x,y,z,t) = \overrightarrow{\tilde{B}_0}(x,y)e^{i(kz-\omega t)} \Rightarrow \overrightarrow{\tilde{B}}(s,\phi,z,t) = \overrightarrow{\tilde{B}_0}(s,\phi)e^{i(kz-\omega t)} \end{cases} \tag{9.8.24}$$

이 되고 이 관계식에 식 (9.8.23)을 대입한 뒤에 실수부분만 취하면 전기장과 자기장은 각각 다음과 같이 주어진다.

$$\begin{cases} \overrightarrow{E}(s,\phi,z,t) = \dfrac{\lambda}{2\pi\epsilon_0 s}\cos(kz-\omega t)\hat{s} = \dfrac{\lambda(z,t)}{2\pi\epsilon_0 s}\hat{s} \\ \overrightarrow{B}(s,\phi,z,t) = \dfrac{\mu_0 I}{2\pi s}\cos(kz-\omega t)\hat{\phi} = \dfrac{\mu_0 I(z,t)}{2\pi s}\hat{\phi} \end{cases} \tag{9.8.25}$$

여기서 $\lambda(z,t)$와 $I(z,t)$은 각각 안쪽 원통의 선 전하밀도와 전류이다.

## 보충자료-1

단위 길이당 질량이 $\mu$인 줄에서의 횡파 속도가 $v = \sqrt{\frac{T}{\mu}}$ 임을 보이세요.

**풀이**

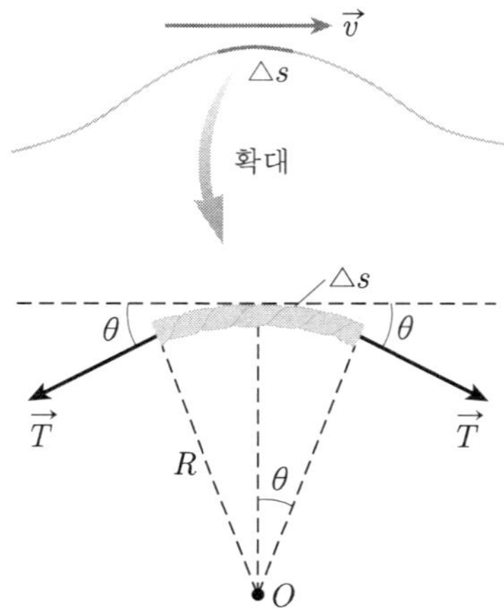


**그림 9.26**

작은 진동의 경우에서 장력 $T$의 수평 성분은 상쇄되고 수직 성분은

$$F_r = T\sin\theta + T\sin\theta = 2T\sin\theta \approx 2T\theta \tag{1}$$

이다.

그리고 줄의 미소길이 $\triangle s$의 질량은

$$\mu\triangle s = \mu(R\theta) + \mu(R\theta) = \mu(2R\theta) \tag{2}$$

이다.

뉴턴의 제2법칙에 식 (1)과 (2)를 대입하면

$$F_r = \frac{mv^2}{R} \Rightarrow 2T\theta = \frac{(2\mu R\theta)v^2}{R} \Rightarrow T = \mu v^2$$

이 되어

$$\therefore\ v = \sqrt{\frac{T}{\mu}} \tag{3}$$

인 줄에서의 횡파 속도 $v$와 장력 $T$의 관계식을 얻는다. 이 결과는 어떤 모양의 파동에도 적용된다.

식 (3)이 타당한 관계식임을 다음과 같이 차원 분석을 통해서도 알아볼 수 있다.

$$\sqrt{\left(\frac{\text{kg}\cdot\text{m}}{\text{sec}^2}\right)\left(\frac{\text{m}}{\text{kg}}\right)} = \sqrt{\frac{\text{m}^2}{\text{sec}^2}} = \frac{\text{m}}{\text{sec}} = [\text{속도}]$$

## 보충자료-2

식 (9.1.1)로부터 $+x$ 방향으로 일정한 속도 $v$로 진행하는 파동함수 $f$는 다음과 같이 표현될 수 있음을 배웠다.

$$f(x,t)=f(x-vt,0)=g(x-vt) \tag{1}$$

여기서 $x-vt=u$로 놓으면 식 (1)은 다음과 같이 된다.

$$f(x,t)=g(u)$$

이때

$$\begin{cases} \dfrac{\partial f}{\partial x}=\dfrac{\partial f}{\partial u}\dfrac{\partial u}{\partial x}=\dfrac{\partial f}{\partial u}=\dfrac{dg}{du} \quad (\because \dfrac{\partial u}{\partial x}=1) \\ \dfrac{\partial f}{\partial t}=\dfrac{\partial f}{\partial u}\dfrac{\partial u}{\partial t}=\dfrac{\partial f}{\partial u}(-v)=\dfrac{dg}{du}(-v) \end{cases}$$

$$\Rightarrow \begin{cases} \dfrac{\partial^2 f}{\partial x^2}=\dfrac{\partial}{\partial x}(\dfrac{\partial f}{\partial x})=\dfrac{\partial}{\partial x}(\dfrac{dg}{du})=\dfrac{\partial u}{\partial x}\dfrac{d}{du}(\dfrac{dg}{du})=\dfrac{d^2 g}{du^2} \\ \dfrac{\partial^2 f}{\partial t^2}=\dfrac{\partial}{\partial t}(-v\dfrac{dg}{du})=(-v)\dfrac{\partial}{\partial u}(-v)\dfrac{dg}{du}=v^2\dfrac{d^2 g}{du^2} \Rightarrow \dfrac{1}{v^2}\dfrac{\partial^2 f}{\partial t^2}=\dfrac{d^2 g}{du^2} \end{cases}$$

그러므로 위 식의 첫 번째와 두 번째 관계식으로부터 다음의 관계식을 얻는다.

$$\frac{\partial^2 f}{\partial x^2}=\frac{1}{v^2}\frac{\partial^2 f}{\partial t^2} \tag{2}$$

반면에 $-x$ 방향으로 속도 $v$로 진행하는 파동함수의 경우는

$$f(x,t)=f(x+vt,0)=h(x+vt) \tag{3}$$

로 표현될 수 있다. 이 함수는 또한 식 (2)를 만족함을 위와 유사한 방법으로 쉽게 알 수 있다.

즉, 식 (1)과 (3)이 파동방정식인 식 (2)를 만족하는 解가 되므로, 이들의 합도 마찬가지로 파동방정식의 解가 될 수 있다. 그러므로

$$f(x,t)=g(v-xt)+h(x+vt)$$

로 파동방정식이 표현될 수 있다.

# 보충자료-3

파장 $\lambda$은 파동함수 $f(x,t)$에서 주어진 시간에 같은 모양이 반복되는 길이이므로 파동함수는 다음의 관계식을 만족한다.

$$A\cos(kx+\delta) = A\cos[k(x+\lambda)+\delta] = A\cos[(kx+\delta)+k\lambda]$$

위 등식이 항상 성립하기 위해서는

$$k\lambda = 2\pi \;\Rightarrow\; k = \frac{2\pi}{\lambda} \tag{1}$$

인 파수 $k$와 파장 $\lambda$의 관계식을 만족해야 한다. 파수의 단위는 길이의 역수임을 알 수 있다. 반면에 주기 $T$에 대해 살펴보면

$$\begin{aligned} A\cos[k(x-vt)+\delta] &= A\cos[k\{x-v(t+T)\}+\delta] \\ &= A\cos[\{k(x-vt)+\delta\}-kvT] \end{aligned}$$

위 등식이 항상 성립하기 위해서는

$$kvT = 2\pi \;\Rightarrow\; v = \frac{1}{k}\frac{2\pi}{T} = \left(\frac{\lambda}{2\pi}\right)\frac{2\pi}{T} = \frac{\lambda}{T} \tag{2}$$

인 파동 속도 $v$와 파장 $\lambda$와 주기 $T$의 관계식을 만족해야 한다.
그리고 식 (1)과 (2)로부터 파수 $k$와 각진동수 $\omega$의 다음의 관계식을 얻을 수 있다.

$$kv = \frac{2\pi}{\lambda}\frac{\lambda}{T} = \frac{2\pi}{T} = 2\pi f = \omega$$

여기서 $f$은 주기 $T$의 역수인 진동수이다.

$$\therefore\; k = \frac{\omega}{v}$$

## 보충자료-4

$(\hat{k}\times\hat{\epsilon})\cdot(\hat{k}\times\hat{\epsilon})=1$임을 증명하세요.

**풀이**

두 가지 방법으로 증명할 수 있다.

(i) 여기서 부호의 혼동을 피하기 위해서 일시적으로 $\hat{k}\to\hat{n}$으로 변경한 다음 나중에 다시 $\hat{n}\to\hat{k}$로 변경하자. 그러면

$$(\hat{n}\times\hat{\epsilon})\cdot(\hat{n}\times\hat{\epsilon}) = \sum_i(\hat{n}\times\hat{\epsilon})_i(\hat{n}\times\hat{\epsilon})_i = \sum_i(\epsilon_{ijk}n_j\epsilon_k\epsilon_{i\ell m}n_\ell\epsilon_m)$$

(여기서 Einstein summation convention을 사용했음)

$$= \sum_i\epsilon_{ijk}\epsilon_{i\ell m}(n_jn_\ell\epsilon_k\epsilon_m) = \sum_i(\delta_{j\ell}\delta_{km}-\delta_{jm}\delta_{k\ell})(n_jn_\ell\epsilon_k\epsilon_m)$$

$$= (\hat{n}\cdot\hat{n})(\hat{\epsilon}\cdot\hat{\epsilon})-(\hat{n}\cdot\hat{\epsilon})(\hat{n}\cdot\hat{\epsilon})$$

이제 다시 $\hat{n}\to\hat{k}$로 변경하면 위 식은 다음과 같이 표현된다.

$$(\hat{k}\times\hat{\epsilon})\cdot(\hat{k}\times\hat{\epsilon}) = (\hat{k}\cdot\hat{k})(\hat{\epsilon}\cdot\hat{\epsilon})-(\hat{k}\cdot\hat{\epsilon})(\hat{k}\cdot\hat{\epsilon}) = 1 \quad (\because \hat{k}\perp\hat{\epsilon} \Rightarrow \hat{k}\cdot\hat{\epsilon}=0)$$

(ii) $(\hat{k}\times\hat{\epsilon})$의 크기는 1인 단위벡터이므로

$$(\hat{k}\times\hat{\epsilon})\cdot(\hat{k}\times\hat{\epsilon}) = 1^2\cos 0 = 1$$

## 보충자료-5

$< \cos^2(\omega t+\delta) > \; = \; < \sin^2(\omega t+\delta) > \; = \frac{1}{2}$ 임을 증명하세요.

**풀이**

주기 $T$를 갖는 함수 $f$에 대한 시간 평균은

$$< f(t) > \; = \frac{1}{T}\int_0^T f(t)dt$$

이므로

$$< \cos^2(\omega t+\delta) > \; = \frac{1}{T}\int_0^T \cos^2(\omega t+\delta)dt = \frac{1}{2T}\int_0^T [1+\cos 2(\omega t+\delta)]dt$$

$$= \frac{1}{2T}[t+\frac{1}{2}\sin 2(\omega t+\delta)]_0^T = \frac{1}{2T}T = \frac{1}{2}$$

$$(\because \sin 2(\omega T+\delta) = \sin 2\delta)$$

유사한 방법으로

$$< \sin^2(\omega t+\delta) > \; = \frac{1}{2}$$

임을 보일 수 있다.

$$\therefore \; < \cos^2(\omega t+\delta) > \; = \; < \sin^2(\omega t+\delta) > \; = \frac{1}{2}$$

## 보충자료-6

반사파와 투과파의 편광 방향이 입사파의 편광 방향과 같음을 증명하세요.

**풀이**

입사파: $\begin{cases} \widetilde{E}_I(z,t) = \widetilde{E}_{0I} e^{i(k_1 z - \omega t)} \hat{x} \\ \widetilde{B}_I(z,t) = \dfrac{1}{v_1}(\hat{k} \times \overrightarrow{\widetilde{E}_I}) = \dfrac{1}{v_1}(\hat{z} \times \hat{x}) \widetilde{E}_{0I} e^{i(k_1 z - \omega t)} = \dfrac{1}{v_1} \widetilde{E}_{0I} e^{i(k_1 z - \omega t)} \hat{y} \end{cases}$

반사파: $\begin{cases} \widetilde{E}_R(z,t) = \widetilde{E}_{0R} e^{i(-k_1 z - \omega t)} \hat{R} = \widetilde{E}_{0R} e^{i(-k_1 z - \omega t)} (\hat{x} \cos\theta_R + \hat{y} \sin\theta_R) \\ \widetilde{B}_R(z,t) = \dfrac{1}{v_1}[(-\hat{z} \times \hat{x} \cos\theta_R) + (-\hat{z} \times \hat{y} \sin\theta_R)] \widetilde{E}_{0R} e^{i(-k_1 z - \omega t)} \\ \qquad\qquad = \dfrac{1}{v_1}(-\hat{y} \cos\theta_R + \hat{x} \sin\theta_R) \widetilde{E}_{0R} e^{i(-k_1 z - \omega t)} \end{cases}$

투과파: $\begin{cases} \widetilde{E}_T(z,t) = \widetilde{E}_{0T} e^{i(k_2 z - \omega t)} \hat{x} = \widetilde{E}_{0T} e^{i(k_2 z - \omega t)} (\hat{x} \cos\theta_T + \hat{y} \sin\theta_T) \\ \widetilde{B}_T(z,t) = \dfrac{1}{v_2}[(\hat{z} \times \hat{x} \cos\theta_T) + (\hat{z} \times \hat{y} \sin\theta_T)] \widetilde{E}_{0T} e^{i(k_2 z - \omega t)} \\ \qquad\qquad = \dfrac{1}{v_2}(\hat{y} \cos\theta_T - \hat{x} \sin\theta_T) \widetilde{E}_{0T} e^{i(k_2 z - \omega t)} \end{cases}$

$z=0$인 경계면에서 전자기장의 수평 성분은 경계조건 식 (9.5.4)의 세 번째와 네 번째 관계식으로부터 다음의 관계를 만족해야 한다.

$$\begin{cases} \widetilde{E}_{0I} \hat{x} + \widetilde{E}_{0R}(\hat{x} \cos\theta_R + \hat{y} \sin\theta_R) = \widetilde{E}_{0T}(\hat{x} \cos\theta_T + \hat{y} \sin\theta_T) \\ \dfrac{1}{\mu_1}[\dfrac{1}{v_1} \widetilde{E}_{0I} \hat{y} - \dfrac{1}{v_1} \widetilde{E}_{0R}(\hat{y} \cos\theta_R - \hat{x} \sin\theta_R)] = \dfrac{1}{\mu_2}[\dfrac{1}{v_2} \widetilde{E}_{0T}(\hat{y} \cos\theta_T - \hat{x} \sin\theta_T)] \end{cases} \tag{1}$$

식 (1)의 첫 번째 관계식은

$$\hat{x}(\widetilde{E}_{0I} + \widetilde{E}_{0R} \cos\theta_R - \widetilde{E}_{0T} \cos\theta_T) + \hat{y}(\widetilde{E}_{0R} \sin\theta_R - \widetilde{E}_{0T} \sin\theta_T) = 0$$

이므로 다음의 관계식을 얻을 수 있다.

$$\widetilde{E}_{0R} \sin\theta_R = \widetilde{E}_{0T} \sin\theta_T \tag{2}$$

그리고 식 (1)의 두 번째 관계식으로부터

$$\hat{x}[\frac{1}{\mu_1 v_1}\widetilde{E}_{0R}\sin\theta_R + \frac{1}{\mu_2 v_2}\widetilde{E}_{0T}\sin\theta_T] + \hat{y}[\frac{1}{\mu_1 v_1}(\widetilde{E}_{0I} - \widetilde{E}_{0R}\cos\theta_R) - \frac{1}{\mu_2 v_2}\widetilde{E}_{0T}\cos\theta_T] = 0$$

$$\Rightarrow \frac{1}{\mu_1 v_1}\widetilde{E}_{0R}\sin\theta_R + \frac{1}{\mu_2 v_2}\widetilde{E}_{0T}\sin\theta_T = 0 \Rightarrow \widetilde{E}_{0R}\sin\theta_R = -\frac{\mu_1 v_1}{\mu_2 v_2}\widetilde{E}_{0T}\sin\theta_T$$

이므로 다음의 관계식을 얻을 수 있다.

$$\widetilde{E}_{0R}\sin\theta_R = -\beta\widetilde{E}_{0T}\sin\theta_T, \text{ 여기서 } \beta = \frac{\mu_1 v_1}{\mu_2 v_2} \neq 0\text{인 상수이다.} \quad (3)$$

식 (2)와 (3)으로부터

$$\sin\theta_R = \sin\theta_T = 0$$

가 되어

$$\theta_R = \theta_T = 0 \quad (4)$$

을 얻는다.

그러므로 반사파와 투과파의 전기장은 각각 다음과 같다.

$$\begin{cases} \widetilde{E}_R(z,t) = \widetilde{E}_{0R}e^{i(-k_1 z - \omega t)}(\hat{x}\cos\theta_R + \hat{y}\sin\theta_R) = \widetilde{E}_{0R}e^{i(-k_1 z - \omega t)}\hat{x} \\ \widetilde{E}_T(z,t) = \widetilde{E}_{0T}e^{i(k_2 z - \omega t)}(\hat{x}\cos\theta_T + \hat{y}\sin\theta_T) = \widetilde{E}_{0T}e^{i(k_2 z - \omega t)}\hat{x} \end{cases}$$

∴ 반사파와 투과파의 편광 방향이 입사파의 편광 방향과 같다.

그리고 반사파와 투과파의 자기장에도 식 (4)의 결과를 대입하면 각각

$$\begin{cases} \widetilde{B}_R(z,t) = \frac{1}{v_1}(-\hat{y}\cos\theta_R + \hat{x}\sin\theta_R)\widetilde{E}_{0R}e^{i(-k_1 z - \omega t)} = -\frac{1}{v_1}\widetilde{E}_{0R}e^{i(-k_1 z - \omega t)}\hat{y} \\ \widetilde{B}_T(z,t) = \frac{1}{v_2}(\hat{y}\cos\theta_T - \hat{x}\sin\theta_T)\widetilde{E}_{0T}e^{i(k_2 z - \omega t)} = \frac{1}{v_2}\widetilde{E}_{0T}e^{i(k_2 z - \omega t)}\hat{y} \end{cases}$$

을 얻게 된다. 이는 본문에 나오는 반사파와 투과파에 대한 자기장의 결과이다.

## 연습문제

**01** 가볍고 견고한 반사경을 장착한 정사각형 형태의 탐사선이 바람을 받아서 추진력을 얻는 범선과 같이 태양광이 탐사선에 비추는 복사압력으로 추진력을 얻어 태양계를 탐구한다. 태양과 탐사선의 질량이 각각 $M = 2.0 \times 10^{30}$ kg, $m = 1.0 \times 10^{3}$ kg이며, 태양이 전자기파 형태로 단위 시간당 방출하는 에너지인 복사전력이 $\wp = 4 \times 10^{26}$와트(Watt)라고 가정할 때, 이 탐사선의 크기를 구하세요.

**풀이**

태양과 탐사선과의 거리를 $r$이라 하면 만유인력의 법칙으로부터 둘 사이에 작용하는 힘은 다음과 같다.

$$F_g = G\frac{Mm}{r^2} \tag{1}$$

여기서 만유인력 상수는 $G = 6.7 \times 10^{-11}\ \mathrm{N \cdot m^2/kg^2}$이다. 태양이 전자기파 형태로 방출하는 태양광의 세기 $I$은

$$I = \frac{\text{에너지}}{\text{면적} \cdot \text{시간}} = \frac{\text{파워}}{\text{면적}} = \frac{\wp}{4\pi r^2} \tag{2}$$

이다. 그리고 식 (9.4.16)의 복사압력 $P_{\text{압력}}$으로부터 다음과 같이 전자기파에 의해 탐사선에 작용하는 힘 $F_{em}$을 구할 수 있다.

$$P_{\text{압력}} = \frac{F_{em}}{A} \Rightarrow F_{em} = P_{\text{압력}}A = \left(2\frac{I}{c}\right)A$$

여기서 $A$는 전자기파가 탐사선에 비추는 면적이다. 식 (2)를 위 식에 대입하면

$$F_{em} = \frac{2}{c}\frac{\wp}{4\pi r^2}A = \frac{\wp}{2\pi r^2 c}A \tag{3}$$

을 얻는다. 만유인력의 법칙에 의한 힘 $F_g$와 복사압력에 의한 힘 $F_{em}$이 같아야 하므로 식 (1)과 (2)로부터

$$G\frac{Mm}{r^2} = \frac{\wp}{2\pi r^2 c}A \Rightarrow A = G\frac{2\pi cMm}{\wp} \Rightarrow \ell = \sqrt{G\frac{2\pi cMm}{\wp}} \tag{4}$$

을 얻는다. 여기서 $\ell$은 정사각형 형태의 탐사선의 길이이다.

식 (4)에 주어진 값들을 대입하면 정사각형 형태의 탐사선의 길이는 다음과 같다.

$$\begin{aligned}\ell &= \sqrt{6.7\times 10^{-11}\times\frac{2\pi\times 3\times 10^8\times 2.0\times 10^{30}\times 1.0\times 10^3}{4\times 10^{26}}} \\ &\approx \sqrt{64\times 10^4}\ \mathrm{m} = 800\ \mathrm{m}\end{aligned}$$

**02** 식 (9.5.21)로부터 브루스터각에 대한 조건을 구하세요.

**풀이**

브루스터각은 반사파가 존재하지 않을 때의 입사각이므로 식 (9.5.21)의 두 번째 관계식에서 $\frac{dT}{d\alpha} = 0$을 만족하는 $\alpha$을 구하면 된다.

$$\begin{aligned}T = \alpha\beta\left(\frac{2}{\alpha+\beta}\right)^2 &\Rightarrow \frac{dT}{d\alpha} = \beta\left(\frac{2}{\alpha+\beta}\right)^2 + \alpha\beta\left[\frac{-8(\alpha+\beta)}{(\alpha+\beta)^4}\right] = 0 \\ &\Rightarrow \frac{4\beta}{(\alpha+\beta)^2} = \frac{8\alpha\beta}{(\alpha+\beta)^3} \Rightarrow 1 = \frac{2\alpha}{\alpha+\beta}\end{aligned}$$

$$\therefore\ \alpha = \beta$$

즉, $\alpha = \beta$에서 극값을 갖는다. 이제 $\alpha = \beta$에서 최대값을 갖는지 최소값을 갖는지를 알기 위해서 $\frac{d^2T}{d\alpha^2}\big|_{\alpha=\beta}$를 계산해보자.

$$\begin{aligned}\frac{d^2T}{d\alpha^2}\Big|_{\alpha=\beta} &= \left[\frac{-8\beta(\alpha+\beta)}{(\alpha+\beta)^4} - \frac{8\beta(\alpha+\beta)^3 - 24\alpha\beta(\alpha+\beta)^2}{(\alpha+\beta)^6}\right]\Big|_{\alpha=\beta} \\ &= -\frac{1}{\alpha^2} + \frac{1}{2\alpha^2} = -\frac{1}{2\alpha^2} < 0\end{aligned}$$

그러므로 $T$는 $\alpha = \beta$에서 최대값을 갖는다.

$$\alpha = \beta \Rightarrow \frac{\cos\theta_T}{\cos\theta_I} = \frac{\mu_1 n_2}{\mu_2 n_1}$$

위 관계식을 만족하는 조건에서 입사하는 전자기파는 모두 투과한다.

**03** 아래 그림과 같은 세 개의 매질로 이루어진 층을 전자기파가 경계면에 수직으로 입사하는 경우의 (a) 반사율과 투과율을 구하세요. (b) 반사율을 최소로 하는 $d$을 구하고 그때의 반사율을 구하세요. (c) 반사율이 $0$이 될 조건을 구하세요.

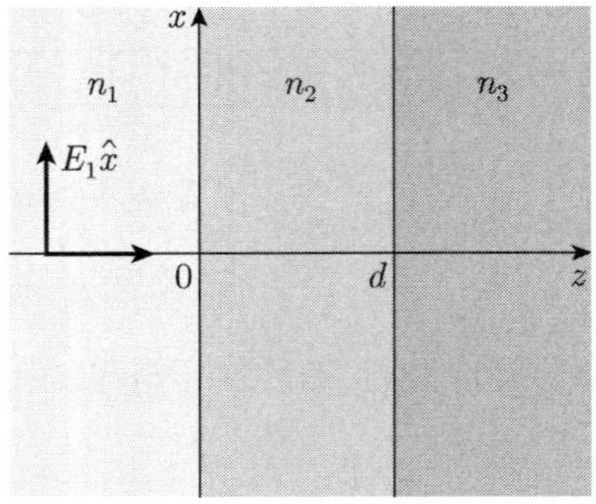


**그림 9.27**

**풀이**

(a) 각 매질에서의 전기장과 자기장은 다음과 같이 각각 나타낼 수 있다.

$$\begin{cases} \widetilde{E}_1 = \widetilde{E}_{0I}\, e^{i(k_1 z - \omega t)}\hat{x} + \widetilde{E}_{0R} e^{i(-k_1 z - \omega t)}\hat{x} \\ \widetilde{E}_2 = \widetilde{E}_{0I}' e^{i(k_2 z - \omega t)}\hat{x} + \widetilde{E}_{0R}' e^{i(-k_2 z - \omega t)}\hat{x} \\ \widetilde{E}_3 = \widetilde{E}_{0T}\, e^{i(k_3 z - \omega t)}\hat{x} \end{cases} \tag{1}$$

$$\begin{cases} \widetilde{B}_1 = \dfrac{1}{v_1}[\widetilde{E}_{0I}\, e^{i(k_1 z - \omega t)} - \widetilde{E}_{0R} e^{i(-k_1 z - \omega t)}]\hat{y} \\ \widetilde{B}_2 = \dfrac{1}{v_2}[\widetilde{E}_{0I}' e^{i(k_2 z - \omega t)} - \widetilde{E}_{0R}' e^{i(-k_2 z - \omega t)}]\hat{y} \\ \widetilde{B}_3 = \dfrac{1}{v_3}\widetilde{E}_{0T}\, e^{i(k_3 z - \omega t)}\hat{y} \end{cases} \tag{2}$$

식 (1)은 $z=0$과 $z=d$에서 경계조건 식 (9.5.4)의 세 번째를 만족해야 하므로 다음의 관계식을 얻는다.

$$\begin{cases} \widetilde{E}_{0I} + \widetilde{E}_{0R} = \widetilde{E}_{0I}' + \widetilde{E}_{0R}' \\ \widetilde{E}_{0I}' e^{ik_2 d} + \widetilde{E}_{0R}' e^{-ik_2 d} = \widetilde{E}_{0T}\, e^{ik_3 d} \end{cases} \tag{3}$$

그리고 식 (2)는 $z=0$과 $z=d$에서 경계조건 식 (9.5.4)의 네 번째를 만족해야 하므로 다음의 관계식을 얻는다.

$$\begin{cases} \dfrac{1}{\mu_1 v_1}(\widetilde{E}_{0I} - \widetilde{E}_{0R}) = \dfrac{1}{\mu_2 v_2}(\widetilde{E}_{0I}' - \widetilde{E}_{0R}') \Rightarrow n_1(\widetilde{E}_{0I} - \widetilde{E}_{0R}) = n_2(\widetilde{E}_{0I}' - \widetilde{E}_{0R}') \\ \dfrac{1}{\mu_2 v_2}(\widetilde{E}_{0I}' e^{ik_2 d} - \widetilde{E}_{0R}' e^{-ik_2 d}) = \dfrac{1}{\mu_2 v_3}\widetilde{E}_{0T} e^{ik_3 d} \Rightarrow n_2(\widetilde{E}_{0I}' e^{ik_2 d} - \widetilde{E}_{0R}' e^{-ik_2 d}) = n_3 \widetilde{E}_{0T} e^{ik_3 d} \end{cases} \tag{4}$$

여기서 $\mu_1 \approx \mu_2 \approx \mu_3$라고 가정하였다.

식 (3)과 (4)를 행렬로 표현하여 전기장의 진폭의 비를 구하는 것이 편리하다. 식 (3)과 (4)를 행렬식으로 표현하면 다음과 같이 표현된다.

$$\begin{pmatrix} 1 & 1 & -1 & -1 \\ n_1 & -n_1 & -n_2 & n_2 \\ 0 & 0 & e^{ik_2 d} & e^{-ik_2 d} \\ 0 & 0 & n_2 e^{ik_2 d} & -n_2 e^{-ik_2 d} \end{pmatrix} \begin{pmatrix} \widetilde{E}_{0I} \\ \widetilde{E}_{0R} \\ \widetilde{E}_{0I}' \\ \widetilde{E}_{0R}' \end{pmatrix} = \begin{pmatrix} 0 \\ 0 \\ \widetilde{E}_{0T} e^{ik_3 d} \\ n_3 \widetilde{E}_{0T} e^{ik_3 d} \end{pmatrix} \tag{5}$$

크래머 규칙을 사용하여 입사 전기장의 진폭 $\widetilde{E}_{0I}$과 투과 전기장의 진폭 $\widetilde{E}_{0T}$와의 관계를 구하자. 먼저 식 (5)의 가장 왼편에 있는 $4 \times 4$ 행렬(편의상 행렬 $P$라 하자)의 행렬식을 구하면

$$\begin{aligned} |P| &= a_{11}C_{11} + a_{12}C_{12} + a_{13}C_{13} + a_{14}C_{14} \\ &= 1(-1)^{1+1}\begin{vmatrix} -n_1 & -n_2 & n_2 \\ 0 & e^{ik_2 d} & e^{-ik_2 d} \\ 0 & n_2 e^{ik_2 d} & -n_2 e^{-ik_2 d} \end{vmatrix} + 1(-1)^{1-2}\begin{vmatrix} n_1 & -n_2 & n_2 \\ 0 & e^{ik_2 d} & e^{-ik_2 d} \\ 0 & n_2 e^{ik_2 d} & -n_2 e^{-ik_2 d} \end{vmatrix} \\ &\quad -1(-1)^{1+3}\begin{vmatrix} n_1 & -n_1 & n_2 \\ 0 & 0 & e^{-ik_2 d} \\ 0 & 0 & -n_2 e^{-ik_2 d} \end{vmatrix} - 1(-1)^{1+4}\begin{vmatrix} n_1 & -n_1 & -n_2 \\ 0 & 0 & e^{ik_2 d} \\ 0 & 0 & n_2 e^{ik_2 d} \end{vmatrix} \\ &= 2n_1 n_2 + 2n_1 n_2 = 4n_1 n_2 \end{aligned} \tag{6}$$

그러면 크래머 규칙(86)으로부터

$$\widetilde{E}_{0I} = \frac{1}{|P|}\begin{vmatrix} 0 & 1 & -1 & -1 \\ 0 & -n_1 & -n_2 & n_2 \\ \widetilde{E}_{0T} e^{ik_3 d} & 0 & e^{ik_2 d} & e^{-ik_2 d} \\ n_3 \widetilde{E}_{0T} e^{ik_3 d} & 0 & n_2 e^{ik_2 d} & -n_2 e^{-ik_2 d} \end{vmatrix} \tag{7}$$

(86) 《Guardian for Mathematical Physics》 by H. Park, 140~141쪽을 참고하세요.

가 된다. 위 관계식의 행렬식(편의상 행렬 $Q$라 하면)을 $|P|$와 유사한 방법으로 계산을 하면

$$
\begin{aligned}
|Q| &= n_2 n_3 \widetilde{E}_{0T} e^{i(k_3-k_2)d} + n_2^2 \widetilde{E}_{0T} e^{i(k_3-k_2)d} - n_2^2 \widetilde{E}_{0T} e^{i(k_3+k_2)d} + n_2 n_3 \widetilde{E}_{0T} e^{i(k_3+k_2)d} \\
&= n_1 n_3 \widetilde{E}_{0T} e^{i(k_3-k_2)d} + n_1 n_2 \widetilde{E}_{0T} e^{i(k_3-k_2)d} - n_1 n_3 \widetilde{E}_{0T} e^{i(k_3+k_2)d} + n_1 n_2 \widetilde{E}_{0T} e^{i(k_3+k_2)d} \\
&= n_2 n_3 \widetilde{E}_{0T} e^{ik_3 d}(e^{-ik_2 d} + e^{ik_2 d}) + n_2^2 \widetilde{E}_{0T} e^{ik_3 d}(e^{-ik_2 d} - e^{ik_2 d}) \\
&\quad + n_1 n_3 \widetilde{E}_{0T} e^{ik_3 d}(e^{-ik_2 d} - e^{ik_2 d}) + n_1 n_2 \widetilde{E}_{0T} e^{ik_3 d}(e^{-ik_2 d} + e^{ik_2 d}) \\
&= n_2 n_3 \widetilde{E}_{0T} e^{ik_3 d}(2\cos k_2 d) + n_2^2 \widetilde{E}_{0T} e^{ik_3 d}(-2i \sin k_2 d) \\
&\quad + n_1 n_3 \widetilde{E}_{0T} e^{ik_3 d}(-2i \sin k_2 d) + n_1 n_2 \widetilde{E}_{0T} e^{ik_3 d}(2\cos k_2 d) \\
&= 2\widetilde{E}_{0T} e^{ik_3 d}[(n_1 n_2 + n_2 n_3)\cos k_2 d - i(n_2^2 + n_1 n_3)\sin k_2 d] \qquad (8)
\end{aligned}
$$

식 (6)과 (8)을 식 (7)에 대입하면

$$
\begin{aligned}
\widetilde{E}_{0I} &= \frac{2\widetilde{E}_{0T}}{4n_1 n_2} e^{ik_3 d}[(n_1 n_2 + n_2 n_3)\cos k_2 d - i(n_2^2 + n_1 n_3)\sin k_2 d] \\
\Rightarrow \frac{\widetilde{E}_{0I}}{\widetilde{E}_{0T}} &= \frac{e^{ik_3 d}}{2n_1 n_2}[(n_1 n_2 + n_2 n_3)\cos k_2 d - i(n_2^2 + n_1 n_3)\sin k_2 d] \\
&= \frac{1}{2} e^{ik_3 d}\left[(1 + \frac{n_3}{n_1})\cos k_2 d - i(\frac{n_2}{n_1} + \frac{n_3}{n_2})\sin k_2 d\right] \qquad (9)
\end{aligned}
$$

그러므로

$$
\frac{1}{T} = \frac{I_I}{I_T} = \frac{\frac{1}{2} v_1 \epsilon_1 \widetilde{E}_{0I}^2}{\frac{1}{2} v_3 \epsilon_3 \widetilde{E}_{0T}^2} = \frac{v_1 (n_1^2 \epsilon_0) \widetilde{E}_{0I}^2}{v_3 (n_3^2 \epsilon_0) \widetilde{E}_{0T}^2} = \frac{n_1}{n_3}\left|\frac{\widetilde{E}_{0I}}{\widetilde{E}_{0T}}\right|^2
$$

이 식에 식 (9)를 대입하면

$$
\begin{aligned}
\frac{1}{T} &= \frac{n_1}{n_3}\frac{1}{4}\left[(1 + \frac{n_3}{n_1})^2 \cos^2 k_2 d + (\frac{n_2}{n_1} + \frac{n_3}{n_2})^2 \sin^2 k_2 d\right] \\
&= \frac{1}{4}(\frac{n_1}{n_3})\left[(1 + \frac{n_3}{n_1})^2 \cos^2 k_2 d + (\frac{n_2}{n_1} + \frac{n_3}{n_2})^2 \sin^2 k_2 d\right] \\
&= \frac{1}{4}(\frac{n_1}{n_3})\left[(1 + \frac{n_3}{n_1})^2 (1 - \sin^2 k_2 d) + (\frac{n_2}{n_1} + \frac{n_3}{n_2})^2 \sin^2 k_2 d\right]
\end{aligned}
$$

$$= \frac{1}{4}\left(\frac{n_1}{n_3}\right)\left[\left(1+\frac{n_3}{n_1}\right)^2 + \left\{\left(\frac{n_2}{n_1}+\frac{n_3}{n_2}\right)^2 - \left(1+\frac{n_3}{n_1}\right)^2\right\}\sin^2 k_2 d\right]$$

$$= \frac{1}{4}\left(\frac{n_1}{n_3}\right)\left[\frac{1}{n_1^2}(n_1+n_3)^2 + \left\{\left(\frac{n_2}{n_1}\right)^2 + \left(\frac{n_3}{n_2}\right)^2 - 1 - \left(\frac{n_3}{n_1}\right)^2\right\}\sin^2 k_2 d\right]$$

$$= \frac{1}{4}\left[\frac{1}{n_1 n_3}(n_1+n_3)^2 + \left(\frac{n_2^2}{n_1 n_3} + \frac{n_1 n_3}{n_2^2} - \frac{n_1}{n_3} - \frac{n_3}{n_1}\right)\sin^2 k_2 d\right]$$

여기서 두 번째 괄호 안의 항은

$$\frac{n_2^4 + n_1^2 n_3^2 - n_1^2 n_2^2 - n_2^2 n_3^2}{n_1 n_2^2 n_3} = \frac{n_3^2(n_1^2 - n_2^2) - n_2^2(n_1^2 - n_2^2)}{n_1 n_2^2 n_3}$$

$$= \frac{(n_3^2 - n_2^2)(n_1^2 - n_2^2)}{n_1 n_2^2 n_3}$$

이므로

$$\frac{1}{T} = \frac{1}{4}\left[\frac{1}{n_1 n_3}(n_1+n_3)^2 + \frac{(n_3^2 - n_2^2)(n_1^2 - n_2^2)}{n_1 n_2^2 n_3}\sin^2 k_2 d\right]$$

가 되어

$$\therefore\ \frac{1}{T} = \frac{1}{4 n_1 n_3}\left[(n_1+n_3)^2 + \frac{(n_3^2 - n_2^2)(n_1^2 - n_2^2)}{n_2^2}\sin^2 k_2 d\right] \tag{10}$$

인 투과율을 얻는다.

그리고 반사율은

$$R + T = 1 \Rightarrow R = 1 - T$$

인 관계식으로부터

$$R = 1 - \left[\frac{1}{4 n_1 n_3}\left\{(n_1+n_3)^2 + \frac{(n_3^2 - n_2^2)(n_1^2 - n_2^2)}{n_2^2}\sin^2 k_2 d\right\}\right]^{-1} \tag{11}$$

인 반사율을 얻을 수 있다.

(b) 반사율을 최소로 하는 $d$는 식 (11)을 $d$에 관해 미분을 했을 때 0을 만족하는 $d$을 구하면 된다. 즉,

$$\frac{dR}{d(d)} = 0 \Rightarrow k_2 \sin 2k_2 d = 0 \Rightarrow 2k_2 d = n\pi \Rightarrow d = \frac{n\pi}{2k_2}$$

이 결과를 식 (11)에 대입하면

$$R = 1 - \left[\frac{1}{4n_1 n_3}\left\{(n_1+n_3)^2 + \frac{(n_3^2-n_2^2)(n_1^2-n_2^2)}{n_2^2}\right\}\right]^{-1}$$

$$= 1 - 4n_1 n_3\left[(n_1+n_3)^2 + \frac{(n_3^2-n_2^2)(n_1^2-n_2^2)}{n_2^2}\right]^{-1}$$

$$= 1 - 4n_1 n_3\left[\frac{n_2^2(n_1+n_3)^2 + (n_3^2-n_2^2)(n_1^2-n_2^2)}{n_2^2}\right]^{-1}$$

$$= 1 - 4n_1 n_3\left[\frac{n_2^2}{n_2^2(n_1+n_3)^2 + (n_3^2-n_2^2)(n_1^2-n_2^2)}\right]$$

$$= \frac{n_2^2(n_1+n_3)^2 + (n_3^2-n_2^2)(n_1^2-n_2^2) - 4n_1 n_2^2 n_3}{n_2^2(n_1+n_3)^2 + (n_3^2-n_2^2)(n_1^2-n_2^2)}$$

여기서 분자는

$$n_1^2 n_2^2 + n_2^2 n_3^2 + 2n_1 n_2^2 n_3 + n_1^2 n_3^2 - n_2^2 n_3^2 - n_1^2 n_2^2 + n_2^4 - 4n_1 n_2^2 n_3$$
$$= -2n_1 n_2^2 n_3 + n_1^2 n_3^2 + n_2^4 = (n_1 n_3 - n_2^2)^2$$

그리고 분모는

$$n_1^2 n_2^2 + n_2^2 n_3^2 + 2n_1 n_2^2 n_3 + n_1^2 n_3^2 - n_2^2 n_3^2 - n_1^2 n_2^2 + n_2^4$$
$$= 2n_1 n_2^2 n_3 + n_1^2 n_3^2 + n_2^4 = (n_1 n_3 + n_2^2)^2$$

이므로

$$\therefore\ R = \left(\frac{n_1 n_3 - n_2^2}{n_1 n_3 + n_2^2}\right)^2 \tag{12}$$

인 최소값을 갖는 반사율을 얻는다.

(c) 반사율이 0이 되기 위해서는 식 (12)의 분자가 0이 되면 되므로

$$n_1 n_3 - n_2^2 = 0$$

$$\therefore\ n_2 = \sqrt{n_1 n_3}$$

일 때 반사율이 0이 된다.

**04** 관계식 (9.8.5)를 증명하세요.

**풀이**

$$\vec{\nabla}\times\vec{B}=\begin{vmatrix}\hat{x} & \hat{y} & \hat{z}\\ \dfrac{\partial}{\partial x} & \dfrac{\partial}{\partial y} & \dfrac{\partial}{\partial z}\\ B_x(x,y)e^{i(kz-\omega t)} & B_y(x,y)e^{i(kz-\omega t)} & B_z(x,y)e^{i(kz-\omega t)}\end{vmatrix}$$

$$=\hat{x}\left[e^{i(kz-\omega t)}\frac{\partial B_z(x,y)}{\partial y}-B_y(x,y)\frac{\partial}{\partial z}e^{i(kz-\omega t)}\right]$$

$$+\hat{y}\left[B_x(x,y)\frac{\partial}{\partial z}e^{i(kz-\omega t)}-e^{i(kz-\omega t)}\frac{\partial B_z(x,y)}{\partial x}\right]$$

$$+\hat{z}\left[e^{i(kz-\omega t)}\frac{\partial B_y(x,y)}{\partial x}-e^{i(kz-\omega t)}\frac{\partial B_x(x,y)}{\partial y}\right]$$

$$=\hat{x}[\frac{\partial B_z(x,y)}{\partial y}-ikB_y(x,y)]e^{i(kz-\omega t)}$$

$$+\hat{y}[ikB_x(x,y)-\frac{\partial B_z(x,y)}{\partial x}]e^{i(kz-\omega t)}$$

$$+\hat{z}[\frac{\partial B_y(x,y)}{\partial x}-\frac{\partial B_x(x,y)}{\partial y}]e^{i(kz-\omega t)} \tag{1}$$

이고

$$\frac{1}{c^2}\frac{\partial \vec{E}}{\partial t}=\frac{1}{c^2}\frac{\partial}{\partial t}[E_x(x,y)\hat{x}+E_y(x,y)\hat{y}+E_z(x,y)\hat{z}]e^{i(kz-\omega t)}$$

$$=\frac{1}{c^2}[E_x(x,y)\hat{x}+E_y(x,y)\hat{y}+E_z(x,y)\hat{z}]\frac{\partial}{\partial t}e^{i(kz-\omega t)}$$

$$=-\frac{i\omega}{c^2}[E_x(x,y)\hat{x}+E_y(x,y)\hat{y}+E_z(x,y)\hat{z}]e^{i(kz-\omega t)} \tag{2}$$

식 (9.8.3)의 네 번째 식인 앙페르-맥스웰 법칙에 의해 식 (1)과 (2)의 벡터 성분은 서로 같아야 하므로

$$\begin{cases}\dfrac{\partial B_z(x,y)}{\partial y}-ikB_y(x,y)=-\dfrac{i\omega}{c^2}E_x(x,y)\\ ikB_x(x,y)-\dfrac{\partial B_z(x,y)}{\partial x}=-\dfrac{i\omega}{c^2}E_y(x,y)\\ \dfrac{\partial B_y(x,y)}{\partial x}-\dfrac{\partial B_x(x,y)}{\partial y}=-\dfrac{i\omega}{c^2}E_z(x,y)\end{cases}$$

인 식 (9.8.5)의 관계식을 얻는다.

**05** 전기 전도도가 매우 높은 도체를 사각형으로 배열하여 관을 만든 높이가 $a$이고 폭이 $b$인 직사각형 도파관을 통과하는 TM파에 대해서 차단 각진동수에 대한 관계식을 구하세요.

**풀이**

TM파는 $B_z(x,y)=0$이고 $E_z(x,y)\neq 0$이다. $E_z(x,y)=X(x)Y(y)$로 놓고 이를 식 (9.8.9)에 대입하면

$$[\frac{\partial^2}{\partial x^2}+\frac{\partial^2}{\partial y^2}+(\frac{\omega}{c})^2-k^2]X(x)Y(y)=0$$

$$\Rightarrow Y\frac{d^2X}{dx^2}+X\frac{d^2Y}{dy^2}+[(\frac{\omega}{c})^2-k^2]XY=0$$

$$\Rightarrow \frac{1}{X}\frac{d^2X}{dx^2}+\frac{1}{Y}\frac{d^2Y}{dy^2}+[(\frac{\omega}{c})^2-k^2]=0$$

이 된다. 여기서 $\frac{1}{X}\frac{d^2X}{dx^2}=-k_x^2$ 그리고 $\frac{1}{Y}\frac{d^2Y}{dy^2}=-k_y^2$로 놓으면 위 식은 다음의 관계식을 준다.

$$\begin{cases}\frac{d^2X}{dx^2}+k_x^2X=0\\ \frac{d^2Y}{dx^2}+k_y^2Y=0\\ -k_x^2-k_y^2+(\frac{\omega}{c})^2-k^2=0\end{cases}\Rightarrow\begin{cases}X(x)=A\sin k_xx+B\cos k_xx\\ Y(y)=C\sin k_yy+D\cos k_yy\end{cases}$$

여기서 $k^2=(\frac{\omega}{c})^2-k_x^2-k_y^2$이다.

그러므로

$$E_z(x,y)=X(x)Y(y)=(A\sin k_xx+B\cos k_xx)(C\sin k_yy+D\cos k_yy) \qquad (1)$$

$$\Rightarrow\begin{cases}\frac{\partial E_z(x,y)}{\partial x}=(Ak_x\cos k_xx-Bk_x\sin k_xx)(C\sin k_yy+D\cos k_yy)\\ \frac{\partial E_z(x,y)}{\partial y}=(A\sin k_xx+B\cos k_xx)(Ck_y\cos k_yy-Dk_y\sin k_yy)\end{cases} \qquad (2)$$

식 (9.8.8)의 두 번째 관계식에 식 (2)의 두 번째 관계식을 대입하면

$$B_y(x,y) = \frac{i}{(\frac{\omega}{c})^2 - k^2}[-\frac{\omega}{c^2}\frac{\partial E_z(x,y)}{\partial y}] \quad (\because B_z(x,y) = 0)$$

$$\Rightarrow B_x(x,y) = \frac{-i\omega}{\omega^2 - k^2c^2}(A\sin k_x x + B\cos k_x x)(Ck_y\cos k_y y - Dk_y\sin k_y y)$$

$x = 0$과 $x = a$에서 $B_x(x,y) = 0$인 경계조건[87]으로부터 위 식은 각각 모든 $y$에 대해 다음의 관계식을 준다.

$$\begin{cases} B_x(0,y) = \frac{-i\omega}{\omega^2 - k^2c^2}B(Ck_y\cos k_y y - Dk_y\sin k_y y) = 0 \\ B_x(a,y) = \frac{-i\omega}{\omega^2 - k^2c^2}(A\sin k_x a + B\cos k_x a)(Ck_y\cos k_y y - Dk_y\sin k_y y) = 0 \end{cases}$$

$$\Rightarrow \begin{cases} B = 0 \\ k_x a = n\pi \Rightarrow k_x = \frac{n\pi}{a}, \text{ 여기서 } n = 0,\ 1,\ 2,\ \cdots\cdots \end{cases} \tag{3}$$

그리고 식 (9.8.7)에 식 (2)의 첫 번째 관계식을 대입하면

$$B_y(x,y) = \frac{i}{(\frac{\omega}{c})^2 - k^2}[\frac{\omega}{c^2}\frac{\partial E_z(x,y)}{\partial x}] \quad (\because B_z(x,y) = 0)$$

$$\Rightarrow B_y(x,y) = \frac{i\omega}{\omega^2 - k^2c^2}(Ak_x\cos k_x x - Bk_x\sin k_x x)(C\sin k_y y + D\cos k_y y)$$

$y = 0$과 $y = b$에서 $B_y(x,y) = 0$인 경계조건으로부터 위 식은 각각 모든 $x$에 대해 다음의 관계식을 준다.

$$\begin{cases} B_y(x,0) = \frac{i\omega}{\omega^2 - k^2c^2}(Ak_x\cos k_x x - Bk_x\sin k_x x)D = 0 \\ B_y(x,b) = \frac{i\omega}{\omega^2 - k^2c^2}(Ak_x\cos k_x x - Bk_x\sin k_x x)(C\sin k_y b + D\cos k_y b) = 0 \end{cases}$$

$$\Rightarrow \begin{cases} D = 0 \\ k_y b = m\pi \Rightarrow k_y = \frac{m\pi}{b}, \text{ 여기서 } m = 0,\ 1,\ 2,\ \cdots\cdots \end{cases} \tag{4}$$

경계조건을 사용하여 구한 결과인 식 (3)과 (4)를 (1)에 대입하면

$$E_z(x,y) = (A\sin k_x x)(C\sin k_y y) = E_0\sin(\frac{n\pi}{a}x)\sin(\frac{m\pi}{b}y) \tag{5}$$

---

(87) 식 (9.8.1)의 두 번째 관계식으로부터

인 $\mathrm{TM}_{nm}$ 모드에 대한 解를 얻는다. 물리적으로 의미 있는 解가 되기 위해서는 $k_x$와 $k_y$는 0이 아니어야 한다. 여기서 $E_0$은 상수이며 이 모드의 파수 $k$은

$$k^2 = (\frac{\omega}{c})^2 - k_x^2 - k_y^2 \Rightarrow k = \sqrt{(\frac{\omega}{c})^2 - (\frac{n\pi}{a})^2 - (\frac{m\pi}{b})^2}$$
$$= \frac{1}{c}\sqrt{\omega^2 - c^2\pi^2[(\frac{n}{a})^2 + (\frac{m}{b})^2]}$$

이다. 여기서 $\omega_{nm}^2 = c^2\pi^2[(\frac{n}{a})^2 + (\frac{m}{b})^2]$로 놓으면 위 식은 다음과 같이 표현된다.

$$k = \frac{1}{c}\sqrt{\omega^2 - \omega_{nm}^2} \tag{6}$$

만약 $\omega < \omega_{nm}$이면 $k$은 허수가 된다. 즉, 사인파로 진동하며 계속 진행하는 파가 아닌 진행하면서 지수적으로 진폭이 줄어드는 파를 얻게 된다. 이런 결과를 주는 각진동수 $\omega_{nm}$을 차단(cutoff) 각진동수라 한다. 가장 작은 값을 주는 차단 각진동수는 $\omega_{11}$이므로($\because$ 식 (5)에서 물리적으로 의미 있는 解가 되기 위해서는 $k_x \neq 0$ 그리고 $k_y \neq 0$이므로)

$$\omega_{nm} = c\pi\sqrt{(\frac{n}{a})^2 + (\frac{m}{b})^2} \tag{7}$$
$$\Rightarrow \ \therefore \ \omega_{11} = c\pi\sqrt{(\frac{1}{a})^2 + (\frac{1}{b})^2}$$

CHAPTER 10

# 맥스웰 방정식의 일반解

## 10.1 전자기장과 포텐셜 관계

앞 장에서 정전자기학 조건에서의 맥스웰 방정식은 다음과 같이 표현되고 전기장과 자기장은 각각 스칼라 포텐셜 $\phi$와 벡터 포텐셜 $\vec{A}$로 표현될 수 있음을 배웠다.

$$\begin{cases} \vec{\nabla} \cdot \vec{E} = \dfrac{\rho}{\epsilon_0} \\ \vec{\nabla} \cdot \vec{B} = 0 \\ \vec{\nabla} \times \vec{E} = 0 \\ \vec{\nabla} \times \vec{B} = \mu_0 \vec{J} \end{cases} \Rightarrow \begin{cases} \vec{E} = -\vec{\nabla}\phi,\ \nabla^2\phi = -\dfrac{\rho}{\epsilon_0} \\ \vec{B} = \nabla \times \vec{A},\ \vec{\nabla} \times (\vec{\nabla} \times \vec{A}) = \mu_0 \vec{J} \end{cases}$$

쿨롱 게이지($\vec{\nabla} \cdot \vec{A} = 0$)로 잡으면 $\nabla^2 \vec{A} = -\mu_0 \vec{J}$인 관계식을 얻는다. 즉, 스칼라 포텐셜과 벡터 포텐셜은 아래의 관계식을 만족하는 解이다.

$$\begin{cases} \nabla^2\phi = -\dfrac{\rho}{\epsilon_0} \Rightarrow \phi(\vec{r}) = \dfrac{1}{4\pi\epsilon_0}\displaystyle\int \dfrac{\rho(\vec{r'})}{|\vec{r}-\vec{r'}|} dV' \\ \nabla^2\vec{A} = -\mu_0\vec{J} \Rightarrow \vec{A}(\vec{r}) = \dfrac{\mu_0}{4\pi}\displaystyle\int \dfrac{\vec{J}(\vec{r'})}{|\vec{r}-\vec{r'}|} dV' \end{cases}$$

반면에 전자기학 조건에서의 맥스웰 방정식은

$$\begin{cases} \vec{\nabla} \cdot \vec{E} = \dfrac{\rho}{\epsilon_0} \\ \vec{\nabla} \cdot \vec{B} = 0 \\ \vec{\nabla} \times \vec{E} = -\dfrac{\partial \vec{B}}{\partial t} \\ \vec{\nabla} \times \vec{B} = \mu_0 \vec{J} + \mu_0 \epsilon_0 \dfrac{\partial \vec{E}}{\partial t} \end{cases} \tag{10.1.1}$$

이다. 이때의 전기장과 자기장이 스칼라 포텐셜과 벡터 포텐셜로 어떻게 표현되는지에 대해 알아보자. 정전자기학 조건에서와 마찬가지로 전자기학 조건에서도 $\vec{\nabla} \cdot \vec{B} = 0$이므로 $\vec{B} = \vec{\nabla} \times \vec{A}$로 놓을 수 있다. 그러면 맥스웰 방정식의 패러데이 법칙인 식 (10.1.1)의 세 번째 관계식은

$$\vec{\nabla} \times \vec{E} = -\frac{\partial \vec{B}}{\partial t} = -\frac{\partial}{\partial t}(\vec{\nabla} \times \vec{A}) \Rightarrow \vec{\nabla} \times (\vec{E} + \frac{\partial \vec{A}}{\partial t}) = 0$$

이 되어 $\vec{E} + \dfrac{\partial \vec{A}}{\partial t} = -\vec{\nabla}\phi$로 놓을 수 있어서 전자기학 조건에서 전기장은 다음과 같이 스칼라 포텐셜 $\phi$와 벡터 포텐셜 $\vec{A}$로 표현될 수 있다.

$$\vec{E} = -\vec{\nabla}\phi - \frac{\partial \vec{A}}{\partial t} \tag{10.1.2}$$

위 식을 맥스웰 방정식의 가우스 법칙인 식 (10.1.1)의 첫 번째 관계식에 대입하면

$$\vec{\nabla} \cdot \vec{E} = \frac{\rho}{\epsilon_0} \Rightarrow \vec{\nabla} \cdot (-\vec{\nabla}\phi - \frac{\partial \vec{A}}{\partial t}) = \frac{\rho}{\epsilon_0}$$

$$\therefore \nabla^2\phi + \frac{\partial}{\partial t}(\vec{\nabla} \cdot \vec{A}) = -\frac{\rho}{\epsilon_0} \tag{10.1.3}$$

인 스칼라 포텐셜에 대한 방정식을 얻는다.

그리고 맥스웰 방정식의 앙페르-맥스웰 법칙인 식 (10.1.1)의 네 번째 관계식으로부터

$$\vec{\nabla}\times\vec{B}=\mu_0\vec{J}+\mu_0\epsilon_0\frac{\partial\vec{E}}{\partial t}\Rightarrow\vec{\nabla}\times(\vec{\nabla}\times\vec{A})=\mu_0\vec{J}+\mu_0\epsilon_0\frac{\partial}{\partial t}(-\vec{\nabla}\phi-\frac{\partial\vec{A}}{\partial t})$$

$$\Rightarrow\vec{\nabla}(\vec{\nabla}\cdot\vec{A})-\nabla^2\vec{A}=\mu_0\vec{J}+\mu_0\epsilon_0\frac{\partial}{\partial t}(-\vec{\nabla}\phi-\frac{\partial\vec{A}}{\partial t})$$

$$\therefore\ (\nabla^2\vec{A}-\mu_0\epsilon_0\frac{\partial^2\vec{A}}{\partial t^2})-\vec{\nabla}(\vec{\nabla}\cdot\vec{A}+\mu_0\epsilon_0\frac{\partial\phi}{\partial t})=-\mu_0\vec{J} \qquad (10.1.4)$$

인 벡터 포텐셜에 대한 방정식을 얻는다.

**예제 10.1**

스칼라 포텐셜 $\phi$와 벡터 포텐셜 $\vec{A}$로

$$\phi=0,\ \vec{A}=\begin{cases}\frac{\mu_0 k}{4c}(ct-|x|)^2\hat{z},\ |x|<ct\text{인 경우}\\0,\ |x|>ct\text{인 경우}\end{cases}$$

을 주는 전하밀도 $\rho$와 전류밀도 $\vec{J}$을 구하세요. 여기서 $k$와 $c=\frac{1}{\sqrt{\mu_0\epsilon_0}}$인 상수이다.

**풀이**

문제에서 주어진 포텐셜로 전기장과 자기장을 구한 뒤, 각각 가우스 법칙과 앙페르-맥스웰 법칙에 그 결과를 대입하여 전하밀도와 전류밀도를 구하면 된다.

(i) $|x|<ct$인 경우

$$\vec{E}=-\vec{\nabla}\phi-\frac{\partial\vec{A}}{\partial t}=-\frac{\partial}{\partial t}\left[\frac{\mu_0 k}{4c}(ct-|x|)^2\hat{z}\right]=-\frac{\mu_0 k}{2}(ct-|x|)\hat{z}$$

$$\Rightarrow\vec{\nabla}\cdot\vec{E}=\frac{\rho}{\epsilon_0}\Rightarrow\frac{\partial E_x}{\partial x}+\frac{\partial E_y}{\partial y}+\frac{\partial E_z}{\partial z}=\frac{\rho}{\epsilon_0}$$

$$\Rightarrow\frac{\partial}{\partial z}\left[-\frac{\mu_0 k}{2}(ct-|x|)\right]=\frac{\rho}{\epsilon_0}\Rightarrow 0=\frac{\rho}{\epsilon_0}$$

$$\therefore\ \rho(\vec{r},t)=0$$

$$\vec{B} = \vec{\nabla} \times \vec{A} = \begin{vmatrix} \hat{x} & \hat{y} & \hat{z} \\ \dfrac{\partial}{\partial x} & \dfrac{\partial}{\partial y} & \dfrac{\partial}{\partial z} \\ 0 & 0 & \dfrac{\mu_0 k}{4c}(ct-|x|)^2 \end{vmatrix} = -\hat{y}\frac{\partial}{\partial x}\left[\frac{\mu_0 k}{4c}(ct-|x|)^2\right] = \pm\frac{\mu_0 k}{2c}(ct-|x|)\hat{y}$$

$$\Rightarrow \vec{\nabla} \times \vec{B} = \begin{vmatrix} \hat{x} & \hat{y} & \hat{z} \\ \dfrac{\partial}{\partial x} & \dfrac{\partial}{\partial y} & \dfrac{\partial}{\partial z} \\ 0 & \pm\dfrac{\mu_0 k}{2c}(ct-|x|) & 0 \end{vmatrix} = \hat{z}\frac{\partial}{\partial x}\left[\pm\frac{\mu_0 k}{2c}(ct-|x|)\right] = -\frac{\mu_0 k}{2c}\hat{z}$$

그리고

$$\frac{\partial \vec{E}}{\partial t} = \frac{\partial}{\partial t}\left[-\frac{\mu_0 k}{2}(ct-|x|)\hat{z}\right] = -\frac{\mu_0 kc}{2}\hat{z}$$

이 결과들을 식 (10.1.1)의 앙페르-맥스웰 법칙에 대입하면 다음과 같이 전류밀도를 구할 수 있다.

$$\vec{\nabla} \times \vec{B} = \mu_0 \vec{J} + \mu_0 \epsilon_0 \frac{\partial \vec{E}}{\partial t} \Rightarrow -\frac{\mu_0 k}{2c}\hat{z} = \mu_0 \vec{J} + \mu_0 \epsilon_0 (-\frac{\mu_0 kc}{2}\hat{z}) = \mu_0 \vec{J} - \frac{\mu_0 k}{2c}\hat{z}$$

$$\therefore \ \vec{J}(\vec{r},t) = 0$$

(ii) $|x| > ct$인 경우

$\phi = 0$와 $\vec{A} = 0$이므로 전기장과 자기장이 모두 0이다. 그러므로 전하밀도와 전류밀도 또한 0이 된다.

전하밀도 $\rho(\vec{r},t) = 0$이고 전류밀도 $\vec{J}(\vec{r},t) = 0$인데 어떻게 전기장과 자기장이 존재하는가에 대한 의문점이 생긴다. 위에서 구한 자기장을 그려보면 다음과 같다.

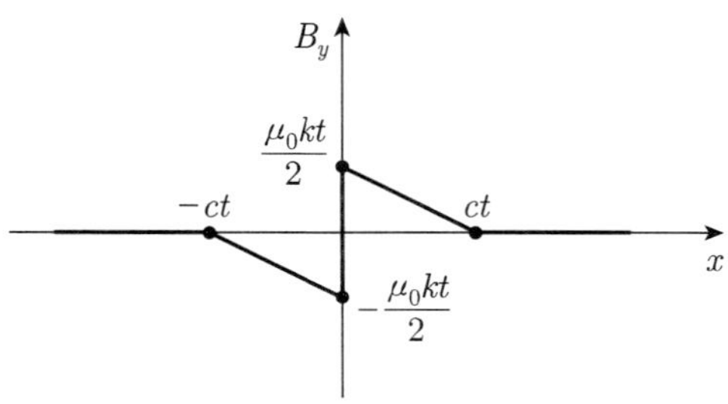


**그림 10.1**

즉, $x = 0$에서 자기장은 불연속임을 알 수 있다. 이는 $yz$-평면에 표면 전류밀도 $\vec{K}$가 존재함을 의미한다. 이때, 경계조건 관계식으로부터

$$\frac{1}{\mu_1}B_{1\|}-\frac{1}{\mu_2}B_{2\|}=\vec{K}_f\times\hat{n}\Rightarrow\frac{1}{\mu_0}\left[\frac{\mu_0 k}{2c}ct-(-\frac{\mu_0 k}{2c}ct)\right]\hat{y}=\vec{K}\times\hat{x}$$

$$\Rightarrow kt\hat{y}=\vec{K}\times\hat{x}$$

$$\therefore\ \vec{K}=kt\hat{z}$$

을 얻는다. 즉, $x=0$에 있는 $yz$-평면에서 균일하게 $z$-방향으로 시간에 비례하는 표면 전류가 흐른다. 이로 인해 자기장이 생기고, 시간에 따라 변하는 자기장이 존재하므로 패러데이 법칙으로부터 전기장도 생기게 된다.

## 10.2 게이지 변환(gauge transformations)

앞 절에서 구한 전자기장과 포텐셜의 관계식인 $\vec{E}=-\vec{\nabla}\phi-\frac{\partial\vec{A}}{\partial t}$와 $\vec{B}=\vec{\nabla}\times\vec{A}$가 유일하게 포텐셜을 정의하는 방법인 것은 아니다. 예로서, 같은 전자기장을 주는 스칼라 포텐셜 $\phi'=\phi+\alpha$와 벡터 포텐셜 $\vec{A'}=\vec{A}+\vec{\beta}$을 고려해보자.

그러면

$$\vec{E}=-\vec{\nabla}\phi'-\frac{\partial\vec{A'}}{\partial t}=-\vec{\nabla}(\phi+\alpha)-\frac{\partial}{\partial t}(\vec{A}+\vec{\beta})$$

$$=\left(-\vec{\nabla}\phi-\frac{\partial\vec{A}}{\partial t}\right)-\vec{\nabla}\alpha-\frac{\partial\vec{\beta}}{\partial t}=\vec{E}-\vec{\nabla}\alpha-\frac{\partial\vec{\beta}}{\partial t}$$

$$\therefore\ -\vec{\nabla}\alpha-\frac{\partial\vec{\beta}}{\partial t}=0 \tag{10.2.1}$$

그리고

$$\vec{B}=\vec{\nabla}\times\vec{A'}=\vec{\nabla}\times(\vec{A}+\vec{\beta})=(\vec{\nabla}\times\vec{A})+(\vec{\nabla}\times\vec{\beta})=\vec{B}+(\vec{\nabla}\times\vec{\beta})$$

$$\therefore\ \vec{\nabla}\times\vec{\beta}=0 \tag{10.2.2}$$

을 얻는다.

스칼라 함수의 gradient의 curl은 0이므로 식 (10.2.2)로부터

$$\vec{\beta} = \vec{\nabla}\lambda \tag{10.2.3}$$

로 놓을 수 있으므로 식 (10.2.1)은

$$\vec{\nabla}\alpha = -\frac{\partial\beta}{\partial t} = -\frac{\partial}{\partial t}(\vec{\nabla}\lambda) = -\vec{\nabla}\frac{\partial\lambda}{\partial t} \Rightarrow \vec{\nabla}(\alpha + \frac{\partial\lambda}{\partial t}) = 0$$

이 된다. 즉, 위 식의 괄호 항은 위치와 무관한 함수이므로

$$\therefore\ \alpha + \frac{\partial\lambda}{\partial t} = f(t) \Rightarrow \alpha = -\frac{\partial\lambda}{\partial t} + f(t) \tag{10.2.4}$$

의 관계식을 준다.

식 (10.2.4)와 (10.2.3)으로부터

$$\begin{cases} \phi' = \phi + \alpha = \phi - \dfrac{\partial\lambda}{\partial t} + f(t) = \phi - \dfrac{\partial\lambda}{\partial t} \\ \vec{A'} = \vec{A} + \vec{\beta} = \vec{A} + \vec{\nabla}\lambda \end{cases} \tag{10.2.5}$$

을 얻는다. 여기서 $\vec{\nabla}f(t) = 0$이므로 전기장의 결과에 아무 영향을 주지 않고 위의 첫 번째 관계식에서 마지막에 있는 등식표현을 쓸 수 있다. 즉, 식 (10.2.5)와 같은 포텐셜의 변환에 대해 전자기장은 불변이다. 이러므로 이 변환을 **게이지 변환**이라 하고 이때의 물리량인 전자기장과 자기장을 **게이지불변량**이라 한다.

게이지 변환에는 우리가 정자기학 조건에서 살펴봤던 **쿨롱**(Coulomb) **게이지**($\vec{\nabla} \cdot \vec{A} = 0$)와 이 절에서 살펴볼 **로렌츠**(Lorenz) **게이지**($\vec{\nabla} \cdot \vec{A} + \mu_0\epsilon_0\frac{\partial\phi}{\partial t} = 0$)가 있다.

(i) 쿨롱 게이지는 정전자기학 조건에 적용하기에 용이하다.

쿨롱 게이지를 식 (10.1.3)에 적용하면

$$\nabla^2\phi = -\frac{\rho}{\epsilon_0} \tag{10.2.6}$$

인 **포아송 방정식**을 얻고, 解는 다음과 같음을 배웠다.

$$\phi(\vec{r}) = \frac{1}{4\pi\epsilon_0}\int\frac{\rho(\vec{r'})}{|\vec{r} - \vec{r'}|}dV'$$

그리고

$$\vec{\nabla}\times\vec{B}=\mu_0\vec{J}\Rightarrow\vec{\nabla}\times(\vec{\nabla}\times\vec{A})=\mu_0\vec{J}\Rightarrow\vec{\nabla}(\vec{\nabla}\cdot\vec{A})-\nabla^2\vec{A}=\mu_0\vec{J}$$

$$\therefore\ \nabla^2\vec{A}=-\mu_0\vec{J} \tag{10.2.7}$$

을 얻는다. 위 식을 식 (10.2.6)과 비교해서 식 (10.2.6)의 解로부터 식 (10.2.7)의 解가 다음과 같이 표현됨을 알 수 있다.

$$\vec{A}(\vec{r})=\frac{\mu_0}{4\pi}\int\frac{\vec{J}(\vec{r}')}{|\vec{r}-\vec{r}'|}dV'$$

(ii) 전기장이 스칼라 포텐셜 $\phi$로만 주어지는 정전기학과 달리 전자기학 조건에서는 전기장이 식 (10.1.2)와 같이 스칼라 포텐셜 $\phi$와 벡터 포텐셜 $\vec{A}$로 표현되므로 전기장을 구하기 위해서는 벡터 포텐셜도 계산해야 한다. 벡터 포텐셜에 대한 관계식인 식 (10.1.4)로부터 직접 벡터 포텐셜을 계산하는 것은 어렵다. 식 (10.1.4)에 로렌츠 게이지를 적용하면

$$(\nabla^2\vec{A}-\mu_0\epsilon_0\frac{\partial^2\vec{A}}{\partial t^2})-\vec{\nabla}(\vec{\nabla}\cdot\vec{A}+\mu_0\epsilon_0\frac{\partial\phi}{\partial t})=-\mu_0\vec{J}$$

$$\Rightarrow\ \nabla^2\vec{A}-\mu_0\epsilon_0\frac{\partial^2\vec{A}}{\partial t^2}=-\mu_0\vec{J} \tag{10.2.8}$$

이 된다. 그러면 식 (10.1.3)으로부터 스칼라 포텐셜은 다음과 같이 표현된다.

$$\nabla^2\phi+\frac{\partial}{\partial t}(\vec{\nabla}\cdot\vec{A})=-\frac{\rho}{\epsilon_0}\Rightarrow\nabla^2\phi+\frac{\partial}{\partial t}(-\mu_0\epsilon_0\frac{\partial\phi}{\partial t})=-\frac{\rho}{\epsilon_0}$$

$$\therefore\ \nabla^2\phi-\mu_0\epsilon_0\frac{\partial^2\phi}{\partial t^2}=-\frac{\rho}{\epsilon_0} \tag{10.2.9}$$

식 (10.2.8)과 (10.2.9)는 같은 형태를 갖는 이차 미분방정식이다. 따라서

$$\nabla^2-\mu_0\epsilon_0\frac{\partial^2}{\partial t^2}=\Box^2 \tag{10.2.10}$$

인 **달랑베르**(d'Alembertian) **연산자**(88)로 정의하면 위 식은 다음과 같이 간결하게 표현될 수 있다.

$$\begin{cases} \square^2 \phi = -\dfrac{\rho}{\epsilon_0} \\ \square^2 \overrightarrow{A} = -\mu_0 \overrightarrow{J} \end{cases} \tag{10.2.11}$$

위 식의 오른편이 0인 경우는 4차원에서의 라플라스 방정식을 계산하는 것에 해당하고 오른편이 0이 아닌 경우는 4차원에서의 포아송 방정식을 계산하는 것에 해당한다.

전하밀도와 전류밀도가 시간에 의존하지 않는 정전자기학 조건에서와 다르게 전자기학 조건에서는 전자기파가 빛의 속도로 공간을 퍼져나간다. 즉, 전자기장은 전자기장을 측정하는 때의 전하밀도와 전류밀도에 의존하는 것이 아니라 전자기파가 측정 지점에 오기 '전' 시간인 **지연된 시간**(retarded time)일 때의 전하밀도와 전류밀도에 의존한다. 원점에서 원천점까지의 거리를 $\overrightarrow{r}'$ 그리고 원점에서 측정지점까지의 거리를 $\overrightarrow{r}$이라 하면, 원천점에서 측정지점까지의 거리는 $|\overrightarrow{r}-\overrightarrow{r'}| \equiv R$이다. 그러면 전자기파가 이 거리까지 진행하는 데 걸리는 시간은 $\dfrac{R}{c}$이 되어 지연된 시간 $t_{\text{지연}}$은

$$t_{\text{지연}} = t - \frac{R}{c} \tag{10.2.12}$$

이 된다. 그러므로 이때의 **지연 포텐셜**은 다음과 같이 주어진다.

$$\begin{cases} \phi(\overrightarrow{r},t) = \dfrac{1}{4\pi\epsilon_0} \displaystyle\int \frac{\rho(\overrightarrow{r'},t_{\text{지연}})}{R} dV' \\ \overrightarrow{A}(\overrightarrow{r},t) = \dfrac{\mu_0}{4\pi} \displaystyle\int \frac{\overrightarrow{J}(\overrightarrow{r'},t_{\text{지연}})}{R} dV' \end{cases} \tag{10.2.13}$$

이제 위 식의 지연 스칼라 포텐셜이 식 (10.2.11)의 첫 번째 관계식[또는 식 (10.2.9)]을 만족하는 解임을 증명해보자.

식 (10.2.13)의 첫 번째 관계식의 좌·우에 gradient를 취하면

(88) 달랑베르 연산자는 라플라시안 연산자가 시간에 대한 항까지 포함하고 있다고 간주할 수 있다. 즉, 로렌츠 게이지 변환에서는 맥스웰 방정식은 4차원에서의 포아송 방정식을 계산하는 것이다.

$$\vec{\nabla}\phi(\vec{r},t)=\frac{1}{4\pi\epsilon_0}\left[\int(\vec{\nabla}\rho(\vec{r'},t_{지연}))\frac{1}{R}dV'+\int\rho(\vec{r'},t_{지연})\vec{\nabla}\frac{1}{R}dV'\right]$$

이 된다. 여기서

$$\begin{aligned}\vec{\nabla}\rho(\vec{r'},t_{지연})&=\frac{\partial\rho}{\partial t_{지연}}\vec{\nabla}t_{지연}=\frac{\partial\rho}{\partial t_{지연}}\frac{\partial t_{지연}}{\partial R}\vec{\nabla}R=\frac{\partial\rho}{\partial t_{지연}}\frac{\partial t_{지연}}{\partial R}\hat{R}\\&=\hat{R}\frac{\partial\rho}{\partial t_{지연}}\frac{\partial}{\partial R}(t-\frac{R}{c})=\hat{R}\frac{\partial\rho}{\partial t_{지연}}(-\frac{1}{c})=-\frac{1}{c}\dot{\rho}\hat{R}\end{aligned}$$

그리고

$$\vec{\nabla}\frac{1}{R}=-\frac{1}{R^2}\hat{R}$$

이므로 원 식은

$$\begin{aligned}\vec{\nabla}\phi(\vec{r},t)&=\frac{1}{4\pi\epsilon_0}\left[\int(-\frac{1}{c}\dot{\rho}\hat{R})\frac{1}{R}dV'+\int\rho(\vec{r'},t_{지연})(-\frac{1}{R^2}\hat{R})dV'\right]\\&=\frac{1}{4\pi\epsilon_0}\int\left(-\frac{\dot{\rho}}{c}\frac{\hat{R}}{R}-\rho\frac{\hat{R}}{R^2}\right)dV' \qquad (10.2.14)\end{aligned}$$

이 되고 이 식에 divergence를 취하면 다음과 같이 표현된다.

$$\nabla^2\phi=\frac{1}{4\pi\epsilon_0}\int\left\{-\frac{1}{c}[\frac{\hat{R}}{R}\cdot\vec{\nabla}\dot{\rho}+\dot{\rho}\vec{\nabla}\cdot\frac{\hat{R}}{R}]-[\frac{\hat{R}}{R^2}\cdot\vec{\nabla}\rho+\rho\vec{\nabla}\cdot\frac{\hat{R}}{R^2}]\right\}dV'$$

여기서, 앞에서와 유사한 방법을 적용하면

$$\vec{\nabla}\dot{\rho}=-\frac{1}{c}\ddot{\rho}\hat{R},\quad \vec{\nabla}\cdot\frac{\hat{R}}{R}=\frac{1}{R^2}$$

그리고

$$\vec{\nabla}\cdot\frac{\hat{R}}{R^2}=4\pi\delta^3(\vec{R})$$ (89)

이므로 원 식은 다음과 같이 된다.

---

(89) 《Guardian for Mathematical Physics》 by H. Park, 80~81쪽을 참고하세요.

$$\nabla^2\phi = \frac{1}{4\pi\epsilon_0}\int\left\{-\frac{1}{c}[\frac{\hat{R}}{R}\cdot(-\frac{1}{c}\ddot{\rho}\hat{R})+\dot{\rho}\frac{1}{R^2}]-[\frac{\hat{R}}{R^2}\cdot(-\frac{1}{c}\dot{\rho}\hat{R})+\dot{\rho}4\pi\delta^3(\vec{R})]\right\}dV'$$

$$= \frac{1}{4\pi\epsilon_0}\int\left[\frac{1}{c^2}\frac{\ddot{\rho}}{R}-\frac{\dot{\rho}}{c}\frac{1}{R^2}+\frac{\dot{\rho}}{c}\frac{1}{R^2}-4\pi\rho\delta^3(\vec{R})\right]dV'$$

$$= \frac{1}{c^2}\frac{1}{4\pi\epsilon_0}\int\frac{\ddot{\rho}}{R}dV'-\frac{1}{\epsilon_0}\int\rho\delta^3(\vec{R})dV'$$

$$= \frac{1}{c^2}\frac{\partial^2}{\partial t^2}[\frac{1}{4\pi\epsilon_0}\int\frac{\rho(\vec{r'},t)}{R}dV']-\frac{1}{\epsilon_0}\int\rho(\vec{r'},t_{\text{지연}})\delta^3(\vec{R})dV'$$

$$(\because\ t_{\text{지연}}=t-\frac{R}{c}\ \Rightarrow\ \frac{\partial}{\partial t_{\text{지연}}}=\frac{\partial}{\partial t})$$

$$= \frac{1}{c^2}\frac{\partial^2\phi(\vec{r},t)}{\partial t^2}-\frac{1}{\epsilon_0}\rho(\vec{r},t)=\mu_0\epsilon_0\frac{\partial^2\phi(\vec{r},t)}{\partial t^2}-\frac{1}{\epsilon_0}\rho(\vec{r},t)$$

$$(\because\ \vec{R}=0\ \Rightarrow\ \vec{r}'=\vec{r},\ t_{\text{지연}}=t)$$

$$\therefore\ \nabla^2\phi(\vec{r},t)-\mu_0\epsilon_0\frac{\partial^2\phi(\vec{r},t)}{\partial t^2}=-\frac{\rho(\vec{r},t)}{\epsilon_0}$$

즉, 지연 스칼라 포텐셜은 비등차(inhomogeneous) 파동방정식을 만족하며, 또한 식 (10.2.11)의 첫 번째 관계식[또는 식 (10.2.9)]을 만족함을 알 수 있다. 유사한 방법으로 (10.2.13)의 두 번째 관계식인 지연 벡터 포텐셜도 식 (10.2.11)의 두 번째 관계식[또는 식 (10.2.8)]을 만족함을 알 수 있다.

이제 식 (10.2.13)의 지연 포텐셜로부터 전기장과 자기장을 구해보자. 식 (10.2.13)에 있는 벡터 포텐셜에 대한 (두 번째) 관계식으로부터

$$\frac{\partial\vec{A}(\vec{r},t)}{\partial t}=\frac{\mu_0}{4\pi}\int\frac{1}{R}\frac{\partial}{\partial t}\vec{J}(\vec{r'},t_{\text{지연}})dV'=\frac{\mu_0}{4\pi}\int\frac{1}{R}\dot{\vec{J}}dV' \tag{10.2.15}$$

을 얻는다. 그러면 식 (10.2.14)와 (10.2.15)로부터 전기장은

$$\vec{E}(\vec{r},t) = -\vec{\nabla}\phi(\vec{r},t)-\frac{\partial\vec{A}(\vec{r},t)}{\partial t}$$

$$= \frac{1}{4\pi\epsilon_0}\int[\frac{\dot{\rho}}{c}\frac{\hat{R}}{R}+\rho\frac{\hat{R}}{R^2}]dV'-\frac{\mu_0}{4\pi}\int\frac{1}{R}\dot{\vec{J}}dV'$$

$$= \frac{1}{4\pi\epsilon_0}\int\left\{[\frac{\dot{\rho}}{c}\frac{\hat{R}}{R}+\rho\frac{\hat{R}}{R^2}]-\frac{1}{c^2}\frac{1}{R}\dot{\vec{J}}\right\}dV'$$

$$\therefore\ \vec{E}(\vec{r},t)=\frac{1}{4\pi\epsilon_0}\int\left[\frac{\rho(\vec{r'},t_{\text{지연}})\hat{R}}{R^2}+\frac{\dot{\rho}(\vec{r'},t_{\text{지연}})\hat{R}}{cR}-\frac{\dot{\vec{J}}(\vec{r'},t_{\text{지연}})}{c^2R}\right]dV' \qquad (10.2.16)$$

으로 표현된다. 위 식에서 정전기학 조건인 정적인 경우, 피적분함수의 두 번째 항의 분자와 세 번째 항의 분자가 0이 되고, $t_{\text{지연}}=t$가 되어 정전기학 조건에서의 전기장 결과를 얻을 수 있다. 즉, 식 (10.2.16)은 전기학 조건인 시간에 의존하는 쿨롱 법칙의 일반화 결과이다.

그리고 자기장은

$$\vec{B}=\vec{\nabla}\times\vec{A}=\frac{\mu_0}{4\pi}\int\left[\vec{\nabla}\times\frac{\vec{J}(\vec{r'},t_{\text{지연}})}{R}\right]dV'=\frac{\mu_0}{4\pi}\int\left[\frac{1}{R}(\vec{\nabla}\times\vec{J})-\vec{J}\times\left(\vec{\nabla}\frac{1}{R}\right)\right]dV'$$

로 표현된다. 여기서

$$\begin{aligned}(\vec{\nabla}\times\vec{J})_i&=\epsilon_{ijk}\partial_jJ_k=\epsilon_{ijk}\frac{\partial J_k}{\partial x_j}=\epsilon_{ijk}\frac{\partial t_{\text{지연}}}{\partial x_j}\frac{\partial J_k}{\partial t_{\text{지연}}}=\epsilon_{ijk}\frac{\partial t_{\text{지연}}}{\partial x_j}\dot{J}_k=\epsilon_{ijk}\frac{\partial t_{\text{지연}}}{\partial R}\frac{\partial R}{\partial x_j}\dot{J}_k\\&=\epsilon_{ijk}\left(-\frac{1}{c}\right)\frac{\partial R}{\partial x_j}\dot{J}_k=-\frac{1}{c}\epsilon_{ijk}\frac{\partial R}{\partial x_j}\dot{J}_k=\frac{1}{c}\epsilon_{ikj}\dot{J}_k\partial_jR=\frac{1}{c}(\dot{J}_k\times\vec{\nabla}R)_i\\&=\frac{1}{c}(\dot{\vec{J}}\times\hat{R})_i\end{aligned}$$

$$\Rightarrow\ (\vec{\nabla}\times\vec{J})=\frac{1}{c}(\dot{\vec{J}}\times\hat{R})$$

이므로 자기장은

$$\vec{B}=\frac{\mu_0}{4\pi}\int\left[\frac{1}{R}\frac{1}{c}(\dot{\vec{J}}\times\hat{R})-\vec{J}\times\left(-\frac{\hat{R}}{R^2}\right)\right]dV'=\frac{\mu_0}{4\pi}\int\left[\frac{1}{R}\frac{1}{c}\dot{\vec{J}}+\vec{J}\times\frac{1}{R^2}\right]\times\hat{R}dV'$$

이 되어서

$$\therefore\ \vec{B}(\vec{r},t)=\frac{\mu_0}{4\pi}\int\left[\frac{\vec{J}(\vec{r'},t_{\text{지연}})}{R^2}+\frac{\dot{\vec{J}}(\vec{r'},t_{\text{지연}})}{cR}\right]\times\hat{R}dV' \qquad (10.2.17)$$

가 된다. 위 식에서 정자기학 조건인 정적인 경우, 피적분함수의 두 번째 항의 분자가 0이 되고, $t_{지연} = t$가 되어 정자기학 조건에서의 자기장 결과를 얻을 수 있다. 즉, 식 (10.2.17)은 자기학 조건인 시간에 의존하는 비오-샤바르 법칙의 일반화 결과이다. 전기장과 자기장에 대한 식 (10.2.16)과 (10.2.7)은 **제피멩코**(Jefimenko) **방정식**이라 부른다. 제피멩코 방정식을 사용해서 직접 전자기장을 구하는 것보다 아래의 예제에서와 같이 보통 지연 포텐셜을 먼저 구한 후 지연 포텐셜을 미분해서 전자기장을 구하는 것이 편리하다.

**예제 10.2**

$z$-축을 따라 놓여있는 무한히 긴 직선 철사에 다음과 같이 전류가 흐를 때,

$$I(t) = \begin{cases} 0, & t \le 0 \text{인 경우} \\ I_0, & t > 0 \text{인 경우} \end{cases}$$

즉, $t=0$에서 갑자기 일정한 전류 $I_0$가 철사에 흐르는 경우에 해당하는 문제이다. 이때, 철사로부터 수직으로 $r$만큼 떨어져 있는 곳에서의 전기장과 자기장을 구하세요.

**풀이**

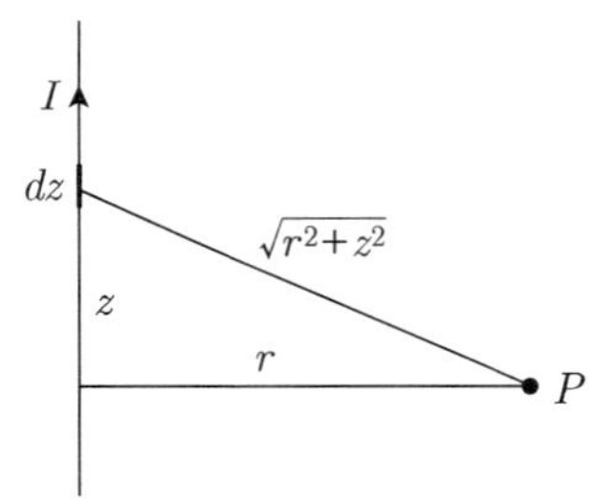


그림 10.2

철사는 전기적으로 중성이므로 식 (10.2.13)에서 전하밀도가 0이 되어 지연 스칼라 포텐셜은 0이 된다. 반면에 지연 벡터 포텐셜은

$$\vec{A}(\vec{r},t) = \frac{\mu_0}{4\pi}\int \frac{\vec{J}(\vec{r}',t_{지연})}{|\vec{r}-\vec{r}'|}dV' \Rightarrow \vec{A}(r,t) = \hat{z}\frac{\mu_0}{4\pi}\int_{-\infty}^{\infty} \frac{I(t_{지연})}{\sqrt{r^2+z^2}}dz$$

이 된다. $t < \frac{r}{c}$인 경우에는 벡터 포텐셜이 0이 될 것이므로 벡터 포텐셜이 0이 아니기 위해서는 $t \ge \frac{r}{c} \Rightarrow ct \ge r$이어야 하므로 $|z| \le \sqrt{(ct)^2 - r^2}$을 만족하는 철사의 길이만 벡터 포텐셜에 기여를 한다. 그러면 그때의 벡터 포텐셜은

$$\vec{A}(r,t) = \hat{z}\frac{\mu_0}{4\pi}\int_{-\sqrt{(ct)^2-r^2}}^{\sqrt{(ct)^2-r^2}} \frac{I(t_{지연})}{\sqrt{r^2+z^2}}dz = \hat{z}\frac{\mu_0}{4\pi}2\int_0^{\sqrt{(ct)^2-r^2}} \frac{I(t_{지연})}{\sqrt{r^2+z^2}}dz$$

$$= \hat{z}\frac{\mu_0 I_0}{2\pi}\int_0^{\sqrt{(ct)^2-r^2}} \frac{dz}{\sqrt{r^2+z^2}} = \hat{z}\frac{\mu_0 I_0}{2\pi}\ln(\sqrt{r^2+z^2}+z)\Big|_{z=0}^{z=\sqrt{(ct)^2-r^2}} \text{(90)}$$

$$= \hat{z}\frac{\mu_0 I_0}{2\pi}[\ln(ct+\sqrt{(ct)^2-r^2}) - \ln r] = \hat{z}\frac{\mu_0 I_0}{2\pi}\ln\left(\frac{ct+\sqrt{(ct)^2-r^2}}{r}\right)$$

이어서

$$\frac{\partial\vec{A}(r,t)}{\partial t} = \hat{z}\frac{\mu_0 I_0}{2\pi}\frac{\partial}{\partial t}\left[\int_0^{\sqrt{(ct)^2-r^2}}\frac{1}{\sqrt{r^2+z^2}}dz\right]$$

$$= \hat{z}\frac{\mu_0 I_0}{2\pi}\left[\frac{\partial}{\partial t}\sqrt{(ct)^2-r^2}\right]\frac{1}{\sqrt{r^2+(\sqrt{(ct)^2-r^2})^2}}$$

(∵ **라이프니츠**(Leibnitz) **미분 규칙**으로부터)(91)

$$= \hat{z}\frac{\mu_0 I_0}{2\pi}\left(\frac{c^2 t}{\sqrt{(ct)^2-r^2}}\right)\frac{1}{\sqrt{r^2+(ct)^2-r^2}} = \hat{z}\frac{\mu_0 I_0}{2\pi}\left(\frac{c^2 t}{\sqrt{(ct)^2-r^2}}\right)\frac{1}{ct}$$

$$= \hat{z}\frac{\mu_0 I_0}{2\pi}\frac{c}{\sqrt{(ct)^2-r^2}}$$

그리고

$$\frac{\partial A_z(r,t)}{\partial r} = \frac{\mu_0 I_0}{2\pi}\frac{\partial}{\partial r}\left[\ln\left(\frac{ct+\sqrt{(ct)^2-r^2}}{r}\right)\right]$$

$$= \frac{\mu_0 I_0}{2\pi}\frac{r}{ct+\sqrt{(ct)^2-r^2}}\frac{\frac{1}{2}(-2r)\frac{1}{\sqrt{(ct)^2-r^2}}r-(ct+\sqrt{(ct)^2-r^2})}{r^2}$$

$$= \frac{\mu_0 I_0}{2\pi}\frac{r}{ct+\sqrt{(ct)^2-r^2}}\left[-\frac{1}{\sqrt{(ct)^2-r^2}}-\frac{ct+\sqrt{(ct)^2-r^2}}{r^2}\right]$$

$$= -\frac{\mu_0 I_0}{2\pi}\frac{r}{ct+\sqrt{(ct)^2-r^2}}\left[\frac{1}{\sqrt{(ct)^2-r^2}}+\frac{ct+\sqrt{(ct)^2-r^2}}{r^2}\right]$$

$$= -\frac{\mu_0 I_0}{2\pi}\frac{r}{ct+\sqrt{(ct)^2-r^2}}\left[\frac{r^2-(ct+\sqrt{(ct)^2-r^2})\sqrt{(ct)^2-r^2}}{r^2\sqrt{(ct)^2-r^2}}\right]$$

$$= -\frac{\mu_0 I_0}{2\pi}\frac{r}{ct+\sqrt{(ct)^2-r^2}}\left[\frac{r^2-ct\sqrt{(ct)^2-r^2})+(ct)^2-r^2}{r^2\sqrt{(ct)^2-r^2}}\right]$$

$$= -\frac{\mu_0 I_0}{2\pi}\frac{r}{ct+\sqrt{(ct)^2-r^2}}\left[\frac{ct(ct+\sqrt{(ct)^2-r^2})}{r^2\sqrt{(ct)^2-r^2}}\right]$$

$$= -\frac{\mu_0 I_0}{2\pi}\frac{ct}{r\sqrt{(ct)^2-r^2}}$$

---

(90) [보충자료-1]을 참고하세요.

가 된다. 그러면

$$\vec{E}(r,t) = -\vec{\nabla}\phi - \frac{\partial \vec{A}}{\partial t} = -\frac{\partial \vec{A}}{\partial t} \qquad (\because \phi = 0)$$

이므로 전기장은 다음과 같이 된다.

$$\vec{E}(r,t) = -\frac{\mu_0 I_0}{2\pi}\frac{c}{\sqrt{(ct)^2 - r^2}}\hat{z} \qquad \text{(예-10.2.1)}$$

그러므로 전기장은 전류의 반대 방향임을 알 수 있다. 그리고 자기장은

$$\vec{B}(r,t) = \vec{\nabla}\times\vec{A} = \frac{1}{r}\begin{vmatrix} \hat{r} & r\hat{\phi} & \hat{z} \\ \frac{\partial}{\partial r} & \frac{\partial}{\partial \phi} & \frac{\partial}{\partial z} \\ 0 & 0 & A_z \end{vmatrix} = \frac{1}{r}r\hat{\phi}\left(-\frac{\partial A_z}{\partial r}\right) = -\hat{\phi}\frac{\partial A_z}{\partial r}$$

$$\therefore \vec{B}(r,t) = \frac{\mu_0 I_0}{2\pi}\frac{ct}{r\sqrt{(ct)^2 - r^2}}\hat{\phi} \qquad \text{(예-10.2.2)}$$

이다.

정전자기학 조건에서는 식 (예-10.2.1)과 (예-10.2.2)에서 $t\to\infty$로 놓으면 되므로 이때의 전기장과 자기장은

$$\begin{cases} \vec{E} = 0 \\ \vec{B} = \frac{\mu_0 I_0}{2\pi}\left(\frac{ct}{rct}\right)\hat{\phi} = \frac{\mu_0 I_0}{2\pi r}\hat{\phi} \end{cases}$$

이 되어 기대한 대로 정적인 경우에 대한 전자기장을 얻을 수 있다.

이제 점전하 $q$가 아래 그림처럼 특정한 궤적을 따라 움직일 때의 지연 스칼라 포텐셜과 지연 벡터 포텐셜을 구해보자.

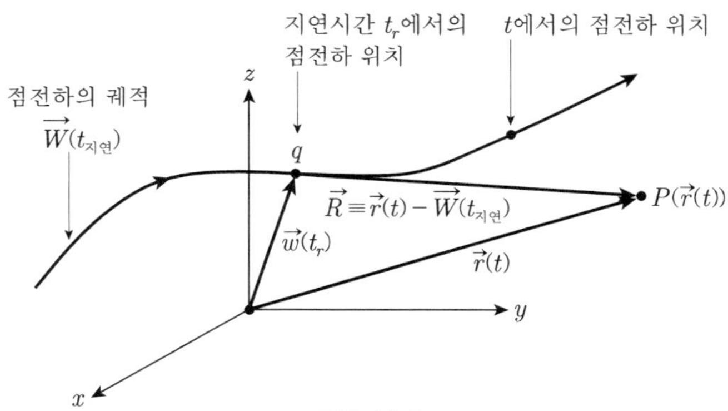


**그림 10.3**

(91) 증명은 [보충자료-2]를 참고하세요.

이때 지연된 시간은

$$t_{지연} = t - \frac{|\vec{r}(t) - \overrightarrow{W}(t_{지연})|}{c} = t - \frac{R}{c}$$

이다. 여기서 $\vec{r}$은 원점으로부터 관측점까지의 거리이며 $\overrightarrow{W}(t_{지연})$은 지연 시간에서의 점전하의 원점으로부터 위치이고, 지연 시간에서의 원점으로부터 관측점까지의 거리는 $\vec{R} = \vec{r} - \overrightarrow{W}(t_{지연})$이다.

만약 지연된 시간 $t_{1지연}$에서의 점전하와 $t_{2지연}$에서의 점전하가 어떤 시간 $t$에서 관측점에 동시에 기여할 수 있다고 가정하면 다음의 관계식을 얻는다.

$$\begin{cases} t_{1지연} = t - \dfrac{|\vec{r}(t_1) - \overrightarrow{W}(t_{1지연})|}{c} = t - \dfrac{R_1}{c} \Rightarrow R_1 = c(t - t_{1지연}) \\ t_{2지연} = t - \dfrac{|\vec{r}(t_2) - \overrightarrow{W}(t_{2지연})|}{c} = t - \dfrac{R_2}{c} \Rightarrow R_2 = c(t - t_{2지연}) \end{cases}$$

$$\Rightarrow R_1 - R_2 = c(t_{2지연} - t_{1지연})$$

이는 $\vec{R}$ 방향에서 점전하의 평균속도는 광속이라는 의미이다. 점전하는 광속으로 움직일 수 없기 때문에 이는 모순된 결과이다. 즉, 단지 하나의 지연 지점만이 측정 시점에서의 포텐셜에 기여한다.

그때 지연 포텐셜에 대한 관계식인 식 (10.2.13)의 첫 번째 관계식은 다음과 같이 표현될 수 있다.

$$\phi(\vec{r},t) = \frac{1}{4\pi\epsilon_0}\int \frac{\rho(\vec{r'},t_{지연})}{R}dV' = \frac{1}{4\pi\epsilon_0 R}\int \rho(\vec{r'},t_{지연})dV'$$

여기서 $\int \rho(\vec{r'},t_{지연})dV' \neq q$이며 $\int \rho(\vec{r'},t_{지연})dV' = \dfrac{q}{\left(1 - \dfrac{\hat{R}\cdot\vec{v}}{c}\right)}$이다[92].

그러므로 $\rho(\vec{r'},t_{지연}) = q\delta(\vec{r'} - \vec{r},t_{지연}) = q\delta(\vec{R},t_{지연})$인 경우, 스칼라 포텐셜은 다음과 같이 표현된다.

$$\phi(\vec{r},t) = \frac{1}{4\pi\epsilon_0}\frac{1}{R}\left(\frac{q}{1 - \dfrac{\hat{R}\cdot\vec{v}}{c}}\right) = \frac{1}{4\pi\epsilon_0}\left(\frac{q}{R - \dfrac{\vec{R}\cdot\vec{v}}{c}}\right) \tag{10.2.18}$$

(92) 증명은 [보충자료-3]을 참고하세요.

유사한 방법으로 벡터 포텐셜은 다음과 같이 표현된다.

$$\vec{A}(\vec{r},t) = \frac{\mu_0}{4\pi\epsilon_0}\int \frac{\vec{J}(\vec{r'},t_{지연})}{R}dV' = \frac{\mu_0}{4\pi\epsilon_0}\int \frac{\rho(\vec{r'},t_{지연})\vec{v}(t_{지연})}{R}dV'$$

$$= \frac{\mu_0}{4\pi}\frac{\vec{v}(t_{지연})}{R}\int \rho(\vec{r'},t_{지연})dV' = \vec{v}\frac{\mu_0}{4\pi}\left(\frac{q}{R-\frac{\vec{R}\cdot\vec{v}}{c}}\right) = \vec{v}\mu_0\epsilon_0\phi(\vec{r},t)$$

$$\therefore\ \vec{A}(\vec{r},t) = \frac{\vec{v}}{c^2}\phi(\vec{r},t) \tag{10.2.19}$$

움직이는 점전하에 의한 포텐셜의 관계식인 식 (10.2.18)과 (10.2.19)를 **리나르트-비케르트**(Lienard-Wiechert) **포텐셜**이라 한다.

- 스칼라 포텐셜: $\phi(\vec{r},t) = \frac{1}{4\pi\epsilon_0}\left(\frac{q}{R-\frac{\vec{R}\cdot\vec{v}}{c}}\right)$
- 벡터 포텐셜: $\vec{A}(\vec{r},t) = \frac{\vec{v}}{c^2}\phi(\vec{r},t)$

**예제 10.3**

점전하 $q$가 $\vec{W}(t)=\vec{v}t$의 특정한 궤적을 따라 움직일 때, 그때의 지연 스칼라 포텐셜과 지연 벡터 포텐셜을 구하세요.

**풀이**

움직이는 점전하에 의한 리나르트-비케르트 포텐셜은 스칼라 포텐셜에 대해서는 식 (10.2.18)로부터 그리고 벡터 포텐셜에 대해서는 식 (10.2.19)를 계산하여 얻을 수 있다. 이를 위해 이들 식의 분모에 있는 항 $\left(R-\frac{\vec{R}\cdot\vec{v}}{c}\right)$을 먼저 계산해야 한다.

지연 시간 관계식으로부터

$$t_{지연} = t-\frac{R}{c} \Rightarrow R = c(t-t_{지연}) \tag{예-10.3.1}$$

그리고

$$\vec{R} = R\vec{R} = \vec{r}-\vec{W}(t_{지연}) = \vec{r}-\vec{v}t_{지연} \Rightarrow \hat{R} = \frac{\vec{r}-\vec{v}t_{지연}}{R} \tag{예-10.3.2}$$

을 얻는다.

그러면

$$\begin{aligned}Rc-\vec{R}\cdot\vec{v} &= Rc-(\vec{r}-\vec{v}t_{지연})\cdot\vec{v} = Rc-\vec{r}\cdot\vec{v}+v^2t_{지연}\\ &= c^2(t-t_{지연})-\vec{r}\cdot\vec{v}+v^2t_{지연} = c^2t-\vec{r}\cdot\vec{v}+(v^2-c^2)t_{지연} \qquad (예-10.3.3)\end{aligned}$$

[∵ 식 (예-10.3.1)로부터]

이제 위 식에 있는 $t_{지연}$을 문제에서 주어진 변수들로 표현해보자.
식 (예-10.3.1)과 (예-10.3.2)로부터

$$\begin{aligned}R^2 = c^2(t-t_{지연})^2 &\Rightarrow (\vec{r}-\vec{v}t_{지연})^2 = c^2(t-t_{지연})^2\\ &\Rightarrow r^2-2\vec{r}\cdot\vec{v}t_{지연}+v^2t_{지연}^2 = c^2(t^2-2t_{지연}t+t_{지연}^2)\\ &\Rightarrow (c^2-v^2)t_{지연}^2-2(c^2t-\vec{r}\cdot\vec{v})t_{지연}+(c^2t^2-r^2)=0\\ &\Rightarrow t_{지연} = \frac{(c^2t-\vec{r}\cdot\vec{v})\pm\sqrt{(c^2t-\vec{r}\cdot\vec{v})^2-(c^2-v^2)(c^2t^2-r^2)}}{c^2-v^2}\end{aligned}$$

을 얻는다. 위 식은 $v=0$일 때

$$t_{지연} = \frac{c^2t\pm\sqrt{(c^2t)^2-c^2(c^2t^2-r^2)}}{c^2} = t\pm\frac{r}{c}$$

가 되는데 지연 시간의 물리적 의미를 고려하면 − 부호를 解로 택해야 함을 알 수 있다.

$$\therefore\ t_{지연} = \frac{(c^2t-\vec{r}\cdot\vec{v})-\sqrt{(c^2t-\vec{r}\cdot\vec{v})^2-(c^2-v^2)(c^2t^2-r^2)}}{c^2-v^2} \qquad (예-10.3.4)$$

이 결과를 식 (예-10.3.3)에 대입하면

$$\begin{aligned}Rc-\vec{R}\cdot\vec{v} &= c^2t-\vec{r}\cdot\vec{v}+(v^2-c^2)\left[\frac{(c^2t-\vec{r}\cdot\vec{v})-\sqrt{(c^2t-\vec{r}\cdot\vec{v})^2-(c^2-v^2)(c^2t^2-r^2)}}{c^2-v^2}\right]\\ &= (c^2t-\vec{r}\cdot\vec{v})-(c^2-v^2)\left[\frac{(c^2t-\vec{r}\cdot\vec{v})-\sqrt{(c^2t-\vec{r}\cdot\vec{v})^2-(c^2-v^2)(c^2t^2-r^2)}}{c^2-v^2}\right]\\ &= \sqrt{(c^2t-\vec{r}\cdot\vec{v})^2-(c^2-v^2)(c^2t^2-r^2)}\end{aligned}$$

이 되어 다음의 관계식을 얻는다.

$$R-\frac{\vec{R}\cdot\vec{v}}{c} = \frac{1}{c}(Rc-\vec{R}\cdot\vec{v}) = \frac{1}{c}\sqrt{(c^2t-\vec{r}\cdot\vec{v})^2-(c^2-v^2)(c^2t^2-r^2)} \qquad (예-10.3.5)$$

이 결과를 식 (10.2.18)과 (10.2.19)에 대입하면 다음과 같은 리나르트-비케르트 포텐셜을 얻을 수 있다.

$$\begin{cases} \phi(\vec{r},t) = \dfrac{qc}{4\pi\epsilon_0}\dfrac{1}{\sqrt{(c^2t-\vec{r}\cdot\vec{v})^2-(c^2-v^2)(c^2t^2-r^2)}} \\ \vec{A}(\vec{r},t) = \dfrac{\vec{v}}{c^2}\phi(\vec{r},t) = \dfrac{q\vec{v}}{4\pi\epsilon_0 c}\dfrac{1}{\sqrt{(c^2t-\vec{r}\cdot\vec{v})^2-(c^2-v^2)(c^2t^2-r^2)}} \\ \qquad = \dfrac{\mu_0}{4\pi}qc\vec{v}\dfrac{1}{\sqrt{(c^2t-\vec{r}\cdot\vec{v})^2-(c^2-v^2)(c^2t^2-r^2)}} \end{cases}$$

**예제 10.4**

식 (10.2.18)과 (10.2.19)의 리나르트-비케르트 포텐셜로부터 전기장과 자기장을 구하세요.

**풀이**

전기장과 자기장은 각각 관계식 $\vec{E}(r,t) = -\vec{\nabla}\phi - \dfrac{\partial \vec{A}}{\partial t}$와 $\vec{B}(r,t) = \vec{\nabla}\times\vec{A}$을 사용해서 스칼라 포텐셜과 벡터 포텐셜로부터 구할 수 있다.
먼저 전기장을 구해보자.

$$\phi = \frac{1}{4\pi\epsilon_0}\left(\frac{q}{R-\dfrac{\vec{R}\cdot\vec{v}}{c}}\right) = \frac{qc}{4\pi\epsilon_0}\left(\frac{1}{Rc-\vec{R}\cdot\vec{v}}\right)$$

$$\Rightarrow \vec{\nabla}\phi = \frac{qc}{4\pi\epsilon_0}\left(\vec{\nabla}\frac{1}{Rc-\vec{R}\cdot\vec{v}}\right) = \frac{qc}{4\pi\epsilon_0}\frac{-1}{(Rc-\vec{R}\cdot\vec{v})^2}\vec{\nabla}(Rc-\vec{R}\cdot\vec{v})$$

여기서 $\vec{\nabla}Rc = c\vec{\nabla}R = c\vec{\nabla}[c(t-t_{지연})]$ [∵ 식 (예-10.3.1)로부터]

$$= -c^2\vec{\nabla}t_{지연} \qquad (예-10.4.1)$$

그리고

$$\vec{\nabla}(\vec{R}\cdot\vec{v}) = \vec{R}\times(\vec{\nabla}\times\vec{v}) + \vec{v}\times(\vec{\nabla}\times\vec{R}) + (\vec{R}\cdot\vec{\nabla})\vec{v} + (\vec{v}\cdot\vec{\nabla})\vec{R} \qquad (예-10.4.2)$$[93]

이 식의 오른편에 있는 각 항을 순서대로 계산해보자.

(i) $(\vec{\nabla}\times\vec{v})_i = \epsilon_{ijk}\partial_j v_k = \epsilon_{ijk}\dfrac{\partial v_k}{\partial x_j} = \epsilon_{ijk}\dfrac{\partial t_{지연}}{\partial x_j}\dfrac{\partial v_k}{\partial t_{지연}} = \epsilon_{ijk}\dfrac{\partial t_{지연}}{\partial x_j}a_k = -\epsilon_{ikj}a_k\partial_j t_{지연}$

$= -(\vec{a}\times\vec{\nabla}t_{지연})_i$, 여기서 $\vec{a}$은 지연 시간에서의 점전하의 가속도이다.

$$\Rightarrow \vec{\nabla}\times\vec{v} = -(\vec{a}\times\vec{\nabla}t_{지연})$$

$$\Rightarrow \vec{R}\times(\vec{\nabla}\times\vec{v}) = -\vec{R}\times(\vec{a}\times\vec{\nabla}t_{지연})$$

(93) 증명은 《Guardian for Mathematical Physics》 by H. Park, 76쪽을 참고하세요.

(ii) $(\vec{\nabla}\times\vec{R})_i = [\vec{\nabla}\times(\vec{r}-\vec{W})]_i = (\vec{\nabla}\times\vec{r})_i - (\vec{\nabla}\times\vec{W})_i = \epsilon_{ijk}\partial_j x_k - \epsilon_{ijk}\partial_j W_k$

$$= \epsilon_{ijk}\delta_{jk} - \epsilon_{ijk}\frac{\partial t_{지연}}{\partial x_j}\frac{\partial W_k}{\partial t_{지연}} = \epsilon_{ikj}v_k(\partial_j t_{지연}) = (\vec{v}\times\vec{\nabla}t_{지연})_i$$

$$\Rightarrow \vec{\nabla}\times\vec{R} = (\vec{v}\times\vec{\nabla}t_{지연}) \Rightarrow \vec{v}\times(\vec{\nabla}\times\vec{R}) = \vec{v}\times(\vec{v}\times\vec{\nabla}t_{지연})$$

(iii) $[(\vec{R}\cdot\vec{\nabla})\vec{v}]_i = (\sum_j R_j\frac{\partial}{\partial x_j})v_i = (\sum_j R_j\frac{\partial t_{지연}}{\partial x_j})\frac{\partial v_i}{\partial t_{지연}} = (\sum_j R_j\frac{\partial t_{지연}}{\partial x_j})a_i$

$$= a_i(\sum_j R_j\partial_j t_{지연}) = a_i(\vec{R}\cdot\vec{\nabla}t_{지연}) = [\vec{a}(\vec{R}\cdot\vec{\nabla}t_{지연})]_i$$

$$\Rightarrow (\vec{R}\cdot\vec{\nabla})\vec{v} = \vec{a}(\vec{R}\cdot\vec{\nabla}t_{지연})$$

(iv) $(\vec{v}\cdot\vec{\nabla})\vec{R} = (\vec{v}\cdot\vec{\nabla})(\vec{r}-\vec{W}) = (\vec{v}\cdot\vec{\nabla})\vec{r} - (\vec{v}\cdot\vec{\nabla})\vec{W}$

여기서 $[(\vec{v}\cdot\vec{\nabla})\vec{r}]_i = (\sum_j v_j\frac{\partial}{\partial x_j})x_i = \sum_j v_j\delta_{ij} = v_i \Rightarrow (\vec{v}\cdot\vec{\nabla})\vec{r} = \vec{v}$

그리고

$$[(\vec{v}\cdot\vec{\nabla})\vec{W}]_i = (\sum_j v_j\frac{\partial}{\partial x_j})W_i = (\sum_j v_j\frac{\partial t_{지연}}{\partial x_j})\frac{\partial W_i}{\partial t_{지연}} = [\sum_j v_j(\partial_j t_{지연})]v_i$$
$$= v_i(\vec{v}\cdot\vec{\nabla}t_{지연}) = [\vec{v}(\vec{v}\cdot\vec{\nabla}t_{지연})]_i$$

$$\Rightarrow (\vec{v}\cdot\vec{\nabla})\vec{W} = \vec{v}(\vec{v}\cdot\vec{\nabla}t_{지연})$$

그러므로

$$(\vec{v}\cdot\vec{\nabla})\vec{R} = \vec{v} - \vec{v}(\vec{v}\cdot\vec{\nabla}t_{지연}) = \vec{v}[1-(\vec{v}\cdot\vec{\nabla}t_{지연})]$$

위의 (i)~(iv)의 결과들을 식 (예-10.4.2)에 대입하면

$$\vec{\nabla}(\vec{R}\cdot\vec{v}) = -\vec{R}\times(\vec{a}\times\vec{\nabla}t_{지연}) + \vec{v}\times(\vec{v}\times\vec{\nabla}t_{지연}) + \vec{a}(\vec{R}\cdot\vec{\nabla}t_{지연}) + \vec{v}[1-(\vec{v}\cdot\vec{\nabla}t_{지연})]$$
$$= -\vec{a}(\vec{R}\cdot\vec{\nabla}t_{지연}) + \vec{\nabla}t_{지연}(\vec{R}\cdot\vec{a}) + \vec{v}(\vec{v}\cdot\vec{\nabla}t_{지연}) - \vec{\nabla}t_{지연}(\vec{v}\cdot\vec{v})$$
$$+ \vec{a}(\vec{R}\cdot\vec{\nabla}t_{지연}) + \vec{v} - \vec{v}(\vec{v}\cdot\vec{\nabla}t_{지연})$$

을 얻는다. 여기서 오른편의 첫 번째 항과 다섯 번째 항은 서로 상쇄되고 또한 세 번째 항과 여섯 번째 항도 서로 상쇄되어서

$$\vec{\nabla}(\vec{R}\cdot\vec{v}) = \vec{v} + (\vec{R}\cdot\vec{a} - v^2)\vec{\nabla}t_{지연} \qquad \text{(예-10.4.3)}$$

가 된다. 그러면 스칼라 포텐셜은

$$\vec{\nabla}\phi = \frac{qc}{4\pi\epsilon_0}\frac{-1}{(Rc-\vec{R}\cdot\vec{v})^2}\vec{\nabla}(Rc-\vec{R}\cdot\vec{v})$$

$$= \frac{qc}{4\pi\epsilon_0}\frac{-1}{(Rc-\vec{R}\cdot\vec{v})^2}\left[-c^2\vec{\nabla}t_{지연}-\vec{v}-(\vec{R}\cdot\vec{a}-v^2)\vec{\nabla}t_{지연}\right]$$

[∵ 식 (예-10.4.1)과 (예-10.4.3)으로부터]

$$= \frac{qc}{4\pi\epsilon_0}\frac{1}{(Rc-\vec{R}\cdot\vec{v})^2}[\vec{v}+(c^2-v^2+\vec{R}\cdot\vec{a})\vec{\nabla}t_{지연}] \qquad (예-10.4.4)$$

이제 위 식에 있는 $\vec{\nabla}t_{지연}$을 $\vec{R}$로 표현해보자. 식 (예-10.4.1)로부터

$$\vec{\nabla}t_{지연} = -\frac{1}{c^2}\vec{\nabla}Rc = -\frac{1}{c}\vec{\nabla}R = -\frac{1}{c}\vec{\nabla}\sqrt{\vec{R}\cdot\vec{R}} = -\frac{1}{c}\frac{1}{2\sqrt{\vec{R}\cdot\vec{R}}}\vec{\nabla}(\vec{R}\cdot\vec{R})$$

$$\left[\because\ k\equiv\vec{R}\cdot\vec{R} \Rightarrow (\vec{\nabla}\sqrt{\vec{R}\cdot\vec{R}})_i = (\vec{\nabla}\sqrt{k})_i = \frac{\partial k}{\partial x_i}\frac{\partial}{\partial k}\sqrt{k}\right.$$

$$= \frac{1}{2\sqrt{k}}\frac{\partial k}{\partial x_i} = \frac{1}{2\sqrt{\vec{R}\cdot\vec{R}}}(\partial_i k)$$

$$\Rightarrow (\vec{\nabla}\sqrt{\vec{R}\cdot\vec{R}})_i = \frac{1}{2\sqrt{\vec{R}\cdot\vec{R}}}\partial_i(\vec{R}\cdot\vec{R})$$

$$\left.\Rightarrow \therefore\ \vec{\nabla}\sqrt{\vec{R}\cdot\vec{R}} = \frac{1}{2\sqrt{\vec{R}\cdot\vec{R}}}\vec{\nabla}(\vec{R}\cdot\vec{R})\right]$$

$$\Rightarrow \vec{\nabla}t_{지연} = -\frac{1}{c}\frac{1}{2R}\vec{\nabla}(\vec{R}\cdot\vec{R}) \qquad (예-10.4.5)$$

위 식의 $\vec{\nabla}(\vec{R}\cdot\vec{R})$을 계산하기 위해서 식 (예-10.4.2)에서 $\vec{v}\to\vec{R}$을 하면

$$\vec{\nabla}(\vec{R}\cdot\vec{R}) = \vec{R}\times(\vec{\nabla}\times\vec{R})+\vec{R}\times(\vec{\nabla}\times\vec{R})+(\vec{R}\cdot\vec{\nabla})\vec{R}+(\vec{R}\cdot\vec{\nabla})\vec{R} \qquad (예-10.4.6)$$

을 얻는다. 여기서

$$[\vec{R}\times(\vec{\nabla}\times\vec{R})]_i = \epsilon_{ijk}R_j\epsilon_{k\ell m}\partial_\ell R_m = \epsilon_{ijk}\epsilon_{k\ell m}R_j\partial_\ell R_m = (\delta_{i\ell}\delta_{jm}-\delta_{im}\delta_{j\ell})R_j\partial_\ell R_m$$

$$= R_j\partial_i R_j - R_j\partial_j R_i = \frac{1}{2}\partial_i(R_jR_j) - R_j\partial_j R_i$$

$$= [\frac{1}{2}\vec{\nabla}(\vec{R}\cdot\vec{R}) - (\vec{R}\cdot\vec{\nabla})\vec{R}]_i$$

$$\Rightarrow \vec{R}\times(\vec{\nabla}\times\vec{R}) = \frac{1}{2}\vec{\nabla}(\vec{R}\cdot\vec{R}) - (\vec{R}\cdot\vec{\nabla})\vec{R}$$

이를 식 (예-10.4.6)에 대입하면

$$\vec{\nabla}(\vec{R}\cdot\vec{R}) = \frac{1}{2}\vec{\nabla}(\vec{R}\cdot\vec{R}) - (\vec{R}\cdot\vec{\nabla})\vec{R}+\vec{R}\times(\vec{\nabla}\times\vec{R})+(\vec{R}\cdot\vec{\nabla})\vec{R}+(\vec{R}\cdot\vec{\nabla})\vec{R}$$

$$\Rightarrow \frac{1}{2}\vec{\nabla}(\vec{R}\cdot\vec{R}) = \vec{R}\times(\vec{\nabla}\times\vec{R})+(\vec{R}\cdot\vec{\nabla})\vec{R}$$

이를 식 (예-10.4.5)에 대입하면 다음 관계식을 얻는다.

$$\overrightarrow{\nabla} t_{지연} = -\frac{1}{c}\frac{1}{R}[\vec{R}\times(\overrightarrow{\nabla}\times\vec{R}) + (\vec{R}\cdot\overrightarrow{\nabla})\vec{R}] \qquad (예-10.4.7)$$

여기서 오른편 괄호 안의 첫 번째 항은 위의 (ii)의 결과로부터 $\vec{R}\times(\overrightarrow{\nabla}\times\vec{R}) = \vec{R}\times(\vec{v}\times\overrightarrow{\nabla} t_{지연})$가 되고 오른편 괄호 안의 두 번째 항은

$$\begin{aligned}
[(\vec{R}\cdot\overrightarrow{\nabla})\vec{R}]_i &= (\sum_j R_j \frac{\partial}{\partial x_j})R_i = (\sum_j R_j \frac{\partial}{\partial x_j})(x_i - W_i) \\
&= \sum_j R_j \frac{\partial}{\partial x_j} x_i - \sum_j R_j \frac{\partial}{\partial x_j} W_i \\
&= \sum_j R_j \delta_{ij} - \sum_j R_j \frac{\partial t_{지연}}{\partial x_j}\frac{\partial W_i}{\partial t_{지연}} \\
&= R_i - \sum_j R_j (\partial_j t_{지연}) v_i = R_i - (\vec{R}\cdot\overrightarrow{\nabla} t_{지연}) v_i
\end{aligned}$$

$$\Rightarrow (\vec{R}\cdot\overrightarrow{\nabla})\vec{R} = \vec{R} - \vec{v}(\vec{R}\cdot\overrightarrow{\nabla} t_{지연})$$

이들을 식 (예-10.4.7)에 대입하면 $\overrightarrow{\nabla} t_{지연}$은 다음과 같이 표현된다.

$$\overrightarrow{\nabla} t_{지연} = -\frac{1}{c}\frac{1}{R}[\vec{R}\times(\vec{v}\times\overrightarrow{\nabla} t_{지연}) + \vec{R} - \vec{v}(\vec{R}\cdot\overrightarrow{\nabla} t_{지연})] \qquad (예-10.4.8)$$

여기서

$$\begin{aligned}
[\vec{R}\times(\vec{v}\times\overrightarrow{\nabla} t_{지연})]_i &= \epsilon_{ijk} R_j \epsilon_{k\ell m} v_\ell (\partial_m t_{지연}) = \epsilon_{ijk}\epsilon_{k\ell m} R_j v_\ell (\partial_m t_{지연}) \\
&= (\delta_{i\ell}\delta_{jm} - \delta_{im}\delta_{j\ell}) R_j v_\ell (\partial_m t_{지연}) = R_j v_i (\partial_j t_{지연}) - R_j v_j (\partial_i t_{지연}) \\
&= v_i (\vec{R}\cdot\overrightarrow{\nabla} t_{지연}) - (\vec{R}\cdot\vec{v})(\partial_i t_{지연})
\end{aligned}$$

$$\Rightarrow \vec{R}\times(\vec{v}\times\overrightarrow{\nabla} t_{지연}) = \vec{v}(\vec{R}\cdot\overrightarrow{\nabla} t_{지연}) - (\vec{R}\cdot\vec{v})\overrightarrow{\nabla} t_{지연}$$

이 결과를 식 (예-10.4.8)에 대입하면

$$\begin{aligned}
\overrightarrow{\nabla} t_{지연} &= -\frac{1}{c}\frac{1}{R}[\vec{v}(\vec{R}\cdot\overrightarrow{\nabla} t_{지연}) - (\vec{R}\cdot\vec{v})\overrightarrow{\nabla} t_{지연} + \vec{R} - \vec{v}(\vec{R}\cdot\overrightarrow{\nabla} t_{지연})] \\
&= -\frac{1}{c}\frac{1}{R}[-(\vec{R}\cdot\vec{v})\overrightarrow{\nabla} t_{지연} + \vec{R}] = -\frac{1}{c}\frac{1}{R}[\vec{R} - (\vec{R}\cdot\vec{v})\overrightarrow{\nabla} t_{지연}]
\end{aligned}$$

$$\Rightarrow [(\vec{R}\cdot\vec{v}) - Rc]\overrightarrow{\nabla} t_{지연} = \vec{R}$$

$$\therefore \overrightarrow{\nabla} t_{지연} = \frac{\vec{R}}{\vec{R}\cdot\vec{v} - Rc} \qquad (예-10.4.9)$$

을 얻는다.

식 (예-10.4.9)를 (예-10.4.4)에 대입하면

$$\vec{\nabla}\phi = \frac{qc}{4\pi\epsilon_0}\frac{1}{(Rc-\vec{R}\cdot\vec{v})^2}\left[\vec{v}+(c^2-v^2+\vec{R}\cdot\vec{a})(\frac{\vec{R}}{\vec{R}\cdot\vec{v}-Rc})\right]$$

$$= \frac{qc}{4\pi\epsilon_0}\frac{1}{(Rc-\vec{R}\cdot\vec{v})^2}\left[\vec{v}+(c^2-v^2+\vec{R}\cdot\vec{a})(\frac{-\vec{R}}{Rc-\vec{R}\cdot\vec{v}})\right]$$

$$\therefore\ \vec{\nabla}\phi = \frac{1}{4\pi\epsilon_0}\frac{qc}{(Rc-\vec{R}\cdot\vec{v})^3}[(Rc-\vec{R}\cdot\vec{v})\vec{v}-(c^2-v^2+\vec{R}\cdot\vec{a})\vec{R}] \qquad (\text{예}-10.4.10)$$

유사한 방법으로

$$\frac{\partial\vec{A}}{\partial t} = \frac{1}{4\pi\epsilon_0}\frac{qc}{(Rc-\vec{R}\cdot\vec{v})^3}[(Rc-\vec{R}\cdot\vec{v})(-\vec{v}+\frac{R\vec{a}}{c})+\frac{R}{c}(c^2-v^2+\vec{R}\cdot\vec{a})\vec{v}]$$

(예−10.4.11)

을 얻을 수 있다. 여기서

$$Rc-\vec{R}\cdot\vec{v} = cR(\hat{R}\cdot\hat{R})-\vec{R}\cdot\vec{v} = c\vec{R}\cdot\hat{R}-\vec{R}\cdot\vec{v} = \vec{R}\cdot(c\hat{R}-\vec{v})$$

편의를 위해서

$$\vec{u} = c\hat{R}-\vec{v}$$

로 놓으면

$$Rc-\vec{R}\cdot\vec{v} = \vec{R}\cdot\vec{u}$$

로 나타낼 수 있다. 그러면 위에서 구한 스칼라 포텐셜과 벡터 포텐셜을 보다 간결한 표현으로 다음과 같이 나타낼 수 있다.

$$\begin{cases}\vec{\nabla}\phi = \dfrac{1}{4\pi\epsilon_0}\dfrac{qc}{(\vec{R}\cdot\vec{u})^3}[(\vec{R}\cdot\vec{u})\vec{v}-(c^2-v^2+\vec{R}\cdot\vec{a})\vec{R}] \\ \dfrac{\partial\vec{A}}{\partial t} = \dfrac{1}{4\pi\epsilon_0}\dfrac{qc}{(\vec{R}\cdot\vec{u})^3}[(\vec{R}\cdot\vec{u})(-\vec{v}+\dfrac{R\vec{a}}{c})+\dfrac{R}{c}(c^2-v^2+\vec{R}\cdot\vec{a})\vec{v}]\end{cases} \qquad (\text{예}-10.4.12)$$

전기장을 구하기 위해 관계식 $\vec{E}(r,t) = -\vec{\nabla}\phi-\frac{\partial\vec{A}}{\partial t}$에 식 (예−10.4.12)를 대입하면 된다.

$$\vec{E}(r,t) = -\frac{1}{4\pi\epsilon_0}\frac{qc}{(\vec{R}\cdot\vec{u})^3}\left[(\vec{R}\cdot\vec{u})\frac{R\vec{a}}{c}+(c^2-v^2+\vec{R}\cdot\vec{a})(-\vec{R}+\frac{R}{c}\vec{v})\right]$$

$$= -\frac{1}{4\pi\epsilon_0}\frac{q}{(\vec{R}\cdot\vec{u})^3}\left[(\vec{R}\cdot\vec{u})R\vec{a}+(c^2-v^2+\vec{R}\cdot\vec{a})(-\vec{R}c+R\vec{v})\right]$$

$$= -\frac{1}{4\pi\epsilon_0}\frac{q}{(\vec{R}\cdot\vec{u})^3}R[(\vec{R}\cdot\vec{u})\vec{a}+(c^2-v^2+\vec{R}\cdot\vec{a})(-\hat{R}c+\vec{v})]$$

$$= -\frac{1}{4\pi\epsilon_0}\frac{q}{(\vec{R}\cdot\vec{u})^3}R[(\vec{R}\cdot\vec{u})\vec{a}-(c^2-v^2+\vec{R}\cdot\vec{a})(\hat{R}c-\vec{v})]$$

$$= \frac{1}{4\pi\epsilon_0}\frac{qR}{(\vec{R}\cdot\vec{u})^3}[-(\vec{R}\cdot\vec{u})\vec{a}+(c^2-v^2+\vec{R}\cdot\vec{a})\vec{u}]$$

$$= \frac{1}{4\pi\epsilon_0}\frac{qR}{(\vec{R}\cdot\vec{u})^3}[(c^2-v^2)\vec{u}-(\vec{R}\cdot\vec{u})\vec{a}+(\vec{R}\cdot\vec{a})\vec{u}] \qquad \text{(예-10.4.13)}$$

$$\therefore\ \vec{E}(r,t) = \frac{1}{4\pi\epsilon_0}\frac{qR}{(\vec{R}\cdot\vec{u})^3}[(c^2-v^2)\vec{u}+\vec{R}\times(\vec{u}\times\vec{a})] \qquad \text{(예-10.4.14)}$$

만약 정적인 경우, 즉 점전하가 움직이지 않는다고 하면, $v=a=0$이 되어 위 식은

$$\vec{E}_{정적} = \frac{1}{4\pi\epsilon_0}\frac{qR}{(\vec{R}\cdot c\hat{R})^3}(c^2)c\hat{R} = \frac{1}{4\pi\epsilon_0}\frac{qR}{R^3}\hat{R} = \frac{1}{4\pi\epsilon_0}\frac{q}{R^2}\hat{R} = \frac{q}{4\pi\epsilon_0 r^2}\hat{r}$$

인 정전기학 조건에서의 전기장 결과를 얻는다. 이러한 이유로 식 (예-10.4.14)의 오른편 첫 번째 항을 **일반화 쿨롱 장**(generalized Coulomb field) 또는 단지 속도에만 종속하므로 **속도 장**(velocity field)이라 하고, 오른편 두 번째 항은 $\frac{1}{R}$에 비례하며 전자기 복사와 관계되는 항이기 때문에 **복사 항**(radiation field) 또는 가속도에 종속되므로 **가속도 장**(acceleration field)이라 한다. 복사에 관한 보다 자세한 계산은 11장에서 다룰 것이다.

그리고 자기장은

$$\vec{B}(\vec{r},t) = \vec{\nabla}\times\vec{A}(\vec{r},t) = \frac{1}{c^2}\vec{\nabla}\times(\phi\vec{v}) \quad [\because\ \text{식 (10.2.19)로부터}]$$

여기서

$$[\vec{\nabla}\times(\phi\vec{v})]_i = \epsilon_{ijk}\partial_j(\phi\vec{v})_k = \epsilon_{ijk}(\phi\partial_j v_k + v_k\partial_j\phi) = \epsilon_{ijk}\phi\partial_j v_k + \epsilon_{ijk}v_k\partial_j\phi$$
$$= \phi\epsilon_{ijk}\partial_j v_k - \epsilon_{ikj}v_k\partial_j\phi = \phi(\vec{\nabla}\times\vec{v})_i - (\vec{v}\times\vec{\nabla}\phi)_i$$

$$\Rightarrow\ \vec{\nabla}\times(\phi\vec{v}) = \phi(\vec{\nabla}\times\vec{v}) - (\vec{v}\times\vec{\nabla}\phi)$$

이 결과를 위 식에 대입하면

$$\vec{B}(\vec{r},t) = \frac{1}{c^2}[\phi(\vec{\nabla}\times\vec{v}) - (\vec{v}\times\vec{\nabla}\phi)] \qquad \text{(예-10.4.15)}$$

여기서 $\phi = \frac{qc}{4\pi\epsilon_0}\left(\frac{1}{Rc-\vec{R}\cdot\vec{v}}\right) = \frac{qc}{4\pi\epsilon_0}\frac{1}{\vec{R}\cdot\vec{u}}$ 그리고 앞의 (i)에서 $\vec{\nabla}\times\vec{v} = -(\vec{a}\times\vec{\nabla}t_{지연})$ 임을 구했고 $\vec{\nabla}\phi$은 식 (예-10.4.12)의 첫 번째 관계식에 주어져 있고 또한 식 (예-10.4.9)는 $\vec{\nabla}t_{지연} = \frac{\vec{R}}{\vec{R}\cdot\vec{v}-Rc} = \frac{-\vec{R}}{\vec{R}\cdot\vec{u}}$이므로 식 (예-10.4.15)의 오른편에 있는 항들은

$$\phi(\vec{\nabla}\times\vec{v}) = (\frac{qc}{4\pi\epsilon_0}\frac{1}{\vec{R}\cdot\vec{u}})(\vec{a}\times\frac{\vec{R}}{\vec{R}\cdot\vec{u}}) = \frac{qc}{4\pi\epsilon_0}\frac{1}{(\vec{R}\cdot\vec{u})^2}(\vec{a}\times\vec{R})$$

그리고

$$\begin{aligned}\vec{v}\times(\vec{\nabla}\phi) &= \vec{v}\times\left[\frac{1}{4\pi\epsilon_0}\frac{qc}{(\vec{R}\cdot\vec{u})^3}\left\{(\vec{R}\cdot\vec{u})\vec{v}-(c^2-v^2+\vec{R}\cdot\vec{a})\vec{R}\right\}\right] \\ &= \frac{qc}{4\pi\epsilon_0}\frac{\vec{v}\times\vec{v}}{(\vec{R}\cdot\vec{u})^2}-\frac{1}{4\pi\epsilon_0}\frac{qc}{(\vec{R}\cdot\vec{u})^3}(c^2-v^2+\vec{R}\cdot\vec{a})(\vec{v}\times\vec{R}) \\ &= -\frac{1}{4\pi\epsilon_0}\frac{qc}{(\vec{R}\cdot\vec{u})^3}(c^2-v^2+\vec{R}\cdot\vec{a})(\vec{v}\times\vec{R})\end{aligned}$$

가 되어 식 (예-10.4.15)는 다음과 같이 표현될 수 있다.

$$\begin{aligned}\vec{B} &= \frac{1}{c^2}\left[\frac{qc}{4\pi\epsilon_0}\frac{1}{(\vec{R}\cdot\vec{u})^2}(\vec{a}\times\vec{R})+\frac{1}{4\pi\epsilon_0}\frac{qc}{(\vec{R}\cdot\vec{u})^3}(c^2-v^2+\vec{R}\cdot\vec{a})(\vec{v}\times\vec{R})\right] \\ &= \frac{1}{c^2}\frac{qc}{4\pi\epsilon_0}\frac{1}{(\vec{R}\cdot\vec{u})^3}[(\vec{R}\cdot\vec{u})(\vec{a}\times\vec{R})+(c^2-v^2+\vec{R}\cdot\vec{a})(\vec{v}\times\vec{R})] \\ &= \frac{1}{c^2}\frac{qc}{4\pi\epsilon_0}\frac{1}{(\vec{R}\cdot\vec{u})^3}[(\vec{R}\cdot\vec{u})\vec{a}+(c^2-v^2+\vec{R}\cdot\vec{a})\vec{v}]\times\vec{R} \\ &= -\frac{1}{c}\frac{q}{4\pi\epsilon_0}\frac{1}{(\vec{R}\cdot\vec{u})^3}\vec{R}\times[(\vec{R}\cdot\vec{u})\vec{a}+(c^2-v^2+\vec{R}\cdot\vec{a})\vec{v}] \\ &= -\frac{1}{c}\frac{q}{4\pi\epsilon_0}\frac{1}{(\vec{R}\cdot\vec{u})^3}\vec{R}\times[(c^2-v^2)\vec{v}+(\vec{R}\cdot\vec{u})\vec{a}+(\vec{R}\cdot\vec{a})\vec{v}] \qquad (\text{예-10.4.16})\end{aligned}$$

여기서 $\vec{R}\times\vec{v}=\vec{R}\times(c\hat{R}-\vec{u})=-\vec{R}\times\vec{u}$이므로 위 식은 다음과 같이 표현된다.

$$\begin{aligned}\vec{B}(\vec{r},t) &= \frac{1}{c}\frac{q}{4\pi\epsilon_0}\frac{1}{(\vec{R}\cdot\vec{u})^3}\vec{R}\times[(c^2-v^2)\vec{u}-(\vec{R}\cdot\vec{u})\vec{a}+(\vec{R}\cdot\vec{a})\vec{u}] \\ &= \frac{1}{c}\frac{1}{4\pi\epsilon_0}\frac{qR}{(\vec{R}\cdot\vec{u})^3}\hat{R}\times[(c^2-v^2)\vec{u}-(\vec{R}\cdot\vec{u})\vec{a}+(\vec{R}\cdot\vec{a})\vec{u}] \qquad (\text{예-10.4.17}) \\ &= \frac{1}{c}\frac{1}{4\pi\epsilon_0}\frac{qR}{(\vec{R}\cdot\vec{u})^3}\hat{R}\times[(c^2-v^2)\vec{u}+\vec{R}\times(\vec{u}\times\vec{a})] \qquad (\text{예-10.4.18})\end{aligned}$$

식 (예-10.4.17)과 식 (10.4.13)과 비교하면 다음과 같은 전기장과 자기장의 관계식을 얻을 수 있다.

$$\vec{B}(\vec{r},t) = \frac{1}{c}\hat{R}\times\vec{E}(\vec{r},t)$$

자기장은 전기장 그리고 지연 지점으로부터의 벡터에 수직이다. 그리고 전기장과 자기장은 움직이는 점전하의 속도 $\vec{v}$와 가속도 $\vec{a}$의 함수이다.

그러므로 속도 $\vec{v}$로 움직이는 점전하에 의해 생성된 전자기장[전기장은 식 (예-10.4.14) 그리고 자기장은 식 (예-10.4.18)]에 의해 속도 $\vec{V}$로 움직이는 시험전하 $Q$에 작용하는 전자기력인 로렌츠 힘은 다음과 같다.

$$\begin{aligned}\vec{F} &= Q(\vec{E}+\vec{V}\times\vec{B})\\ &= \frac{1}{4\pi\epsilon_0}\frac{qQR}{(\vec{R}\cdot\vec{u})^3}\left\{[(c^2-v^2)\vec{u}+\vec{R}\times(\vec{u}\times\vec{a})]-\frac{\vec{V}}{c}\times[\hat{R}\times[(c^2-v^2)\vec{u}+\vec{R}\times(\vec{u}\times\vec{a})]]\right\}\end{aligned}$$

## 보충자료-1

$\int \frac{1}{\sqrt{r^2+z^2}}dz = \ln(\sqrt{r^2+z^2}+z)$임을 보이세요.

**풀이**

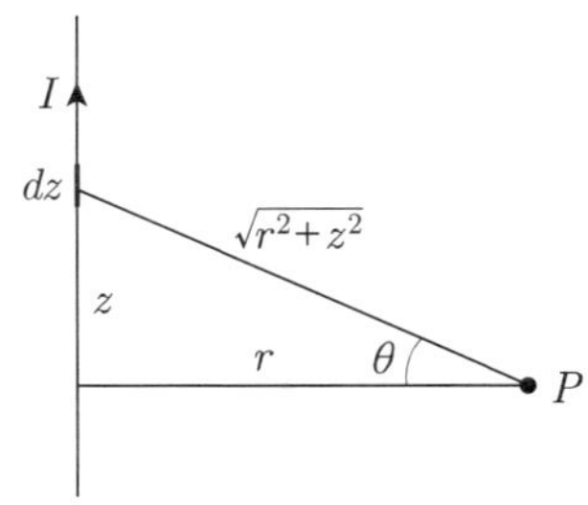


**그림 10.4**

$z = r\tan\theta$로 놓으면 $dz = r\frac{1}{\cos^2\theta}d\theta$이므로 적분은

$$\int \frac{1}{\sqrt{r^2+z^2}}dz = \int \frac{1}{\sqrt{r^2+r^2\tan^2\theta}}\frac{rd\theta}{\cos^2\theta}$$

$$= \int \frac{1}{\sqrt{1+\tan^2\theta}}\frac{d\theta}{\cos^2\theta} = \int \frac{d\theta}{\cos\theta}$$

로 표현될 수 있다. 피적분함수의 분모와 분자에 같은 항을 곱해주면 위 식은 다음과 같이 나타낼 수 있다.

$$\int \frac{1}{\sqrt{r^2+z^2}}dz = \int \frac{d\theta}{\cos\theta}\left[\frac{\left(\frac{1}{\cos\theta}+\frac{\sin\theta}{\cos\theta}\right)}{\left(\frac{1}{\cos\theta}+\frac{\sin\theta}{\cos\theta}\right)}\right] = \int d\theta\left[\frac{\left(\frac{1}{\cos^2\theta}+\frac{\sin\theta}{\cos^2\theta}\right)}{\left(\frac{1}{\cos\theta}+\frac{\sin\theta}{\cos\theta}\right)}\right]$$

여기서 $\frac{1}{\cos\theta}+\frac{\sin\theta}{\cos\theta} = t$로 놓으면 $\left(\frac{\sin\theta}{\cos^2\theta}+\frac{1}{\cos^2\theta}\right)d\theta = dt$이므로 위 적분식은

$$\int \frac{1}{\sqrt{r^2+z^2}}dz = \int \frac{dt}{t} = \ln t = \ln\left(\frac{1}{\cos\theta}+\frac{\sin\theta}{\cos\theta}\right)$$

$$= \ln\left(\frac{1}{\cos\theta}+\tan\theta\right)$$

그림에서와 같이 $\cos\theta = \dfrac{r}{\sqrt{r^2+z^2}}$ 그리고 $\tan\theta = \dfrac{z}{r}$ 이므로 위 식은

$$\int \frac{1}{\sqrt{r^2+z^2}}dz = \ln\left(\frac{\sqrt{r^2+z^2}}{r} + \frac{z}{r}\right) = \ln\left(\frac{\sqrt{r^2+z^2}+z}{r}\right)$$
$$= \ln(\sqrt{r^2+z^2}+z) - \ln r$$

이 된다. 여기서 $r$은 상수이므로 $\ln r$도 상수이다.

$$\therefore \int \frac{1}{\sqrt{r^2+z^2}}dz = \ln(\sqrt{r^2+z^2}+z)$$

## 보충자료-2

라이프니츠(Leibnitz) 미분 규칙

$$\frac{d}{dt}\int_{a(t)}^{b(t)} f(x,t)dx = \int_{a(t)}^{b(t)} \frac{\partial f(x,t)}{\partial t}dx + f(b(t),t)\frac{\partial b(t)}{\partial t} - f(a(t),t)\frac{\partial a(t)}{\partial t}$$

을 증명하세요.

**풀이**

$\Phi(u,v,t) = \int_u^v f(x,t)dx$ 인 경우에 $u = a(t)$ 그리고 $v = b(t)$ 이면

$$\frac{d\Phi(u,v,t)}{dt} = \frac{d}{dt}\Phi(a(t),b(t),t) = \frac{\partial \Phi}{\partial u}\frac{\partial u}{\partial t} + \frac{\partial \Phi}{\partial v}\frac{\partial v}{\partial t} + \frac{\partial \Phi}{\partial t}$$

$$= [\frac{\partial}{\partial u}\int_u^v f(x,t)dx]\frac{\partial a(t)}{\partial t} + [\frac{\partial}{\partial v}\int_u^v f(x,t)dx]\frac{\partial b(t)}{\partial t}$$

$$+ \frac{\partial}{\partial t}\int_u^v f(x,t)dx \qquad (1)$$

미적분학의 기본정리(Fundamental Theorem of Calculus)인

$$h(t) = \int_c^t f(x)dx \Rightarrow \frac{dh(t)}{dt} = \frac{\partial}{\partial t}[\int_c^t f(x)dx] = f(t)$$

로부터

$$h(t) = \int_t^c f(x)dx \Rightarrow \frac{dh(t)}{dt} = \frac{\partial}{\partial t}\int_t^c f(x)dx = -f(t)$$

임을 알 수 있다.

이들 관계식을 식 (1)의 오른편 첫 번째와 두 번째 항에 적용하면 식 (1)은 다음과 같이 표현된다.

$$\frac{d\Phi(u,v,t)}{dt} = [-f(u,t)]\frac{\partial a(t)}{\partial t} + [-f(v,t)]\frac{\partial b(t)}{\partial t} + \frac{\partial}{\partial t}\int_u^v f(x,t)dx$$

$$= \frac{\partial}{\partial t}\int_u^v f(x,t)dx - f(u,t)\frac{\partial a(t)}{\partial t} + f(v,t)\frac{\partial b(t)}{\partial t}$$

$$= \int_{a(t)}^{b(t)} \frac{\partial f(x,t)}{\partial t}dx - f(a(t),t)\frac{\partial a(t)}{\partial t} + f(b(t),t)\frac{\partial b(t)}{\partial t}$$

$$\therefore \frac{d}{dt}\int_{a(t)}^{b(t)} f(x,t)dx = \int_{a(t)}^{b(t)} \frac{\partial f(x,t)}{\partial t}dx + f(b(t),t)\frac{\partial b(t)}{\partial t} - f(a(t),t)\frac{\partial a(t)}{\partial t}$$

그러므로 $a(t)=0$이고 $f(x,t)=f(x)$인 경우에는 위 식으로부터

$$\frac{d}{dt}\int_0^{b(t)} f(x)dx = \int_0^{b(t)} \frac{\partial f(x)}{\partial t}dx + f(b(t))\frac{\partial b(t)}{\partial t} = f(b(t))\frac{\partial b(t)}{\partial t}$$

$$\therefore \frac{d}{dt}\int_0^{b(t)} f(x)dx = \left[\frac{\partial b(t)}{\partial t}\right] f(b(t))$$

인 관계식을 얻는다.

## 보충자료-3

$\int \rho(\vec{r'}, t_{지연})dV' = \dfrac{q}{\left(1 - \dfrac{\hat{R}\cdot\vec{v}}{c}\right)}$ 임을 증명하세요.

**풀이**

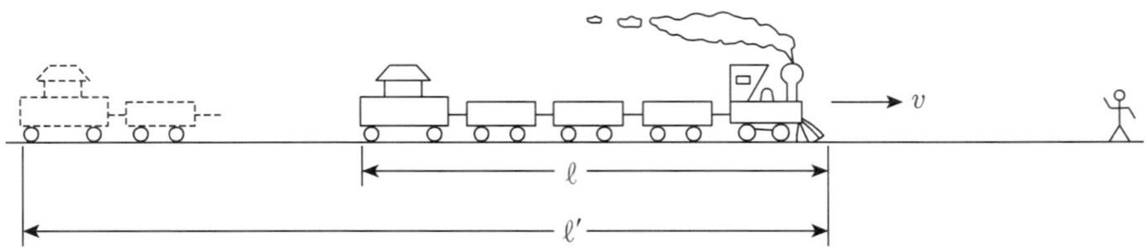


그림 10.5

서 있는 사람에게 속도 $v$로 향해 오는 기차는 실제보다 조금 더 길게 보인다. 왜냐하면 기차 맨 뒤칸으로부터 받는 빛은 엔진으로부터 동시에 받는 빛보다 더 일찍 떠난 빛이기 때문이다. 이를 수식으로 표현하면

$$\frac{\ell'}{c} = \frac{\ell' - \ell}{v} \Rightarrow \ell' = \frac{\ell}{1 - \dfrac{v}{c}} \tag{1}$$

이다. 만약 기차가 서 있는 사람으로부터 멀어지면 위 식의 분모에 있는 부호가 +가 된다.

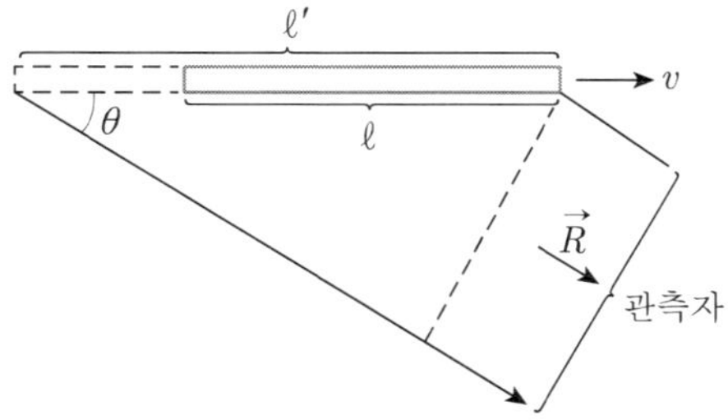


그림 10.6

만약 기차의 속도 방향이 관측자의 시선과 이루는 각도가 $\theta$라고 한다면 기차 맨 뒤칸으로

부터 받는 빛은 $\ell' \to \ell'\cos\theta$가 된다. 이를 식 (1)이 대입하면

$$\frac{\ell'\cos\theta}{c} = \frac{\ell' - \ell}{v} \Rightarrow \ell' = \frac{\ell}{1 - \dfrac{v\cos\theta}{c}} \tag{2}$$

이다. 이러한 기하학적 효과는 기차의 운동에 수직인 길이에는 영향을 미치지 않는다. 결과적으로

$$V' = \frac{V}{1 - v\cos\theta/c} = \frac{V}{1 - (\hat{R}\cdot\vec{v})/c}$$

가 된다. 여기서 $\hat{R}$은 기차로부터 관측자까지의 단위벡터이다.

## 연습문제

**01** 전자기장과 일정한 속도 $\vec{v}$로 움직이는 점전하 $q$의 상호작용은 뉴턴의 운동법칙에서 $\vec{p}\to\vec{p}+q\vec{A}$ 그리고 $\phi\to q(\phi-\vec{v}\cdot\vec{A})$로 변경하면 된다는 것을 증명하세요.

**풀이**

속도 $\vec{v}$로 움직이는 점전하 $q$에 전자기장이 작용하는 전자기력인 로렌츠 힘은

$$\vec{F}=q(\vec{E}+\vec{v}\times\vec{B})=q[(-\vec{\nabla}\phi-\frac{\partial\vec{A}}{\partial t})+\vec{v}\times(\vec{\nabla}\times\vec{A})] \tag{1}$$

이다. 여기서

$$\begin{aligned}[\vec{v}\times(\vec{\nabla}\times\vec{A})]_i &= \epsilon_{ijk}v_j\epsilon_{k\ell m}\partial_\ell A_m=(\delta_{i\ell}\delta_{jm}-\delta_{im}\delta_{j\ell})v_j\partial_\ell A_m\\ &= v_j\partial_i A_j - v_j\partial_j A_i\end{aligned} \tag{2}$$

그리고 유사한 방법으로

$$[\vec{A}\times(\vec{\nabla}\times\vec{v})]_i=A_j\partial_i v_j-A_j\partial_j v_i=\partial_i A_j v_j - v_j\partial_i A_j - A_j\partial_j v_i$$

$$\Rightarrow\ v_j\partial_i A_j=\partial_i A_j v_j - A_j\partial_j v_i - [\vec{A}\times(\vec{\nabla}\times\vec{v})]_i$$

이를 식 (2)에 대입하면

$$[\vec{v}\times(\vec{\nabla}\times\vec{A})]_i=\partial_i A_j v_j - A_j\partial_j v_i - [\vec{A}\times(\vec{\nabla}\times\vec{v})]_i - v_j\partial_j A_i$$

$$\Rightarrow\ [\vec{v}\times(\vec{\nabla}\times\vec{A})]_i=[\vec{\nabla}(\vec{A}\cdot\vec{v})]_i-[(\vec{A}\cdot\vec{\nabla})\vec{v}]_i-[\vec{A}\times(\vec{\nabla}\times\vec{v})]_i-[(\vec{v}\cdot\vec{\nabla})\vec{A}]_i$$

$$\Rightarrow\ \vec{v}\times(\vec{\nabla}\times\vec{A})=\vec{\nabla}(\vec{A}\cdot\vec{v})-(\vec{A}\cdot\vec{\nabla})\vec{v}-\vec{A}\times(\vec{\nabla}\times\vec{v})-(\vec{v}\cdot\vec{\nabla})\vec{A}$$

가 된다. $\vec{v}$은 $r$의 함수가 아니기 때문에 오른편의 두 번째와 세 번째 항은 각각 0이 되어서 위 식은 다음과 같이 된다.

$$\vec{v}\times(\vec{\nabla}\times\vec{A})=\vec{\nabla}(\vec{A}\cdot\vec{v})-(\vec{v}\cdot\vec{\nabla})\vec{A} \tag{3}$$

이를 식 (1)에 대입하면

$$\vec{F} = q\left\{(-\nabla\phi - \frac{\partial\vec{A}}{\partial t}) + [\nabla(\vec{A}\cdot\vec{v}) - (\vec{v}\cdot\vec{\nabla})\vec{A}]\right\}$$
$$= q\left\{-\frac{\partial\vec{A}}{\partial t} - (\vec{v}\cdot\vec{\nabla})\vec{A} - \vec{\nabla}[\phi - (\vec{A}\cdot\vec{v})]\right\} \qquad (4)$$

여기서

$$\frac{d\vec{A}}{dt} = \frac{\partial\vec{A}}{\partial t} + \sum_i \frac{\partial\vec{A}}{\partial x_i}\frac{\partial x_i}{\partial t} = \frac{\partial\vec{A}}{\partial t} + \sum_i v_i \frac{\partial\vec{A}}{\partial x_i}$$
$$= \frac{\partial\vec{A}}{\partial t} + \sum_i v_i\partial_i\vec{A} = \frac{\partial\vec{A}}{\partial t} + (\vec{v}\cdot\vec{\nabla})\vec{A}$$
$$\Rightarrow -\frac{\partial\vec{A}}{\partial t} = -\frac{d\vec{A}}{dt} + (\vec{v}\cdot\vec{\nabla})\vec{A}$$

이 결과를 식 (4)에 대입하면

$$\vec{F} = q\left\{-\frac{d\vec{A}}{dt} + (\vec{v}\cdot\vec{\nabla})\vec{A} - (\vec{v}\cdot\vec{\nabla})\vec{A} - \vec{\nabla}[\phi - (\vec{A}\cdot\vec{v})]\right\}$$
$$= q\left[-\frac{d\vec{A}}{dt} - \vec{\nabla}(\phi - \vec{A}\cdot\vec{v})\right]$$

이 된다. 뉴턴의 운동법칙은 $\vec{F} = \frac{d\vec{p}}{dt}$(여기서 $\vec{p}$은 점전하의 선운동량)이므로

$$\frac{d\vec{p}}{dt} = q\left[-\frac{d\vec{A}}{dt} - \vec{\nabla}(\phi - \vec{A}\cdot\vec{v})\right]$$
$$\therefore \frac{d}{dt}(\vec{p} + q\vec{A}) = -\vec{\nabla}[q(\phi - \vec{v}\cdot\vec{A})]$$

가 된다. 이 결과는 뉴턴의 운동법칙에서 $\vec{p} \to \vec{p} + q\vec{A}$ 그리고 $\phi \to q(\phi - \vec{v}\cdot\vec{A})$로 변경한 것에 해당한다. 이는 양자역학에서 하전입자가 전자기장 내에 놓여 있을 때 전자기장과 하전입자의 상호작용에 의해 에너지에서 섭동이 일어나는 원리를 배울 때 유용하게 사용된다.

**02** 아래 그림과 같은 철사 고리에 전류가 시간의 함수 $I(t) = kt$(여기서 $k$은 상수)로 흐르는 경우, 철사 고리의 중심에서 (a) 지연 벡터 포텐셜과 (b) 전기장을 구하세요.

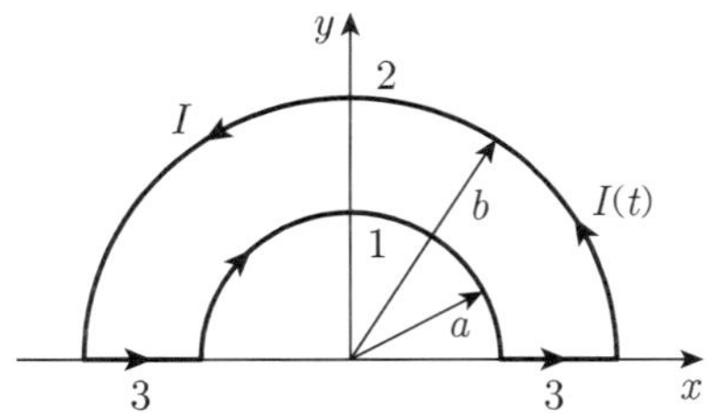


**그림 10.7**

**풀이**

철사는 전기적으로 중성이므로 식 (10.2.13)에서 전하밀도가 0이 되어 지연 스칼라 포텐셜은 0이 된다.

(a) 지연 벡터 포텐셜은

$$\vec{A}(\vec{r},t)=\frac{\mu_0}{4\pi}\int\frac{\vec{J}(\vec{r'},t_{지연})}{|\vec{r}-\vec{r'}|}dV' \Rightarrow \vec{A}(r,t)=\frac{\mu_0}{4\pi}\oint\frac{I(t_{지연})}{|\vec{r}-\vec{r'}|}d\vec{\ell}'$$

이다. 여기서 $I_{지연}=I(t)_{t=t_{지연}}=kt_{t=t_{지연}}=kt_{지연}=k(t-\frac{|\vec{r}-\vec{r'}|}{c})=kt-k\frac{|\vec{r}-\vec{r'}|}{c}$

그러면 원 식은 다음과 같이 표현된다.

$$\begin{aligned}\vec{A}(r,t)&=\frac{\mu_0}{4\pi}\oint\frac{kt}{|\vec{r}-\vec{r'}|}d\vec{\ell}'-\frac{\mu_0}{4\pi}\oint\frac{k}{c}d\vec{\ell}'\\&=\frac{\mu_0 kt}{4\pi}\oint\frac{1}{|\vec{r}-\vec{r'}|}d\vec{\ell}'-\frac{\mu_0}{4\pi}\frac{k}{c}\oint d\vec{\ell}'\end{aligned}$$

위 식의 오른편 두 번째 적분은 0이 된다. 반면에 오른편 첫 번째 적분은 다음과 같다.

$$\vec{A}(r,t)=\frac{\mu_0 kt}{4\pi}\oint\frac{}{|\vec{r}-\vec{r'}|}d\vec{\ell}'=\frac{\mu_0 kt}{4\pi}\left[\int_1\frac{1}{a}d\vec{\ell}'+\int_2\frac{1}{b}d\vec{\ell}'+\int_3 d\frac{\vec{\ell}'}{x'}\right] \quad (1)$$

위의 오른편 첫 번째 적분은 안쪽 반원에 대한 것이고, 두 번째 적분은 바깥쪽 반원에 대한 것이며, 세 번째는 좌·우에 있는 직선에 대한 적분이다.

여기서 $d\vec{\ell}'=\hat{x}dx'+\hat{y}dy'$ 이므로

(i) $\frac{1}{a}\iint_1(\hat{x}dx'+\hat{y}dy')=\frac{1}{a}\left[\hat{x}\int_{-a}^{a}dx'+\hat{y}\int_0^0 dy'\right]=\frac{1}{a}2a\hat{x}=2\hat{x}$

(ii) $\frac{1}{b}\iint_2(\hat{x}dx'+\hat{y}dy')=\frac{1}{b}\left[\hat{x}\int_b^{-b}dx'+\hat{y}\int_0^0 dy'\right]=\frac{1}{b}(-2b\hat{x})=-2\hat{x}$

(iii) $\iint_3 \frac{(\hat{x}dx' + \hat{y}dy')}{x'} = \hat{x}\int \frac{dx'}{x'} + \hat{y}\frac{1}{x'}\int dy' = \hat{x}\left[\int_{-b}^{-a}\frac{dx'}{-x'} + \int_a^b \frac{dx'}{x'}\right] + \hat{y}(0)$

여기서 $\int_{-b}^{-a}\frac{dx'}{-x'}$ 적분은 $-x' = t$로 놓으면 $\int_b^a \frac{-dt}{t} = \int_a^b \frac{dt}{t} = \ln\left(\frac{b}{a}\right)$가 되어 위 식은 $\iint_3 \frac{(\hat{x}dx' + \hat{y}dy')}{x'} = \hat{x}\left[\ln\left(\frac{b}{a}\right) + \ln\left(\frac{b}{a}\right)\right] = 2\hat{x}\ln\left(\frac{b}{a}\right)$가 된다.

그러므로 (i)~(iii)의 결과로부터 식 (1)은

$$\vec{A}(r,t) = \frac{\mu_0 kt}{4\pi}\left[2\hat{x} - 2\hat{x} + 2\hat{x}\ln\left(\frac{b}{a}\right)\right] = \frac{\mu_0 kt}{2\pi}\ln\left(\frac{b}{a}\right)\hat{x}$$

$$\therefore\ \vec{A}(\vec{r},t) = \frac{\mu_0 kt}{2\pi}\ln\left(\frac{b}{a}\right)\hat{x}$$

(b) 이때 전기장은 다음과 같이 된다.

$$\vec{E} = -\vec{\nabla}\phi - \frac{\partial\vec{A}}{\partial t} = -\frac{\partial\vec{A}}{\partial t} = -\frac{\mu_0 k}{2\pi}\ln\left(\frac{b}{a}\right)\hat{x}$$

**03** 본문에서 점전하가 속도 $\vec{v}$로 움직일 때 생성되는 전자기장을 구했다. 점전하가 일정한 속도로 직선운동을 할 때, 그때의 전자기장을 구하세요.

**풀이**

속도가 일정하면 가속도 $\vec{a} = 0$이다. 그러면 그때의 전기장과 자기장은 각각 식 (예-10.4.14)와 (예-10.4.16)으로부터

$$\vec{E}(r,t) = \frac{1}{4\pi\epsilon_0}\frac{qR}{(\vec{R}\cdot\vec{u})^3}(c^2 - v^2)\vec{u} = \frac{q}{4\pi\epsilon_0}\frac{R\vec{u}}{(\vec{R}\cdot\vec{u})^3}(c^2 - v^2) \tag{1}$$

그리고

$$\vec{B}(\vec{r},t) = \frac{1}{c}\hat{R}\times\vec{E}(\vec{r},t) \tag{2}$$

이다. 그러므로 전기장만 구하면 쉽게 자기장 또한 구할 수 있다.

식 (1)의 분자에 있는 항인

$$\begin{aligned} R\vec{u} &= R(c\hat{R} - \vec{v}) = c\vec{R} - R\vec{v} \\ &= c(\vec{r} - \vec{v}t_{지연}) - c(t - t_{지연})\vec{v} = c(\vec{r} - \vec{v}t) = c\vec{\wp} \end{aligned} \tag{3}$$

여기서 $\vec{\wp}=\vec{r}-\vec{v}t$로 놓았다.

그리고 식 (1)의 분모에 있는 항인

$$\vec{R}\cdot\vec{u}=Rc-\vec{R}\cdot\vec{v}=\sqrt{(c^2t-\vec{r}\cdot\vec{v})^2-(c^2-v^2)(c^2t^2-r^2)} \tag{4}$$

[∵ 식 (예-10.3.5)로부터]

이다. 위 식에서

$$\begin{aligned}
&(c^2t-\vec{r}\cdot\vec{v})^2-(c^2-v^2)(c^2t^2-r^2)\\
&=c^4t^2-2c^2t(\vec{r}\cdot\vec{v})+(\vec{r}\cdot\vec{v})^2-c^4t^2+c^2r^2+c^2v^2t^2-v^2r^2\\
&=(\vec{r}\cdot\vec{v})^2+(c^2-v^2)r^2+c^2(vt)^2-2c^2(\vec{r}\cdot\vec{v}t)\\
&=(\vec{r}\cdot\vec{v})^2+(c^2-v^2)r^2+c^2(r^2-2\vec{r}\cdot\vec{\wp}+\wp^2)-2c^2(r^2-\vec{r}\cdot\vec{\wp})\\
&(\because \vec{\wp}=\vec{r}-\vec{v}t \Rightarrow \vec{v}t=\vec{r}-\vec{\wp} \text{ 그리고 } \vec{r}\cdot\vec{v}t=\vec{r}\cdot(\vec{r}-\vec{\wp})=r^2-\vec{r}\cdot\vec{\wp})\\
&=(\vec{r}\cdot\vec{v})^2-v^2r^2+c^2\wp^2=[(\vec{\wp}+\vec{v}t)\cdot\vec{v}]^2-v^2(\vec{\wp}+\vec{v}t)^2+c^2\wp^2\\
&=(\vec{\wp}\cdot\vec{v}+v^2t)^2-v^2[\wp^2+2(\vec{\wp}\cdot\vec{v})t+v^2t^2]+c^2\wp^2\\
&=(\vec{\wp}\cdot\vec{v})^2+2(\vec{\wp}\cdot\vec{v})v^2t+v^4t^2-v^2\wp 2-2(\vec{\wp}\cdot\vec{v})v^2t-v^4t^2+c^2\wp^2\\
&=(\vec{\wp}\cdot\vec{v})^2-v^2\wp^2+c^2\wp^2=\wp^2v^2\cos^2\theta-\wp^2v^2+\wp^2c^2
\end{aligned}$$

(여기서 각 $\theta$는 $\vec{\wp}$과 $\vec{v}$의 사이각)

$$=-\wp^2v^2(1-\cos^2\theta)+\wp^2c^2=\wp^2c^2-\wp^2v^2\sin^2\theta=\wp^2c^2(1-\frac{v^2}{c^2}\sin^2\theta)$$

이를 식 (4)에 대입하면

$$\vec{R}\cdot\vec{u}=\left[\wp^2c^2\left(1-\frac{v^2}{c^2}\sin^2\theta\right)\right]^{\frac{1}{2}}=\wp c\left(1-\frac{v^2}{c^2}\sin^2\theta\right)^{\frac{1}{2}} \tag{5}$$

식 (3)과 (5)를 (1)에 대입하면 전기장은 다음과 같이 주어진다.

$$\begin{aligned}
\vec{E}(r,t)&=\frac{q}{4\pi\epsilon_0}\frac{1}{\wp^3c^3\left(1-\frac{v^2}{c^2}\sin^2\theta\right)^{\frac{3}{2}}}c\vec{\wp}(c^2-v^2)\\
&=\frac{q}{4\pi\epsilon_0}\frac{1}{\left(1-\frac{v^2}{c^2}\sin^2\theta\right)^{\frac{3}{2}}}\frac{\hat{\wp}}{\wp^2}(1-\frac{v^2}{c^2})
\end{aligned}$$

분모에 있는 $\sin^2\theta$에 기인하여 빠르게 움직이는 점전하의 전기장은 움직임에 수직인 방향으로 갈수록 촘촘해지고, 수평방향으로 갈수록 전기장은 듬성듬성 존재하게 된다. 즉, 아래의 그림과 같이 팬케이크처럼 평평하게 펴진다.

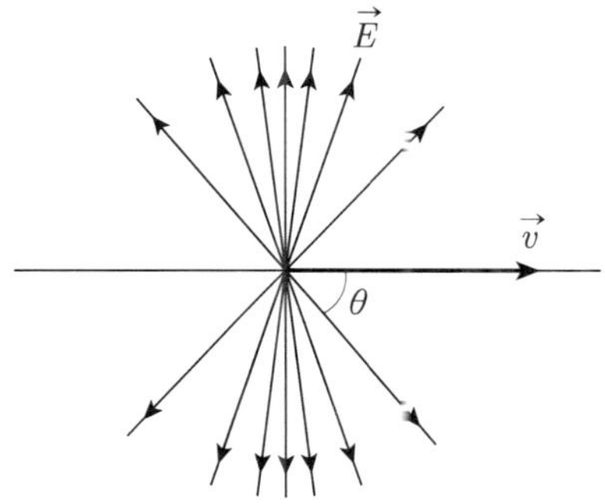


**그림 10.8**

만약, 정적인 경우이면 기대한 대로 위 식은 $\vec{E}(r,t) = \frac{q}{4\pi\epsilon_0}\frac{\hat{\wp}}{\wp^2} = \frac{q}{4\pi\epsilon_0}\frac{\hat{r}}{r^2}$ (여기서 $\vec{\wp} = \vec{r} - \vec{v}t$ 이므로 정적인 경우 $\vec{\wp} = \vec{r}$ 이기 때문에)인 전기장이 된다.
그리고 자기장과 전기장의 관계식은

$$\vec{B}(\vec{r},t) = \frac{1}{c}\hat{R} \times \vec{E}(\vec{r},t)$$

이다. 여기서

$$\begin{aligned}\hat{R} &= \frac{\vec{r} - \vec{v}t_{\text{지연}}}{R} = \frac{\vec{r} - \vec{v}t + \vec{v}t - \vec{v}t_{\text{지연}}}{R} \\ &= \frac{(\vec{r} - \vec{v}t) + \vec{v}(t - t_{\text{지연}})}{R} = \frac{\vec{\wp}}{R} + \frac{\vec{v}}{c}\end{aligned}$$

이므로 자기장은

$$\vec{B}(\vec{r},t) = \frac{1}{c}\left(\frac{\vec{\wp}}{R} + \frac{\vec{v}}{c}\right) \times \vec{E}(\vec{r},t) = \frac{1}{c^2}(\vec{v} \times \vec{E})$$

$$(\because\ \vec{E}\text{의 방향은 } \hat{\wp}\text{이므로 } \vec{\wp} \times \vec{E} = 0)$$

로 주어져서 자기장은 아래 그림과 같이 직선운동을 하는 점전하의 주위를 맴도는 형태가 된다.

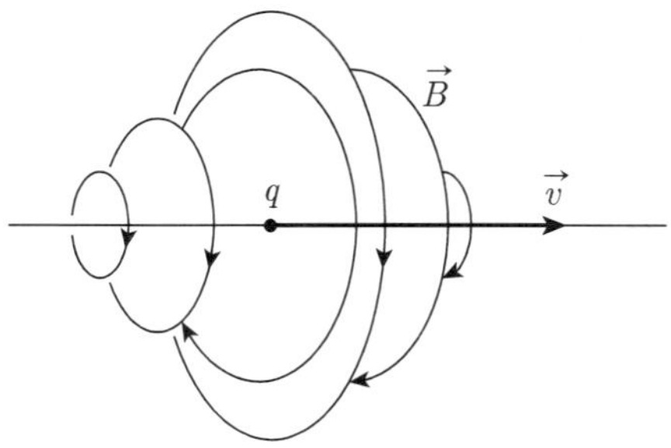


그림 10.9

CHAPTER

# 11 복사

앞 장에서 정지상태에 있는 전하 또는 정상전류는 전자기파를 방출하지 않는 반면, 전하가 가속도를 가질 때 또는 전류가 시간에 따라 변할 때는 전자기파를 방출하는 복사장이 생기는 것을 배웠다.

반경이 $r$인 구의 중심에 전자기장을 생성하는 원천이 있을 때 구 면적을 통과하는 단위 시간당 에너지는 다음과 같이 포인팅 벡터 $\vec{S}$를 면 적분하면 된다.

$$P = \frac{1}{\mu_0}\oint(\vec{E}\times\vec{B})\cdot d\vec{a}$$

이때, 관측점에서 측정되는 전기장과 자기장은 $t_{지연} = t - \frac{r}{c}$의 시간에 원천에서 생성된 전자기장이다. 구의 면적은 $r^2$에 비례하고 정전자기학 조건에서 전기장과 자기장은 각각 $r^{-2}$에 비례하므로 위 식의 피적분함수는 $r^{-2}$에 비례한다. 그러므로 멀리 떨어져 있는 관측점에서 측정되는 단위 시간당 에너지는 0이 된다. 그러므로 정전자기학 조건에서는 전자기 복사는 존재하지 않는다.

반면에 전자기학 조건에서는 전자기장은 앞 장에서 구한 식 (10.2.16)과 (10.2.17)로부터 시간에 의존하는 $\dot{\rho}$와 $\dot{\vec{J}}$ 항을 갖는 아래의 제피멩코 방정식에 의해 주어짐을 배웠다.

$$\begin{cases} \vec{E}(\vec{r},t) = \dfrac{1}{4\pi\epsilon_0}\displaystyle\int\left[\dfrac{\rho\hat{R}}{R^2} + \dfrac{\dot{\rho}\hat{R}}{cR} - \dfrac{\overleftrightarrow{J}}{c^2R}\right]dV' \\ \vec{B}(\vec{r},t) = \dfrac{\mu_0}{4\pi}\displaystyle\int\left[\dfrac{\vec{J}}{R^2} + \dfrac{\overleftrightarrow{J}}{cR}\right]\times\hat{R}dV' \end{cases}$$

위 식에서 보이는 것과 같이 $\dot{\rho}$와 $\overleftrightarrow{J}$ 항은 $R^{-1}$에 비례하기 때문에 포인팅 벡터는 정전자기학 조건에서와 달리 $R^{-2}$보다 큰 항이 존재하게 되어 멀리 떨어져 있는 관측점에서 전자기 복사 에너지를 갖게 된다.

## 11.1 진동하는 전기 쌍극자 복사

이 절에서는 전하량이 미소하게 변하는 쌍극자가 전자기파를 복사할 수 있는 것에 대해 알아본다.

쌍극자의 점전하가 각진동수 $\omega$로 미소하게 진동하는 경우, $t=0$일 때의 전하량이 $q_0$이고 시간 $t$일 때의 전하량이 $q(t)$라 하면 $q(t)=q_0\cos\omega t$로 표현될 수 있다.

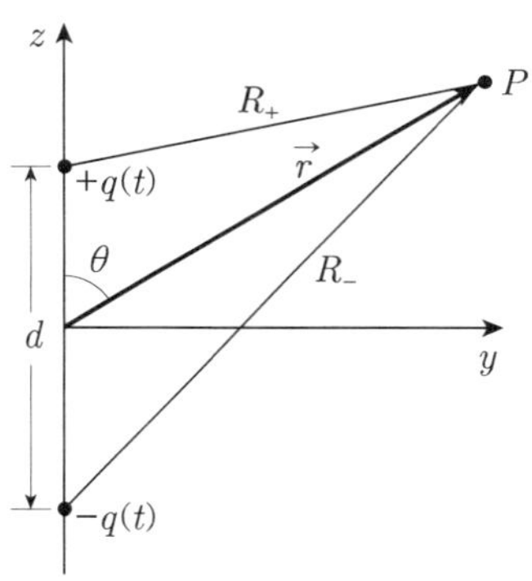


그림 11.1

이때 전기 쌍극자 모멘트는

$$\vec{p}(t) = \hat{z}q(t)d = \hat{z}q_0 d\cos\omega t = \hat{z}p_0\cos\omega t,\ \text{여기서}\ p_0 = q_0 d$$

가 된다. 그러면 지연 스칼라 포텐셜은 식 (10.2.13)의 첫 번째 관계식으로부터

$$\begin{aligned}\phi(\vec{r},t) &= \frac{1}{4\pi\epsilon_0}\int\frac{\rho(\vec{r'},t_{\text{지연}})}{R}dV' \\ &= \frac{1}{4\pi\epsilon_0}\left[\frac{q_0\cos\omega(t-\frac{R_+}{c})}{R_+}-\frac{q_0\cos\omega(t-\frac{R_-}{c})}{R_-}\right]\end{aligned} \tag{11.1.1}$$

여기서

$$R_+^2 = \vec{R}_+\cdot\vec{R}_+ = (\vec{r}-\vec{r'})^2 = r^2-2\vec{r}\cdot\vec{r}'+r'^2 = r^2-2rr'\cos\theta+r'^2$$

$$\Rightarrow\ R_+ = \sqrt{r^2-2rr'\cos\theta+r'^2}$$

그리고 유사한 방법으로

$$\begin{aligned}R_-^2 &= (\vec{r}-\vec{r'})^2 = r^2-2\vec{r}\cdot\vec{r'}+r'^2 \\ &= r^2-2rr'\cos(\pi-\theta)+r'^2 = r^2+2rr'\cos\theta+r'^2\end{aligned}$$

$$\Rightarrow\ R_- = \sqrt{r^2+2rr'\cos\theta+r'^2}$$

이들을 하나의 식으로 다음과 같이 나타낼 수 있다.

$$\begin{aligned}R_\pm &= \sqrt{r^2\mp 2rr'\cos\theta+r'^2} = \sqrt{r^2\mp 2r\left(\frac{d}{2}\right)\cos\theta+\left(\frac{d}{2}\right)^2} \\ &= \sqrt{r^2\mp rd\cos\theta+\left(\frac{d}{2}\right)^2}\end{aligned}$$

문제를 보다 쉽게 다루기 위해 다음과 같은 세 가지 조건을 가정한다.

1. $r\gg d$: 원점에서 관측점까지의 거리는 쌍극자의 길이에 비해 매우 크다.
2. $\lambda\gg d$: 파장은 쌍극자의 길이에 비해 매우 크다.
   (또는 쌍극자는 천천히 진동한다.)
3. $r\gg\lambda$: 원점에서 관측점까지의 거리는 파장에 비해 매우 크다.

첫 번째 가정조건 $r \gg d$로부터 위 등식의 오른편에 테일러 전개를 적용하면

$$R_{\pm} = \sqrt{r^2 \mp rd\cos\theta + \left(\frac{d}{2}\right)^2} = r\sqrt{1 \mp \left[\frac{d}{r}\cos\theta \mp \left(\frac{d}{2r}\right)^2\right]}$$

$$\approx r\left(1 \mp \frac{1}{2}\frac{d}{r}\cos\theta\right) \tag{11.1.2}$$

$$\Rightarrow \frac{1}{R_{\pm}} = \frac{1}{r}\left(1 \mp \frac{1}{2}\frac{d}{r}\cos\theta\right)^{-1} \approx \frac{1}{r}\left(1 \pm \frac{1}{2}\frac{d}{r}\cos\theta\right) \tag{11.1.3}$$

그리고 식 (11.1.2)로부터

$$\cos\omega\,(t - \frac{R_{\pm}}{c}) = \cos\omega\left[t - \frac{1}{c}r\left(1 \mp \frac{1}{2}\frac{d}{r}\cos\theta\right)\right] = \cos\omega\left(t - \frac{r}{c} \pm \frac{1}{2}\frac{d}{c}\cos\theta\right)$$

$$= \cos\left[\omega\,(t - \frac{r}{c}) \pm \frac{1}{2}\frac{\omega d}{c}\cos\theta\right]$$

$$= \cos\omega\left[(t - \frac{r}{c})\right]\cos\left[\frac{\omega d}{2c}\cos\theta\right] \mp \sin\left[\omega\,(t - \frac{r}{c})\right]\sin\left[\frac{\omega d}{2c}\cos\theta\right]$$

가 된다.

파장이 $\lambda \gg d$인 두 번째 가정조건으로부터 각진동수($\omega = 2\pi\nu = 2\pi\frac{c}{\lambda} \Rightarrow \lambda = \frac{2\pi c}{\omega}$)는 매우 작은 값이어서 $\frac{\omega d}{c} \ll 1$이 되어 위 식은 다음과 같이 표현된다.

$$\cos\omega\,(t - \frac{R_{\pm}}{c}) = \cos\left[\omega\,(t - \frac{r}{c})\right] \mp \sin\left[\omega\,(t - \frac{r}{c})\right]\left(\frac{\omega d}{2c}\cos\theta\right) \tag{11.1.4}$$

이제 식 (11.1.3)과 (11.1.4)를 지연 스칼라 포텐셜에 대한 식 (11.1.1)에 대입하면

$$\phi(\vec{r},t) = \frac{q_0}{4\pi\epsilon_0}\left[\frac{\cos\omega\,(t - \frac{R_+}{c})}{R_+} - \frac{\cos\omega\,(t - \frac{R_-}{c})}{R_-}\right]$$

$$= \frac{q_0}{4\pi\epsilon_0}\left\{[\cos\omega\,(t - \frac{r}{c}) - (\frac{\omega d}{2c}\cos\theta)\sin\omega\,(t - \frac{r}{c})][\frac{1}{r}(1 + \frac{d}{2r}\cos\theta)]\right.$$

$$\left. - [\cos\omega\,(t - \frac{r}{c}) + (\frac{\omega d}{2c}\cos\theta)\sin\omega\,(t - \frac{r}{c})][\frac{1}{r}(1 - \frac{d}{2r}\cos\theta)]\right\}$$

$$= \frac{q_0}{4\pi\epsilon_0 r}\left\{[\cos\omega\,(t - \frac{r}{c}) - (\frac{\omega d}{2c}\cos\theta)\sin\omega\,(t - \frac{r}{c})](1 + \frac{d}{2r}\cos\theta)\right.$$

$$- [\cos\omega(t-\frac{r}{c}) + (\frac{\omega d}{2c}\cos\theta)\sin\omega(t-\frac{r}{c})](1-\frac{d}{2r}\cos\theta)\Big\}$$

$$= \frac{q_0}{4\pi\epsilon_0 r}\left\{2\left(\frac{d}{2r}\right)\cos[\omega(t-\frac{r}{c})]\cos\theta - 2(\frac{\omega d}{2c}\cos\theta)\sin\left[\omega(t-\frac{r}{c})\right]\right\}$$

$$\therefore\ \phi(\vec{r},t) = \frac{q_0 d\cos\theta}{4\pi\epsilon_0 r}\left\{\frac{1}{r}\cos\left[\omega(t-\frac{r}{c})\right] - \frac{\omega}{c}\sin[\omega(t-\frac{r}{c})]\right\} \tag{11.1.5}$$

인 지연 스칼라 포텐셜을 얻는다. 정적인 경우(즉, $\omega=0$) 위 식은

$$\phi_{정적}(\vec{r},t) = \frac{q_0 d\cos\theta}{4\pi\epsilon_0 r}\frac{1}{r} = \frac{p_0\cos\theta}{4\pi\epsilon_0 r^2}$$

가 된다. 기대한 대로 식 (11.1.5)는 정적인 경우에 대해서 쌍극자 모멘트에 의한 스칼라 포텐셜 관계식을 준다.

그리고 세 번째 가정조건인 관측점이 멀리 떨어져 있다고(즉, $r \gg \frac{c}{\omega}$ 또는 $r \gg \lambda$) 가정하면 식 (11.1.5)의 오른편에 있는 첫 번째 항은 무시할 수 있어서

$$\phi(\vec{r},t) = \frac{q_0 d\cos\theta}{4\pi\epsilon_0 r}\left[-\frac{\omega}{c}\sin\omega(t-\frac{r}{c})\right] = -\frac{p_0\omega}{4\pi\epsilon_0 c}\frac{\cos\theta}{r}\sin\left[\omega(t-\frac{r}{c})\right] \tag{11.1.6}$$

인 지연 스칼라 포텐셜을 얻을 수 있다. 그러면 극좌표계에서 지연 스칼라 포텐셜의 gradient를 다음과 같이 얻을 수 있다.

$$\overrightarrow{\nabla}\phi = \frac{\partial\phi}{\partial r}\hat{r} + \frac{1}{r}\frac{\partial\phi}{\partial\theta}\hat{\theta} = \hat{r}\frac{p_0\omega}{4\pi\epsilon_0 c}\left\{\sin[\omega(t-\frac{r}{c})]\frac{\cos\theta}{r^2} + \frac{\cos\theta}{r}\frac{\omega}{c}\cos[\omega(t-\frac{r}{c})]\right\}$$
$$+\hat{\theta}\frac{p_0\omega}{4\pi\epsilon_0 c}\frac{\sin\theta}{r^2}\sin[\omega(t-\frac{r}{c})]$$
$$= \frac{p_0\omega}{4\pi\epsilon_0 c}\left\{\hat{r}\frac{\cos\theta}{r^2}\sin[\omega(t-\frac{r}{c})] + \hat{r}\frac{\omega\cos\theta}{rc}\cos[\omega(t-\frac{r}{c})] + \hat{\theta}\frac{\sin\theta}{r^2}\sin[\omega(t-\frac{r}{c})]\right\}$$
$$\approx \hat{r}\frac{p_0\omega}{4\pi\epsilon_0 c}\left\{\frac{\omega\cos\theta}{rc}\cos[\omega(t-\frac{r}{c})]\right\}$$

($\because$ 오른편에서 $r^{-2}$을 갖는 항인 첫 번째와 세 번째 항은 멀리 떨어져 있는 곳에서는 무시될 수 있으므로)

$$\therefore \ \overrightarrow{\nabla}\phi = \hat{r}\frac{p_0\omega^2}{4\pi\epsilon_0 c^2}\left(\frac{\cos\theta}{r}\right)\cos\left[\omega\left(t-\frac{r}{c}\right)\right] \tag{11.1.7}$$

이 결과는 전기장을 구할 때 사용될 것이다.

그리고 지연 벡터 포텐셜은 식 (10.2.13)의 두 번째 관계식으로부터

$$\overrightarrow{A}(\vec{r},t) = \frac{\mu_0}{4\pi}\int\frac{\vec{J}(\vec{r'},t_{지연})}{R}dV' = \frac{\mu_0}{4\pi}\int\frac{I(\vec{r'},t_{지연})}{R}d\vec{\ell}'$$

로 표현할 수 있다. 여기서

$$I(\vec{r}',t_{지연}) = \frac{dq(t_{지연})}{dt_{지연}} = \frac{d}{dt_{지연}}(q_0\cos\omega t_{지연}) = -q_0\omega\sin\omega t_{지연}$$

$$= -q_0\omega\sin\left[\omega\left(t-\frac{R}{c}\right)\right] \approx -q_0\omega\sin\left[\omega\left(t-\frac{r}{c}\right)\right]$$

그리고 $d\vec{\ell}' = \hat{z}dz$이므로 지연 벡터 포텐셜에 대한 위 식은

$$\overrightarrow{A}(\vec{r},t) \approx -\hat{z}\frac{\mu_0}{4\pi}q_0\omega\sin\left[\omega\left(t-\frac{r}{c}\right)\right]\int\frac{1}{R}dz$$

$$= -\hat{z}\frac{\mu_0}{4\pi}q_0\omega\sin\left[\omega\left(t-\frac{r}{c}\right)\right]\left[\int_{-\frac{d}{2}}^{0}\frac{dz}{R_-} + \int_0^{\frac{d}{2}}\frac{dz}{R_+}\right]$$

$$= -\hat{z}\frac{\mu_0}{4\pi}q_0\omega\sin\left[\omega\left(t-\frac{r}{c}\right)\right]\left[\int_{-\frac{d}{2}}^{0}\left\{\frac{1}{r}\left(1-\frac{1}{2}\frac{d}{r}\cos\theta\right)\right\}dz + \int_0^{\frac{d}{2}}\left\{\frac{1}{r}\left(1+\frac{1}{2}\frac{d}{r}\cos\theta\right)\right\}dz\right]$$

[$\because$ 식 (11.1.3)으로부터]

$$\approx -\hat{z}\frac{\mu_0}{4\pi}q_0\omega\sin\left[\omega\left(t-\frac{r}{c}\right)\right]\left[\int_{-\frac{d}{2}}^{0}\frac{1}{r}dz + \int_0^{\frac{d}{2}}\frac{1}{r}dz\right]$$

$$= -\hat{z}\frac{\mu_0}{4\pi r}q_0\omega\sin\left[\omega\left(t-\frac{r}{c}\right)\right]\left[\int_{-\frac{d}{2}}^{0}dz + \int_0^{\frac{d}{2}}dz\right]$$

$$= -\hat{z}\frac{\mu_0}{4\pi r}(q_0 d)\omega\sin\left[\omega\left(t-\frac{r}{c}\right)\right]$$

$$= -\hat{z}\frac{\mu_0}{4\pi r}p_0\omega\sin[\omega(t-\frac{r}{c})]$$

이 되어

$$\therefore\ \overrightarrow{A}(\vec{r},t) = -\hat{z}\frac{\mu_0 p_0\omega}{4\pi r}\sin[\omega(t-\frac{r}{c})] \qquad (11.1.8)$$

인 지연 벡터 포텐셜을 얻는다.

극 좌표계에서

$$\begin{cases}\hat{r} = \hat{z}\cos\theta + \hat{y}\sin\theta \Rightarrow \hat{r}\cos\theta = \hat{z}\cos^2\theta + \hat{y}\cos\theta\sin\theta \\ \hat{\theta} = -\hat{z}\sin\theta + \hat{y}\cos\theta \Rightarrow \hat{\theta}\sin\theta = -\hat{z}\sin^2\theta + \hat{y}\cos\theta\sin\theta\end{cases} \Rightarrow \hat{z} = \hat{r}\cos\theta - \hat{\theta}\sin\theta$$

이므로 이를 식 (11.1.8)에 대입하면

$$\overrightarrow{A}(\vec{r},t) = -(\hat{r}\cos\theta - \hat{\theta}\sin\theta)\frac{\mu_0 p_0\omega}{4\pi r}\sin[\omega(t-\frac{r}{c})]$$

$$\Rightarrow \begin{cases} A_\theta = \dfrac{\mu_0 p_0\omega}{4\pi r}\sin\theta\sin[\omega(t-\dfrac{r}{c})] \\ A_r = -\dfrac{\mu_0 p_0\omega}{4\pi r}\cos\theta\sin[\omega(t-\dfrac{r}{c})]\end{cases}$$

인 지연 벡터 포텐셜의 성분을 얻는다. 그러면

$$\Rightarrow \begin{cases} \dfrac{\partial}{\partial r}(rA_\theta) = \dfrac{\mu_0 p_0\omega}{4\pi}\sin\theta(-\dfrac{\omega}{c})\cos[\omega(t-\dfrac{r}{c})] \\ \dfrac{\partial}{\partial\theta}(A_r) = \dfrac{\mu_0 p_0\omega}{4\pi r}(-\sin\theta)\sin[\omega(t-\dfrac{r}{c})]\end{cases} \qquad (11.1.9)$$

이고

$$\frac{\partial\overrightarrow{A}}{\partial t} = -\hat{z}\frac{\mu_0 p_0\omega}{4\pi r}\frac{\partial}{\partial t}\sin[\omega(t-\frac{r}{c})] = -\hat{z}\frac{\mu_0 p_0\omega^2}{4\pi r}\cos[\omega(t-\frac{r}{c})]$$

$$\Rightarrow \frac{\partial\overrightarrow{A}}{\partial t} = -\frac{\mu_0 p_0\omega^2}{4\pi r}(\hat{r}\cos\theta - \hat{\theta}\sin\theta)\cos[\omega(t-\frac{r}{c})] \qquad (11.1.10)$$

가 된다.

이제 위에서 구한 포텐셜 관계식인 (11.1.7)과 (11.1.10)을 사용하여 전기장을 구해보면

$$\vec{E} = -\vec{\nabla}\phi - \frac{\partial \vec{A}}{\partial t}$$

$$= -\hat{r}\frac{p_0\omega^2}{4\pi\epsilon_0 c^2}\frac{\cos\theta}{r}\cos[\omega(t-\frac{r}{c})] + \frac{\mu_0 p_0 \omega^2}{4\pi r}(\hat{r}\cos\theta - \hat{\theta}\sin\theta)\cos[\omega(t-\frac{r}{c})]$$

이 된다. 여기서 $\epsilon_0 = \frac{1}{\mu_0 c^2} \Rightarrow \frac{p_0\omega^2}{4\pi\epsilon_0 c^2} = \frac{\mu_0 p_0 \omega^2}{4\pi}$ 이므로 위 식은

$$\vec{E} = -\hat{r}\frac{\mu_0 p_0 \omega^2}{4\pi}\frac{\cos\theta}{r}\cos[\omega(t-\frac{r}{c})] + \frac{\mu_0 p_0 \omega^2}{4\pi r}(\hat{r}\cos\theta - \hat{\theta}\sin\theta)\cos[\omega(t-\frac{r}{c})]$$

$$= -\hat{r}\frac{\mu_0 p_0 \omega^2}{4\pi}\frac{\cos\theta}{r}\cos[\omega(t-\frac{r}{c})] + \hat{r}\frac{\mu_0 p_0 \omega^2}{4\pi}\frac{\cos\theta}{r}\cos[\omega(t-\frac{r}{c})]$$

$$-\hat{\theta}\frac{\mu_0 p_0 \omega^2}{4\pi r}\sin\theta\cos[\omega(t-\frac{r}{c})]$$

가 되어 오른편의 첫 번째 항과 두 번째 항이 서로 상쇄되어

$$\therefore\ \vec{E}(\vec{r},t) = -\hat{\theta}\frac{\mu_0 p_0 \omega^2}{4\pi}\frac{\sin\theta}{r}\cos[\omega(t-\frac{r}{c})] \tag{11.1.11}$$

인 전기장을 얻는다.

자기장을 구하기 위해 식 (11.1.9)를 사용하여 지연 벡터 포텐셜의 curl을 계산하면

$$\vec{\nabla}\times\vec{A} = \frac{1}{r}\begin{vmatrix} \hat{r} & r\hat{\theta} & \hat{\phi} \\ \frac{\partial}{\partial r} & \frac{\partial}{\partial \theta} & \frac{\partial}{\partial \phi} \\ A_r & rA_\theta & A_\phi \end{vmatrix} = \frac{1}{r}\hat{\phi}\left[\frac{\partial}{\partial r}(rA_\theta) - \frac{\partial}{\partial \theta}A_r\right]$$

$$= \frac{1}{r}\hat{\phi}\left\{\frac{\mu_0 p_0 \omega}{4\pi}\sin\theta(-\frac{\omega}{c})\cos[\omega(t-\frac{r}{c})] - \frac{\mu_0 p_0 \omega}{4\pi r}(-\sin\theta)\sin[\omega(t-\frac{r}{c})]\right\}$$

$$= \hat{\phi}\frac{\mu_0 p_0 \omega}{4\pi r}\left\{-\frac{\omega}{c}\sin\theta\cos[\omega(t-\frac{r}{c})] - \frac{\sin\theta}{r}\sin[\omega(t-\frac{r}{c})]\right\}$$

$$\approx \hat{\phi}\frac{\mu_0 p_0 \omega}{4\pi r}\left\{-\frac{\omega}{c}\sin\theta\cos[\omega(t-\frac{r}{c})]\right\}$$

$$= -\hat{\phi}\frac{\mu_0 p_0 \omega^2}{4\pi r c}\sin\theta\cos[\omega(t-\frac{r}{c})]$$

가 되어 자기장은 다음과 같다.

$$\therefore \ \vec{B}(\vec{r},t) = \vec{\nabla}\times\vec{A} = -\hat{\phi}\frac{\mu_0 p_0 \omega^2}{4\pi c}\frac{\sin\theta}{r}\cos[\omega(t-\frac{r}{c})] \qquad (11.1.12)$$

식 (11.1.11)과 (11.1.12)로부터 기대한 대로 전기장과 자기장은 $E = cB$인 관계에 있으며 전기장과 자기장은 서로 수직임을 알 수 있다.

그때의 단위 면적당 그리고 단위 시간당 면적을 통과하는 전자기 에너지 흐름인 포인팅 벡터는

$$\vec{S}(\vec{r},t) = \frac{1}{\mu_0}(\vec{E}\times\vec{B}) = (\hat{\theta}\times\hat{\phi})\frac{1}{\mu_0 c}\left\{\frac{\mu_0 p_0 \omega^2}{4\pi}\frac{\sin\theta}{r}\cos[\omega(t-\frac{r}{c})]\right\}^2$$

$$= \hat{r}\frac{1}{\mu_0 c}\left(\frac{\mu_0 p_0 \omega^2}{4\pi}\frac{\sin\theta}{r}\right)^2\cos^2[\omega(t-\frac{r}{c})]$$

그러므로 위 결과의 시간 평균은 다음과 같이 된다.

$$<\vec{S}> = \hat{r}\frac{1}{\mu_0 c}\left(\frac{\mu_0 p_0 \omega^2}{4\pi}\frac{\sin\theta}{r}\right)^2\frac{1}{2} = \hat{r}\frac{\mu_0 p_0^2 \omega^4}{32\pi^2 c}\frac{\sin^2\theta}{r^2} \qquad (11.1.13)$$

그러므로 $\theta = \frac{\pi}{2}$일 때 최대의 시간 평균 포인팅 벡터 값을 갖고 $\theta = 0$일 때 포인팅 벡터 값은 0이 되므로 쌍극자 축인 $z$－축 방향으로의 에너지 흐름은 없다. 즉, 안테나와 수직인 방향에서 최대 복사 값을 가지며, 안테나와 수평인 축에서는 0인 복사 값을 갖는 것을 알 수 있다. 이는 전기 쌍극자 모멘트 복사와 같은 결과이다. 그러므로 안테나의 신호를 수신해야 한다면 안테나와 수직인 방향에 수신부를 놓는 것이 좋다.

그때의 총 복사 일률(단위 시간당 면적을 통과하는 에너지)은

$$<P> = \int <S> \cdot d\vec{a} = \frac{\mu_0 p_0^2 \omega^4}{32\pi^2 c}\int\frac{\sin^2\theta}{r^2}r^2\sin\theta d\theta d\phi$$

$$= \frac{\mu_0 p_0^2 \omega^4}{32\pi^2 c}\int_0^{\pi}\sin^3\theta d\theta\int_0^{2\pi}d\phi$$

$$= \frac{\mu_0 p_0^2 \omega^4}{32\pi^2 c}2\pi\int_0^{\pi}\sin^3\theta d\theta$$

여기서

$$\int_0^{\pi}\sin^3\theta d\theta = \int_0^{\pi}\sin^2\theta\sin\theta d\theta$$

$$= \int_0^{\pi}(1-\cos^2\theta)\sin\theta d\theta \xrightarrow{t=\cos\theta} -\int_1^{-1}(1-t^2)dt = \frac{4}{3}$$

이므로

$$< P > = \frac{\mu_0 p_0^2\omega^4}{32\pi^2 c}2\pi\frac{4}{3} = \frac{\mu_0 p_0^2\omega^4}{12\pi c} \quad (11.1.14)$$

인 총 복사 일률을 얻는다. 즉, 총 복사 일률은 각진동수 $\omega^4$(또는 파장 $\frac{1}{\lambda^4}$)에 비례한다.

대기를 통과하는 햇빛은 작은 쌍극자로서 대기의 원자를 간주할 수 있도록 대기의 원자를 진동한다. 식 (11.1.14)에 의해 대기 원자에 흡수되는 에너지는 파장이 짧으면 짧을수록 더 많은 에너지를 재방출하게 된다. 푸른색이 붉은색보다 파장이 짧으므로 푸른빛이 더 많이 방출되기 때문에 맑은 낮에 푸른 하늘을 보게 되는 이유이다. 반면에 석양 때에는 햇빛은 더 먼 거리를 통과하게 되고 파장이 짧은 푸른색은 대기를 통과하는 동안 대부분 산란을 해 버리기 때문에 붉은빛만 지구에 도달하게 되어 하늘이 붉게 물든 것 같이 보이는 이유이다.

식 (11.1.14)의 오른편은 $< I^2R >$에 해당하고(여기서 총 복사 일률(94)을 주는 저항인 $R$은 **유효 복사 저항**이라 함), $I^2 = \left[\frac{dq(t)}{dt}\right]^2 = q_0^2\omega^2\sin^2[\omega(t-\frac{r}{c})] \Rightarrow < I^2 > = \frac{1}{2}q_0^2\omega^2$ 이므로

$$< R > = \frac{< P >}{< I^2 >} = \frac{2}{q_0^2\omega^2}\frac{\mu_0 q_0^2 d^2\omega^4}{12\pi c} = \frac{\mu_0 d^2\omega^2}{6\pi c} = \frac{d^2\omega^2}{6\pi\epsilon_0 c^3}$$

이다. 여기서 $\omega = 2\pi\frac{c}{\lambda}$이므로 위 식은

$$< R > = \frac{2\pi}{3\epsilon_0 c}(\frac{d}{\lambda})^2$$

(94) 단위 시간당 에너지를 과학적 용어로 일률이라 하고 통상적으로 전기가 한 일률을 전력이라 한다. 즉, 일률과 전력은 같은 단위를 갖는다. 그러나 보통 전력량에서는 시(hour)를, 일률에서는 초(sec)를 시간 단위로 갖는 차이점이 있다.

인 유효 복사 저항과 $\frac{d}{\lambda}$의 관계식을 얻을 수 있다.

**예제 11.1**

앞 절에서 다룬 진동하는 전기 쌍극자의 길이 $d$가 복사 파장의 반파장인 전파 통신에 많이 쓰이는 아래 그림과 같은 반파(half-wave) 안테나에 대해 알아본다. 이 경우 안테나에서의 전류분포는 $I = I_0 \cos kz \cos \omega t$(여기서 $I_0 = q_0 \omega$)인 사인파 형태를 갖는 정상파로 나타낼 수 있다. 이때의 전기장과 자기장 그리고 복사 저항을 구하세요.

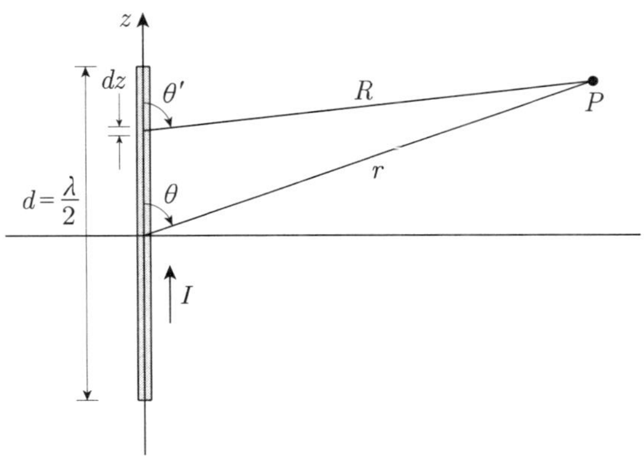


**그림 11.2**

**풀이**

미소 영역 $dz$을 미소 전기 쌍극자로 간주할 수 있어 관측점에서의 복사장은 이러한 많은 미소 전기 쌍극자에 의한 복사장을 합한 것이 된다. 관측점은 먼 거리에 떨어져 있으므로 $\sin\theta' \approx \sin\theta$로 놓을 수 있다. 미소 전기 쌍극자에 의한 관측점에서의 미소 방사장 $d\vec{E}$은 식 (11.1.11)에서 $r \rightarrow R$ 그리고 $p_0 = (q_0 \cos \omega t)(\cos kz dz) = (\frac{I_0}{\omega} \cos \omega t)(\cos kz dz)$을 대입하면

$$
\begin{aligned}
dE_\theta &= -\frac{\mu_0 I_0 \omega}{4\pi} \frac{\sin\theta}{R} \cos[\omega(t - \frac{R}{c})] \cos kz dz \\
&= -\frac{\mu_0 I_0 \omega}{4\pi} \frac{\sin\theta}{R} \cos(\omega t - \frac{\omega}{c} R) \cos kz dz \\
&= -\frac{\mu_0 I_0 \omega}{4\pi} k \frac{\sin\theta}{kR} \cos(\omega t - kR) \cos kz dz \\
&= -\frac{\mu_0 I_0 \omega^2}{4\pi c} \sin\theta \frac{\cos(\omega t - kR)}{kR} \cos kz dz \quad (\because \frac{\omega}{c} = k) \qquad (\text{예}-11.1.1)
\end{aligned}
$$

여기서

$$\vec{R}=\vec{r}-\vec{z} \Rightarrow R^2=r^2+z^2-2rz\cos\theta' \approx r^2+z^2-2rz\cos\theta=r^2\left[1-2\left(\frac{z}{r}\right)\cos\theta+\left(\frac{z}{r}\right)^2\right]$$

$$\Rightarrow R\approx r(1-2\frac{z}{r}\cos\theta)^{\frac{1}{2}}\approx r(1-\frac{1}{2}2\frac{z}{r}\cos\theta)=r-z\cos\theta$$

이 결과를 식 (예-11.1.1)에 있는 분자에 대입하고 분모에 있는 $R\approx r$을 대입할 수 있어서 이때의 식 (예-11.1.1)은 다음과 같이 된다.

$$dE_\theta=-\frac{\mu_0 I_0\omega^2}{4\pi c}\sin\theta\frac{\cos[\omega t-k(r-z\cos\theta)]}{kr}\cos kzdz$$

$$=-\frac{\mu_0 I_0\omega^2}{4\pi c}\sin\theta\frac{\cos(\omega t-kr+kz\cos\theta)}{kr}\cos kzdz$$

$$\Rightarrow E_\theta=-\frac{\mu_0 I_0\omega^2}{4\pi c}\frac{1}{kr}\sin\theta\int_{-\frac{\lambda}{4}}^{\frac{\lambda}{4}}\cos(\omega t-kr+kz\cos\theta)\cos kzdz \qquad \text{(예-11.1.2)}$$

여기서

$$\int_{-\frac{\lambda}{4}}^{\frac{\lambda}{4}}\cos(\omega t-kr+kz\cos\theta)\cos kzdz=\int_{-\frac{\lambda}{4}}^{\frac{\lambda}{4}}\cos[(\omega t-kr)+kz\cos\theta)]\cos kzdz$$

$$=\int_{-\frac{\lambda}{4}}^{\frac{\lambda}{4}}[\cos(\omega t-kr)\cos(kz\cos\theta)-\sin(\omega t-kr)\sin(kz\cos\theta)]\cos kzdz$$

$$=\cos(\omega t-kr)\int_{-\frac{\lambda}{4}}^{\frac{\lambda}{4}}\cos(kz\cos\theta)\cos kzdz-\sin(\omega t-kr)\int_{-\frac{\lambda}{4}}^{\frac{\lambda}{4}}\sin(kz\cos\theta)\cos kzdz$$ [95]

$$=\cos(\omega t-kr)\frac{2}{k}\frac{\cos(\frac{\pi}{2}\cos\theta)}{\sin^2\theta}$$

이 결과를 식 (예-11.1.2)에 대입하면 전기장은

$$E_\theta=-\frac{\mu_0 I_0\omega^2}{4\pi c}\frac{1}{kr}\sin\theta\left[\cos(\omega t-kr)\frac{2}{k}\frac{\cos(\frac{\pi}{2}\cos\theta)}{\sin^2\theta}\right]$$

$$=-\frac{\mu_0 I_0\omega^2}{2\pi c}\frac{1}{k^2 r}\frac{\cos(\omega t-kr)}{\sin\theta}\cos(\frac{\pi}{2}\cos\theta)$$

$$\therefore \vec{E}=-\hat{\theta}\frac{\mu_0 I_0 c}{2\pi r}\frac{\cos(\omega t-kr)}{\sin\theta}\cos(\frac{\pi}{2}\cos\theta) \quad (\because \omega^2=k^2c^2) \qquad \text{(예-11.1.3)}$$

이 된다.

---

(95) 적분 계산은 [보충자료-2]를 참고하세요.

전기장과 자기장은 서로 수직이며 $E=cB$의 관계에 있으므로 자기장은 다음과 같다.

$$B_\phi = \frac{1}{c}E_\theta = \frac{1}{c}\left[-\frac{\mu_0 I_0 c}{2\pi r}\frac{\cos(\omega t - kr)}{\sin\theta}\cos\left(\frac{\pi}{2}\cos\theta\right)\right]$$

$$\therefore\ \vec{B} = -\hat{\phi}\frac{\mu_0 I_0}{2\pi r}\frac{\cos(\omega t - kr)}{\sin\theta}\cos\left(\frac{\pi}{2}\cos\theta\right) \qquad \text{(예}-11.1.4)$$

그러면 포인팅 벡터는

$$\vec{S} = \frac{1}{\mu_0}(\vec{E}\times\vec{B}) = \frac{1}{\mu_0 c}(\hat{\theta}\times\hat{\phi})E_\theta^2 = \frac{1}{\mu_0 c}\hat{r}\left[\frac{\mu_0 I_0 c}{2\pi r}\frac{\cos(\omega t - kr)}{\sin\theta}\cos\left(\frac{\pi}{2}\cos\theta\right)\right]^2$$

$$= \hat{r}\frac{\mu_0 I_0^2 c}{4\pi^2 r^2}\frac{\cos^2(\omega t - kr)}{\sin^2\theta}\cos^2\left(\frac{\pi}{2}\cos\theta\right)$$

이 되어 시간 평균 포인팅 벡터는

$$<\vec{S}> = \hat{r}\frac{\mu_0 I_0^2 c}{4\pi^2 r^2}\frac{<\cos^2(\omega t - kr)>}{\sin^2\theta}\cos^2\left(\frac{\pi}{2}\cos\theta\right)$$

$$= \hat{r}\frac{\mu_0 I_0^2 c}{4\pi^2 r^2}\frac{1}{2}\frac{1}{\sin^2\theta}\cos^2\left(\frac{\pi}{2}\cos\theta\right)$$

$$\therefore\ <\vec{S}> = \hat{r}\frac{\mu_0 I_0^2 c}{8\pi^2 r^2}\frac{1}{\sin^2\theta}\cos^2\left(\frac{\pi}{2}\cos\theta\right)$$

이 된다.
이때 단위 입체각당 복사 일률은

$$\frac{d<P>}{d\Omega} = \frac{\mu_0 I_0^2 c}{8\pi^2}\frac{1}{\sin^2\theta}\cos^2\left(\frac{\pi}{2}\cos\theta\right) \quad (\because\ d\Omega = \frac{dA}{r^2} \Rightarrow dA = r^2 d\Omega)$$

이다. 반파 안테나와 같은 축에서는 $\cos^2(\frac{\pi}{2}\cos 0^0) = \cos^2(\frac{\pi}{2}) = 0$이므로 복사 일률은 0이 되고, 반파 안테나와 수직인 축에서 복사 일률이 최대가 된다. 위 식을 그림으로 그려보면 아래와 같다.

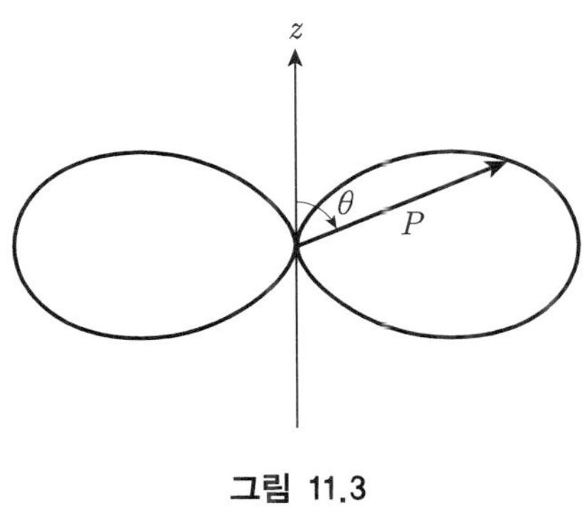


**그림 11.3**

반지름이 $r$인 구면에서의 평균 일률 $<P>$은 위 결과에 적분을 취하면 되므로

$$
\begin{aligned}
<P> &= \frac{\mu_0 I_0^2 c}{8\pi^2}\int \frac{1}{\sin^2\theta}\cos^2\left(\frac{\pi}{2}\cos\theta\right)d\Omega \\
&= \frac{\mu_0 I_0^2 c}{8\pi^2}\iint \frac{1}{\sin\theta}\cos^2\left(\frac{\pi}{2}\cos\theta\right)d\theta\cos\phi \\
&= \frac{\mu_0 I_0^2 c}{8\pi^2}2\pi\int_0^{\pi}\frac{\cos^2\left(\frac{\pi}{2}\cos\theta\right)}{\sin\theta}d\theta \\
&= \frac{\mu_0 I_0^2 c}{4\pi}\int_0^{\pi}\frac{\cos^2\left(\frac{\pi}{2}\cos\theta\right)}{\sin\theta}d\theta
\end{aligned}
$$

수치계산을 통해 위 적분을 계산하면 대략적으로 1.22이므로 위 식은

$$
<P> = 1.22\frac{\mu_0 I_0^2 c}{4\pi} \qquad (\text{예}-11.1.5)
$$

인 시간 평균 복사 일률을 얻는다.

그때의 시간 평균 복사 저항은

$$
\begin{aligned}
<R> &= \frac{<P>}{I^2} = 2\frac{<P>}{I_0^2} \\
&= 2.44\frac{\mu_0 c}{4\pi} = 2.44\frac{\mu_0\epsilon_0 c}{4\pi\epsilon_0} = 2.44\frac{1}{4\pi\epsilon_0}\frac{1}{c} \\
&= 2.44\times(9\times10^9)\times\frac{1}{3\times10^8}\ \Omega \\
&\therefore\ <R> \approx 73.2\ \Omega
\end{aligned}
$$

## 11.2 진동하는 자기 쌍극자 복사

이 절에서 전류가 진동하는 자기 쌍극자가 전자기파를 복사할 수 있음에 대해 살펴본다.

아래 그림과 같이 반경 $a$인 철사 고리에 교류전류 $I(t) = I_0\cos\omega t$가 흐르고 관측점까지의 거리벡터인 $\vec{r}$은 $xz-$평면에 있다고 가정한다. 그러면

$$
\vec{r} = \hat{x}r\sin\theta + \hat{z}r\cos\theta \qquad (11.2.1)
$$

이고

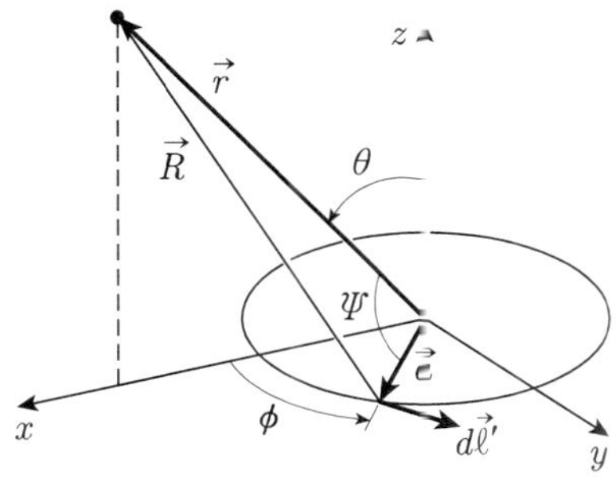


**그림 11.4**

이때의 자기 쌍극자 모멘트는 다음과 같다.

$\overrightarrow{m}(t) = (\pi a^2)I(t)\hat{z} = \hat{z}\pi a^2 I_0 \cos\omega t = \hat{z}m_0\cos\omega t$, 여기서 $m_0 = \pi a^2 I_0$인 상수이다.

철사 고리는 대전되어 있지 않으므로 지연 스칼라 포텐셜은 0이다. 반면에 지연 벡터 포텐셜은 식 (10.2.13)의 두 번째 관계식으로부터

$$\overrightarrow{A}(\vec{r},t) = \frac{\mu_0}{4\pi}\int\frac{\overrightarrow{J}(\overrightarrow{r'},t_{지연})}{R}dV' = \frac{\mu_0}{4\pi}\int\frac{I(\overrightarrow{r'},t_{지연})}{R}d\overrightarrow{\ell'}$$

$$= \frac{\mu_0}{4\pi}\int\frac{I_0\cos\omega t_{지연}}{R}d\overrightarrow{\ell'} = \frac{\mu_0}{4\pi}\int\frac{I_0\cos\left[\omega\left(t-\frac{R}{c}\right)\right]}{R}d\overrightarrow{\ell'} \qquad (11.2.2)$$

이다. 여기서

$$R^2 = \overrightarrow{R}\cdot\overrightarrow{R} = (\vec{r}-\vec{a})^2 = r^2 - 2\vec{r}\cdot\vec{a} + a^2 = r^2 - 2ra\cos\Psi + a^2$$

$$\Rightarrow R = \sqrt{r^2 - 2ra\cos\Psi + a^2} \qquad (11.2.3)$$

그리고

$$\vec{a} = \hat{x}a\cos\phi + \hat{y}a\sin\phi \qquad (11.2.4)$$

식 (11.2.1)과 (11.2.4)로부터

$$ra\cos\Psi = \vec{r}\cdot\vec{a} = (\hat{x}r\sin\theta + \hat{z}r\cos\theta)\cdot(\hat{x}a\cos\phi + \hat{y}a\sin\phi) = ra\sin\theta\cos\phi$$

이므로 이를 식 (11.2.3)에 대입하면서 그리고 전기 쌍극자 복사에서 가정한 것과 같이 자기 쌍극자가 원점에서 관측점까지의 거리에 비해 매우 작다고 하면 $r \gg a$가 되어서

$$R = \sqrt{r^2 - 2ra\sin\theta\cos\phi + a^2} = r\left[1 - 2\left(\frac{a}{r}\right)\sin\theta\cos\phi + \left(\frac{a}{r}\right)^2\right]^{\frac{1}{2}}$$

$$\approx r(1 - 2\frac{a}{r}\sin\theta\cos\phi)^{\frac{1}{2}} \approx r(1 - \frac{1}{2}2\frac{a}{r}\sin\theta\cos\phi) = r(1 - \frac{a}{r}\sin\theta\cos\phi)$$

$$\Rightarrow \frac{1}{R} = \frac{1}{r}(1 + \frac{a}{r}\sin\theta\cos\phi) \tag{11.2.5}$$

을 얻고 그러면

$$\cos[\omega(t - \frac{R}{c})] = \cos\omega[t - \frac{r}{c}(1 - \frac{a}{r}\sin\theta\cos\phi)] = \cos\omega[(t - \frac{r}{c}) + \frac{a}{c}\sin\theta\cos\phi)]$$

$$= \cos\left[\omega(t - \frac{r}{c})\right]\cos\left(\frac{\omega a}{c}\sin\theta\cos\phi\right) - \sin\left[\omega(t - \frac{r}{c})\right]\sin\left(\frac{\omega a}{c}\sin\theta\cos\phi\right)$$

가 된다. 전기 쌍극자 복사에서 가정한 것과 같이 파장이 자기 쌍극자의 길이에 비해 매우 크다고 하면 $\frac{\omega a}{c} \ll 1$이 되어서 위 식의 오른편에 있는 항들 중에서

$$\cos(\frac{\omega a}{c}\sin\theta\cos\phi) \approx 1 \quad \text{그리고} \quad \sin(\frac{\omega a}{c}\sin\theta\cos\phi) \approx \frac{\omega a}{c}\sin\theta\cos\phi$$

가 된다. 그러면 위 식은 다음과 같이 표현된다.

$$\cos[\omega(t - \frac{R}{c})] \approx \cos\left[\omega(t - \frac{r}{c})\right] - \frac{\omega a}{c}\sin\theta\cos\phi\sin\left[\omega(t - \frac{r}{c})\right] \tag{11.2.6}$$

그리고

$$d\vec{\ell}' = \hat{x}dx + \hat{y}dy = \hat{x}(-a\sin\phi d\phi) + \hat{y}(a\cos\phi d\phi) \tag{11.2.7}$$

이다. 이들 식 (11.2.5), (11.2.6) 그리고 (11.2.7)을 지연 벡터 포텐셜에 대한 식 (11.2.2)에 대입하면

$$\vec{A}(\vec{r},t) = \frac{\mu_0 I_0}{4\pi}\int\left[\frac{1}{r}(1 + \frac{a}{r}\sin\theta\cos\phi)\right]\left[\cos\omega(t - \frac{r}{c}) - \frac{\omega a}{c}\sin\theta\cos\phi\sin\omega(t - \frac{r}{c})\right]$$
$$\times[\hat{x}(-a\sin\phi d\phi) + \hat{y}(a\cos\phi d\phi)]$$
$$= \frac{\mu_0 I_0 a}{4\pi r}\int\left[(1 + \frac{a}{r}\sin\theta\cos\phi)\right]\left[\cos\omega(t - \frac{r}{c}) - \frac{\omega a}{c}\sin\theta\cos\phi\sin\omega(t - \frac{r}{c})\right]$$
$$\times(-\hat{x}\sin\phi d\phi + \hat{y}\cos\phi d\phi)$$

$$\approx \frac{\mu_0 I_0 a}{4\pi r}\int\left[\cos w(t-\frac{r}{c})+a\sin\theta\cos\phi\left\{\frac{\cos\omega(t-\frac{r}{c})}{r}-\frac{\omega\sin\omega(t-\frac{r}{c})}{c}\right\}\right]$$

$$\times(-\hat{x}\sin\phi\, d\phi+\hat{y}\cos\phi\, d\phi)$$

($\because$ $\frac{\omega a^2}{rc}$을 갖는 항은 무시될 수 있으므로)

가 된다. 여기서 오른편에 있는 항들에 대해 적분을 수행하면

$$\int_0^{2\pi}\sin\phi d\phi=0,\quad \int_0^{2\pi}\cos\phi\sin\phi d\phi=\frac{1}{2}\int_0^{2\pi}\sin 2\phi d\phi=0,\quad \int_0^{2\pi}\cos\phi d\phi=0,$$

그리고 $\int_0^{2\pi}\cos^2\phi d\phi=\frac{1}{2}\int_0^{2\pi}(1+\cos 2\phi)d\phi=\pi$

이므로 위 식은 다음과 같이 된다.

$$\vec{A}(\vec{r},t)=\hat{y}\frac{\mu_0 I_0 a^2}{4\pi r}\sin\theta\left[\frac{\cos\omega(t-\frac{r}{c})}{r}-\frac{\omega\sin\omega(t-\frac{r}{c})}{c}\right]\int_0^{2\pi}\cos^2\phi\, d\phi$$

$$=\hat{y}\frac{\mu_0 I_0 a^2}{4}\frac{\sin\theta}{r}\left[\frac{\cos\omega(t-\frac{r}{c})}{r}-\frac{\omega\sin\omega(t-\frac{r}{c})}{c}\right]$$

$$=\hat{y}\frac{\mu_0}{4}\frac{m_0}{\pi}\frac{\sin\theta}{r}\left[\frac{\cos\omega(t-\frac{r}{c})}{r}-\frac{\omega\sin\omega(t-\frac{r}{c})}{c}\right]\quad(\because m_0=\pi a^2 I_0)$$

그러므로 교류전류가 흐르는 철사 고리에 의한 일반적인 지연 벡터 포텐셜은 다음과 같다.

$$\vec{A}(r,\theta,t)=\frac{\mu_0 m_0}{4\pi}\frac{\sin\theta}{r}\left[\frac{\cos\omega(t-\frac{r}{c})}{r}-\frac{\omega\sin\omega(t-\frac{r}{c})}{c}\right]\hat{\phi}\qquad(11.2.8)$$

정자기학 조건, 즉 $\omega=0$인 경우에 위 식은 다음과 같이 된다.

$$\vec{A}(r,\theta)=\frac{\mu_0 m_0}{4\pi}\frac{\sin\theta}{r}(\frac{1}{r})\hat{\phi}=\frac{\mu_0 m_0}{4\pi}\frac{\sin\theta}{r^2}\hat{\phi}$$

이 결과는 정자기학 조건에서 기대한 자기 쌍극자 모멘트에 의한 벡터 포텐셜이다.

전기 쌍극자 복사에서 가정한 것과 같이 원점에서 관측점까지의 거리가 파장에 비해 매우 큰 경우(즉, $r \gg \lambda \Rightarrow r \gg \frac{c}{\omega}$), 식 (11.2.8)의 오른편 첫 번째 항은 무시할 수 있어서 지연 벡터 포텐셜은

$$\vec{A}(r,\theta,t) = -\frac{\mu_0 m_0 \omega}{4\pi c}\frac{\sin\theta}{r}\sin[\omega(t-\frac{r}{c})]\hat{\phi} \tag{11.2.9}$$

가 된다.

위 식을 아래의 전기장에 대한 관계식에 대입하면

$$\vec{E} = -\vec{\nabla}\phi - \frac{\partial\vec{A}}{\partial t} = -\frac{\partial\vec{A}}{\partial t} = \hat{\phi}\frac{\mu_0 m_0 \omega}{4\pi c}\frac{\sin\theta}{r}\frac{\partial}{\partial t}\sin[\omega(t-\frac{r}{c})]$$

$$\therefore\ \vec{E} = \hat{\phi}\frac{\mu_0 m_0 \omega^2}{4\pi c}\frac{\sin\theta}{r}\cos[\omega(t-\frac{r}{c})] \tag{11.2.10}$$

인 전기장을 얻고 자기장은

$$\vec{B} = \vec{\nabla}\times\vec{A} = \frac{1}{r^2\sin\theta}\begin{vmatrix} \hat{r} & r\hat{\theta} & r\sin\theta\hat{\phi} \\ \frac{\partial}{\partial r} & \frac{\partial}{\partial \theta} & \frac{\partial}{\partial \phi} \\ 0 & 0 & r\sin\theta A_\phi \end{vmatrix}$$

$$= \frac{1}{r^2\sin\theta}\left[\hat{r}\frac{\partial}{\partial\theta}(r\sin\theta A_\phi) - r\hat{\theta}\frac{\partial}{\partial r}(r\sin\theta A_\phi)\right]$$

가 된다. 여기서 큰 $r$에서 오른편의 첫 번째 항은 두 번째 항에 비해서 아주 작기 때문에 무시할 수 있어서 위 식은

$$\vec{B} \approx -\hat{\theta}\frac{1}{r\sin\theta}\frac{\partial}{\partial r}(r\sin\theta A_\phi) = \hat{\theta}\frac{1}{r\sin\theta}\frac{\partial}{\partial r}\left\{r\sin\theta\frac{\mu_0 m_0 \omega}{4\pi c}\frac{\sin\theta}{r}\sin[\omega(t-\frac{r}{c})]\right\}$$

$$= \hat{\theta}\frac{1}{r\sin\theta}\frac{\mu_0 m_0 \omega}{4\pi c}\sin^2\theta\frac{\partial}{\partial r}\sin[\omega(t-\frac{r}{c})] = \hat{\theta}\frac{\mu_0 m_0 \omega}{4\pi c}\frac{\sin\theta}{r}(-\frac{\omega}{c})\cos[\omega(t-\frac{r}{c})]$$

$$\therefore\ \vec{B} = -\hat{\theta}\frac{\mu_0 m_0 \omega^2}{4\pi c^2}\frac{\sin\theta}{r}\cos[\omega(t-\frac{r}{c})] \tag{11.2.11}$$

이 된다.

식 (11.2.10)과 (11.2.11)을 비교하면 기대한 더로

$$\frac{E}{B} = c$$

의 관계를 만족함을 알 수 있다. 또한 전기장과 자기장은 서로 수직인 방향이며 전자기장이 방사하는 방향에 수직임을 알 수 있다.

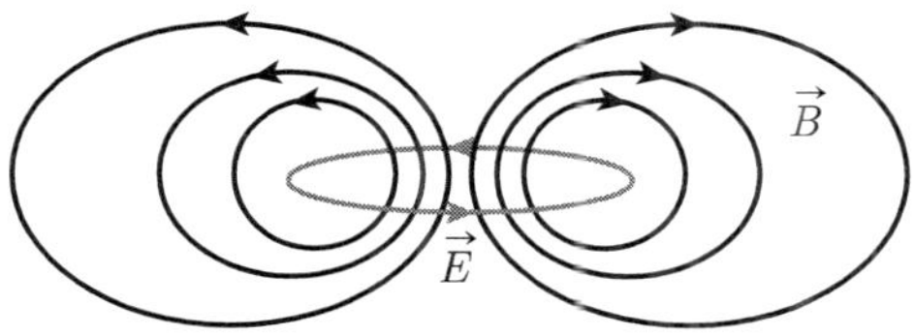


**그림 11.5**

위에서 구한 전자기장에 관한 식 (11.2.10)과 (11.2.11)로부터 포인팅 벡터를 다음과 같이 구할 수 있다.

$$\vec{S}(\vec{r},t) = \frac{1}{\mu_0}(\vec{E}\times\vec{B}) = \frac{1}{\mu_0}(-\hat{\phi}\times\hat{\theta})\frac{1}{c}\left\{\frac{u_0 m_0\omega^2}{4\pi c}\frac{\sin\theta}{r}\cos\left[\omega\left(t-\frac{r}{c}\right)\right]\right\}^2$$

$$= \hat{r}\frac{\mu_0}{c}\left\{\frac{m_0\omega^2}{4\pi c}\frac{\sin\theta}{r}\cos\left[\omega\left(t-\frac{r}{c}\right)\right]\right\}^2 \qquad (11.2.12)$$

그때의 복사 세기는 다음과 같다.

$$I = < S > = \hat{r}\frac{\mu_0}{c}\left(\frac{m_0\omega^2}{4\pi c}\frac{\sin\theta}{r}\right)^2 < \cos^2\left[\omega\left(t-\frac{r}{c}\right)\right] >$$

$$= \hat{r}\frac{\mu_0}{c}\left(\frac{m_0\omega^2}{4\pi c}\frac{\sin\theta}{r}\right)^2\frac{1}{2}$$

$$\therefore\ I = \hat{r}\left(\frac{\mu_0 m_0^2\omega^4}{32\pi^2 c^3}\right)\frac{\sin^2\theta}{r^2} \qquad (11.2.13)$$

위 식에 반경이 $r$인 구 표면에 대한 면 적분을 취하면 총 복사 일률을 다음과 같이 얻을 수 있다.

$$< P > = (\frac{\mu_0 m_0^2 \omega^4}{32\pi^2 c^3}) \int\int \frac{\sin^2\theta}{r^2} r^2 \sin\theta d\theta d\phi = (\frac{\mu_0 m_0^2 \omega^4}{32\pi^2 c^3}) \int\int \sin^3\theta d\theta d\phi$$

$$= (\frac{\mu_0 m_0^2 \omega^4}{32\pi^2 c^3}) \int_0^{\pi} \sin^3\theta d\theta \int_0^{2\pi} d\phi = (\frac{\mu_0 m_0^2 \omega^4}{32\pi^2 c^3}) \frac{4}{3} 2\pi = \frac{\mu_0 m_0^2 \omega^4}{12\pi c^3} \qquad (11.2.14)$$

전기 쌍극자와 자기 쌍극자에 의한 총 복사 일률에 관한 식 (11.1.14)와 (11.2.14)를 비교해보면

$$\frac{P_{자기}}{P_{전기}} = \frac{\mu_0 m_0^2 \omega^4 / 12\pi c^3}{\mu_0 p_0^2 \omega^4 / 12\pi c} = (\frac{m_0}{c p_0})^2 = (\frac{\pi a^2 I_0}{c q_0 d})^2$$

$$= \left[ \frac{\pi a^2 I_0}{c(I_0/\omega)d} \right]^2 = (\frac{\pi \omega a^2}{cd})^2$$

이다. 만약 전기 쌍극자의 길이와 전류 고리 반경이 $d = \pi a$의 관계를 만족한다면 위 식은 다음과 같이 된다.

$$\frac{P_{자기}}{P_{전기}} = (\frac{\pi \omega a^2}{c\pi a})^2 = (\frac{\omega a}{c})^2$$

그러므로 전기적 복사 일률은 자기적 복사 일률에 비해 매우 크다.

**예제 11.2**

속도 $\vec{v}$(여기서 $v \ll c$)로 움직이는 점전하에 의한 복사 에너지를 구하세요.

**풀이**

이 경우 앞 장에서 관측점에서의 전기장은 식 (예-10.4.14) 그리고 자기장은 식 (예-10.4.16)에 의해 각각 주어지는 것을 배웠다.

$$\vec{E}(r,t) = \frac{1}{4\pi\epsilon_0} \frac{qR}{(\vec{R} \cdot \vec{u})^3} [(c^2 - v^2)\vec{u} + \vec{R} \times (\vec{u} \times \vec{a})]$$

$$\vec{B}(\vec{r},t) = -\frac{1}{c} \frac{q}{4\pi\epsilon_0} \frac{1}{(\vec{R} \cdot \vec{u})^3} \vec{R} \times [(c^2 - v^2)\vec{v} + (\vec{R} \cdot \vec{u})\vec{a} + (\vec{R} \cdot \vec{a})\vec{v}] \qquad (예-11.2.1)$$

여기서 $\vec{u} = c\hat{R} - \vec{v}$이며 $\vec{R}$은 원천점과 관측점까지의 거리벡터 그리고 $\vec{a}$은 점전하의 가속도이다.

그리고 전기장과 자기장은 다음의 관계를 만족함을 보였다.

$$\vec{B}(\vec{r},t) = \frac{1}{c}\hat{R}\times\vec{E}(\vec{r},t)$$

식 (예–11.2.1)의 물리적 의미를 알아보기 위해 식 (예–10.4.14)에 있는 아래의 항들을 다음과 같이 표현해보자.

$$(\vec{R}\cdot\vec{u})^3 = R^3(\hat{R}\cdot\vec{u})^3 = R^3[\hat{R}\cdot(c\hat{R}-\vec{v})]^3 = R^3(c-\hat{R}\cdot\vec{v})^3 = R^3c^3(1-\frac{\hat{R}\cdot\vec{v}}{c})^3,$$

$$(c^2-v^2)\vec{u} = (c^2-v^2)(c\hat{R}-\vec{v}) = c^2(1-\frac{v^2}{c^2})c(\hat{R}-\frac{\vec{v}}{c}) = c^3(1-\frac{v^2}{c^2})(\hat{R}-\frac{\vec{v}}{c}),$$

그리고

$$\vec{R}\times(\vec{u}\times\vec{a}) = \vec{R}\times[(c\hat{R}-\vec{v})\times\vec{a}] = c^2\vec{R}\times[(\hat{R}-\frac{\vec{v}}{c})\times\frac{\vec{a}}{c}]$$

위의 관계식에서 $(1-\frac{\hat{R}\cdot\vec{v}}{c})=\kappa$로 놓고 이들 관계식을 식 (예–11.2.1)의 첫 번째 관계식에 대입하면

$$\vec{E}(r,t) = \frac{q}{4\pi\epsilon_0}\left[\frac{1}{\kappa^3R^2}(\hat{R}-\frac{\vec{v}}{c})(1-\frac{v^2}{c^2})+\frac{1}{c\kappa^3R}\hat{R}\times[(\hat{R}-\frac{\vec{v}}{c})\times\frac{\vec{a}}{c}]\right] \quad (\text{예}-11.2.2)$$

이 된다. 위 식의 오른편에 있는 $\kappa$와 대괄호 안의 항은 단위를 갖지 않고, 다만 첫 번째 항과 두 번째 항에 있는 $\frac{1}{R^2}$과 $\frac{1}{R}$만이 길이의 단위를 갖는다. 결과적으로 포인팅 벡터는

$$\vec{S} = \frac{1}{\mu_0}(\vec{E}\times\vec{B}) = \frac{1}{\mu_0 c}[\vec{E}\times(\hat{R}\times\vec{E})] \propto \frac{1}{R^4} \text{ 또는 } \frac{1}{R^2}$$

가 된다.

우리가 관심 있는 영역은 $r \gg r'$이므로 $R\to r$로 놓을 수 있고, 이때의 총 복사 일률은 위 식의 면 적분이므로 위 식에 $r^2$을 곱하면 그때의 피적분함수는 $\frac{1}{r^2}$ 또는 상수가 된다. 그러므로 식 (예–11.2.2)의 오른편 첫 번째 항에 의한 총 복사 일률은 먼 거리에서 무시할 수 있고, 가속도 항을 갖고 있는 두 번째 항만 총 복사 일률에 기여를 한다. 식 (예–11.2.2)에서 전자기 복사에 기여하는 항을 다음과 같이 나타내자.

$$\vec{E}_{\text{복사}}(r,t) = \frac{q}{4\pi\epsilon_0}\frac{1}{c\kappa^3R}\hat{R}\times[(\hat{R}-\frac{\vec{v}}{c})\times\frac{\vec{a}}{c}] \approx \frac{q}{4\pi\epsilon_0}\frac{1}{c^2R}[\hat{R}\times(\hat{R}\times\vec{a})]$$

$$\because \kappa = (1-\frac{\vec{R}\cdot\vec{v}}{c}) \approx 1)$$

$$= \frac{q}{4\pi\epsilon_0}\frac{1}{c^2R}[\hat{R}(\hat{R}\cdot\vec{a})-\vec{a}(\hat{R}\cdot\hat{R})] = \frac{q}{4\pi\epsilon_0}\frac{1}{c^2R}[\hat{R}(\hat{R}\cdot\vec{a})-\vec{a}] \quad (\text{예}-11.2.3)$$

그러면 포인팅 벡터는

$$\vec{S}=\frac{1}{\mu_0}(\vec{E}_{복사}\times\vec{B}_{복사})=\frac{1}{\mu_0 c}[\vec{E}_{복사}\times(\hat{R}\times\vec{E}_{복사})]$$

$$=\frac{1}{\mu_0 c}[\hat{R}(\vec{E}_{복사}\cdot\vec{E}_{복사})-\vec{E}_{복사}(\vec{E}_{복사}\cdot\hat{R})]$$

$$=\frac{1}{\mu_0 c}[\hat{R}E_{복사}^2-\vec{E}_{복사}(\vec{E}_{복사}\cdot\hat{R})]$$

이 된다. 여기서 오른편의 두 번째 항에 식 (예-11.2.3)을 대입하면

$$\vec{E}_{복사}\cdot\hat{R}=\frac{q}{4\pi\epsilon_0}\frac{1}{c^2R}[(\hat{R}\cdot\hat{R})(\hat{R}\cdot\vec{a})-\hat{R}\cdot\vec{a}]=\frac{q}{4\pi\epsilon_0}\frac{1}{c^2R}(\hat{R}\cdot\vec{a}-\hat{R}\cdot\vec{a})=0$$

되므로 포인팅 벡터는 다음과 같게 된다.

$$\vec{S}=\frac{1}{\mu_0 c}\hat{R}E_{복사}^2=\hat{R}\frac{1}{\mu_0 c}\left\{\frac{q}{4\pi\epsilon_0}\frac{1}{c^2R}[\hat{R}(\hat{R}\cdot\vec{a})-\vec{a}]\right\}^2$$

$$=\hat{R}\frac{1}{\mu_0 c}(\frac{q}{4\pi\epsilon_0}\frac{1}{c^2R})^2[\hat{R}(\hat{R}\cdot\vec{a})-\vec{a}]\cdot[\hat{R}(\hat{R}\cdot\vec{a})-\vec{a}]$$

$$=\hat{R}\frac{1}{\mu_0 c}(\frac{q}{4\pi\epsilon_0}\frac{1}{c^2R})^2[(\hat{R}\cdot\hat{R})(\hat{R}\cdot\vec{a})^2+\vec{a}\cdot\vec{a}-2(\hat{R}\cdot\vec{a})(\vec{R}\cdot\vec{a})]$$

$$=\hat{R}\frac{1}{\mu_0 c}(\frac{q}{4\pi\epsilon_0}\frac{1}{c^2R})^2[(\hat{R}\cdot\vec{a})^2+\vec{a}\cdot\vec{a}-2(\hat{R}\cdot\vec{a})^2]$$

$$=\hat{R}\frac{1}{\mu_0 c}(\frac{q}{4\pi\epsilon_0}\frac{1}{c^2R})^2[a^2-(\hat{R}\cdot\vec{a})^2]$$

만약 $\hat{R}$과 $\vec{a}$의 사이각을 $\theta$라고 하면 위 식은

$$\vec{S}=\hat{R}\frac{1}{\mu_0 c}(\frac{q}{4\pi\epsilon_0}\frac{1}{c^2R})^2(a^2-a^2\cos^2\theta)=\hat{R}\frac{1}{\mu_0 c}\frac{q^2a^2}{16\pi^2\epsilon_0^2c^4R^2}(1-\cos^2\theta)$$

$$=\hat{R}\frac{1}{\mu_0 c}\frac{q^2a^2}{16\pi^2\epsilon_0^2c^4}\frac{\sin^2\theta}{R^2}=\hat{R}\frac{1}{\mu_0\epsilon_0^2c^5}\frac{q^2a^2}{16\pi^2}\frac{\sin^2\theta}{R^2}=\hat{R}\frac{\mu_0}{c}\frac{q^2a^2}{16\pi^2}\frac{\sin^2\theta}{R^2}$$

이 되어

$$\therefore\ \vec{S}=\hat{R}\frac{\mu_0 q^2a^2}{16\pi^2c}\frac{\sin^2\theta}{R^2}$$

인 포인팅 벡터를 얻는다. 이때의 복사 일률은

$$P=\int\vec{S}\cdot d\vec{a}=\frac{\mu_0 q^2a^2}{16\pi^2c}\int\int\frac{\sin^2\theta}{R^2}R^2\sin\theta d\theta d\phi$$

$$=\frac{\mu_0 q^2a^2}{16\pi^2c}\left(\frac{4}{3}\right)(2\pi)=\frac{\mu_0 q^2a^2}{6\pi c}\qquad\text{(예}-11.2.4)$$

가 된다. 이 결과는 점전하의 속도 $v$가 광속 $c$보다 아주 작은 경우에 대해 타당하다. 위 결과는 가속도 $\vec{a}$를 갖는 점전하가 전자기파로 복사하는 에너지의 일률에 대한 공식인 **라모 공식**(Larmor formula)이다.

반면에 점전하의 속도가 광속에 비해 무시할 수 없을 정도로 큰 경우에는 이 장의 [연습문제 1]에서 구한 것과 같이 복사 일률은 다음과 같은 라모 공식의 **리나르트 일반화**(Lienard's generalization) 관계식으로 주어진다.

$$P(t_{\text{지연}}) = \left(\frac{\mu_0 q^2}{6\pi c}\right)\gamma^6\left[a^2 - \left(\frac{\vec{v}\times\vec{a}}{c}\right)^2\right] \qquad (\text{예}-11.2.5)$$

**예제 11.3**

점전하의 속도 $\vec{v}$가 광속 $\vec{v}$에 비해 무시할 수 없을 정도로 크고 점전하의 속도와 가속도 $\vec{a}$가 서로 수직(즉, $\vec{v}\perp\vec{a}$)이면서 가속도가 일정한 경우에 대한 단위 입체각당 복사 일률인 $\dfrac{dP}{d\Omega}$를 구하고, 복사 일률의 형태를 대략적으로 그려보세요. 문제를 간단하게 하기 위해서 속도와 가속도는 각각 $+z$와 $+x$ 방향을 향한다고 가정한다.

**풀이**

상대론적 관점에서 구한 이 장의 [연습문제 1]의 풀이에 있는 식 (7)로부터 단위 입체각당 복사 일률은

$$\frac{dP(t_{\text{지연}})}{d\Omega} = \left(\frac{q}{4\pi\epsilon_0 c}\right)^2 \frac{1}{\mu_0 c}\frac{1}{(1-\hat{R}\cdot\vec{\beta})^5}$$
$$\times\left[-(\hat{R}\cdot\dot{\vec{\beta}})^2(1-\beta^2) + \dot{\beta}^2(1-\hat{R}\cdot\vec{\beta})^2 + 2(\vec{\beta}\cdot\dot{\vec{\beta}})(\hat{R}\cdot\dot{\vec{\beta}})(1-\hat{R}\cdot\vec{\beta})\right]$$

이다. 속도와 가속도가 서로 수직이므로 오른편 대괄호 안의 세 번째 항은 $\vec{\beta}\cdot\dot{\vec{\beta}}=0$이어서 0이 된다. 그러면 위 식은 다음과 같다.

$$\frac{dP}{d\Omega} = \left(\frac{q}{4\pi\epsilon_0 c}\right)^2\frac{1}{\mu_0 c}\left[\frac{-(1-\beta^2)(\hat{R}\cdot\dot{\vec{\beta}})^2}{(1-\hat{R}\cdot\vec{\beta})^5} + \frac{\dot{\beta}^2}{(1-\hat{R}\cdot\vec{\beta})^3}\right]$$
$$= \frac{q^2}{16\pi^2\epsilon_0^2 c^2}\frac{1}{\mu_0 c}\left[\frac{-(1-\beta^2)(\hat{R}\cdot\dot{\vec{\beta}})^2}{(1-\hat{R}\cdot\vec{\beta})^5} + \frac{\dot{\beta}^2}{(1-\hat{R}\cdot\vec{\beta})^3}\right] \qquad (\text{예}-11.3.1)$$

여기서

$$\hat{R}\cdot\vec{\beta} = (\hat{x}\sin\theta\cos\phi + \hat{y}\sin\theta\sin\phi + \hat{z}\cos\theta)\cdot\beta\hat{z} = \beta\cos\theta$$

그리고

$$\hat{R}\cdot\vec{\beta}=(\hat{x}\sin\theta\cos\phi+\hat{y}\sin\theta\sin\phi+\hat{z}\cos\theta)\cdot\dot{\beta}\hat{x}=\dot{\beta}\sin\theta\cos\phi$$

이다. 이들을 식 (예-11.3.1)에 대입하면서 $\theta$을 속도(또는 가속도)와 $\hat{R}$과의 사이각이라 하면 위 식은

$$\begin{aligned}\frac{dP}{d\Omega}&=\frac{q^2}{16\pi^2\epsilon_0^2c^2}\frac{1}{\mu_0 c}\left[\frac{-(1-\beta^2)\dot{\beta}^2\sin^2\theta\cos^2\phi}{(1-\beta\cos\theta)^5}+\frac{\dot{\beta}^2}{(1-\beta\cos\theta)^3}\right]\\&=\frac{q^2}{16\pi^2\epsilon_0^2c^2}\frac{1}{\mu_0 c}\left[\frac{-(1-\beta^2)\dot{\beta}^2\sin^2\theta\cos^2\phi+\dot{\beta}^2(1-\beta\cos\theta)^2}{(1-\beta\cos\theta)^5}\right]\end{aligned}\qquad (예-11.3.2)$$

이 된다. 여기서 대괄호 안의 분자는

$$\begin{aligned}&-(1-\beta^2)\dot{\beta}^2\sin^2\theta\cos^2\theta+\dot{\beta}^2(1-\beta\cos\theta)^2\\&=-\dot{\beta}^2\sin^2\theta\cos^2\phi+\beta^2\dot{\beta}^2\sin^2\theta\cos^2\phi+\dot{\beta}^2+\dot{\beta}^2\beta^2\cos^2\theta-2\dot{\beta}^2\beta\cos\theta\\&=\dot{\beta}^2[-\sin^2\theta\cos^2\phi+\beta^2\sin^2\theta\cos^2\phi+1+\beta^2\cos^2\theta-2\beta\cos\theta]\\&=\dot{\beta}^2[-(1-\beta^2)\sin^2\theta\cos^2\phi+(1-\beta\cos\theta)^2]\end{aligned}$$

이므로 이를 식 (예-11.3.2)에 대입하면 단위 입체각당 복사 일률은 다음과 같다.

$$\begin{aligned}\frac{dP}{d\Omega}&=\frac{q^2}{16\pi^2\epsilon_0^2c^2}\frac{1}{\mu_0 c}\dot{\beta}^2\frac{[-(1-\beta^2)\sin^2\theta\cos^2\phi+(1-\beta\cos\theta)^2]}{(1-\beta\cos\theta)^5}\\&=\frac{q^2a^2}{16\pi^2\epsilon_0^2\mu_0c^5}\frac{[-(1-\beta^2)\sin^2\theta\cos^2\phi+(1-\beta\cos\theta)^2]}{(1-\beta\cos\theta)^5}\qquad \left(\because\ \dot{\beta}=\frac{a}{c}\right)\end{aligned}$$

$$\therefore\ \frac{dP}{d\Omega}=\frac{q^2a^2}{16\pi^2\epsilon_0^2\mu_0c^5}\frac{[(1-\beta\cos\theta)^2-(1-\beta^2)\sin^2\theta\cos^2\phi]}{(1-\beta\cos\theta)^5}$$

그러면 복사 일률의 형태는 대략적으로 그려보면 다음과 같다.

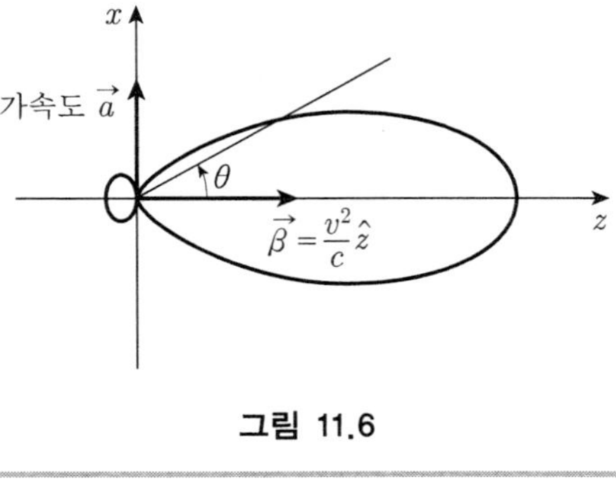


**그림 11.6**

## 11.3 임의의 원천에 의한 복사

이 절에서는 아래 그림과 같이 원점 근처의 국소영역($r \gg r'$)에 있는 임의의 전하 분포 및 전류 분포에 의한 전자기 복사에 대해 알아본다.

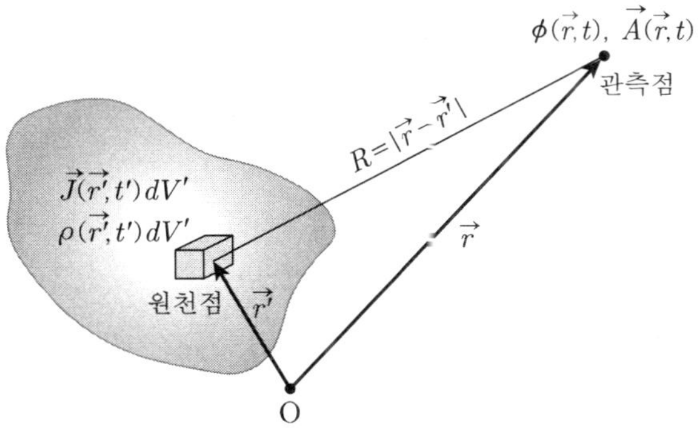


그림 11.7

관측점에서의 지연 스칼라 포텐셜은 식 (10.2.13)의 첫 번째 관계식으로부터

$$\phi(\vec{r},t) = \frac{1}{4\pi\epsilon_0}\int \frac{\rho(\vec{r'},t_{지연})}{R}dV' \tag{11.3.1}$$

이다. 여기서

$$R^2 = \vec{R}\cdot\vec{R} = (\vec{r}-\vec{r'})^2 = r^2 - 2\vec{r}\cdot\vec{r'} + r'^2 \approx r^2 - 2\vec{r}\cdot\vec{r'} = r^2\left(1 - 2\frac{\vec{r}\cdot\vec{r'}}{r^2}\right)$$

$$\Rightarrow R = r\left(1-2\frac{\vec{r}\cdot\vec{r'}}{r^2}\right)^{\frac{1}{2}} \approx r\left(1-\frac{\vec{r}\cdot\vec{r'}}{r^2}\right)$$

$$\Rightarrow \frac{1}{R} = \frac{1}{r}\left(1-\frac{\vec{r}\cdot\vec{r'}}{r^2}\right)^{-1} \approx \frac{1}{r}\left(1+\frac{\vec{r}\cdot\vec{r'}}{r^2}\right) = \frac{1}{r}\left(1+\frac{\hat{r}\cdot\vec{r'}}{r}\right) \tag{11.3.2}$$

그러면

$$\rho(\vec{r'},t_{지연}) = \rho\left(\vec{r'},t-\frac{R}{c}\right) = \rho\left(\vec{r'},t-\frac{r-\frac{\vec{r}\cdot\vec{r'}}{r}}{c}\right) = \rho\left(\vec{r'},t-\frac{r}{c}+\frac{\vec{r}\cdot\vec{r'}}{rc}\right)$$

$$= \rho(\vec{r'}, t - \frac{r}{c} + \frac{\hat{r} \cdot \vec{r'}}{c}) = \rho(\vec{r'}, t_0 + \frac{\hat{r} \cdot \vec{r'}}{c}), \text{ 여기서 } t_0 = t - \frac{r}{c}$$

$$= \rho(\vec{r'}, t_0) + (\frac{\hat{r} \cdot \vec{r'}}{c}) \frac{\partial \rho}{\partial t}\Big|_{t = t_0} + \frac{1}{2!}(\frac{\hat{r} \cdot \vec{r'}}{c})^2 \frac{\partial^2 \rho}{\partial t^2}\Big|_{t = t_0} + \cdots\cdots$$

$$\approx \rho(\vec{r'}, t_0) + (\frac{\hat{r} \cdot \vec{r'}}{c}) \dot{\rho}(\vec{r'}, t_0) \tag{11.3.3}$$

이 된다. 식 (11.3.2)와 (11.3.3)을 (11.3.1)에 대입하면

$$\phi(\vec{r}, t) = \frac{1}{4\pi\epsilon_0 r} \int (1 + \frac{\hat{r} \cdot \vec{r'}}{r})[\rho(\vec{r'}, t_0) + (\frac{\hat{r} \cdot \vec{r'}}{c}) \dot{\rho}(\vec{r'}, t_0)] dV'$$

$$= \frac{1}{4\pi\epsilon_0 r} \int \Big[\rho(\vec{r'}, t_0) + (\frac{\hat{r} \cdot \vec{r'}}{c}) \dot{\rho}(\vec{r'}, t_0)$$

$$+ (\frac{\hat{r} \cdot \vec{r'}}{r}) \rho(\vec{r'}, t_0) + \frac{(\hat{r} \cdot \vec{r'})^2}{rc} \dot{\rho}(\vec{r'}, t_0)\Big] dV'$$

$$\approx \frac{1}{4\pi\epsilon_0 r} \int \Big[\rho(\vec{r'}, t_0) + (\frac{\hat{r} \cdot \vec{r'}}{c}) \dot{\rho}(\vec{r'}, t_0) + (\frac{\hat{r} \cdot \vec{r'}}{r}) \rho(\vec{r'}, t_0)\Big] dV'$$

$$= \frac{1}{4\pi\epsilon_0 r} \Big[\int \rho(\vec{r'}, t_0) dV' + \frac{\hat{r}}{c} \cdot \frac{d}{dt} \int \vec{r'} \rho(\vec{r'}, t_0) dV'$$

$$+ \frac{\hat{r}}{r} \cdot \int \vec{r}' \rho(\vec{r'}, t_0) dV'\Big]$$

을 얻는다. 위 식의 오른편 첫 번째 적분은 $t = t_0$에서의 총 전하이고 두 번째와 세 번째 적분은 $t = t_0$에서의 전기 쌍극자 모멘트이므로 관측점에서의 지연 스칼라 포텐셜에 대한 위 식은 다음과 같이 나타낼 수 있다.

$$\phi(\vec{r}, t) = \frac{1}{4\pi\epsilon_0 r} \Big[Q + \frac{\hat{r}}{c} \cdot \frac{d}{dt} \vec{p}(t_0) + \frac{\hat{r}}{r} \cdot \vec{p}(t_0)\Big]$$

$$= \frac{1}{4\pi\epsilon_0} \Big[\frac{Q}{r} + \frac{\hat{r} \cdot \dot{\vec{p}}(t_0)}{rc} + \frac{\hat{r} \cdot \vec{p}(t_0)}{r^2}\Big]$$

$$\therefore\ \phi(\vec{r},t)=\frac{1}{4\pi\epsilon_0}\left[\frac{Q}{r}+\frac{\hat{r}\cdot\vec{p}(t_0)}{r^2}+\frac{\hat{r}\cdot\dot{\vec{p}}(t_0)}{rc}\right] \tag{11.3.4}$$

정적인 경우 오른편 세 번째 항은 0이 되고 첫 번째와 두 번째 항은 스칼라 포텐셜의 다극자 전개에서 각각 단극자와 쌍극자에 의한 포텐셜에 해당한다.

유사한 방법으로 지연 벡터 포텐셜은 다음과 같다.

$$\vec{A}(\vec{r},t)=\frac{\mu_0}{4\pi}\int\frac{\vec{J}(\vec{r'},t_{\text{지연}})}{R}dV'=\frac{\mu_0}{4\pi}\int\frac{\vec{J}(\vec{r'},t-\frac{R}{c})}{R}dV'$$
$$\approx\frac{\mu_0}{4\pi r}\int\vec{J}(\vec{r'},t_0)dV'^{(96)}=\frac{\mu_0}{4\pi r}\frac{d}{dt}\vec{p}(t_0)^{(97)}$$

$$\therefore\ \vec{A}(\vec{r},t)=\frac{\mu_0}{4\pi}\frac{\dot{\vec{p}}(t_0)}{r} \tag{11.3.5}$$

위에서 구한 지연 스칼라 포텐셜과 벡터 포텐셜로부터 전자기장을 구해보자. 전자기 복사에는 식 (11.3.4)의 오른편 세 번째 항만 기여하므로

$$\vec{\nabla}\phi=\frac{1}{4\pi\epsilon_0}\vec{\nabla}\left(\frac{\hat{r}\cdot\dot{\vec{p}}(t_0)}{rc}\right)=\frac{1}{4\pi\epsilon_0}\frac{\partial t_0}{\partial r}\frac{\partial}{\partial t_0}\left(\frac{\hat{r}\cdot\dot{\vec{p}}(t_0)}{rc}\right)$$
$$=\frac{1}{4\pi\epsilon_0}(\vec{\nabla}t_0)\left(\frac{\hat{r}\cdot\ddot{\vec{p}}(t_0)}{rc}\right)$$

이 된다. 여기서 $\vec{\nabla}t_0=\vec{\nabla}(t-\frac{r}{c})=-\frac{1}{c}\vec{\nabla}r=-\frac{\hat{r}}{c}$이므로 위 식은

---

(96) 전류밀도의 체적 적분은 전기 쌍극자의 시간미분이며(보충자료-2) 전기 쌍극자가 이미 $r'$에 비례하므로 벡터 포텐셜을 계산할 때 식 (11.3.2)에서 괄호 안에 있는 두 번째 항은 무시할 수 있어서 $\frac{1}{R}\approx\frac{1}{r}$로 놓을 수 있다.

(97) 증명은 [보충자료-2]를 참고하세요.

$$\overrightarrow{\nabla}\phi = \frac{1}{4\pi\epsilon_0}(-\frac{\hat{r}}{c})(\frac{\hat{r}\cdot\ddot{\vec{p}}(t_0)}{rc}) = -\hat{r}\frac{1}{4\pi\epsilon_0 c^2}\frac{\hat{r}\cdot\ddot{\vec{p}}(t_0)}{r} = -\hat{r}\frac{\mu_0}{4\pi}\frac{\hat{r}\cdot\ddot{\vec{p}}(t_0)}{r}$$

이고

$$\frac{\partial\vec{A}}{\partial t} = \frac{\mu_0}{4\pi}\frac{\partial}{\partial t}\left[\frac{\dot{\vec{p}}(t_0)}{r}\right] = \frac{\mu_0}{4\pi}\frac{\partial t_0}{\partial t}\frac{\partial}{\partial t_0}\left[\frac{\dot{\vec{p}}(t_0)}{r}\right] = \frac{\mu_0}{4\pi}\frac{\ddot{\vec{p}}(t_0)}{r}$$

이므로 전기장은 다음과 같다.

$$\vec{E}(\vec{r},t) = -\overrightarrow{\nabla}\phi - \frac{\partial\vec{A}}{\partial t} = \hat{r}\frac{\mu_0}{4\pi}\frac{\hat{r}\cdot\ddot{\vec{p}}(t_0)}{r} - \frac{\mu_0}{4\pi}\frac{\ddot{\vec{p}}(t_0)}{r}$$

$$\therefore\ \vec{E}(\vec{r},t) = \frac{\mu_0}{4\pi r}\left\{[\hat{r}\cdot\ddot{\vec{p}}(t_0)]\hat{r} - \ddot{\vec{p}}(t_0)\right\} \qquad (11.3.6)$$

이제 자기장을 구해보자. 식 (11.3.5)로부터

$$\overrightarrow{\nabla}\times\vec{A} = \frac{\mu_0}{4\pi}\overrightarrow{\nabla}\times\frac{\dot{\vec{p}}(t_0)}{r} \approx \frac{\mu_0}{4\pi r}\overrightarrow{\nabla}\times\dot{\vec{p}}(t_0)$$

$$= \frac{\mu_0}{4\pi r}[(\overrightarrow{\nabla}t_0)\times\ddot{\vec{p}}(t_0)] = -\frac{\mu_0}{4\pi rc}[\hat{r}\times\ddot{\vec{p}}(t_0)]$$

$$(\because\ \overrightarrow{\nabla}\times\frac{\dot{\vec{p}}(t_0)}{r} = \frac{1}{r}\overrightarrow{\nabla}\times\dot{\vec{p}}(t_0) - \dot{\vec{p}}(t_0)\times\overrightarrow{\nabla}\frac{1}{r},$$

여기서 오른편의 두 번째 항은 무시할 수 있으므로)

이므로 자기장은 다음과 같다.

$$\therefore\ \vec{B}(\vec{r},t) = \overrightarrow{\nabla}\times\vec{A} = -\frac{\mu_0}{4\pi rc}[\hat{r}\times\ddot{\vec{p}}(t_0)] \qquad (11.3.7)$$

계산의 편의를 위해서 $\ddot{\vec{p}}(t_0) = \hat{z}\ddot{p}(t_0)$라고 가정하면 구면 좌표계에서

$$\hat{r}\cdot\ddot{\vec{p}}(t_0)=(\hat{x}\sin\theta\cos\phi+\hat{y}\sin\theta\sin\phi+\hat{z}\cos\theta)\cdot\hat{z}\ddot{p}(t_0)=\ddot{p}(t_0)\cos\theta$$

그리고

$$\begin{aligned}[\hat{r}\cdot\ddot{\vec{p}}(t_0)]\hat{r}&=\ddot{p}(t_0)\cos\theta(\hat{x}\sin\theta\cos\phi+\hat{y}\sin\theta\sin\phi+\hat{z}\cos\theta)\\&=\ddot{p}(t_0)(\hat{x}\sin\theta\cos\theta\cos\phi-\hat{y}\sin\theta\cos\theta\sin\phi+\hat{z}\cos^2\theta)\end{aligned}$$

이므로

$$\begin{aligned}[\hat{r}\cdot\ddot{\vec{p}}(t_0)]\hat{r}-\ddot{\vec{p}}(t_0)&=\ddot{p}(t_0)(\hat{x}\sin\theta\cos\theta\cos\phi+\hat{y}\sin\theta\cos\theta\sin\phi+\hat{z}\cos^2\theta)-\ddot{p}(t_0)\hat{z}\\&=\ddot{p}(t_0)[(\hat{x}\sin\theta\cos\theta\cos\phi+\hat{y}\sin\theta\cos\theta\sin\phi+\hat{z}(\cos^2\theta-1)]\\&=\ddot{p}(t_0)(\hat{x}\sin\theta\cos\theta\cos\phi+\hat{y}\sin\theta\cos\theta\sin\phi-\hat{z}\sin^2\theta)\\&=\ddot{p}(t_0)\sin\theta(\hat{x}\cos\theta\cos\phi+\hat{y}\cos\theta\sin\phi-\hat{z}\sin\theta)=\hat{\theta}\ddot{p}(t_0)\sin\theta\end{aligned}$$ [98]

이 된다. 이를 전기장에 대한 식 (11.3.6)에 대입하면

$$\vec{E}(\vec{r},t)=\frac{\mu_0}{4\pi r}[\hat{\theta}\ddot{p}(t_0)\sin\theta]=\hat{\theta}\frac{\mu_0}{4\pi}\ddot{p}(t_0)\frac{\sin\theta}{r} \tag{11.3.8}$$

인 전기장을 얻는다.

그리고

$$\begin{aligned}\hat{r}\times\ddot{\vec{p}}(t_0)&=\ddot{p}(t_0)(\hat{r}\times\hat{z})=\ddot{p}(t_0)(\hat{x}\sin\theta\cos\phi+\hat{y}\sin\theta\sin\phi+\hat{z}\cos\theta)\times\hat{z}\\&=\ddot{p}(t_0)(-\hat{y}\sin\theta\cos\phi+\hat{x}\sin\theta\sin\phi)\\&=-\ddot{p}(t_0)\sin\theta(-\hat{x}\sin\phi+\hat{y}\cos\phi)=-\hat{\phi}\ddot{p}(t_0)\sin\theta\end{aligned}$$

이를 자기장에 대한 식 (11.3.7)에 대입하면

$$\vec{B}(\vec{r},t)=-\frac{\mu_0}{4\pi rc}[-\hat{\phi}\ddot{p}(t_0)\sin\theta]=\hat{\phi}\frac{\mu_0}{4\pi c}\ddot{p}(t_0)\frac{\sin\theta}{r} \tag{11.3.9}$$

인 자기장을 얻는다.

---

(98) 증명은 《Guardian for Mathematical Physics》 by H. Park, 95~96쪽을 참고하세요.

식 (11.3.8)과 (11.3.9)로부터 전기장과 자기장은 서로 수직이며 전기자파가 방사하는 방향과도 수직임을 알 수 있다. 그리고 전기장과 자기장의 크기는 $\frac{E}{B}=c$의 관계를 만족함을 알 수 있다.

그러면 포인팅 벡터는

$$\vec{S}(\vec{r},t)=\frac{1}{\mu_0}(\vec{E}\times\vec{B})=\frac{1}{\mu_0 c}(\hat{\theta}\times\hat{\phi})\left[\frac{\mu_0}{4\pi}\ddot{p}(t_0)\frac{\sin\theta}{r}\right]^2=\hat{r}\frac{\mu_0}{16\pi^2 c}\ddot{p}^2(t_0)\frac{\sin^2\theta}{r^2}$$

이 된다. 그리고 포인팅 벡터에 면 적분을 취하면

$$P(\vec{r},t)=\frac{\mu_0}{16\pi^2 c}\ddot{p}^2(t_0)\iint\frac{\sin^2\theta}{r^2}r^2\sin\theta d\theta d\phi=\frac{\mu_0}{16\pi^2 c}\ddot{p}^2(t_0)\left(\frac{4}{3}\right)(2\pi)=\frac{\mu_0}{6\pi c}\ddot{p}^2(t_0)$$

$$\therefore\ P(\vec{r},t)=\frac{\mu_0}{6\pi c}\ddot{p}^2(t_0)=\frac{\mu_0}{6\pi c}\ddot{p}^2(t-\frac{r}{c})$$

인 매우 큰 반경 $r$의 구면을 지나가는 총 복사 일률을 얻는다.

## 보충자료-1

(a) $\int_{-\frac{\lambda}{4}}^{\frac{\lambda}{4}} \cos(kz\cos\theta)\cos kz dz$와 (b) $\int_{-\frac{\lambda}{4}}^{\frac{\lambda}{4}} \sin(kz\cos\theta)\cos kz dz$를 계산하세요.

**풀이**

$\int_{-\frac{\lambda}{4}}^{\frac{\lambda}{4}} \cos(kz\cos\theta)\cos kz dz = \frac{1}{2}\int_{-\frac{\lambda}{4}}^{\frac{\lambda}{4}} [Re\, e^{ikz\cos\theta}](e^{ikz} + e^{-ikz})dz$로 그리고

$\int_{-\frac{\lambda}{4}}^{\frac{\lambda}{4}} \sin(kz\cos\theta)\cos kz dz = \frac{1}{2}\int_{-\frac{\lambda}{4}}^{\frac{\lambda}{4}} [Im\, e^{ikz\cos\theta}](e^{ikz} + e^{-ikz})dz$로 표현할 수 있어서

$\frac{1}{2}\int_{-\frac{\lambda}{4}}^{\frac{\lambda}{4}} e^{ikz\cos\theta}(e^{ikz} + e^{-ikz})dz$의 적분 결과에서 실수부분과 허수부분의 결과는 각각 주어진 문제의 (a)와 (b)의 적분 결과에 해당한다. 이제 적분을 수행해보자.

$$\frac{1}{2}\int_{-\frac{\lambda}{4}}^{\frac{\lambda}{4}} e^{ikz\cos\theta}(e^{ikz} + e^{-ikz})dz = \frac{1}{2}\int_{-\frac{\lambda}{4}}^{\frac{\lambda}{4}} dz[e^{ikz(1+\cos\theta)} + e^{-ikz(1-\cos\theta)}]$$

여기서 $kz = x$로 놓으면 $dz = \frac{1}{k}dx$ 그리고 적분 구간은 $\pm k\frac{\lambda}{4} = \pm \frac{2\pi}{\lambda}\frac{\lambda}{4} = \pm\frac{\pi}{2}$가 되므로 위 적분은

$$\frac{1}{2}\int_{-\frac{\lambda}{4}}^{\frac{\lambda}{4}} dz[e^{ikz(1+\cos\theta)} + e^{-ikz(1-\cos\theta)}]$$

$$= \frac{1}{2k}\int_{-\frac{\pi}{2}}^{\frac{\pi}{2}} dx[e^{ix(1+\cos\theta)} + e^{-ix(1-\cos\theta)}]$$

$$= \frac{1}{2k}\left[\frac{e^{ix(1+\cos\theta)}}{i(1+\cos\theta)} + \frac{e^{-ix(1-\cos\theta)}}{-i(1-\cos\theta)}\right]_{x=-\pi/2}^{x=\pi/2}$$

$$= \frac{1}{2k}\left[\frac{e^{i\frac{\pi}{2}}e^{i\frac{\pi}{2}\cos\theta} - e^{-i\frac{\pi}{2}}e^{-i\frac{\pi}{2}\cos\theta}}{i(1+\cos\theta)} + \frac{e^{-i\frac{\pi}{2}}e^{i\frac{\pi}{2}\cos\theta} - e^{i\frac{\pi}{2}}e^{-i\frac{\pi}{2}\cos\theta}}{-i(1-\cos\theta)}\right]$$

$$= \frac{1}{2k}\left[\frac{ie^{i\frac{\pi}{2}\cos\theta}+ie^{-i\frac{\pi}{2}\cos\theta}}{i(1+\cos\theta)}+\frac{-ie^{i\frac{\pi}{2}\cos\theta}-ie^{-i\frac{\pi}{2}\cos\theta}}{-i(1-\cos\theta)}\right]$$

$$= \frac{1}{2k}\left[\frac{e^{i\frac{\pi}{2}\cos\theta}+e^{-i\frac{\pi}{2}\cos\theta}}{1+\cos\theta}+\frac{e^{i\frac{\pi}{2}\cos\theta}+e^{-i\frac{\pi}{2}\cos\theta}}{1-\cos\theta}\right]$$

$$= \frac{1}{2k}\frac{2(e^{i\frac{\pi}{2}\cos\theta}+e^{i\frac{\pi}{2}\cos\theta})}{1-\cos^2\theta}$$

$$= \frac{2}{k}\frac{\cos(\frac{\pi}{2}\cos\theta)}{\sin^2\theta}$$

적분 결과는 실수부분으로 위의 값을 주고 허수부분은 존재하지 않으므로

$$\int_{-\frac{\lambda}{4}}^{\frac{\lambda}{4}}\cos(kz\cos\theta)\cos kz dz = \frac{2}{k}\frac{\cos(\frac{\pi}{2}\cos\theta)}{\sin^2\theta}$$

그리고

$$\int_{-\frac{\lambda}{4}}^{\frac{\lambda}{4}}\sin(kz\cos\theta)\cos kz dz = 0$$

이다.

## 보충자료-2

$\dfrac{d\vec{p}}{dt} = \int \vec{J} dV$임을 보이세요. 여기서 $\vec{p}$은 쌍극자 모멘트이다.

**풀이**

$$\frac{d\vec{p}}{dt} = \frac{d}{dt}\int \vec{r}\rho dV = \int \left(\frac{\partial \vec{r}}{\partial t}\rho + \vec{r}\frac{\partial \rho}{\partial t}\right)dV = \int \vec{r}\frac{\partial \rho}{\partial t}dV \quad (\because \frac{\partial \vec{r}}{\partial t} = 0)$$

$$= \int \vec{r}(-\vec{\nabla}\cdot\vec{J})dV = -\int \vec{r}(\vec{\nabla}\cdot\vec{J})dV \quad (\because \text{ 연속 방정식으로부터}) \qquad (1)$$

여기서

$$[\vec{\nabla}\cdot(x\vec{J})]_i = \sum_i \partial_i (x\vec{J})_i = \sum_i \partial_i (xJ_i) = \sum_i (J_i \partial_i x + x\partial_i J_i)$$

$$= J_1 + x\vec{\nabla}\cdot\vec{J} = J_x + x\vec{\nabla}\cdot\vec{J}$$

$$\Rightarrow x\vec{\nabla}\cdot\vec{J} = \vec{\nabla}\cdot(x\vec{J}) - J_x \Rightarrow \int x\vec{\nabla}\cdot\vec{J}dV = \int \vec{\nabla}\cdot(x\vec{J})dV - \int J_x dV$$

위 식의 오른편의 첫 번째 항에 발산 정리를 적용하면 위 식은 다음과 같게 된다.

$$\int x\vec{\nabla}\cdot\vec{J}dV = \int (x\vec{J})\cdot d\vec{a} - \int J_x dV = -\int J_x dV \quad (\because \text{ 오른편 첫 적분은 } 0)$$

$$\Rightarrow \int \vec{r}(\vec{\nabla}\cdot\vec{J})dV = -\int \vec{J}dV \qquad (2)$$

식 (2)를 (1)에 대입하면

$$\therefore \frac{d\vec{p}}{dt} = \int \vec{J}dV$$

을 얻는다. 즉, 전류밀도의 체적 적분은 쌍극자의 시간에 관한 미분이다.

## 연습문제

**01** [예제 11.2]에서는 점전하의 속도가 광속보다 아주 작은 비상대론적 관점의 경우에서 복사 일률은 라모 공식으로 주어짐을 구했다. 점전하의 속도가 광속에 비해 무시할 수 없을 정도로 큰 경우인 상대론적 관점의 경우에서 복사 에너지의 복사 일률을 구하세요.

**풀이**

이 경우 속도 항을 무시할 수 없으므로 복사에 기여하는 전기장은 더 이상 (예-11.2.3)으로 주어지지 않고 다음과 같이 표현된다.

$$\vec{E}_{복사}(r,t) = \frac{q}{4\pi\epsilon_0}\frac{1}{c\kappa^3 R}\left[\hat{R}\times\left\{(\hat{R}-\frac{\vec{v}}{c})\times\frac{\vec{a}}{c}\right\}\right],\ \text{여기서}\ \kappa=(1-\frac{\hat{R}\cdot\vec{v}}{c})$$

$$= \frac{q}{4\pi\epsilon_0}\frac{1}{c(1-\hat{R}\cdot\vec{\beta})^3 R}\left[\hat{R}\times\left\{(\hat{R}-\frac{\vec{v}}{c})\times\frac{\vec{a}}{c}\right\}\right],\ \text{여기서}\ \vec{\beta}=\frac{\vec{v}}{c}$$

$$= \frac{q}{4\pi\epsilon_0}\frac{1}{c(1-\hat{R}\cdot\vec{\beta})^3 R}\left[\hat{R}\times\left\{(\hat{R}-\vec{\beta})\times\dot{\vec{\beta}}\right\}\right] \tag{1}$$

더 이상 관측점에서의 포인팅 벡터는 원천점에서의 포인팅 벡터와 같지 않다. 이제 $\vec{R}=\vec{r}-\vec{W}(t_{지연})$으로 주어진다.

단위 시간당 단위 면적당 에너지를 지연 시간당 단위 면적당 에너지로 나타내어야 한다. 단위 면적당 에너지를 $\varepsilon$라 하면

$$\frac{d\varepsilon}{dt_{지연}} = \frac{dt}{dt_{지연}}\frac{d\varepsilon}{dt} \tag{2}$$

여기서

$$t_{지연} = t-\frac{R}{c} \Rightarrow R=c(t-t_{지연}) \Rightarrow R^2=c^2(t-t_{지연})^2$$

$$\Rightarrow c^2(t-t_{지연})^2 = \vec{R}\cdot\vec{R}$$

위 식을 $t$에 관해 미분하면

$$\Rightarrow c^2 2\left(1-\frac{dt_{지연}}{dt}\right)(t-t_{지연}) = 2\vec{R}\cdot\frac{\partial\vec{R}}{\partial t} \Rightarrow c\left(1-\frac{dt_{지연}}{dt}\right)[c(t-t_{지연})] = \vec{R}\cdot\frac{\partial\vec{R}}{\partial t}$$

$$\Rightarrow c\left(1-\frac{dt_{지연}}{dt}\right)R = \vec{R}\cdot\frac{\partial\vec{R}}{\partial t} \Rightarrow Rc\left(1-\frac{dt_{지연}}{dt}\right) = \vec{R}\cdot\frac{\partial\vec{R}}{\partial t} \qquad (3)$$

위 식의 오른편은

$$\vec{R} = \vec{r} - \vec{W}(t_{지연}) \Rightarrow \frac{\partial\vec{R}}{\partial t} = \frac{\partial\vec{r}}{\partial t} - \frac{\partial\vec{W}(t_{지연})}{\partial t} = -\frac{\partial\vec{W}(t_{지연})}{\partial t}$$

$$= -\frac{dt_{지연}}{dt}\frac{\partial\vec{W}_{지연}}{\partial t_{지연}} = -\frac{dt_{지연}}{dt}\vec{v}$$

이므로 식 (3)은 다음과 같이 된다.

$$Rc\left(1-\frac{dt_{지연}}{dt}\right) = \vec{R}\cdot\left(-\frac{dt_{지연}}{dt}\vec{v}\right) = \left(\frac{dt_{지연}}{dt}\right)(-\vec{R}\cdot\vec{v})$$

$$\Rightarrow Rc - Rc\frac{dt_{지연}}{dt} = \left(\frac{dt_{지연}}{dt}\right)(-\vec{R}\cdot\vec{v})$$

$$\Rightarrow Rc = \left(\frac{dt_{지연}}{dt}\right)(Rc-\vec{R}\cdot\vec{v}) = \left(\frac{dt_{지연}}{dt}\right)(\vec{R}\cdot\vec{u}),\ \text{여기서}\ \vec{u} = c\hat{R}-\vec{v}$$

그러면 다음의 관계식을 얻는다.

$$\frac{dt}{dt_{지연}} = \frac{\vec{R}\cdot\vec{u}}{Rc} \qquad (4)$$

식 (4)를 (2)에 대입하면

$$\frac{d\varepsilon}{dt_{지연}} = \frac{\vec{R}\cdot\vec{u}}{Rc}\frac{d\varepsilon}{dt} = \frac{\vec{R}\cdot\vec{u}}{Rc}(dP) = \frac{\vec{R}\cdot\vec{u}}{Rc}\left(\frac{1}{\mu_0 c}E^2_{복사}R^2 d\Omega\right)$$

$$\Rightarrow dP(t_{지연}) = \frac{\vec{R}\cdot\vec{u}}{Rc}\left(\frac{1}{\mu_0 c}E^2_{복사}R^2 d\Omega\right)$$

$$\Rightarrow P(t_{지연}) = \int\frac{\vec{R}\cdot\vec{u}}{Rc}\frac{1}{\mu_0 c}E^2_{복사}R^2 d\Omega$$

이 된다. 여기서

$$\frac{\vec{R}\cdot\vec{u}}{Rc} = \frac{\vec{R}\cdot(c\hat{R}-\vec{v})}{Rc} = \frac{\hat{R}\cdot(c\hat{R}-\vec{v})}{c} = 1-\frac{\hat{R}\cdot\vec{v}}{c} = 1-\hat{R}\cdot\vec{\beta}$$

이므로 위 식은

$$P(t_{지연}) = \int (1-\hat{R}\cdot\vec{\beta})\frac{1}{\mu_0 c}E^2_{복사}\, R^2 d\Omega = \frac{1}{\mu_0 c}\int (1-\hat{R}\cdot\vec{\beta})E^2_{복사}\, R^2 d\Omega$$

식 (1)을 위 식에 대입하면 총 복사 일률은

$$\begin{aligned} P(t_{지연}) &= \left(\frac{q}{4\pi\epsilon_0 c}\right)^2 \frac{1}{\mu_0 c}\int (1-\hat{R}\cdot\vec{\beta})\frac{1}{(1-\hat{R}\cdot\vec{\beta})^6 R^2}\left[\hat{R}\times\left\{(\hat{R}-\vec{\beta})\times\dot{\vec{\beta}}\right\}\right]^2 R^2 d\Omega \\ &= \left(\frac{q}{4\pi\epsilon_0 c}\right)^2 \frac{1}{\mu_0 c}\int \frac{1}{(1-\hat{R}\cdot\vec{\beta})^5}\left[\hat{R}\times\left\{(\hat{R}-\vec{\beta})\times\dot{\vec{\beta}}\right\}\right]^2 d\Omega \qquad (5) \end{aligned}$$

가 된다. 여기서

$$\begin{aligned} &\left[\hat{R}\times\left\{(\hat{R}-\vec{\beta})\times\dot{\vec{\beta}}\right\}\right]^2 = \left[(\hat{R}-\vec{\beta})(\hat{R}\cdot\dot{\vec{\beta}}) - \dot{\vec{\beta}}\{\hat{R}\cdot(\hat{R}-\vec{\beta})\}\right]^2 \\ &= (\hat{R}-\vec{\beta})^2(\hat{R}\cdot\dot{\vec{\beta}})^2 + \dot{\beta}^2[\hat{R}\cdot(\hat{R}-\vec{\beta})]^2 - 2\dot{\vec{\beta}}\cdot(\hat{R}-\vec{\beta})(\hat{R}\cdot\dot{\vec{\beta}})[\hat{R}\cdot(\hat{R}-\vec{\beta})] \\ &= (\hat{R}-\vec{\beta})^2(\hat{R}\cdot\dot{\vec{\beta}})^2 + \dot{\beta}^2(1-\hat{R}\cdot\vec{\beta})^2 - 2\dot{\vec{\beta}}\cdot(\hat{R}-\vec{\beta})(\hat{R}\cdot\dot{\vec{\beta}})(1-\hat{R}\cdot\vec{\beta}) \qquad (6) \end{aligned}$$

위 식의 오른편 첫 번째와 세 번째 항을 같이 먼저 계산하면 다음과 같다.

$$\begin{aligned} &(\hat{R}-\vec{\beta})^2(\hat{R}\cdot\dot{\vec{\beta}})^2 - 2(\dot{\vec{\beta}}\cdot\hat{R})^2(1-\hat{R}\cdot\vec{\beta}) + 2(\dot{\vec{\beta}}\cdot\vec{\beta})(\hat{R}\cdot\dot{\vec{\beta}})(1-\hat{R}\cdot\vec{\beta}) \\ &= (\hat{R}\cdot\dot{\vec{\beta}})^2[(\hat{R}-\vec{\beta})^2 - 2(1-\hat{R}\cdot\vec{\beta})] + 2(\dot{\vec{\beta}}\cdot\vec{\beta})(\hat{R}\cdot\dot{\vec{\beta}})(1-\hat{R}\cdot\vec{\beta}) \\ &= (\hat{R}\cdot\dot{\vec{\beta}})^2[1-2\hat{R}\cdot\vec{\beta}+\beta^2-2+2\hat{R}\cdot\vec{\beta})] + 2(\dot{\vec{\beta}}\cdot\vec{\beta})(\hat{R}\cdot\dot{\vec{\beta}})(1-\hat{R}\cdot\vec{\beta}) \\ &= (\hat{R}\cdot\dot{\vec{\beta}})^2(\beta^2-1) + 2(\dot{\vec{\beta}}\cdot\vec{\beta})(\hat{R}\cdot\dot{\vec{\beta}})(1-\hat{R}\cdot\vec{\beta}) \\ &= -(\hat{R}\cdot\dot{\vec{\beta}})^2(1-\beta^2) + 2(\dot{\vec{\beta}}\cdot\vec{\beta})(\hat{R}\cdot\dot{\vec{\beta}})(1-\hat{R}\cdot\vec{\beta}) \end{aligned}$$

이 결과를 식 (6)에 대입하면

$$\begin{aligned} \left[\hat{R}\times\left\{(\hat{R}-\vec{\beta})\times\dot{\vec{\beta}}\right\}\right]^2 = &-(\hat{R}\cdot\dot{\vec{\beta}})^2(1-\beta^2) + \dot{\beta}^2(1-\hat{R}\cdot\vec{\beta})^2 \\ &+ 2(\dot{\vec{\beta}}\cdot\vec{\beta})(\hat{R}\cdot\dot{\vec{\beta}})(1-\hat{R}\cdot\vec{\beta}) \end{aligned}$$

이 된다. 이 결과를 총 복사 일률에 대한 식 (5)에 대입하면 다음과 같다.

$$\begin{aligned} P(t_{지연}) = \left(\frac{q}{4\pi\epsilon_0 c}\right)^2 \frac{1}{\mu_0 c}\int d\Omega \frac{1}{(1-\hat{R}\cdot\vec{\beta})^5}\times\Big[&-(\hat{R}\cdot\dot{\vec{\beta}})^2(1-\beta^2) \\ &+\dot{\beta}^2(1-\hat{R}\cdot\vec{\beta})^2 + 2(\dot{\vec{\beta}}\cdot\vec{\beta})(\hat{R}\cdot\dot{\vec{\beta}})(1-\hat{R}\cdot\vec{\beta})\Big] \qquad (7) \end{aligned}$$

(i) 이제 위 식의 오른편에 있는 두 번째 적분을 먼저 계산해보자.

$$\int d\Omega \frac{1}{(1-\hat{R}\cdot\vec{\beta})^5}\dot{\beta}^2(1-\hat{R}\cdot\vec{\beta})^2 = \dot{\beta}^2\int d\Omega\frac{1}{(1-\hat{R}\cdot\vec{\beta})^3}$$
$$= \dot{\beta}^2\int\int \sin\theta d\theta d\phi\frac{1}{(1-\beta\cos\theta)^3}$$
$$= 2\pi\dot{\beta}^2\int_0^{\pi}\sin\theta d\theta\frac{1}{(1-\beta\cos\theta)^3} \qquad (8)$$

여기서 $1-\beta\cos\theta = x \Rightarrow \beta\sin\theta d\theta = dx$ 그러면 위 적분은

$$\int_{1-\beta}^{1+\beta}\frac{dx}{\beta}\frac{1}{x^3} = \frac{1}{\beta}\left[-\frac{1}{2}\frac{1}{x^2}\right]_{1-\beta}^{1+\beta} = -\frac{1}{2\beta}\left[\frac{1}{(1+\beta)^2}-\frac{1}{(1-\beta)^2}\right]$$
$$= -\frac{1}{2\beta}\left[\frac{-4\beta}{(1-\beta^2)^2}\right] = \frac{2}{(1-\beta^2)^2}$$

이를 식 (8)에 대입하면

$$\int d\Omega\frac{1}{(1-\hat{R}\cdot\vec{\beta})^5}\dot{\beta}^2(1-\hat{R}\cdot\vec{\beta})^2 = \dot{\beta}^2\int d\Omega\frac{1}{(1-\hat{R}\cdot\vec{\beta})^3}$$
$$= 2\pi\dot{\beta}^2\frac{2}{(1-\beta^2)^2} = \frac{4\pi}{(1-\beta^2)^2}\dot{\beta}^2$$

을 얻는다.

(ii) 식 (7)의 오른편에 있는 세 번째 적분을 계산해보자.

$$\int d\Omega\frac{1}{(1-\hat{R}\cdot\vec{\beta})^5}2(\dot{\vec{\beta}}\cdot\vec{\beta})(\hat{R}\cdot\dot{\vec{\beta}})(1-\hat{R}\cdot\vec{\beta})$$
$$= 2\int d\Omega\frac{1}{(1-\hat{R}\cdot\vec{\beta})^4}(\dot{\vec{\beta}}\cdot\vec{\beta})(\hat{R}\cdot\dot{\vec{\beta}}) = 2\int d\Omega\frac{\hat{R}\cdot\dot{\vec{\beta}}}{(1-\hat{R}\cdot\vec{\beta})^4}(\dot{\vec{\beta}}\cdot\vec{\beta}) \qquad (9)$$

여기서

$$\frac{d}{dt}(1-\hat{R}\cdot\vec{\beta})^{-3} = -3(1-\hat{R}\cdot\vec{\beta})^{-4}\frac{d}{dt}(1-\hat{R}\cdot\vec{\beta})$$
$$= -3(1-\hat{R}\cdot\vec{\beta})^{-4}(-\hat{R}\cdot\dot{\vec{\beta}}) = 3\frac{\hat{R}\cdot\dot{\vec{\beta}}}{(1-\hat{R}\cdot\vec{\beta})^4}$$

$$\Rightarrow \frac{\hat{R}\cdot\dot{\vec{\beta}}}{(1-\hat{R}\cdot\vec{\beta})^4} = \frac{1}{3}\frac{d}{dt}(1-\hat{R}\cdot\vec{\beta})^{-3}$$

이 결과를 식 (9)에 대입하면 다음과 같다.

$$\int d\Omega \frac{1}{(1-\hat{R}\cdot\vec{\beta})^5} 2(\dddot{\vec{\beta}}\cdot\vec{\beta})(\hat{R}\cdot\dot{\vec{\beta}})(1-\hat{R}\cdot\vec{\beta})$$

$$= \frac{2}{3}(\ddot{\vec{\beta}}\cdot\vec{\beta})\int d\Omega[\frac{d}{dt}(1-\hat{R}\cdot\vec{\beta})^{-3}]$$

$$= \frac{2}{3}(\ddot{\vec{\beta}}\cdot\vec{\beta})\frac{d}{dt}\int d\Omega\frac{1}{(1-\hat{R}\cdot\vec{\beta})^3}$$

$$= \frac{2}{3}(\ddot{\vec{\beta}}\cdot\vec{\beta})\frac{d}{dt}[\frac{4\pi}{(1-\beta^2)^2}] \quad (\because \text{ (i)에서 계산했음})$$

$$= \frac{8\pi}{3}(\ddot{\vec{\beta}}\cdot\vec{\beta})\left[-2(1-\beta^2)^{-3}\frac{d}{dt}(1-\vec{\beta}\cdot\vec{\beta})\right]$$

$$= \frac{8\pi}{3}(\ddot{\vec{\beta}}\cdot\vec{\beta})[4(\vec{\beta}\cdot\dot{\vec{\beta}})(1-\beta^2)^{-3}] = \frac{32\pi}{3}(\ddot{\vec{\beta}}\cdot\vec{\beta})^2\frac{1}{(1-\beta^2)^3}$$

(iii) 식 (7)의 오른편에 있는 첫 번째 적분을 계산해보자.

(ii)에서 $\frac{d}{dt}(1-\hat{R}\cdot\vec{\beta})^{-3} = 3\frac{\hat{R}\cdot\dot{\vec{\beta}}}{(1-\hat{R}\cdot\vec{\beta})^4}$을 얻었다. 이 관계식의 좌·우를 시간에 관해 한 번 더 미분하면

$$\frac{d^2}{dt^2}(1-\hat{R}\cdot\vec{\beta})^{-3} = 3\left[\frac{(1-\hat{R}\cdot\vec{\beta})^4(\hat{R}\cdot\dddot{\vec{\beta}})+4(\hat{R}\cdot\dot{\vec{\beta}})(\hat{R}\cdot\dot{\vec{\beta}})(1-\hat{R}\cdot\vec{\beta})^3}{(1-\hat{R}\cdot\vec{\beta})^8}\right]$$

$$= 3\left[\frac{\hat{R}\cdot\dddot{\vec{\beta}}}{(1-\hat{R}\cdot\vec{\beta})^4}+4\frac{(\hat{R}\cdot\dot{\vec{\beta}})^2}{(1-\hat{R}\cdot\vec{\beta})^5}\right]$$

$$= 3\frac{\hat{R}\cdot\dddot{\vec{\beta}}}{(1-\hat{R}\cdot\vec{\beta})^4}+12\frac{(\hat{R}\cdot\dot{\vec{\beta}})^2}{(1-\hat{R}\cdot\vec{\beta})^5}$$

$$\Rightarrow \frac{(\hat{R}\cdot\dot{\vec{\beta}})^2}{(1-\hat{R}\cdot\vec{\beta})^5} = \frac{1}{12}\left[\frac{d^2}{dt^2}(1-\hat{R}\cdot\vec{\beta})^{-3}-3\frac{\hat{R}\cdot\dddot{\vec{\beta}}}{(1-\hat{R}\cdot\vec{\beta})^4}\right] \tag{10}$$

그러면 식 (7)의 오른편에 있는 첫 번째 적분은

$$\int d\Omega\frac{1}{(1-\hat{R}\cdot\vec{\beta})^5}[-(\hat{R}\cdot\dot{\vec{\beta}})^2(1-\beta^2)] = -(1-\beta^2)\int d\Omega\frac{(\hat{R}\cdot\dot{\vec{\beta}})^2}{(1-\hat{R}\cdot\vec{\beta})^5}$$

$$= -\frac{1}{12}(1-\beta^2)\int d\Omega\left[\frac{d^2}{dt^2}(1-\hat{R}\cdot\vec{\beta})^{-3}-3\frac{\hat{R}\cdot\dddot{\vec{\beta}}}{(1-\hat{R}\cdot\vec{\beta})^4}\right] \quad [\because \text{ 식 (10)으로부터}]$$

$$= -\frac{1}{12}(1-\beta^2)\left[\frac{d^2}{dt^2}\int d\Omega\frac{1}{(1-\hat{R}\cdot\vec{\beta})^3} - 3\int d\Omega\frac{\hat{R}\cdot\ddot{\vec{\beta}}}{(1-\hat{R}\cdot\vec{\beta})^4}\right]$$

$$= -\frac{1}{12}(1-\beta^2)\left[\frac{d^2}{dt^2}\left\{\frac{4\pi}{(1-\beta^2)^2}\right\} - 3\int d\Omega\frac{\hat{R}\cdot\ddot{\vec{\beta}}}{(1-\hat{R}\cdot\vec{\beta})^4}\right] \qquad (11)$$

이 된다. 오른편에 있는 적분은 다음과 같이 표현될 수 있다.

$$\int d\Omega\frac{\hat{R}\cdot\ddot{\vec{\beta}}}{(1-\hat{R}\cdot\vec{\beta})^4} = \int \sin\theta d\theta d\phi\frac{\ddot{\beta}_x\sin\theta\cos\phi + \ddot{\beta}_y\sin\theta\sin\phi + \ddot{\beta}_z\cos\theta}{(1-\beta\cos\theta)^4}$$

여기서 $\int_0^{\pi}\sin^2\theta d\theta\int_0^{2\pi}\cos\phi d\phi = 0$ 그리고 $\int_0^{\pi}\sin^2\theta d\theta\int_0^{2\pi}\sin\phi d\phi = 0$이므로 위 식은

$$\int d\Omega\frac{\hat{R}\cdot\ddot{\vec{\beta}}}{(1-\hat{R}\cdot\vec{\beta})^4} = \ddot{\beta}_z\int \sin\theta d\theta\frac{\cos\theta}{(1-\beta\cos\theta)^4}\int_0^{2\pi}d\phi$$

$$= 2\pi\ddot{\beta}_z\int_0^{\pi}\sin\theta d\theta\frac{\cos\theta}{(1-\beta\cos\theta)^4} \qquad (12)$$

가 된다. 여기서 $1-\beta\cos\theta = x$로 놓으면 위 적분은

$$\int_0^{\pi}\sin\theta d\theta\frac{\cos\theta}{(1-\beta\cos\theta)^4} = \frac{1}{\beta}\int_{1-\beta}^{1+\beta}dx\frac{1}{\beta}(1-x)\frac{1}{x^4} = \frac{1}{\beta^2}\int_{1-\beta}^{1+\beta}\left(\frac{1}{x^4}-\frac{1}{x^3}\right)dx$$

$$= \frac{1}{\beta^2}\left[-\frac{1}{3}\frac{1}{x^3}+\frac{1}{2}\frac{1}{x^2}\right]_{1-\beta}^{1+\beta}$$

$$= \frac{1}{\beta^2}\left[\frac{1}{3}\left\{\frac{1}{(1-\beta)^3}-\frac{1}{(1+\beta)^3}\right\}+\frac{1}{2}\left\{\frac{1}{(1+\beta)^2}-\frac{1}{(1-\beta)^2}\right\}\right]$$

$$= \frac{1}{\beta}\left[\frac{2(\beta^2+3)}{3(1-\beta^2)^3}-\frac{2}{(1-\beta^2)^2}\right]$$

$$= \frac{1}{\beta}\frac{8\beta^2}{3(1-\beta^2)^3} = \frac{8}{3}\frac{\beta}{(1-\beta^2)^3}$$

이 결과를 식 (12)에 대입하면

$$\int d\Omega\frac{\hat{R}\cdot\ddot{\vec{\beta}}}{(1-\hat{R}\cdot\vec{\beta})^4} = 2\pi\ddot{\beta}_z\left[\frac{8}{3}\frac{\beta}{(1-\beta^2)^3}\right] = \frac{16\pi}{3}\frac{\ddot{\beta}_z\beta}{(1-\beta^2)^3} = \frac{16\pi}{3}\frac{\ddot{\vec{\beta}}\cdot\vec{\beta}}{(1-\beta^2)^3}$$

이를 식 (11)에 대입하면

$$\int d\Omega \frac{1}{(1-\hat{R}\cdot\vec{\beta})^5}[-(\hat{R}\cdot\dot{\vec{\beta}})^2(1-\beta^2)]$$

$$= -\frac{1}{12}(1-\beta^2)\left[\frac{d^2}{dt^2}\left\{\frac{4\pi}{(1-\beta^2)^2}\right\} - 3\left\{\frac{16\pi}{3}\frac{\ddot{\vec{\beta}}\cdot\vec{\beta}}{(1-\beta^2)^3}\right\}\right] \tag{13}$$

이 된다. $\frac{d}{dt}\left[\frac{1}{(1-\beta^2)^2}\right] = 4(\vec{\beta}\cdot\dot{\vec{\beta}})(1-\beta^2)^{-3}$ 임을 (ii)에서 계산했다. 이 관계식을 시간에 대해 한 번 더 미분하면

$$\Rightarrow \frac{d^2}{dt^2}\left[\frac{1}{(1-\beta^2)^2}\right] = 4(1-\beta^2)^{-3}(\dot{\beta}^2 + \vec{\beta}\cdot\ddot{\vec{\beta}}) + 24(\vec{\beta}\cdot\dot{\vec{\beta}})^2(1-\beta^2)^{-4}$$

을 얻는다. 그러면 식 (13)의 오른편은

$$-\frac{\pi}{3}(1-\beta^2)\frac{d^2}{dt^2}\left[\frac{1}{(1-\beta^2)^2}\right] + \frac{4\pi}{3}(1-\beta^2)\frac{\ddot{\vec{\beta}}\cdot\vec{\beta}}{(1-\beta^2)^3}$$

$$= -\frac{\pi}{3}(1-\beta^2)[4(1-\beta^2)^{-3}(\dot{\beta}^2 + \vec{\beta}\cdot\ddot{\vec{\beta}}) + 24(\vec{\beta}\cdot\dot{\vec{\beta}})^2(1-\beta^2)^{-4}]$$

$$+ \frac{4\pi}{3}(1-\beta^2)\frac{\ddot{\vec{\beta}}\cdot\vec{\beta}}{(1-\beta^2)^3}$$

$$= -\frac{4\pi}{3}\frac{(\dot{\beta}^2 + \vec{\beta}\cdot\ddot{\vec{\beta}})}{(1-\beta^2)^2} - 8\pi\frac{(\vec{\beta}\cdot\ddot{\vec{\beta}})^2}{(1-\beta^2)^3} + \frac{4\pi}{3}\frac{\ddot{\vec{\beta}}\cdot\vec{\beta}}{(1-\beta^2)^2}$$

이 되어 식 (13)은 다음과 같이 된다.

$$\int d\Omega \frac{1}{(1-\hat{R}\cdot\vec{\beta})^5}[-(\hat{R}\cdot\dot{\vec{\beta}})^2(1-\beta^2)] = -\frac{4\pi}{3}\frac{\dot{\beta}^2}{(1-\beta^2)^2} - 8\pi\frac{(\vec{\beta}\cdot\dot{\vec{\beta}})^2}{(1-\beta^2)^3}$$

위의 (i)~(iii)의 적분 결과를 식 (7)에 대입하면

$$P(t_{지연}) = \left(\frac{q}{4\pi\epsilon_0 c}\right)^2\frac{1}{\mu_0 c}\left[-\frac{4\pi}{3}\frac{\dot{\beta}^2}{(1-\beta^2)^2} - 8\pi\frac{(\vec{\beta}\cdot\ddot{\vec{\beta}})^2}{(1-\beta^2)^3}\right.$$

$$\left. + \frac{32\pi}{3}(\dot{\vec{\beta}}\cdot\vec{\beta})^2\frac{1}{(1-\beta^2)^3} + \frac{4\pi}{(1-\beta^2)^2}\dot{\beta}^2\right]$$

$$= \left(\frac{q}{4\pi\epsilon_0 c}\right)^2\frac{1}{\mu_0 c}\left[\frac{8\pi}{3}\frac{\dot{\beta}^2}{(1-\beta^2)^2} + \frac{8\pi}{3}\frac{(\vec{\beta}\cdot\dot{\vec{\beta}})^2}{(1-\beta^2)^3}\right]$$

$$= (\frac{q}{4\pi\epsilon_0 c})^2 \frac{1}{\mu_0 c} \frac{8\pi}{3} \frac{1}{(1-\beta^2)^3} \left[\dot{\beta}^2 (1-\beta^2) + (\vec{\beta} \cdot \dot{\vec{\beta}})^2\right]$$

$$= (\frac{q}{4\pi\epsilon_0 c})^2 \frac{1}{\mu_0 c} \frac{8\pi}{3} \frac{1}{(1-\beta^2)^3} [\dot{\beta}^2 - \dot{\beta}\beta^2 + (\vec{\beta} \cdot \dot{\vec{\beta}})^2]$$

$$= (\frac{q}{4\pi\epsilon_0 c})^2 \frac{1}{\mu_0 c} \frac{8\pi}{3} \frac{1}{(1-\beta^2)^3} \left[\dot{\beta}^2 - \{\dot{\beta}\beta^2 - (\vec{\beta} \cdot \dot{\vec{\beta}})^2\}\right] \tag{14}$$

여기서

$$[(\vec{\beta} \times \dot{\vec{\beta}})^2]_i = [(\vec{\beta} \times \dot{\vec{\beta}}) \cdot (\vec{\beta} \times \dot{\vec{\beta}})]_i = \epsilon_{ijk}\beta_j\dot{\beta}_k\epsilon_{i\ell m}\beta_\ell\dot{\beta}_m$$

$$= (\delta_{j\ell}\delta_{km} - \delta_{jm}\delta_{k\ell})\beta_j\dot{\beta}_k\beta_\ell\dot{\beta}_m$$

$$= \beta_j\beta_j\dot{\beta}_k\dot{\beta}_k - \beta_j\dot{\beta}_j\dot{\beta}_k\beta_k = [\beta^2\dot{\beta}^2 - (\vec{\beta} \cdot \dot{\vec{\beta}})^2]_i$$

$$\Rightarrow (\vec{\beta} \times \dot{\vec{\beta}})^2 = \beta^2\dot{\beta}^2 - (\vec{\beta} \cdot \dot{\vec{\beta}})^2$$

이 결과를 식 (14)에 대입하면

$$P(t_{\text{지연}}) = (\frac{q}{4\pi\epsilon_0 c})^2 \frac{1}{\mu_0 c} \frac{8\pi}{3} \frac{1}{(1-\beta^2)^3} \left[\dot{\beta}^2 - (\vec{\beta} \times \dot{\vec{\beta}})^2\right]$$

$$= (\frac{q}{4\pi\epsilon_0 c})^2 \frac{1}{\mu_0 c} \frac{8\pi}{3} \gamma^6 \left[\frac{a^2}{c^2} - \frac{1}{c^2}(\frac{\vec{v} \times \vec{a}}{c})^2\right], \text{ 여기서 } \gamma = \frac{1}{\sqrt{1-\frac{v^2}{c^2}}}$$

$$= \frac{q^2}{16\pi^2\epsilon_0^2 c^2} \frac{1}{\mu_0 c} \frac{8\pi}{3} \gamma^6 \frac{1}{c^2} \left[a^2 - (\frac{\vec{v} \times \vec{a}}{c})^2\right]$$

$$= \frac{q^2}{6\pi c} \frac{1}{\epsilon_0^2 \mu_0 c^4} \gamma^6 \left[a^2 - (\frac{\vec{v} \times \vec{a}}{c})^2\right]$$

여기서 $\epsilon_0^2\mu_0 c^4 = \epsilon_0^2\mu_0 \frac{1}{\epsilon_0^2\mu_0^2} = \frac{1}{\mu_0}$

$$\therefore\ P(t_{\text{지연}}) = (\frac{\mu_0 q^2}{6\pi c})\gamma^6 \left[a^2 - (\frac{\vec{v} \times \vec{a}}{c})^2\right] \tag{15}$$

위 관계식은 라모 공식의 **리나르트 일반화**라고 한다.

**02** 전자가 반경이 $r$인 원형 둘레를 속도 $v$로 돌고 있는 싱크로트론(synchrotron)에서 (a) 전자에 의한 복사를 리나르트 일반화 관계식을 사용해서 구하세요. (b) 반지름이

4.5 km이며 전자의 에너지가 50 GeV인 싱크로트론에서 한 개의 전자가 잃는 에너지를 구하세요. (c) 전자가 한 바퀴 돌 때 잃어버리는 에너지를 전자볼트(eV)로 구하세요.

**풀이**

(a) 이 경우 속도 방향과 가속도 방향은 서로 수직이다. 즉, $\vec{v}\times\vec{a}=va$이다. 그러면 리나르트 일반화 관계식은 다음과 같이 된다.

$$P=\left(\frac{\mu_0 e^2}{6\pi c}\right)\gamma^6\left[a^2-\left(\frac{va}{c}\right)^2\right]=\left(\frac{\mu_0 e^2}{6\pi c}\right)\gamma^6 a^2\left[1-\frac{v^2}{c^2}\right]$$

$$=\left(\frac{\mu_0 e^2}{6\pi c}\right)\gamma^6 a^2\frac{1}{\gamma^2}=\left(\frac{\mu_0 e^2}{6\pi c}\right)\gamma^4 a^2$$

여기서 전자의 가속도는 구심가속도에 해당하므로 $a=\dfrac{v^2}{r}$이다. 그러므로 위 식은

$$P=\left(\frac{\mu_0 e^2}{6\pi c}\right)\gamma^4\left(\frac{v^2}{r}\right)^2\approx\left(\frac{\mu_0 e^2}{6\pi c}\right)\gamma^4\frac{c^4}{r^2}$$

(b) 이때 $\gamma=\dfrac{E}{m_e c^2}=\dfrac{50\times10^9}{0.5\times10^6}=100\times10^3=10^5$

그러면

$$P=\left(\frac{\mu_0 e^2}{6\pi c}\right)\gamma^4\frac{c^4}{r^2}=\frac{2e^2c}{3r^2}\gamma^4\left(\frac{1}{4\pi\epsilon_0}\right)$$

$$=\frac{2(1.6\times10^{-19})^2\times(3\times10^8)}{3\times(4500)^2}\times(10^5)^4\times(9\times10^9)$$

$$=2.3\times10^{-7}\,\text{Watt}$$

(c) $\Delta E=\left(\dfrac{2\pi r}{v}\right)P\approx\dfrac{2\pi r}{c}P=\dfrac{2\times3.14\times4500}{3\times10^8}\times2.3\times10^{-7}=2.2\times10^{-11}\,\text{Joule}$

$\Rightarrow\ \Delta E=6.2\times10^{18}\times2.2\times10^{-11}\,\text{eV}=136\times10^6\,\text{eV}$

**03** 점전하의 속도가 광속에 비해 무시할 수 없을 정도로 큰 경우, 그리고 점전하의 속도와 가속도가 서로 평행하면서 가속도가 일정한 경우에 대한 (a) 단위 입체각당 복사 일률인 $\dfrac{dP}{d\Omega}$를 구하고 복사 일률의 형태를 점전하의 몇몇 속도에 관해 대략적으로 구

하세요. 그리고 (b) 총 복사 일률을 구하세요.

**풀이**

(a) 상대론적 관점에서 구한 이 장의 [연습문제 1]의 풀이에 있는 총 복사 일률에 대한 식 (7)로부터 단위 입체각당 복사 일률은 다음과 같다.

$$\frac{dP(t_{\text{지연}})}{d\Omega} = \left(\frac{q}{4\pi\epsilon_0 c}\right)^2 \frac{1}{\mu_0 c} \frac{1}{(1-\hat{R}\cdot\vec{\beta})^5}$$
$$\times[-(\hat{R}\cdot\dot{\vec{\beta}})^2(1-\beta^2)+\dot{\beta}^2(1-\hat{R}\cdot\vec{\beta})^2+2(\dot{\vec{\beta}}\cdot\vec{\beta})(\hat{R}\cdot\dot{\vec{\beta}})(1-\hat{R}\cdot\vec{\beta})]$$
$$= \left(\frac{q}{4\pi\epsilon_0 c}\right)^2 \frac{1}{\mu_0 c}\left[\frac{-(1-\beta^2)(\hat{R}\cdot\dot{\vec{\beta}})^2}{(1-\hat{R}\cdot\vec{\beta})^5}+\frac{\dot{\beta}^2}{(1-\hat{R}\cdot\vec{\beta})^3}+\frac{2(\dot{\vec{\beta}}\cdot\vec{\beta})(\hat{R}\cdot\dot{\vec{\beta}})}{(1-\hat{R}\cdot\vec{\beta})^4}\right]$$
$$= \frac{q^2}{16\pi^2\epsilon_0^2 c^2}\frac{1}{\mu_0 c}\left[\frac{-(1-\beta^2)(\hat{R}\cdot\dot{\vec{\beta}})^2}{(1-\hat{R}\cdot\vec{\beta})^5}+\frac{\dot{\beta}^2}{(1-\hat{R}\cdot\vec{\beta})^3}+\frac{2(\dot{\vec{\beta}}\cdot\vec{\beta})(\hat{R}\cdot\dot{\vec{\beta}})}{(1-\hat{R}\cdot\vec{\beta})^4}\right]$$

여기서 $\theta$을 속도(그리고 가속도)와 $\hat{R}$과의 사이각이라 하면 위 식은

$$\frac{dP}{d\Omega} = \frac{q^2}{16\pi^2\epsilon_0^2 c^2}\frac{1}{\mu_0 c}\left[\frac{-(1-\beta^2)\dot{\beta}^2\cos^2\theta}{(1-\beta\cos\theta)^5}+\frac{\dot{\beta}^2}{(1-\beta\cos\theta)^3}+\frac{2\beta\dot{\beta}^2\cos\theta}{(1-\beta\cos\theta)^4}\right]$$
$$= \frac{q^2}{16\pi^2\epsilon_0^2 c^2}\frac{1}{\mu_0 c}\left[\frac{-(1-\beta^2)\dot{\beta}^2\cos^2\theta+\dot{\beta}^2(1-\beta\cos\theta)^2+2\beta\dot{\beta}^2\cos\theta(1-\beta\cos\theta)}{(1-\beta\cos\theta)^5}\right] \quad (1)$$

가 된다. 여기서 대괄호 안의 분자는

$$-(1-\beta^2)\dot{\beta}^2\cos^2\theta+\dot{\beta}^2(1-\beta\cos\theta)^2+2\beta\dot{\beta}^2\cos\theta(1-\beta\cos\theta)$$
$$= -\dot{\beta}^2\cos^2\theta+\beta^2\dot{\beta}^2\cos^2\theta+\dot{\beta}^2+\dot{\beta}^2\beta^2\cos^2\theta-2\dot{\beta}^2\beta\cos\theta+2\beta\dot{\beta}^2\cos\theta-2\beta^2\dot{\beta}^2\cos^2\theta$$
$$= \dot{\beta}^2(1-\cos^2\theta) = \dot{\beta}^2\sin^2\theta$$

이다. 이를 단위 입체각당 복사 일률에 대한 식 (1)에 대입하면

$$\frac{dP}{d\Omega} = \frac{q^2}{16\pi^2\epsilon_0^2 c^2}\frac{1}{\mu_0 c}\frac{\dot{\beta}^2\sin^2\theta}{(1-\beta\cos\theta)^5} = \frac{q^2}{16\pi^2\epsilon_0^2 c^2}\frac{1}{\mu_0 c}\left(\frac{a}{c}\right)^2\frac{\sin^2\theta}{(1-\beta\cos\theta)^5}$$

$$\therefore \frac{dP}{d\Omega} = \frac{q^2 a^2}{16\pi^2\epsilon_0^2\mu_0 c^5}\frac{\sin^2\theta}{(1-\beta\cos\theta)^5}$$

을 얻는다.

아래의 복사 일률의 형태는 몇몇의 점전하 속도에 대해 그린 것으로 모든 그림의 높이는 같도록 맞추었다.

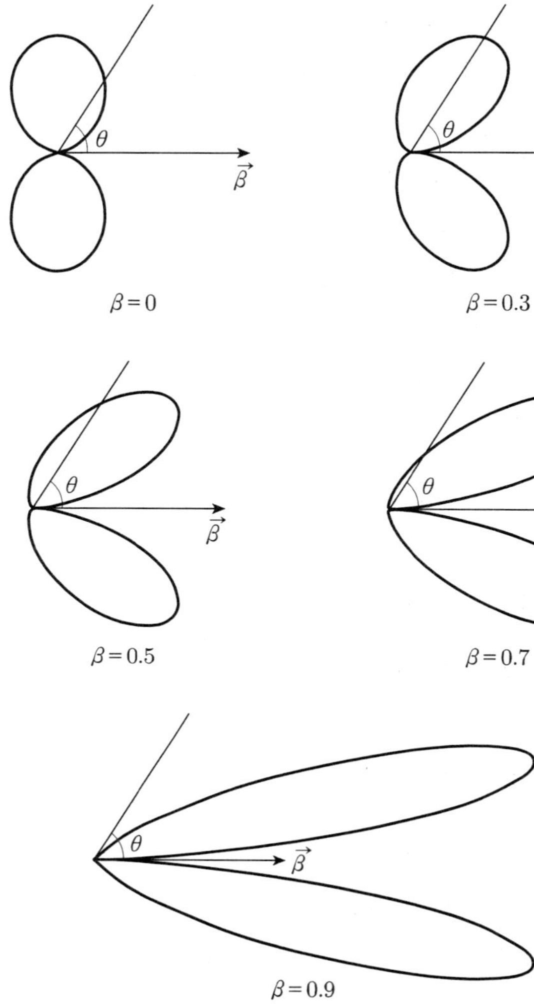


**그림 11.8**

(b) 위의 결과를 면 적분을 취하여 解를 구하면 된다. 또는 이미 [연습문제 1]의 풀이에서 구한 총 복사 일률에 대한 일반식인 식 (14)를 편리하게 이용하면 총 복사 일률은 다음과 같다.

$$P = (\frac{\mu_0 q^2}{6\pi c})\gamma^6 [a^2 - (\frac{\vec{v}\times\vec{a}}{c})^2] = (\frac{\mu_0 q^2}{6\pi c})\gamma^6 a^2 \quad (\because\ \vec{v} // \vec{a} \Rightarrow \vec{v}\times\vec{a} = 0)$$

# 찾아보기

ㅅ



ㅇ



ㅈ

**ㅊ**



**ㅋ**



**ㅌ**



**ㅍ**



**ㅎ**

# 전자기학

초판 인쇄 | 2020년 9월 05일
초판 발행 | 2020년 9월 10일

지은이 | 박 환 배

펴낸이 | 조 승 식
펴낸곳 | (主)도서출판 북스힐

등 록 | 1998년 7월 28일 제 22-457호
주 소 | 서울시 강북구 한천로 153길 17
전 화 | (02) 994-0071
팩 스 | (02) 994-0073

홈페이지 | www.bookshill.com
이메일 | bookshill@bookshill.com

정가 26,000원

ISBN 979-11-5971-304-0

Published by bookshill, Inc. Printed in Korea.